박성일 마스터의
**기계 3역학**

## 저자 약력

3역학 전문가
국내최초 SI 단위 교재 집필
기계공학석사
다솔유캠퍼스 기계분야 전문 강사

## 주요 저서

기계설계 「예문사」
기계설계·제도 「예문사」
기계설계·제도_최초 SI 단위 적용 「예문사」
기계설계 필답형 실기 「예문사」
박성일 마스터의 기계 3역학 「예문사」

## 자격 사항

일반기계기사
건설기계기사
품질경영기사
품질경영산업기사
식스시그마그린벨트

## 대표 강좌

기계 3역학
기계설계 필답형

# 원리와 이해를 바탕으로 한
# 성공하는 공부습관

산업현장에서 설계능력을 갖춘 엔지니어의 기초는 이해를 바탕으로 한
전공지식의 적용과 활용에 있다고 생각합니다.

단순한 전공지식의 암기가 아니라 기계공학의 원리를 이해해서 설계에 녹여낼 수 있는 진정한 디자이너가 되는 것,
전공 실력을 베이스로 새로운 것을 창조할 수 있는 역량을 길러내는 것,
기계공학의 당당한 자부심을 실현시키기 위한 디딤돌이 되는 것을 목표로 이 책을 만들었습니다.

베르누이 방정식을 배웠으면 펌프와 진공청소기가 작동하는 원리를 설명할 수 있으며,
냉동사이클을 배웠으면 냉장고가 어떻게 냉장시스템을 유지하는지 설명할 수 있고,
보를 배웠으면 현수교와 다리들의 기본해석을 마음대로 할 수 있는 이런 능력을 가졌으면 하는 바램으로
정역학부터 미적분 유체역학, 열역학 재료역학을 기술하였습니다.

많은 그림과 선도들은 학생들의 입장에서 쉽게 접근할 수 있도록 적절한 색을 사용하여 이해하기 쉽도록 표현하였습니다.
마지막으로 기계동력학 분야에 많은 애정과 노고를 담아 주신 장완식 교수님께 감사드립니다.

**반드시 이해 위주로 학습하시길 바랍니다.**

작지만 여러분의 기계공학 분야에서의 큰 꿈을 이루는 보탬이 될 것입니다.

박 성 일

## 1996

전산응용기계설계제도

## 1998

제도박사 98 개발
기계도면 실기/실습

## 2001

전산응용기계제도 실기
전산응용기계제도기능사 필기
기계설계산업기사 필기

## 2007

KS규격집 기계설계
전산응용기계제도 실기 출제도면집

## 2008

전산응용기계제도 실기/실무
AutoCAD-2D 활용서

## 1996

다솔기계설계교육연구소

## 2002

(주)다솔리더테크
신기술벤처기업 승인

## 2000

㈜다솔리더테크
설계교육부설연구소 설립

## 2008

다솔유캠퍼스 통합

## 2010

자동차정비분야
강의 서비스 시즈

## 2001

다솔유캠퍼스 오픈
국내 최초 기계설계제도
교육 사이트

## 2012

홈페이지 1차 개

Since 1996

# Dasol U-Campus

다솔유캠퍼스는 기계설계공학의 상향 평준화라는 한결같은 목표를 가지고 1996년 이래 교재 집필과 교육에 매진해 왔습니다.
앞으로도 여러분의 꿈을 실현하는 데 다솔유캠퍼스가 기회가 될 수 있도록 교육자로서 사명감을 가지고 더욱 노력하는 전문교육기업이 되겠습니다.

## 2011

전산응용제도 실기/실무(신간)
KS규격집 기계설계
KS규격집 기계설계 실무(신간)

## 2012

AutoCAD-2D와 기계설계제도

## 2013

ATC 출제도면집

## 2014

NX-3D 실기활용서
인벤터-3D 실기/실무
인벤터-3D 실기활용서
솔리드웍스-3D 실기/실무
솔리드웍스-3D 실기활용서
CATIA-3D 실기/실무

## 2015

CATIA-3D 실기활용서
기능경기대회 공개과제 도면집

## 2017

CATIA-3D 실무 실습도면집
3D 실기 활용서 시리즈(신간)

## 2018

기계설계 필답형 실기
권사부의 인벤터-3D 실기

## 2019

박성일마스터의 기계 3역학
홍쌤의 솔리드웍스-3D 실기

## 2020

일반기계기사 필기
컴퓨터응용가공선반기능사
컴퓨터응용가공밀링기능사

## 2016

오프라인
원데이클래스

## 2017

오프라인
투데이클래스

## 2013

홈페이지 2차 개편

## 2015

홈페이지 3차 개편
단체수강시스템 개발

## 2018

국내 최초 기술교육전문
동영상 자료실 「채널다솔」 오픈

2018 브랜드선호도 1위

## 2020

Live클래스
E-Book사이트(교사/교수용)

# 강좌 **미리보기**

## 정역학 기초

Part 01. 단위와 단위환산

## 유체역학

Part 04. 표면장력

# 역학

Part 05. 열역학 0, 1, 2, 3 법칙, 영구기관

# 료역학

Part 07. 균일강도의 봉

# CONTENTS

# 열역학

# PART 04

# 재료역학

# 01

## 정역학

**PART 1** - STATICS

## 1. 단위 : 측정의 표준으로 사용하는 값

### (1) 기계공학에서 사용하는 단위

① 
| MKS 단위계 | 대 | m, kg, sec |
|---|---|---|
| CGS 단위계 | 소 | cm, g, sec |

② 
| SI(절대) 단위 | 질량(kg) | 길이(m) | 시간(sec) |
|---|---|---|---|
| 공학(중력) 단위 | 무게(kgf) | 길이(m) | 시간(sec) |

- 질량(mass) : 물질의 고유한 양(kg)으로 항상 일정하다.
  (동일한 사과는 지구, 달, 목성에서 질량 일정)
- 무게(weight) : 질량에 중력(gravity)이 작용할 때의 물리량
  (그림에서 동일한 사람의 무게는 지구, 달, 목성에서 각각 다르다.
  → 중력이 각각 다르므로)

$$1kgf=1kg\times9.8m/s^2=9.8kg\cdot m/s^2=9.8N$$

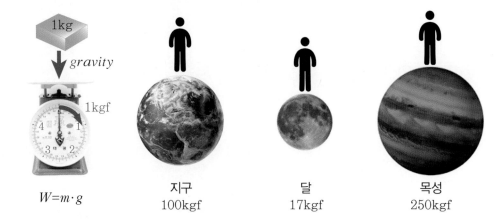

$W=m\cdot g$    지구 100kgf    달 17kgf    목성 250kgf

③ SI 유도단위(SI 기본단위에 물리식을 적용하여 유도된 단위)

$$F=ma(뉴턴의 법칙)$$

- 힘 : $1\mathrm{N}=1\mathrm{kg}\cdot1\mathrm{m}/\mathrm{s}^2(\mathrm{Newton})$
  $1\mathrm{dyne}=1\mathrm{g}\cdot1\mathrm{cm}/\mathrm{s}^2$
- 일 : $1\mathrm{J}=1\mathrm{N}\cdot1\mathrm{m}(\mathrm{Joule})$
- 동력 : $1\mathrm{W}=1\mathrm{J}/\mathrm{sec}(\mathrm{Watt})$

1kg → $1\mathrm{m}/\mathrm{s}^2(\mathrm{MKS}$ 단위계$)$

1g → $1\mathrm{cm}/\mathrm{s}^2(\mathrm{CGS}$ 단위계$)$

## 2. 차원(Dimension) : 기본차원이 같으면 물리량의 의미 동일

- 모든 물리식 → 좌변차원＝우변차원
- 질량(Mass) → $M$ 차원(kg, slug)
- 길이(Length) → $L$ 차원(m, cm, km, inch, ft, yard, mile)
- 시간(Time) → $T$ 차원(sec, min, hour)
- 힘(Force) → $F$ 차원(N, kgf)
  - 예  $1\mathrm{N}=1\mathrm{kg}\cdot\mathrm{m}/\mathrm{s}^2 \to MLT^{-2}$ 차원
    $1\mathrm{dyne}=1\mathrm{g}\cdot\mathrm{cm}/\mathrm{s}^2 \to MLT^{-2}$ 차원
    $1\mathrm{inch}=2.54\mathrm{cm} \to$ 좌변 $L$ 차원＝우변 $L$ 차원

## 3. 단위 환산

분모와 분자가 동일한 1값으로 단위환산
(기본 1값을 적용하여 아래와 같이 환산해 보면 매우 쉽다는 것을 알 수 있다.)

$$1=\frac{1\mathrm{m}}{100\mathrm{cm}}=\frac{1\mathrm{cm}}{10\mathrm{mm}}=\frac{1\mathrm{kgf}}{9.8\mathrm{N}}=\frac{1\mathrm{kcal}}{427\mathrm{kgf}\cdot\mathrm{m}}$$

예  0.5m가 몇 cm인지 구하라고 하면, 1m＝100cm 사용

① $0.5\mathrm{m}\times\left(\dfrac{100\mathrm{cm}}{1\mathrm{m}}\right)=50\mathrm{cm}$

② $0.5\mathrm{m}\times\left(\dfrac{1\mathrm{cm}}{\dfrac{1}{100}\mathrm{m}}\right)=50\mathrm{cm}$

(예) 1kcal=427kgf·m → SI단위의 J로 바꾸면

$$1\text{kcal}=427\text{kgf·m}\times\left(\frac{9.8\text{N}}{1\text{kgf}}\right)=4,185.5\text{N·m}\times\left(\frac{1\text{J}}{1\text{N·m}}\right)=4,185.5\text{J}$$

(예) 물의 밀도 $\rho_w=1,000\text{kg/m}^3$                          → $ML^{-3}$ 차원

• SI유도단위로 바꾸면

$$\rho_w=\frac{1,000\text{kg}}{\text{m}^3}\times\left(\frac{1\text{N}}{1\text{kg}\cdot\frac{\text{m}}{\text{s}^2}}\right)=1,000\text{N·s}^2/\text{m}^4 \qquad → FT^2L^{-4} \text{ 차원}$$

• 공학단위로 바꾸면

$$\rho_w=1,000\frac{\text{N·s}^2}{\text{m}^4}\times\left(\frac{1\text{kgf}}{9.8\text{N}}\right)=102\text{kgf·s}^2/\text{m}^4 \qquad → FT^2L^{-4} \text{ 차원}$$

(예) 물의 비중량 $\gamma_w=1,000\text{kgf/m}^3$(공학단위)

$$→ \text{SI단위로 바꾸면 } 1,000\frac{\text{kgf}}{\text{m}^3}\times\left(\frac{9.8\text{N}}{1\text{kgf}}\right)=9,800\text{N/m}^3$$

(예) 표준대기압

$$\begin{aligned}1\text{atm}&=760\text{mmHg}\\&=1,013.25\text{mbar}\\&=10.33\text{mAq}\\&=1.0332\text{kgf/cm}^2\end{aligned}$$

① 750mmHg는 몇 atm?

$$750\text{mmHg}\times\frac{1\text{atm}}{760\text{mmHg}}=0.98684\text{atm}$$

② 750mmHg는 몇 mAq?

$$750\text{mmHg}\times\frac{10.33\text{mAq}}{760\text{mmHg}}=10.194\text{mAq}$$

(예) $1\ell=10^3\text{cm}^3=10^3\text{cm}^3\cdot\left(\frac{1\text{m}}{100\text{cm}}\right)^3=10^3\times10^{-6}\text{m}^3=10^{-3}\text{m}^3$

## 4. 스칼라(Scalar)와 벡터(Vector)

• 스칼라 : 크기만 있는 양(길이, 온도, 밀도, 질량, 속력)

• 벡터 : 크기와 방향을 가지는 양(힘, 속도, 가속도, 전기장)

• 단위벡터(Unit Vector) : 주어진 방향에 크기가 1인 벡터

$$|i|=|j|=|k|=1(x,\ y,\ z\text{축})$$

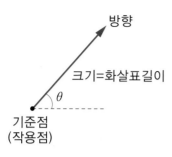

방향

크기=화살표길이

$\theta$

기준점
(작용점)

① 벡터는 평행 이동 가능

② 벡터는 합성 또는 분해 가능($\sin\theta,\ \cos\theta,\ \tan\theta$)

## (1) 벡터의 곱

① 내적( · : Dot Product)

두 벡터 $a,\ b$가 이루는 각을 $\theta$라 할 때

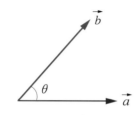

$a \cdot b = |a| \cdot |b| \cos\theta$

예 $i \cdot i = |i| \cdot |i| \cos 0° = 1$ ($x$축과 $x$축)

$i \cdot j = j \cdot k = k \cdot i = 0 \rightarrow (\because \theta = 90°)$

적용 예 유체역학에서 질량 보존의 법칙

$\nabla \cdot \rho \vec{v} = 0 (\rho : 밀도)$

$\left( \nabla : \dfrac{\partial}{\partial x} i + \dfrac{\partial}{\partial y} j + \dfrac{\partial}{\partial z} k, \ \vec{v} : ui + vj + wk \right)$

$\left( \dfrac{\partial}{\partial x} i + \dfrac{\partial}{\partial y} j + \dfrac{\partial}{\partial z} k \right) \cdot \rho (ui + vj + wk) = 0$

각각 순서대로 곱하면 같은 방향 성분만 남는다.

(다른 방향 성분의 곱은 "0"이다.)

$\therefore \ \dfrac{\partial(\rho u)}{\partial x} + \dfrac{\partial(\rho v)}{\partial y} + \dfrac{\partial(\rho w)}{\partial z} = 0$

② 외적(× : Cross Product)

$a \times b = |a| \cdot |b| \sin\theta$

같은 방향에 대한 외적값은 0이다.($\theta$가 0°이므로)

$i \times i = j \times j = k \times k = 0$

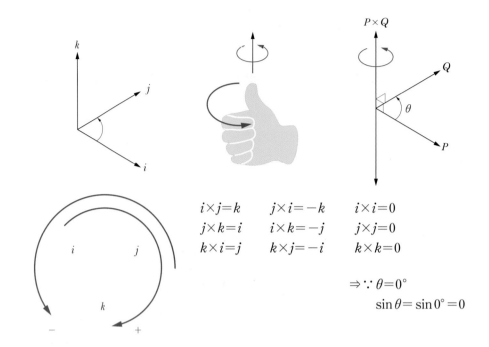

$$i \times j = k \qquad j \times i = -k \qquad i \times i = 0$$
$$j \times k = i \qquad i \times k = -j \qquad j \times j = 0$$
$$k \times i = j \qquad k \times j = -i \qquad k \times k = 0$$

$$\Rightarrow \because \theta = 0°$$
$$\sin \theta = \sin 0° = 0$$

[적용 예] 유체역학에서 유선의 방정식

$$\vec{ds} \times \vec{V} = 0$$
$$(\vec{ds} = dxi + dyj + dzk, \ \vec{V} = ui + vj + wk)$$

$$dxi \quad dyj \quad dzk \quad dxi$$
$$ui \quad vj \quad wk \quad ui$$

$$\vec{ds} \times \vec{V} = 0$$
$$(dy \cdot w - dz \cdot v)i + (dz \cdot u - dx \cdot w)j + (dx \cdot v - dy \cdot u)k = 0$$
$$(dy \cdot w - dz \cdot v = 0, \ dz \cdot u - dx \cdot w = 0, \ dx \cdot v - dy \cdot u = 0)에서$$

$$\frac{v}{dy} = \frac{w}{dz}, \ \frac{w}{dz} = \frac{u}{dx}, \ \frac{u}{dx} = \frac{v}{dy}$$

$$\therefore \ \frac{u}{dx} = \frac{v}{dy} = \frac{w}{dz}$$

---

[예제] 속도 벡터가 다음과 같을 때 $\vec{V} = 5xi + 7yj$, 유선 위의 점(1, 2)에서 유선의 기울기는?

$$\vec{ds} \times \vec{V} = 0에서 \ \frac{5x}{dx} = \frac{7y}{dy}$$

$$\therefore \ \frac{dy}{dx} = \frac{7y}{5x} = \frac{7 \times 2}{5 \times 1} = 2.8$$

---

## (2) 벡터의 합

두 벡터가 $\theta$각을 이룰 때 합 벡터(두 힘이 $\theta$각을 이룰 때 합력과 동일)

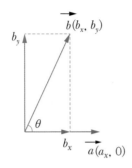 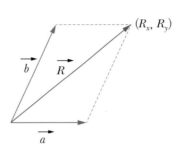

합(력) 벡터 $R$

$$\vec{R} = (R_x, \ R_y)$$
$$= (a_x + b_x, \ b_y)$$
$$= (a + b\cos\theta, \ b\sin\theta)$$

$\therefore$ 합력의 크기 $= \sqrt{R_x^2 + R_y^2}$

$$= \sqrt{(a + b\cos\theta)^2 + (b\sin\theta)^2}$$
$$= \sqrt{a^2 + 2ab\cos\theta + b^2\cos^2\theta + b^2\sin^2\theta}$$
$$= \sqrt{a^2 + b^2(\cos^2\theta + \sin^2\theta) + 2ab\cos\theta}$$
$$= \sqrt{a^2 + b^2 + 2ab\cos\theta}$$

> **│참고**

• **피타고라스 정의**

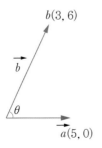

$$\sin\theta = \frac{3}{5} \qquad \cos\theta = \frac{4}{5} \qquad \tan\theta = \frac{3}{4}$$

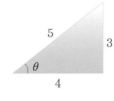  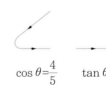 

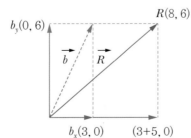 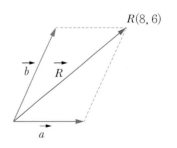

## 5. 자유물체도(Free Body Diagram)

힘이 작용하는 물체를 주위와 분리하여 그 물체에 작용하는 힘을 그려 넣은 그림을 말하며, 정역학적 평형상태 방정식($\sum F=0$, $\sum M=0$)을 만족하는 상태로 그려야 한다.

<F.B.D>

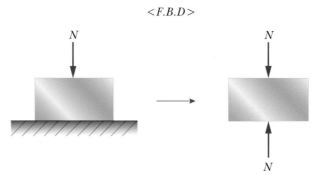

바닥에 작용하는 힘은 바닥을 제거했을 때 물체가 움직이고자 하는 방향과 반대 방향으로 그려준다.

<F.B.D>

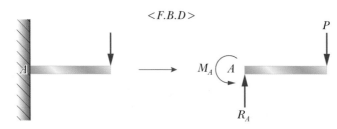

지지단 $A$를 제거하면 보가 아래로 떨어지므로 반력 $R_A$는 위의 방향으로 향하게 되고, 하중 $P$는 지지단 $A$를 중심으로 보를 오른쪽으로 돌리려 하므로 반대 방향의 모먼트 $M_A$가 발생하게 된다.

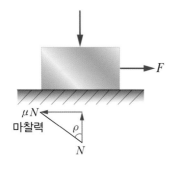

힘 $F$로 물체를 잡아당기면 바닥에는 움직이고자 하는 방향과 반대로 마찰력($\mu N$)이 발생하게 된다. 여기서 $\rho$는 마찰각이다.

$$\tan\rho = \frac{\mu N}{N} = \mu (\text{마찰계수})$$

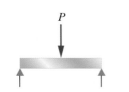

하중이 작용하는 단순보에서 양쪽의 지지점을 제거하면 보는 아래로 떨어지게 되므로 양쪽 지지점 반력은 위로 발생한다.

## 6. 힘, 일, 동력

### (1) 힘 해석

힘이란 물체의 운동상태를 변화시키는 원인이 되는 것으로 정의되며($F=ma$), 유체에서는 시간에 대한 운동량의 변화율로도 정의된다. 역학에서는 힘을 해석하는 것이 기본이므로 매우 중요하다.

### 1) 두 가지의 관점에서 보는 힘

① ┌ **표면력(접촉력)** : 두 물체 사이의 직접적인 물리적 접촉에 의해 발생하는 힘

    예 응력, 압력, 표면장력

└ **체적력(물체력)** : 직접 접촉하지 않는 힘으로 중력, 자력, 원심력과 같이 원격작용에 의해 발생하는 힘

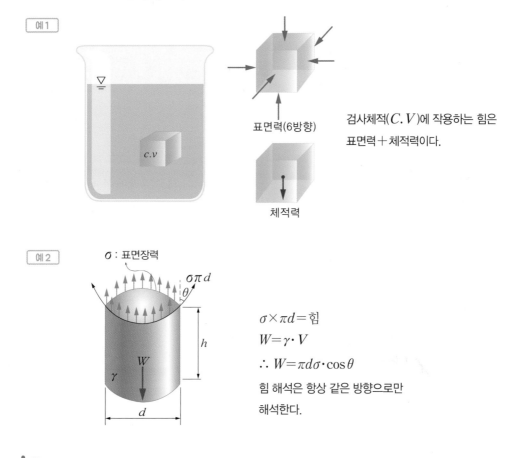

예 1

표면력(6방향)

체적력

검사체적($C. V$)에 작용하는 힘은 표면력＋체적력이다.

예 2

$\sigma$ : 표면장력

$\sigma\pi d$

$h$

$W$

$\gamma$

$d$

$\sigma \times \pi d =$ 힘

$W = \gamma \cdot V$

$\therefore W = \pi d\sigma \cdot \cos\theta$

힘 해석은 항상 같은 방향으로만 해석한다.

---

┃참고

• **무게** : 체적(부피)에 걸쳐 분포된 중력의 합력이고 무게중심에 작용하는 집중력으로 간주

---

② ┌ 집중력 : 한 점에 집중되는 힘
   └ 분포력 : 힘이 집중되지 않고 분포되는 힘

## 2) 분포력

① 선분포 : 힘이 선(길이)에 따라 분포(N/m, kgf/m)

    예) 재료역학에서 등분포하중, 유체의 표면장력, 기계설계에서 마찰차의 선압

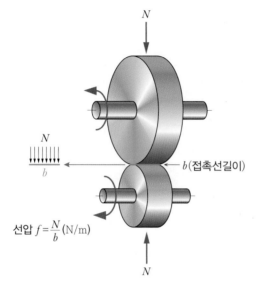

마찰차의 접촉선길이 $b$에서 수직력 $N$ 을 나누어 받고 있다.

∴ 수직력 $N = f \cdot b$

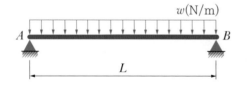

재료역학에서 균일분포하중 $w(\mathrm{N/m})$ 로 선분포의 힘이다.

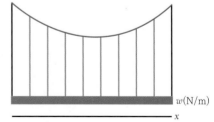

케이블은 수평선 $x$를 따라 균일하게 분포된 하중(단위 수평 길이당 하중 $w$)이 작용한다고 볼 수 있다.

② **면적분포** : 힘이 유한한 면적에 걸쳐 분포(N/m², kgf/cm²) : 응력, 압력

※ 특히 면적분포에서

• 인장(압축)응력 $\sigma$(N/cm²) × 인장(압축)파괴면적 $A_\sigma$(cm²) = 하중 $F$(N)

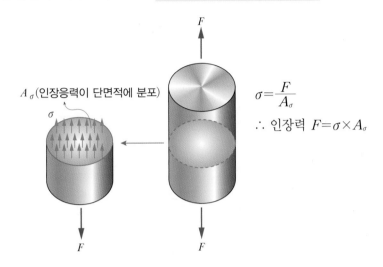

$A_\sigma$(인장응력이 단면적에 분포)

$\sigma = \dfrac{F}{A_\sigma}$

$\therefore$ 인장력 $F = \sigma \times A_\sigma$

• 전단응력 $\tau$(N/cm²) × 전단파괴면적 $A_\tau$(cm²) = 전단하중 $P$(N)

$\tau = \dfrac{P}{A_\tau}$

$\therefore$ 전단력 $P = \tau \times A_\tau$

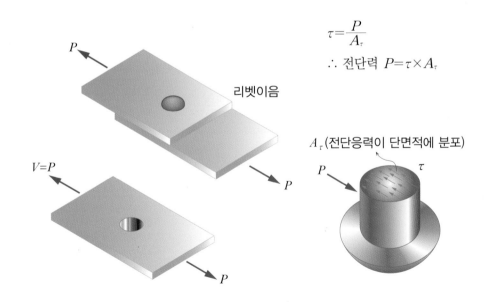

리벳이음

$A_\tau$(전단응력이 단면적에 분포)

**27**

• 면압 $q(\text{N/cm}^2)$ $\times$ 압축면적 $A_q(\text{cm}^2)$ $=$ 하중 $P(\text{N})$

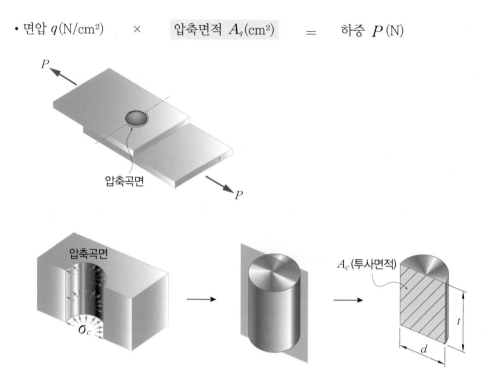

압축곡면

※ 반원통의 곡면에 압축이 가해진다. → 압축곡면을 투사하여 $A_c = d \cdot t$ (투사면적)로 본다.

$$\sigma_c = \frac{P}{A_c} \qquad \therefore \text{압축력} \; P = \sigma_c \times A_c$$

③ 체적분포 : 힘이 물체의 체적 전체에 분포(N/m³, kgf/m³)

(예) 비중량 $\gamma = \rho \times g = \dfrac{\text{kg}}{\text{m}^3} \times \text{m/s}^2 = \dfrac{\text{N}}{\text{m}^3}$

## 3) 분포력을 가지고 힘을 구하려면

| 선분포 | $\times$ | 힘이 작용(분포)하는 길이 | $=$ | 힘 |
|---|---|---|---|---|
| $\dfrac{\text{N}}{\text{m}}$ | $\times$ | m | $=$ | N |
| (예) $w$(등분포하중) | $\times$ | $l$ | $=$ | $wl$(전하중) |

| 면적분포 | $\times$ | 힘이 작용(분포)하는 면적 | $=$ | 힘 |
|---|---|---|---|---|
| $\dfrac{\text{N}}{\text{m}^2}$ | $\times$ | $\text{m}^2$ | $=$ | N |

| | | | | | | |
|---|---|---|---|---|---|---|
| 예 | $\sigma$(응력) | $\times$ | $A_\sigma$ | | $=$ | $P$(하중) |
| | $\tau$(전단응력) | $\times$ | $A_\tau$ | | $=$ | $P$(하중) |

| 체적분포 | $\times$ | 힘이 작용(분포)하는 체적 | $=$ | 힘 |
|---|---|---|---|---|
| $\dfrac{\text{N}}{\text{m}^3}$ | $\times$ | $\text{m}^3$ | $=$ | N |

| | | | | | |
|---|---|---|---|---|---|
| 예 | $\gamma$(비중량) | $\times$ | $V$ | $=$ | $W$(무게) |

> **TIP**
>
> 어떤 분포력이 주어졌을 때 분포영역(길이, 면적, 체적)을 찾는 데 초점을 맞추면 힘을 구하기가 편리하다.

## (2) 일

### 1) 일

힘의 공간적 이동(변위)효과를 나타낸다.

> 일$=$힘$(F)\times$거리$(S)$
> $1\text{J}=1\text{N}\times1\text{m}$

$1\text{kgf}\cdot\text{m}=1\text{kgf}\times1\text{m}$

### 2) 모먼트(Moment)

물체를 회전시키려는 특성을 힘의 모먼트 $M$이라 하며 그중 축을 회전시키려는 힘의 모먼트를 토크(Torque)라 한다.

> 모먼트$(M)=$힘$(F)\times$수직거리$(d)$
> 토크$(T)=$회전력$(P_e)\times$반경$(r)=P_e\times\dfrac{d(\text{지름})}{2}$

### 3) 일의 원리

① 기계설계에 적용된 일의 원리 예

> 일의 양$=$힘$\times$거리$=$ⓐ$=$ⓑ$=$ⓒ
> $300\text{N}\times1\text{m}=150\text{N}\times2\text{m}=200\text{N}\times1.5\text{m}=300\text{N}\cdot\text{m}=300\text{J}$

일의 양은 300J로 모두 같지만 빗면의 길이가 가장 큰 ⓑ에서 가장 작은 힘 150N으로 올라가는 것을 알 수 있으며, 이런 빗면의 원리를 이용해 빗면을 돌아 올라가는 기계요소인 나사를 설계할 수 있다.

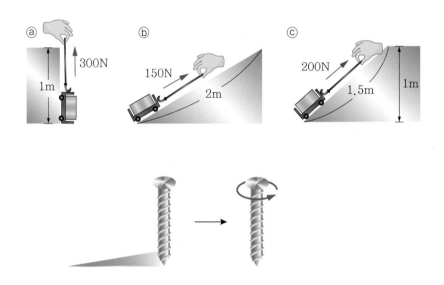

② 축에 작용하는 일의 원리

운전대를 작은 힘으로 돌리면 스티어링 축은 큰 힘으로 돌아간다.

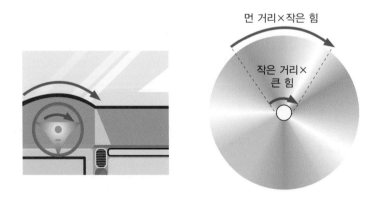

다음 그림에서 만약 손의 힘 $F_{조작력}=20N$, 볼트지름이 20mm라면, 스패너의 길이 $L$이 길수록 나사의 회전력 $F_{나사}$의 크기가 커져서 쉽게 볼트를 체결할 수 있다는 것을 알 수 있다.

$$T = F_{조작력} \times L = F_{나사} \times \frac{D}{2}$$

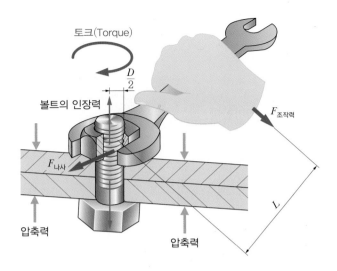

축 토크 $T$는 같다.(일의 원리)

기어의 토크 = 키의 전단력에 의한 전달토크

$$F_1 \times \frac{D_{기어}}{2} = F_2 \times \frac{D_{축}}{2} \ (F_2 = \tau_k \cdot A_\tau)$$

$D_{기어}$ : 기어의 피치원 지름, $D_{축}$ : 축지름

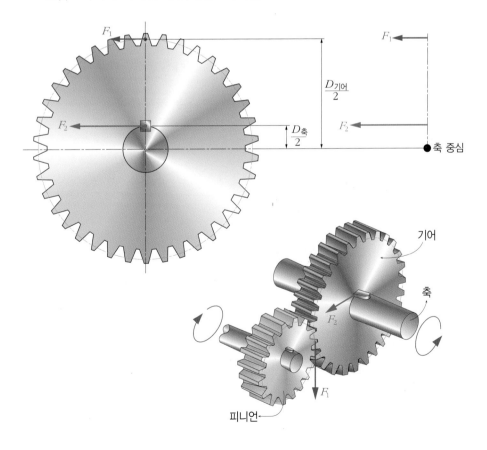

## (3) 동력

### 1) 동력( $H$ )

시간당 발생시키는 일을 의미한다.

$$동력 = \frac{일}{시간}$$

$$= \frac{힘(F) \times 거리(S)}{시간(t)} \ (\because 속도 = \frac{거리}{시간})$$

$$H = F(힘) \times V(속도) = F \times r \times \omega = T \times \omega$$

$$1W = 1N \cdot m/s(SI단위의 동력)$$

$$= 1J/s = 1W(와트)$$

$1PS = 75kgf \cdot m/s(공학단위)$

$1kW = 102kgf \cdot m/s(공학단위)$

### 2) PS 동력을 구하는 식

$\dfrac{F \cdot V}{75}$ 로 쓰는데, 단위환산의 측면에서 설명해 보면

$$F \cdot V(kgf \cdot m/s) \times \frac{1PS}{75(kgf \cdot m/s)} = \frac{F \cdot V}{75} \rightarrow PS \ 동력단위가 나오게 된다.$$

(실제 산업현장에서는 많이 사용하므로 알아두는 것이 좋다.)

# 핵심 기출 문제

**01** 다음 중 단위계(System of Unit)가 다른 것은?

① 항력(Drag)
② 응력(Stress)
③ 압력(Pressure)
④ 단위 면적당 작용하는 힘

**해설⊕**

항력 $D \rightarrow$ 힘 $\rightarrow F$차원

응력＝압력＝단위 면적당 힘

$\rightarrow N/m^2 \rightarrow$ 힘/면적 $\rightarrow FL^{-2}$차원

**02** 일률(Power)을 기본 차원인 $M$(질량), $L$(길이), $T$(시간)로 나타내면?

① $L^2 T^{-2}$
② $MT^{-2}L^{-1}$
③ $ML^2 T^{-2}$
④ $ML^2 T^{-3}$

**해설⊕**

일률의 단위는 동력이므로 $H = F \cdot V \rightarrow N \cdot m/s$

$\dfrac{N \cdot m}{s} \times \dfrac{kg \cdot m}{N \cdot s^2} = kg \cdot m^2/s^3 \rightarrow ML^2 T^{-3}$차원

**03** 다음 중 정확하게 표기된 SI 기본단위(7가지)의 개수가 가장 많은 것은?(단, SI 유도단위 및 그 외 단위는 제외한다.)

① A, cd, ℃, kg, m, mol, N, s
② cd, J, K, kg, m, mol, Pa, s
③ A, J, ℃, kg, km, mol, s, W
④ K, kg, km, mol, N, Pa, s, W

**해설⊕**

SI 기본단위

cd(칸델라 : 광도), J(줄), K(캘빈), m(길이), mol(몰), Pa(파스칼), s(시간), A(암페어 : 전류)

※ ℃와 km는 SI 기본단위가 아니다.

**04** 국제단위체계(SI)에서 1N에 대한 설명으로 옳은 것은?

① 1g의 질량에 1m/s² 의 가속도를 주는 힘이다.
② 1g의 질량에 1m/s의 속도를 주는 힘이다.
③ 1kg의 질량에 1m/s² 의 가속도를 주는 힘이다.
④ 1kg의 질량에 1m/s의 속도를 주는 힘이다.

**해설⊕**

$F = ma$를 MKS 단위계에 적용 : 1N은 1kg의 질량을 1m/s² 으로 가속시키는 데 필요한 힘이다.

**05** 그림과 같은 막대가 있다. 길이는 4m이고 힘은 지면에 평행하게 200N만큼 주었을 때 $O$점에 작용하는 힘과 모멘트는?

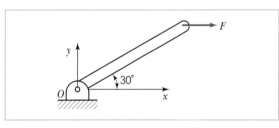

① $F_{ox} = 0$, $F_{oy} = 200N$, $M_z = 200N \cdot m$
② $F_{ox} = 200N$, $F_{oy} = 0$, $M_z = 400N \cdot m$
③ $F_{ox} = 200N$, $F_{oy} = 200N$, $M_z = 200N \cdot m$
④ $F_{ox} = 0$, $F_{oy} = 0$, $M_z = 400N \cdot m$

**해설⊕**

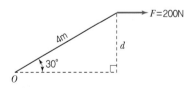

$F_{Ox} = 200N$

$M_z = F \cdot d = 200 \times 4\sin 30° = 400N \cdot m$

**06** 정상 2차원 속도장 $\vec{V} = 2x\vec{i} - 2y\vec{j}$ 내의 한 점 (2, 3)에서 유선의 기울기 $\dfrac{dy}{dx}$ 는?

① $\dfrac{-3}{2}$

② $\dfrac{-2}{3}$

③ $\dfrac{2}{3}$

④ $\dfrac{3}{2}$

**해설** ·····

$\vec{V} = u\vec{i} + v\vec{j}$ 이므로 $u = 2x$, $v = -2y$

유선의 방정식 $\dfrac{u}{dx} = \dfrac{v}{dy}$

∴ 유선의 기울기 $\dfrac{dy}{dx} = \dfrac{v}{u} = \dfrac{-2y}{2x}$

→ (2, 3)에서의 기울기이므로

$\dfrac{dy}{dx} = \dfrac{-2 \times 3}{2 \times 2} = -\dfrac{3}{2}$

**07** 그림과 같은 트러스 구조물의 $AC$, $BC$ 부재가 핀 $C$에서 수직하중 $P = 1,000\text{N}$의 하중을 받고 있을 때 $AC$ 부재의 인장력은 약 몇 N인가?

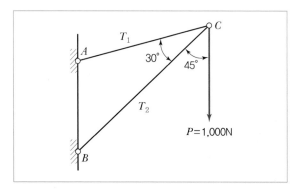

① 141

② 707

③ 1,414

④ 1,732

**해설** ·····

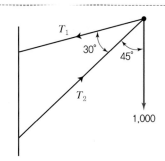

3력 부재이므로 라미의 정리에 의해

$$\dfrac{T_1}{\sin 45°} = \dfrac{1,000}{\sin 30°}$$

∴ $T_1 = 1,000 \times \dfrac{\sin 45°}{\sin 30°} = 1,414.21\text{N}$

**08** 바깥지름 50cm, 안지름 40cm의 중공원통에 500kN의 압축하중이 작용했을 때 발생하는 압축응력은 약 몇 MPa인가?

① 5.6

② 7.1

③ 8.4

④ 10.8

**해설** ·····

$$\sigma = \dfrac{P}{A} = \dfrac{P}{\dfrac{\pi}{4}\left(d_2{}^2 - d_1{}^2\right)} = \dfrac{500 \times 10^3}{\dfrac{\pi}{4}\left(0.5^2 - 0.4^2\right)}$$

$$= 7.07 \times 10^6 \text{Pa} = 7.07\text{MPa}$$

**09** 지름 10mm인 환봉에 1kN의 전단력이 작용할 때 이 환봉에 걸리는 전단응력은 약 몇 MPa인가?

① 6.36

② 12.73

③ 24.56

④ 32.22

**해설** ·····

$$\tau = \dfrac{F}{A} = \dfrac{F}{\dfrac{\pi}{4}d^2} = \dfrac{4F}{\pi d^2} = \dfrac{4 \times 1 \times 10^3}{\pi \times 0.01^2}$$

$$= 12.73 \times 10^6 \text{Pa} = 12.73\text{MPa}$$

**10** 다음과 같이 3개의 링크를 핀을 이용하여 연결하였다. 2,000N의 하중 $P$가 작용할 경우 핀에 작용되는 전단응력은 약 몇 MPa인가?(단, 핀의 직경은 1cm이다.)

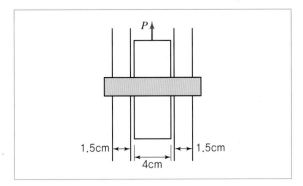

① 12.73        ② 13.24
③ 15.63        ④ 16.56

**해설➕**

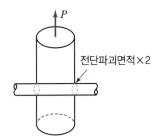

전단파괴면적×2

하중 $P$에 의해 링크 핀은 그림처럼 양쪽에서 전단된다.

$$\tau = \frac{P_s}{A_\tau} = \frac{P}{\frac{\pi d^2}{4} \times 2} = \frac{2P}{\pi d^2} = \frac{2 \times 2{,}000}{\pi \times 0.01^2}$$

$$= 12.73 \times 10^6 \text{Pa}$$

$$= 12.73\text{MPa}$$

**11** 다음 중 수직응력(Normal Stress)을 발생시키지 않는 것은?

① 인장력            ② 압축력
③ 비틀림 모멘트      ④ 굽힘 모멘트

**해설➕**

비틀림 모멘트(토크)는 축에 전단응력을 발생시킨다.

# 02 정역학

## 1. 기본 개념

- **역학** : 힘이 작용하고 있는 상태에서 물체의 정지 또는 운동 상태를 해석하고 예측하는 학문
  - **정역학** : 힘의 작용하에서 물체의 정지에 대해 해석(물체의 평형)
  - **동역학** : 운동하고 있는 물체에 대해 해석(물체의 운동)

### (1) 공간(space)

위치가 원점을 기준으로 한 기하학적 영역, 공간분할($x$, $y$, $z$), 좌표계

### (2) 시간(time)

정역학적 문제와는 무관, 동역학에서 중요($v$ : 속도)

### (3) 질량(mass)

속도 변화에 대한 저항을 나타내는 물체의 관성의 척도(질량이 크면 관성도 크다.)

### (4) 질점(particle, 무게 중심점, 점질량)

무시할 만한 크기의 물체를 질점이라고 하며, 힘들의 작용 위치와 무관

⑩ 비행항로에서 비행기는 한 점(질점)

### (5) 강체

소기의 목적을 위하여 한 부분을 무시하고 해석

⑩ 정역학은 내부변형요인을 무시하고 평형상태에 있는 강체들에 작용하는 외력의 계산을 다룬다.

예 강체 운동하는 유체

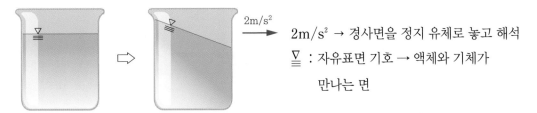

$2\text{m/s}^2$ → 경사면을 정지 유체로 놓고 해석

$\underline{\underline{\triangledown}}$ : 자유표면 기호 → 액체와 기체가

만나는 면

## (6) 힘의 전달 원리

힘의 외부효과에만 관심을 두는 강체역학을 취급하는 경우

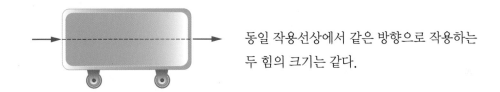

동일 작용선상에서 같은 방향으로 작용하는

두 힘의 크기는 같다.

## (7) Newton's Law

① 제1법칙(관성의 법칙) : 질점에 불평형력이 작용하지 않으면 그 물체는 정지 또는 등속운동
을 한다.

$$\sum F = ma \qquad a\text{가 }0\text{일 경우} \begin{cases} \text{물체가 정지상태} \\ V = C \end{cases}$$

② 제2법칙 : 질점의 가속도는 그 물체에 작용하는 합력에 비례하고 그 합력의 방향과 같다.

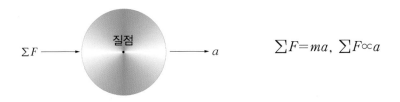

$$\sum F = ma, \ \sum F \propto a$$

③ 제3법칙 : 작용, 반작용(자유물체도)

예 연필에 의하여 책상의 아래로 작용하는 힘은 책상에 의해 위로 향하는 반작용의 연필 힘
이 수반된다.

연필

책상반력

## (8) D'Alembert의 원리

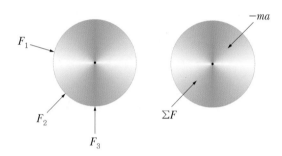

$$\sum F - ma = 0 :$$
정역학적 평형상태 방정식으로 전환

## (9) 근삿값, 라디안, 정밀도

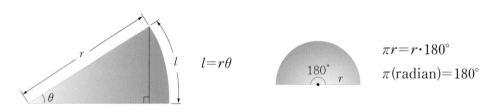

$$l = r\theta$$

$$\pi r = r \cdot 180°$$
$$\pi(\text{radian}) = 180°$$

(예)  $r = 1$, $\theta = 1° \rightarrow \sin 1° = 0.01745$

$$\tan 1° = 0.017455$$

$$1° \times \frac{\pi(\text{rad})}{180°} = 0.017453\text{rad}$$

$$\therefore \sin\theta \approx \tan\theta \approx \theta(\text{rad})(\because \text{미소의 각일 때})$$

(예)  재료역학(축 비틀림)

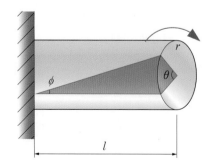

$$\tan\phi = \frac{r\theta}{l} = \phi(\text{rad})$$

(예) 기계요소설계

$$H = T \cdot \omega$$
동력＝일(모먼트, 토크)×각속도

$W = N \cdot m \cdot rad/s = J \cdot rad/s = J/s(rad은 무차원)$

$kgf \cdot m/s = kgf \cdot m \cdot rad/s(rad은 무차원이기 때문에 "="를 사용할 수 있다.)$

(예) 미소량의 차수 $dx$ → 고차의 미소량 $dx^2$, $dx^3$, 재료역학에서 $\varepsilon^2$은 무시할 수 있다.

## (10) 정역학적 평형상태 방정식

평형상태는 완전 정지상태를 의미한다.

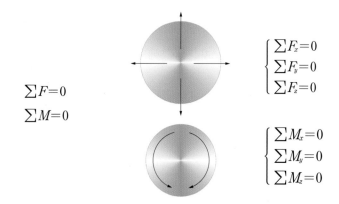

$\sum F = 0$
$\sum M = 0$

$\begin{cases} \sum F_x = 0 \\ \sum F_y = 0 \\ \sum F_z = 0 \end{cases}$

$\begin{cases} \sum M_x = 0 \\ \sum M_y = 0 \\ \sum M_z = 0 \end{cases}$

## (11) 합력을 구하는 방법

① 평행사변형법

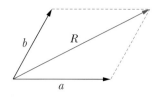

② 삼각형법

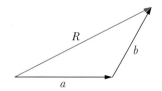

③ 직각분력($x$, $y$ 벡터 분력으로)

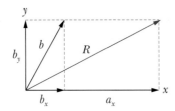

## (12) 모먼트

- $M = F \cdot d$(모먼트 팔, moment arm) : 축으로부터 힘의 작용선까지의 수직거리

  단위는 [N·m], [lb−ft]

- 모먼트 $M$은 벡터합의 모든 법칙을 따르며 모먼트 축과 일치하는 작용선을 갖는 미끄럼 vector(sliding vector)로 생각할 수 있다.

- 실제로는 평면에 수직이고 한 점을 지나는 축에 관한 모먼트를 의미

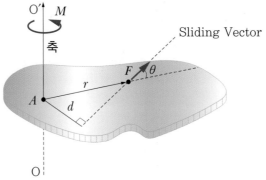

$M = r \times F = F \cdot r \sin \theta = F \cdot d$        $r$ : 모먼트 기준점 $A$로부터 $F$의 작용선상의
(Cross product)                                                                 임의점을 향하는 위치 $Vector$

⑩ 유체역학 $Curl\ V = \nabla \times V$ : 소용돌이 해석

## (13) 우력(Couple) : 순수회전

크기가 같고 방향이 반대며 동일선상에 있지 않은 2개의 힘(한쌍)에 의하여 생기는 모먼트

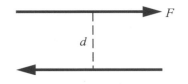

우력 $M_0 = F \cdot d$ (수직거리만의 함수)

## (14) 힘-우력계(Force-Couple System)

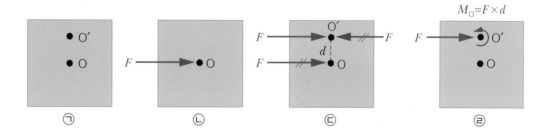

$M_O = F \times d$

ⓐ        ⓑ        ⓒ        ⓓ

- O에 작용하는 힘 $F$를 O′점으로 옮기면 그림 ⓓ처럼 힘과 우력이 발생한다.(즉, 힘을 옮기면 우력이 발생한다.)
- 힘의 외부효과는 그림 ⓑ과 ⓓ이 서로 같다. ⊖우력 벡터($M_O$)는 단지 힘이 점 O′로 이동될 때 점(O)에 대한 모멘트 ⊕ $F \cdot d$를 상쇄시키는 값이다.(우회전을 ⊕로 좌회전을 ⊖로 가정)

## (15) 3력 부재(라미의 정리)

세 힘이 평형을 이루면 작용선은 한 점에서 만나며, 힘의 삼각형은 폐쇄 삼각형으로 그려진다.

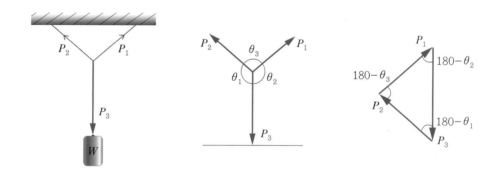

$$\frac{P_1}{\sin(180° - \theta_1)} = \frac{P_2}{\sin(180° - \theta_2)} = \frac{P_3}{\sin(180° - \theta_3)}$$

$$\therefore \frac{P_1}{\sin\theta_1} = \frac{P_2}{\sin\theta_2} = \frac{P_3}{\sin\theta_3}$$

┃참고

삼각형에서 마주 보는 각과 마주 보는 변의 비는 일정하다.

### (16) 바리뇽 정리

중력의 합력 $W$에 대하여 임의축에 대한 모멘트는 미소요소 중량 $dW$(질점)에 대한 모멘트 합과 같다.

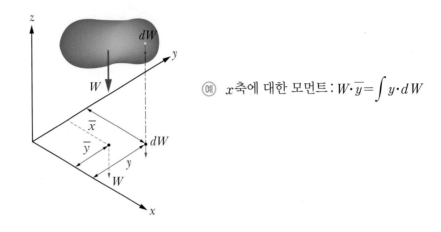

예 $x$축에 대한 모멘트 : $W \cdot \overline{y} = \int y \cdot dW$

### (17) 도심

힘들의 작용위치를 결정

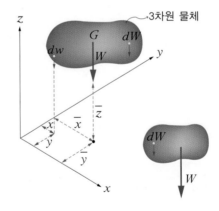

전 중량에 대한 임의축에 대한 모멘트는 미소요소 중량에 대한 모멘트의 합력과 같다.

① $x$축 기준

㉠ 무게 중심

$$W \cdot \overline{y} = \int y \cdot dW$$

$$\overline{y} = \frac{\int y dW}{W} = \frac{\int y dW}{\int dW}$$

ⓛ 질량 중심

$$W = mg, \ dW = dm \cdot g$$

$$\overline{y} = \frac{\int ygdm}{mg} = \frac{\int ydm}{m} = \frac{\int ydm}{\int dm}$$

ⓒ 체적 중심

$$m = \rho \cdot v, \ dm = \rho \cdot dv$$

$$\overline{y} = \frac{\int y\rho dv}{\rho \cdot v} = \frac{\int ydv}{v} = \frac{\int ydv}{\int dv}$$

• 선의 도심

도심에 대한 전체길이($L$)의 모먼트 값은 미소 길이($dL$)에 대한 모먼트 합과 같다.

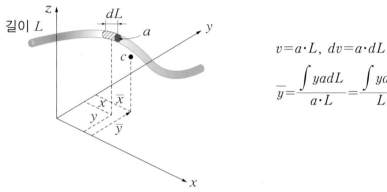

$$v = a \cdot L, \ dv = a \cdot dL$$

$$\overline{y} = \frac{\int yadL}{a \cdot L} = \frac{\int ydL}{L}$$

• 면적의 도심

도심에 대한 전체 면적의 모먼트 값은 미소요소 면적(질점)에 대한 모먼트의 합과 같다.

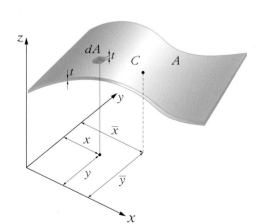

$$v = A \cdot t, \ dv = t \cdot dA$$

$$\therefore \overline{y} = \frac{\int ytdA}{A \cdot t} = \frac{\int ydA}{A}$$

$$G_x = \int ydA : \text{단면 1차 모먼트}$$

$$= A \cdot \overline{y}$$

→ "도심축에 대한 단면 1차 모먼트는 0이다."

㉐

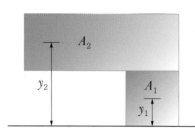

$$\overline{y}=\frac{\sum A_i y_i}{\sum A_i}=\frac{A_1 y_1+A_2 y_2}{A_1+A_2}$$

그림에서 $y_1$, $y_2$는 $A_1$, $A_2$에 대한 도심까지 거리

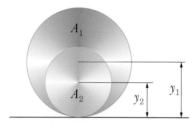

$$\overline{y}=\frac{A_1 y_1-A_2 y_2}{A_1-A_2}$$

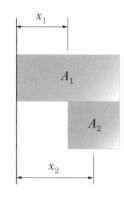

$$\overline{x}=\frac{A_1 x_1+A_2 x_2}{A_1+A_2}$$

그림에서 $x_1$, $x_2$는 $A_1$, $A_2$에 대한 도심까지 거리

② $y$축 기준

㉠ 무게 중심

$$W\cdot\overline{x}=\int x dW \qquad \therefore \overline{x}=\frac{\int x dW}{W}=\frac{\int x dW}{\int dW}$$

㉡ 질량 중심

$$W=m\cdot g,\ dW=dm\cdot g \qquad \therefore \overline{x}=\frac{\int xg dm}{m\cdot g}=\frac{\int x dm}{m}$$

㉢ 체적 중심

$$m=\rho\cdot v,\ dm=\rho\cdot dv \qquad \therefore \overline{x}=\frac{\int x\rho dv}{\rho\cdot v}=\frac{\int x dv}{v}$$

| 구분 | $y$축 기준 | $x$축 기준 |
|---|---|---|
| 무게 중심 | $W \cdot \overline{x} = \int x dW$ | $W \cdot \overline{y} = \int y dW$ |
| 질량 중심 | $m \cdot \overline{x} = \int x dm$ | $m \cdot \overline{y} = \int y dm$ |
| 선의 도심 | $L \cdot \overline{x} = \int x dL$ | $L \cdot \overline{y} = \int y dL$ |
| 면적 도심 | $A \cdot \overline{x} = \int x dA$ | $A \cdot \overline{y} = \int y dA$ |
| 체적 도심 | $v \cdot \overline{x} = \int x dv$ | $v \cdot \overline{y} = \int y dv$ |

## (18) 단면 1차 모먼트

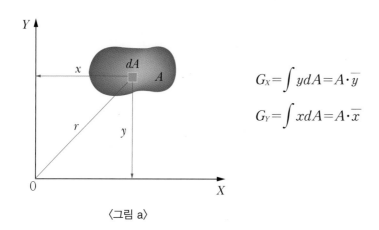

$$G_X = \int y dA = A \cdot \overline{y}$$

$$G_Y = \int x dA = A \cdot \overline{x}$$

〈그림 a〉

## (19) 단면 2차 모먼트

〈그림 a〉에서 $X$축에 대한 단면 2차 모먼트 $I_X$, $Y$축에 대한 단면 2차 모먼트 $I_Y$

$$I_X = \int y dA \times y = \int y^2 dA$$

$$I_Y = \int x dA \times x = \int x^2 dA$$

## (20) 극단면 2차 모먼트

〈그림 a〉에서 원점에 대한 극단면 2차 모먼트 $I_P$

$$I_P = \int r^2 dA = \int (x^2 + y^2) dA = I_X + I_Y$$

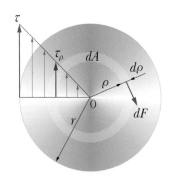

$$dF = \tau_\rho \cdot dA$$

$$dT = dF \cdot \rho = \tau_\rho \cdot \rho \cdot dA$$

(여기서, $\rho : \tau_\rho = r : \tau$)

$$\tau_\rho = \frac{\rho \cdot \tau}{r}$$

$$dT = \frac{\rho^2 \cdot \tau \cdot dA}{r}$$

$$T = \frac{\tau}{r} \int \rho^2 dA = \tau \cdot \frac{I_P}{r} = \tau \cdot Z_P$$

### ① 직사각형

ㄱ 단면 2차 모먼트

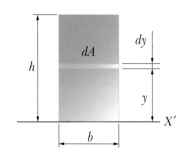

$$I_{X'} = \int y^2 dA = \int_0^h y^2 b \, dy = b \left[ \frac{y^3}{3} \right]_0^h = \frac{bh^3}{3}$$

ㄴ 도심축에 대한 단면 2차 모먼트(★★★)

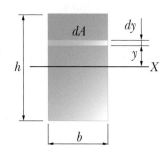

$$I_X = \int y^2 dA = \int_{-\frac{h}{2}}^{\frac{h}{2}} y^2 b \, dy = b \left[ \frac{y^3}{3} \right]_{-\frac{h}{2}}^{\frac{h}{2}}$$

$$= \frac{b}{3} \left\{ \left( \frac{h}{2} \right)^3 - \left( -\frac{h}{2} \right)^3 \right\} = \frac{b}{3} \cdot \frac{h^3}{4} = \frac{bh^3}{12}$$

② 삼각형

㉠ 단면 2차 모먼트

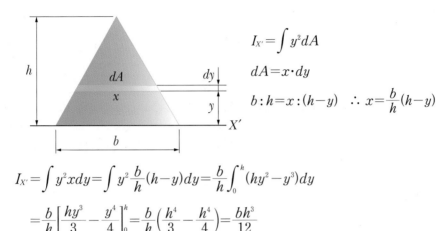

$$I_{X'} = \int y^2 dA$$

$$dA = x \cdot dy$$

$$b : h = x : (h-y) \quad \therefore \ x = \frac{b}{h}(h-y)$$

$$I_{X'} = \int y^2 x dy = \int y^2 \frac{b}{h}(h-y)dy = \frac{b}{h}\int_0^h (hy^2 - y^3)dy$$

$$= \frac{b}{h}\left[\frac{hy^3}{3} - \frac{y^4}{4}\right]_0^h = \frac{b}{h}\left(\frac{h^4}{3} - \frac{h^4}{4}\right) = \frac{bh^3}{12}$$

㉡ 도심축에 대한 단면 2차 모먼트

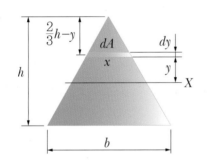

$$I_X = \int y^2 dA$$

$$dA = x \cdot dy$$

$$x : b = \left(\frac{2}{3}h - y\right) : h \quad \therefore \ x = \frac{b}{h}\left(\frac{2}{3}h - y\right)$$

$$\therefore \ I_X = \int_{-\frac{1}{3}h}^{\frac{2}{3}h} y^2 \frac{b}{h}\left(\frac{2}{3}h - y\right)dy = \frac{bh^3}{36}$$

③ 원

㉠ 도심축에 대한 극단면 2차 모먼트

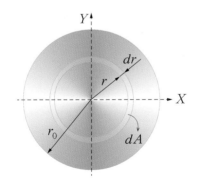

$$dA = 2\pi r dr$$

$$I_p = \int r^2 dA = \int r^2 \cdot 2\pi r dr$$

$$= 2\pi \int_0^{r_0} r^3 dr = 2\pi \left[\frac{r^4}{4}\right]_0^{r_0}$$

$$= 2\pi \left(\frac{r_0^4}{4}\right) = \frac{\pi}{2} r_0^4 \left(r_0 = \frac{d}{2}\right)$$

$$\therefore \ I_p = \frac{\pi}{32} d^4 = I_X + I_Y = 2I_X = 2I_Y$$

㉡ 도심축에 대한 단면 2차 모먼트

$$I_X = I_Y = \frac{I_P}{2} = \frac{\pi d^4}{64}$$

## (21) 평행축 정리

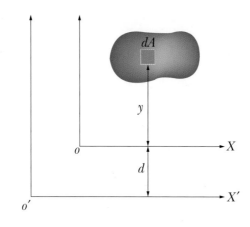

$$I_{X'} = \int (y+d)^2 dA = \int (y^2 + 2yd + d^2) dA$$

$$= \int y^2 dA + 2d \int y dA + d^2 \int dA$$

$$= I_X + 2dA \cdot \overline{y} + d^2 A$$

**가정** $X$가 도심축이라면

$$I_{X'} = I_X + O + d^2 A \ (\because \overline{y} = 0)$$

평행축 정리

$$I_{X'} = I_X + Ad^2 \ (d : 두 축 사이의 거리)$$

(예)

$$I_{X'} = \frac{bh^3}{12} + bh\left(\frac{h}{2}\right)^2 = \frac{bh^3}{12} + \frac{bh^3}{4} = \frac{bh^3}{3}$$

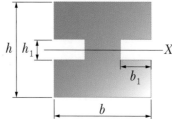

$$I_X = \frac{bh^3}{12} - 2\left(\frac{b_1 h_1^3}{12}\right)$$

# 핵심 기출 문제

**01** 그림과 같은 구조물에 1,000N의 물체가 매달려 있을 때 두 개의 강선 $AB$와 $AC$에 작용하는 힘의 크기는 약 몇 N인가?

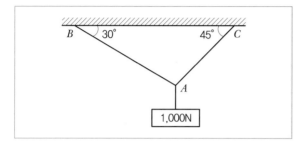

① $AB = 732$, $AC = 897$

② $AB = 707$, $AC = 500$

③ $AB = 500$, $AC = 707$

④ $AB = 897$, $AC = 732$

**해설 ⊕** - - - - - - - - - - - - - - - - - -

F.B.D

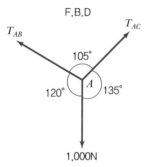

라미의 정리에 의해

$$\frac{1,000}{\sin105°} = \frac{T_{AB}}{\sin135°} = \frac{T_{AC}}{\sin120°}$$

$$T_{AB} = \frac{1,000 \times \sin135°}{\sin105°} = 732.05\text{N}$$

$$T_{BC} = \frac{1,000 \times \sin120°}{\sin105°} = 896.58\text{N}$$

**02** 그림에서 784.8N과 평형을 유지하기 위한 힘 $F_1$ 과 $F_2$는?

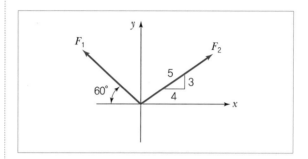

① $F_1 = 392.5\text{N}$, $F_2 = 632.4\text{N}$

② $F_1 = 790.4\text{N}$, $F_2 = 632.4\text{N}$

③ $F_1 = 790.4\text{N}$, $F_2 = 395.2\text{N}$

④ $F_1 = 632.4\text{N}$, $F_2 = 395.2\text{N}$

**해설 ⊕** - - - - - - - - - - - - - - - - - -

$$\theta = \tan^{-1}\left(\frac{3}{4}\right) = 36.87°$$

라미의 정리에 의해

$$\frac{F_1}{\sin126.87°} = \frac{F_2}{\sin150°} = \frac{784.8}{\sin83.13°}$$

$$\therefore F_1 = 784.8 \times \frac{\sin126.87°}{\sin83.13°} = 632.38\text{N}$$

$$\therefore F_2 = 784.8 \times \frac{\sin150°}{\sin83.13°} = 395.24\text{N}$$

**03** 다음 단면에서 도심의 $y$축 좌표는 얼마인가?

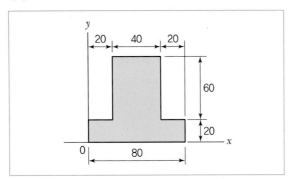

① 30　　② 34　　③ 40　　④ 44

해설 ⊕

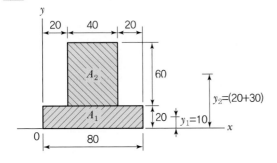

$x$축으로부터 도심거리

$$\bar{y} = \frac{A_1 y_1 + A_2 y_2}{A_1 + A_2}$$

$$= \frac{(80 \times 20 \times 10) + (40 \times 60 \times 50)}{(80 \times 20) + (40 \times 60)} = 34$$

**04** 그림과 같이 원형 단면의 원주에 접하는 $X-X$ 축에 관한 단면 2차 모멘트는?

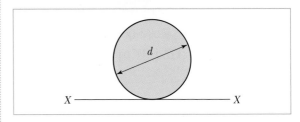

① $\dfrac{\pi d^4}{32}$ 　　　② $\dfrac{\pi d^4}{64}$

③ $\dfrac{3\pi d^4}{64}$ 　　　④ $\dfrac{5\pi d^4}{64}$

해설 ⊕

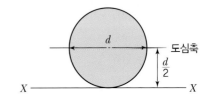

$$I_X = I_{도심} + A\left(\frac{d}{2}\right)^2$$

$$= \frac{\pi d^4}{64} + \frac{\pi}{4} d^2 \times \frac{d^2}{4}$$

$$= \frac{\pi d^4}{64} + \frac{\pi d^4}{16}$$

$$= \frac{5\pi d^4}{64}$$

# 02

# 유체역학

유체역학 : 정지 또는 운동하고 있는 유체의 움직임을 다루는 학문

CHAPTER

**01** 유체역학의
기본개념

## 1. 물질

① **고체** : 전단응력하에서 변형되지만 연속적인 변형이 되지 않음

→ 재료역학[일정범위까지 변형이 없음(불연속)]

② **유체** : 아무리 작은 전단응력이라도 작용하기만 하면 연속적으로 변형되는 물질

※ 유체는 전단력이 작용하는 한 유동을 계속하기 때문에 순간 정지 시에 전단응력을 유지 못하는 물질

(a) 고체

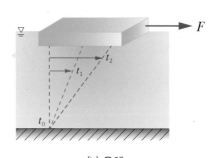

(b) 유체

상태 : 기체(증기) ──주로(증기)──▶ 열역학(밀폐계 : 검사질량, 개방계 : 검사체적)

액체 ──주로──▶ 유체역학(계, 검사체적) : 힘(층밀리기 변형력)을 받으면 모양이 변하거나 흐른다.

## 2. 목적

유체역학의 기본적인 개념과 원리에 대한 지식과 이해는 유체가 작동매체로 사용되는 장치를 해석하는 데 필수적이다. 유체역학은 모든 운송수단을 설계하는 데 쓰이며, 유체기계(펌프, 팬, 송풍기), 인체 내의 순환계, 골프(슬라이스 또는 훅), 설비(난방, 환배기, 배관) 등 응용분야가 다양하며 일상생활에 많은 부분을 차지하는 학문이다.

## 3. 유체분류

### (1) 압축유무

① 압축성 유체 : 미소압력 변화에 대하여 체적변화를 수반하는 유체(기체) $\rho \neq C$
② 비압축성 유체 : 미소압력 변화에 대하여 체적변화가 없는 유체(액체) $\rho = C$

- 액체 $\dfrac{d\rho}{dp} = 0$, $\rho = \dfrac{m}{V}(m=C)$
- 물, 기름 $d\rho = 0 \rightarrow \rho = C$

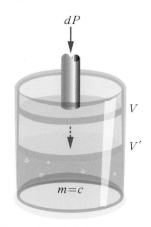

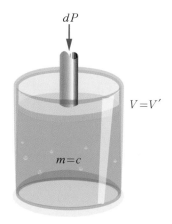

(a) 압축성 유체(체적변화가 있다)          (b) 비압축성 유체(체적변화가 없다)

### (2) 점성유무

① 점성 유체 : 점성이 있어 유체의 전단응력이 발생하는 유체
② 비점성 유체 : 점성이 없어 유체의 전단응력이 발생하지 않는 유체

참고

• 점성

운동하고 있는 유체의 서로 인접하고 있는 층 사이에 미끄럼이 생기면 많든 적든 마찰이 발생하는데,
이것을 유체마찰 또는 점성이라 한다.

→ 유체층 사이에 상대운동이 생길 때 이 상대운동을 방해하는 성질

점성(유체마찰)이 없고 비압축성 유체 → 이상유체(Ideal fluid)

## 4. 계(System)와 검사체적(Control Volume)

① 계 : 고정되며 동일성을 가지는 물질의 질량
② 검사체적($C.V$) : 유체가 흐르는 공간 안에서 임의의 체적
③ 적용 : 흐르는 유체 해석을 위해 유체가 흐르는 공간 내에 있는 하나의 체적에 대해 주의를 집중
하는 것이 편리하며, 유체는 연속적인 층밀리기 변형을 하기 때문에 항상 유체의 동일한 질량
구분과 추종이 어려워 검사체적을 잡아 해석

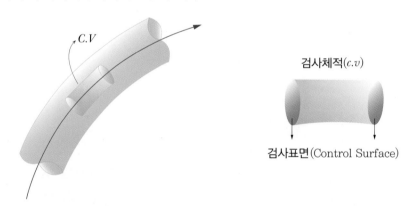

## 5. 연구방법

① 미분적 접근법(미시적 관점) : 미세한 각 입자 하나하나에 관심(미분형 방정식)

㈜  $ds = dxi + dyj + dzk$

$V = ui + vj + wk$

6개 방정식 $6 \times 10^{23}$(분자량)

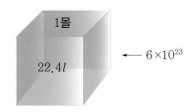

② 적분적 접근법(거시적 관점) : 미세한 거동보다는 전체적인 거동에 관심(적분형 방정식)

→ 평균효과에 관심

(예) $Q = A \cdot V_{av}$

---

참고

- **연속체**

무수히 많은 분자로 구성된 시스템은 항상 분자의 크기에 대해 매우 큰 체적을 다루고 각 분자 거동에는 관심이 없으며 분자들의 평균적이거나 거시적인 영향에만 관심을 가지므로 시스템을 연속적인 것으로 간주(일정질량(계)을 연속체로 생각)한다.

> 희박기체유동, 고진공(high vacuum) → 연속체 개념 불필요(밀도를 정의할 수 없을 정도의 체적에서는 연속체의 개념을 버려야 한다.) → 미시적이고 통계학적인 관점(라간지(입자)기술방법)

연속체를 정의하려면 공간영역이 분자의 평균 자유행로(운동량 크기의 변화 없이 갈 수 있는 경로)보다 커야 한다.

$\delta V'$가 너무 작아 분자를 포함하지 않으면($\delta m$이 없으면)

밀도 $\rho = \lim\limits_{\delta V \to \delta V'} \dfrac{\delta m}{\delta V}$을 정의할 수 없다.

밀도를 정의할 수 없을 정도의 체적에서는 연속체의 개념을 버려야 한다.

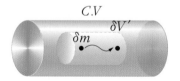

한 점에서 밀도의 정의

---

중요

연속체라는 가정의 결과 때문에 유체의 각 물리적 성질은 공간상의 모든 점에서 정해진 값을 갖는다고 가정된다.(연속적인 분포)

그래서 밀도, 온도, 속도 등과 같은 유체성질들은 위치와 시간의 연속적인 함수로 볼 수 있다.

→ 오일러 기술방법으로 유인(장기술방법)

## 6. 기술방법

### (1) Lagrange 기술방법(입자기술방법)

특정한 유체입자의 운동에 관심을 갖고 그 운동을 기술 – 동일 질량요소의 운동궤적을 추종할 수 있는 경우

- 유체는 수많은 입자로 이루어지므로 각 입자들의 움직임을 하나하나 추적한다는 것은 매우 어려움 – 실험에서 한 유체입자만 구별하기 어려움

### (2) Euler 기술방법(장기술방법)

유동장의 한점에서 유동성질들이 공간좌표(위치)와 시간의 함수로 기술(관측될 유체입자는 시간과 관측하는 위치에 따라 결정된다는 것)

⑩ 유체 내의 무수히 많은 점에서 밀도를 동시에 구한다면 주어진 순간에서의 밀도의 분포를 공간좌표의 함수 $\rho(x,\ y,\ z)$로 얻을 수 있다.

한점에서의 유체의 밀도는 분명히 유체에 가해진 일이나 유체에 의해서 행해진 일 또는 열전달의 결과로 인하여 시간($t$)에 따라 변한다.

∴ 밀도에 대한 완벽한 장의 표현은 $\rho = \rho(x,\ y,\ z,\ t)$

밀도는 크기만을 가지므로 스칼라장이다.(scalar field)

가정 정상유동 $\dfrac{\partial F}{\partial t} = 0$이면 $\dfrac{\partial \rho}{\partial t} = 0$을 $\rho = \rho(x,\ y,\ z,\ t)$에 적용하면

$\rho = \rho(x,\ y,\ z)$가 된다.

⑩ 속도장

- 운동하는 유체 → 속도장 고려
- 주어진 순간에 속도장 $\vec{V}$는 공간좌표 $x,\ y,\ z$ 함수가 되며 유동장 내 임의의 한점에서의 속도는 순간순간 변하므로(시간에 따라 변함) 속도(속도장)의 완전한 표현은

$$\vec{V} = \vec{V}(x,\ y,\ z,\ t),\ \text{여기서}\ \frac{\partial V}{\partial t} = 0\text{이면 속도장}\ \vec{V} = \vec{V}(x,\ y,\ z)$$

- 편미분($\partial$)의 이유 : 속도 $\vec{V}$가 위치와 시간의 함수이므로(속도는 $x,\ y,\ z,\ t$ 함수)

## 7. 유체역학에 필요한 단위와 환산

- $1\text{m}l = 1\text{cm}^3$ ➜

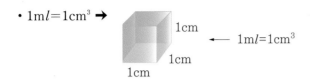

$\leftarrow 1\text{m}l = 1\text{cm}^3$

- $1l = 10^3\text{cm}^3$ ➜

$\leftarrow 1l = 10^3\text{cm}^3$

- 압력 : $p = \dfrac{F}{A} \rightarrow [\text{N/m}^2$ 또는 $\text{kgf/m}^2]$

  $1\text{Pa}(\text{파스칼}) = 1\text{N/m}^2$

  $1\text{kPa} = 10^3\text{Pa},\ 1\text{MPa} = 10^6\text{Pa}$

  $1\text{bar} = 10^5\text{Pa},\ 1\text{hPa} = 10^2\text{Pa}(\text{hecto} = 10^2)$

- 에너지 : 효과(일)를 유발할 수 있는 능력

  $1\text{kcal}(\text{열에너지}) = 4{,}185.5\text{J}$ 만큼 일을 할 수 있다.

  $4{,}185.5\text{J} \times \dfrac{1\text{kgf} \cdot \text{m}}{9.8\text{J}} = 427.09\text{kgf} \cdot \text{m}$

  $\left(A = \dfrac{1}{427}\text{kcal/kgf} \cdot \text{m} \text{ 일의 열당량}\right)$

  $1\text{kW} \cdot \text{h} = 1{,}000\text{W} \cdot \text{h} = 1{,}000\text{J/s} \cdot 3{,}600\text{s}\dfrac{1\text{kcal}}{4{,}185.5\text{J}} = 860\text{kcal}$

  $1\text{PS} \cdot \text{h} = 75\text{kgf} \cdot \text{m/s} \times 3{,}600\text{s} \times \dfrac{1\text{kcal}}{427\text{kgf} \cdot \text{m}} = 632.3\text{kcal}$

  $1\text{PS} = 75\text{kgf} \cdot \text{m/s} = 75 \times 9.8\text{N} \cdot \text{m/s} = 75 \times 9.8\text{J/s} = 735\text{W}$

  $1\text{kW} = 102\text{kgf} \cdot \text{m/s} = 102 \times 9.8\text{N} \cdot \text{m/s} = 999.6\text{J/s} = 1{,}000\text{W}$

## 8. 차원에 대한 이해

- 차원해석 → 동차성의 원리를 이용해 물리적 관계식의 함수관계를 유출
- 모든 수식은 차원이 동차성 → 좌변차원＝우변차원

예 ① $x \quad = \quad x_0 \quad + \quad vt \quad + \quad \frac{1}{2}at$

$\qquad\qquad \downarrow \qquad\qquad \downarrow \qquad\qquad \downarrow$

$\qquad\quad L$차원 $\quad LT^{-1} \cdot T \quad LT^{-2} \cdot T$

$\qquad\qquad\qquad (L$차원$) \qquad$ (잘못된 식 : 차원이 다름 → $LT^{-1}$ 차원)

$\qquad\qquad\qquad\qquad\qquad$ → (올바른 식 : $\frac{1}{2}at^2$ → $L$ 차원)

② $A+B=C$ (가정 $A, B, C$ 가 길이라면)

$\quad A=B=C$ : 동차원

- 물리량의 차원을 알 때

예 파의 속도 $v(LT^{-1})$, 진동수 $f(T^{-1})$, 파장 $\lambda(L)$인 세 가지 물리량 중 하나를 다른 두 양의 곱으로 표현하면 차원이 일치하는 식은 오직 하나 $v=f \cdot \lambda$

## 9. 밀도($\rho$), 비중량($\gamma$), 비체적($v$), 비중($s$)

① 밀도$(\rho)=\dfrac{질량}{부피(체적)}=\dfrac{m}{V}$ [kg/m³]

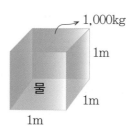

- 물의 밀도

$$\rho_w = \quad 1,000\text{kg/m}^3 \quad = \quad 1,000\text{N} \cdot \text{s}^2/\text{m}^4 = 1,000\text{N}\frac{1\text{kgf}}{9.8\text{N}}\text{s}^2/\text{m}^4 = \quad 102\text{kgf} \cdot \text{s}^2/\text{m}^4$$

$$\qquad\quad \downarrow \qquad\qquad\qquad\qquad \downarrow \qquad\qquad\qquad\qquad\qquad\qquad\qquad\qquad \downarrow$$

$$\qquad\quad ML^{-3} \qquad\qquad\qquad FT^2L^{-4} \qquad\qquad\qquad\qquad\qquad\qquad\qquad\quad FT^2L^{-4}$$

② 비중량$(\gamma)=\dfrac{무게(중량)}{부피(체적)}=\dfrac{W}{V}=\dfrac{m \cdot g}{V}=\rho \cdot g$ [N/m³, kgf/m³]

③ 비체적$(v)=\dfrac{체적\,(부피)}{질량}$ [m³/kg] → SI(절대)단위계 $v=\dfrac{1}{\rho}$

$\phantom{③ 비체적(v)}=\dfrac{체적}{무게\,(중량)}$ [m³/kgf] → 공학(중력)단위계 $v=\dfrac{1}{\gamma}$

④ 비중$(S)=\dfrac{\gamma(대상물질비중량)}{\gamma_w(물의\,비중량)}=\dfrac{\rho(대상물질밀도)}{\rho_w(물밀도)}$

$\phantom{④ 비중(S)}\gamma_w=1,000\text{kgf/m}^3=9,800\text{N/m}^3$

## 10. 뉴턴의 점성법칙

아래 그림에서 평판을 움직이는 힘은 평판의 면적$(A)$과 평판의 이동속도$(u)$에 비례하고 깊이$(h)$에는 반비례한다.

### (1) 뉴턴유체

전단응력이 변형률과 정비례하는 유체 ↔ 비뉴턴유체 : 비례하지 않는 유체

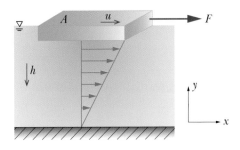

여기서, $u$ : 평판의 이동속도
$A$ : 평판의 면적
$F$ : 평판을 움직이는 힘

$F \propto A \cdot \dfrac{u}{h}$

$F=\mu \cdot A \dfrac{u}{h}$ ($\mu$ : 비례계수-점성계수)

$\dfrac{F}{A}=\mu \cdot \dfrac{u}{h}=\tau$ ···················· ⓐ

ⓐ식을 미분식으로 고쳐쓰면 $\tau=\mu \dfrac{du}{dy}$ : 속도 기울기(속도구배)

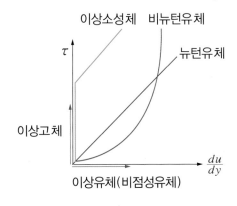

• **뉴턴유체** : 물, 공기, 가솔린 등 대부분 유체
• **이상소성체** : 치약은 뚜껑을 열어도 흘러나오지 않고 고체처럼 움직임을 방해하는 항복응력이 있으며 그 이상의 응력이 작용하면 밖으로 흘러나오게 된다.

• 점성계수($\mu$) : 유체마찰계수는 속도 기울기와 무관

## (2) 점성계수($\mu$)의 단위와 차원

ⓐ식에서 $\mu = \dfrac{F \cdot h}{A \cdot u} = \dfrac{\text{kgf} \cdot \text{m}}{\text{m}^2 \cdot \text{m/s}} = \text{kgf} \cdot \text{s/m}^2$(중력단위)$[FTL^{-2}]$

$\rightarrow \text{N} \cdot \text{s/m}^2$

$\rightarrow \text{kg} \cdot \text{m/s}^2 \cdot \text{s/m}^2$

$\rightarrow \text{kg/m} \cdot \text{s}\,[ML^{-1}T^{-1}]$

$\text{kg/m} \cdot \text{s} \xrightarrow{\text{CGS단위}} \boxed{1\text{g/cm} \cdot \text{s} = 1\text{poise(포아즈)}\ [ML^{-1}T^{-1}]}$

$1\text{g/cm} \cdot \text{s} \dfrac{1\text{dyne}}{1\text{g} \cdot \text{cm/s}^2} = 1\text{dyne} \cdot \text{s/cm}^2\,[FTL^{-2}]$

• 점성계수(유체마찰계수)

액체 $\xrightarrow{\text{온도증가}}$ 마찰계수인 점성계수 $\mu$가 감소(분자들 사이의 응집력이 점성 좌우)

기체 $\xrightarrow{\text{온도증가}}$ 마찰 심해짐. 점성계수 $\mu$가 증가
(분자의 운동에너지가 점성 지배 – 분자가 활발히 움직임)

## (3) 동점성계수

$\boxed{\text{동점성계수 } (\nu) = \dfrac{\mu}{\rho}} = \dfrac{\text{g/cm} \cdot \text{s}}{\text{g/cm}^3} = \text{cm}^2/\text{s}$

$1\text{stokes} = 1\text{cm}^2/\text{s}\ [L^2 T^{-1}]$

## 11. 이상기체(완전기체)

### (1) 완전기체

실제기체(공기, $CO_2$, $NO_2$, $O_2$)는 밀도가 작고 비체적이 클수록, 온도가 높고 압력이 낮을수록, 분자 간 척력이 작을수록(분자 간 거리가 멀다) 이상기체에 가깝다. → $Pv=RT$를 만족

### (2) 아보가드로 법칙

정압(1기압), 등온($0℃$)하에서 이상기체는 같은 체적($22.4ℓ$) 속에 같은 수의 분자량($6 \times 10^{23}$개)을 갖는다.

① 정압, 등온 : $Pv=RT$

$P_1 v_1 = R_1 T_1$ ································· ⓐ

$P_2 v_2 = R_2 T_2$ ································· ⓑ

ⓐ에서 $P_1 = \dfrac{R_1}{v_1} T_1$, $P_1 = P_2$이므로

ⓑ에 대입하면 $\dfrac{R_1}{v_1} T_1 v_2 = R_2 T_2$ (여기서, $T_1 = T_2$이므로)

$\dfrac{v_2}{v_1} = \dfrac{R_2}{R_1}$ ································· ⓒ

② 같은 체적 속에 같은 분자량($M$)

$M \cdot v = C \rightarrow M_1 v_1 = M_2 v_2$

$\dfrac{v_2}{v_1} = \dfrac{M_1}{M_2}$ ································· ⓓ

ⓒ=ⓓ에서 $\dfrac{R_2}{R_1} = \dfrac{M_1}{M_2}$

∴ $M_1 R_1 = M_2 R_2 = MR = C = \overline{R}$ : 일반기체상수(표준기체상수)

### (3) 이상기체 상태방정식

$PV = n\overline{R}T \quad \left( n(몰수) = \dfrac{m(질량)}{M(분자량)} \right)$

$PV = \dfrac{m}{M} \overline{R}T \quad \left( MR = \overline{R} \text{에서} \dfrac{\overline{R}}{M} = R \right)$

$PV = mRT$ (SI단위)

$\dfrac{PV}{T} = mR = C \rightarrow \dfrac{P_1 V_1}{T_1} = \dfrac{P_2 V_2}{T_2}$ (보일-샤를 법칙)

$PV = mRT \rightarrow Pv = RT \quad \left( v(비체적) = \dfrac{V}{m} \right)$

| SI단위 | 공학단위 |
|---|---|
| $v=\dfrac{1}{\rho}$ | $v=\dfrac{1}{\gamma}$ |
| $\dfrac{P}{\rho}=RT$ | $\dfrac{P}{\gamma}=RT$ |
| $P\cdot\dfrac{V}{m}=RT$ | $P\cdot\dfrac{V}{G}=RT$ |
| $PV=mRT$ | $PV=GRT$ |

참고

**이상기체 상태방정식에서 참고사항**

• 밀도가 낮은 기체는 보일(온도)−샤를(압력) 법칙을 따른다.

• 밀도가 낮다는 조건하에서 실험적 관찰에 근거

• 밀도가 높은 기체는 이상기체 상태방정식에서 상당히 벗어난다.

(이상기체 거동에서 얼마나 벗어나는가 알 수 있는데, $PV=Zn\overline{R}T$에서 압축성인자 $Z=1$일 때 이상 기체 상태방정식이고, $Z$값이 1에서 벗어난 정도가 실제기체 상태방정식과 이상기체 상태방정식의 차이를 나타낸다.)

## (4) 일반(표준)기체상수($\overline{R}$)

공기를 이상기체로 보면(온도 : 0℃, 압력 : 1atm, 1kmol 조건)

$PV=n\overline{R}T$에 대입하면

(1mol → 22.4ℓ, 1kmol → $10^3$mol, 1atm＝1.0332kgf/cm², MKS 단위계로 환산)

$$\overline{R}=\frac{P\cdot V}{n\cdot T}=\frac{1.0332\times10^4\text{kgf/m}^2\times22.4\times10^{-3}\times10^3\text{m}^3}{1\text{kmol}\times(273+0°\text{C})\text{K}}$$

$$≒848\text{kgf}\cdot\text{m/kmol}\cdot\text{K (공학)}$$

$$≒8,314.4\text{N}\cdot\text{m/kmol}\cdot\text{K (SI)}$$

$$≒8,314.4\text{J/kmol}\cdot\text{K}$$

$$≒8.3144\text{kJ/kmol}\cdot\text{K}$$

$PV=mRT$(SI)에서 기체상수 $R$의 단위를 구해보면 몰수 : $n=\dfrac{m}{M}$을 이용하여

$$M=\frac{m}{n}=\frac{\text{kg}}{\text{kmol}}, \ MR=\overline{R},$$

$$R=\frac{\overline{R}}{M}=\frac{\text{N}\cdot\text{m/kmol}\cdot\text{K}}{\text{kg/kmol}}=\text{N}\cdot\text{m/kg}\cdot\text{K (SI)}=\text{J/kg}\cdot\text{K (SI단위)}$$

$$PV = mRT \times \frac{g}{g} \text{ (SI단위의 } R \text{값을 } g \text{로 나누면 공학단위의 } R \text{단위로 바뀐다.)}$$

$$PV = GRT \ (G = m \cdot g, \ R \text{ 공학단위} = \frac{R(\text{SI단위})}{g} \text{ (SI단위일 J} \rightarrow \text{kgf} \cdot \text{m))}$$

$$R \text{ 공학단위}: \frac{R}{g} = \frac{\dfrac{\text{kgf} \cdot \text{m}}{\text{kg} \cdot \text{K}}}{g} = \frac{\text{kgf} \cdot \text{m}}{\text{kgf} \cdot \text{K}} \ (\because \text{kg} \cdot g \Rightarrow \text{kgf})$$

(예) 공기의 기체상수($R$)를 구해보면

　　공기분자량 → 28.97kg/kmol (SI)

$$R = \frac{\overline{R}}{M} \text{에서} \ \frac{8{,}314.4 \dfrac{\text{J}}{\text{kmol} \cdot \text{K}}}{28.97 \dfrac{\text{kg}}{\text{kmol}}} = 287\text{J/kg} \cdot \text{K (SI)} \ \left(n = \frac{m}{M} \text{에서} \ M = \frac{m}{n} = \frac{\text{kg}}{\text{kmol}}\right)$$

$$\frac{848 \dfrac{\text{kgf} \cdot \text{m}}{\text{kmol} \cdot \text{K}}}{28.97 \dfrac{\text{kgf}}{\text{kmol}}} = 29.27\text{kgf} \cdot \text{m/kgf} \cdot \text{K (공학)}$$

## 12. 체적 탄성 계수($K$)와 압축률($\beta$)

### (1) 체적탄성계수 : $K = \dfrac{1}{\beta}$　($\beta$ : 압축률)

- 유압장치에서 보통압력에서는 비압축성으로 고려될지라도 고압에서는 상당한 밀도 변화가 있다.
- 유압유체의 압축성계수(압축률)들도 역시 고압하에서는 심하게 변한다.
- 비정상 유동을 포함한 문제에서는 유체의 압축성과 경계 구조물의 탄성을 고려하여야 한다.
- 적당한 압력에서는 액체가 비압축성으로 고려되지만 높은 압력에서는 압축성 효과가 중요 시 될 수 있다. 이때 유체 내의 압력과 밀도변화를 $K$와 $\beta$를 이용하여 나타낸다.

### (2) 압축률($\beta$)

일정질량을 가진 압축성 유체가 밀폐용기에 들어 있을 때 유체에 미소압력($dP$)을 가하면 압축되어 유체의 체적이 변하게 된다. 즉 압축에너지가 유체에 탄성에너지로 저장되어 미소압력($dP$)을 제거하면 본래의 체적으로 팽창하려고 한다.

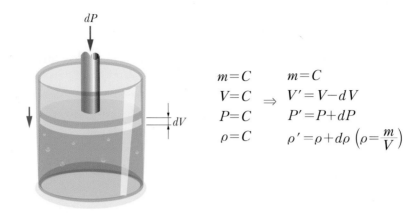

$$\beta = \frac{체적변화율}{미소압력변화} = \frac{-\dfrac{dV}{V}}{dP} = -\frac{1}{V}\frac{dV}{dP} \quad \cdots\cdots \quad ⓐ \ (체적감소)$$

$$K = \frac{1}{\beta} = -V\frac{dP}{dV} \quad \cdots\cdots\cdots\cdots\cdots\cdots\cdots\cdots\cdots\cdots\cdots \quad ⓑ \ (\sigma = K\varepsilon_v \ 연관)$$

$$= \ominus\left(\frac{dV}{V}\right) \to \oplus\left(\frac{d\rho}{\rho}\right)(m = C이므로)$$

밀도가 체적만의 함수이므로 체적변화를 밀도변화로 볼 수 있다.

$$K = \oplus\frac{dP}{\dfrac{d\rho}{\rho}} \ (밀도증가)$$

$$K = +\rho\frac{dP}{d\rho} \to \left(참고 : a_s = \sqrt{\frac{dP}{d\rho}} = \sqrt{\frac{K}{\rho}} = C\right)$$

압축성유체(기체)에서 발생하는 압력교란은 유체의 상태에 의해 결정되는 속도[음속($a_s$)]로 전파된다.

## (3) 등온과정에서 체적탄성계수

$$\frac{PV}{T} = C, \ T = C이므로 \ PV = C \quad \begin{cases} P = \dfrac{C}{V} \ 미분 \\[2mm] \dfrac{dP}{dV} = -CV^{-2} \end{cases}$$

따라서 ⓑ식에 대입하면

$$K = -V(-CV^{-2}) = \frac{C}{V} = P \quad (\because C = PV)$$

$$\therefore \ K = P$$

## (4) 단열변화에서 체적탄성계수

$$PV^k = C \rightarrow P = \frac{C}{V^k} \xrightarrow{\text{미분}} \frac{dP}{dV} = -kCV^{-k-1}$$

$$\frac{dP}{dV} = -kCV^{-k}V^{-1}$$

ⓑ식에 대입하면

$$K = -V(-kCV^{-k}V^{-1}) = kCV^{-k} = kP \ (\because C = PV^k)$$

$$\therefore \ K = kP \ (k : \text{비열비})$$

## (5) 유체 내에서 압력파의 속도 : $a$ 또는 $\alpha_s$ 또는 $C$

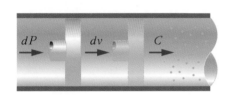

그림처럼 피스톤을 이동시키면 압축에 의해 교란을 일으켜 압력파는 관 안에서 속도 $\alpha_s(C)$로 전파된다. 이 속도가 음속이다.

유체 내의 교란에 의하여 생긴 압력파의 전파속도(음속)는

$$\alpha_s = \sqrt{\frac{dP}{d\rho}} = \sqrt{\frac{K}{\rho}}$$

① 등온일 때

$$K = P, \ Pv = RT를 \ 조합, \ \alpha_s = \sqrt{\frac{P}{\rho}} = \sqrt{RT} : \text{SI단위} \ R \rightarrow \text{N·m/kg·K(J/kg·K)}$$

$$= \sqrt{gRT} : \text{중력단위계}(R \rightarrow \text{kgf·m/kgf·K})$$

$$v = \underset{\text{(SI)}}{\frac{1}{\rho}} = \underset{\text{(중력)}}{\frac{1}{\gamma}} = \frac{1}{\rho \cdot g}$$

② 단열일 때

$$K = kP, \ Pv = RT를 \ 조합하면, \ \alpha_s = \sqrt{\frac{K}{\rho}} = \sqrt{\frac{kP}{\rho}} = \sqrt{kRT} \ (\text{SI단위})$$

$$= \sqrt{kgRT} \ (\text{중력단위})$$

예 공기 속에서 음속 → 지구는 단열계로 해석(공기비열비 $k = 1.4$, 상온 15°C)

SI단위로 구해보면 $\alpha_s = \sqrt{1.4 \times 287 \times (273 + 15)} = 340\text{m/s}$

소리의 전달은 음파의 파장이 매체를 통하여 전달되므로 전달속도는 매체의 밀도가 높을수록 빨라져 공기(기체)<물(액체)<쇠(고체) 순이 된다.

## 13. 표면장력과 모세관 현상

### (1) 표면장력($\sigma$)

 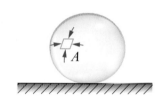

- 액체가 자유표면(기체와 액체의 경계면)을 최소화하려는 성질
  (예) 풀잎 위의 이슬방울은 표면적을 가장 적게 하기 위해 동그랗게 구슬모양의 물방울이 됨
  - 가느다란 바늘이 물 위에 뜨는 것(물의 응집력 때문)
- 액체와 공기의 경계면에서 액체분자의 응집력이 공기분자와 액체분자 사이에 작용하는 부착력보다 크게 되어 액체표면을 최소화하려는 힘이 발생한다.

$$표면장력(\sigma) = \frac{일}{단위면적} = \frac{N \cdot m}{m^2} = N/m \text{ (선분포)}$$

- 액체표면에 있는 분자는 표면에 접선인 방향으로 끌어당기는 힘
- 단위 표면적의 액막을 형성·유지시키기 위해서 액체 분자를 표면까지 가져오는 데 필요한 일 에너지

┃ 참고

- **응집력**:종류가 같은 분자들 사이에 작용하는 인력
- **부착력**:종류가 다른 분자들 사이에 작용하는 인력

① 액체실린더

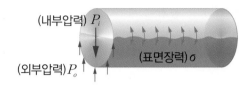

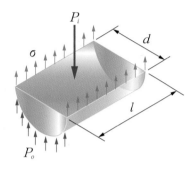

$\sum F_y=0 : \ -P_i \cdot d \cdot l + P_o \cdot d \cdot l + \sigma \cdot 2l = 0$ (압력 → 투사면적)

$\sigma \cdot 2l = (P_i - P_o)d \cdot l$

$\therefore \ \sigma = \dfrac{\Delta P \cdot d}{2}$ ($\Delta P = P_i - P_o$ : 내부와 외부 압력차)

② 꽉 찬 물방울(두께가 얇은 비눗방울)의 표면장력

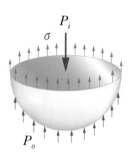

$-P_i \dfrac{\pi}{4} d^2 + P_o \dfrac{\pi}{4} d^2 + \sigma \cdot \pi d = 0$  (압력 → 투사면적)

$\sigma \cdot \pi d = (P_i - P_o)\dfrac{\pi}{4} d^2$

$\therefore \ \sigma = \dfrac{\Delta P \cdot d}{4}$

## (2) 모세관 현상 : 직경이 작은 관(모세관)

- 가는 관을 액체가 들어 있는 용기에 세우면 액체의 응집력과 액체와 가는 관 사이에 작용하는 부착력의 차이에 의해 액체가 올라가거나 내려가는 현상

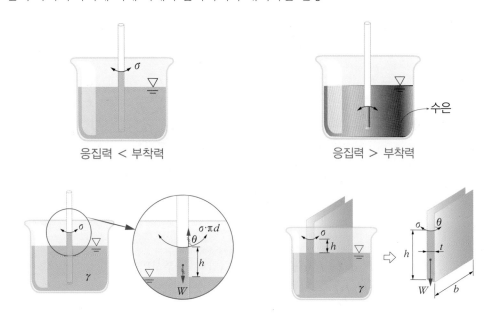

- 액체의 무게(올라감 또는 내려감)＝표면장력의 수직분력

$$\sum F_y = 0 :$$

$$\pi d\sigma \cos\theta - W = 0, \quad W = \gamma \cdot V \left( V = \frac{\pi}{4} d^2 h \right)$$

$$\pi d\sigma \cos\theta - \gamma \frac{\pi d^2}{4} h = 0$$

$$\therefore \ h = \frac{4\pi d\sigma \cos\theta}{\gamma \pi d^2} = \frac{4\sigma \cos\theta}{\gamma d}$$

- $h$(증류수)$> h$(상수도) : 동일한 시험관직경에 대해

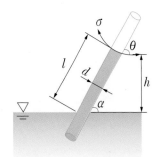

가는 관이 기울어져 있어도 모세관 현상에 의해 액체가 올라가는 높이는 변함없이 같다.

# 핵심 기출 문제

**01** 다음과 같이 유체의 정의를 설명할 때 괄호 속에 가장 알맞은 용어는 무엇인가?

> 유체란 아무리 작은 (   )에도 저항할 수 없어 연속적으로 변형하는 물질이다.

① 수직응력          ② 중력

③ 압력             ④ 전단응력

**해설⊕**
유체는 전단응력을 받으면 연속적으로 변형되며 고체는 전단응력을 받으면 불연속적으로 변형된다.

**02** 어떤 유체의 밀도가 741kg/m³이다. 이 유체의 비체적은 약 몇 m³/kg인가?

① $0.78 \times 10^{-3}$        ② $1.35 \times 10^{-3}$

③ $2.35 \times 10^{-3}$        ④ $2.98 \times 10^{-3}$

**해설⊕**
비체적 $\nu = \dfrac{1}{\rho} = \dfrac{1}{741} = 1.35 \times 10^{-3} \, \mathrm{m^3/kg}$

**03** 간격이 10mm인 평행 평판 사이에 점성계수가 14.2poise인 기름이 가득 차 있다. 아래쪽 판을 고정하고 위의 평판을 2.5m/s인 속도로 움직일 때, 평판 면에 발생되는 전단응력은?

① $316 \mathrm{N/cm^2}$        ② $316 \mathrm{N/m^2}$

③ $355 \mathrm{N/m^2}$        ④ $355 \mathrm{N/cm^2}$

**해설⊕**
$1\mathrm{poise} = \dfrac{1\mathrm{g}}{\mathrm{cm \cdot s}} \times \dfrac{1 \mathrm{dyne \cdot s^2}}{\mathrm{g \cdot cm}} = 1 \mathrm{dyne \cdot s/cm^2}$

$\mu = 14.2\mathrm{poise}$ 이므로

$$14.2 \times \frac{\mathrm{dyne \cdot s} \times \dfrac{1\mathrm{N}}{10^5 \mathrm{dyne}}}{\mathrm{cm^2} \times \left(\dfrac{\mathrm{m}}{100\mathrm{cm}}\right)^2} = 14.2 \times \frac{1}{10} \mathrm{N \cdot s/m^2}$$

$$\therefore \ \tau = \mu \cdot \frac{du}{dy} = 14.2 \times \frac{1}{10} \times \frac{2.5}{0.01}$$
$$= 355 \mathrm{N/m^2}$$

**04** 점성계수의 차원으로 옳은 것은?(단, $F$는 힘, $L$은 길이, $T$는 시간의 차원이다.)

① $FLT^{-2}$          ② $FL^2 T$

③ $FL^{-1}T^{-1}$       ④ $FL^{-2}T$

**해설⊕**
$1\mathrm{poise} = \dfrac{1\mathrm{g}}{\mathrm{cm \cdot s}} \times \dfrac{1\mathrm{dyne}}{1\mathrm{g} \times \dfrac{\mathrm{cm}}{\mathrm{s^2}}} = 1 \dfrac{\mathrm{dyne \cdot s}}{\mathrm{cm^2}}$

$\rightarrow FTL^{-2}$ 차원

**05** 뉴턴의 점성법칙은 어떤 변수(물리량)들의 관계를 나타낸 것인가?

① 압력, 속도, 점성계수
② 압력, 속도기울기, 동점성계수
③ 전단응력, 속도기울기, 점성계수
④ 전단응력, 속도, 동점성계수

**해설⊕**
$\tau = \mu \cdot \dfrac{du}{dy} = \dfrac{F}{A}$

---

**정답**    01 ④   02 ②   03 ③   04 ④   05 ③

**06** 점성계수는 0.3poise, 동점성계수는 2stokes인 유체의 비중은?

① 6.7          ② 1.5

③ 0.67         ④ 0.15

해설 ➕

동점성계수 $\nu = \dfrac{\mu}{\rho}$ 에서

$$\rho = \frac{\mu}{\nu} = \frac{0.3\dfrac{\mathrm{g}}{\mathrm{cm} \cdot \mathrm{s}}}{2\dfrac{\mathrm{cm}^2}{\mathrm{s}}} = 0.15\,\mathrm{g/cm^3}$$

$$s = \frac{\rho}{\rho_w} = \frac{0.15\,\mathrm{g/cm^3}}{1\,\mathrm{g/cm^3}} = 0.15$$

**07** 이상기체 2kg이 압력 98kPa, 온도 25℃ 상태에서 체적이 0.5m³였다면 이 이상기체의 기체상수는 약 몇 J/kg · K인가?

① 79           ② 82

③ 97           ④ 102

해설 ➕

$PV = mRT$ 에서

$$R = \frac{P \cdot V}{mT}$$

$$= \frac{98 \times 10^3 \times 0.5}{2 \times (25 + 273)}$$

$$= 82.21\,\mathrm{J/kg \cdot K}$$

**08** 어떤 액체가 800kPa의 압력을 받아 체적이 0.05% 감소한다면, 이 액체의 체적탄성계수는 얼마인가?

① 1,265 kPa              ② $1.6 \times 10^4$ kPa

③ $1.6 \times 10^6$ kPa   ④ $2.2 \times 10^6$ kPa

해설 ➕

체적탄성계수

$$K = \frac{1}{\beta(\text{압축률})} = \frac{1}{-\dfrac{\dfrac{dV}{V}}{dP}}$$

$$= \frac{\Delta P}{-\dfrac{\Delta V}{V}} \quad ((-)\text{는 체적감소를 의미})$$

$$= \frac{\Delta P}{\varepsilon_V} = \frac{800}{\dfrac{0.05}{100}} = 1.6 \times 10^6\,\mathrm{kPa}$$

**09** 다음 중 체적탄성계수와 차원이 같은 것은?

① 체적          ② 힘

③ 압력          ④ 레이놀즈(Reynolds)수

해설 ➕

$\sigma = K \cdot \varepsilon_V$ 에서 체적변형률 $\varepsilon_V$는 무차원이므로 체적탄성계수 $K$는 응력(압력) 차원과 같다.

**10** 어떤 액체의 밀도는 890kg/m³, 체적탄성계수는 2,200MPa이다. 이 액체 속에서 전파되는 소리의 속도는 약 몇 m/s인가?

① 1,572         ② 1,483

③ 981           ④ 345

해설 ➕

음속 $C = \sqrt{\dfrac{K}{\rho}} = \sqrt{\dfrac{2,200 \times 10^6}{890}} = 1,572.23\,\mathrm{m/s}$

**11** 동점성계수가 10cm²/s이고 비중이 1.2인 유체의 점성계수는 몇 Pa · s인가?

① 0.12          ② 0.24

③ 1.2           ④ 2.4

**해설⊕**

동점성계수 $\nu = 10\dfrac{\mathrm{cm}^2}{\mathrm{s}} \times \left(\dfrac{1\mathrm{m}}{100\mathrm{cm}}\right)^2 = 10^{-3}\mathrm{m}^2/\mathrm{s}$

$\nu = \dfrac{\mu}{\rho} \rightarrow \mu = \rho \cdot \nu = S \cdot \rho_w \cdot \nu$

$\qquad = 1.2 \times 1,000\dfrac{\mathrm{kg}}{\mathrm{m}^3} \times 10^{-3}\mathrm{m}^2/\mathrm{s}$

$\qquad = 1.2\mathrm{kg/m \cdot s}$

$\qquad = 1.2\dfrac{\mathrm{kg}}{\mathrm{m \cdot s}} \times \dfrac{1\mathrm{N \cdot s}^2}{\mathrm{kg \cdot m}}$

$\qquad = 1.2\dfrac{\mathrm{N \cdot s}}{\mathrm{m}^2} = 1.2\mathrm{Pa \cdot s}$

**12** 밀도가 $\rho$인 액체와 접촉하고 있는 기체 사이의 표면장력이 $\sigma$라고 할 때 그림과 같은 지름 $d$의 원통 모세관에서 액주의 높이 $h$를 구하는 식은?(단, $g$는 중력가속도이다.)

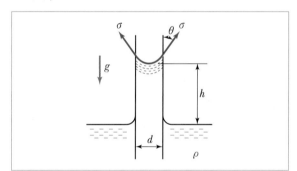

① $\dfrac{\sigma\sin\theta}{\rho g d}$

② $\dfrac{\sigma\cos\theta}{\rho g d}$

③ $\dfrac{4\sigma\sin\theta}{\rho g d}$

④ $\dfrac{4\sigma\cos\theta}{\rho g d}$

**해설⊕**

$h = \dfrac{4\sigma\cos\theta}{\gamma d} = \dfrac{4\sigma\cos\theta}{\rho \cdot g d}$

**13** 평균 반지름이 $R$인 얇은 막 형태의 작은 비눗방울의 내부 압력을 $P_1$, 외부 압력을 $P_o$라고 할 경우, 표면장력($\sigma$)에 의한 압력차($|P_i - P_o|$)는?

① $\dfrac{\sigma}{4R}$ ② $\dfrac{\sigma}{R}$ ③ $\dfrac{4\sigma}{R}$ ④ $\dfrac{2\sigma}{R}$

**해설⊕**

$\sigma = \dfrac{\Delta P d}{4}$ 에서

$\therefore \Delta P = |P_i - P_o| = \dfrac{4\sigma}{d} = \dfrac{2\sigma}{R}$

**14** 표면장력의 차원으로 맞는 것은?(단, $M$ : 질량, $L$ : 길이, $T$ : 시간)

① $MLT^{-2}$ ② $ML^2T^{-1}$

③ $ML^{-1}T^{-2}$ ④ $MT^{-2}$

**해설⊕**

표면장력은 선분포(N/m)의 힘이다.

$\dfrac{\mathrm{N}}{\mathrm{m}} \times \dfrac{1\mathrm{kg \cdot m}}{1\mathrm{N \cdot s}^2} = \mathrm{kg/s}^2 \rightarrow MT^{-2}$ 차원

**15** 지름의 비가 1 : 2인 2개의 모세관을 물속에 수직으로 세울 때, 모세관 현상으로 물이 관 속으로 올라가는 높이의 비는?

① 1 : 4 ② 1 : 2

③ 2 : 1 ④ 4 : 1

**해설⊕**

$d_1 : d_2 = 1 : 2$

$\therefore d_2 = 2d_1$

$h = \dfrac{4\sigma\cos\theta}{\gamma d}$ 에서 $h_1 = \dfrac{4\sigma\cos\theta}{\gamma d_1}$

$h_2 = \dfrac{4\sigma\cos\theta}{\gamma d_2} = \dfrac{4\sigma\cos\theta}{\gamma 2d_1} = \dfrac{h_1}{2}$

$\therefore h_1 = 2h_2 \rightarrow h_1 : h_2 = 2 : 1$

정답  **12** ④  **13** ④  **14** ④  **15** ③

# 02 유체정역학

## 1. 유체정역학

정지유체 내에서 압력장을 구할 수 있는 방정식을 찾는 것이 이 장의 목표이다.

### (1) 유체역학의 분류

① 유체정역학 : $\sum F=0$ → 정지된 유체의 해석
② 유체동역학 : $\sum F=ma$ → 유체입자에 뉴턴의 운동법칙을 적용하여 유체의 운동을 고찰

### (2) 유체정역학의 압력장

정지된 유체에서는 유체입자 간에 상대적 운동이 없어 전단응력이 발생할 수 없으므로 정지하고 있거나 "강체운동"하는 유체는 오직 수직응력만 유지할 수 있다. 즉 정지유체 내에서는 전단응력이 나타날 수 없기 때문에 유일한 표면력은 압력에 의한 힘뿐이다.

압력은 유체 내에서 → 압력장의 양(field quantity) → $P=P(x, y, z)$ 위치에 따라 변한다.(정지유체는 시간과 무관)

### (3) 유체정역학의 이용

유체정역학의 원리를 이용하면 유체 속에 잠겨 있는 물체에 작용하는 힘(⑩ 잠수함, 수문)을 구할 수 있고, 압력을 측정할 수 있는 기구도 개발할 수 있으며, 산업용 프레스나 자동차의 브레이크와 같은 응용분야의 유압장치에서 발생하는 힘을 구할 수도 있다.

## 2. 압력(Pressure)

### (1) 압력

압력이란 면적에 작용하는 힘의 크기를 나타낸다.

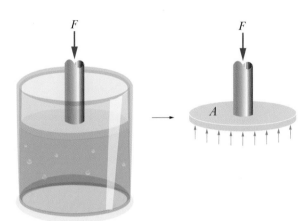

압력 $P = \dfrac{F}{A}$ (면적분포)

단위 : $N/m^2$, $kgf/cm^2$, $dyne/cm^2$,
  $mAq$, $mmHg$, bar, atm,
  hPa, mbar

$1Pa = 1N/m^2$, $1psi = 1lb/inch^2$

### (2) 전압력($F$)

유체역학에서 전압력은 힘에 해당한다.

$F = P \cdot A$

## 3. 압력의 종류

### (1) 대기압 : 대기(공기)에 의해 누르는 압력

① 국소대기압 : 그 지방의 고도와 날씨 등에 따라 변하는 대기압

  예 높은 산 위에 올라가면 대기압이 낮아져 코펠 뚜껑 위에 돌을 올려 놓고 밥을 함

② 표준대기압 : 표준해수면에서 측정한 국소대기압의 평균값

  • 표준대기압(Atmospheric pressure)

$$1atm = 760mmHg(수은주\ 높이)$$
$$= 10.33mAq(물\ 높이)$$
$$= 1.0332kgf/cm^2$$
$$= 1,013.25mbar$$

  • 공학기압 :  $1ata = 1kgf/cm^2$

## (2) 게이지 압력

압력계(게이지 압력)는 국소대기압을 기준으로 하여 측정하려는 압력과 국소대기압의 차를 측정 → 이 측정값 : 계기압력

## (3) 진공압

진공계로 측정한 압력으로, 국소대기압보다 낮은 압력을 의미하며 (−) 압력값을 가지므로 부압이라고도 한다.

$$진공도 = \frac{진공압}{국소대기압} \times 100\%, \quad 절대압 = (1 - 진공도) \times 국소대기압$$

## (4) 절대압력

완전진공을 기준으로 측정한 압력이며 완전진공일 때의 절대압력은 "0"이다.

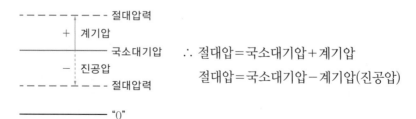

∴ 절대압 = 국소대기압 + 계기압
절대압 = 국소대기압 − 계기압(진공압)

※ 이상기체나 다른 상태 방정식들에 관한 모든 계산에서 압력은 절대압력을 사용

예제 국소대기압이 730mmHg이고 진공도가 20%일 때 절대압력은 몇 mmHg, 몇 $kgf/cm^2$ 인가?

방법 1 진공도$=\dfrac{진공압}{국소대기압}\times100\%=20\%$

진공압$=0.2\times국소(730mmHg)=146mmHg$

절대압$=국소-진공압=730-146=584mmHg$

$760:1.0332=584:x$

$\therefore x=0.794kgf/cm^2$

방법 2 단위환산 1값을 사용하면 $584mmHg\times\dfrac{1.0332kgf/cm^2}{760mmHg}=0.794kgf/cm^2$

"방법 2 계산방식 추천"

# 4. 정지유체 내의 압력

## (1) 정지유체 내의 한점에서 압력

정지유체 내의 한점에서 작용하는 압력은 모든 방향에서 동일하다.

## (2) 압력의 작용

유체의 압력은 작용하는 면에 수직으로 작용한다.(곡면은 투사면적을 사용)

## (3) 파스칼의 원리

그림처럼 밀폐용기 내에 가해진 압력은 모든 방향으로 같은 압력으로 전달된다.(유체 내의 모든 점과 용기의 벽에 같은 크기로 전달된다. → 유압기기의 원리)

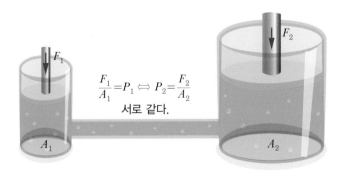

$$\frac{F_1}{A_1}=P_1 \Longleftrightarrow P_2=\frac{F_2}{A_2}$$
서로 같다.

$$F_1=A_1P \qquad\qquad F_2=A_2P$$

$$P=\frac{F_1}{A_1}=\frac{F_2}{A_2} \Rightarrow A_2 가\ 크므로\ A_2에\ 큰\ 힘이\ 작용(압력은\ 동일)$$

$$F_2=A_2P(대)$$

$$F_1=A_1P(소)$$

---

**│ 참고**

---

• 정지유체 내의 압력은 작용하는 면에 항상 수직이다.

• 정지유체 내의 한점에 작용하는 압력은 방향에 관계없이 일정하다.

① 표면적

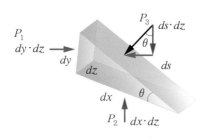

$$\sum F_y=0 : P_2 \cdot dx \cdot dz=P_3 \cdot ds \cdot dz \cdot \cos\theta,\ ds\cos\theta=dx$$

$$\therefore\ P_2 \cdot dx \cdot dz=P_3 \cdot dx \cdot dz$$

$$\therefore\ P_2=P_3$$

$$P_1 \cdot dy \cdot dz=P_3 \cdot ds \cdot dz \cdot \sin\theta,\quad ds \cdot \sin\theta=dy$$

$$P_1 \cdot dy \cdot dz=P_3 \cdot dy \cdot dz$$

$$\therefore\ P_1=P_3$$

따라서, $P_1=P_2=P_3$가 되며 한점에 작용하는 압력은 모두 일정

② 체적력

미소요소 중량은 $\dfrac{\gamma \cdot dx \cdot dy \cdot dz}{2}$(3차의 미분량은 2차인 압력힘항에 비하여 너무 작으므로 무시)

---

## 5. 정지유체 내의 압력변화

① **정지유체 내의 압력변화** : 거리변화에 따른 압력기울기(구배)는 유체역학에서 매우 중요

② Taylor series : 무한 미분가능한 함수를 급수로 전개하는 방법

$$f(x+dx)=f(x)+f'(x)\cdot dx+\frac{f''(x)}{2!}\cdot dx^2+\cdots+\frac{f^{(n-1)}(x)}{(n-1)!}\cdot dx^{n-1}$$

예) $x$방향 : $P+\dfrac{\partial P}{\partial x}dx+\dfrac{\dfrac{\partial^2 P}{\partial x^2}}{2!}dx^2$

$\{dx^2 :$ 고차항 무시, 미소길이의 압력변화율$(\dfrac{\partial P}{\partial x})\times$ 전체길이$(dx)\}$

③ 정지유체에서는 시간에 대한 압력의 변화는 없으며, 압력은 유체 내에서 위치에 따라 변하므로 압력장은 $P=P(x,\ y,\ z)$이다.

④ **검사체적에서 유체의 힘=표면력(Surface force)+체적력(Body force)**

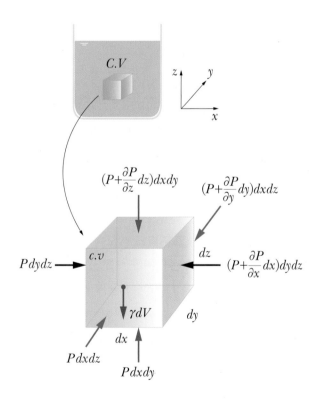

- $x$방향 : $\sum F_x = 0$

$$P \cdot dydz - \left(P + \frac{\partial P}{\partial x} dx\right)dydz = 0$$

$$-\frac{\partial P}{\partial x} dxdydz = 0 \ (여기서, \ dV = dxdydz = C)$$

$$\therefore -\frac{\partial P}{\partial x} dV = 0, \ \frac{\partial P}{\partial x} = 0$$

($x$방향은 압력의 변화 zero)

- $y$방향 : $\sum F_y = 0$

$$P \cdot dxdz - \left(P + \frac{\partial P}{\partial y} dy\right)dxdz = 0$$

$$\therefore -\frac{\partial P}{\partial y} dV = 0, \ \frac{\partial P}{\partial y} = 0$$

($y$방향은 압력의 변화 zero)

- $z$방향 : $\sum F_z = 0$

$$P \cdot dxdy - \left(P + \frac{\partial P}{\partial z} \cdot dz\right)dxdy - \gamma \cdot dV = 0$$

$$-\frac{\partial P}{\partial z} dzdxdy - \gamma \cdot dxdydz = 0$$

$$\therefore \frac{\partial P}{\partial z} = -\gamma = -\rho \cdot g$$

- 압력장 : $P = P(x, \ y, \ z, \ t)$ ($\because$ 정지유체는 시간과 무관)

$\qquad\qquad = P(x, \ y, \ z)$ ($\because$ $x, \ y$방향의 압력변화는 없음 $\Rightarrow$ $P = C$)

$\therefore P = P(z)$ (압력은 $z$만의 함수)

- $\dfrac{\partial P}{\partial z} \Rightarrow \dfrac{dP}{dz} = -\gamma$ (압력은 $z$만의 함수이므로 완전미분을 사용)

$$dP = -\gamma \cdot dz$$

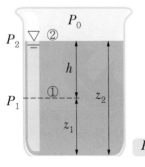

$\Rightarrow \displaystyle\int_1^2 dP = \int_1^2 -\gamma \cdot dz$

$P_2 - P_1 = -\gamma(z_2 - z_1)$

$P_1 = P_2 + \gamma(z_2 - z_1)$ ($\because$ $P_2$는 국소대기압 $= P_0$)

$P_1 = P_0 + \gamma \cdot h$

($P_{abs} = P_0 + \gamma \cdot h$ : 절대압력 $=$ 국소대기압 $+$ 게이지압)

만약 $P_0 = 0$이라 보면(대기압 무시)

$P_1 = \gamma \cdot h$(압력은 수직깊이($z$)만의 함수)

⑤ 정지유체와 운동하는 유체 해석에 벡터의 개념 적용

$$d\vec{F} = d\vec{F_S} + d\vec{F_B}$$ ·················· ⓐ

• 표면력만의 차

$$d\vec{F_S} = -\left(\frac{\partial P}{\partial x}i + \frac{\partial P}{\partial y}j + \frac{\partial P}{\partial z}k\right)dxdydz$$ ·················· ㉠

압력의 기울기＝압력구배

여기에, 편미분 계수들로 이루어진 vector를 $P$의 gradient(기울기)

$$gradP \equiv \nabla P \equiv \left(\frac{\partial P}{\partial x}i + \frac{\partial P}{\partial y}j + \frac{\partial P}{\partial z}k\right) \equiv \left(\frac{\partial}{\partial x}i + \frac{\partial}{\partial y}j + \frac{\partial}{\partial z}k\right)P$$

벡터장 $d\vec{F_S} = -gradP(dxdydz) \equiv -\nabla Pdxdydz$로 쓸 수 있다.

• 체적력 : $$d\vec{F}_B = dW = \vec{g}dm = \vec{g}\cdot\rho\cdot dV = \gamma\cdot dV$$ ·················· ㉡

• 유체에 작용하는 힘 : $$dF = dm\cdot\vec{a} = \vec{a}\cdot\rho\cdot dV = \rho\cdot\vec{a}\cdot dV$$ ······ ㉢

(하나의 입자에 Newton's 2'nd Law 적용, 정지유체 $\vec{a} = 0$)

ⓐ식에 ㉠, ㉡, ㉢을 대입하면

$$\rho\cdot\vec{a}\cdot dV = -gradP(dxdydz) + \rho\cdot\vec{g}\cdot dV$$

양변 $\div dV$

$$\rho\cdot\vec{a} = -gradP + \rho\cdot\vec{g}$$ ·········· ⓑ

단위체적당 힘＝단위체적당 표면력＋단위체적당 체적력

ⓑ식에서 정지유체면 $\vec{a} = 0$

$$\therefore 0 = -gradP + \rho\cdot\vec{g}$$

3개의 좌표성분에 적용하면

$$\left.\begin{array}{l} x: -\frac{\partial P}{\partial x} + \rho\cdot g_x = 0 \\ y: -\frac{\partial P}{\partial y} + \rho\cdot g_y = 0 \\ z: -\frac{\partial P}{\partial z} + \rho\cdot g_z = 0 \end{array}\right\}$$ ················ ⓒ

여기서, $g_x = 0, \quad \frac{\partial p}{\partial x} = 0$

$\qquad\qquad g_y = 0, \quad \frac{\partial p}{\partial y} = 0$

$\qquad\qquad g_z = -g$

압력은 $z$만의 함수

$$\frac{\partial p}{\partial z} = -\rho \cdot g \;\Rightarrow\; \frac{dp}{dz} = -\rho \cdot g$$

$$\therefore\; \frac{dP}{dz} = -\gamma$$

> **참고**
>
> $\rho \cdot \vec{a} = -grad P + \rho \cdot \vec{g}$ 는 강체운동하는 유체 ($\vec{a} \neq 0$)에 적용할 수 있다.

## 6. 액주계

① **수은기압계** : 기압계 속에 있는 수은주의 높이를 측정함으로써 대기압을 알 수 있다.

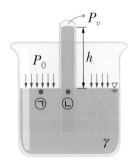

$$P_\text{㉠} = P_\text{㉡}$$
$$P_\text{㉠} = P_0$$
$$P_\text{㉡} = P_v + \gamma \cdot h$$
$$\therefore P_0 = P_v + \gamma \cdot h \;(\because \text{증발압}\; P_v = 0)$$
$$P_0 = \gamma_\text{Hg} \cdot h \;(\text{여기서}, \gamma = \gamma_\text{Hg} = \gamma_\text{수은})$$

② **피에조미터** : 액주계의 액체와 측정하려는 유체가 동일(정압측정)

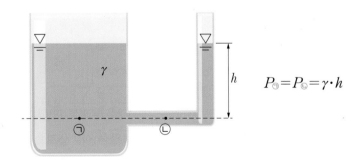

$$P_\text{㉠} = P_\text{㉡} = \gamma \cdot h$$

③ **마노미터** : 액주계의 액체와 측정하려는 유체가 다름

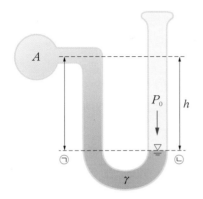

$P_㉠=P_㉡$
$P_㉠=P_A+\gamma\cdot h$
$P_㉡=P_0$
$P_A+\gamma\cdot h=P_0$
$\therefore P_A=P_0-\gamma\cdot h=$국소대기압$-$진공압

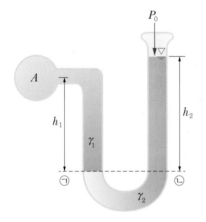

$P_㉠=P_㉡$
$P_㉠=P_A+\gamma_1\cdot h_1$
$P_㉡=P_0+\gamma_2\cdot h_2$
$P_A+\gamma_1\cdot h_1=P_0+\gamma_2\cdot h_2$
$\therefore P_A-P_0=\gamma_2\cdot h_2-\gamma_1\cdot h_1$

④ **시차액주계** : 두 유체 사이의 압력차를 보여주는 액주계

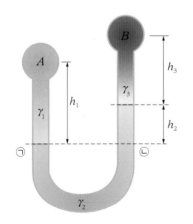

수평방향 압력은 모두 같다.
$P_㉠=P_㉡$
$P_㉠=P_A+\gamma_1\cdot h_1$
$P_㉡=P_B+\gamma_3\cdot h_3+\gamma_2\cdot h_2$
$P_A+\gamma_1\cdot h_1=P_B+\gamma_3\cdot h_3+\gamma_2\cdot h_2$
$\therefore P_A-P_B=\gamma_3\cdot h_3+\gamma_2\cdot h_2-\gamma_1\cdot h_1$

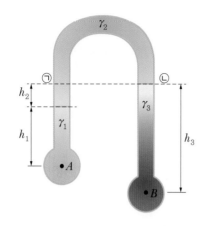

$$P_\bigcirc = P_\bigcirc$$
$$P_\bigcirc = P_A - \gamma_1 \cdot h_1 - \gamma_2 \cdot h_2$$
$$P_\bigcirc = P_B - \gamma_3 \cdot h_3$$
$$P_A - \gamma_1 \cdot h_1 - \gamma_2 \cdot h_2 = P_B - \gamma_3 \cdot h_3$$
$$\therefore \ P_B - P_A = \gamma_3 \cdot h_3 - \gamma_1 \cdot h_1 - \gamma_2 \cdot h_2$$

⑤ 벤투리미터

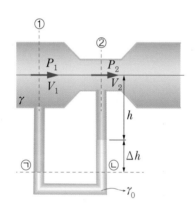

베르누이 방정식 : $\dfrac{P}{\gamma} + \dfrac{V^2}{2g} + Z = C$,

그림의 ② 단면에서 속도가 빨라지므로 압력의 치이가

발생($V_2$가 빨라져 $P_2$가 작아짐)

($Q = A \cdot V$에서 $A_1 V_1 = A_2 V_2$)

$$P_\bigcirc = P_\bigcirc$$
$$P_\bigcirc = P_1 + \gamma(h + \Delta h)$$
$$P_\bigcirc = P_2 + \gamma \cdot h + \gamma_0 \cdot \Delta h$$
$$P_1 - P_2 = \gamma \cdot h + \gamma_0 \cdot \Delta h - \gamma \cdot h - \gamma \cdot \Delta h$$
$$\therefore \ P_1 - P_2 = (\gamma_0 - \gamma)\Delta h$$

---

**┃참고**

유체계측기 부분에서 벤투리미터는 유량을 측정할 수 있는 계측기이다.

$V_2^2 - V_1^2 = \dfrac{2(P_1 - P_2)}{\rho}$ 식에 위에서 구한 $P_1 - P_2$ 값을 넣고 $V_2$를 계산하여 유량을 $Q = A_2 V_2$로 구할

수 있다.

---

## 7. 잠수된 평면에 작용하는 힘

① 댐, 수문, 액체용기에서 유체에 잠긴 부분의 표면에 수직으로 작용하는 유체압력에 의한 정수역학적 힘(전압력)이 작용한다.

② 유체의 힘이 작용하는 문제 → 전압력(분포 압력의 합력)과 전압력 중심(힘의 작용위치) 해석

③ 전압력 $F=P$(압력)$\cdot A$(면적), 전압력 중심($y_P$)

　$P=\gamma \cdot h$ ($h$ : 물체가 잠긴 유체의 깊이)

- **수평평판**

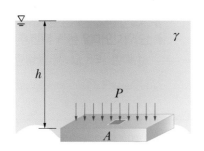

전압력

$$F=P\cdot A \ \rightarrow \ F=\gamma \cdot h \cdot A$$
$$=\gamma \cdot \overline{h} \cdot A$$

($\overline{h}$ : 평판의 도심까지 깊이)

- **수직평판** : 합력의 작용점($y_P$)은 임의의 축에 대한 전압력의 모먼트가 같은 축에 대한 분포력의 모먼트의 합과 동일하게 되는 위치에 있어야 한다.(바리농 정리)

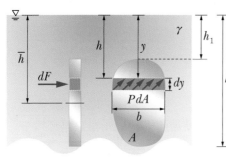

$$dF=P\cdot dA$$

　여기서, $dA=b\cdot dy$, $P=\gamma \cdot h$, $h=y$

$$F=\int dF=\int PdA$$
$$=\int \gamma \cdot y \cdot b \cdot dy=\gamma \int b\cdot y \cdot dy$$

만약, 폭 $b$가 일정한 사각평판이면

$$F=\gamma \cdot b \int ydy$$
$$=\gamma \cdot b \int_{h_1}^{h_2} ydy=\gamma \cdot b \cdot \left[\frac{y^2}{2}\right]_{h_1}^{h_2}$$
$$=\gamma \cdot b \left(\frac{h_2^2}{2}-\frac{h_1^2}{2}\right)$$
$$=\frac{1}{2}\gamma \cdot b \cdot (h_2+h_1)(h_2-h_1)$$
$$=\gamma \cdot \overline{h} \cdot A$$

여기서, $\overline{h}=\dfrac{h_2+h_1}{2}$ ($\overline{h}$ : 평판의 도심깊이)

$$A=b(h_2-h_1)$$

## 참고

① **압력프리즘**: 분포 압력 $\gamma \cdot h$를 척도로 면에 수직으로 그릴 때 생기는 프리즘을 말한다.

② 면에 작용하는 힘(전압력)은 압력 프리즘의 체적과 같고 작용선은 압력프리즘의 중심선(체심)
을 통과한다.

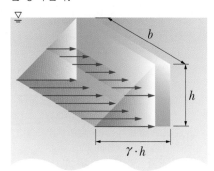

$$(\gamma \cdot h) \times h(높이) \times \frac{1}{2} \times b = \frac{\gamma b h^2}{2} = \gamma \cdot \overline{h} \cdot A$$

여기서, $\overline{h} = \frac{h}{2}$ (평판의 도심깊이)

$$A = b \cdot h$$

---

**예제** 다음과 같이 사각평판이 물속에 수직으로 놓여 있다. 이 평판의 전압력은 몇 N인가?

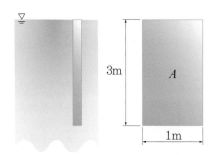

$$F = \int dF = \int P dA = \gamma \int h dA \quad \left( \because \int h \cdot dA = A \cdot \overline{h} : 1차\ 모먼트 \right)$$

$$= \gamma \cdot \overline{h} \cdot A$$

$$= 9,800 \text{N/m}^3 \times 1.5 \text{m} \times 3 \text{m}^2 = 44,100 \text{N}$$

• 경사평판

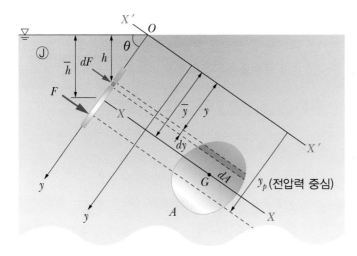

그림의 면적 $dA$에 $dF$ 힘을 수직(위에서 책을 보는 방향)으로 세우면 $X'-X'$축에 대한 2차 모먼트가 발생한다.

$$dF = P \cdot dA$$
$$\quad = \gamma \cdot h \cdot dA = \gamma \cdot (y \cdot \sin\theta)dA \ (\because h = y\sin\theta)$$
$$\int dF = \int PdA$$
$$\quad = \int \gamma \cdot y \cdot \sin\theta dA$$
$$F = \gamma \cdot \sin\theta \int ydA$$
$$\quad = \gamma \sin\theta A \cdot \overline{y}$$
$$\therefore \text{전압력}: F = \gamma \cdot \overline{h} \cdot A \ (\because \overline{y}\sin\theta = \overline{h})$$

전압력 중심 $y_P$를 구해보면
O점($z$축)에 대한 전압력의 모먼트는 미소요소의 힘 $dF$에 의한 모먼트의 합과 같다.
→ 바리뇽 정리

$$F \cdot y_P = \int ydF \ (\text{여기서}, \ dF = PdA)$$
$$\quad = \int y \cdot \gamma \cdot y\sin\theta \cdot dA$$
$$\quad = \int \gamma \cdot \sin\theta \cdot y^2 dA$$
$$\quad = \gamma \cdot \sin\theta \int y^2 dA = \gamma \cdot \sin\theta \cdot I_X' \ (\text{여기서}, \ I_X': \ X'-X'\text{축에 대한 단면 2차 모먼트})$$

$(I_X{}' = I_X + A \cdot d^2$ 에서 $I_X$ : 도심축에 대한 단면 2차 모먼트 $\therefore I_X{}' = I_X + A \cdot \overline{y}^2)$

$\therefore y_P = \dfrac{\gamma \cdot \sin\theta(I_X + A\overline{y}^2)}{\gamma\overline{y}\sin\theta A} = \dfrac{I_X}{A \cdot \overline{y}} + \overline{y}$

$$\therefore y_P = \dfrac{I_X}{A \cdot \overline{y}} + \overline{y}$$

## 8. 잠수된 곡면의 정수압

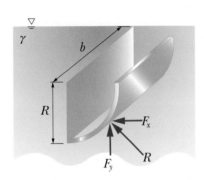

$\sum F_x = 0 : F - F_x = 0$

$F_x = F(F : 전압력)$

$\quad = \gamma \cdot \overline{h} \cdot A(A : 투사면적)$

$\quad = \gamma \cdot \dfrac{R}{2} \cdot b \cdot R$

$\quad = \gamma \cdot b \cdot \dfrac{R^2}{2}$

$\sum F_y = 0 :$ 유체 속에 잠겨 있는 곡면에 작용하는 정수역학적
합력의 수직 분력은 곡면 위에 놓인 액체의 총중
량과 동일하다.

$-W + F_y = 0$

$F_y = W = \gamma \cdot V$

$\quad = \gamma \cdot \dfrac{\pi R^2}{4} \cdot b$

합력 : $R = \sqrt{F_x^2 + F_y^2}$

## 9. 부력 : 잠긴 물체에 유체가 작용하는 힘

### (1) 부력

유체 속에 전체 또는 일부가 잠긴 물체에는 배제된 유체의 무게와 같은 힘이 물체를 떠올리도록 작용한다.

### (2) 아르키메데스의 원리

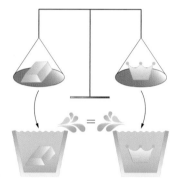

넘치는 물의 양은 같다.

**유래** : 히에론 왕이 장인에게 순금으로 된 왕관을 만들게 했다. 그러나 이것이 과연 순금으로 만든 것인지 의심을 품은 왕은 아르키메데스를 불러 왕관의 손상 없이 진위를 가려내도록 했다.

• 왕관과 같은 무게의 금덩이 준비
• 물이 가득 담긴 수조에 왕관을 넣었을 때 물이 넘치는 양과 금덩이를 넣었을 때 물이 넘치는 양이 같아야 한다.

### (3) 부력의 원리

물체의 밑면에 작용하는 유체의 압력이 윗면에 작용하는 유체의 압력보다 더 크기 때문에 일어난다.

물체가 유체 속에서 평형을 이루고 있을 때 $\gamma \cdot h$(유체의 압력차) → 표면력 차이의 결과

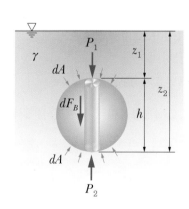

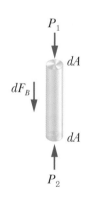

$\sum F_y = 0 : -P_1 dA - dF_B + P_2 dA = 0$ 에서

$P_1 dA + dF_B = P_2 dA$

$dF_B = (P_2 - P_1) dA$

$$F_B = \int (P_2 - P_1) dA$$

$$= \int_A \gamma(z_2 - z_1) dA$$

$$= \int_A \cdot \gamma \cdot h \cdot dA$$

$$= \gamma \int h dA = \gamma \cdot V = W_{유체}$$

$(\because dV = hdA)$

(여기서, $W_{유체}$ : 물체가 배제한 유체의 무게)

> **예제** 공기 속의 무게 400N인 물체를 물속에서 측정했더니 250N이었다. 이때 부력은 얼마인가?
>
> $$400\text{N} - 250\text{N} = 150\text{N} \quad \therefore \text{ 부력} = 150\text{N}$$

> **예제** 비중이 1.03인 바닷물에 전 체적의 10%만 밖으로 나와 떠 있는 빙산의 비중은 얼마인가?
>
>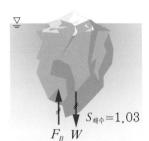
>
> $$\sum F_y = 0$$
> $$F_B = \gamma_{해수} \cdot V_1 \rightarrow \text{배제된 유체의 체적(잠긴 체적)}$$
> $$F_B = \gamma_W \cdot S_{해수} \cdot V_1$$
> $$= (1,000 \times 1.03) \times 0.9V$$
> $$= 927V$$
> $$W = \gamma_{아이스} \cdot V = S_{아이스} \cdot \gamma_W \cdot V$$
> $$= 1,000 \times S_{아이스} \times V$$
> $$927V = 1,000 \cdot S_{아이스} \cdot V \quad \therefore S_{아이스} = 0.927$$

### (4) 부력의 중심(부심)

물체에 의해 유체가 배제된 체적의 중심(체심)이다.

### (5) 부양체의 안정

① 부양체의 안정성

뒷장의 그림에서 보는 것처럼 부력 작용선의 위치가 안정성을 결정한다.

그림 (b)의 경우는 부력과 무게의 작용선이 서로 어긋나며 배를 바로 세우려는 복원모먼트가 생겨나며 그림 (c)의 경우는 배가 뒤집히는 전복 모먼트가 발생한다.

② 부양체가 기울어질 때 새로운 부심과 중심축의 교점 $M$을 경심이라 하며 경심에서 부양체의 무게 중심점($G$)까지 거리 $\overline{MG}$를 경심높이라 한다.

$\overline{MG} > 0 : G$보다 $M$이 위쪽(안정)

$\overline{MG} < 0 : G$보다 $M$이 아래쪽(불안정)

$MG = 0 : G = M$ 중립

$$\text{복원모먼트} = \overline{MG} \times W = MG \cdot W \sin\theta \text{ [그림}(b)\text{에서]}$$
$$(\times : cross\ product)$$

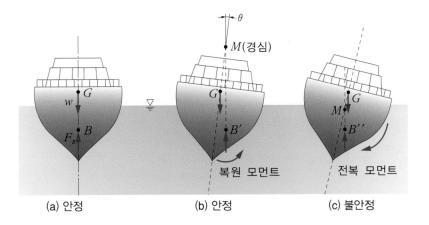

(a) 안정                (b) 안정                (c) 불안정

> **참고**
>
> 범선에는 돛에 바람이 불면서 커다란 측면 힘이 작용한다. 바람에 의해 측면에 작용하는 힘은 선체 바닥 밑으로 연장된 매우 무거운 용골로 상쇄해 주어야 한다. 작은 범선에서는 배가 뒤집히는 것을 막기 위해 승무원들이 배의 기울어진 부분의 반대쪽에서 몸을 배 밖으로 기울여 추가 복원모멘트를 확보하기도 한다.

## 10. 강체운동을 하는 유체[전단력($\tau$)을 고려하지 않고 정지유체처럼 해석]

### (1) 등선 가속도 운동 : 1차원 유동( $x$ 방향으로만 가속)

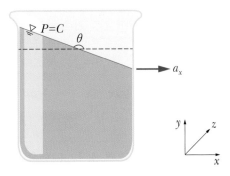

$$\rho \vec{a} = -grad P + \rho \vec{g}$$

(단위체적당 힘＝단위체적당 표면력＋단위체적당 체적력)

$$x\text{방향}: \rho a_x = -\frac{\partial P}{\partial x} + \rho g_x \Rightarrow \frac{\partial P}{\partial x} = -\rho a_x (\because g_x = 0)$$

$$y\text{방향}: \rho a_y = -\frac{\partial P}{\partial y} + \rho g_y \Rightarrow \frac{\partial P}{\partial y} = -\rho g (\because a_y = 0, g_y = -g)$$ ⓐ

$$z\text{방향}: \rho a_z = -\frac{\partial P}{\partial z} + \rho g_z \Rightarrow \frac{\partial P}{\partial z} = 0 (\because a_z = 0, g_z = 0)$$

두 점 $(x, y)$, $(x+dx, y+dy)$ 사이의 압력차

$$dP = \frac{\partial P}{\partial x}dx + \frac{\partial P}{\partial y}dy \Rightarrow P = C\text{이므로 } dP = 0$$

$$\frac{\partial P}{\partial x}dx + \frac{\partial P}{\partial y}dy = 0$$ ⓑ

ⓐ식을 ⓑ식에 대입하면

$$-\rho a_x dx - \rho g dy = 0, \quad -\rho a_x dx = \rho g dy$$

$$\therefore \frac{dy}{dx} = -\frac{a_x}{g} = \tan\theta$$

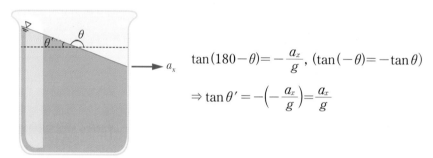

$$\tan(180-\theta) = -\frac{a_x}{g}, \ (\tan(-\theta) = -\tan\theta)$$

$$\Rightarrow \tan\theta' = -\left(-\frac{a_x}{g}\right) = \frac{a_x}{g}$$

## (2) a가 2차원 유동일 때(a가 $x-y$평면으로 가속될 때)

$$\rho a_x = -\frac{\partial P}{\partial x} + \rho g_x \quad \frac{\partial P}{\partial x} = -\rho a_x$$

$$\rho a_y = -\frac{\partial P}{\partial y} + \rho g_y \quad \frac{\partial P}{\partial y} = -\rho(a_y + g)$$ ⓒ

$$(\because g_y = -g)$$

ⓒ식을 ⓑ식에 대입하면

$$-\rho a_x dx - \rho(a_y + g)dy = 0 \Rightarrow -a_x dx = (a_y + g)dy$$

$$\frac{dy}{dx} = -\frac{a_x}{a_y + g} = \tan\theta$$

$$\tan\theta' = \frac{a_x}{a_y + g}$$

**실례** 선형가속도로 강체 운동하는 액체

자동차 뒤에 어항을 싣고 물이 넘치지 않게 운반하려면 어항 속에 물을 얼마나 채워야 하는가?(단, 어항크기 : 300mm×600mm×300mm)

**Sol** 강체운동

자동차가 노상의 요철부분을 넘을 때나 코너를 회전하는 등과 같은 물 표면의 운동이 있을 것이다. 그러나 물 표면에 주는 주된 영향은 자동차의 선형가속도(또는 감속도) 때문일 것으로 가정할 수 있다. 그러므로 물이 튀어 흩어지는 것은 무시한다.

→ 소기의 목적을 위해 한 부분을 무시 : 강체, 따라서 이 문제는 자유표면에 미치는 가속도의 영향을 구하는 문제로 제한할 수 있다.

## (3) 등선 원운동하는 유체 : 2차원 유동

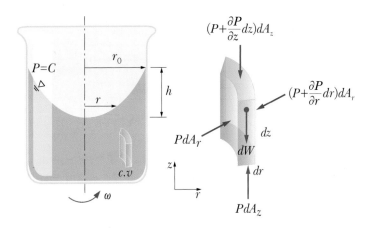

$$V = r \cdot \omega$$

여기서, $a$ : 구심 가속도, $V$ : 원주속도, $\omega$ : 각속도,

$dA_r$ : $r$방향에 수직인 검사표면,

$dA_z$ : $z$방향에 수직인 검사표면,

$v$ : 체적

① $r$ 방향

$$\sum F_r = PdA_r - \left(P + \frac{\partial P}{\partial r}dr\right)dA_r = dm \cdot a = \rho \cdot dv \cdot \frac{V^2}{r}$$

$$= -\frac{\gamma}{g}dv \cdot r \cdot \omega^2$$

$$-\frac{\partial P}{\partial r}dr \cdot dA_r = -\frac{\partial P}{\partial r}dv = -\frac{\gamma}{g}dv \cdot r \cdot \omega^2$$

$$\therefore \frac{\partial P}{\partial r} = \frac{\gamma}{g} \cdot r \cdot \omega^2 \quad \cdots\cdots\cdots\cdots\cdots\cdots\cdots\cdots \text{ⓐ}$$

② $z$ 방향

$$\sum F_z = PdA_z - \left(P + \frac{\partial P}{\partial z}dz\right)dA_z - dW = 0 \quad (dW = \text{자중})$$

$$-\frac{\partial P}{\partial z}dv - \gamma \cdot dv = 0$$

$$\therefore \frac{\partial P}{\partial z} = -\gamma \quad \cdots\cdots\cdots\cdots\cdots\cdots\cdots\cdots \text{ⓑ}$$

③ $P(r, z)$와 $P(r+dr, z+dz)$ 사이의 압력차

$$dP = \frac{\partial P}{\partial r}dr + \frac{\partial P}{\partial z}dz \quad \leftarrow \text{ⓐ, ⓑ식을 대입}$$

$$= \frac{\gamma}{g} \cdot r \cdot \omega^2 dr - \gamma dz = 0 \quad (\text{등압면 } P = C \Rightarrow dP = 0)$$

$$\therefore \frac{dz}{dr} = \frac{r \cdot \omega^2}{g} = \tan\theta$$

$$\therefore dz = \frac{r \cdot \omega^2}{g}dr$$

적분 $\displaystyle\int_0^h dz = \int_0^{r_0} \frac{\omega^2}{g} \cdot r dr \quad \therefore h = \frac{r_0^2 \cdot \omega^2}{2g} \quad (h: \text{유체가 올라간 높이})$

[상식] $\omega = \dfrac{2\pi N}{60}$, $V = r \cdot \omega = \dfrac{\pi dN}{60 \times 1,000}$ $\left[\begin{array}{l} \text{여기서, } N : \text{rpm} \\ \quad\quad\quad d : \text{mm} \end{array}\right]$

# 핵심 기출 문제

**01** 그림과 같은 (1)~(4)의 용기에 동일한 액체가 동일한 높이로 채워져 있다. 각 용기의 밑바닥에서 측정한 압력에 관한 설명으로 옳은 것은?(단, 가로 방향 길이는 모두 다르고, 세로 방향 길이는 모두 동일하다.)

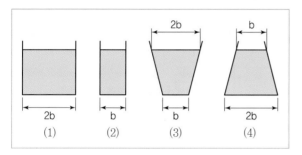

① (2)의 경우가 가장 낮다.
② 모두 동일하다.
③ (3)의 경우가 가장 높다.
④ (4)의 경우가 가장 낮다.

**해설●** --------------------------------------
압력은 수직깊이만의 함수이다.$(P = \gamma \cdot h)$ 따라서, 주어진 용기의 수직깊이가 모두 같으므로 압력은 동일하다.

**02** 용기에 부착된 압력계에 읽힌 계기압력이 150 kPa이고 국소대기압이 100kPa일 때 용기 안의 절대압력은?

① 250kPa
② 150kPa
③ 100kPa
④ 50kPa

**해설●** --------------------------------------
절대압 $P_{abs}$ = 국소대기압 + 계기압 = 100 + 150 = 250kPa

**03** 그림에서 $h = 100$cm이다. 액체의 비중이 1.50일 때 $A$점의 계기압력은 몇 kPa인가?

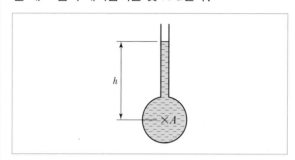

① 9.8
② 14.7
③ 9,800
④ 14,700

**해설●** --------------------------------------
$$P_A = \gamma \cdot h = S \cdot \gamma_w \cdot h$$
$$= 1.5 \times 9,800 \times 1$$
$$= 14,700 \text{N/m}^2 = 14.7 \text{kPa}$$

**04** 그림과 같은 밀폐된 탱크 안에 각각 비중이 0.7, 1.0인 액체가 채워져 있다. 여기서 각도 $\theta$가 20°로 기울어진 경사관에서 3m 길이까지 비중 1.0인 액체가 채워져 있을 때 점 $A$의 압력과 점 $B$의 압력 차이는 약 몇 kPa인가?

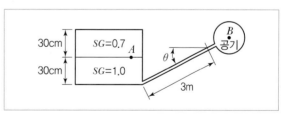

① 0.8
② 2.7
③ 5.8
④ 7.1

**95**

**해설⊕**

아래 유체는 비중이 1이므로 물이다.

경사관이 이어진 바닥면에 작용하는 압력은 동일하며 압력은 수직깊이만의 함수이므로

$$P_A + \gamma_w \times 0.3\text{m} = P_B + \gamma_w \cdot h = P_B + \gamma_w 3\sin\theta$$

$$\therefore \ P_A - P_B = \gamma_w(3\sin20° - 0.3)$$

$$= 9,800(3\sin20° - 0.3)$$

$$= 7,115.39\text{Pa} = 7.12\text{kPa}$$

**05** 유압 프레스의 작동원리는 다음 중 어느 이론에 바탕을 둔 것인가?

① 파스칼의 원리      ② 보일의 법칙

③ 토리첼리의 원리      ④ 아르키메데스의 원리

**해설⊕**

파스칼의 원리

밀폐용기 내에 가해진 압력은 모든 방향으로 같은 압력이 전달된다.

**06** 펌프로 물을 양수할 때 흡입 측에서의 압력이 진공 압력계로 75mmHg(부압)이다. 이 압력은 절대압력으로 약 몇 kPa인가?(단, 수은의 비중은 13.6이고, 대기압은 760mmHg이다.)

① 91.3      ② 10.4

③ 84.5      ④ 23.6

**해설⊕**

절대압 = 국소대기압 − 진공압

$$= 국소대기압\left(1 - \frac{진공압}{국소대기압}\right)$$

$$P_{abs} = 760\left(1 - \frac{75}{760}\right)$$

$$= 685\text{mmHg} \times \frac{1.01325\text{bar}}{760\text{mmHg}} \times \frac{10^5\text{Pa}}{1\text{bar}}$$

$$= 91,325\text{Pa} = 91.33\text{kPa}$$

**07** 그림과 같은 수압기에서 피스톤의 지름이 $d_1 =$ 300mm, 이것과 연결된 램(Ram)의 지름이 $d_2 =$ 200mm이다. 압력 $P_1$이 1MPa의 압력을 피스톤에 작용시킬 때 주 램의 지름이 $d_3 = 400$mm이면 주 램에서 발생하는 힘($W$)은 약 몇 kN인가?

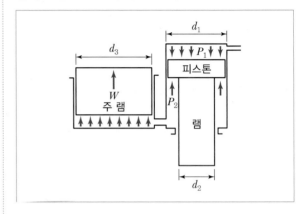

① 226      ② 284

③ 334      ④ 438

**해설⊕**

비압축성 유체에서 압력은 동일한 세기로 전달된다는 파스칼의 원리를 적용하면 $P_2$의 압력으로 주 램을 들어 올린다.

그림에서 $W = P_2 A_3$이며, $P_1 A_1 = P_2 A_2$이므로

$$P_2 = \frac{A_1}{A_2}P_1 = \frac{\frac{\pi}{4}d_1{}^2}{\frac{\pi}{4}\left(d_1{}^2 - d_2{}^2\right)} \times P_1$$

$$= \frac{d_1{}^2}{\left(d_1{}^2 - d_2{}^2\right)} \times P_1$$

$$= \frac{0.3^2}{(0.3^2 - 0.2^2)} \times 1 \times 10^6 = 1.8 \times 10^6 \text{Pa}$$

$$\therefore \ W = 1.8 \times 10^6 \times \frac{\pi}{4}d_3{}^2$$

$$= 1.8 \times 10^6 \times \frac{\pi}{4} \times 0.4^2$$

$$= 226,194.7\text{N} = 226.2\text{kN}$$

**08** 물의 높이 8cm와 비중 2.94인 액주계 유체의 높이 6cm를 합한 압력은 수은주(비중 13.6) 높이의 약 몇 cm에 상당하는가?

① 1.03      ② 1.89

③ 2.24      ④ 3.06

**해설⊕** ----------------------------------------

$P = \gamma \cdot h$, $S_x = \dfrac{\gamma_x}{\gamma_w}$, 비중이 2.9인 유체높이 $h_a$,

수은주 높이 $h_{\mathrm{Hg}}$ 적용

$\gamma_w \cdot h_w + 2.94\gamma_w \cdot h_a = 13.6\gamma_w \cdot h_{\mathrm{Hg}}$

$\gamma_w \times 8 + 2.94\gamma_w \times 6 = 13.6\gamma_w \cdot h_{\mathrm{Hg}}$

양변을 $\gamma_w$로 나누면

$8 + 2.94 \times 6 = 13.6 \times h_{\mathrm{Hg}}$

$\therefore\ h_{\mathrm{Hg}} = 1.89\mathrm{cm}$

**09** 수두 차를 읽어 관 내 유체의 속도를 측정할 때 U자관(U tube) 액주계 대신 역U자관(inverted U tube)액주계가 사용되었다면 그 이유로 가장 적절한 것은?

① 계기 유체(Gauge fluid)의 비중이 관 내 유체보다 작기 때문에

② 계기 유체(Gauge fluid)의 비중이 관 내 유체보다 크기 때문에

③ 계기 유체(Gauge fluid)의 점성계수가 관 내 유체보다 작기 때문에

④ 계기 유체(Gauge fluid)의 점성계수가 관 내 유체보다 크기 때문에

**해설⊕** ----------------------------------------

관 내 유체보다 역유자관 안의 유체가 더 가벼워야 내려오지 않고 압력차를 보여 줄 수 있다.

**10** 다음 U자관 압력계에서 $A$와 $B$의 압력차는 몇 kPa인가?(단, $H_1 = 250\mathrm{mm}$, $H_2 = 200\mathrm{mm}$, $H_3 = 600\mathrm{mm}$이고 수은의 비중은 13.60이다.)

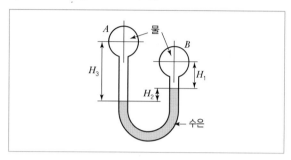

① 3.50      ② 23.2

③ 35.0      ④ 232

**해설⊕** ----------------------------------------

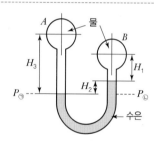

등압면이므로 $P_{\bigcirc} = P_{\bigcirc}$

$P_{\bigcirc} = P_A + \gamma_{물} \times H_3$

$P_{\bigcirc} = P_B + \gamma_{물} \times H_1 + \gamma_{수은} \times H_2$

$P_A + \gamma_{물} \times H_3 = P_B + \gamma_{물} \times H_1 + \gamma_{수은} \times H_2$

$\therefore\ P_A - P_B = \gamma_{물} \times H_1 + \gamma_{수은} \times H_2 - \gamma_{물} \times H_3$

$\qquad = \gamma_{물} \times H_1 + S_{수은}\gamma_{물} \times H_2 - \gamma_{물} \times H_3$

$\qquad = 9{,}800 \times 0.25 + 13.6 \times 9{,}800 \times 0.2$

$\qquad\quad - 9{,}800 \times 0.6$

$\qquad = 23{,}226\mathrm{Pa} = 23.2\,\mathrm{kPa}$

**11** 그림과 같이 폭이 2m, 길이가 3m인 평판이 물속에 수직으로 잠겨있다. 이 평판의 한쪽 면에 작용하는 전체 압력에 의한 힘은 약 얼마인가?

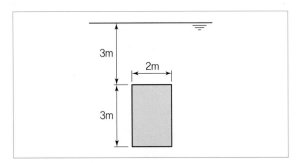

① 88kN    ② 176kN    ③ 265kN    ④ 353kN

**해설 ⊕**

평판 도심까지 깊이 $\overline{h} = (3+1.5)\mathrm{m}$

전압력 $F = \gamma \overline{h} \cdot A = 9,800 \times (3+1.5) \times (2 \times 3)$
$$= 264,600\mathrm{N} = 264.6\mathrm{kN}$$

**12** 그림과 같이 원판 수문이 물속에 설치되어 있다. 그림 중 $C$는 압력의 중심이고, $G$는 원판의 도심이다. 원판의 지름을 $d$라 하면 작용점의 위치 $\eta$는?

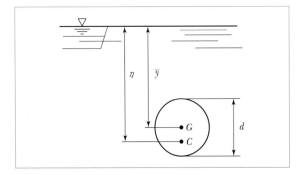

① $\eta = \overline{y} + \dfrac{d^2}{8\overline{y}}$      ② $\eta = \overline{y} + \dfrac{d^2}{16\overline{y}}$

③ $\eta = \overline{y} + \dfrac{d^2}{32\overline{y}}$      ④ $\eta = \overline{y} + \dfrac{d^2}{64\overline{y}}$

**해설 ⊕**

전압력 중심

$$\eta = \overline{y} + \frac{I_G}{A\overline{y}} = \overline{y} + \frac{\dfrac{\pi d^4}{64}}{\dfrac{\pi d^2}{4} \times \overline{y}} = \overline{y} + \frac{d^2}{16\overline{y}}$$

**13** 그림과 같은 수문($ABC$)에서 $A$점은 힌지로 연결되어 있다. 수문을 그림과 같은 닫은 상태로 유지하기 위해 필요한 힘 $F$는 몇 kN인가?

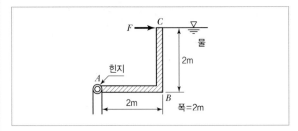

① 78.4      ② 58.8

③ 52.3      ④ 39.2

**해설 ⊕**

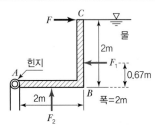

㉠ 전압력 $F_1 = \gamma_w \overline{h} A = 9,800\,\dfrac{\mathrm{N}}{\mathrm{m}^3} \times 1\mathrm{m} \times 4\mathrm{m}^2$
$$= 39,200\mathrm{N}$$

• 전압력($F_1$)이 작용하는 위치

자유표면으로부터 전압력 중심까지의 거리

$$y_c = \overline{h} + \frac{I_X}{A\overline{h}} = 1\mathrm{m} + \frac{\dfrac{2 \times 2^3}{12}}{4 \times 1} = 1.33\mathrm{m}$$

ⓛ 전압력 $F_2 = \gamma_w \overline{h} A = 9,800 \frac{\text{N}}{\text{m}^3} \times 2\text{m} \times 4\text{m}^2$

$$= 78,400\text{N}$$

ⓒ $\sum M_{힌지} = 0 : F \times 2 - F_1 \times (2-y_c) - F_2 \times 1 = 0$ 에서

$$F = \frac{F_1 \times (2-y_c) + F_2 \times 1}{2}$$

$$= \frac{39,200 \times (2-1.33) + 78,400 \times 1}{2}$$

$$= 52,332\text{N} = 52.33\text{kN}$$

**14** 비중이 0.65인 물체를 물에 띄우면 전체 체적의 몇 %가 물속에 잠기는가?

① 12          ② 35

③ 42          ④ 65

물체의 비중량 $\gamma_b$, 물체 체적 $V_b$, 잠긴 체적 $V_x$

물 밖에서 물체 무게=부력 ← 물속에서 잠긴 채로 평형 유지

$$\gamma_b \cdot V_b = \gamma_w V_x$$

$$S_b \gamma_w V_b = \gamma_w \cdot V_x$$

양변을 $\gamma_w$로 나누면 $S_b V_b = V_x$

∴ $0.65 V_b = V_x$ 이므로 65%가 물속에 잠긴다.

**15** 한 변이 1m인 정육면체 나무토막의 아랫면에 1,080N의 납을 매달아 물속에 넣었을 때, 물 위로 떠오르는 나무토막의 높이는 몇 cm인가?(단, 나무토막의 비중은 0.45, 납의 비중은 11이고, 나무토막의 밑면은 수평을 유지한다.

① 55          ② 48

③ 45          ④ 42

'물 밖의 무게=부력'일 때 물속에서 평형을 유지

$V_h$(나무가 잠긴 체적)$= A \cdot h = 1\text{m}^2 \times h$

나무 비중량 $\gamma_t$, 나무 체적 $V_t = 1\text{m}^3$, 납의 비중량 $\gamma_l$,

납의 체적 $V_l = \dfrac{1,080}{\gamma_l} = \dfrac{1,080}{S_l \times \gamma_w} = \dfrac{1,080}{11 \times 9,800} = 0.01\text{m}^3$

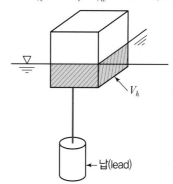

나무 무게+납의 무게=부력(두 물체가 배제한 유체의 무게)

$$\gamma_t V_t + \gamma_l V_l = \gamma_w (V_h + V_l)$$

$$S_t \gamma_w V_t + S_l \cdot \gamma_w V_t = \gamma_w (V_h + V_l)$$

양변을 $\gamma_w$로 나누면

$$S_t V_t + S_l V_l = (V_h + V_l)$$

$$V_h = S_t V_t + S_l V_l - V_l = S_t V_t + V_l (S_l - 1)$$

$$= 0.45 \times 1 + 0.01(11-1)$$

$$= 0.55\text{m}^3 = A \cdot h = 1\text{m}^2 \cdot h$$

∴ 잠긴 깊이 $h = 0.55\text{m}$

물 밖에 떠 있는 나무토막의 높이$= 1\text{m} - 0.55\text{m}$

$$= 0.45\text{m} = 45\text{cm}$$

# CHAPTER 03 유체운동학

## 1. 흐름의 상태

### (1) 정상유동과 비정상유동

① 정상유동(steady flow) : 유동장의 모든 점에서 유체성질이 시간에 따라 변하지 않는 유동
(시간이 지나도 일정)

$$\frac{\partial F}{\partial t} = 0, \ F(P, T, \nu, \rho, V \cdots)$$

여기서, $F$ : 임의의 유체 특성

$$\left( \frac{\partial P}{\partial t} = 0(압력), \ \frac{\partial T}{\partial t} = 0(온도), \ \frac{\partial V}{\partial t} = 0(속도), \ \frac{\partial \rho}{\partial t} = 0(밀도) \cdots \right)$$

3초 후 A점에서의　　3초 후 B점에서의　　　5초 후 A점에서의　　5초 후 B점에서의
　　온도가 15℃　　　　　온도가 18℃　　　　　　속도가 2m/s　　　　속도가 3m/s

　　　　　　　　　　　　　　　　　　　　　　　　5초 후 A점에서의　　5초 후 B점에서의
　　　　　　　　　　　　　　　　　　　　　　　　압력 2기압　　　　　압력 1.5기압

정상유동에서는 임의의 유체 성질들이 유동장 내의 서로 다른 점에서 서로 다른 값을 가질
수 있으나 시간에 대해서는 모든 점에서 일정한 값으로 유지

② 비정상유동 : 유체특성들이 시간에 따라 변함

$$\frac{\partial F}{\partial t} \neq 0, \ F(P, \ T, \ V, \ \rho, \ \cdots)$$

## (2) 균일유동과 비균일유동

① 균일유동(uniform flow) : 유체의 특성이 위치(거리 : $S$)에 관계없이 항상 균일한 유동

• 균일유동(단면에서) : 단면의 전체면적에서 속도가 일정한 것

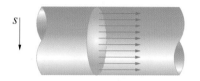

단면의 균일유동

단면에서 실제 유동 속도

$$\frac{\partial F}{\partial S}=0, \left( \frac{\partial P}{\partial S}=0, \ \frac{\partial T}{\partial S}=0, \ \frac{\partial \rho}{\partial S}=0, \ \cdots \right)$$

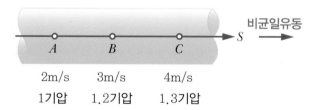

균일유동 중 균속유동 $\dfrac{\partial V}{\partial S}=0$(등류 : $V=c$), $\dfrac{\partial V}{\partial S}\neq 0$일 때 비균속유동(비등류 : $V\neq c$)

② 비균일유동 $\dfrac{\partial F}{\partial S}\neq 0$

원래 속도 분포(비균일 유동) → 수정계수 $\alpha$, $\beta$ 구함

만약, 유체유동이 정상균일유동이면, $\dfrac{\partial F}{\partial t}=0$, $\dfrac{\partial V}{\partial S}=0$ 둘 다 만족

### (3) 1차원 · 2차원 · 3차원 유동

- 속도장 $\vec{V} = \vec{V}(x,\ y,\ z,\ t)$ 3개의 공간좌표와 시간의 함수로 표시 → 유동장 3차원
- 운동을 기술할 때 필요한 좌표축이 하나면 1차원 유동, 좌표축이 둘이면 2차원 유동, 좌표축이 셋이면 3차원 유동

$x$, $\theta$에 관계없이 반경이 $r$인 점들에서 속도는 $u$이다.($\because r$만의 함수)

$$u = u_{\max}\left[1 - \left(\frac{r}{R}\right)^2\right]$$

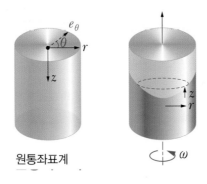

원통좌표계

($z$와 $r$만 정해지면 운동기술) $z$와 $r$의 함수($\theta$와 무관) : 2차원 유동

## 2. 유동장의 가시화

### (1) 유선(Stream Line)

유체가 흐르는 유동장에서 곡선상 임의점에서 그은 접선방향 벡터와 그 점의 유체입자의 속도 방향벡터가 일치하도록 그려진 연속적인 선

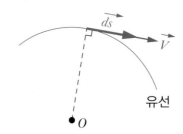

유선

$O$

- 유선의 미분방정식

곡선상 임의점에서 그은 접선방향=유체입자의 속도방향 일치

$\vec{V} \times \vec{ds} = \vec{V} \vec{ds} \sin\theta = 0$ ($\because \vec{V}$와 $\vec{ds}$가 이루는 각이 0°이므로 $\sin\theta = 0$)

$\vec{V} = ui + vj + wk$

$\vec{ds} = dxi + dyj + dzk$

$\vec{V} \times \vec{ds} = (vdz - wdy)i + (wdx - udz)j + (udy - vdx)k = 0$

$vdz = wdy \qquad wdx = udz \qquad udy = vdx$

$\dfrac{dy}{v} = \dfrac{dz}{w} \qquad \dfrac{dx}{u} = \dfrac{dz}{w} \qquad \dfrac{dy}{v} = \dfrac{dx}{u}$

$\therefore \dfrac{dx}{u} = \dfrac{dy}{v} = \dfrac{dz}{w}$ : 유선방정식(벡터의 방향이 일치하므로 각 방향의 성분비는 동일하다.)

$\left( \dfrac{u}{dx} = \dfrac{v}{dy} = \dfrac{w}{dz} \right)$

---

**예제** 2차원 유동장에서 속도 $V = 5yi + j$일 때 점(2, 1)에서 유선의 기울기는 얼마인가?

$\dfrac{5y}{dx} = \dfrac{1}{dy} \qquad \therefore \dfrac{dy}{dx} = \dfrac{1}{5y} = \dfrac{1}{5}$

만약 $V = 5xi + 7yj$이면,

$\dfrac{5x}{dx} = \dfrac{7y}{dy} \qquad \therefore \dfrac{dy}{dx} = \dfrac{7y}{5x} = \dfrac{7 \times 1}{5 \times 2} = \dfrac{7}{10}$

---

## (2) 유관(stream tube)

공간상에서 여러 개의 유선으로 만들어지는 유체흐름을 가상할 수 있는 관

## (3) 유적선(path line)

일정시간 동안 운동하는 유체 입자에 의해 그려지는 경로

## (4) 유맥선(streak line)

고정된 한 위치에서 염료를 사용해 시간이 약간 흐른 뒤에 이 점을 통과한 수많은 가시유체입자들을 연결한 선으로, 한 점을 지나는 모든 유체입자들의 순간궤적

**│참고**

정상유동에서는 유선=유적선=유맥선이다.

## (5) 시간선(time line)

유동장에서 인접한 수많은 유체입자를 어느 순간에 표시해 보면 이 입자들은 그 순간에 유체 내에서 하나의 선을 형성(연속되는 순간순간에서 변형을 보여 주기 위해 사용)

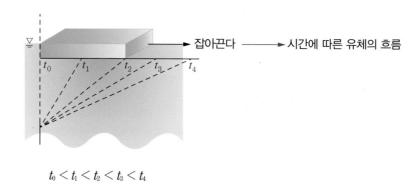

$$t_0 < t_1 < t_2 < t_3 < t_4$$

## (6) 응력장

① **표면력** : 물체에 직접 접촉하여 작용하는 힘(압력, 응력)

② **체적력** : 물체의 체적전체에 분포되어 작용하는 힘 : 중력, 전자기력

$$중력 : \rho \cdot g \, dV = \gamma \, dV$$

③ 응력장의 개념은 물체의 경계에 작용하는 힘이 물체 안으로 어떻게 전달되는지 설명하는 데 편리한 수단을 제공

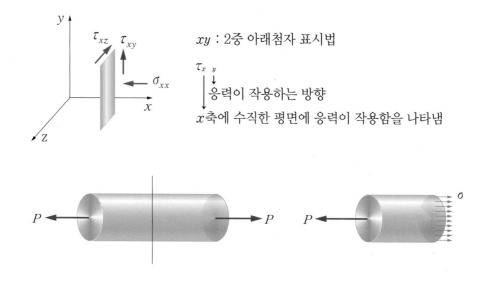

$xy$ : 2중 아래첨자 표시법

$\tau_{x\ y}$
↓
응력이 작용하는 방향
$x$축에 수직한 평면에 응력이 작용함을 나타냄

┃참고

• **유체 운동학**

검사체적(연속적인 변형과 어떤 장치나 구조물에 미치는 유체 운동의 영향에 초점을 두며, 유체
의 동일질량을 구분하거나 추종하기는 어렵다.)에 적용할 수 있는 적분형 기본 방정식을 유도
(적분적 접근법) → 연속체가정, 장기술방법

# 3. 연속방정식

**(1) 연속방정식** : 질량보존의 법칙을 유체에 적용하여 얻은 방정식

① **검사체적 내 질량보존의 법칙** : 질량이 일정하다는 것을 검사체적에 적용하여 시간변화율로
표시하면

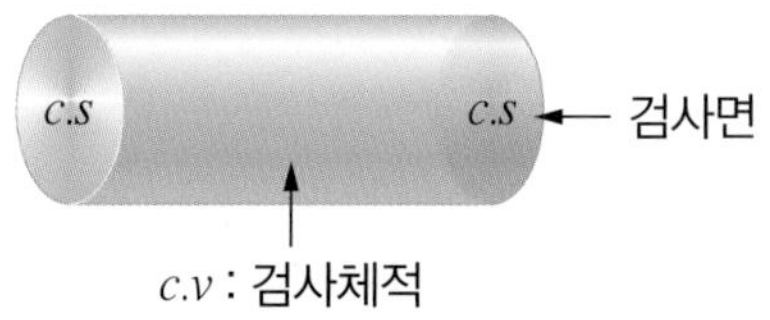

$m = C \rightarrow \dfrac{dm}{dt}\Big)_{system} = 0$

→ 오일러적 표현으로 바꾸면 연속방정식은

$\dfrac{dm}{dt}\Big)_{system} = \dfrac{\partial}{\partial t}\int_{C.V}\rho\,dV + \int_{C.S}\rho\,\vec{V}\cdot\vec{dA}$

$\left\{ \begin{array}{l} 0 = \dfrac{\partial}{\partial t}\int_{C.V}\rho\,dV + \int_{C.S}\rho\,\vec{V}\cdot\vec{dA} \\ 0 = \dfrac{dm_{C.V}}{dt} + \sum\dot{m}_e - \sum\dot{m}_i \end{array} \right\}$

검사체적 내의 질량변화율과 검사표면을 통하여 흐르는 정미 질량유량($\dot{m}$)의 합은 0이다.

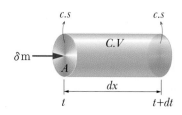

$$\frac{dm_{C.V}}{dt} + \sum \dot{m}_e - \sum \dot{m}_i = 0$$

        └──▶ 질량유량의 유입률

      └──▶ 질량유량의 유출률

  └──▶ 검사체적 속의 순간질량변화율

$$\frac{m_{t+\delta t} - m_t}{\delta t} + \frac{\delta m_e}{\delta t} - \frac{\delta m_i}{\delta t} = 0$$

        └──▶ 검사면을 통과하는 질량의
            순간유동률

  └──▶ 검사체적 속의 질량변화율

$$\lim_{\delta t \to 0} \frac{m_{t+\delta t} - m_t}{\delta t} \Rightarrow \frac{dm_{C \cdot V}}{dt}$$

$$\lim_{\delta t \to 0} \frac{\delta m_e}{\delta t} \Rightarrow \dot{m}_e$$

$$\lim_{\delta t \to 0} \frac{\delta m_i}{\delta t} \Rightarrow \dot{m}_i$$

정상유동일 때

$$\frac{dm_{C.V}}{dt} = 0, \; \sum \dot{m}_i = \sum \dot{m}_e = c : 질량 플럭스 일정$$

            (들어오는 질량유량과

            나가는 질량유량은

            동일)

$$\frac{\dot{m}}{A} = 단위면적당 질량유량 = 질량 \text{ flux}$$

## (2) 질량유량, 중량유량, 체적유량

① **질량유량**($\dot{m}$) : 검사면을 통과하는 시간당 유체의 질량[kg/s]

 $\delta t$ 동안, 검사면($c.s$) $A$를 통과하는 질량은

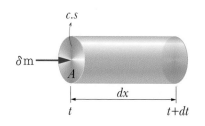
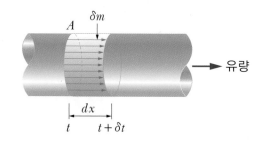

$A$를 통과하는 유체가 $dx$만큼 흘러갈 때 : 유체체적은 $A \cdot dx$

$$\delta m = \frac{A \cdot dx}{v}, \quad \text{비체적}(v) = \frac{V}{m} = \frac{1}{\rho} \ [\because mv = V(\text{체적})]$$

양변을 $\delta t$로 나누고 극한($\delta t \to 0$)을 취하면

$$\lim_{\delta t \to 0} \frac{\delta m}{\delta t} = \lim_{\delta t \to 0} \frac{A \cdot dx}{\delta t \cdot v} = \frac{dx}{dt} \frac{A}{v} \quad \left( \frac{dx}{dt} = \text{속도}(\overrightarrow{V}) \right)$$

$\delta t \to 0$으로 보내면 바로 검사면에서 질량유량이 된다.

$$\dot{m} = \frac{A \cdot \overrightarrow{V}}{v} = \rho \cdot A \cdot \overrightarrow{V} \to \text{질량유량(kg/s)} \quad \cdots\cdots\cdots\cdots\cdots \ ⓐ$$

양변에 $g$를 곱하면 중량유량을 구할 수 있다[(이후는 벡터로 쓰지 않고 $\rho A V$로 쓴다.
$(\overrightarrow{V} \to V)$].

② **중량유량($\dot{G}$)** : 검사면을 통과하는 시간당 유체의 중량[kgf/s]

$$\dot{m} \times g = \rho \cdot g \cdot A \cdot V$$

$$\dot{G} = \gamma \cdot A \cdot V : \text{중량유량} \quad \cdots\cdots\cdots\cdots\cdots\cdots\cdots\cdots\cdots\cdots\cdots \ ⓑ$$

$$\dot{m} g = \text{kg/s} \times g = \rho \cdot g \cdot A \cdot V \ \Rightarrow \ \text{kgf/s} = \gamma \cdot A \cdot V = \dot{G}(\text{중량유량})[\text{kgf/s}]$$

③ **체적유량($Q$)**

유체역학에서 기본가정이 정상상태 · 정상유동이므로(SSSF상태)

$$\frac{dm_{C.V}}{dt} = 0, \quad \sum \dot{m}_i = \sum \dot{m}_e = C(\text{kg/s})\text{에서}$$

$\rho_i A_i V_i = \rho_e A_e V_e = C$에서 $\rho = C$일 경우, 즉 비압축성 유체는 $A \cdot V = C$

$\to A_1 V_1 = A_2 V_2 = Q(\text{m}^3/\text{s})$ : 체적유량(비압축성 유체의 연속방정식)

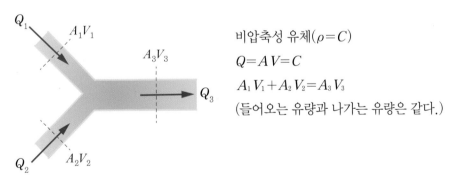

비압축성 유체($\rho = C$)

$Q = AV = C$

$A_1 V_1 + A_2 V_2 = A_3 V_3$

(들어오는 유량과 나가는 유량은 같다.)

$\rho V = C$에서 미분하면

$d(\rho A V) = 0 \to d\rho A V + \rho dA V + \rho A dV = 0$(양변을 $\rho A V$로 나누면)

$$\frac{d\rho}{\rho} + \frac{dA}{A} + \frac{dV}{V} = 0 \ (\rho \text{ 대신 } \gamma \text{ 대입 가능})(\text{노즐 유동에서 사용})$$

---

참고

---

• 적분적 접근법(유동장의 전체적 거동, 미치는 효과에 관심)

유동장 내의 한 점 한 점에 대한 상세한 지식을 얻기 위해

↓

미분적 접근법(미분형 운동방정식 적용)

↓

미소계와 미소체적에 대하여 해석

---

### (3) 직각좌표계의 3차원 연속방정식(유체유동의 미분해석)

$$\frac{dm_{C.V}}{dt} + \sum \dot{m}_e - \sum \dot{m}_i = 0$$

연속방정식 $0 = \frac{\partial}{\partial t}\int_{C.V} \rho dV + \int_{C.S} \rho \, \vec{V} \cdot \vec{dA}$ ................................ ⓐ

미소정육면체(체적요소)에 적용

가정 질량이 유입 유출되는 면에서 속도와 밀도는 균일하다.

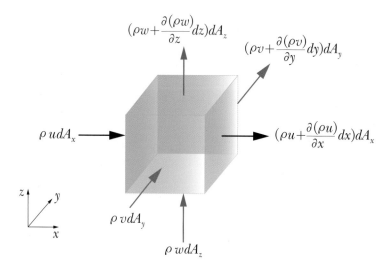

$\dot{m} = \rho \cdot A \cdot V$ ($A$ : 미소면적에 적용)

속도 $\vec{V} = ui + vj + wk$

Taylor 급수전개 : $f(x) = \rho u$ 라면

$$x\text{방향} : f(x+dx) = f(x)+f'(x)dx+\frac{f''(x)}{2}dx^2$$

$$=\rho u+\frac{\partial(\rho u)}{\partial x}dx+\underline{\frac{1}{2}\frac{\partial^2(\rho u)}{\partial x^2}dx^2} \to \text{고차항 무시}$$

유출$(+)$, 유입$(-)$

① 검사표면에서 질량변화량$(\sum\dot{m}_e-\sum\dot{m}_i)$

$$x\text{방향} : \left[\rho u+\frac{\partial}{\partial x}(\rho u)dx\right]dA_x-\rho u dA_x \quad (dA_x=dydz)$$

$$y\text{방향} : \left[\rho v+\frac{\partial}{\partial y}(\rho v)dy\right]dA_y-\rho v dA_y \quad (dA_y=dxdz)$$

$$+\quad z\text{방향} : \left[\rho w+\frac{\partial}{\partial z}(\rho w)dz\right]dA_z-\rho w dA_z \quad (dA_z=dxdy)$$

$$\frac{\partial(\rho u)}{\partial x}dxdydz+\frac{\partial(\rho v)}{\partial y}dxdydz+\frac{\partial(\rho w)}{\partial z}dxdydz \cdots\cdots ⓑ$$

② 검사체적 $dV(dx\times dy\times dz)$의 내부에서 단위시간당 질량변화율

$$\to \frac{\partial\rho}{\partial t}dxdydz \cdots\cdots\cdots\cdots\cdots\cdots\cdots\cdots\cdots\cdots\cdots\cdots\cdots\cdots\cdots ⓒ$$

∴ ⓐ식에 ⓑ, ⓒ식 대입

$$0=\left[\frac{\partial\rho}{\partial t}+\frac{\partial(\rho u)}{\partial x}+\frac{\partial(\rho v)}{\partial y}+\frac{\partial(\rho w)}{\partial z}\right]dxdydz$$

양변을 $(dx\cdot dy\cdot dz)$로 나누면

$$\left[\frac{\partial\rho}{\partial t}+\frac{\partial(\rho u)}{\partial x}+\frac{\partial(\rho v)}{\partial y}+\frac{\partial(\rho w)}{\partial z}\right]=0 \cdots\cdots\cdots\cdots\cdots\cdots\cdots ⓓ$$

→ 직각좌표계에서 미분형 연속방정식

여기서 벡터연산자$(\nabla)$를 가지고 연속방정식을 나타내 보면

$$\nabla : \text{del(벡터연산자)}=\frac{\partial}{\partial x}i+\frac{\partial}{\partial y}j+\frac{\partial}{\partial z}k$$

$$\therefore \nabla\cdot\rho\vec{V}(dot\ product)=\left(\frac{\partial}{\partial x}i+\frac{\partial}{\partial y}j+\frac{\partial}{\partial z}k\right)\cdot\rho(ui+vj+wk)$$

$$=\frac{\partial(\rho u)}{\partial x}+\frac{\partial(\rho v)}{\partial y}+\frac{\partial(\rho w)}{\partial z}$$

따라서 ⓓ식은 $\nabla\cdot\rho\vec{V}+\frac{\partial\rho}{\partial t}=0$

㉠ 비압축성 유체($\rho = C$)인 경우(기본이 정상유동이므로 $\dfrac{\partial \rho}{\partial t} = 0$),

ⓓ식의 양변을 $\rho$로 나눈다.

$$\therefore \ \frac{\partial u}{\partial x} + \frac{\partial v}{\partial y} + \frac{\partial w}{\partial z} = 0$$

$$\therefore \ \nabla \cdot \vec{V} = 0$$

㉡ 압축성 유체($\rho \neq C$)인 경우 $\rho = \rho(x, y, z)\left(정상유동 \Rightarrow \dfrac{\partial \rho}{\partial t} = 0\right)$

$$\therefore \ \frac{\partial(\rho u)}{\partial x} + \frac{\partial(\rho v)}{\partial y} + \frac{\partial(\rho w)}{\partial z} = 0$$

$$\therefore \ \nabla \cdot \rho \vec{V} = 0$$

### 참고

$div(\vec{V})$ : 속도 $\vec{V}$의 다이버전스(divergence)

$\nabla \cdot \vec{V} = \dfrac{\partial u}{\partial x} + \dfrac{\partial v}{\partial y} + \dfrac{\partial w}{\partial z}$ (Dot product)

$\nabla \times \vec{V} = curl \, \vec{V}$ (소용돌이) (Cross product)

---

예제 2차원 유동, 비압축성 정상유동일 경우의 직각 좌표계에 대한 연속방정식은?

$z$항 소거

$\dfrac{\partial \rho}{\partial t} = 0$,  $\rho = C$에서  $\dfrac{\partial u}{\partial x} + \dfrac{\partial v}{\partial y} = 0$

예 **비정상 유동 미분형 연속 방정식**

자동차의 현가장치(바퀴의 충격을 차체에 전달하지 않고 충격흡수)는 홈을 통해 오일이 이동하므로 피스톤의 운동이 느려지며 유체밀도가 시간에 따라 변하므로 기본방정식은

$$\nabla \cdot \rho \vec{V} + \frac{\partial \rho}{\partial t} = 0$$

$$\frac{\partial(\rho u)}{\partial x} + \frac{\partial(\rho v)}{\partial y} + \frac{\partial(\rho w)}{\partial z} + \frac{\partial \rho}{\partial t} = 0$$을 적용

## (4) 원통좌표계의 연속방정식(cylindrical coordinate system)

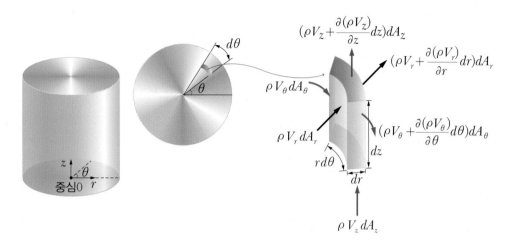

$$\vec{V} = V_r e_r + V_\theta e_\theta + V_z K, \ |e_r| = |e_\theta| = |K| = 1 \Rightarrow \text{단위벡터}$$

$$\int_{C.S} \rho \ \vec{V} \cdot \vec{dA} : \text{6개의 검사표면에서 질량 플럭스 계산}$$

• $r$방향

$$\left( \rho V_r + \frac{\partial (\rho V_r)}{\partial r} dr \right) \cdot r d\theta dz - \rho V_r r d\theta dz$$

$$\therefore r \cdot \frac{\partial (\rho V_r)}{\partial r} dr d\theta dz$$

• $\theta$방향

$$\left( \rho V_\theta + \frac{\partial (\rho V_\theta)}{\partial \theta} d\theta \right) dr dz - \rho V_\theta dr dz$$

$$\therefore \frac{\partial (\rho V_\theta)}{\partial \theta} dr d\theta dz$$

• $z$방향

$$\left( \rho V_z + \frac{\partial (\rho V_z)}{\partial z} dz \right) r d\theta dr - \rho V_z r d\theta dr$$

$$\therefore r \cdot \frac{\partial (\rho V_z)}{\partial z} dr d\theta dz$$

- 검사면 : $\int_{C.S} \rho \vec{V} \, \vec{dA} = \left[ r \dfrac{\partial(\rho V_r)}{\partial r} + \dfrac{\partial(\rho V_\theta)}{\partial \theta} + r \dfrac{\partial(\rho V_z)}{\partial z} \right] dr d\theta dz$

- 검사체적 : $\dfrac{\partial}{\partial t} \int_{C.V} \rho dv = \dfrac{\partial \rho}{\partial t} r dr d\theta dz$

질량보존의 법칙은 $0 = \dfrac{\partial}{\partial t} \int_{CV} \rho dv + \int_{CS} \rho \vec{V} \vec{dA}$

$0 = \left[ r \dfrac{\partial \rho}{\partial t} + r \dfrac{\partial(\rho V_r)}{\partial r} + \dfrac{\partial(\rho V_\theta)}{\partial \theta} + r \dfrac{\partial(\rho V_z)}{\partial z} \right] dr d\theta dz$

양변을 $r \cdot dr \cdot d\theta \cdot dz$로 나누면

$0 = \dfrac{\partial \rho}{\partial t} + \dfrac{\partial(\rho V_r)}{\partial r} + \dfrac{1}{r} \dfrac{\partial(\rho V_\theta)}{\partial \theta} + \dfrac{\partial(\rho V_z)}{\partial z}$ ················· ⓐ

원통좌표계에서 벡터 연산자 $\nabla$은

$\nabla = \dfrac{\partial}{\partial r} e_r + \dfrac{1}{r} \dfrac{\partial}{\partial \theta} e_\theta + \dfrac{\partial}{\partial z} K$

ⓐ식을 벡터표기하면 속도장 $\vec{V} = \vec{V}(r, \theta, z, t)$에서

$\nabla \cdot \rho \vec{V} + \dfrac{\partial \rho}{\partial t} = 0$

## 참고

직각좌표계 원통좌표계 둘 다 공통(좌표계에 상관없이 질량은 보존된다.) ⇒ 연속방정식(단, $\nabla$만 좌표계에 맞게 해석)

- 비압축성 유동 : $\rho = C$, $\nabla \cdot \vec{V} + \dfrac{\partial \rho}{\partial t} = 0$

- 정상유동 : $\dfrac{\partial \rho}{\partial t} = 0$, $\nabla \cdot \rho \vec{V} = 0$

# 4. 유체 유동의 미분해석

## (1) 2차원 비압축성 유동의 유동함수

① 유선은 어떤 순간에 유동의 속도벡터와 접하는 선

$$\frac{u}{dx} = \frac{v}{dy} \text{ 에서 } udy = vdx$$

$$udy - vdx = 0 \quad \text{................................................} \quad ⓐ$$

② 유동함수(Stream function)

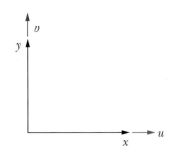

- 2차원 비압축성 유동에서 속도성분(2개의 독립적인 양), $u(x,\ y,\ t)$, $v(x,\ y,\ t)$를 하나의 유동함수 $\psi(x,\ y,\ t)$로 나타낼 수 있다.
- 2차원 비압축성 유동에 대한 연속방정식

$$\frac{\partial u}{\partial x} + \frac{\partial v}{\partial y} = 0 \quad \text{................................................} \quad ⓑ$$

- 유동함수(정의)

$$u \equiv \frac{\partial \psi}{\partial y},\ v \equiv -\frac{\partial \psi}{\partial x} \quad \text{....................} \quad ⓒ$$

ⓑ에 ⓒ를 대입하면

$$\frac{\partial u}{\partial x} + \frac{\partial v}{\partial y} = \frac{\partial^2 \psi}{\partial x \partial y} - \frac{\partial^2 \psi}{\partial y \partial x} = 0$$

ⓐ에 유동함수 ⓒ를 대입하면

$$\frac{\partial \psi}{\partial y} dy - \left(-\frac{\partial \psi}{\partial x}\right) dx = 0$$

$$\therefore\ \frac{\partial \psi}{\partial x} dx + \frac{\partial \psi}{\partial y} dy = 0$$

③ 임의의 시간 $t$와 공간$(x,\ y)$에서 함수 $\psi(x,\ y,\ t)$의 미소변화량 $d\psi$

$$d\psi = \frac{\partial \psi}{\partial x} dx + \frac{\partial \psi}{\partial y} dy$$

## (2) 3차원 속도장을 가지고 유체입자 가속도 표현

① 3차원 유동장 내에서 속도장 $\vec{V} = \vec{V}(x, y, z, t)$ : 위치와 시간의 함수

　가속도 $\vec{a}$

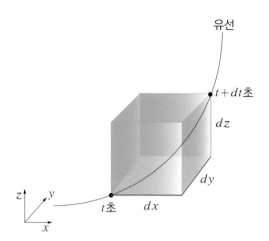

시간 $t$일 때의 유체입자의 위치는 $x$, $y$, $z$에서 속도장 → $\vec{V}(x, y, z, t)$

시간이 $dt$만큼 변할 때 그림처럼 입자의 속도장 → $\vec{V}(x+dx, y+dy, z+dz, t+dt)$

② 시간 $dt$ 동안 움직이는 유체입자의 속도변화

$$d\vec{V} = \frac{\partial \vec{V}}{\partial x}dx + \frac{\partial \vec{V}}{\partial y}dy + \frac{\partial \vec{V}}{\partial z}dz + \frac{\partial \vec{V}}{\partial t}dt$$

③ 유체입자의 가속도 $\vec{a} = \dfrac{dV}{dt}$ 이므로 위의 식을 $dt$로 나누면

$$a = \frac{d\vec{V}}{dt} = \frac{\partial \vec{V}}{\partial x} \cdot \underset{\underset{u}{\downarrow}}{\frac{dx}{dt}} + \frac{\partial \vec{V}}{\partial y} \cdot \underset{\underset{v}{\downarrow}}{\frac{dy}{dt}} + \frac{\partial \vec{V}}{\partial z} \cdot \underset{\underset{w}{\downarrow}}{\frac{dz}{dt}} + \frac{\partial \vec{V}}{\partial t}$$

$$a = u\frac{\partial \vec{V}}{\partial x} + v\frac{\partial \vec{V}}{\partial y} + w\frac{\partial \vec{V}}{\partial z} + \frac{\partial \vec{V}}{\partial t}$$

④ 속도장 내에서 유체입자의 가속도를 계산하려면 특별한 미분이 필요하다는 것을 강조하기 위

　해 기호 $\dfrac{D\vec{V}}{Dt}$를 사용(본질미분＝물질미분＝입자미분)

$$\underset{\underset{\text{입자의 총가속도}}{\downarrow}}{\frac{D\vec{V}}{Dt}(\text{본질미분}) \equiv \vec{a} =} \underset{\underset{\text{대류가속도}}{\downarrow}}{u\frac{\partial \vec{V}}{\partial x} + v\frac{\partial \vec{V}}{\partial y} + w\frac{\partial \vec{V}}{\partial z}} + \underset{\underset{\text{국소가속도}}{\downarrow}}{\frac{\partial \vec{V}}{\partial t}}$$

⑤ 2차원 유동이면 $\dfrac{D\vec{V}}{Dt}=u\dfrac{\partial\vec{V}}{\partial x}+v\dfrac{\partial\vec{V}}{\partial y}+\dfrac{\partial\vec{V}}{\partial t}$

⑥ 1차원 유동이면 $\dfrac{D\vec{V}}{Dt}=u\dfrac{\partial\vec{V}}{\partial x}+\dfrac{\partial\vec{V}}{\partial t}$

⑦ 3차원 정상유동이면 $\dfrac{D\vec{V}}{Dt}=u\dfrac{\partial\vec{V}}{\partial x}+v\dfrac{\partial\vec{V}}{\partial y}+w\dfrac{\partial\vec{V}}{\partial z}$

## 5. 오일러의 운동방정식(Euler's equation of motion)

유선상의 미소입자(미소체적)에 Newton의 제2법칙을 적용하여 만들어낸 방정식

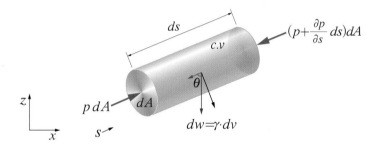

**기본 가정**

① 유체입자는 유선을 따라 유동한다.

② 유체는 마찰이 없다.(비점성–$\tau$ 해석 불필요)

③ 정상 유동이다.

$\sum F=$ 표면력 $+$ 체적력 $=$ 관성력

유선방향 $\sum F_s=m\cdot a_s,\ dF=dm\cdot a\quad\left(\text{여기서},\ dm=\rho\cdot dv=\rho\cdot dAds,\ a=\dfrac{dV}{dt}\right)$

$dW=\gamma\cdot dv=\gamma\cdot dA\cdot ds=\rho\cdot g\cdot dA\cdot ds$

$p\cdot dA-\left(p+\dfrac{\partial p}{\partial s}ds\right)dA-\rho\cdot gdA\cdot ds\cos\theta=\rho\cdot dA\cdot ds\cdot\dfrac{dV}{dt}$

$-\dfrac{\partial p}{\partial s}dAds-\rho\cdot g\cos\theta dAds-\rho dA\cdot ds\dfrac{dV}{dt}=0$

양변 $\div dAds\,(dv)$

$-\dfrac{\partial p}{\partial s}-\rho g\cos\theta-\rho\cdot\dfrac{dV}{dt}=0$

$\dfrac{\partial p}{\partial s}+\rho g\cos\theta+\rho\dfrac{dV}{dt}=0$ ···························· ⓐ

여기서,

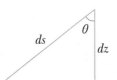

$$\cos\theta = \frac{dz}{ds}, \quad V = V(s,\,t) \Rightarrow dV = \frac{\partial V}{\partial s}ds + \frac{\partial V}{\partial t}dt$$

| ↓ | ↓ | ↓ |
|---|---|---|
| 속도 | $s$방향 속도 | $t$시간에 대한 |
| 변화량 | 변화량 | 속도변화량 |

2변수함수(편미분)

양변 $\div dt$

$$\frac{dV}{dt} = \frac{\partial V}{\partial s}\frac{ds}{dt} + \frac{\partial V}{\partial t}$$

$$\frac{dV}{dt} = \frac{\partial V}{\partial s}V + \frac{\partial V}{\partial t}$$

ⓐ식에 넣어 정리하면

$$\frac{\partial p}{\partial s} + \rho g\frac{dz}{ds} + \rho\left(\frac{\partial V}{\partial s}V + \frac{\partial V}{\partial t}\right) = 0$$

양변 $\div \rho$

$$\frac{1}{\rho}\frac{\partial p}{\partial s} + g\frac{dz}{ds} + \frac{\partial V}{\partial s}V + \frac{\partial V}{\partial t} = 0 \quad \cdots\cdots\cdots\cdots\cdots ⓑ \text{ 오일러 방정식}$$

[가정] 정상유동 $\left(\dfrac{\partial F}{\partial t} = 0 \text{에서} \dfrac{\partial V}{\partial t} = 0 \text{ 적용}\right)$

$$\frac{1}{\rho}\cdot\frac{\partial p}{\partial s} + g\cdot\frac{dz}{ds} + \frac{\partial V}{\partial s}V = 0 \quad \cdots\cdots\cdots\cdots\cdots ⓒ$$

- **압력장** $p = p(s,\,t) \Rightarrow$ 정상유동에서 $p(s)$이므로 압력은 위치만의 함수가 되어

$$\frac{\partial p}{\partial s} \Rightarrow \frac{dp}{ds}$$

- **속도장** $V = V(s,\,t) \rightarrow$ 정상유동에서 $V(s)$의 함수 $\therefore \dfrac{\partial V}{\partial s} \Rightarrow \dfrac{dV}{ds}$

위 사항을 적용하면 ⓒ식은 $\dfrac{1}{\rho}\dfrac{dp}{ds} + g\cdot\dfrac{dz}{ds} + \dfrac{dV}{ds}V = 0$ 양변에 $\times ds$

$$\frac{1}{\rho}dP + gdz + VdV = 0 \quad \text{(정상유동에서 오일러 운동방정식)}$$

## 6. 베르누이 방정식

정상유동에서 유선을 따라 오일러의 운동방정식을 적분하여 얻은 방정식

오일러 운동방정식 : $\dfrac{1}{\rho}dp+gdz+VdV=0$을 적분하면

$$\int \frac{1}{\rho}dp+g\int dz+\int VdV=c$$

$$\int \frac{dp}{\rho}+gz+\frac{V^2}{2}=c \quad \cdots\cdots\cdots\cdots\cdots\cdots\cdots\cdots \text{ⓐ}$$

가정 $\rho=C$(비압축성 유체)

$$\frac{p}{\rho}+gz+\frac{v^2}{2}=c \quad \cdots\cdots\cdots\cdots\cdots\cdots \text{ⓑ (SI단위)}$$

SI단위를 살펴보면

$$\frac{p}{\rho}=\frac{\text{N/m}^2}{\text{kg/m}^3}=\frac{\text{N}\cdot\text{m}}{\text{kg}}=\frac{\text{J}}{\text{kg}} : \text{질량당 에너지(비에너지)}$$

$$g\cdot z \text{와} \frac{v^2}{2} \Rightarrow \frac{\text{m}}{\text{s}^2}\cdot\text{m} \text{ 분모 · 분자에 질량(kg)을 곱하면}$$

$$\frac{\text{kg}\cdot\dfrac{\text{m}}{\text{s}^2}\cdot\text{m}}{\text{kg}}=\frac{\text{N}\cdot\text{m}}{\text{kg}}=\frac{\text{J}}{\text{kg}}$$

$$\frac{p}{\rho}+\frac{v^2}{2}+g\cdot z=C \text{ (SI)} \quad \cdots\cdots\cdots\cdots\cdots\cdots \text{ⓒ}$$

질량당 압력에너지＋질량당 운동에너지＋질량당 위치에너지＝질량당 전에너지

ⓒ식을 $g$로 나누면

$$\frac{p}{\rho g}+\frac{V^2}{2g}+z=C$$

$$\therefore \frac{p}{\gamma} + \frac{V^2}{2g} + z = C = H(\text{공학단위})$$

| ↓ | ↓ | ↓ | ↓ |
|---|---|---|---|
| 압력<br>수두 | 속도<br>수두 | 위치<br>수두 | 전수두<br>(전양정) |

공학단위를 살펴보면 $N \cdot m \rightarrow kgf \cdot m$

$$\frac{p}{\gamma} = \frac{kgf/m^2}{kgf/m^3} = m단위(L \; 차원)$$

$$\frac{v^2}{2g} 와 \; z 는 \; \frac{kgf \cdot m}{kgf} = m단위(L \; 차원)$$

$$\left( \because \; \frac{N \cdot m}{kg \times g} \quad \begin{array}{c} \rightarrow \\ \rightarrow \end{array} \; \frac{kgf \cdot m}{kgf} 이므로 \right)$$

## (1) 에너지선(EL ; Energy Line)

유동장의 임의점에서 유체가 갖는 전에너지(전수두)

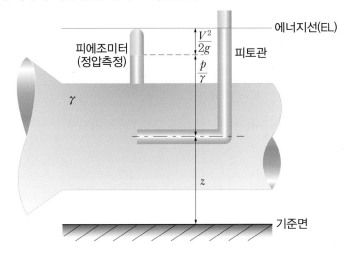

## (2) 수력구배선(HGL ; Hydraulic Grade Line)

위치에너지와 압력에너지의 합인 에너지선이다. 속도 $V$가 커지면 EL의 높이가 일정하기 때문에 HGL의 높이는 감소하여야 한다. 속도가 일정하게 되면(균일단면) HGL의 높이는 일정하다.

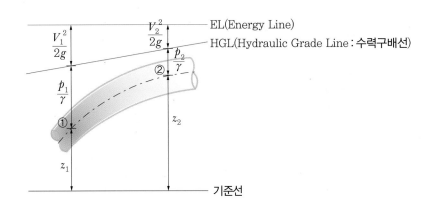

① 단면과 ② 단면에 베르누이 방정식을 적용하면

$$\frac{p_1}{\rho} + \frac{V_1^2}{2} + gz_1 = \frac{p_2}{\rho} + \frac{V_2^2}{2} + gz_2 = C \text{ (일정)}$$

①에서 → ②점으로 가면서 손실이 있다면 ② 위치의 전에너지 값이 작아진다.

따라서 ①에서 → ②점까지 유동과정에 손실수두 $h_l$이 있다면 베르누이 방정식은 다음과 같다.

$$\frac{p_1}{\rho} + \frac{V_1^2}{2} + gz_1 = \frac{p_2}{\rho} + \frac{V_2^2}{2} + gz_2 + h_l$$

## (3) 베르누이 방정식 적용

예제 다음과 같은 오리피스관에서 물의 분출 속도 $V_1$을 구하라.

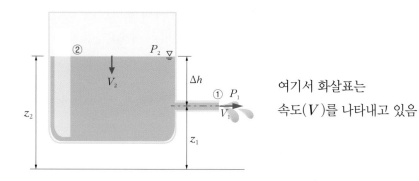

여기서 화살표는
속도($V$)를 나타내고 있음

①과 ②점에 베르누이 방정식 적용    (가정 $p_1 \approx p_2 = p_0$, $V_1 \gg V_2$)

$$\frac{p_1}{\rho} + \frac{V_1^2}{2} + gz_1 = \frac{p_2}{\rho} + \frac{V_2^2}{2} + gz_2$$

$$\frac{V_1^2}{2} = gz_2 - gz_1 = g(z_2 - z_1)$$

$$V_1 = \sqrt{2g\Delta h} \quad (\because \Delta h = z_2 - z_1)$$

참고

오리피스의 분출속도는 물체가 $\Delta h$만큼 자유낙하할 때 얻는 식과 같다. (토리첼리 정리)

운동에너지＝위치에너지

$$\frac{1}{2} m V^2 = m \cdot g \cdot \Delta h \text{에서}$$

$$V = \sqrt{2g\Delta h}$$

㉰ **사이펀관**

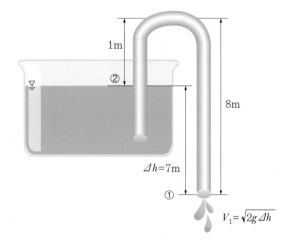

㉰ $\dfrac{p}{\rho} + \dfrac{V^2}{2} + gz = C$, $\begin{cases} dV \gg 0 (속도에너지 증가) \\ dp \ll 0 (압력에너지 감소) \end{cases}$

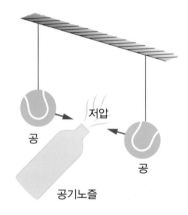

㉰ 공의 유동방향과 유체흐름방향이 동일한 한쪽은 속도가 증가, 압력은 감소

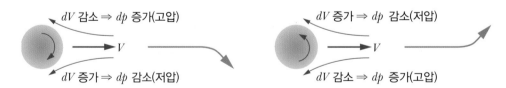

## 7. 동압과 정압

### (1) 피토관(pitot tube)

그림과 같이 유체유동 중심에 피토관을 세울 때 관의 입구에서 속도에너지가 "0"이 되면 압력에너지가 상승하여 자유표면보다 $\Delta h$만큼 관 속의 유체가 올라가 유속을 측정할 수 있는 계측기기

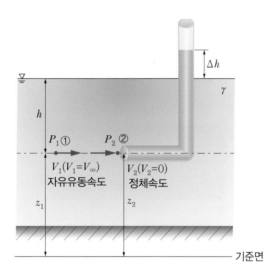

②에서 속도가 감소 → 압력이 증가하므로 피토관 내의 유체를 밀어 올림

$$\frac{p}{\rho} + \frac{V^2}{2} + gz = C$$

①과 ②점에 베르누이 방정식을 적용하면

$$\frac{p_1}{\rho} + \frac{V_1^2}{2} + gz_1 = \frac{p_2}{\rho} + \frac{V_2^2}{2} + gz_2$$

$gz_1 = gz_2$, $V_2 = 0$이므로

$$\frac{p_2}{\rho} = \frac{p_1}{\rho} + \frac{V_1^2}{2} \quad \cdots\cdots\cdots\cdots\cdots\cdots\cdots\cdots\cdots\cdots\cdots\cdots\cdots\cdots\cdots \text{ⓐ}$$

양변에 $\rho$를 곱하면

$$\rho \times \frac{p_1}{\rho} = p_1 : 정압, \quad \rho \times \frac{V_1^2}{2} = \frac{\rho V_1^2}{2} : 동압$$

$$\rho \times \frac{p_2}{\rho} = p_2 : 정체압력(전압 : total pressure)$$

$$p_2 = p_1 + \frac{\rho V_1^2}{2} \text{ (SI단위)}$$

∴ 전압 = 정압 + 동압

ⓐ식을 이용하여 자유유동속도($V_\infty = V_1$) → 균일유동 의미

$$\frac{V_\infty^2}{2} = \frac{p_2}{\rho} - \frac{p_1}{\rho}$$

$$= \frac{1}{\rho}[\gamma(h+\Delta h) - \gamma h]$$

$$= \frac{1}{\rho}(\gamma \Delta h)$$

$$= g\Delta h$$

$$\therefore V_\infty = \sqrt{2g\Delta h}$$

## (2) 비중이 다른 액체 $\gamma_0$가 들어 있는 피토관 – 속도측정

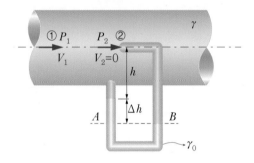

- 첫째 : ①과 ②에 베르누이 방정식 적용($gz_1 = gz_2$, $V_2 = 0$)

$$\frac{p_1}{\rho} + \frac{V_1^2}{2} = \frac{p_2}{\rho}$$

$$\frac{V_1^2}{2} = \frac{1}{\rho}(p_2 - p_1)$$

$$\therefore V_1 = \sqrt{\frac{2}{\rho}(p_2 - p_1)} \quad \text{-----------------------------} \quad ⓐ$$

- 둘째 : $A$와 $B$는 동일한 압력면(등압면)이므로 $p_A = p_B$

여기서, $p_A = p_1 + \gamma h + \gamma_0 \Delta h$

$$p_B = p_2 + \gamma(h + \Delta h)$$

$$\therefore p_1 + \gamma h + \gamma_0 \Delta h = p_2 + \gamma(h + \Delta h)$$

$$\therefore p_2 - p_1 = \gamma h + \gamma_0 \Delta h - \gamma(h + \Delta h)$$

$$= \Delta h(\gamma_0 - \gamma) \quad \text{-----------------------------} \quad ⓑ$$

@에 ⓑ를 대입하면

$$V_1 = \sqrt{\frac{2\Delta h}{\rho}(\gamma_0 - \gamma)} \quad (\because \gamma = \rho \cdot g, \ \gamma_0 = \rho_0 \cdot g)$$

$$= \sqrt{\frac{2\Delta h}{\rho}(\rho_0 g - \rho g)}$$

$$= \sqrt{2g\Delta h\left(\frac{\rho_0}{\rho} - 1\right)} \quad (\because \rho = s \cdot \rho_w, \ \rho_0 = s_0 \cdot \rho_w)$$

$$= \sqrt{2g\Delta h\left(\frac{s_0}{s} - 1\right)}$$

## (3) 벤투리미터(Venturi meter)

벤투리관은 압력에너지의 일부를 속도에너지로 변화시켜 유량을 측정($V_2$를 구해 ②의 관단면적 $A_2$를 곱해 유량을 구함)

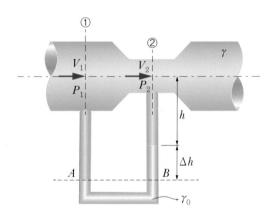

등압면 $p_A = p_B$

$p_A = p_1 + \gamma(h + \Delta h)$

$p_B = p_2 + \gamma h + \gamma_0 \Delta h$

$p_1 + \gamma(h + \Delta h) = p_2 + \gamma h + \gamma_0 \Delta h$

$p_1 - p_2 = \gamma_0 \Delta h - \gamma \Delta h$

$\therefore p_1 - p_2 = \Delta h(\gamma_0 - \gamma)$ ⋯⋯⋯⋯⋯⋯⋯⋯⋯⋯⋯⋯⋯⋯⋯⋯⋯⋯⋯ @

①, ②에 베르누이 방정식 적용

$$\frac{p_1}{\rho} + \frac{V_1^2}{2} = \frac{p_2}{\rho} + \frac{V_2^2}{2} \, (gz_1 = gz_2)$$

$$\frac{p_1 - p_2}{\rho} = \frac{V_2^2 - V_1^2}{2} = \frac{V_2^2}{2}\left(1 - \frac{V_1^2}{V_2^2}\right) = \frac{V_2^2}{2}\left\{1 - \left(\frac{A_2}{A_1}\right)^2\right\} \, (\because Q = A_1 V_1 = A_2 V_2)$$

$$\therefore V_2 = \frac{1}{\sqrt{1 - \left(\frac{A_2}{A_1}\right)^2}}\sqrt{\frac{2}{\rho}(p_1 - p_2)}$$ ⋯⋯⋯⋯⋯⋯⋯⋯⋯⋯⋯⋯⋯ ⓑ

ⓑ식에 ⓐ식을 대입

$$V_2 = \frac{1}{\sqrt{1-\left(\frac{A_2}{A_1}\right)^2}}\sqrt{\frac{2}{\rho}\Delta h(\gamma_0-\gamma)} \quad (\because \gamma_0=\rho_0 g,\ \gamma=\rho\cdot g)$$

$$= \frac{1}{\sqrt{1-\left(\frac{A_2}{A_1}\right)^2}}\sqrt{2g\Delta h\left(\frac{\rho_0}{\rho}-1\right)}$$

$$= \frac{1}{\sqrt{1-\left(\frac{A_2}{A_1}\right)^2}}\sqrt{2g\Delta h\left(\frac{s_0}{s}-1\right)}$$

$Q=A_2 V_2$이면 유량을 구할 수 있다.

여기서 $\frac{A_2}{A_1}=\frac{\frac{\pi}{4}d_2^2}{\frac{\pi}{4}d_1^2}=\left(\frac{d_2}{d_1}\right)^2$인 관의 직경비로 나타낼 수도 있다.

$$\therefore V_2 = \frac{1}{\sqrt{1-\left(\frac{d_2}{d_1}\right)^4}}\sqrt{2g\Delta h\left(\frac{\rho_0}{\rho}-1\right)}$$

**│참고**

비중량이 다른 물질이 들어갈 경우 $\left(\frac{\rho_0}{\rho}-1\right)$ 또는 $\left(\frac{\gamma_0}{\gamma}-1\right)$ 식이 피토관, 벤투리관에서 남는다.

## 8. 동력(Power)

- **펌프** : 전기 또는 기계에너지를 유체에너지로 변환
- **터빈** : 유체에너지를 기계적 에너지로 변환

유체가 가지는 전에너지는 베르누이 방정식으로 전에너지를 구하므로

$$\frac{p}{\rho}+\frac{V^2}{2}+gz=H\left(\frac{N\cdot m}{kg}\right)$$

유체가 가지는 펌프동력($L$)

동력$=\rho HQ(\text{J/s}=\text{W})\left(\text{여기서, }\rho:\frac{kg}{m^3},\ H:\frac{N\cdot m}{kg}=\text{J/kg},\ Q:\frac{m^3}{s}\right)$

$$L_{kW}=\frac{\rho HQ}{1,000}(\text{kW})\ (\text{SI단위})$$

$$\begin{cases} \dfrac{\text{일}}{\text{시간}} = \dfrac{F \times S}{t} = F \cdot V & \begin{aligned} &\Rightarrow p \cdot A \cdot V (F = p \cdot A) \\ &\Rightarrow \gamma \cdot h \cdot A \cdot V \\ &\Rightarrow \gamma \cdot H \cdot Q \ (H : \text{전에너지}(m)) \end{aligned} \end{cases}$$

$H_{\mathrm{PS}} = \dfrac{\gamma \cdot H \cdot Q}{75}$ (여기서, $\gamma : \mathrm{kgf/m^3}$, $Q = \mathrm{m^3/s}$, $H = \mathrm{m}$, $1\mathrm{PS} = 75\mathrm{kgf \cdot m/s}$)

$H_{\mathrm{kW}} = \dfrac{\gamma \cdot H \cdot Q}{102}$ (여기서, $\gamma : \mathrm{kgf/m^3}$, $Q = \mathrm{m^3/s}$, $H : \mathrm{m}$, $1\mathrm{kW} = 102\mathrm{kgf \cdot m/s}$)

펌프효율: $\eta_p = \dfrac{L_{th}(\text{이론동력})}{L_s(shaft\ \text{축동력, 운전동력})}$

예 $\eta_p = \dfrac{90\mathrm{kW}}{100\mathrm{kW}}$

---

예제 지상으로부터 2m 높이에 설치된 송수관에 압력이 19.69kPa, 유속이 3.2m/s인 상태로 물이 흐르고 있다. 관의 안지름이 1.4m일 때 물의 동력은 얼마인가?

SI단위

• 전에너지

$$H = \frac{p}{\rho} + \frac{V^2}{2} + gz = \frac{19.6 \times 10^3}{1{,}000} + \frac{3.2^2}{2} + 9.8 \times 2 = 44.32\mathrm{J/kg}$$

• 동력

$$L_{\mathrm{kW}} = \frac{\rho HQ}{1{,}000} = \frac{1{,}000\,(\mathrm{kg/m^3}) \times 44.32\,(\mathrm{N \cdot m/kg}) \times \frac{\pi}{4} \times 1.4^2 \times 3.2\,(\mathrm{m^3/s})}{1{,}000}$$
$$= 218.32\mathrm{kW}$$

공학단위

• 전수두

$$H = \frac{p}{\gamma} + \frac{V^2}{2g} + z = \frac{19.6 \times 10^3}{9{,}800} + \frac{3.2^2}{2 \times 9.8} + 2 = 4.52\mathrm{m}$$

• 동력

$$L_{\mathrm{kW}} = \frac{\gamma HQ}{1{,}000} = \frac{9{,}800\,(\mathrm{N/m^3}) \times 4.52\,(\mathrm{m}) \times \frac{\pi}{4} \times 1.4^2 \times 3.2\,(\mathrm{m^3/s})}{1{,}000} = 218.2\mathrm{kW}$$

• 동력

$$H_{\mathrm{kW}} = \frac{\gamma HQ}{102} = \frac{1{,}000\,(\mathrm{kgf/m^3}) \times 4.52\mathrm{m} \times \frac{\pi}{4} \times 1.4^2 \times 3.2\,(\mathrm{m^3/s})}{102} = 218.3\mathrm{kW}$$

## (1) 유동유체 내에 펌프를 설치할 때

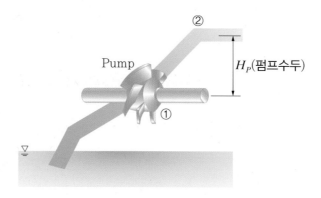

① 에너지와 펌프에너지($H_p$)를 더한 것이 ②의 에너지이므로

① $+ H_p =$ ② 적용

$$H_p = \left( \frac{p_2}{\rho} + \frac{V_2^2}{2} + gz_2 \right) - \left( \frac{p_1}{\rho} + \frac{V_1^2}{2} + gz_1 \right) \text{(SI단위)}$$

$$\frac{p_1}{\gamma} + \frac{V_1^2}{2g} + z_1 + H_p = \frac{p_2}{\gamma} + \frac{V_2^2}{2g} + z_2 \qquad \text{(단, } H_p \text{ : pump 수두)}$$

$$H_p = \left( \frac{p_2}{\gamma} + \frac{V_2^2}{2g} + z_2 \right) - \left( \frac{p_1}{\gamma} + \frac{V_1^2}{2g} + z_1 \right) \quad \text{(공학단위, } H_p \text{: 펌프양정(m))}$$

펌프동력$= \gamma \cdot H_p \cdot Q \text{(W)}$ (펌프양정이 m로 나타나는 공학단위 계산이 편리)

펌프 kW동력$= \dfrac{\gamma \cdot H_p \cdot Q}{1{,}000}$

## (2) 유동유체 내에 터빈을 설치할 때

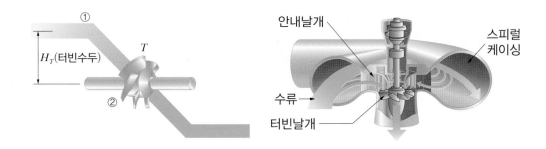

①의 유체에너지가 터빈의 기계적 에너지를 만들어 내고 ②의 에너지로 나오므로

① = $H_T$ + ② 적용

$$\frac{p_1}{\gamma} + \frac{V_1^2}{2g} + z_1 = \frac{p_2}{\gamma} + \frac{V_2^2}{2g} + z_2 + H_T$$

$$H_T = \frac{p_1}{\gamma} + \frac{V_1^2}{2g} + z_1 - \left( \frac{p_2}{\gamma} + \frac{V_2^2}{2g} + z_2 \right)$$

터빈그림에서 물은 터빈 주위를 수평하게 나선으로 돌다가 유도(안내)날개에 이끌려 가장 효율이 좋은 방향에서 터빈 날개에 부딪치고 에너지를 소모한 뒤 터빈의 가운데를 통해 흘러나간다. 물이 터빈날개에 부딪칠 때 에너지 손실이 최소가 되도록 고정날개를 설계한다.

• 터빈의 동력 $L_{kW} = \dfrac{\gamma \cdot H_T \cdot Q}{1,000}$

• 터빈의 효율 $\eta_T = \dfrac{L_s(\text{실제동력, 축동력})}{L_{th}(\text{이론동력})}$

# 핵심 기출 문제

**01** 유체(비중량 10N/m³)가 중량유량 6.28N/s로 지름 40cm인 관을 흐르고 있다. 이 관 내부의 평균 유속은 약 몇 m/s인가?

① 50.0      ② 5.0

③ 0.2      ④ 0.8

**해설 ⊕**

중량유량 $\dot{G} = \gamma A V$에서

$$V = \frac{\dot{G}}{\gamma A} = \frac{6.28}{10 \times \frac{\pi \times 0.4^2}{4}} = 5.0\text{m/s}$$

**02** 피토정압관을 이용하여 흐르는 물의 속도를 측정하려고 한다. 액주계에는 비중 13.6인 수은이 들어 있고 액주계에서 수은의 높이 차이가 20cm일 때 흐르는 물의 속도는 몇 m/s인가?(단, 피토정압관의 보정계수 $C = 0.96$이다.)

① 6.75      ② 6.87

③ 7.54      ④ 7.84

**해설 ⊕**

$$V = \sqrt{2g\Delta h\left(\frac{s_0}{s} - 1\right)} = \sqrt{2 \times 9.8 \times 0.2 \times \left(\frac{13.6}{1} - 1\right)}$$
$$= 7.03\text{m/s}$$

흐르는 물의 속도 $= CV = 0.96 \times 7.03 = 6.75\text{m/s}$

**03** 다음 중 질량 보존을 표현한 것으로 가장 거리가 먼 것은?(단, $\rho$는 유체의 밀도, $A$는 관의 단면적, $V$는 유체의 속도이다.)

① $\rho A V = 0$      ② $\rho A V =$ 일정

③ $d(\rho A V) = 0$      ④ $\dfrac{d\rho}{\rho} + \dfrac{dA}{A} + \dfrac{dV}{V} = 0$

**해설 ⊕**

연속방정식 : 질량 보존의 법칙($m = c$)을 유체에 적용하여 얻어낸 방정식

$\rho A V = c \rightarrow$ 비압축성($\rho = c$)이면 $Q = A \cdot V$이다.

**04** 안지름 $D_1$, $D_2$의 관이 직렬로 연결되어 있다. 비압축성 유체가 관 내부를 흐를 때 지름이 $D_1$인 관과 $D_2$인 관에서의 평균유속이 각각 $V_1$, $V_2$이면 $D_1/D_2$은?

① $\dfrac{V_1}{V_2}$      ② $\sqrt{\dfrac{V_1}{V_2}}$

③ $\dfrac{V_2}{V_1}$      ④ $\sqrt{\dfrac{V_2}{V_1}}$

**해설 ⊕**

비압축성 유체의 연속방정식 $Q = A \cdot V$에서

$A_1 V_1 = A_2 V_2$

$$\frac{\pi D_1^2}{4} \times V_1 = \frac{\pi D_2^2}{4} \times V_2$$

$$\therefore \frac{D_1}{D_2} = \sqrt{\frac{V_2}{V_1}}$$

**05** 다음 중 2차원 비압축성 유동의 연속방정식을 만족하지 않는 속도 벡터는?

① $V = (16y - 12x)i + (12y - 9x)j$

② $V = -5xi + 5yj$

③ $V = (2x^2 + y^2)i + (-4xy)j$

④ $V = (4xy + y)i + (6xy + 3x)j$

비압축성이므로 $\nabla \cdot \vec{V} = 0$에서

$$\left(\frac{\partial}{\partial x}i + \frac{\partial}{\partial y}j + \frac{\partial}{\partial z}k\right) \cdot (ui+vj+wk) = 0$$

2차원 유동이므로 $x$, $y$만 의미를 갖는다.

연속방정식 $\dfrac{\partial u}{\partial x} + \dfrac{\partial v}{\partial y} = 0$을 만족해야 하므로

$\vec{V} = ui + vj$에서

① $\dfrac{\partial u}{\partial x} = -12$, $\dfrac{\partial v}{\partial y} = 12$

② $\dfrac{\partial u}{\partial x} = -5$, $\dfrac{\partial v}{\partial y} = 5$

③ $\dfrac{\partial u}{\partial x} = 4x$, $\dfrac{\partial v}{\partial y} = -4x$

④ $\dfrac{\partial u}{\partial x} = 4y$, $\dfrac{\partial v}{\partial y} = 6x$ → "0" 안 됨

**06** 다음 중 유선(Stream line)에 대한 설명으로 옳은 것은?

① 유체의 흐름에 있어서 속도 벡터에 대하여 수직한 방향을 갖는 선이다.

② 유체의 흐름에 있어서 유동단면의 중심을 연결한 선이다.

③ 비정상류 흐름에서만 유동의 특성을 보여주는 선이다.

④ 속도 벡터에 접하는 방향을 가지는 연속적인 선이다.

유선은 유동장의 한 점에서 속도 벡터와 접선 벡터가 일치하는 선이다.

**07** 유속 3m/s로 흐르는 물속에 흐름방향의 직각으로 피토관을 세웠을 때, 유속에 의해 올라가는 수주의 높이는 약 몇 m인가?

① 0.46          ② 0.92

③ 4.6           ④ 9.2

$V = \sqrt{2g\Delta h}$ 에서

$$\Delta h = \frac{V^2}{2g} = \frac{3^2}{2 \times 9.8} = 0.459\,\text{m}$$

**08** 그림과 같이 물이 고여 있는 큰 댐 아래에 터빈이 설치되어 있고, 터빈의 효율이 85%이다. 터빈 이외에서의 다른 모든 손실을 무시할 때 터빈의 출력은 약 몇 kW인가?(단, 터빈 출구관의 지름은 0.8m, 출구속도 $V$는 10m/s이고 출구압력은 대기압이다.)

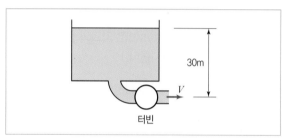

① 1,043          ② 1,227

③ 1,470          ④ 1,732

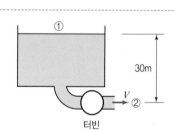

ⅰ) 댐의 자유표면 ①과 터빈 ②에 베르누이방정식을 적용하면

① = ② $+H_T$

여기서, $H_T$ : 터빈수두

$$\frac{p_1}{\gamma} + \frac{V_1^{\,2}}{2g} + Z_1 = \frac{p_2}{\gamma} + \frac{V_2^{\,2}}{2g} + Z_2 + H_T$$

여기서, $p_1 = p_2 \approx p_o$, $V_2 \gg V_1$ ($V_1$ 무시)

$$\therefore H_T = (Z_1 - Z_2) - \frac{V_2^{\,2}}{2g} = 30 - \frac{10^2}{2 \times 9.8} = 24.9\,\text{m}$$

ⅱ) 터빈 이론동력은

$$H_{th} = H_{KW} = \frac{\gamma H_T Q}{1,000}$$

$$= \frac{9,800 \times 24.9 \times \frac{\pi}{4} \times 0.8^2 \times 10}{1,000} = 1,226.58\text{kW}$$

ⅲ) 터빈효율 $\eta_T = \dfrac{H_s}{H_{th}} = \dfrac{\text{실제축동력}}{\text{이론동력}}$

출력동력(실제축동력)

$$H_s = \eta_T \times H_{th} = 0.85 \times 1,226.58 = 1,042.59\text{kW}$$

**09** 물 펌프의 입구 및 출구의 조건이 아래와 같고 펌프의 송출 유량이 0.2m³/s이면 펌프의 동력은 약 몇 kW인가?(단, 손실은 무시한다.)

- 입구 : 계기 압력 −3kPa, 안지름 0.2m, 기준면으로부터 높이 +2m
- 출구 : 계기 압력 250kPa, 안지름 0.15m, 기준면으로부터 높이 +5m

① 45.7      ② 53.5
③ 59.3      ④ 65.2

**해설⊕**

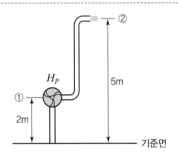

①과 ②에 베르누이 방정식 적용

①$+ H_P =$②

$$\frac{p_1}{\gamma} + \frac{V_1^2}{2g} + z_1 + H_P = \frac{p_2}{\gamma} + \frac{V_2^2}{2g} + z_2$$

$$\therefore H_P = \frac{P_2 - P_1}{\gamma} + \frac{V_2^2 - V_1^2}{2g} + (Z_2 - Z_1)$$

$Q = A_1 V_1$에서 $V_1 = \dfrac{Q}{A_1} = \dfrac{0.2}{\dfrac{\pi \times 0.2^2}{4}} = 6.37\text{m/s}$

$Q = A_2 V_2$에서 $V_2 = \dfrac{Q}{A_2} = \dfrac{0.2}{\dfrac{\pi \times 0.15^2}{4}} = 11.32\text{m/s}$

$$H_P = \frac{(250 - (-)3) \times 10^3}{9,800} + \frac{(11.32^2 - 6.37^2)}{2 \times 9.8} + (5 - 2)$$

$$= 33.28\text{m}$$

펌프의 동력 $H_{kW} = \dfrac{\gamma H_P Q}{1,000} = \dfrac{9,800 \times 33.28 \times 0.2}{1,000}$

$$= 65.23\text{kW}$$

**10** 다음 중 수력기울기선(Hydraulic Grade Line)은 에너지구배선(Energy Grade Line)에서 어떤 것을 뺀 값인가?

① 위치 수두 값
② 속도 수두 값
③ 압력 수두 값
④ 위치 수두와 압력 수두를 합한 값

**해설⊕**

에너지구배선=수력기울기선＋속도수두

**11** 관 속에 흐르는 물의 유속을 측정하기 위하여 삽입한 피토 정압관에 비중이 3인 액체를 사용하는 마노미터를 연결하여 측정한 결과 액주의 높이 차이가 10cm로 나타났다면 유속은 약 몇 m/s인가?

① 0.99      ② 1.40
③ 1.98      ④ 2.43

**해설⊕**

$$V = \sqrt{2g\Delta h \left( \frac{s_0}{s} - 1 \right)}$$

$$= \sqrt{2 \times 9.8 \times 0.1 \times \left( \frac{3}{1} - 1 \right)} = 1.98\text{m/s}$$

**12** 비중이 0.8인 액체를 10m/s 속도로 수직방향으로 분사하였을 때, 도달할 수 있는 최고 높이는 약 몇 m인가?(단, 액체는 비압축성, 비점성 유체이다.)

① 3.1 ② 5.1
③ 7.4 ④ 10.2

**해설⊕**
분사위치(1)와 최고점의 위치(2)에 베르누이 방정식을 적용하면

$$\frac{P_1}{\gamma}+\frac{V_1^2}{2g}+Z_1=\frac{P_2}{\gamma}+\frac{V_2^2}{2g}+Z_2$$

(여기서, $V_2=0$, $P_1\approx P_2\approx P_0$ 무시)

$$\therefore Z_2-Z_1=\frac{V_1^2}{2g}=\frac{10^2}{2\times9.8}=5.1\,\text{m}$$

**13** 유효 낙차가 100m인 댐의 유량이 10m³/s일 때 효율 90%인 수력터빈의 출력은 약 몇 MW인가?

① 8.83 ② 9.81
③ 10.9 ④ 12.4

**해설⊕**
터빈효율 $\eta_T=\dfrac{\text{실제동력}}{\text{이론동력}}$

$$\therefore \text{실제출력동력}=\eta_T\times\gamma\times H_T\times Q$$
$$=0.9\times9,800\times100\times10$$
$$=8.82\times10^6\text{W}$$
$$=8.82\text{MW}$$

**14** 비압축성 유체의 2차원 유동 속도성분이 $u=x^2t$, $v=x^2-2xyt$이다. 시간($t$)이 2일 때, $(x, y)=(2, -1)$에서 $x$방향 가속도($a_x$)는 약 얼마인가?(단, $u, v$는 각각 $x, y$ 방향 속도성분이고, 단위는 모두 표준단위이다.)

① 32 ② 34
③ 64 ④ 68

**해설⊕**
2차원 유동에서

가속도 $\vec{a}=\dfrac{\overrightarrow{DV}}{Dt}=u\cdot\dfrac{\partial\vec{V}}{\partial x}+v\cdot\dfrac{\partial\vec{V}}{\partial y}+\dfrac{\partial\vec{V}}{\partial t}$

$x$성분의 가속도 $\vec{a_x}=\dfrac{\overrightarrow{Du}}{Dt}=u\cdot\dfrac{\partial u}{\partial x}+v\cdot\dfrac{\partial u}{\partial y}+\dfrac{\partial u}{\partial t}$

$$\therefore a_x=x^2t\times2xt+(x^2-2xyt)\times0+x^2$$

$t=2$이고 $x=2$를 $a_x$에 대입하면

$$a_x=2^2\times2\times(2\times2\times2)+2^2=68$$

**15** 지름 2cm의 노즐을 통하여 평균속도 0.5m/s로 자동차의 연료 탱크에 비중 0.9인 휘발유 20kg을 채우는 데 걸리는 시간은 약 몇 s인가?

① 66 ② 78 ③ 102 ④ 141

**해설⊕**
질량유량 $\dot{m}=\rho AV=\dfrac{m}{t}$ (kg/s) → $S\rho_w AV=\dfrac{m}{t}$

$$\therefore t=\frac{m}{s\rho_w AV}=\frac{20}{0.9\times1,000\times\frac{\pi}{4}\times0.02^2\times0.5}$$
$$=141.47\text{s}$$

# CHAPTER

# 04 운동량 방정식과 그 응용

FLUID DYNAMICS

## 1. 운동량과 역적

뉴턴의 제2법칙 → $F = ma$

$$F = m \cdot \frac{dV}{dt} = \frac{d(mV)}{dt}$$

여기서, $m \cdot V$ : 운동량(momentum)

시간에 대한 운동량의 변화율이 힘이다.

$F \cdot dt = d(mV)$ ·························· ⓐ

힘과 $dt$의 곱을 역적(또는 충격력:impulse) → 운동량의 변화량은 역적(충격력)과 같다.

ⓐ식 적분[일정한 힘 $F$(물체의 운동상태를 바꾸는 것)가 작용하여 그 결과 운동량이 $V_1$에서 $V_2$로 변했다면]

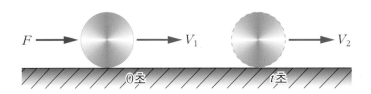

$$\int_0^t F \cdot dt = \int_{V_1}^{V_2} d(mV)$$

$\therefore F \cdot t = m(V_2 - V_1)$ ·············· ⓑ 운동량 방정식

질량유량 : $\dot{m} \Rightarrow \dot{m} = \frac{m}{t}$   $\therefore m = \dot{m} \cdot t$

$F \cdot t = t \cdot \dot{m}(V_2 - V_1)$

$\therefore F = \dot{m}(V_2 - V_1)$

## 2. 유체의 검사체적에 대한 운동량 방정식

검사면과 검사체적에 가해진 힘들의 합＝검사체적 속의 운동량 변화량

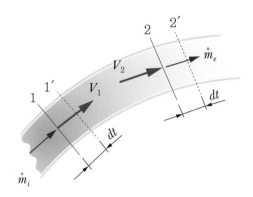

1, 2점 사이의 운동량이 $dt$ 시간이 흐른 후에 1′와 2′로 될 때의 운동량의 변화

$$\sum F \cdot dt = (\rho_2 A_2 V_2 \cdot dt) V_2 - (\rho_1 A_1 V_1 \cdot dt) V_1$$

└→ 들어오는 단면 1에서 $dt$ 동안 운동량

└→ 나가는 단면 2에서 $dt$ 동안 운동량

$$\sum F = \rho_2 A_2 V_2 V_2 - \rho_1 A_1 V_1 V_1 \ [\text{압축성 유체}(\rho_1 \neq \rho_2) \rightarrow \text{제트기의 추진 적용}]$$

**가정** $\rho = c$ 인 비압축성 유체라면 $\rho_1 = \rho_2 = \rho$

정상유동에서 연속방정식 $Q_1 = Q_2 = A_1 V_1 = A_2 V_2$

$$\sum F \cdot dt = \rho Q (V_2 - V_1) dt$$

$$\therefore \ \sum F = \rho Q (V_2 - V_1) \ \cdots\cdots\cdots\cdots\cdots\cdots \ ⓒ$$

ⓒ식을 세 개의 직각좌표계에 적용하면

$$\sum F_x = \rho Q (V_{2x} - V_{1x})$$

$$\sum F_y = \rho Q (V_{2y} - V_{1y})$$

$$\sum F_z = \rho Q (V_{2z} - V_{1z})$$

| 참고 |
| --- |

**• 검사체적 안에서의 운동량 변화**

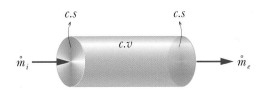

$m(V_2 - V_1), \quad \dot{m}t = m$

검사체적에 대한 운동량 방정식은

$$\sum F_x = \frac{d(mV_x)_{C \cdot V}}{dt} + \sum \dot{m}_e (V_e)_x - \sum \dot{m}_i (V_i)_x$$

검사체적 입출구에서 상태량이 균일한 정상상태 정상유동과정, 즉 SSSF과정이라면

$$\left( \frac{d(mV_x)_{C.V}}{dt} = 0 \right)$$

$$\sum F_x = \sum \dot{m}_e (V_e)_x - \sum \dot{m}_i (V_i)_x$$

연속방정식에 의해

$$\dot{m}_i = \dot{m}_e = \dot{m} = \frac{m}{t} \rightarrow \rho \cdot A \cdot V = \rho Q$$

$$Q = AV = A_1 V_1 = A_2 V_2$$

$$\sum F_x = \dot{m}(V_{ex} - V_{ix})$$

**가정** $\rho = C$이면 $\rho Q(V_2 - V_1)$

$\rho \neq C$이면 $\rho_2 A_2 V_2 V_2 - \rho_1 A_1 V_1 V_1$

$$F = \vec{F_S}(\text{표면력}) + \vec{F_B}(\text{체적력}) = \frac{\partial}{\partial t} \int_{C.V} \vec{V} \rho \cdot dv \left( \frac{\partial (mv)}{\partial t} \text{과 동일} \right) + \int_{C.S} \vec{V} \cdot \rho \vec{V} dA$$

검사체적 내부에서의 운동량 변화율과 검사면을 통과하는 운동량 플럭스 정미유출률의 합과 같다.

⑩

$$\sum F_x = \rho Q(V_{2x} - V_{1x})$$

$$P_1 A - P_2 A = \rho Q(V_2 - V_1)$$

만약 비점성, 비압축성이라면

$$P_1 = P_2, \quad V_1 = V_2$$

$$(\because A_1 = A_2)$$

## 3. 운동에너지 수정계수($\alpha$)와 운동량 수정계수($\beta$)

앞에서 운동에너지와 운동량을 알았으므로 운동에너지와 운동량의 수정계수를 알아보자.

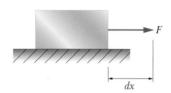

일=힘×거리

[계가 일을 받으므로 일부호($-$)]

$$\delta W = -F \cdot dx = -d(KE)$$
$$= mVdV = d(KE)$$

$$\begin{cases} F = ma \\ \quad = m \cdot \dfrac{dV}{dt} \\ \quad = m \cdot \dfrac{dx}{dt} \cdot \dfrac{dV}{dx} \\ \quad = m \cdot V \cdot \dfrac{dV}{dx} \\ \quad \rightarrow F \cdot dx = mVdV \end{cases}$$

적분하면 $\displaystyle\int_{x_1}^{x_2} F \cdot dx = m \int_{V_1}^{V_2} VdV$

$$KE_2 - KE_1 = \frac{1}{2} m [V^2]_{V_1}^{V_2}$$
$$= \frac{1}{2} m (V_2^2 - V_1^2)$$

**가정** 정지물체를 움직일 경우 $KE = \dfrac{1}{2} mV^2$

정지

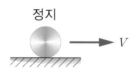

$V_{av}$ : 단면의 균일유동

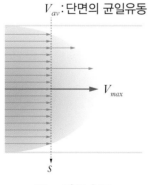

$V_{max}$

$s$

$V_{av}$ : 평균속도

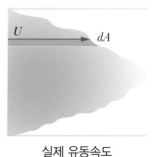

실제 유동속도

$U$ : 실제속도(참속도)

개수로나 폐수로 유동에서 일반적으로 단면에서 속도분포는 그림에서처럼 균일하지 않다.(단면에서 비균일유동)

## (1) 운동에너지 수정계수($\alpha$)

운동에너지 $=\dfrac{1}{2}mV^2 \rightarrow$ 유체운동에너지 $=\dfrac{1}{2}\dot{m}V^2$ ($m$ 대신 $\dot{m}$로)

$\alpha$ : 참운동에너지와의 오차를 줄이기(보정) 위해서

　(평균속도에 의한 운동에너지를 실제속도에 가깝게 해주기 위해)

① 평균속도에 의한 운동에너지 $=\rho \cdot A \cdot V \cdot \dfrac{V^2}{2}$ ⋯⋯⋯⋯⋯⋯⋯ ⓐ

② 참(실제)속도에 의한 운동에너지 $=\displaystyle\int_A \rho U dA \cdot \dfrac{U^2}{2}$ ⋯⋯⋯⋯⋯⋯ ⓑ

미소면적의 질량유량

ⓐ$=$ⓑ하기 위해서 ⓐ에 $\alpha$배 한다.

$$\alpha \cdot \rho \cdot A \cdot V \cdot \dfrac{V^2}{2}=\int_A \rho \cdot \dfrac{U^3}{2}dA$$

$$\alpha=\dfrac{1}{A}\int_A \left(\dfrac{U}{V}\right)^3 dA$$

⟨예⟩ 관로 문제에서 운동에너지 수성계수 $\alpha$를 베르누이 방정식에 적용하면

$$\dfrac{p_1}{\gamma}+\alpha_1\dfrac{V_1^2}{2g}+z_1=\dfrac{p_2}{\gamma}+\alpha_2\dfrac{V_2^2}{2g}+z_2+h_l \text{ 수정 베르누이 방정식}$$

## (2) 운동량 수정계수 : $\beta$($\alpha$와 마찬가지로 속도에 의한 오차 보정)

운동량 $=mV \rightarrow$ 유체운동량 $=\dot{m}V$

① 평균속도에 의한 운동량 $=\rho \cdot A \cdot V \cdot V(\dot{m}V)$ ⋯⋯⋯⋯⋯⋯ ⓐ

② 참속도에 의한 운동량 $=\displaystyle\int_A \rho dA \cdot U \cdot U\left(\int d\dot{m}V\right)$ ⋯⋯⋯⋯⋯ ⓑ

ⓐ$=$ⓑ하기 위해서 ⓐ에 $\beta$배 한다.

$$\beta \times \rho \cdot AV^2=\int_A \rho U^2 dA$$

$$\therefore \beta=\dfrac{1}{A}\int_A \left(\dfrac{U}{V}\right)^2 \cdot dA$$

## 4. 운동량 방정식 적용

$$F = 표면력 + 체적력 = ma = 검사체적 안의 운동량 변화량$$

→ 검사면에 수압이 있고 검사체적 안에서의 힘 → 검사체적 속의 운동량 변화량($x$, $y$, $z$좌표로 적용)

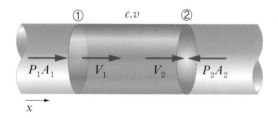

### (1) 직관 $\rho = c$, $Q = AV = A_1 V_1 = A_2 V_2 \rightarrow \sum F = \rho Q(V_{2x} - V_{1x})$ 적용

① 마찰 없을 때(비점성) : $\sum F_x = \rho Q(V_{2x} - V_{1x}) \rightarrow P_2 A - P_1 A = \rho Q(V_2 - V_1) = 0$

∴ $P_1 A_1 = P_2 V_2$ 따라서, $P_1 = P_2$

(비점성(유체마찰)이 없을 때 유동 중 압력은 저하되지 않는다.)

② 마찰 있을 때(점성) : $P_1 A - P_2 A - F_f = \rho Q(V_2 - V_1)$

$(V_2 = V_1)$이므로 $P_1 A - P_2 A - F_f = 0$

$F_f = (P_1 - P_2)A$ ($P_1 > P_2$임을 알 수 있다.)

(유동 중 압력강하 – 실제유체)

### (2) 점차 축소하는 관

유체의 운동량의 변화로 인하여 원측벽에 힘 $F$의 작용을 받는다.

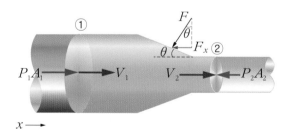

$$\sum F_x = P_1 A_1 - P_2 A_2 - F_x = \rho Q(V_{2x} - V_{1x})$$
$$= \rho Q(V_2 - V_1)$$
∴ $P_1 A_1 - P_2 V_2 - F_x = \rho Q(V_2 - V_1)$
$$F_x = P_1 A_1 - P_2 V_2 - \rho Q(V_2 - V_1) = F \sin\theta$$

관벽에 미치는 전체 힘 $F = \dfrac{F_x}{\sin\theta}$

### (3) 곡관의 경우

각 방향에 대한 힘의 평형방정식(항상 힘은 같은 방향에 대해 해석)

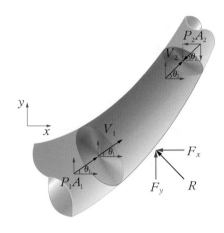

- $x$축 방향

$$\sum F_x = \rho Q(V_{2x} - V_{1x})$$

$$P_1 A_1 \cos\theta_1 - P_2 A_2 \cos\theta_2 - F_x = \rho Q(V_2 \cos\theta_2 - V_1 \cos\theta_1)$$

$$\therefore F_x = P_1 A_1 \cos\theta_1 - P_2 A_2 \cos\theta_2 + \rho Q(V_1 \cos\theta_1 - V_2 \cos\theta_2)$$

- $y$축 방향

$$\sum F_y = \rho Q(V_{2y} - V_{1y})$$

$$P_1 A_1 \sin\theta_1 - P_2 A_2 \sin\theta_2 + F_y = \rho Q(V_2 \sin\theta_2 - V_1 \sin\theta_1)$$

$$\therefore F_y = \rho Q(V_2 \sin\theta_2 - V_1 \sin\theta_1) + P_2 A_2 \sin\theta_2 - P_1 A_1 \sin\theta_1$$

$$\therefore \text{관벽의 합력 } R = \sqrt{F_x^2 + F_y^2}$$

> 참고

- 평판에 물을 분사할 때

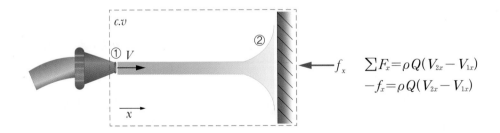

$$\sum F_x = \rho Q(V_{2x} - V_{1x})$$
$$-f_x = \rho Q(V_{2x} - V_{1x})$$

판을 때리는 것은 물의 운동량에 의한 힘밖에 없다.(질량유량에 의한 것밖에 없다.)
→ 검사면 ①, ②에 작용하는 힘은 의미가 없다.(압력에 의한 힘은 의미 없다.)

## (4) 분류의 흐름

### ① 평판에 분류가 수직으로 충돌할 때

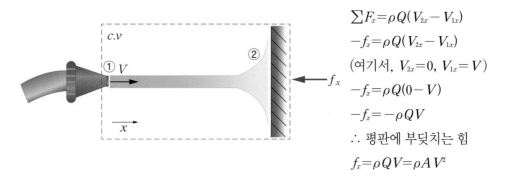

$$\sum F_x = \rho Q(V_{2x} - V_{1x})$$
$$-f_x = \rho Q(V_{2x} - V_{1x})$$
(여기서, $V_{2x} = 0$, $V_{1x} = V$)
$$-f_x = \rho Q(0 - V)$$
$$-f_x = -\rho QV$$
∴ 평판에 부딪치는 힘
$$f_x = \rho QV = \rho AV^2$$

### ② 평판에 분류가 경사지게 충돌할 때

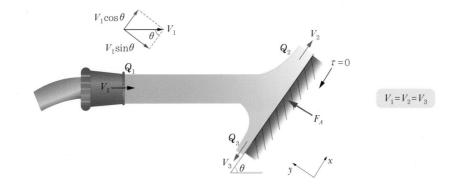

$$V_1 = V_2 = V_3$$

㉠ $F_A$를 구해보면

$F_A = F_y$이므로 $y$방향에 대한 운동량 방정식을 적용하면

$+F_A = \rho Q_1(V_{2y} - V_{1y})$ (여기서, $V_{2y} = 0$, $V_{1y} = -V_1 \sin\theta$)

$\therefore F_A = \rho Q_1(0 - (-V_1 \sin\theta))$

$\quad = \rho Q_1 V_1 \sin\theta$ (여기서, $Q_1 = A_1 V_1$)

$\quad = \rho A_1 V_1^2 \sin\theta$

㉡ 평판을 따라 흐르는 질량 유량 $\dot{m}_2$나 $\dot{m}_3$를 구해보면

$x$방향 : $x$방향 검사면에 작용하는 힘은 없다(운동량 변화량만).

$\sum F_x = \rho Q(V_{2x} - V_{1x})$

$\quad = \rho QV_{2x} - \rho QV_{1x}$ (여기서, $\rho QV_{2x} = \dot{m}_2 V_2 - \dot{m}_3 V_3$, $\rho QV_{1x} = \dot{m}_1 V_1 \cos\theta$)

$\quad = (\dot{m}_2 V_2 - \dot{m}_3 V_3) - \dot{m}_1 V_1 \cos\theta$

$0 = \dot{m}_2 V_2 - \dot{m}_3 V_3 - \dot{m}_1 V_1 \cos\theta$

$$\dot{m}_3 V_3 = \dot{m}_2 V_2 - \dot{m}_1 V_1 \cos\theta \; (\because V_1 = V_2 = V_3)$$

$$\therefore \; \dot{m}_3 = \dot{m}_2 - \dot{m}_1 \cos\theta \; \cdots\cdots\cdots\cdots\cdots\cdots\cdots\cdots\cdots\cdots\cdots\cdots \; ⓐ$$

질량보존의 법칙에서 $\dot{m}_1 = \dot{m}_2 + \dot{m}_3$

$$\dot{m}_2 = \dot{m}_1 - \dot{m}_3 \; \cdots\cdots\cdots\cdots\cdots\cdots\cdots\cdots \; ⓑ$$

ⓑ를 ⓐ에 대입하면

$$\dot{m}_3 = \dot{m}_1 - \dot{m}_3 - \dot{m}_1 \cos\theta$$

$$2\dot{m}_3 = \dot{m}_1 - \dot{m}_1 \cos\theta$$

$$\therefore \; \dot{m}_3 = \frac{\dot{m}_1}{2}(1 - \cos\theta)$$

ⓑ에서 $\dot{m}_2 = \dot{m}_1 - \dfrac{\dot{m}_1}{2}(1 - \cos\theta)$

질량유량식들에서 비압축성 유체($\rho = c$)면

$Q_2$와 $Q_3$를 구할 수 있다.

③ 이동평판에 충돌할 때

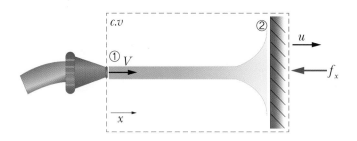

- 절대속도 : 그 물체의 고유속도
- 상대속도 : 비교속도($V_{물/평} = V_{물} - V_{평}$)

$$\downarrow$$

(평판에서 바라본 물의 속도)

$$\sum F_x = -f_x$$
$$= \rho Q(V_{2x} - V_{1x}) \; (\because V_{2x} = 0)$$
$$= \rho Q(-V_1)$$

($V_1 = V - u$ : 실제 평판에 부딪치는 속도)

$\therefore \; f_x = \rho Q(V - u)$ (여기서, $Q$ : 실제 평판에 부딪치는 유량)

$$Q = A(V - u)$$

$$\therefore \; f_x = \rho A(V - u)^2$$

④ 고정날개에 분류가 충돌할 때

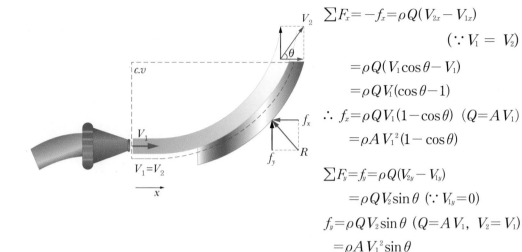

$$\sum F_x = -f_x = \rho Q(V_{2x} - V_{1x})$$
$$(\because V_1 = V_2)$$
$$= \rho Q(V_1 \cos\theta - V_1)$$
$$= \rho Q V_1(\cos\theta - 1)$$
$$\therefore f_x = \rho Q V_1(1 - \cos\theta) \quad (Q = A V_1)$$
$$= \rho A V_1^2(1 - \cos\theta)$$

$$\sum F_y = f_y = \rho Q(V_{2y} - V_{1y})$$
$$= \rho Q V_2 \sin\theta \ (\because V_{1y} = 0)$$
$$f_y = \rho Q V_2 \sin\theta \ (Q = A V_1, \ V_2 = V_1)$$
$$= \rho A V_1^2 \sin\theta$$
$$R = \sqrt{f_x^2 + f_y^2}$$

⑤ 이동날개에 분류가 충돌할 때

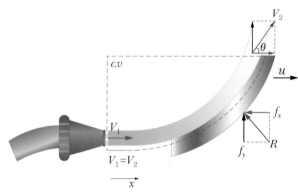

$$\sum F_x = -f_x = \rho Q(V_{2x} - V_{1x})$$
$$= \rho Q((V_1 - u)\cos\theta - (V_1 - u))$$
$$= \rho Q(V_1 - u)(\cos\theta - 1)$$
$$\therefore f_x = \rho Q(V_1 - u)(1 - \cos\theta)$$
$$= \rho A(V_1 - u)^2(1 - \cos\theta)$$

$(Q = A(V_1 - u)$ : 평판에 실제 부 딪치는 유량)

$$\sum F_y = f_y = \rho Q(V_{2y} - V_{1y})$$
$$= \rho Q(V_2 - u)\sin\theta$$
$$(\because V_{1y} = 0, \ V_2 = V_1)$$
$$f_y = \rho Q(V_1 - u)\sin\theta$$
$$= \rho \cdot A(V_1 - u)^2 \sin\theta$$
$$R = \sqrt{f_x^2 + f_y^2}$$

## 5. 프로펠러(Propeller)

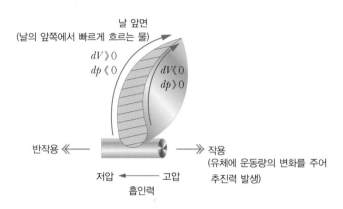

---

참고

- 프로펠러 날은 폭이 넓고 초승달 모양으로 휘어져 있어서 세차게 물을 가르며 전진할 수 있다. 큰 배의 프로펠러는 빨리 회전하지 않지만 폭이 넓은 날을 가지고 있어서 한 번에 많은 양의 물을 밀어내므로 강한 흡인력과 반작용을 일으킨다.

- 쾌속정은 날의 폭이 좁으나 빠르게 회전하는 프로펠러가 달려 있어서 밀어내는 물의 양은 적지만 흡인력은 강하다. 빠르게 회전하는 프로펠러는 동력손실의 원인이 되는 기포를 일으킬 수도 있다.

---

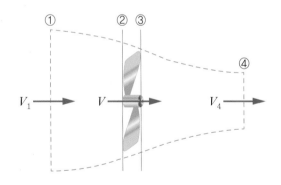

$V_1$ : 프로펠러 입구속도(현재 배의 속도)

$V_4$ : 프로펠러 출구속도

$V_2 = V_3$, $p_1 = p_4$, $p_2 < (p_1 = p_4) < p_3$

②점 앞 압력감소

③점 이후 압력증가인데 프로펠러 회전력에 의해서 유체 흐름속도 증가

($\rightarrow$ 압력감소 $\therefore$ $p_1 = p_4$)

추력 $F_t = (p_3 - p_2)A = \rho Q(V_4 - V_1) = \rho \cdot A \cdot V(V_4 - V_1)$

$\quad\quad \rightarrow p_3 - p_2 = \rho V(V_4 - V_1)$ ················································ ⓐ

단면 1, 2에 베르누이 방정식 적용

$$\frac{p_1}{\gamma} + \frac{V_1^2}{2g} = \frac{p_2}{\gamma} + \frac{V_2^2}{2g} \quad \text{······················} \textcircled{b}$$

단면 3, 4에 베르누이 방정식 적용

$$\frac{p_3}{\gamma} + \frac{V_3^2}{2g} = \frac{p_4}{\gamma} + \frac{V_4^2}{2g} \quad \text{······················} \textcircled{c}$$

$\textcircled{b} + \textcircled{c}$한 다음, 이항정리하면

$$\frac{p_3 - p_2}{\gamma} + \frac{V_3^2 - V_2^2}{2g} = \frac{p_4 - p_1}{\gamma} + \frac{V_4^2 - V_1^2}{2g} \quad (V_2 = V_3, \ p_1 = p_4)$$

$$p_3 - p_2 = \frac{\gamma}{2g}(V_4^2 - V_1^2) = \frac{\rho}{2}(V_4^2 - V_1^2) \quad \text{···············} \textcircled{d}$$

$\textcircled{a} = \textcircled{d}$에서

$$\rho V(V_4 - V_1) = \frac{\rho}{2}(V_4 + V_1)(V_4 - V_1)$$

$$\therefore \ V = \frac{(V_4 + V_1)}{2} : \text{프로펠러를 통과하는 평균속도}(V_{평균})$$

$$Q = A \cdot V_{평균}$$

① 프로펠러의 입력동력 : $L_i = F \cdot V_{평균} = \rho Q(V_4 - V_1) \cdot \dfrac{V_4 + V_1}{2}$

② 프로펠러의 출력동력 : $L_0 = \rho Q(V_4 - V_1) V_1 \ (V_1 \to \text{배가 가는 속도})$

③ 프로펠러효율 : $\eta = \dfrac{L_0}{L_i} = \dfrac{V_1}{V_{평균}} \left( V_{평균} = \dfrac{V_4 + V_1}{2} \right)$

# 6. 각 운동량의 변화

$T$ : 시간에 대한 각 운동량의 변화율이다.

$$T = F \cdot r = \frac{d(mVr)}{dt} \ (mV \cdot r : \text{각 운동량})$$

$$T \cdot dt = d(mVr) \leftarrow m = \dot{m}dt$$

$$T \cdot dt = d(\dot{m}dt Vr) \to T = d(\dot{m}Vr)$$

적분하면 $T(t_2 - t_1) = \rho Q(t_2 - t_1)(V_2 r_2 - V_1 r_1)$

$$\therefore T = \rho Q(V_2 r_2 - V_1 r_1)$$

## (1) 스프링클러

축일＝힘×거리

$$T = 2(F \cdot r)$$
$$= 2 \times \rho \cdot \frac{Q}{2} V \times r$$
$$= \rho Q V r$$

## (2) 원심펌프

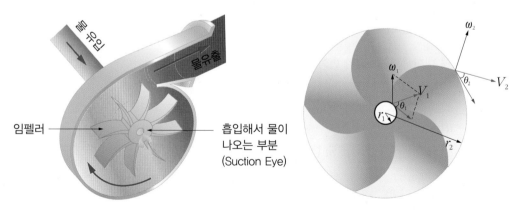

임펠러

흡입해서 물이
나오는 부분
(Suction Eye)

$T = \dot{m}(r_2 V_{t_2} - r_1 V_{t_1})$ [여기서, $V_{t_1}$, $V_{t_2}$ : 접선속도(반지름에 수직성분)]

$T = \rho Q(V_2 \cos\theta_2 \cdot r_2 - V_1 \cos\theta_1 \cdot r_1)$

## 7. 분류에 의한 추진

### (1) 탱크에 설치된 노즐에 의한 추진력

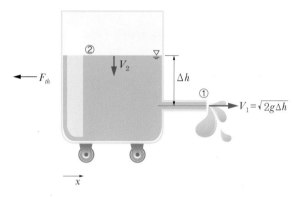

$V = \sqrt{2g\Delta h}$ (토리첼리 정리)

$\sum F_x = \rho Q(V_{2x} - V_{1x})$

$-F_{th} = -\rho Q V_1 (Q = A V_1)$

$F_{th} = \rho Q V_1 = \rho \cdot A V_1^2 = \rho \cdot A \cdot 2g\Delta h = 2\gamma \cdot \Delta h A$

표면력(검사면에 외력)은 존재하지 않고 유체의 운동량 변화량으로 추력 발생

### (2) 제트(jet)기의 추진력

바깥쪽을 지나는 공기(바이패스) → 엔진을 냉각하고 엔진의 소음을 줄인다.

작용 · 반작용의 원리(연료는 등유나 파라핀유)

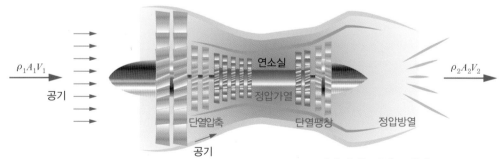

*ByPass* : 엔진 냉각(공냉식), 소음감소

흡입공기와 분출가스의 밀도가 다르다. $\rho_1 \neq \rho_2$

$\sum F_x = \rho Q(V_{2x} - V_{1x})$ : 비압축성($\rho = c$) ← 압축성 $\sum F_x = \rho_2 A_2 V_2 V_2 - \rho_1 A_1 V_1 V_1$

추력 $F_{th} = \rho_2 Q_2 V_2 - \rho_1 Q_1 V_1 = \rho_2 A_2 V_2^2 - \rho_1 A_1 V_1^2$

   → 처음 운동량 방정식 정의에서 밀도와 유량이 다를 때

## (3) 로켓의 추진력

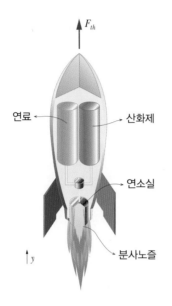

$$\sum F_y = \rho Q(V_{2y} - V_{1y}) \, (\because V_{1y} = 0, \, V_{2y} = V)$$
$$F_{th} = \rho Q V = \rho A V^2$$

(여기서, $\rho$ : 연소가스의 밀도

$Q$ : 연소가스의 유량

$V$ : 연소가스의 분출속도)

# 핵심 기출 문제

**01** 여객기가 888km/h로 비행하고 있다. 엔진의 노즐에서 연소가스를 375m/s로 분출하고, 엔진의 흡기량과 배출되는 연소가스의 양은 같다고 가정하면 엔진의 추진력은 약 몇 N인가?(단, 엔진의 흡기량은 30kg/s이다.)

① 3,850N
② 5,325N
③ 7,400N
④ 11,250N

**해설⊕**

압축성 유체에 운동량방정식을 적용하면

$F_{th} = \dot{m_2} V_2 - \dot{m_1} V_1$

$= \dot{m}(V_2 - V_1) = 30(375 - 246.67) = 3,849.9N$

(여기서, 문제의 조건에 의해 흡기량과 배출되는 연소가스의 양은 같으므로 $\dot{m_2} = \dot{m_1} = \dot{m}$)

**02** 그림과 같은 노즐을 통하여 유량 $Q$만큼의 유체가 대기로 분출될 때, 노즐에 미치는 유체의 힘 $F$는?(단, $A_1$, $A_2$는 노즐의 단면 1, 2에서의 단면적이고 $\rho$는 유체의 밀도이다.)

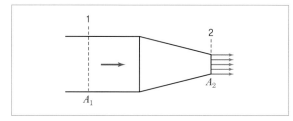

① $F = \dfrac{\rho A_2 Q^2}{2} \left( \dfrac{A_2 - A_1}{A_1 A_2} \right)^2$

② $F = \dfrac{\rho A_2 Q^2}{2} \left( \dfrac{A_1 + A_2}{A_1 A_2} \right)^2$

③ $F = \dfrac{\rho A_1 Q^2}{2} \left( \dfrac{A_1 + A_2}{A_1 A_2} \right)^2$

④ $F = \dfrac{\rho A_1 Q^2}{2} \left( \dfrac{A_1 - A_2}{A_1 A_2} \right)^2$

**해설⊕**

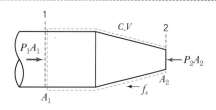

노즐에 미치는 유체의 힘 $F = f_x$

검사면에 작용하는 힘들의 합=검사체적 안의 운동량 변화량

$Q = A_1 V_1 = A_2 V_2 \rightarrow V_1 = \dfrac{Q}{A_1}, \ V_2 = \dfrac{Q}{A_2} \cdots$ ⓐ

$p_1 A_1 - p_2 A_2 - f_x = \rho Q (V_{2x} - V_{1x}) = \rho Q (V_2 - V_1)$

ⅰ) 유량이 나가는 검사면 2에는 작용하는 힘이 없으므로

$p_2 A_2 = 0$

$\therefore f_x = p_1 A_1 - \rho Q (V_2 - V_1) \leftarrow$ ⓐ 대입

$= p_1 A_1 - \rho Q \left( \dfrac{Q}{A_2} - \dfrac{Q}{A_1} \right)$

$= p_1 A_1 - \rho Q^2 \left( \dfrac{1}{A_2} - \dfrac{1}{A_1} \right) \cdots$ ⓑ

ⅱ) 1단면과 2단면에 베르누이 방정식 적용(위치에너지 동일)

$\dfrac{p_1}{\gamma} + \dfrac{V_1^2}{2g} = \dfrac{p_2}{\gamma} + \dfrac{V_2^2}{2g}$ ($\because z_1 = z_2, \ p_2 = p_0 = 0$)

$\dfrac{p_1}{\gamma} = \dfrac{V_2^2}{2g} - \dfrac{V_1^2}{2g}$

양변에 $\gamma$를 곱하면

$p_1 = \dfrac{\rho}{2} (V_2^2 - V_1^2) = \dfrac{\rho}{2} \left\{ \left( \dfrac{Q}{A_2} \right)^2 - \left( \dfrac{Q}{A_1} \right)^2 \right\}$

$= \dfrac{\rho Q^2}{2} \left\{ \left( \dfrac{1}{A_2} \right)^2 - \left( \dfrac{1}{A_1} \right)^2 \right\} \cdots$ ⓒ

**147**

iii) ⓒ를 ⓑ에 대입하면

$$f_x = \frac{\rho A_1 Q^2}{2}\left\{\left(\frac{1}{A_2}\right)^2 - \left(\frac{1}{A_1}\right)^2\right\} - \rho Q^2\left(\frac{1}{A_2} - \frac{1}{A_1}\right)$$

$$= \frac{\rho A_1 Q^2}{2}\left\{\left(\frac{1}{A_2}\right)^2 - \left(\frac{1}{A_1}\right)^2\right\} - \frac{\rho A_1 Q^2}{2}\left\{\frac{2}{A_1}\left(\frac{1}{A_2} - \frac{1}{A_1}\right)\right\}$$

$$= \frac{\rho A_1 Q^2}{2}\left\{\left(\frac{1}{A_2}\right)^2 - \left(\frac{1}{A_1}\right)^2 - \frac{2}{A_1 A_2} + \frac{2}{A_1^2}\right\}$$

$$= \frac{\rho A_1 Q^2}{2}\left\{\left(\frac{1}{A_2}\right)^2 - \frac{2}{A_1 A_2} + \left(\frac{1}{A_1}\right)^2\right\}$$

$$= \frac{\rho A_1 Q^2}{2}\left(\frac{1}{A_2} - \frac{1}{A_1}\right)^2$$

$$\therefore f_x = \frac{\rho A_1 Q^2}{2}\left(\frac{A_1 - A_2}{A_1 A_2}\right)^2$$

※ 노즐 각을 주면 노즐 벽에 미치는 전체 힘 $R\cos\theta = f_x$에 서 $R$값을 구할 수 있다.

**03** 그림과 같이 속도 3m/s로 운동하는 평판에 속도 10m/s인 물 분류가 직각으로 충돌하고 있다. 분류의 단면적이 0.01m$^2$이라고 하면 평판이 받는 힘은 몇 N이 되겠는가?

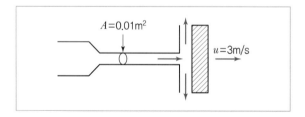

① 295  ② 490
③ 980  ④ 16,900

**해설⊕** -----

검사면에 작용하는 힘들의 합은 검사체적 안의 운동량($\dot{m}V$) 변화량과 같다.

$$-F_x = \rho Q(V_{2x} - V_{1x})$$

여기서, $Q$ : 실제 평판에 부딪히는 유량
$$Q = A(V - u)$$

$$V_{2x} = 0$$
$$V_{1x} = V_{물/평} \text{ (평판에서 바라본 물의 속도)}$$
$$= V_물 - V_평 = V - u$$
$$-F_x = \rho Q(-(V - u))$$
$$\therefore F_x = \rho Q(V - u) = \rho A(V - u)^2$$
$$= 1,000 \times 0.01 \times (10 - 3)^2$$
$$= 490\text{N}$$

**04** 그림과 같이 유속 10m/s인 물 분류에 대하여 평판을 3m/s의 속도로 접근하기 위하여 필요한 힘은 약 몇 N인가?(단, 분류의 단면적은 0.01m$^2$이다.)

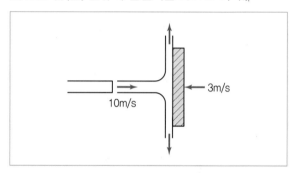

① 130  ② 490
③ 1,350  ④ 1,690

**해설⊕** -----

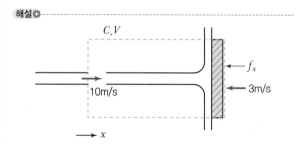

검사면에 작용하는 힘들의 합은 검사체적 안의 운동량($\dot{m}V$) 변화량과 같다.

$$-f_x = \rho Q(V_{2x} - V_{1x})$$

여기서, $V_{2x} = 0$
$$V_{1x} = (V_1 - (-3))\text{m/s (평판이 움직이는 방향(}-\text{))}$$

$$Q = 실제\ 평판에\ 부딪히는\ 유량$$
$$= AV_{1x} = A(V_1 + 3)$$
$$-f_x = \rho Q(0 - (V_1 + 3))$$
$$\therefore \ f_x = \rho Q(V_1 + 3)$$
$$= \rho A(V_1 + 3)^2$$
$$= 1,000 \times 0.01 \times (10 + 3)^2$$
$$= 1,690\text{N}$$

**05** 프로펠러 이전 유속을 $U_0$, 이후 유속을 $U_2$라 할 때 프로펠러의 추진력 $F$는 얼마인가?(단, 유체의 밀도와 유량 및 비중량을 $\rho$, $Q$, $\gamma$라 한다.)

① $F = \rho Q(U_2 - U_0)$　　② $F = \rho Q(U_0 - U_2)$

③ $F = \gamma Q(U_2 - U_0)$　　④ $F = \gamma Q(U_0 - U_2)$

**해설 ⊕**
$U_0 = V_1$, $U_2 = V_4$이므로
$F = \rho Q(V_4 - V_1) = \rho Q(U_2 - U_0)$

**06** 안지름이 50mm인 180° 곡관(Bend)을 통하여 물이 5m/s의 속도와 0의 계기압력으로 흐르고 있다. 물이 곡관에 작용하는 힘은 약 몇 N인가?

① 0　　　　　　　② 24.5

③ 49.1　　　　　　④ 98.2

**해설 ⊕**

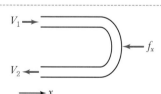

$V_1 = V_2$이며 $V_2$ 흐름방향은 $(-)$
검사면에 작용하는 힘들의 합은 검사체적 안의 운동량 변화량과 같다.
$$-f_x = \rho Q(V_{2x} - V_{1x})$$

$$V_{2x} = -V_1, \quad V_{1x} = V_1$$
$$-f_x = \rho Q(-V_1 - V_1)$$
$$f_x = \rho Q 2 V_1 \ (여기서, \ Q = AV_1)$$
$$= 2\rho A V_1^2 = 2 \times 1,000 \times \frac{\pi}{4} \times 0.05^2 \times 5^2 = 98.17\text{N}$$

**07** 그림과 같이 속도가 $V$인 유체가 속도 $U$로 움직이는 곡면에 부딪혀 90°의 각도로 유동방향이 바뀐다. 다음 중 유체가 곡면에 가하는 힘의 수평방향 성분 크기가 가장 큰 것은?(단, 유체의 유동단면적은 일정하다.)

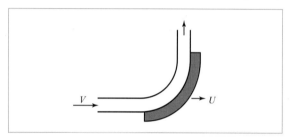

① $V = 10\text{m/s}$, $U = 5\text{m/s}$

② $V = 20\text{m/s}$, $U = 15\text{m/s}$

③ $V = 10\text{m/s}$, $U = 4\text{m/s}$

④ $V = 25\text{m/s}$, $U = 20\text{m/s}$

**해설 ⊕**

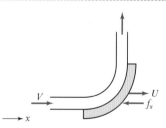

검사면에 작용하는 힘은 검사체적 안의 운동량 변화량과 같다.
$$-f_x = \rho Q(V_{2x} - V_{1x})$$
여기서, $V_{2x} = 0$
$\quad\quad V_{1x} = (V - u)$ : 이동날개에서 바라본 물의 속도
$\quad\quad Q = A(V - u)$ : 날개에 부딪히는 실제유량
$$\therefore \ -f_x = \rho Q(-(V - u))$$

$$f_x = \rho A(V-u)^2$$

$(V-u)^2$이 가장 커야 하므로 $(10-4)^2$인 ③이 정답이다.

**08** 그림과 같이 고정된 노즐로부터 밀도가 $\rho$인 액체의 제트가 속도 $V$로 분출하여 평판에 충돌하고 있다. 이때 제트의 단면적이 $A$이고 평판이 $u$인 속도로 제트와 반대방향으로 운동할 때 평판에 작용하는 힘 $F$는?

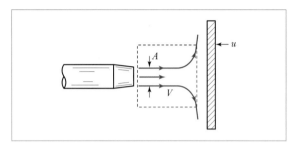

① $F = A(V-u)$      ② $F = A(V-u)^2$

③ $F = A(V+u)$      ④ $F = A(V+u)^2$

**해설⊕**

검사면에 작용하는 힘들의 합은 검사체적 안의 운동량 변화량과 같다.

$$\sum F_x = -F = \rho Q(V_{2x} - V_{1x}) \text{ (여기서, } V_{2x} = 0)$$

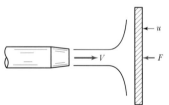

$$-F = -\rho Q V_{1x}$$

$(V_{1x} = V_{물/평} = V_물 - V_평 = V - (-u) = V+u,$

$Q = A(V+u)$ : 실제 평판에 부딪히는 유량)

$$\therefore F = \rho Q V_{1x} = \rho A(V+u)(V+u) = \rho A(V+u)^2$$

**09** 물이 지름이 0.4m인 노즐을 통해 20m/s의 속도로 맞은편 수직벽에 수평으로 분사된다. 수직벽에는 지름 0.2m의 구멍이 있으며 뚫린 구멍으로 유량의 25%가 흘러나가고 나머지 75%는 반경 방향으로 균일하게 유출된다. 이때 물에 의해 벽면이 받는 수평 방향의 힘은 약 몇 kN인가?

① 0      ② 9.4

③ 18.9      ④ 37.7

**해설⊕**

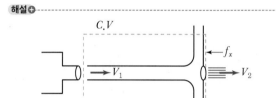

$$Q = A_1 V_1 = \frac{\pi}{4} \times 0.4^2 \times 20 = 2.51\,\text{m}^3/\text{s}$$

검사면에 작용하는 힘들의 합은 검사체적 안의 운동량 변화량과 같다.

$$-f_x = \rho Q_r (V_{2x} - V_{1x})$$

여기서, $Q_r$ : 실제 평판에 부딪히는 유량

$= 0.75Q = 1.8825\,\text{m}^3/\text{s}$

$V_{2x} = 0$ (벽을 통과하는 $V_2$는 평판의 부딪히는 힘에 영향을 주지 않는다.)

$V_{1x} = V_1$

$$-f_x = \rho Q_r(0 - V_1)$$

$$\therefore f_x = \rho Q_r \cdot V_1$$

$= 1,000 \times 1.8825 \times 20$

$= 37,650\text{N} = 37.65\text{kN}$

**10** 시속 800km의 속도로 비행하는 제트기가 400m/s의 상대 속도로 배기가스를 노즐에서 분출할 때의 추진력은?(단, 이때 흡기량은 25kg/s이고, 배기되는 연소가스는 흡기량에 비해 2.5% 증가하는 것으로 본다.)

① 3,922N
② 4,694N
③ 4,875N
④ 6,346N

**해설⊕**
제트엔진의 입구속도는 비행기가 날아가는 속도이므로

$$V_1 = 800\text{km/h} = 800 \times \frac{10^3}{3,600\text{s}} = 222.22\text{m/s}$$

$$\dot{m}_2 = \dot{m}_1 + 0.025 \times \dot{m}_1 \ (2.5\% \ \text{증가})$$

압축성 유체에 운동량방정식을 적용하여 추진력을 구하면

$$F_{th} = \rho_2 A_2 V_2 V_2 - \rho_1 A_1 V_1 V_1 = \dot{m}_2 V_2 - \dot{m}_1 V_1$$
$$= \dot{m}_1(1+0.025)V_2 - \dot{m}_1 V_1 = \dot{m}_1(1.025 V_2 - V_1)$$
$$= 25 \times (1.025 \times 400 - 222.22) = 4,694.5\text{N}$$

# 점성유동

FLUID DYNAMICS

점성유동 : 점성이 있는 실제 유체의 유동(유체의 점성에 의한 전단력 발생)

## 1. 층류와 난류

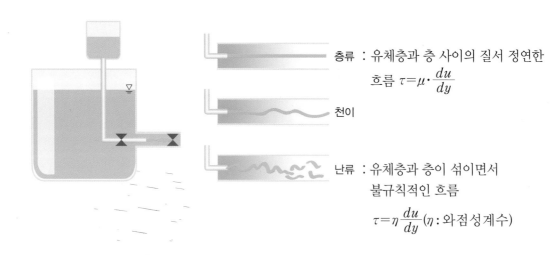

층류 : 유체층과 층 사이의 질서 정연한 흐름 $\tau = \mu \cdot \dfrac{du}{dy}$

천이

난류 : 유체층과 층이 섞이면서 불규칙적인 흐름

$\tau = \eta \dfrac{du}{dy}$ ($\eta$ : 와점성계수)

레이놀즈 수($Re$) : 층류와 난류를 구분하는 척도의 무차원수

$$Re = \frac{\rho \cdot V \cdot d}{\mu} = \frac{Vd}{\nu} \text{(원관)}$$

(여기서, $\rho$ : 밀도, $V$ : 유체속도, $d$ : 관의 직경, $\mu$ : 점성계수, $\nu$ : 동점성계수)

점성계수와 동점성계수 : $1\text{poise} = 1\text{g/cm} \cdot \text{s} \rightarrow \dfrac{\mu}{\rho} \rightarrow \text{stokes}$

- 층류 : $Re < 2{,}100 \sim 2{,}300$
- 천이 : $2{,}100 \sim 2{,}300 < Re < 4{,}000$
- 난류 : $Re > 4{,}000$

- 층류 → 난류 : 상임계 레이놀즈 수 → $Re = 4,000$
- 난류 → 층류 : 하임계 레이놀즈 수 → $Re = 2,100$

## 2. 입구길이

- **입구길이**($L_e$) : 관입구에서 점성의 영향으로 속도가 줄지만 속도가 완전히 발달할 때까지 길이

$$\text{층류} : \frac{L_e}{d} \cong 0.06\, Re$$

$$\text{난류} : \frac{L_e}{d} \cong 4.4\, Re^{1/6}$$

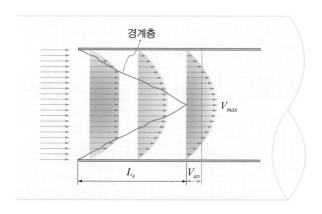

- 관입구에서 경계층이 관중심에 도달하는 점까지의 거리를 입구길이라 한다.
- 관입구로부터 속도 벡터가 완전히 발달할 때까지 관의 길이(속도가 완전히 발달할 때까지 길이)

## 3. 수평원관 속에서 층류유동

### (1) 수평원관 속에서의 층류유동

수평원관 속에서 점성유체가 층류상태로 정상균속유동을 하고 있다.

**가정** ┌ 정상유동
├ 층류
├ 균속운동$\left(\dfrac{\partial V}{\partial s} = 0\right)$, $V = C$(일정), 즉 $V_1 = V_2$
└ 점성은 $\mu$이고 유동 중 압력강하

체적력에 의한 $x$방향분력이 존재하지 않는다. → 등류 체지방정식과 비교(개수로)

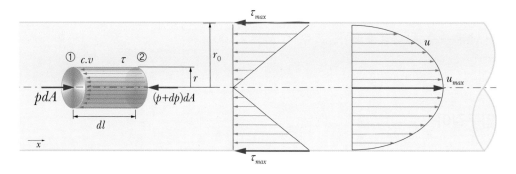

①, ②점에 운동량 방정식 적용

$$\sum F_x = \rho Q(V_{2x} - V_{1x}) = 0 \ (\because V_2 = V_1)$$

$$\therefore \ \sum F_x = 0$$

$$P\pi r^2 - (p+dp)\pi r^2 - \tau 2\pi r \cdot dl = 0$$

$$\tau = -\frac{dp \cdot r}{2dl} = -\frac{r}{2}\frac{dp}{dl}$$  ⋯⋯⋯⋯⋯ ⓐ [(−) : 압력 강하 때문에 (−)가 붙음]

## (2) 유체의 속도

점성유체가 층류유동을 하고 있어 뉴턴의 점성법칙 만족 → 수평관에 적용

$$\tau = \mu \cdot \frac{du}{dy} \to \tau = -\mu \cdot \frac{du}{dr}$$  ⋯⋯⋯⋯⋯ ⓑ [$\because r$이 증가할수록 $u$가 감소(−)]

ⓑ=ⓐ에서 $-\mu \cdot \dfrac{du}{dr} = -\dfrac{r}{2} \cdot \dfrac{dp}{dl} \to du = \dfrac{1}{2\mu} \cdot \dfrac{dp}{dl} r dr$

양변 적분

$$U = \frac{1}{2\mu}\frac{dp}{dl}\int r dr + c$$

$$= \frac{1}{2\mu}\frac{dp}{dl}\frac{r^2}{2} + c = \frac{1}{4\mu}\frac{dp}{dl}r^2 + c$$

(경계조건 : $B/C$) $r = r_0$일 때 $U = 0$(관벽에서 유속 Zero)

$$0 = \frac{1}{4\mu}\frac{dp}{dl}r_0^2 + c$$

$$C = -\frac{1}{4\mu}\frac{dp}{dl}r_0^2$$

$$\therefore \ U = \frac{1}{4\mu}\frac{dp}{dl}r^2 - \frac{1}{4\mu}\frac{dp}{dl}r_0^2$$

$$= -\frac{1}{4\mu}\frac{dp}{dl}(r_0^2 - r^2)$$

$$U_{max} = U_{r=0} = -\frac{1}{4\mu}\frac{dp}{dl}r_0^2 \ (길이가 \ 증가할 \ 때 \ 압력 \ 감소)$$

$$\rightarrow U_{max} = \frac{\Delta p r_0^2}{4\mu l} \ (나중에 \ V_{av}와 \ 비교)$$

이때 $\dfrac{U}{U_{max}} = \dfrac{r_0^2 - r^2}{r_0^2} = 1 - \dfrac{r^2}{r_0^2}$

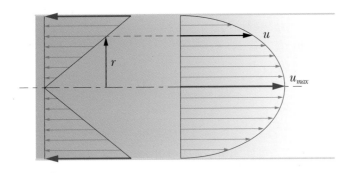

참고

$$U = \left(1 - \left(\frac{r}{r_0}\right)^2\right)U_{max}$$

$U$ 는 $r$ (임의반경)에 관한 2차함수이다. 유동($r$ 만의 함수)은 1차 유동

## (3) 유량

관의 전길이를 $l$ 이라 하고 관의 전길이에서 압력감소를 $\Delta p$ 라면 유량은 다음과 같다.

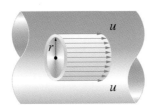

$$Q = \int u\,dA = \int_0^{r_0} u\,2\pi r\,dr$$

$$= \int_0^{r_0} -\frac{1}{4\mu}\frac{dp}{dl}(r_0^2 - r^2) \times 2\pi r\,dr$$

$$= -\frac{\pi}{2\mu}\frac{dp}{dl}\int_0^{r_0}(rr_0^2 - r^3)dr$$

$$= -\frac{\pi}{2\mu}\frac{dp}{dl}\left[r_0^2 \cdot \frac{r^2}{2} - \frac{r^4}{4}\right]_0^{r_0}$$

$$= -\frac{\pi}{2\mu}\frac{dp}{dl}\left(\frac{r_0^4}{2} - \frac{r_0^4}{4}\right)$$

$$= -\frac{\pi}{2\mu}\frac{dp}{dl}\frac{r_0^4}{4}$$

$$= -\frac{\pi}{8\mu}\frac{dp}{dl}r_0^4$$

$Q = -\dfrac{\pi}{8\mu}\dfrac{dp}{dl}r_0^4$ (전체 수평관 길이 $l$에서 압력 강하량이 $\Delta p$라면)

$dl \Rightarrow l,\ dp \Rightarrow \Delta p \ \rightarrow\ \dfrac{\pi}{8\mu}\dfrac{\Delta p}{l}\cdot r_0^4 \ \leftarrow$ 대입 $r_0^4 = \left(\dfrac{d}{2}\right)^4 = \dfrac{d^4}{16}$

$$\therefore\ Q = \frac{\Delta p\,\pi d^4}{128\mu l} \ \text{하이겐 포아젤 방정식}$$

$Q = A \cdot V_{av}$ (여기서, $V_{av}$ : 평균속도)

기본 가정 : 점성 마찰이 있는 유체가 관유동에서 층류 유동을 하며 정상유동을 하고 있는 경우

$$V_{av} = \frac{Q}{A} = \frac{\dfrac{\pi}{8\mu}\dfrac{\Delta p}{l}r_0^4}{\pi r_0^2} = \frac{\Delta p \cdot r_0^2}{8\mu l}$$

$\Delta p = \dfrac{128\mu l Q}{\pi d^4} = \gamma h_L$ (여기서, $h_L$ : 손실수두)

$$\frac{V_{av}}{U_{\max}} = \frac{\dfrac{\Delta p r_0^2}{8\mu l}}{\dfrac{\Delta p r_0^2}{4\mu l}} = \frac{1}{2}$$

## 4. 난류

### (1) 전단응력

$\tau = \eta \cdot \dfrac{du}{dy}$ (여기서, $\eta$ : 와점성계수)

$\eta = \rho \cdot l^2$

$\tau = \rho \cdot l^2 \dfrac{du}{dy}$ (여기서, $l$ : 프란틀의 혼합거리)

### (2) 프란틀의 혼합거리($l$)

난동하는 유체입자가 운동량 변화 없이 움직일 수 있는 거리
(분자의 평균 자유행로를 난류에 적용)

$l = k \cdot y$ (여기서, $k$ : 난동상수, $y$ : 관벽으로부터 떨어진 거리)

난류에 의한 전단응력 : $\tau = \rho l^2 \cdot \left| \dfrac{du}{dy} \right|^2$

⊙ⓔ 관벽에서 프란틀의 혼합길이 $l$은

$l = ky|_{y=0} = 0$ 관벽에서 유체 입자는 거의 정지해 있다.

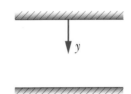

## 5. 유체경계층

• **경계층** : 평판의 선단으로부터 형성된 점성의 영향이 미치는 얇은 층을 경계층이라 한다.

### (1) 경계층 내의 현상

• 경계층 내에서는 속도기울기(구배) $\dfrac{du}{dy}$ 가 매우 커 점성전단응력이 크게$\left( \tau = \mu \cdot \dfrac{du}{dy} \right)$ 작용한다.

• 경계층 밖에서는 점성영향이 거의 없다. → 이상유체와 같은 흐름(Potential flow)을 한다.

• 층류 → 천이 → 난류로 유동구조가 바뀜

• 층류저층 : 난류영역에서 바닥벽면 근처에서 층류와 같은 질서 정연한 흐름을 하는 얇은 층

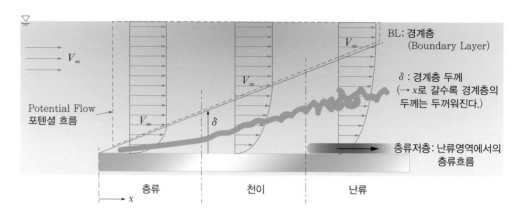

• 평판은 정지해 있으므로 유동을 지연시키는 힘(부착력)이 작용하게 되어 평판 부근의 유체 속도는 감소하게 된다.

## (2) 평판의 레이놀즈수

• 평판의 레이놀즈수는 $Re = \dfrac{\rho V_\infty \cdot x}{\mu} = \dfrac{V_\infty \cdot x}{\nu}$

  (여기서, $x$ : 평판선단으로부터의 거리, $V_\infty$ : 자유유동속도 )

• 평판의 임계 레이놀즈수는 오십만(500,000)이다.

$$\left\{ \begin{array}{l} U_{\max} = 0.99\,V_\infty \\ \text{경계층 내의 최대속도가 자유흐름 속도의 99\%} \end{array} \right\}$$

## (3) 경계층의 두께

경계층 내의 최대속도($U$)가 자유유동 속도와 같아질 때의 유체두께(실험치로 배제두께, 운동량 두께라는 것을 사용)

• 층류 : $\dfrac{\delta}{x} = \dfrac{5}{Re_x^{\frac{1}{2}}}$

• 난류 : $\dfrac{\delta}{x} = \dfrac{0.16}{Re_x^{\frac{1}{7}}}$

## 6. 물체 주위의 유동

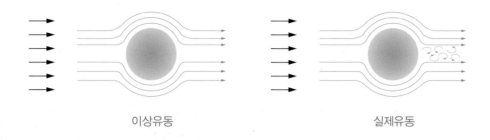

이상유동                              실제유동

### (1) 박리

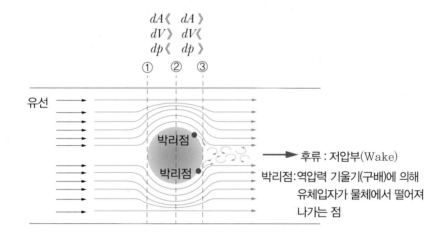

①점에서 유체흐름의 면적이 줄어 속도가 빨라지며 동시에 압력은 ②점까지 감소하고, ②점을 지나면서 면적이 다시 증가해 속도가 느려지고 ③점까지 압력은 커지게 된다. 이때 압력이 커지면서 물체표면의 유체입자가 떨어져 나가는 현상을 박리(Separation)라 한다.(압력이 줄었다 다시 커졌으므로 → 역압력 기울기)

### (2) 후류(Wake)

박리가 일어나면 물체후면에 상대적으로 낮은 압력의 영역이 형성되며 운동량이 결핍된 이 영역을 후류라 한다.

⑩ 소용돌이 치는 불규칙한 흐름을 후류 : 움직이는 배의 뒷부분

참고

- 물체 주위의 분리된 유동은 유동 방향의 압력차로 인한 불균형 정미력이 존재 → 물체에 압력항력 발생(후류의 크기가 클수록 압력항력도 증가)
- 압력을 서서히 커지게 하려면 → 급격한 단면변화를 최대한 줄여 역압력 기울기를 감소시키면 박리 시작이 늦어지고 따라서 항력이 감소한다.
- 물체를 유선형으로 만들어주면 주어진 압력 상승을 보다 먼 거리로 분산시키므로 역압력 기울기를 줄일 수 있다.
- 점차확대관의 박리와 후류는 6~7°에서 손실이 가장 적다.

압력항력 큼 　　　　　　　　　　압력항력 작음

## 7. 항력과 양력

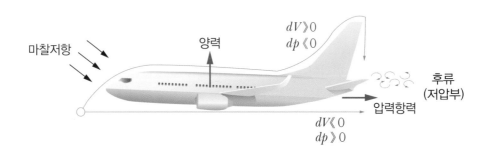

### (1) 항력(Drag)

- **마찰항력** : 점성에 의해 발생
- **압력항력** : 물체 주위로 유체가 흐를 때 물체 앞뒤의 압력차로 생기는 항력(흡인력)

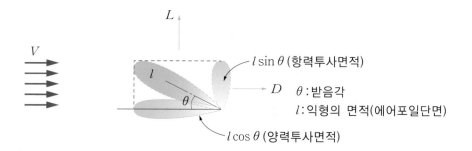

$$D=F_D=\rho\cdot A\cdot\frac{V^2}{2}\cdot C_D \ (\text{여기서, } C_D:\text{항력계수})$$

$$A=l\sin\theta(\text{항력 투사면적})$$

| 참고

$$F=P\cdot A=\gamma\cdot h\cdot A, \quad h=\frac{V^2}{2g} \ (\because V_\infty=\sqrt{2gh})$$

$$\gamma\cdot\frac{V^2}{2g}\cdot A=\rho\cdot g\cdot\frac{V^2}{2g}\cdot A=\rho\cdot A\cdot\frac{V^2}{2}$$

## (2) 양력(lift)

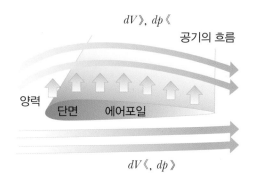

$$L=F_L=\rho\cdot A\cdot\frac{V^2}{2}\cdot C_L$$

(여기서, $C_L$ : 양력계수

$A=l\cos\theta$ : 유체유동의 수직방향, 투사면적(양력 투사면적))

### (3) 스토크스 법칙(Stokes Law)

- 작은 구의 경우(Re<1인 경우) : 스토크스 법칙(유체 속에 구를 떨어뜨려 구의 항력을 구함)

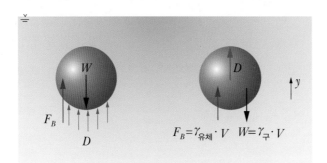

$$\sum F_y = 0 :$$
$$D + F_B - W = 0$$

$$D = 3\pi\mu V d$$

(여기서, $D$ : 구의 항력, $\mu$ : 점성계수, $V$ : 낙하속도, $d$ : 구의 직경)

$$W = \gamma_{구} \cdot V = \gamma_{구} \times \frac{4}{3}\pi r^3$$

# 핵심 기출 문제

**01** 파이프 내에 점성유체가 흐른다. 다음 중 파이프 내의 압력 분포를 지배하는 힘은?

① 관성력과 중력

② 관성력과 표면장력

③ 관성력과 탄성력

④ 관성력과 점성력

**해설⊕**----------

파이프 내의 압력 분포는 레이놀즈수(관성력/점성력)에 의해 좌우된다.

**02** 비중이 0.8인 오일을 직경이 10cm인 수평원관을 통하여 1km 떨어진 곳까지 수송하려고 한다. 유량이 0.02m³/s, 동점성계수가 $2 \times 10^{-4}$ m²/s라면 관 1km에서의 손실수두는 약 얼마인가?

① 33.2m            ② 332m

③ 16.6m            ④ 166m

**해설⊕**----------

수평원관에서 유량식 → 하이겐포아젤 방정식

$Q = \dfrac{\Delta p \pi d^4}{128 \mu l}$ 에서

$\Delta p = \dfrac{128 \mu l Q}{\pi d^4} = \gamma \cdot h_l$

∴ 손실수두 $h_l = \dfrac{128 \mu l Q}{\gamma \cdot \pi d^4} = \dfrac{128 \mu l Q}{\rho \cdot g \pi d^4} = \dfrac{128 \nu l Q}{g \pi d^4}$

$= \dfrac{128 \times 2 \times 10^{-4} \times 1,000 \times 0.02}{9.8 \times \pi \times 0.1^4}$

$= 166.3\text{m}$

**03** 지름 200mm 원형관에 비중 0.9, 점성계수 0.52poise인 유체가 평균속도 0.48m/s로 흐를 때 유체 흐름의 상태는?(단, 레이놀즈수($Re$)가 $2,100 \leq Re \leq$ 4,000일 때 천이 구간으로 한다.)

① 층류            ② 천이

③ 난류            ④ 맥동

**해설⊕**----------

$\mu = 0.52\text{poise} = 0.52 \dfrac{\text{g}}{\text{cm} \cdot \text{s}} \times \dfrac{\text{kg}}{10^3 \text{g}} \times \dfrac{10^2 \text{cm}}{1\text{m}}$

$= 0.052\text{kg/m} \cdot \text{s}$

$Re = \dfrac{\rho V d}{\mu} = \dfrac{s \rho_\text{w} V d}{\mu} = \dfrac{0.9 \times 1,000 \times 0.48 \times 0.2}{0.052}$

$= 1,661.54 < 2,100$ (층류)

**04** 원관 내 완전발달 층류 유동에 관한 설명으로 옳지 않은 것은?

① 관 중심에서 속도가 가장 크다.

② 평균속도는 관 중심 속도의 절반이다.

③ 관 중심에서 전단응력이 최댓값을 갖는다.

④ 전단응력은 반지름방향으로 선형적으로 변화한다.

**해설⊕**----------

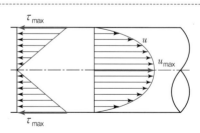

관 벽에서 전단응력이 최대가 되는 것을 그림에서 알 수 있다.

**05** 안지름 0.1m의 물이 흐르는 관로에서 관 벽의 마찰손실수두가 물의 속도수두와 같다면 그 관로의 길이는 약 몇 m인가?(단, 관마찰계수는 0.03이다.)

① 1.58 　　　　　② 2.54
③ 3.33 　　　　　④ 4.52

**해설 ⊕**

$h_l = \dfrac{V^2}{2g}$ 에서

$f \dfrac{l}{d} \dfrac{V^2}{2g} = \dfrac{V^2}{2g}$ 에서

$\therefore\ l = \dfrac{d}{f} = \dfrac{0.1}{0.03} = 3.33\mathrm{m}$

**06** 골프공(지름 $D=4\mathrm{cm}$, 무게 $W=0.4\mathrm{N}$)이 50m/s의 속도로 날아가고 있을 때, 골프공이 받는 항력은 골프공 무게의 몇 배인가?(단, 골프공의 항력계수 $C_D = 0.24$이고, 공기의 밀도는 1.2kg/m³이다.)

① 4.52배 　　　　② 1.7배
③ 1.13배 　　　　④ 0.452배

**해설 ⊕**

$D = C_D \cdot \dfrac{\rho A V^2}{2}$

$= 0.24 \times \dfrac{1.2 \times \dfrac{\pi}{4} \times 0.04^2 \times 50^2}{2} = 0.452\mathrm{N}$

$\therefore\ \dfrac{D}{W} = \dfrac{0.452}{0.4} = 1.13$

**07** 안지름이 4mm이고, 길이가 10m인 수평 원형관 속을 20℃의 물이 층류로 흐르고 있다. 배관 10m의 길이에서 압력강하가 10kPa이 발생하며, 이때 점성계수는 $1.02 \times 10^{-3}\mathrm{N \cdot s/m^2}$일 때 유량은 약 몇 cm³/s인가?

① 6.16 　　　　　② 8.52
③ 9.52 　　　　　④ 12.16

**해설 ⊕**

하이겐포아젤 방정식

$Q = \dfrac{\Delta p \pi d^4}{128 \mu l} = \dfrac{10 \times 10^3 \times \pi \times 0.004^4}{128 \times 1.02 \times 10^{-3} \times 10}$

$= 6.16 \times 10^{-6} \mathrm{m^3/s}$

$6.16 \times 10^{-6} \dfrac{\mathrm{m^3} \times \left(\dfrac{100\mathrm{cm}}{1\mathrm{m}}\right)^3}{\mathrm{s}} = 6.16\mathrm{cm^3/s}$

**08** 지름이 0.01m인 구 주위를 공기가 0.001m/s로 흐르고 있다. 항력계수 $C_D = \dfrac{24}{Re}$로 정의할 때 구에 작용하는 항력은 약 몇 N인가? (단, 공기의 밀도는 1.1774 kg/m³, 점성계수는 $1.983 \times 10^{-5}$kg/m · s이며, $Re$는 레이놀즈수를 나타낸다.)

① $1.9 \times 10^{-9}$
② $3.9 \times 10^{-9}$
③ $5.9 \times 10^{-9}$
④ $7.9 \times 10^{-9}$

**해설 ⊕**

i) $Re = \dfrac{\rho V d}{\mu} = \dfrac{1.1774 \times 0.001 \times 0.01}{1.983 \times 10^{-5}} = 0.5937$

ii) 항력 $D = C_D \cdot \rho \cdot A \cdot \dfrac{V^2}{2}$

$= \dfrac{24}{0.5937} \times 1.1774 \times \dfrac{\pi}{4} \times 0.01^2 \times \dfrac{0.001^2}{2}$

$= 1.87 \times 10^{-9}$

**09** 평판 위를 공기가 유속 15m/s로 흐르고 있다. 선단으로부터 10cm인 지점의 경계층 두께는 약 몇 mm인가?(단, 공기의 동점성계수는 $1.6 \times 10^{-5}\mathrm{m^2/s}$이다.)

① 0.75 　　　　　② 0.98
③ 1.36 　　　　　④ 1.63

**해설 ⊕**

$\dfrac{\delta}{x} = \dfrac{5}{\sqrt{Re_x}}$ 에서

층류 경계층 두께

$\delta = \dfrac{5}{\sqrt{\dfrac{\rho V x}{\mu}}} \cdot x = \dfrac{5}{\sqrt{\dfrac{V}{\nu}}} \cdot \sqrt{x}$

$= \dfrac{5}{\sqrt{\dfrac{15}{1.6 \times 10^{-5}}}} \times \sqrt{0.1}$

$= 0.00163\text{m} = 1.63\text{mm}$

※ 최신 전공 서적에서는 분자에 5 대신 5.48을 넣어서 계산한다.

**10** 지름 100mm 관에 글리세린이 9.42L/min의 유량으로 흐른다. 이 유동은?(단, 글리세린의 비중은 1.26, 점성계수는 $\mu = 2.9 \times 10^{-4}$kg/m · s이다.)

① 난류유동  　　　　　② 층류유동
③ 천이유동  　　　　　④ 경계층유동

**해설 ⊕**

비중 $S = \dfrac{\rho}{\rho_w}$ 에서

$\rho = S\rho_w = 1.26 \times 1,000 = 1,260\text{kg/m}^3$

$Q = \dfrac{9.42L \times \dfrac{10^{-3}\text{m}^3}{1L}}{\text{min} \times \dfrac{60s}{1\text{min}}} = 0.000157\text{m}^3/\text{s}$

$Q = A \cdot V$ 에서

$V = \dfrac{Q}{A} = \dfrac{Q}{\dfrac{\pi}{4}d^2} = \dfrac{4Q}{\pi d^2} = \dfrac{4 \times 0.000157}{\pi \times (0.1)^2} = 0.01999\text{m/s}$

$\therefore Re = \dfrac{\rho \cdot Vd}{\mu} = \dfrac{1,260 \times 0.01999 \times 0.1}{2.9 \times 10^{-4}} = 8,685.31$

$R_e > 4,000$ 이상이므로 난류유동

**11** 현의 길이 7m인 날개가 속력 500km/h로 비행할 때 이 날개가 받는 양력이 4,200kN이라고 하면 날개의 폭은 약 몇 m인가?(단, 양력계수 $C_L = 1$, 항력계수 $C_D = 0.02$, 밀도 $\rho = 1.2$kg/m$^3$이다.)

① 51.84  　　　　　② 63.17
③ 70.99  　　　　　④ 82.36

**해설 ⊕**

양력 $L = C_L \cdot \dfrac{\rho A V^2}{2}$

$\therefore A = \dfrac{2L}{C_L \cdot \rho \cdot V^2} = \dfrac{2 \times 4,200 \times 10^3}{1 \times 1.2 \times 138.89^2} = 362.87\text{m}^2$

여기서, $V = 500\dfrac{\text{km}}{\text{h}} \times \dfrac{1,000\text{m}}{1\text{km}} \times \dfrac{1\text{h}}{3,600\text{s}} = 138.89\text{m/s}$

$A = bl$ 에서 $b = \dfrac{A}{l} = \dfrac{362.87}{7} = 51.84\text{m}$

**12** 모세관을 이용한 점도계에서 원형관 내의 유동은 비압축성 뉴턴 유체의 층류유동으로 가정할 수 있다. 원형관의 입구 측과 출구 측의 압력차를 2배로 늘렸을 때, 동일한 유체의 유량은 몇 배가 되는가?

① 2배  　　　　　② 4배
③ 8배  　　　　　④ 16배

**해설 ⊕**

비압축성 뉴턴유체의 층류유동은 하이겐 포아젤 방정식으로

나타나므로 $Q = \dfrac{\triangle P \pi d^4}{128 \mu l}$

$Q \propto \triangle p$ 이므로 $\triangle p$를 두 배로 올리면 유량도 2배가 된다.

**13** 수평원관 속에 정상류의 층류 흐름이 있을 때 전단응력에 대한 설명으로 옳은 것은?

① 단면 전체에서 일정하다.
② 벽면에서 0이고 관 중심까지 선형적으로 증가한다.
③ 관 중심에서 0이고 반지름 방향으로 선형적으로 증가한다.
④ 관 중심에서 0이고 반지름 방향으로 중심으로부터 거리의 제곱에 비례하여 증가한다.

**해설⊕** ------------------------------------------
• 층류유동에서 전단응력분포와 속도분포 그림을 이해하면 된다.
• 전단응력은 관 중심에서 0이고 관벽에서 최대이다.

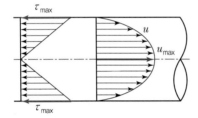

**14** 프란틀의 혼합거리(Mixing Length)에 대한 설명으로 옳은 것은?

① 전단응력과 무관하다.
② 벽에서 0이다.
③ 항상 일정하다.
④ 층류 유동문제를 계산하는 데 유용하다.

**해설⊕** ------------------------------------------
프란틀의 혼합거리 $l = ky$(여기서, $y$는 관벽으로부터 떨어진 거리)
관벽에서는 $y$가 "0"이므로 $l = 0$이다.

**15** 항력에 관한 일반적인 설명 중 틀린 것은?

① 난류는 항상 항력을 증가시킨다.
② 거친 표면은 항력을 감소시킬 수 있다.
③ 항력은 압력과 마찰력에 의해서 발생한다.
④ 레이놀즈수가 아주 작은 유동에서 구의 항력은 유체의 점성계수에 비례한다.

**해설⊕** ------------------------------------------
골프공 표면의 오돌토돌 딤플자국은 공표면에 난류를 발생시키며 박리를 늦춰 압력항력을 줄여 골프공을 더 멀리 날아가게 한다. 테니스공 표면의 보풀도 이런 역할을 하며 테니스공의 보풀을 제거하면 날아가는 거리는 대략 $\frac{1}{2}$로 줄어든다.

# 06 관 속에서 유체의 흐름

## 1. 관에서의 손실수두

### (1) 달시 비스바하(Darcy–Weisbach) 방정식 : 곧고 긴 관에서의 손실수두

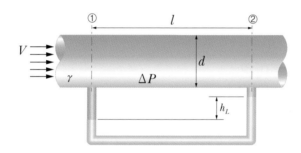

압력 강하량 : $\Delta p = \gamma \cdot f \cdot \dfrac{l}{d} \cdot \dfrac{V^2}{2g} = \gamma \cdot h_L$

손실수두 : $h_L = f \cdot \dfrac{l}{d} \cdot \dfrac{V^2}{2g}$ [m]

(여기서, $f$ : 관마찰계수, $l$ : 관길이, $V$ : 유체의 속도)

원관의 층류유동에서 관마찰계수를 구해보면

하이겐포아젤 방정식에서 압력강하량 $\Delta p$ 에서

$\Delta p = \dfrac{128 \mu l Q}{\pi d^4}$ ($Q = AV = \dfrac{\pi}{4} d^2 \cdot V$ 대입)

$\Delta p = \dfrac{32 \mu l V}{d^2} = \gamma \cdot f \cdot \dfrac{l}{d} \cdot \dfrac{V^2}{2g} = \rho \cdot f \cdot \dfrac{l}{d} \cdot \dfrac{V^2}{2}$

$f = \dfrac{32 \times 2 \mu l V d}{\rho \cdot l \cdot V^2 \cdot d^2} = \dfrac{64 \mu}{\rho V d} = \dfrac{64}{\dfrac{\rho V d}{\mu}} = \dfrac{64}{Re}$

$\therefore f = \dfrac{64}{Re}$

**167**

### (2) 관마찰 계수($f$)

① 층류 : $f = \dfrac{64}{Re}$ (층류에서의 관마찰계수는 레이놀즈수만의 함수이다.)

② 난류

- 매끈한 관 : $f = 0.3164\,Re^{-\frac{1}{4}}$

- 거친 관 : $\dfrac{1}{\sqrt{f}} = 1.14 - 0.86\ln\left(\dfrac{e}{d}\right)$ (여기서, $\dfrac{e}{d}$ : 상대조도)

- 난류에서의 관마찰계수는 레이놀즈와 상대조도의 함수이다.

> **참고**
>
> **무디 선도(Moody's chart)**
> 실험식들을 기초로 하여 실제 유체유동에서 관마찰계수를 해석할 수 있도록 무디 선도를 작성하였고 비압축성유체가 정상 유동하는 모든 파이프 유동에 대하여 보편적으로 적용되는 그래프이다.

## 2. 비원형 단면의 경우 관마찰

- 수력반경($R_h$) : 원형단면에 적용했던 식들을 비원형 단면에도 적용하기 위해 수력반경을 구함

$$R_h = \frac{A(\text{유동단면적})}{P(\text{접수길이})}$$

① 원관

접수길이
(유동단면에서 유체에 직접 닿아 있는 거리 : 관이 적셔진 거리)

$$R_h = \frac{A}{P} = \frac{\frac{\pi}{4}d^2}{\pi d} = \frac{d}{4} \quad \therefore\ d = 4R_h$$

- 손실수두식을 수력반경으로 나타내면

$$h_L = f \cdot \frac{l}{d} \cdot \frac{V^2}{2g} = f \cdot \frac{l}{4R_h} \cdot \frac{V^2}{2g}$$

- 레이놀즈수를 수력반경으로 나타내면

$$Re = \frac{\rho V d}{\mu} = \frac{\rho \cdot V \cdot 4R_h}{\mu} = \frac{V \cdot 4R_h}{\nu}$$

② 정사각관

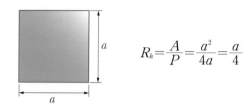

$$R_h = \frac{A}{P} = \frac{a^2}{4a} = \frac{a}{4}$$

③ 직사각관

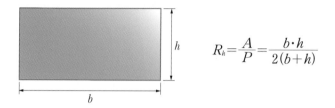

$$R_h = \frac{A}{P} = \frac{b \cdot h}{2(b+h)}$$

## 3. 부차적 손실

- 유체가 흐를 때 관마찰에 의한 손실 이외에 발생하는 여러 가지 손실을 부차적 손실이라 한다.
- 부차적 손실 종류 : 돌연 확대 · 축소관, 점차 확대관, 엘보, 밸브 및 관에 부착된 부품들에 의한 저항, 손실 등

### (1) 관의 상당길이($l_e$)

부차적 손실값과 같은 손실수두를 갖는 관의 길이로 나타냄

$$h_l = K \cdot \frac{V^2}{2g} = f \cdot \frac{l_e}{d} \cdot \frac{V^2}{2g} \ (\text{여기서, } K : \text{부차적 손실 계수})$$

$$\therefore l_e = \frac{K \cdot d}{f}$$

## (2) 돌연 확대관의 손실수두(부드럽게 흐르지 않고 와류 생성)

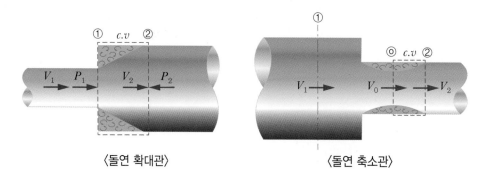

〈돌연 확대관〉　　　　　　　〈돌연 축소관〉

돌연 확대관(돌연 축소관)에서 손실수두 $h_L = K \cdot \dfrac{V^2}{2g}$ 형태

①과 ②점에 운동량 방정식과 베르누이 방정식을 적용

$$\sum F_x = \rho Q(V_{2x} - V_{1x})$$

$$(p_1 - p_2)A = \rho Q(V_2 - V_1)$$

$$= \rho A V_2(V_2 - V_1)$$

$$= A \cdot \frac{\gamma}{g}(V_2^2 - V_1 V_2)$$

$$\therefore \ \frac{p_1 - p_2}{\gamma} = \frac{(V_2^2 - V_1 V_2)}{g} \quad \cdots\cdots\cdots\cdots\cdots \text{ⓐ}$$

①, ②점에 베르누이 방정식 적용

$$\frac{p_1}{\gamma} + \frac{V_1^2}{2g} + z_1 = \frac{p_2}{\gamma} + \frac{V_2^2}{2g} + z_2 + h_L$$

$$\frac{p_1 - p_2}{\gamma} = \frac{1}{2g}(V_2^2 - V_1^2) + h_L \quad \cdots\cdots\cdots\cdots \text{ⓑ}$$

ⓐ를 ⓑ에 대입

$$\frac{1}{g}(V_2^2 - V_1 V_2) = \frac{1}{2g}(V_2^2 - V_1^2) + h_L$$

$$h_L = \frac{1}{g}(V_2^2 - V_1 V_2) - \frac{1}{2g}(V_2^2 - V_1^2)$$

$$= \frac{1}{2g}(2V_2^2 - 2V_1 V_2 - V_2^2 + V_1^2)$$

$$= \frac{1}{2g}(V_2^2 - 2V_1 V_2 + V_1^2)$$

$$\therefore \ h_L = \frac{1}{2g}(V_1 - V_2)^2$$

$$\frac{V_1^2}{2g}\left(1-\frac{V_2}{V_1}\right)^2=\frac{V_1^2}{2g}\left(1-\frac{A_1}{A_2}\right)^2=\frac{V_1^2}{2g}\left\{1-\left(\frac{d_1}{d_2}\right)^2\right\}^2=K\cdot\frac{V_1^2}{2g} \ (여기서, \ K:부차적 손실계수)$$

$$\therefore \ K=\left\{1-\left(\frac{d_1}{d_2}\right)^2\right\}^2$$

돌연 확대관은 $V_1$에 대해서 구하고, 돌연 축소관은 $V_2$에 대해서 손실계수를 구한다.

$d_2 \gg d_1$이면 $K=1$이다. ($\because d_2$가 $d_1$에 비해 매우 크면 $\frac{d_1}{d_2}=0$)

### (3) 돌연 축소관의 경우

그림에서 ⓪와 ②점 사이에 돌연 확대 "손실수두 기본식 적용"

$$\rightarrow \ \frac{1}{2g}(V_1-V_2)^2 (\because 검사체적 모형 동일 – 앞의 그림 돌연 확대 · 축소관에서)$$

$$h_L=\frac{(V_0-V_2)^2}{2g} \ \cdots\cdots\cdots\cdots\cdots\cdots\cdots\cdots\cdots\cdots\cdots\cdots\cdots\cdots ⓐ$$

$$Q=A\cdot V=c=A_0 V_0=A_2 V_2 \rightarrow V_0=\frac{A_2}{A_0}V_2=\frac{1}{C_c}V_2 \ \cdots\cdots\cdots\cdots ⓑ$$

$$C_c=\frac{A_0}{A_2} \ (수축계수)$$

$$\therefore \ h_L=\frac{1}{2g}\left(\frac{1}{C_c}V_2-V_2\right)^2$$

$$=\frac{V_2^2}{2g}\left(\frac{1}{C_c}-1\right)^2=K\cdot\frac{V_2^2}{2g}$$

부차적 손실계수 $K=\left(\frac{1}{C_c}-1\right)^2$

### (4) 점차 확대관의 손실수두

가장 효율적(즉, 손실이 적다.)

**점차 확대관**

$\theta=65°$일 때 손실이 가장 크다.

($h_l=K\cdot\frac{V^2}{2g}$이므로 $K$값이 클수록

손실수두가 크다.)

# 핵심 기출 문제

**01** 안지름 0.1m인 파이프 내를 평균 유속 5m/s로 어떤 액체가 흐르고 있다. 길이 100m 사이의 손실수두는 약 몇 m인가?(단, 관 내의 흐름으로 레이놀즈수는 1,000이다.)

① 81.6            ② 50
③ 40             ④ 16.32

**해설 ⊕** - - - - - - - - - - - - - - - - - - - - - - - - - -

$Re < 2,100$ 이하이므로 층류이다.

층류의 관마찰계수 $f = \dfrac{64}{Re} = \dfrac{64}{1,000} = 0.064$

$h_l = f \cdot \dfrac{L}{d} \cdot \dfrac{V^2}{2g} = 0.064 \times \dfrac{100}{0.1} \times \dfrac{5^2}{2 \times 9.8} = 81.63\text{m}$

**02** 수평으로 놓인 안지름 5cm인 곧은 원관 속에서 점성계수 0.4Pa·s의 유체가 흐르고 있다. 관의 길이 1m당 압력강하가 8kPa이고 흐름 상태가 층류일 때 관 중심부에서의 최대 유속(m/s)은?

① 3.125          ② 5.217
③ 7.312          ④ 9.714

**해설 ⊕** - - - - - - - - - - - - - - - - - - - - - - - - - -

달시비스바하 방정식에서 손실수두 $h_l = f \cdot \dfrac{L}{d} \cdot \dfrac{V^2}{2g}$ 와,

관마찰계수 $f = \dfrac{64}{Re} = \dfrac{64}{\left(\dfrac{\rho V d}{\mu}\right)} = \dfrac{64\mu}{\rho V d}$ 에서

$\Delta P = \gamma f \dfrac{l}{d} \dfrac{V^2}{2g} = \rho f \dfrac{l}{d} \dfrac{V^2}{2}$

문제에서 단위 길이당 압력강하량을 주었으므로

$\dfrac{\Delta p}{l} = \dfrac{80 \times 10^3 \text{Pa}}{1\text{m}} = \rho f \dfrac{1}{d} \dfrac{V^2}{2}$

$= \rho \dfrac{64\mu}{\rho V d} \dfrac{1}{d} \dfrac{V^2}{2} = \dfrac{32\mu V}{d^2}$

$\therefore V = \dfrac{8 \times 10^3 \times d^2}{32\mu} = \dfrac{8 \times 10^3 \times 0.05^2}{32 \times 0.4} = 1.5625\text{m/s}$

$V = V_{av}$ (단면의 평균속도)이므로 관 중심에서 최대속도

$V_{\max} = 2V = 2 \times 1.5625 = 3.125\text{m/s}$

**03** 지름이 10mm인 매끄러운 관을 통해서 유량 0.02L/s의 물이 흐를 때 길이 10m에 대한 압력손실은 약 몇 Pa인가?(단, 물의 동점성계수는 $1.4 \times 10^{-6}\text{m}^2/\text{s}$ 이다.)

① 1,140Pa      ② 1,819Pa
③ 1,140Pa      ④ 1,819Pa

**해설 ⊕** - - - - - - - - - - - - - - - - - - - - - - - - - -

$Q = 0.02\text{L/s} = 0.02 \times 10^{-3}\text{m}^3/\text{s}$

$Q = AV$에서

$V = \dfrac{Q}{A} = \dfrac{Q}{\dfrac{\pi d^2}{4}} = \dfrac{0.02 \times 10^{-3}}{\dfrac{\pi \times 0.01^2}{4}} = 0.255\text{m/s}$

흐름의 형태를 알기 위해

$Re = \dfrac{\rho V d}{\mu} = \dfrac{Vd}{\nu} = \dfrac{0.255 \times 0.01}{1.4 \times 10^{-6}}$

$= 1,821.4 < 2,100$ (층류)

$h_l = f \cdot \dfrac{L}{d} \cdot \dfrac{V^2}{2g}, \quad f = \dfrac{64}{Re} = \dfrac{64}{1,821.4} = 0.035$

$\therefore \Delta p = \gamma h_l$

$= \gamma f \dfrac{L}{d} \dfrac{V^2}{2g}$

$= \rho f \dfrac{L}{d} \dfrac{V^2}{2}$

$= 1,000 \times 0.035 \times \dfrac{10}{0.01} \times \dfrac{0.255^2}{2}$

$= 1,137.94\text{Pa}$

**정답**    **01** ①    **02** ①    **03** ③

**04** 반지름 3cm, 길이 15m, 관마찰계수 0.025인 수평원관 속을 물이 난류로 흐를 때 관 출구와 입구의 압력차가 9,810Pa이면 유량은?

① 5.0m³/s
② 5.0L/s
③ 5.0cm³/s
④ 0.5L/s

**해설⊕**

$d = 6\text{cm}$, 곧고 긴 관에서의 손실수두(달시−비스바하 방정식)

$$h_l = f \cdot \frac{L}{d} \cdot \frac{V^2}{2g}$$

압력강하량 $\Delta p = \gamma \cdot h_l = \gamma \cdot f \cdot \frac{L}{d} \cdot \frac{V^2}{2g}$ 에서

$$\therefore V = \sqrt{\frac{2dg\Delta p}{\gamma \cdot f \cdot L}}$$

$$= \frac{\sqrt{2 \times 0.06 \times 9.8 \times 9,810}}{9,800 \times 0.025 \times 15}$$

$$= 1.77\text{m/s}$$

유량 $Q = AV = \frac{\pi d^2}{4} \times V = \frac{\pi \times 0.06^2}{4} \times 1.77$

$$= 0.005\text{m}^3/\text{s}$$

$$0.005 \times \frac{\text{m}^3 \times \left(\frac{1\text{L}}{10^{-3}\text{m}^3}\right)}{\text{s}} = 5\text{L/s}$$

**05** 원관에서 난류로 흐르는 어떤 유체의 속도가 2배로 변하였을 때, 마찰계수가 변경 전 마찰계수의 $\frac{1}{\sqrt{2}}$로 줄었다. 이때 압력손실은 몇 배로 변하는가?

① $\sqrt{2}$ 배
② $2\sqrt{2}$ 배
③ 2배
④ 4배

**해설⊕**

달시−비스바하 방정식에서 손실수두 $h_l = f \cdot \frac{L}{d} \cdot \frac{V^2}{2g}$

처음 압력손실 $\Delta P_1 = \gamma \cdot h_l = \gamma \cdot f \cdot \frac{L}{d} \cdot \frac{V^2}{2g}$

변화 후 압력손실 $\Delta P_2 = \gamma \cdot \frac{f}{\sqrt{2}} \cdot \frac{L}{d} \cdot \frac{(2V)^2}{2g}$

$$= \frac{4}{\sqrt{2}}\gamma \cdot f \cdot \frac{L}{d} \cdot \frac{V^2}{2g}$$

$$= 2^{\frac{3}{2}}\Delta P_1 = 2\sqrt{2}\,\Delta P_1$$

**06** 원관에서 난류로 흐르는 어떤 유체의 속도가 2배가 되었을 때, 마찰계수가 $\frac{1}{\sqrt{2}}$ 배로 줄었다. 이때 압력손실은 몇 배인가?

① $2^{\frac{1}{2}}$ 배
② $2^{\frac{3}{2}}$ 배
③ 2배
④ 4배

**해설⊕**

달시−비스바하 방정식에서 손실수두 $h_l = f \cdot \frac{L}{d} \cdot \frac{V^2}{2g}$

처음 압력손실 $\Delta p_1 = \gamma \cdot h_l = \gamma \cdot f \cdot \frac{L}{d} \frac{V^2}{2g}$

변화 후 압력손실 $\Delta p_2 = \gamma \cdot \frac{f}{\sqrt{2}} \cdot \frac{L}{d} \cdot \frac{(2V)^2}{2g}$

$$= \frac{4}{\sqrt{2}}\gamma \cdot f \cdot \frac{L}{d} \cdot \frac{V^2}{2g}$$

$$= 2^{2-\frac{1}{2}}\Delta p_1 = 2^{\frac{3}{2}}\Delta p_1$$

**07** 수평으로 놓인 지름 10cm, 길이 200m인 파이프에 완전히 열린 글로브 밸브가 설치되어 있고, 흐르는 물의 평균속도는 2m/s이다. 파이프의 관 마찰계수가 0.02이고, 전체 수두 손실이 10m이면, 글로브 밸브의 손실계수는?

① 0.4
② 1.8
③ 5.8
④ 9.0

**해설⊕**

전체 수두손실은 긴 관에서 손실수두와 글로브 밸브에 의한 부차적 손실수두의 합이다.

$$\Delta H_l = h_l + K \cdot \frac{V^2}{2g}$$

$$= f \cdot \frac{L}{d} \cdot \frac{V^2}{2g} + K \cdot \frac{V^2}{2g}$$

부차적 손실계수

$$K = \frac{2g}{V^2}\left(\Delta H_l - f \cdot \frac{L}{d} \cdot \frac{V^2}{2g}\right)$$

$$= \frac{2g}{V^2} \times \Delta H_l - f \cdot \frac{L}{d}$$

$$= \frac{2 \times 9.8}{2^2} \times 10 - 0.02 \times \frac{200}{0.1}$$

$$= 9$$

**08** 그림과 같이 노즐이 달린 수평관에서 압력계 읽음이 0.49MPa이었다. 이 관의 안지름이 6cm이고 관의 끝에 달린 노즐의 출구 지름이 2cm라면 노즐 출구에서 물의 분출속도는 약 몇 m/s인가?(단, 노즐에서의 손실은 무시하고, 관 마찰계수는 0.025로 한다.)

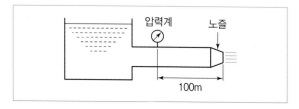

① 16.8
② 20.4
③ 25.5
④ 28.4

**해설⊕**

압력계에서 속도를 $V_1$, 노즐의 분출속도를 $V_2$라 하면

$$Q = A_1 V_1 = A_2 V_2 \rightarrow \frac{\pi \times 6^2}{4} \cdot V_1 = \frac{\pi \times 2^2}{4} \cdot V_2$$

$$\rightarrow V_1 = \frac{1}{9}V_2 \cdots ⓐ$$

베르누이 방정식을 적용하면(손실을 고려)

$$\frac{p_1}{\gamma} + \frac{V_1^2}{2g} + z_1 = \frac{p_2}{\gamma} + \frac{V_2^2}{2g} + z_2 + h_l$$

$z_1 = z_2$, $p_2 = p_0 = 0$(무시)이므로

$$h_l = \frac{p_1}{\gamma} + \frac{V_1^2 - V_2^2}{2g}$$

$$= \frac{p_1}{\gamma} + \frac{1}{2g}\left(\left(\frac{1}{9}V_2\right)^2 - V_2^2\right)$$

$$= \frac{p_1}{\gamma} - \frac{40 V_2^2}{81g} \cdots ⓑ$$

ⓑ는 달시-바이스바하 방정식(곧고 긴 관에서 손실수두)의 값과 같아야 한다.

$$h_l = f \cdot \frac{L}{d} \cdot \frac{V_1^2}{2g} = 0.025 \times \frac{100}{0.06} \times \frac{\left(\frac{1}{9}V_2\right)^2}{2 \times 9.8}$$

$$= 0.0266 V_2^2 \cdots ⓒ$$

ⓑ=ⓒ에서

$$\frac{p_1}{\gamma} - \frac{40 V_2^2}{81g} = 0.0266 V_2^2$$

$$\frac{0.49 \times 10^6}{9,800} = \left(0.0266 + \frac{40}{81 \times 9.8}\right)V_2^2$$

$$V_2^2 = 649.43$$

$$\therefore V_2 = 25.48\text{m/s}$$

**09** 수면의 높이 차이가 $H$인 두 저수지 사이에 지름 $d$, 길이 $l$인 관로가 연결되어 있을 때 관로에서의 평균 유속($V$)을 나타내는 식은?(단, $f$는 관마찰계수이고, $g$는 중력가속도이며, $K_1$, $K_2$는 관 입구와 출구에서 부차적 손실계수이다.)

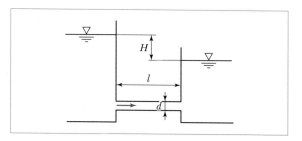

① $V = \sqrt{\dfrac{2gdH}{K_1 + fl + K_2}}$　② $V = \sqrt{\dfrac{2gH}{K_1 + f + K_2}}$

③ $V = \sqrt{\dfrac{2gH}{K_1 + \dfrac{f}{l} + K_2}}$　④ $V = \sqrt{\dfrac{2gH}{K_1 + f\dfrac{l}{d} + K_2}}$

**해설⊕**

손실을 고려한 베르누이 방정식을 적용하면 ①＝②＋$H_l$이고, 그림에서 $H_l$은 두 저수지의 위치에너지 차이이므로 $H_l = H$이다. 전체 손실수두도 $H_l$은 돌연축소관에서의 손실($h_1$)과 곧고 긴 연결관에서 손실수두($h_2$), 그리고 돌연확대관에서의 손실수두($h_3$)의 합과 같다.

$$H_l = h_1 + h_2 + h_3$$

여기서, $h_1 = K_1 \cdot \dfrac{V^2}{2g}$

$$h_2 = f \cdot \dfrac{L}{d} \cdot \dfrac{V^2}{2g}$$

$$h_3 = K_2 \cdot \dfrac{V^2}{2g}$$

$$H = \left(K_1 + f \cdot \dfrac{L}{d} + K_2\right)\dfrac{V^2}{2g}$$

$$\therefore V = \sqrt{\dfrac{2gH}{K_1 + f \cdot \dfrac{L}{d} + K_2}}$$

**10** 안지름 35cm의 원관으로 수평거리 2,000m 떨어진 곳에 물을 수송하려고 한다. 24시간 동안 15,000m³을 보내는 데 필요한 압력은 약 몇 kPa인가?(단, 관마찰계수는 0.032이고, 유속은 일정하게 송출한다고 가정한다.)

① 296　　　　　② 423

③ 537　　　　　④ 351

**해설⊕**

체적유량 $Q = \dfrac{15,000\text{m}^3}{24\text{h}} \times \dfrac{1\text{h}}{3,600\text{s}}$

$$= 0.174\text{m}^3/\text{s}$$

$Q = A \cdot V$에서

$$V = \dfrac{Q}{A} = \dfrac{0.174}{\dfrac{\pi}{4} \times 0.35^2} = 1.81\,\text{m/s}$$

$$\therefore h_l = f \cdot \dfrac{L}{d} \cdot \dfrac{V^2}{2g}$$

$$= 0.032 \times \dfrac{2,000}{0.35} \times \dfrac{1.81^2}{2 \times 9.8} = 30.56\,\text{m}$$

$$\Delta P = \gamma \cdot h_l = 9,800\left(\dfrac{\text{N}}{\text{m}^3}\right) \times 30.56\,(\text{m})$$

$$= 299,488\text{Pa} = 299.5\text{kPa}$$

**11** 5℃의 물(밀도 1,000kg/m³, 점성계수 $1.5 \times 10^{-3}$kg/(m · s))이 안지름 3mm, 길이 9m인 수평 파이프 내부를 평균속도 0.9m/s로 흐르게 하는 데 필요한 동력은 약 몇 W인가?

① 0.14　　　　　② 0.28

③ 0.42　　　　　④ 0.58

**해설⊕**

$$Re = \dfrac{\rho Vd}{\mu} = \dfrac{1,000 \times 0.9 \times 0.003}{1.5 \times 10^{-3}}$$

$$= 1,800 < 2,100 \ (\text{층류})$$

층류에서 관마찰계수 $f = \dfrac{64}{Re} = \dfrac{64}{1,800} = 0.036$

$$h_l = f \cdot \dfrac{L}{d} \cdot \dfrac{V^2}{2g}$$

$$= 0.036 \times \dfrac{9}{0.003} \times \dfrac{0.9^2}{2 \times 9.8} = 4.46$$

$$\therefore \text{필요한 동력 } H = \gamma h_l \cdot Q$$

$$= 9,800 \times 4.46 \times \dfrac{\pi \times 0.003^2}{4} \times 0.9$$

$$= 0.278\text{W}$$

(손실수두에 의한 동력보다 더 작게 동력을 파이프 입구에 가하면 9m 길이를 0.9m/s로 흘러가지 못한다.)

**12** 동점성계수가 $0.1 \times 10^{-5} m^2/s$인 유체가 안지름 10cm인 원관 내에 1m/s로 흐르고 있다. 관마찰계수가 0.022이며 관의 길이가 200m일 때의 손실수두는 약 몇 m인가?(단, 유체의 비중량은 $9,800N/m^3$이다.)

① 22.2          ② 11.0
③ 6.58          ④ 2.24

**해설⊕**

$$h_l = f \cdot \frac{L}{d} \cdot \frac{V^2}{2g} = 0.022 \times \frac{200}{0.1} \times \frac{1^2}{2 \times 9.8} = 2.24\text{m}$$

**13** 관마찰계수가 거의 상대조도(Relative Roughness)에만 의존하는 경우는?

① 완전난류유동      ② 완전층류유동
③ 임계유동          ④ 천이유동

**해설⊕**

층류에서 관마찰계수는 레이놀즈수만의 함수이며, 난류에서 관마찰계수는 레이놀즈수와 상대조도의 함수이다.

**14** 안지름 0.1m의 물이 흐르는 관로에서 관 벽의 마찰손실수두가 물의 속도수두와 같다면 그 관로의 길이는 약 몇 m인가?(단, 관마찰계수는 0.03이다.)

① 1.58          ② 2.54
③ 3.33          ④ 4.52

**해설⊕**

$h_l = \dfrac{V^2}{2g}$ 에서

$f \dfrac{l}{d} \dfrac{V^2}{2g} = \dfrac{V^2}{2g}$ 에서

$\therefore l = \dfrac{d}{f} = \dfrac{0.1}{0.03} = 3.33\text{m}$

**15** 관 내의 부차적 손실에 관한 설명 중 틀린 것은?

① 부차적 손실에 의한 수두는 손실계수에 속도수두를 곱해서 계산한다.
② 부차적 손실은 배관 요소에서 발생한다.
③ 배관의 크기 변화가 심하면 배관 요소의 부차적 손실이 커진다.
④ 일반적으로 짧은 배관계에서 부차적 손실은 마찰손실에 비해 상대적으로 작다.

**해설⊕**

부차적 손실

$$h_l = K \cdot \frac{V^2}{2g}$$

여기서, $K$ : 부차적 손실계수

부차적 손실은 돌연확대 · 축소관, 엘보, 밸브 및 관에 부착된 부품들에 의한 손실로 짧은 배관에서도 고려해야 되는 손실이다.

# CHAPTER 07 차원해석과 상사법칙

FLUID DYNAMICS

## 1. 차원해석(Dimensional Analysis)

• **차원의 동일성** : 어떤 물리식에서 좌변의 차원과 우변의 차원은 같다.

→ 기본적인 물리적 의미가 같다.

**(1) 차원해석** : 동차성의 원리를 이용하여 물리적 관계식의 함수관계를 구하는 절차

① **멱적방법** : 멱수의 곱으로 나타내어 차원 해석하는 방법(power product method)을 의미한다.

② **무차원수 $\Pi$를 구하는 방법**

$$F = \Pi ma, \quad \Pi = F^1[ma]^{-1}$$

예 $F = f(m, r, V)$ : 구심력은 $m, r, V$의 함수라는 것을 알았으며 이때 차원해석을 통해 물리량 간의 함수관계를 알아냄

물리량의 모든 차원의 지수 합은 "0"이다. ← "무차원"이므로

$$F \quad : \text{kg·m/s}^2 \qquad [MLT^{-2}]^1$$
$$m^\alpha \quad : \text{kg} \qquad\qquad [M]^\alpha$$
$$r^\beta \quad : \text{m} \qquad\qquad [L]^\beta$$
$$V^\gamma \quad : \text{m/sec} \qquad [LT^{-1}]^\gamma$$

$$
\left.
\begin{aligned}
M &: 1+\beta+\gamma=0 \\
L &: 1+\alpha=0 \\
T &: -2-\gamma=0
\end{aligned}
\right\}
\quad
\begin{aligned}
\alpha &= -1 \\
\beta &= +1 \\
\gamma &= -2
\end{aligned}
$$

$\therefore F^1, m^{-1}, r^1, V^{-2}$에서

$\therefore$ 무차원수 $\Pi = F^1 m^{-1} r^1 V^{-2} = \dfrac{Fr}{mV^2}$

$\to F = m \cdot \dfrac{V^2}{r} \cdot \Pi \ \Rightarrow \ F = ma$ (여기서, $a$ : 구심가속도)

## (2) 버킹엄(Buckingham)의 $\Pi$정리 : 독립 무차원개수($\Pi$)

- $\Pi = n - m$ [여기서, $n$ : 물리량의 총수, $m$ : 기본차원의 총수(물리량에 사용된)]
- 차원이 있는 변수들로 표시되는 함수와 무차원 변수로 표시되는 함수 사이의 연관성에 관한 이론이다. ⇒ 중요한 독립 무차원변수의 개수를 빠르고 쉽게 찾을 수 있도록 해줌

---

**예제** 어느 장치에서의 유량 $Q[\text{m}^3/\text{s}]$는 지름 $D[\text{cm}]$, 높이 $H[\text{m}]$, 중력가속도 $g[\text{m}/\text{s}^2]$, 동점성계수 $\nu[\text{m}^2/\text{s}]$와 관계가 있다. 차원해석(파이정리)을 하여 무차원수 사이의 관계식으로 나타내고자 할 때 최소로 필요한 무차원수는 몇 개인가?

- 물리량 총수 5개 : 유량, 지름, 높이, 중력가속도, 동점성계수
- 각 물리량 차원

$$
\begin{array}{ll}
\text{유량} & : [L^3 T^{-1}] \\
\text{지름} & : [L] \\
\text{높이} & : [L] \\
\text{중력가속도} & : [L T^{-2}] \\
\text{동점성계수} & : [L^2 T^{-1}]
\end{array}
$$

→ 사용된 기본차원은 $L$, $T$ ⇒ 2개

∴ 독립 무차원수 $\Pi = 5 - 2 = 3$

---

**예제** 다음 $\Delta p$, $l$, $Q$, $\rho$ 변수들을 이용하여 만들 수 있는 독립무차원수는?(단, $\Delta p$ : 압력차, $l$ : 길이, $Q$ : 유량, $\rho$ : 밀도)

- 물리량 총수 4개 : 압력차, 길이, 유량, 밀도
- 각 물리량 차원

$$
\begin{array}{ll}
\text{압력차} & : \Delta p = \text{N}/\text{m}^2 = [F L^{-2}] = [MLT^{-2}L^{-2}] = [M L^{-1} T^{-2}] \\
\text{길이} & : l = \text{m} = [L] \\
\text{유량} & : Q = \text{m}^3/\text{s} = [L^3 T^{-1}] \\
\text{밀도} & : \rho = \text{kg}/\text{m}^3 = [M L^{-3}]
\end{array}
$$

→ 사용된 기본차원은 $M$, $L$, $T$ ⇒ 3개

∴ 독립 무차원수 $\Pi = 4 - 3 = 1$

> **참고**

여기서 무차원수 $\Pi$를 구해보면

$$\Pi = \Delta p^x l^y \rho^z Q = [ML^{-1}T^{-2}]^x [L]^y [ML^{-3}]^z [L^3 T^{-1}]$$

$M : x+z=0, \ L : -x+y-3z+3=0, \ T=-2x-1=0 \ (\leftarrow \text{각 차원의 지수 합}=0)$

$$\therefore \ x = -\frac{1}{2}$$

$$-\frac{1}{2} + z = 0 \quad \therefore \ z = \frac{1}{2}$$

$$-\left(-\frac{1}{2}\right) + y - 3\left(\frac{1}{2}\right) + 3 = 0 \quad \therefore \ y = -2$$

$$\Pi = \Delta p^{-\frac{1}{2}} \cdot l^{-2} \cdot \rho^{\frac{1}{2}} Q$$

$$= \frac{\sqrt{\rho} \cdot Q}{\sqrt{\Delta p} \cdot l^2}$$

$$= \frac{Q}{l^2} \sqrt{\frac{\rho}{\Delta p}}$$

## 2. 유체역학에서 중요한 무차원군

### (1) 유체의 힘

유체가 유동 중에 접하게 되는 힘들은 관성, 점성, 압력, 중력, 표면장력, 압축성에 의한 힘들을 포함한다.

① 관성력 $\quad F = ma \left( \because m = \rho V = \rho L^3, \ a = \frac{V}{t} \right) \rightarrow \rho \cdot l^3 \frac{V}{t} \rightarrow \rho l^2 \cdot \frac{l}{t} V \rightarrow \rho l^2 \cdot V^2 \rightarrow \rho \cdot L^2 V^2$

② 압력력 $\quad F_p = p \cdot A \ \rightarrow \ pl^2 \ \rightarrow \ pL^2$

③ 중력 $\quad F_g = m \cdot g \ \rightarrow \ \rho \cdot l^3 \cdot g \ \rightarrow \ \rho \cdot g L^3$

④ 점성력 $\quad F_v = \tau \cdot A \ \rightarrow \ \mu \cdot \frac{du}{dy} A \ \rightarrow \ \mu \cdot \frac{V}{L} L^2 \ \rightarrow \ \mu \cdot VL$

⑤ 표면장력 $\quad F_{ST} = \sigma \cdot l = \sigma \cdot L$ (여기서, $\sigma$ : 표면장력(선분포 N/m))

⑥ 탄성력 $\quad F_e = K \cdot A = KL^2$ (여기서, $K$ : 체적탄성계수(N/m²))

**(2) 레이놀즈** : 원관 내의 비압축성 유동, 층류 및 난류구역 사이의 천이를 연구

- 유동구역을 결정하는 판정기준으로

레이놀즈수 : $Re = \dfrac{\rho \cdot V \cdot d}{\mu}$ $\quad \to \dfrac{\rho \cdot V \cdot L}{\mu} = \dfrac{V \cdot L}{\nu}$ 여기서 분모, 분자에 $VL$을 곱하면

$$\to \dfrac{\rho \cdot V^2 L^2 \to 관성력}{\mu \cdot VL \to 점성력}$$

(여기서, $L$ : 유동장의 기하학적 크기를 기술하는 특성길이)

- 점성력에 대한 관성력의 비이다.
- 관성력이 점성력에 비하여 큰 유동 → 난류특성 > 4,000
- 관성력이 점성력에 비하여 작은 유동 → 층류특성 < 2,100

**(3) 오일러** : 압력의 역할을 최초로 연구

- 오일러 방정식은 압력을 알려 주고 있으며 공기역학(공동현상)이나 다른 모형실험에서는 압력에 관한 자료($\Delta P$)로 오일러 수를 쓴다.

오일러수 : $Eu = \dfrac{\Delta P}{\dfrac{1}{2}\rho V^2}$ $\quad \leftarrow \dfrac{\Delta PL^2 \to 압력력}{\dfrac{1}{2}\rho L^2 V^2 \to 관성력}$ $\quad (\because 분모 \cdot 분자에 L^2을 곱함)$

> **참고**
>
> - **공동현상에 관한 연구**
>   압력차 $\Delta P = P - P_v$ (시험온도에서 증기압)
>   캐비테이션 계수(Cavitation number) : $C_a$
>
> $$C_a = \dfrac{P - P_v}{\dfrac{1}{2}\rho V^2}$$

**(4) 프루드** : 자유표면(개수로유동)의 영향을 받는 유동에 대한 연구

프루드 수 : $Fr = \dfrac{V}{\sqrt{Lg}}$ $\quad \begin{array}{l} \to 유체속도\,(관성력) \\ \to 기본파의 속도\,(중력) \end{array}$

$\to$ 양변 제곱 $Fr = \dfrac{V^2}{Lg} = \dfrac{\rho V^2 L^2 \to 관성력}{\rho \cdot gL^3 \to 중력}$ $\quad (\because 분모 \cdot 분자에 \rho L^2을 곱함)$

- $L$(특성길이) : 개수로 유동인 경우에 그 특성길이

$Fr > 1$ 초임계 유동, $Fr < 1$ 아임계 유동

### (5) 웨버수

$$We = \frac{\rho V^2 \cdot L}{\sigma} \to \frac{\rho \cdot V^2 \cdot L^2}{\sigma \cdot L} \begin{array}{l} \to 관성력 \\ \to 표면장력 \end{array} \quad (표면장력\ 작용,\ 모세관)$$

### (6) 마하수

유체유동에서 압축성 효과(Compressibility Effect)의 특징을 기술하는 데 가장 중요한 변수라는 것이 여러 해석과 실험들로 증명됨

$$마하수 : Ma = \frac{V}{C} = \frac{V}{\sqrt{\dfrac{dp}{d\rho}}} = \frac{V}{\sqrt{\dfrac{k}{\rho}}} \quad 또는 \quad M^2 = \frac{\rho V^2 L^2}{kL^2} \begin{array}{l} \to 관성력 \\ \to 탄성력 \end{array}$$

### (7) 코시수

$$Ca = \frac{\rho V^2}{K} \to \frac{\rho V^2 L^2}{KL^2} \begin{array}{l} \to 관성력 \\ \to 탄성력 \end{array}$$

## 3. 상사법칙(시뮬레이션)

- 모형시험이 유용하려면 물체의 원형(실물)에 존재하는 힘의 모먼트 및 동적하중 등을 얻을 수 있는 비율로 시험자료를 제공해야 한다.
- 모형과 원형(실물)에서 유동의 상사성을 보증하려면 모형과 실형 사이에 아래 (1), (2), (3)을 만족

### (1) 기하학적 상사(geometric similarity)

모형과 원형이 동일한 형상을 가지고 대응변의 비율이 같은 상사

4:1

### (2) 운동학적 상사(kinematically similarity)

모형과 원형의 두 유동은 대응하는 점들에서의 속도들이 동일한 방향이어야 하고 그 크기가 일정한 축척계수를 가져야 한다.

8m/s          2m/s

## (3) 역학적 상사(Dynamic similarity)

모형과 원형의 대응점의 힘들이 서로 평행하고 그 크기가 일정한 축척계수를 갖는 힘의 상사
(모형과 실물의 힘의 비가 일정)

$$\text{상사비}: \lambda = \frac{L_m}{L_p} \frac{(\text{모형})}{[\text{실물}(\text{원형})]} = \frac{(\text{model})}{(\text{prototype})}$$

예제 덕트의 상사비가 $\frac{1}{25}$ 이고 모형의 높이가 5cm일 때 실형의 높이는 몇 cm인가?

$$\lambda = \frac{1}{25} = \frac{L_m}{L_p} = \frac{5}{x}$$

$$\therefore x = 125\text{cm}$$

참고

- 관유동 잠수함유동에서 역학적 상사 → 모형과 실형 사이에 레이놀즈수가 동일
- 개수로(자유표면)유동, 선박실험, 수력도약, 조파저항실험, 수차실험 등에서 역학적상사 → 모형과 실형의 프루드수가 동일해야 한다.

예제 전 길이가 150m인 배가 8m/s의 속도로 진행할 때의 모형으로 실험할 때 속도는 얼마인가?(단, 모형 전 길이는 3m이다.)

자유표면에서 배가 유동 → $Fr = \dfrac{V}{\sqrt{Lg}}$ 가 동일(모형과 실물)

$$\left(\frac{V}{\sqrt{Lg}}\right)_m = \left(\frac{V}{\sqrt{Lg}}\right)_p, \quad g_m = g_p \text{이므로} \left(\frac{V_m}{\sqrt{L_m}}\right) = \left(\frac{V_p}{\sqrt{L_p}}\right)$$

$$\therefore V_m = \sqrt{\frac{L_m}{L_p}} \cdot V_p \left(\lambda = \frac{L_m}{L_p} = \frac{3}{150} = \frac{1}{50}, \ L : \text{특성길이(여기에서는 배의 길이)}\right)$$

$$= \sqrt{\frac{1}{50}} \times 8 = 1.131 \text{m/s}$$

**예제** 지름이 5cm인 모형관에서 물의 속도가 매초 9.6m/s이면 실물의 지름이 30cm 관에서 역학적 상사를 이루기 위해서는 물의 속도가 몇 m/s이어야 되겠는가? 또한 30cm 관에서 압력강하가 2N/m²이면 모형관의 압력강하는 얼마인가(N/m²)?

- 원관 속의 유동. 밀폐된 공간 내의 경우 역학적 상사 → 레이놀즈수가 서로 같아야 한다.

$$Re = \frac{\rho \cdot Vd}{\mu} = \frac{V \cdot d}{\nu}$$

$$\left(\frac{V \cdot d}{\nu}\right)_m = \left(\frac{V \cdot d}{\nu}\right)_p, \ \nu_m = \nu_p \text{이므로} \ V_m \cdot d_m = V_p \cdot d_p$$

$$\therefore V_p = \left(\frac{d_m}{d_p}\right) \cdot V_m$$

$$= \frac{5}{30} \times 9.6 = 1.6 \text{m/sec}$$

- 압력에 관한 상사는 $Eu = \dfrac{\Delta p}{\frac{1}{2}\rho V^2}$ 오일러 수

$$\left(\frac{\Delta p}{\frac{1}{2}\rho V^2}\right)_m = \left(\frac{\Delta p}{\frac{1}{2}\rho V^2}\right)_p, \ \rho_m = \rho_p \text{이므로}$$

$$\Delta p_m = \left(\frac{V_m^2}{V_p^2}\right) \times \Delta p_p$$

$$= \left(\frac{9.6}{1.6}\right)^2 \times 2 = 72 \text{N/m}^2$$

**예제** 관의 직경이 실형 15cm이고 유체의 동점성계수 $\nu = 1.25 \times 10^{-5} \text{m}^2/\text{s}$로 유동할 때 모형의 직경을 3cm로 할 경우 모형 내의 유체속도를 얼마로 하면 역학적 상사를 만족하는가?(단, 실형 원관 내에서 속도는 1.2m/s이다.)

- 관유동 $(Re)_m = (Re)_p$

$$\left(\frac{V \cdot d}{\nu}\right)_m = \left(\frac{V \cdot d}{\nu}\right)_p, \begin{pmatrix} \nu_m = \nu_p \\ \mu_m = \mu_p \end{pmatrix}, \ V_m d_m = V_p \cdot d_p$$

$$\therefore V_m = \frac{V_p d_p}{d_m} = 1.2 \times \frac{15}{3} = 6 \text{m/s}$$

# 핵심 기출 문제

**01** 역학적 상사성(相似性)이 성립하기 위해 프루드(Froude)수를 같게 해야 되는 흐름은?

① 점성계수가 큰 유체의 흐름
② 표면 장력이 문제가 되는 흐름
③ 자유표면을 가지는 유체의 흐름
④ 압축성을 고려해야 되는 유체의 흐름

**해설⊕**

프루드수 $Fr = \dfrac{V}{\sqrt{Lg}}$ 로 자유표면을 갖는 유동의 중요한 무차원수

**02** 다음 $\Delta P$, $L$, $Q$, $\rho$ 변수들을 이용하여 만든 무차원수로 옳은 것은?(단, $\Delta P$ : 압력차, $\rho$ : 밀도, $L$ : 길이, $Q$ : 유량)

① $\dfrac{\rho \cdot Q}{\Delta P \cdot L^2}$

② $\dfrac{\rho \cdot L}{\Delta P \cdot Q^2}$

③ $\dfrac{\Delta P \cdot L \cdot Q}{\rho}$

④ $\dfrac{Q}{L^2}\sqrt{\dfrac{\rho}{\Delta P}}$

**해설⊕**

모든 차원의 지수합은 "0"이다.

$Q : \mathrm{m^3/s} \rightarrow L^3 T^{-1}$

$(\Delta P)^x : \mathrm{N/m^2} \rightarrow \mathrm{kg \cdot m/s^2/m^2} \rightarrow \mathrm{kg/m \cdot s}$
$\rightarrow (ML^{-1}T^{-2})^x$

$(\rho)^y : \mathrm{kg/m^3} \rightarrow (ML^{-3})^y$

$(L)^z : \mathrm{m} \rightarrow (L)^z$

M차원 : $x + y = 0$(4개의 물리량에서 $M$에 관한 지수승들의 합은 "0"이다.)

L차원 : $3 - x - 3y + z = 0$

T차원 : $-1 - 2x = 0 \rightarrow x = -\dfrac{1}{2}$

M차원의 $x + y = 0$에서 $y = \dfrac{1}{2}$

L차원에 $x$, $y$값 대입 $3 + \dfrac{1}{2} - \dfrac{3}{2} + z = 0 \rightarrow z = -2$

무차원수 $\pi = Q^1 (\Delta P)^{-\frac{1}{2}} \cdot \rho^{\frac{1}{2}} \cdot L^{-2}$

$\qquad = \dfrac{Q\sqrt{\rho}}{\sqrt{\Delta P \cdot L^2}} = \dfrac{Q}{L^2}\sqrt{\dfrac{\rho}{\Delta P}}$

**03** 1/10 크기의 모형 잠수함을 해수에서 실험한다. 실제 잠수함을 2m/s로 운전하려면 모형 잠수함은 약 몇 m/s의 속도로 실험하여야 하는가?

① 20
② 5
③ 0.2
④ 0.5

**해설⊕**

$\mathrm{Model}(m)$ : 모형, $\mathrm{Prototype}(p)$ : 실형(원형)
잠수함 유동의 중요한 무차원수는 레이놀즈수이므로 모형과 실형의 레이놀즈수를 같게 하여 실험한다.

$Re)_m = Re)_p$

$\dfrac{\rho V d}{\mu}\Big)_m = \dfrac{\rho V d}{\mu}\Big)_p$

$\mu_m = \mu_p$, $\rho_m = \rho_p$이므로

$V_m d_m = V_p d_p$

$\therefore\ V_m = \dfrac{d_p}{d_m} V_p = 10 \times 2 = 20\mathrm{m/s}$

---

정답    **01** ③    **02** ④    **03** ①

**04** 어느 물리법칙이 $F(a,\ V,\ \nu,\ L)=0$과 같은 식으로 주어졌다. 이 식을 무차원수의 함수로 표시하고자 할 때 이에 관계되는 무차원수는 몇 개인가?(단, $a$, $V$, $\nu$, $L$은 각각 가속도, 속도, 동점성계수, 길이이다.)

① 4
② 3
③ 2
④ 1

**해설⊕**
버킹엄의 $\pi$ 정리에 의해 독립무차원수 $\pi = n - m$
여기서, $n$ : 물리량 총수
    $m$ : 사용된 차원수
    $a$ : 가속도 m/s² $[LT^{-2}]$
    $V$ : 속도 m/s $[LT^{-1}]$
    $\nu$ : 동점성계수 m²/s $[L^2T^{-1}]$
    $L$ : 길이 m $[L]$
$\pi = n - m = 4 - 2$ ($L$과 $T$ 차원 2개)
    $= 2$

**05** 다음 무차원수 중 역학적 상사(Inertia Force) 개념이 포함되어 있지 않은 것은?

① Froude Number
② Reynolds Number
③ Mach Number
④ Fourier Number

**해설⊕**
푸리에수는 일시적인 열전도를 특징짓는 무차원수이다.

**06** 다음 중 체적탄성계수와 차원이 같은 것은?

① 체적
② 힘
③ 압력
④ 레이놀즈(Reynolds)수

**해설⊕**
$\sigma = K \cdot \varepsilon_V$에서 체적변형률 $\varepsilon_V$는 무차원이므로 체적탄성계수 $K$는 응력(압력) 차원과 같다.

**07** 높이 1.5m의 자동차가 108km/h의 속도로 주행할 때의 공기흐름 상태를 높이 1m의 모형을 사용해서 풍동 실험하여 알아보고자 한다. 여기서 상사법칙을 만족시키기 위한 풍동의 공기 속도는 약 몇 m/s인가?(단, 그 외 조건은 동일하다고 가정한다.)

① 20
② 30
③ 45
④ 67

**해설⊕**
$Re)_m = Re)_p$
$\left(\dfrac{\rho Vd}{\mu}\right)_m = \left(\dfrac{\rho Vd}{\mu}\right)_p$
$\rho_m = \rho_p,\ \mu_m = \mu_p$이므로
$V_m d_m = V_p d_p$
$V_m = V_p \cdot \dfrac{d_p}{d_m}$

(여기서, $\dfrac{d_p}{d_m} = \dfrac{1}{\dfrac{d_m}{d_p}} = \dfrac{1}{\lambda}$ (상사비 : $\lambda$))

$= 108 \times \dfrac{1.5}{1} = 162\text{km/h}$

$\dfrac{162\text{km} \times \dfrac{1,000\text{m}}{1\text{km}}}{\text{h} \times \dfrac{3,600\text{s}}{1\text{h}}} = 45\text{m/s}$

**08** 물(비중량 9,800N/m³) 위를 3m/s의 속도로 항진하는 길이 2m인 모형선에 작용하는 조파저항이 54N이다. 길이 50m인 실선을 이것과 상사한 조파상태인 해상에서 항진시킬 때 조파저항은 약 얼마인가?(단, 해수의 비중량은 10,075N/m³이다.)

① 43kN  ② 433kN

③ 87kN  ④ 867kN

**해설⊕**

조파저항은 수면의 표면파로 중력에 의해 발생한다.

ⅰ) 모형과 실형의 프루드수가 같아야 한다.(레이놀즈수도 같아야 한다.)

$$\left.\frac{V}{\sqrt{Lg}}\right)_m = \left.\frac{V}{\sqrt{Lg}}\right)_p$$

$$\frac{V_m}{\sqrt{L_m}} = \frac{V_p}{\sqrt{L_p}} \quad (\because \ g_m = g_p)$$

$$\therefore \ V_p = \sqrt{\frac{L_p}{L_m}} \times V_m = \sqrt{\frac{50}{2}} \times 3 = 15\text{m/s}$$

ⅱ) 모형과 실형의 항력계수가 같아야 한다.

항력 $D = C_D \cdot \dfrac{\rho A V^2}{2}$ 에서

$$C_D = \frac{2D}{\rho V^2 \cdot A} \quad (\leftarrow A = L^2 \ 적용, \ 상수 \ 제거)$$

$$\left.\frac{D}{\rho V^2 \cdot L^2}\right)_m = \left.\frac{D}{\rho V^2 L^2}\right)_p$$

$$\therefore \ D_p = \frac{\rho_p \times V_p^2 \times L_p^2}{\rho_m \times V_m^2 \times L_m^2} \times D_m$$

$$= \frac{1,028 \times 15^2 \times 50^2}{1,000 \times 3^2 \times 2^2} \times 54$$

$$= 867,375\text{N} = 867.38\text{kN}$$

# 08 개수로 유동

## 1. 개수로 흐름

### (1) 개수로(Open channel)

- 자연상태에서 많은 유동은 자유표면을 가진 상태로 발생한다. 강유동, 수로, 관개수로, 배수로 유동 등이 개수로 유동이다.
- 개수로 유동에서의 교란의 전파율은 프루드수의 함수이다.
- 개수로 유동을 일으키는 힘은 중력(기본파의 속도)이다.
- 유동은 물리적으로 큰 척도를 갖게 되므로 레이놀즈수도 일반적으로 크다. → 결과적으로 개수로 유동이 층류인 경우는 거의 없다.(개수로 유동은 언제나 난류이다.)
- 자유표면에서의 압력은 대기압으로 일정하여 개수로의 수력구배선은 유체의 자유표면(수면)과 일치한다.

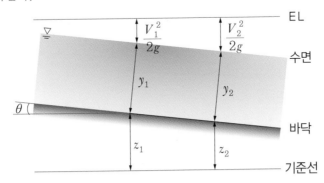

- 정상유동, 비정상유동 각 단면에서 균일유동, 압력분포는 정수력학적 분포(깊이가 점진적으로)가 변하므로 바닥 기울기는 작다.

$$\theta \simeq \sin\theta \simeq \tan\theta = S[기울기(라디안)]$$

## (2) 층류와 난류

개수로에서 $Re = \dfrac{\rho V \cdot R_h}{\mu} = \dfrac{V \cdot R_h}{\nu}$ , 층류 : $Re < 500$, 난류 : $Re > 500$

개수로 흐름은 비원형단면 $\left( R_h = \dfrac{A}{P} \begin{matrix} \to 유동단면 \\ \to 접수길이 \end{matrix} \right)$

접수길이 : 액체와 접하고 있는 고체수로면(젖은 길이)의 길이이다.
($P$ : Wetted perimeter)

## (3) 정상유동과 비정상유동

• 정상유동 : $\dfrac{\partial F}{\partial t} = 0$

• 비정상유동 : $\dfrac{\partial F}{\partial t} \neq 0$

## (4) 등류와 비등류

• 등류(uniform flow) : $\dfrac{\partial V}{\partial s} = 0$(균속 유동), $V = c$

• 비등류(nonuniform flow) : $\dfrac{\partial V}{\partial s} \neq 0$(비균속 유동), $V \neq c$

## (5) 상류와 사류

① 상류

$Fr = \dfrac{V}{\sqrt{Lg}} \begin{matrix} \leftarrow 유체의 속도(유동속도) \\ \leftarrow 기본파의 속도 \end{matrix}$

• 상류(아임계 유동) $Fr < 1$
• 아임계 유동 : 하류의 교란이 상류로 전달된다.
• 하류조건이 유동상류에 영향을 미친다.
• 유체의 속도가 기본파의 속도보다 느린 유동(느린 강유동)
• $y_c$ (임계깊이)보다 깊은 유동 $y > y_c$

② 사류

- 사류(초임계 유동) $Fr>1$
- 하류교란이 상류로 전달 불가능
- 하류조건이 유동상류에 영향을 미치지 못함
- 유체 유동속도가 기본파의 진행속도보다 빠른 유동
- $y_c$(임계깊이)보다 얕은 유동이며 빨리 흐름 $y<y_c$(임계깊이)

③ 한계류(임계유동 : critical flow) : $Fr=1$

## 2. 비에너지와 임계깊이

개수로 유동 에너지 방정식에서

$$\frac{V_1^2}{2g}+y_1+z_1=\frac{V_2^2}{2g}+y_2+z_2$$

### (1) 비에너지

$$E=\frac{V^2}{2g}+y \quad\text{·····································}\quad ⓐ$$

수로 바닥면에서 에너지선(EL)까지의 높이를 비에너지라 하며 수로의 바닥면을 기준으로 한
단위 무게당 에너지
유동깊이 $y$는 수로 바닥에서 수직 방향으로 측정된 깊이이다.

균일유동의 연속방정식 $Q=A\cdot V \rightarrow V=\dfrac{Q}{A} \quad\text{··················}\quad ⓑ$

ⓑ식을 ⓐ식에 대입

$$E=\frac{Q^2}{2gA^2}+y \quad\text{······································}\quad ©$$

주어진 유량에 대한 비에너지는 깊이의 함수이다.

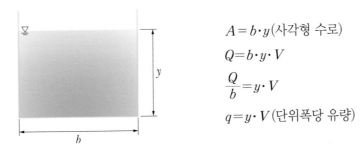

$A=b\cdot y$(사각형 수로)

$Q=b\cdot y\cdot V$

$\dfrac{Q}{b}=y\cdot V$

$q=y\cdot V$(단위폭당 유량)

**(2) 임계깊이** : 주어진 유량에 대하여 $E$(비에너지)를 최소로 할 때의 유체의 깊이

비에너지 ⓒ식에 $A = b \cdot y$ 대입

$$E = \frac{Q^2}{2gb^2y^2} + y \quad \cdots\cdots\cdots\cdots\cdots\cdots\cdots\cdots\cdots\cdots\cdots\cdots\cdots\cdots\cdots\cdots \text{ⓓ}$$

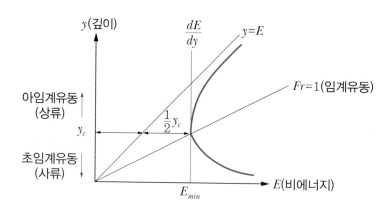

$\dfrac{dE}{dy}$ 기울기가 0일 때 비에너지 최솟값 → 그때의 깊이 $y_c$(임계깊이)

그래프에서 $\dfrac{dE}{dy} = -\dfrac{Q^2}{gb^2y^3} + 1 = 0$

$$\therefore \ \frac{Q^2}{gb^2} = y_c^3 \quad \cdots\cdots\cdots\cdots\cdots\cdots\cdots\cdots\cdots\cdots\cdots\cdots\cdots\cdots\cdots \text{ⓔ}$$

여기서 $\dfrac{Q}{b} = q$라 하면 $\dfrac{q^2}{g} = y_c^3$ $\quad \therefore \ y_c = \sqrt[3]{\dfrac{q^2}{g}} \quad \cdots\cdots\cdots\cdots\cdots\cdots \text{ⓕ}$

ⓔ식을 ⓓ식에 대입하여 비에너지의 최솟값을 구해보면

$E_{min} = \dfrac{1}{2}y_c + y_c = \dfrac{3}{2}y_c$ (여기서, $y_c$ : 임계깊이)

$q = \dfrac{Q}{b} = \dfrac{A \cdot V}{b} = \dfrac{b \cdot y \cdot V}{b} \quad \Rightarrow \quad q = y_c V_c \to$ ⓕ식에 대입

$y_c = \sqrt[3]{\dfrac{y_c^2 V_c^2}{g}} \quad \Rightarrow \quad y_c^3 = \dfrac{y_c^2 \cdot V_c^2}{g} \quad \therefore \ V_c = \sqrt{gy_c}$ (임계속도: 임계깊이에서의 속도)

---

> **예제** 단위폭당 유량이 2m³/sec일 때 임계깊이 $y_c$는 몇 m인가?
>
> $$q^2 = gy_c^3 \quad \Rightarrow \quad y_c = \sqrt[3]{\frac{q^2}{g}} = \sqrt[3]{\frac{2^2}{9.8}} = 0.74\text{m}$$

## 3. 등류-체지방정식

개수로의 단면과 기울기가 일정하여 등류(등속도)로 흐른다.

### (1) 개수로에서 유체의 전단응력

균속도 $V=C$, $V_1=V_2$

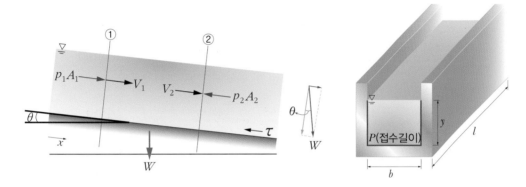

$\sum F_x = \rho Q(V_{2x} - V_{1x})$ (여기서, $V_{2x} = V_{1x}$이므로 $\sum F_x = 0$)

$\sum F_x = p_1 A - p_2 A - \tau_0 \cdot P \cdot l + W \sin\theta = 0$ (가정 : $p_1 \approx p_2 \approx p_0$)

$\therefore \tau_0 = \dfrac{W \cdot \sin\theta}{P \cdot l}$  ← 여기서, $W = \gamma \cdot V = \gamma \cdot A \cdot l$ 대입

$\qquad = \dfrac{\gamma \cdot Al \sin\theta}{P \cdot l} = \dfrac{A}{P}\gamma \sin\theta = R_h \cdot \gamma \sin\theta$ [$\sin\theta \approx \theta \approx S$(라디안)]

$\therefore \tau_0 = \gamma \cdot R_h \cdot S$ ·················· ⓐ (벽면에서 유체의 전단응력 $\tau_0$)

### (2) 개수로의 유체 유동 속도

$\tau = \dfrac{D}{A}$ $= \dfrac{C_f \cdot \rho \cdot A \cdot \dfrac{V^2}{2}}{A}$ → 마찰항력

$\qquad\qquad\qquad\qquad$ → 유동단면

$\qquad = C_f \rho \dfrac{V^2}{2}$ ⇒ ⓐ와 동일하므로

$\tau_0 = C_f \cdot \dfrac{\rho V^2}{2} = \gamma \cdot R_h \cdot S$

$$V^2 = \frac{2 \cdot \gamma \cdot R_h \cdot S}{C_f \cdot \rho} \rightarrow V = \sqrt{\frac{2\gamma \cdot R_h \cdot S}{C_f \cdot \rho}} \quad (\text{여기서, } C = \sqrt{\frac{2g}{C_f}} \rightarrow \text{체지계수})$$

$$= C\sqrt{R_h \cdot S} = CR_h^{\frac{1}{2}} S^{\frac{1}{2}}$$

$$(\text{여기서, } C = \frac{1}{n}R_h^{\frac{1}{6}} : \text{만닝의 실험식,}$$

$$n : \text{조도계수(수로벽면 재료의 거칠기)})$$

$$= \frac{R_h^{\frac{1}{6}}}{n}R_h^{\frac{1}{2}}S^{\frac{1}{2}}$$

$$= \frac{1}{n}R_h^{\frac{2}{3}} \cdot S^{\frac{1}{2}} \quad \text{.............................} \quad ⓑ$$

개수로 유량 : $Q = A \cdot V = A\frac{1}{n} \cdot R_h^{\frac{2}{3}} \cdot S^{\frac{1}{2}} \rightarrow$ 체지만닝식(Chezy–Manning)

## 4. 최량수력단면(최대효율단면)

개수로에서 주어진 벽면 조건에 대하여 유량($Q$)을 최대로 보내기 위한 단면의 형태
→ 최소의 접수길이를 갖는 단면(최량수력단면)

Chezy–Manning 식에서

$Q = \frac{1}{n}AR_h^{\frac{2}{3}}S^{\frac{1}{2}}$ (여기서, $Q, n, S$가 일정하면)

$R_h^{\frac{2}{3}} = \frac{C}{A}$(단, $C = nQ/S^{\frac{1}{2}}$) → 수력반경에 대해 정리

$\left(\frac{A}{P}\right)^{\frac{2}{3}} = \frac{C}{A} \rightarrow A^{\frac{5}{3}} = CP^{\frac{2}{3}} \quad \therefore A = CP^{\frac{2}{5}} \quad \text{.........................} \quad ⓐ$

## (1) 사각형 단면(구형 단면)

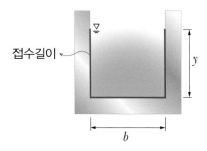

$A = b \cdot y \quad \text{..........................................................} \quad ⓑ$

$P = 2y + b \rightarrow b = P - 2y \quad \text{..........................} \quad ⓒ$

ⓒ식을 ⓑ식에 대입 $A = (P - 2y)y \quad \therefore A = Py - 2y^2 \quad \text{..........} \quad ⓓ$

ⓓ식을 ⓐ식에 대입

$$Py - 2y^2 = CP^{\frac{2}{5}} \quad\text{⋯⋯⋯⋯⋯⋯⋯⋯⋯⋯⋯⋯⋯⋯⋯⋯⋯}\;\text{ⓔ}$$

최량 수력단면은 접수길이 $P$가 최소이므로 ⓔ식을 미분하여

$$1 \cdot \frac{dP}{dy} \cdot y + P \cdot 1 - 4y = \frac{2}{5} CP^{\frac{2}{5} - \frac{5}{5}} \frac{dP}{dy} \quad \left(\text{여기서,}\ \frac{dP}{dy} = 0\right)$$

$$\therefore\ P = 4y \rightarrow \text{ⓒ식에 대입}\ \therefore\ b = 2y$$

∴ 사각단면에서 유동 폭을 깊이의 2배로 하면 최대유량을 흘려보낼 수 있다.

## (2) 사다리꼴 단면의 크기 결정

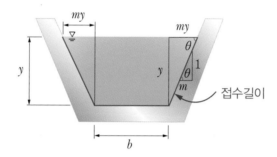

$$\tan\theta = \frac{1}{m} = \frac{y}{my}$$

사다리꼴 단면의 접수길이 $P$는

$$P = b + 2\sqrt{m^2 y^2 + y^2}$$

$$= b + 2y\sqrt{1 + m^2}$$

$$\rightarrow b = P - 2y\sqrt{1 + m^2} \quad\text{⋯⋯⋯⋯⋯⋯⋯⋯⋯⋯⋯⋯⋯⋯}\;\text{ⓐ}$$

사다리꼴 면적 : $A = \dfrac{b + (b + 2my)}{2} \times y = by + my^2$ ⋯⋯⋯⋯⋯⋯ ⓑ

ⓐ식을 ⓑ식에 대입 $A = Py - 2y^2\sqrt{1 + m^2} + my^2$ ⋯⋯⋯⋯⋯⋯ ⓒ

앞에 체지만닝식에서 $A = CP^{\frac{2}{5}}$

$$Py - 2y^2\sqrt{1 + m^2} + my^2 = CP^{\frac{2}{5}}$$

$$1 \cdot \frac{dP}{dy} \cdot y + P \cdot 1 - 4y\sqrt{1 + m^2} + 2my = \frac{2}{5} CP^{\frac{2}{5} - \frac{5}{5}} \cdot \frac{dP}{dy}\ \left(\text{여기서,}\ \frac{dP}{dy} = 0\right)$$

$$\therefore\ P = 4y\sqrt{1 + m^2} - 2my \quad\text{⋯⋯⋯⋯⋯⋯⋯⋯⋯⋯⋯⋯⋯}\;\text{ⓓ}$$

ⓓ식의 양변을 $m$에 관하여 미분($y$는 상수로 본다.)

$\dfrac{dP}{dm} = 0$, 깊이는 정해져 있고 $m$에 따라 양면기울기가 달라진다.

$$\{f(x)\}^n \text{미분} \rightarrow n\{f(x)\}^{n-1} f'(x)$$

$$\frac{dP}{dm} = 4y \cdot \frac{1}{2\sqrt{1+m^2}} 2 \cdot m - 2y$$

$$\frac{4ym}{\sqrt{1+m^2}} = 2y$$

$$\therefore \quad \frac{2m}{\sqrt{1+m^2}} = 1$$

$$\sqrt{m^2+1} = 2m$$

$$m^2 + 1 = 4m^2 \quad m^2 = \frac{1}{3}$$

$$\therefore m = \frac{1}{\sqrt{3}}$$

ⓓ식에 $m = \dfrac{1}{\sqrt{3}}$ 을 대입하면

$$P = 4y\sqrt{1 + \frac{1}{3}} - 2 \cdot \frac{1}{\sqrt{3}} \cdot y$$

$$= \frac{8}{\sqrt{3}}y - \frac{2}{\sqrt{3}}y = 2\sqrt{3}\,y$$

$$\therefore P = 2\sqrt{3}\,y$$

ⓐ식에 $P$와 $m$을 대입하면

$$b = P - 2y\sqrt{1+m^2}$$

$$= 2\sqrt{3}\,y - 2y\sqrt{1 + \frac{1}{3}}$$

$$b = \frac{2}{3}\sqrt{3}\,y$$

또한 단면적 $A = by + my^2 = \dfrac{2}{3}\sqrt{3}\,y^2 + \dfrac{1}{\sqrt{3}}\,y^2 = \sqrt{3}\,y^2$

$$\therefore A = \sqrt{3}\,y^2$$

$\tan\theta = \dfrac{1}{m} = \sqrt{3} \rightarrow \theta = 60°$ ($\theta$가 60°일 때 → 최량수력단면)

## 5. 수력도약(Hydraulic Jump)

개수로에서 유체 흐름이 빠른 유동에서 느린 유동(운동에너지 → 위치에너지)으로 바뀌면서 수면
이 상승하는 현상(개수로의 경사가 급경사에서 완만한 경사로 바뀔 때, 사류에서 상류로 변할 때
일어남)

## (1) 수력도약 후의 깊이

개수로의 폭 $b=1$로 본다. $A_1=1\times y_1$, $A_2=1\times y_2$

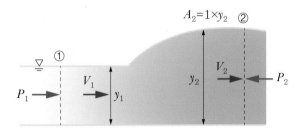

- $F_1=\gamma\cdot\overline{h}\cdot A=\gamma\cdot\dfrac{y_1}{2}(y_1\times 1)=\gamma\cdot\dfrac{y_1^2}{2}=p_1 A_1$

  $F_2=\gamma\cdot\overline{h}\cdot A=\gamma\cdot\dfrac{y_2}{2}(y_2\times 1)=\gamma\cdot\dfrac{y_2^2}{2}=p_2 A_2$

- 연속방정식 : $A_1 V_1=A_2 V_2$ → $y_1 V_1=y_2 V_2$
- 운동량 방정식 : $\Sigma F_x=\rho A_2 V_2 V_2-\rho A_1 V_1 V_1$
- $F_1-F_2=\rho A_2 V_2^2-\rho A_1 V_1^2$

  $\dfrac{\gamma}{2}(y_1^2-y_2^2)=\rho y_2 V_2^2-\rho y_1 V_1^2\ (\because A_2=y_2\times 1,\ A_1=y_1\times 1)$

  $y_2$에 대해 정리하면

  수력도약의 깊이 $y_2=\dfrac{y_1}{2}\left(-1+\sqrt{1+\dfrac{8V_1^2}{gy_1}}\right)$

  여기서 수력도약조건

  $\dfrac{V_1^2}{gy_1}=1$이면 $y_1=y_2$ : 미도약

  $\dfrac{V_1^2}{gy_1}>1$이면 $y_2>y_1$ : 수력도약

  $\dfrac{V_1^2}{gy_1}<1$이면 $y_1>y_2$ : 불능

## (2) 수력도약 후의 손실수두($h_l$)

개수로 유동에 대한 에너지 방정식 : 수력도약은 경사진 수로에 발생하지만 해석의 단순화를 위해 수로바닥을 수평으로 해석($z_1=z_2$)

$\dfrac{V_1^2}{2g}+y_1+z_1=\dfrac{V_2^2}{2g}+y_2+z_2+h_l$ (연속방정식, 운동량 방정식 적용)

$$\text{손실수두} : h_l=\dfrac{(y_2-y_1)^3}{4y_1 y_2}$$

# 핵심 기출 문제

**01** 개수로 유동에서 비에너지($E$)를 나타내는 식으로 옳은 것은?

① $E = \dfrac{V^2}{2g} + z$

② $E = \dfrac{V^2}{2g} + y$

③ $E = \dfrac{V^2}{2g} + y + z$

④ $E = y + z$

**해설⊕** ------------------------------------
비에너지는 수로 바닥으로부터 에너지선까지의 높이를 말한다.

**02** 개수로 유동에서 비에너지를 최소화하는 임계깊이 $y_c$가 주어질 때, 임계속도 $V_c$는?

① $V_c = g y_c$

② $V_c = \sqrt{g y_c^2}$

③ $V_c = \sqrt{g y_c^3}$

④ $V_c = \sqrt{g y_c}$

**03** 개수로 유동 중 균일유동의 Chezy – Manning (체지 – 매닝) 방정식에서 유량 $Q$는 수력반경 $R_h$의 몇 승에 비례하는가?

① $1$

② $\dfrac{1}{2}$

③ $\dfrac{3}{2}$

④ $\dfrac{2}{3}$

**해설⊕** ------------------------------------

$$Q = A \frac{1}{n} R_h^{\frac{2}{3}} S^{\frac{1}{2}}$$

**04** 개수로 유동에서 상류에 대한 설명으로 틀린 것은?

① 상류는 아임계유동으로 $F_r < 1$인 유동
② 상류는 초임계유동으로 $F_r > 1$인 유동
③ 하류의 교란이 상류로 전달된다.
④ 임계깊이 $y_c$보다 깊은 유동이다.

**05** 개수로 유동에서 주어진 수로가 사각형($b \times y$)일 때 유량 $Q$를 최대로 흘려보내기 위한 폭($b$)과 깊이($y$)의 관계로 옳은 것은?

① $b = 3y$

② $b = 1.5y$

③ $b = 2y$

④ $b = y$

**해설⊕** ------------------------------------
$b = 2y$일 때 접수길이(Wetted Perimeter)를 최소로 하여 유량 $Q$를 최대로 흘려보낼 수 있다.

# 09 압축성 유체유동

## 1. 압축성 유동에서 정상유동 에너지 방정식

### (1) 검사체적에 대한 열역학 1법칙

$$\dot{Q}_{c.v} + \sum \dot{m}_i \left( h_i + \frac{V_i^2}{2} + gZ_i \right) = \frac{dE_{c.v}}{dt} + \sum \dot{m}_e \left( h_e + \frac{V_e^2}{2} + gZ_e \right) + \dot{W}_{c.v}$$

정상유동일 경우(SSSF상태)

$$\frac{dm_{c.v}}{dt} = 0, \ \frac{dE_{c.v}}{dt} = 0, \ \dot{m}_i = \dot{m}_e = \dot{m}, \ \text{양변을 질량유량으로 나누면}$$

$$\therefore \ q_{c.v} + h_i + \frac{V_i^2}{2} + gZ_i = h_e + \frac{V_e^2}{2} + gZ_e + w_{c.v}$$

• 단위질량당 에너지 방정식

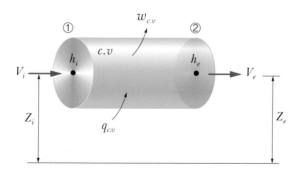

## 2. 이상기체에 대한 열역학 관계식

### (1) 일반 열역학 관계식

① 열량 : $\delta q = du + pdv$ (밀폐계)

$\quad\quad = dh - vdp$ (개방계)

② 일량 : $\delta W = pdv$ (절대일)

$\quad\quad \delta W_t = -vdp$ (공업일)

③ 엔탈피 : $h = u + pv$

④ 이상기체상태 방정식 : $pv = RT$

⑤ 엔트로피 : $ds = \dfrac{\delta q}{T}$

### (2) 비열 간의 관계식

① 내부에너지 : $du = C_v dT$

② 엔탈피 : $dh = C_p dT$

③ $C_p - C_v = R$ (여기서, $C_p$ : 정압비열, $C_v$ : 정적비열)

④ 비열비 : $k = \dfrac{C_p}{C_v}$

## 3. 이상기체의 음속(압력파의 전파속도)

• 압축성 유체(기체)에서 발생하는 압력교란은 유체의 상태에 의해 결정되는 속도로 전파된다. 물체가 진동을 일으키면 이와 접한 공기는 압축과 팽창이 교대로 연속되는 파동을 일으키면서 음으로 귀에 들리게 된다. 음속(소리의 속도 ; Sonic Velocity)은 압축성유체의 유동에서 중요한 변수이다.

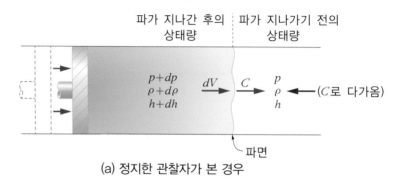

(a) 정지한 관찰자가 본 경우

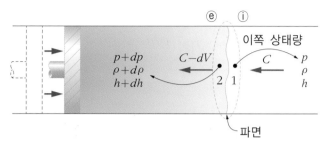

(b) 파와 같이 움직이는 관찰자가 본 경우

- 피스톤을 이동시켜서 교란을 일으키면, 파(Wave)는 관 안에서 속도 $C$로 전파되는데 이 속도가 음속이다. 파가 지나간 후에 기체의 상태량은 미소하게 변화하고 기체는 파의 진행방향으로 $dV$의 속도로 움직인다.

**(1) 검사체적에 대한 1법칙**(정상상태, 정상유동, 단열 $q_{c.v}=0$, 일량 $w_{c.v}=0$, $z_i=z_e$)

$$q_{c.v}+h_i+\frac{V_i^2}{2}+gZ_i=h_e+\frac{V_e^2}{2}+gZ_e+w_{c.v}$$

$$h+\frac{c^2}{2}=(h+dh)+\frac{(c-dV)^2}{2}\left(\frac{dV^2}{2}=0\right)\ \text{전개하여 정리하면}$$

$$dh-cdV=0 \quad\text{······································}\ \text{ⓐ}$$

$$\dot{m}_e=\dot{m}_i$$

$$\rho Ac=(\rho+d\rho)A\cdot(c-dV)$$

$$\qquad=(\rho c-\rho dV+cd\rho-d\rho dV)A\ \ (d\rho\cdot dV=0\ \rightarrow\ \text{2차항 무시})$$

$$\therefore\ cd\rho-\rho dV=0\ \text{·················}\ \text{ⓑ}\quad\rightarrow\quad dV=\frac{cd\rho}{\rho}\ \text{·················}\ \text{ⓒ}$$

**(2) 개방계에 대한 1법칙**

$$\delta q=dh-vdP$$

$$Tds=dh-\frac{dP}{\rho}\ \text{································································}\ \text{ⓓ}$$

단열이면 $ds=0$, $\ dh-\frac{dP}{\rho}=0\ \therefore\ dh=\frac{dP}{\rho}\ \text{·····························}\ \text{ⓔ}$

ⓔ식을 ⓐ식에 대입

$$\frac{dP}{\rho} - cdV = 0 \quad \leftarrow dV \text{ 대신 ⓒ식의 } \frac{cd\rho}{\rho} \text{ 대입}$$

$$\frac{dP}{\rho} - \frac{c^2 \cdot d\rho}{\rho} = 0$$

$$c^2 = \frac{dP}{d\rho}$$

음속 : $C = \sqrt{\dfrac{dP}{d\rho}}$

## 4. 마하수와 마하각

• Mach수 : 유체의 유동에서 압축성 효과(Compressibility effect)의 특징을 기술하는 데 가장 중요한 변수

$$Ma = \frac{V \text{ (물체의 속도)}}{C \text{ (음속)}}$$

$Ma < 1$인 흐름 : 아음속 흐름
$Ma > 1$인 흐름 : 초음속 흐름

• 비교란구역 : 이 구역에서는 소리를 듣지 못한다. (운동을 감지하지 못함)

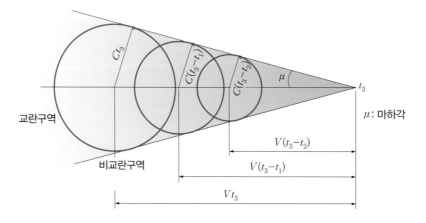

$$\sin\mu = \frac{C(t_3 - t_2)}{V(t_3 - t_2)} = \frac{Ct_3}{Vt_3}$$

$$\therefore \ \sin\mu = \frac{C}{V}$$

마하각 $\mu = \sin^{-1}\dfrac{C}{V}$

예제 온도 20℃인 공기 속을 제트기가 2,400km/hr로 날 때 마하수는 얼마인가?

$$C(음속) = \sqrt{kgRT} = \sqrt{1.4 \times 9.8 \times 29.27 \times 293} = 343\text{m/s}$$

$$V = \frac{2,400 \times 1,000\text{m}}{3,600\text{sec}} = 667\text{m/s}$$

$$Ma = \frac{V}{C} = \frac{667}{343} = 1.94$$

예제 15℃인 공기 속을 나는 물체의 마하각이 20°이면 물체의 속도는 몇 m/s인가?

$$C = \sqrt{kgRT} = \sqrt{1.4 \times 9.8 \times 29.27 \times 288} = 340\text{m/s}, \ \sin\mu = \frac{C}{V}\text{에서}$$

$$V = \frac{C}{\sin\mu} = \frac{340}{\sin 20°} = 994\text{m/s}$$

공기에서 음속은 $C = 331 + 0.6t \, (°\text{C})$로도 구할 수 있다.

## 5. 노즐과 디퓨저

- 노즐은 단열과정으로 유체의 운동에너지를 증가시키는 장치이다.
- 유동단면적을 적절하게 변화시키면 운동에너지를 증가시킬 수 있으며 운동에너지가 증가하면 압력은 떨어지게 된다. 디퓨저(Diffuser)라는 장치는 노즐과 반대로 유체의 속도를 줄여 압력을 증가시킨다.

### (1) 노즐을 통과하는 이상기체의 가역단열 1차원 정상유동

(단면적이 변하는 관에서의 아음속과 초음속)

① 축소단면 : 노즐, 단면적이 최소가 되는 부분(throat)

② 확대단면 : 디퓨저

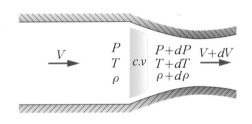

- 검사체적에 대한 열역학1법칙

$$q_{cv} + h_i + \frac{V_i^2}{2} + gZ_i = h_e + \frac{V_e^2}{2} + gZ_e + w_{cv}$$

(단열 $q_{cv} = 0$, 일 못함 $w_{cv} = 0$, $Z_i = Z_e$)

적용하면,

$$h + \frac{V^2}{2} = (h + dh) + \frac{(V + dV)^2}{2}$$

$$0 = dh + VdV + \frac{dV^2}{2} \quad (\text{미소고차항 } \frac{dV^2}{2} \text{ 무시})$$

$$\therefore \ dh + VdV = 0 \quad \text{·······················} \ ⓐ$$

- 단열

$$\delta Q = dh - Vdp \,(Tds = dh - Vdp)$$

$$0 = dh - \frac{dp}{\rho}$$

$$\therefore \ dh = \frac{dp}{\rho} \quad \text{·······················} \ ⓑ$$

ⓐ식에 ⓑ식 대입

$$\frac{dp}{\rho} + VdV = 0 \quad \text{·······················} \ ⓒ$$

- 연속방정식(미분형)

$$\rho \cdot AV = \dot{m} = C(\text{일정})$$

$$\frac{d\rho}{\rho} + \frac{dA}{A} + \frac{dV}{V} = 0 \quad \text{·······················} \ ⓓ$$

$$\therefore \ \frac{d\rho}{\rho} = -\frac{dA}{A} - \frac{dV}{V} \quad \text{·················} \ ⓓ'$$

$$c = \sqrt{\frac{dp}{d\rho}} \rightarrow dp = c^2 d\rho \quad \text{·············} \ ⓔ$$

ⓔ식을 ⓒ식에 대입

$$c^2 \cdot \frac{d\rho}{\rho} + VdV = 0 \quad (ⓓ' \text{를 대입})$$

$$c^2 \left( -\frac{dA}{A} - \frac{dV}{V} \right) + VdV = 0$$

양변에$(-) \, AV$를 곱하면

$$c^2 \cdot VdA + c^2 \cdot AdV - AV^2 dV = 0$$

$$c^2 VdA = (AV^2 - Ac^2)dV$$

$$\frac{dA}{dV} = \frac{A}{V} \left( \frac{V^2}{c^2} - 1 \right)$$

$$\therefore \frac{dA}{dV} = \frac{A}{V}(Ma^2 - 1)$$

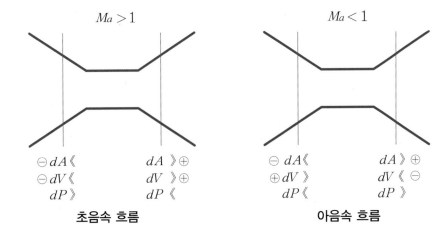

<table>
<tr><td colspan="2" align="center">$Ma > 1$</td><td colspan="2" align="center">$Ma < 1$</td></tr>
</table>

|  |  |  |  |
|---|---|---|---|
| $\ominus dA \langle\!\langle$ | $dA \rangle\!\rangle \oplus$ | $\ominus dA \langle\!\langle$ | $dA \rangle\!\rangle \oplus$ |
| $\ominus dV \langle\!\langle$ | $dV \rangle\!\rangle \oplus$ | $\oplus dV \rangle$ | $dV \langle\!\langle \ominus$ |
| $dP \rangle\!\rangle$ | $dP \langle\!\langle$ | $dP \langle\!\langle$ | $dP \rangle\!\rangle$ |

<table>
<tr><td align="center">**초음속 흐름**</td><td align="center">**아음속 흐름**</td></tr>
</table>

- $Ma = 1$일 경우 $dA = 0$

  노즐목에서 기울기는 $0$

  $\frac{dA}{dV} = 0$, 목부분 $dA = 0$이므로 노즐목에서의 $Ma = 1$이어야 한다.

## 6. 이상기체의 등엔트로피(단열) 흐름

### (1) 등엔트로피(단열)에서 에너지 방정식

이상기체가 노즐의 전후에서 단열이므로

$$q_{cv} + h_i + \frac{V_i^2}{2} + gZ_i = h_e + \frac{V_e^2}{2} + gZ_e + w_{cv}$$

$q_{cv} = 0,\ w_{cv} = 0,\ gZ_i = gZ_e$이므로

$$h_i + \frac{V_i^2}{2} = h_e + \frac{V_e^2}{2}$$

$$h_i - h_e = \frac{1}{2}(V_e^2 - V_i^2)$$

여기서, $dh = C_P dT$이므로

$$\therefore C_P(T_i - T_e) = \frac{1}{2}(V_e^2 - V_i^2) \quad \cdots\cdots\cdots\cdots\cdots\cdots \text{ⓐ}$$

### (2) 국소단열에서 정체상태량

① 압축성 유동에서 유동하는 유체의 속도가 "0"으로 정지될 때의 상태를 정체조건이라 하며 이때의 상태량을 정체상태량이라 한다.

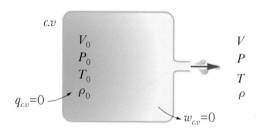

② 위의 그림처럼 아주 큰 탱크에서 분사노즐을 통하여 이상기체를 밖으로 분출시키면 검사체적에서 일의 발생이 없고, 열출입이 없는 단열(등엔트로피) 흐름을 얻을 수 있으며, 여기서 용기 안의 유체 유동속도 $V_0=0$으로 볼 수 있어 정체상태량을 구할 수 있다.

ⓐ식에 그림 상태를 적용하면

$$C_P(T_0-T)=\frac{1}{2}(V^2-V_0^2)$$

$$\frac{kR}{k-1}(T_0-T)=\frac{V^2}{2}$$

∴ 정체온도 $T_0=T+\dfrac{k-1}{kR}\dfrac{V^2}{2}$ ........................ ⓑ

ⓑ의 양변을 $T$로 나누고 $Ma=\dfrac{V}{C}$와 $C^2=kRT$를 대입하면

$$\frac{T_0}{T}=1+\frac{k-1}{kRT}\frac{V^2}{2}$$

$$=1+\frac{V^2}{C^2}\cdot\frac{k-1}{2}$$

$$=1+\frac{k-1}{2}Ma^2$$

∴ $\dfrac{T_0}{T}=1+\dfrac{k-1}{2}Ma^2$(여기에 단열에서 온도, 압력, 체적 간의 관계식을 이용하면)

$$\frac{T_0}{T}=\left(\frac{P_0}{P}\right)^{\frac{k-1}{k}}=\left(\frac{v}{v_0}\right)^{k-1}=\left(\frac{\rho_0}{\rho}\right)^{k-1}$$ 를 이용하여

$\dfrac{T_0}{T}=\left(\dfrac{P_0}{P}\right)^{\frac{k-1}{k}}$ 에서 정체압력식을 구하면 $\dfrac{P_0}{P}=\left(\dfrac{T_0}{T}\right)^{\frac{k}{k-1}}$ 에서

$$\therefore \frac{P_0}{P}=\left(1+\frac{k-1}{2}Ma^2\right)^{\frac{k}{k-1}}$$

또한 $\dfrac{T_0}{T}=\left(\dfrac{v}{v_0}\right)^{k-1}$ $\Rightarrow$ $\left(\dfrac{v}{v_0}\right)=\left(\dfrac{T_0}{T}\right)^{\frac{1}{k-1}}$ 에서 $\therefore$ $\dfrac{v_0}{v}=\left(1+\dfrac{k-1}{2}Ma^2\right)^{\frac{1}{k-1}}$

$v=\dfrac{1}{\rho}$ 에서 $\left(\dfrac{v}{v_0}\right)^{k-1}=\left(\dfrac{\rho_0}{\rho}\right)^{k-1}$ 이고 $\therefore$ $\dfrac{v}{v_0}=\dfrac{\rho_0}{\rho}$

$\therefore$ 정체밀도식은 $\dfrac{\rho_0}{\rho}=\left(1+\dfrac{k-1}{2}Ma^2\right)^{\frac{1}{k-1}}$

## (3) 임계조건에서 임계상태량

노즐목에서 유체속도가 음속일 때의 상태량을 의미하므로 정체상태량식에 '$Ma=1$'을 대입하여 구하면 된다.

임계온도비 : $\dfrac{T_0}{T_c}=\dfrac{k+1}{2}$

임계압력비 : $\dfrac{P_0}{P_c}=\left(\dfrac{k+1}{2}\right)^{\frac{k}{k-1}}$ $\quad$ 여기서, $T_c$, $P_c$, $\rho_c$는 임계상태량

임계밀도비 : $\dfrac{\rho_0}{\rho_c}=\left(\dfrac{k+1}{2}\right)^{\frac{1}{k-1}}$

## 1. 비중량 측정

### (1) 비중병을 이용하는 방법

$$\text{액체의 비중량} : \gamma_t = \rho_t g = \frac{W_2 - W_1}{V}$$

여기서, $\rho_t$ : 온도 $t°\mathrm{C}$에서의 액체의 밀도

$W_2$ : 비중병의 전체무게(액체＋비중병)

$V$ : 액체의 체적

$W_1$ : 비중병의 무게

$\gamma_t$ : 온도 $t°\mathrm{C}$에서 액체의 비중량

$(W_2 - W_1)$ : 액체만의 무게

### (2) 아르키메데스의 원리를 이용하는 방법

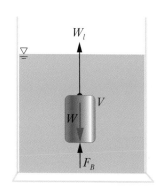

$W = W_l + F_B \quad (\because F_B = \gamma_t \cdot V)$

$W = W_l + \gamma_t \cdot V$

$\gamma_t = \dfrac{W - W_l}{V}$

여기서, $W$ : 추의 무게

$\gamma_t$ : 온도 $t°\mathrm{C}$에서 유체의 비중량

$W_l$ : 유체 속에서 추의 무게

$V$ : 추의 체적

### (3) 비중계를 이용하는 방법

비중을 측정하려고 하는 유체를 가늘고 긴 유리관에 넣은 후, 비중계를 넣어 유체 속에서 비중계가 평형이 될 때 자유표면과 일치하는 비중계눈금을 읽으면 된다.

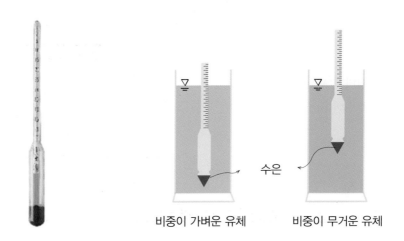

비중이 가벼운 유체   비중이 무거운 유체

### (4) U자관을 이용하는 방법

한쪽은 비중량을 알고 있는 유체를, 다른 쪽에는 비중량을 측정하고자 하는 유체를 넣어 두 유체의 경계면의 압력은 같다는 식으로 비중량을 구한다.(다만, 두 유체는 서로 혼합되지 않으며 화학반응도 없어야 한다.)

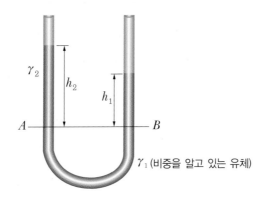

## 2. 점성계수($\mu$) 측정

### (1) 낙구식 점도계 → 스토크스 법칙($D=3\pi\mu Vd$) 이용

(2) $\left\{\begin{array}{l}\text{오스왈드(Ostwald) 점도계} \\ \text{세이볼트(Saybolt) 점도계}\end{array}\right\}$ → 하이겐포아젤 방정식 $\left(Q=\dfrac{\Delta p\pi d^4}{128\mu l}\right)$ 이용

(3) $\left\{\begin{array}{l}\text{맥미첼(Macmichael) 점도계} \\ \text{스토머(Stomer) 점도계}\end{array}\right\}$ → 뉴턴점성법칙 $\left(\tau=\mu\dfrac{du}{dy}\right)$ 이용

## 3. 정압 측정

### (1) 피에조미터(Piezometer)

교란되지 않는 유체의 층류 유동에서 유체의 정압을 측정한다.

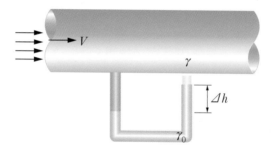

### (2) 정압관(Static tube)

내부 벽면이 거친 관일 때 정압관을 사용하여 정압을 측정한다.

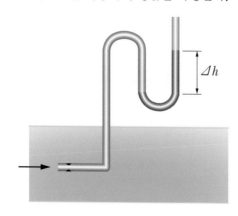

## 4. 유속 측정

### (1) 피토관(Pitot tube)

강이나 개수로에서 유속을 측정하는 계측기이다.(비행기의 속도 측정에도 사용)

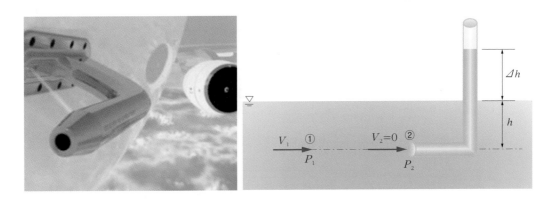

①과 ②에 베르누이 방정식을 적용하면

$$\frac{p_1}{\rho} + \frac{V_1^2}{2} + g \cdot z_1 = \frac{p_2}{\rho} + \frac{V_2^2}{2} + g \cdot z_2 \quad (g \cdot z_1 = g \cdot z_2)$$

피토관 입구에서 속도 $V_2 = 0$이므로

$$\frac{p_1}{\rho} + \frac{V_1^2}{2} = \frac{p_2}{\rho}$$

$$\therefore V_1 = \sqrt{2 \cdot \frac{(p_2 - p_1)}{\rho}}$$

$$= \sqrt{2 \cdot \frac{\gamma(h + \Delta h) - \gamma h}{\rho}}$$

$$= \sqrt{2g \Delta h}$$

## (2) 시차액주계

피에조미터와 피토관을 조합하여 유체의 유속을 측정한다.

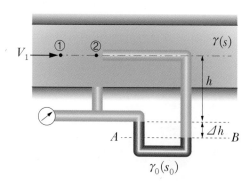

①과 ②에 베르누이 방정식을 적용하면

$$\frac{p_1}{\rho}+\frac{V_1^2}{2}+g\cdot z_1=\frac{p_2}{\rho}+\frac{V_2^2}{2}+g\cdot z_2 \ (g\cdot z_1=g\cdot z_2)$$

피토관 입구에서 속도 $V_2=0$이므로

$$\frac{p_1}{\rho}+\frac{V_1^2}{2}=\frac{p_2}{\rho}$$

$$\frac{V_1^2}{2}=\frac{p_2-p_1}{\rho}$$

$$\therefore V_1=\sqrt{2\cdot\frac{(p_2-p_1)}{\rho}} \ \cdots\cdots\cdots\cdots\cdots\cdots ⓐ$$

$A, B$위치에서의 압력은 동일하므로

$p_A=p_B$이며

$$p_A=p_1+\gamma h+\gamma_0\Delta h$$

$$p_B=p_2+\gamma(h+\Delta h)$$

$$p_1+\gamma h+\gamma_0\Delta h=p_2+\gamma(h+\Delta h)$$

$$p_2-p_1=\gamma h+\gamma_0\Delta h-\gamma(h+\Delta h)$$

$$=\gamma_0\Delta h-\gamma\Delta h$$

$$=\Delta h(\gamma_0-\gamma) \ \cdots\cdots\cdots\cdots\cdots\cdots ⓑ$$

ⓑ식을 ⓐ식에 대입하면

$$V_1=\sqrt{2\cdot\frac{\Delta h(\gamma_0-\gamma)}{\rho}} \ (여기서, \ \gamma_0=\rho_0 g, \ \gamma=\rho g)$$

$$=\sqrt{2g\frac{\Delta h(\rho_0-\rho)}{\rho}}$$

$$=\sqrt{2g\Delta h\left(\frac{\rho_0}{\rho}-1\right)}=\sqrt{2g\Delta h\left(\frac{\gamma_0}{\gamma}-1\right)}=\sqrt{2g\Delta h\left(\frac{S_0}{S}-1\right)}$$

### (3) 피토-정압관(Pitot-static tube)

피토관과 피에조미터를 조합한 형태로 유속을 측정하는 계측기이다.

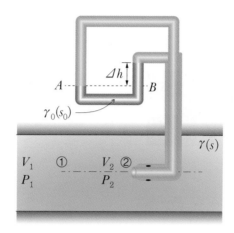

①과 ②에 베르누이 방정식을 적용하면

$$\frac{p_1}{\rho} + \frac{V_1^2}{2} + g \cdot z_1 = \frac{p_2}{\rho} + \frac{V_2^2}{2} + g \cdot z_2 \ (\text{여기서}, \ V_2 = 0, \ g \cdot z_1 = g \cdot z_2)$$

$$\frac{p_1}{\rho} + \frac{V_1^2}{2} = \frac{p_2}{\rho}$$

$$\frac{V_1^2}{2} = \frac{p_2 - p_1}{\rho}$$

$$\therefore V_1 = \sqrt{2 \cdot \frac{(p_2 - p_1)}{\rho}} \quad \cdots\cdots\cdots\cdots\cdots\cdots \ \text{ⓐ}$$

$A, B$위치에서의 압력은 동일하므로

$p_A = p_B$에서

$$p_2 - p_1 = \Delta h (\gamma_0 - \gamma) \quad \cdots\cdots\cdots\cdots\cdots\cdots\cdots \ \text{ⓑ}$$

ⓑ식을 ⓐ식에 대입하면

$$V_1 = \sqrt{2 \cdot \frac{\Delta h (\gamma_0 - \gamma)}{\rho}}$$

$$= \sqrt{2g \frac{\Delta h (\rho_0 - \rho)}{\rho}}$$

$$= \sqrt{2g \Delta h \left( \frac{\rho_0}{\rho} - 1 \right)} = \sqrt{2g \Delta h \left( \frac{\gamma_0}{\gamma} - 1 \right)} = \sqrt{2g \Delta h \left( \frac{S_0}{S} - 1 \right)}$$

이 식에 손실을 고려한 속도계수($C$)를 곱하여 실제 유속을 구할 수 있다.

$$\therefore V_1 = C \sqrt{2g \Delta h \left( \frac{S_0}{S} - 1 \right)} \ (\text{여기서}, \ C : \text{속도계수})$$

### (4) 열선속도계

두 개의 작은 지지대 사이에 연결된 금속선에 전류가 흐를 때 금속선의 온도와 전기저항의 관계를 가지고 유체의 유속을 측정한다.(난류처럼 빠르게 유동하는 유체의 유속을 측정할 수 있는 계측기이다.)

$V$ ⇶⇶⇶ 백금 또는 텅스텐으로 만든 열선

## 5. 유량 측정

유량을 측정하는 기기에는 벤투리미터, 노즐, 오리피스, 위어, 로터미터 등이 있다.

### (1) 벤투리미터

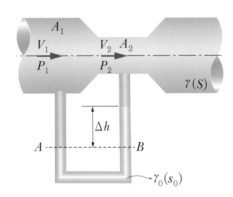

유량 $Q = A_2 V_2$ 에서

$$Q = A_2 \frac{1}{\sqrt{1-\left(\frac{d_2}{d_1}\right)^4}} \sqrt{2g\Delta h\left(\frac{\gamma_0}{\gamma}-1\right)} \ \left(\text{여기서, } \frac{\gamma_0}{\gamma} = \frac{S_0}{S}\right)$$

실제유량은 위 식에 손실을 고려한 속도계수($C$)를 곱하여 구한다.

$$\therefore Q = CA_2 \frac{1}{\sqrt{1-\left(\frac{d_2}{d_1}\right)^4}} \sqrt{2g\Delta h\left(\frac{\gamma_0}{\gamma}-1\right)} \ (\text{여기서, } C : \text{속도계수})$$

## (2) 오리피스(Orifice)

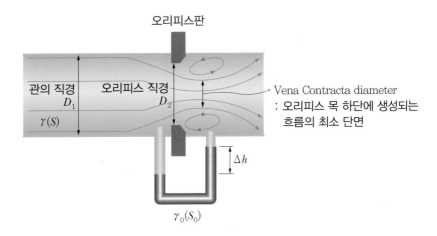

오리피스판

관의 직경 $D_1$

오리피스 직경 $D_2$

$\gamma(S)$

Vena Contracta diameter
: 오리피스 목 하단에 생성되는
흐름의 최소 단면

$\Delta h$

$\gamma_0(S_0)$

① 원관의 유동 중 관의 중간에 구멍 뚫린 원형판(오리피스판)을 설치하여 유량을 측정하는 계측기이다.

② 교축관에서의 수력구배와 급격한 유로단면적의 변화로 생기는 소용돌이 마찰손실 등 에너지 손실을 이용한 것이다.

$$\therefore Q = CA_2 = \sqrt{2g\Delta h\left(\frac{S_0}{S}-1\right)}$$ (여기서, $C$ : 속도계수, $A_2$ : 오리피스 단면적)

## (3) 위어(Weir)

개수로(Open channel)의 흐름에서 유량을 측정하기 위한 계측기를 위어라 하며 위어에는 예봉위어, 광봉위어, 사각위어, V-노치위어(삼각위어) 등이 있다.

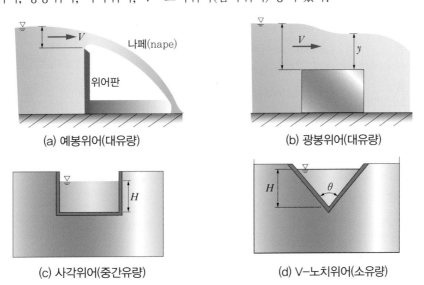

$V$

나페(nape)

위어판

(a) 예봉위어(대유량)

$V$

$y$

(b) 광봉위어(대유량)

$H$

(c) 사각위어(중간유량)

$H$ $\theta$

(d) V-노치위어(소유량)

• 삼각위어(V−노치위어) : 적은 유량을 측정할 때 사용한다.

V−노치위어(삼각위어)의 유량을 구해보면

$$dA = xdy$$

$$\tan\frac{\theta}{2} = \frac{\frac{L}{2}}{H} = \frac{L}{2H}$$

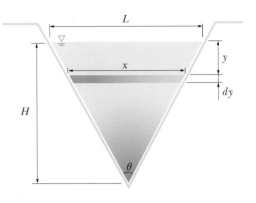

수면으로부터 깊이 $y$ 인 곳의 유속 $V = \sqrt{2gy}$

$$\therefore Q = \int_A VdA = \int_0^H \sqrt{2gy} \cdot xdy \quad \cdots\cdots\cdots\cdots\cdots\cdots \text{ⓐ}$$

$$H : L = (H-y) : x$$

$$\therefore x = \frac{(H-y)L}{H} \quad \cdots\cdots\cdots\cdots\cdots\cdots\cdots\cdots\cdots \text{ⓑ}$$

ⓐ식에 ⓑ식을 대입

$$Q = \int_0^H \sqrt{2gy} \cdot \frac{(H-y)}{H} Ldy$$

$$= \frac{L}{H}\sqrt{2g}\int_0^H y^{\frac{1}{2}}(H-y)dy$$

$$= \frac{L}{H}\sqrt{2g}\int_0^h \left(Hy^{\frac{1}{2}} - y^{\frac{3}{2}}\right)dy$$

$$= \frac{L}{H}\sqrt{2g}\left\{H\left[\frac{1}{\frac{1}{2}+1}y^{\frac{3}{2}}\right]_0^H - \left[\frac{1}{1+\frac{3}{2}}y^{\frac{5}{2}}\right]_0^H\right\}$$

$$= \frac{L}{H}\sqrt{2g}\left\{H\cdot\frac{2}{3}\cdot H^{\frac{3}{2}} - \frac{2}{5}H^{\frac{5}{2}}\right\}$$

$$= \frac{L}{H}\sqrt{2g}\, H^{\frac{5}{2}}\left(\frac{2}{3} - \frac{2}{5}\right)$$

$$= \frac{L}{H}\sqrt{2g}\left(\frac{4}{15}H^{\frac{5}{2}}\right) \quad \left(\text{여기서} \times \frac{2}{2}\right)$$

$$= \frac{8}{15}\sqrt{2g}\,\frac{L}{2H}H^{\frac{5}{2}} \quad \left(\text{여기서, } \frac{L}{2H} = \tan\frac{\theta}{2}\right)$$

$$\therefore Q = C\cdot\frac{8}{15}\sqrt{2g}\tan\frac{\theta}{2}H^{\frac{5}{2}} \text{ (여기서, } C\text{ : 유량계수)}$$

## (4) 로터미터

테이퍼관 속에 부표를 띄우고, 측정유체를 아래에서 위로 흘려보낼 때 유량의 증감에 따라 부표가 상하로 움직여 생기는 가변면적으로 유량을 구하는 장치이다.

무게 $W$ 인 부표가 테이퍼관 속에서 균형을 이루고 있을 때 관 내를 흐르는 체적유량은 다음 식으로 구할 수 있다.

· 체적유량 : $Q = C \cdot F \cdot V = CF\sqrt{\dfrac{2\Delta p}{\rho}}$

  (여기서, $\Delta p = p_1 - p_2 = \dfrac{W}{A}$ ($W$ : 부표의 중량, $A$ : 부표의 단면적))

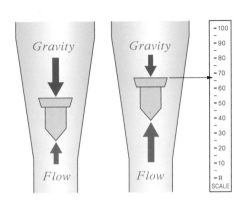

# 핵심 기출 문제

**01** 다음 중 유동장에 입자가 포함되어 있어야 유속을 측정할 수 있는 것은?

① 열선속도계     ② 정압피토관
③ 프로펠러 속도계     ④ 레이저 도플러 속도계

**해설⊕**
레이저 도플러 속도계
빛의 도플러 효과를 사용한 유속계로 이동하는 입자에 레이저광을 조사하면 광은 산란하고 산란광은 물체의 속도에 비례하는 주파수 변화를 일으키게 된다.

**02** 다음 중 유량을 측정하기 위한 장치가 아닌 것은?

① 위어(Weir)
② 오리피스(Orifice)
③ 피에조미터(Piezo Meter)
④ 벤투리미터(Venturi Meter)

**해설⊕**
피에조미터는 정압측정장치이다.

**03** 유량 측정장치 중 관의 단면에 축소 부분이 있어서 유체를 그 단면에서 가속시킴으로써 생기는 압력강하를 이용하여 측정하는 것이 있다. 다음 중 이러한 방식을 사용한 측정장치가 아닌 것은?

① 노즐     ② 오리피스
③ 로터미터     ④ 벤투리미터

**해설⊕**
테이퍼 관 속에 부표를 띄우고 측정유체를 아래에서 위로 흘려보낼 때 유량의 증감에 따라 부표가 상하로 움직여 생기는 가변면적으로 유량을 구하는 장치가 로터미터이다.

**04** 유체 계측과 관련하여 크게 유체의 국소 속도를 측정하는 것과 체적유량을 측정하는 것으로 구분할 때 다음 중 유체의 국소속도를 측정하는 계측기는?

① 벤투리미터     ② 얇은 판 오리피스
③ 열선속도계     ④ 로터미터

**해설⊕**
열선속도계
두 지지대 사이에 연결된 금속선에 전류가 흐를 때 금속선의 온도와 전기저항의 관계를 가지고 유속을 측정하는 장치(난류속도 측정)

**05** 비중 0.8의 알코올이 든 U자관 압력계가 있다. 이 압력계의 한끝은 피토관의 전압부에 다른 끝은 정압부에 연결하여 피토관으로 기류의 속도를 재려고 한다. U자관의 읽음의 차가 78.8mm, 대기압력이 $1.0266 \times 10^5$Pa abs, 온도가 21℃일 때 기류의 속도는?(단, 기체상수 $R = 287$N · m/kg · K이다.)

① 38.8m/s     ② 27.5m/s
③ 43.5m/s     ④ 31.8m/s

**해설⊕**

$$pv = RT \rightarrow \frac{p}{\rho} = RT$$

$$\rho = \frac{p}{RT} = \frac{1.0266 \times 10^5}{287 \times (21 + 273)} = 1.217 \text{kg/m}^3$$

비중량이 다른 유체가 들어있을 때 유체의 속도

$$V = \sqrt{2g\Delta h \left( \frac{\rho_o}{\rho} - 1 \right)} \quad (\text{여기서, } \rho_o = s_o \cdot \rho_w)$$

$$= \sqrt{2 \times 9.8 \times 0.0788 \times \left( \frac{0.8 \times 1,000}{1.217} - 1 \right)}$$

$$= 31.84 \text{m/s}$$

---

정답    01 ④   02 ③   03 ③   04 ③   05 ④

**06** 지름 0.1mm, 비중 2.3인 작은 모래알이 호수 바닥으로 가라앉을 때, 잔잔한 물속에서 가라앉는 속도는 약 몇 mm/s인가?(단, 물의 점성계수는 $1.12 \times 10^{-3}$ N·s/m²이다.)

① 6.32  ② 4.96

③ 3.17  ④ 2.24

**해설⊕**

낙구식 점도계에서

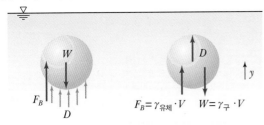

모래알 체적 $V_모 = \dfrac{4}{3}\pi r^3 = \dfrac{4}{3}\pi\left(\dfrac{d}{2}\right)^3 = \dfrac{\pi d^3}{6}$

$\Sigma F_y = 0 : D + F_B - W = 0$

$3\pi\mu V d + \gamma_w V_모 - \gamma_모 V_모 = 0$

$3\pi\mu V d + \gamma_w \times \dfrac{\pi d^3}{6} - s\gamma_w \times \dfrac{\pi d^3}{6} = 0$

$\therefore \ V = \dfrac{\gamma_w V_모 (s-1)}{3\pi\mu d}$

$\quad = \dfrac{9,800 \times \dfrac{\pi}{6} \times 0.0001^3 \times (2.3-1)}{3\pi \times 1.12 \times 10^{-3} \times 0.0001}$

$\quad = 0.00632 \text{m/s} = 6.32 \text{mm/s}$

# 03

# 열역학

# 01 열역학의 개요

## 1. 열역학의 정의와 기초사항

### (1) 열역학의 정의

① 에너지(열역학 제1법칙)와 엔트로피(열역학 제2법칙)에 관한 학문
② 계의 열역학적 성질과 열과 일의 평형관계에 대해 고찰하는 학문

### (2) 열역학의 목적

열에너지를 기계적인 에너지로 경제적이고 효율적으로 전환시키기 위해 배운다.

### (3) 열역학의 연구관점

① 미시적 관점(미분적 접근법) : 미세한 각 입자 하나하나에 관심(미분형 방정식)

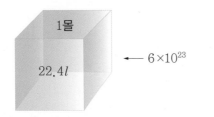

@ $ds = dxi + dyj + dzk$
$V = ui + vj + wk$
6개 방정식 $6 \times 10^{23}$ (분자량)

② 거시적 관점(적분적 접근법) : 미세한 거동보다는 전체적인 거동에 관심
(적분형 방정식) → 평균효과에 관심
(개개의 분자거동에는 관심이 없으므로 시스템을 연속적인 연속체로 가정)
@ $\dot{m} = \rho \cdot A \cdot V_{av}$

## (4) 연속체

무수히 많은 분자로 구성된 시스템은 항상 분자의 크기에 대해 매우 큰 체적을 다루고 각 분자 거동에는 관심이 없고 분자들의 평균적이거나 거시적인 영향에만 관심을 가지므로 시스템을 연속적인 것으로 간주한다.(일정질량(계)을 연속체이상화를 통해 상태량을 점함수로 다룰 수 있으며 상태량이 공간상에서 불연속이 없이 연속적으로 변한다고 가정할 수 있게 한다.)

① 희박기체유동, 고진공(high vacuum) → 연속체 개념 불필요 → 미시적이고 미분적인 관점 (라간지(입자)기술 방법)

② 연속체를 정의하려면 공간영역이 분자의 평균 자유행로(운동량 크기의 변화 없이 갈 수 있는 경로)보다 커야 한다.

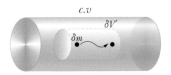

한 점에서 밀도의 정의

$\delta V'$가 너무 작아 분자($\delta m$이 없으면)를 포함하지 않으면 밀도 $\rho = \lim\limits_{\delta V \to \delta V'} \dfrac{\delta m}{\delta V}$을 정의할 수 없다. 밀도를 정의할 수 없을 정도의 체적에서는 연속체의 개념을 버려야 한다.

**중요**

연속체라는 가정의 결과 때문에 유체(기체)의 각 물리적 성질은 공간상의 모든 점에서 정하여진 값을 갖는다고 가정된다.(연속적인 분포)
그래서 밀도, 온도, 속도, 압력 등과 같은 유체(기체)특성들은 위치와 시간의 연속적인 함수로 볼 수 있다.
→ 오일러 기술방법으로 유인(장기술방법)

### (5) 열($Q$)의 정의

두 시스템(계) 간의 온도차에 의하여 높은 온도의 시스템에서 시스템의 경계를 통과하여 보다
낮은 온도의 다른 시스템(or 주위)으로 전달되는 에너지의 한 형태

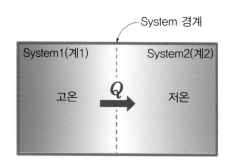

### (6) 열역학에서의 문자에 관한 기초사항

① $\overline{V}, \overline{U}, \overline{h}$ : 단위몰당 성질

　(예) $\overline{U}$ : 단위몰당 내부에너지

② 종량성 상태량을 표현할 때 소문자는 단위질량당 성질을, 대문자는 전체 시스템 성질을 나
　타낸다.

　(예) $q$ (kcal/kg) : 단위질량당 열 전달량(비열전달량) $\left(\dfrac{Q}{m}=q\right)$

　　　$Q$ (kcal) : 전체(총) 열 전달량 $(mq=Q)$

　　　$h$ (kcal/kg) : 단위질량당 엔탈피(비엔탈피) $\left(\dfrac{H}{m}=h\right)$

　　　$H$ (kcal) : 엔탈피 $(mh=H)$

　　　$u$ (kcal/kg) : 단위질량당 내부에너지(비내부에너지) $\left(\dfrac{U}{m}=u\right)$

　　　$U$ (kcal) : 내부에너지 $(mu=U)$

③ 시스템경계를 지나는 열과 일의 유동과 검사면을 통과하는 열, 일 및 질량의 유동에 대해서
　만 사용

　(예) $\dfrac{\delta Q}{dt}=\dot{Q}$ : 열전달률(kcal/s) : 시스템의 경계나 검사면을 통과하는 열전달률을 표시하
　기 위하여 주어진 양의 위에 "dot"를 표시한다.

　　　$\dot{m}$ (kg/s) : 검사면을 지나는 질량유량(질량유동률)

　　　$\dot{W}$ (J/s) : $\dfrac{\delta W}{dt}$ (일률 → 동력)

## 2. 계와 동작물질

### (1) 계(system)의 정의

연구하기 위해 선택된 물질의 양이나 공간 내의 영역으로 정의되며, 연구대상인 일정량의 질량 또는 질량을 포함한 장치 또는 장치들의 조합을 의미한다. → 검사체적(연구 대상이 되는 체적 (control volume : c.v))을 설정하면 시스템을 좀 더 정확하게 정의할 수 있다. 아래의 그림처럼 계(system)를 설정하면 계의 밖에 있는 질량이나 영역을 주위(surroundings)라고 하며, 계와 계의 주위를 분리하는 실제 표면 또는 가상 표면을 계의 경계(system boundary)라고 한다.

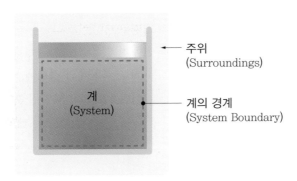

계와 계의 경계 그리고 주위

### (2) 계(system)의 종류

① 밀폐계(Closed system) : 계의 경계를 통한 질량유동이 없어 질량이 일정한 계를 의미하지만 계의 경계이동에 의한 일과 계의 경계를 통한 열의 전달은 가능한 계이다.(에너지의 전달은 가능한 계이다.)(내연기관 – 자동차 피스톤 내부)

   예  자동차 피스톤 내부(검사체적설정) → 검사질량(control mass : 질량 일정) → 밀폐계(비유동계 – 질량유동 없다)

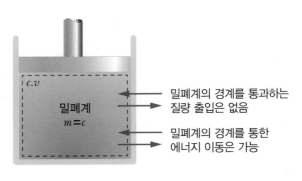

밀폐계

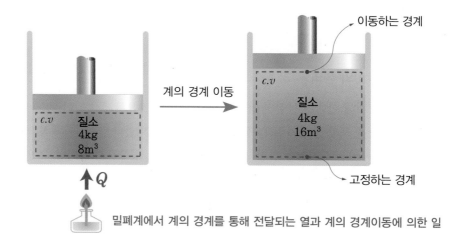

밀폐계에서 계의 경계를 통해 전달되는 열과 계의 경계이동에 의한 일

② 개방계(Open system) : 계의 경계를 통해 질량유동이 가능한 계이며 검사체적을 설정하면 질량유량이 통과하는 검사면(control surface)과 계의 경계에 의해 구별되는 일정체적인 검사체적(control volume)을 해석하는 계이다.(압축기, 보일러, 펌프, 터빈 등)

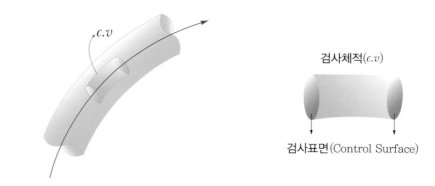

㉘ 보일러 전체(검사체적설정) → 개방계(유동계–질량유동있다)

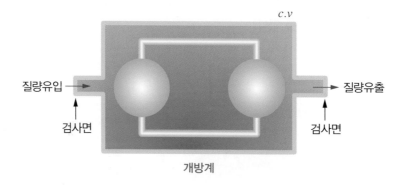

③ 고립계(Isolated system) : 질량뿐만 아니라 에너지까지도 계의 경계를 통과할 수 없는 계를 의미한다.(주위영향을 받지 않음 – 절연계)

## (3) 동작물질(working substance)

에너지(열)를 저장하거나 운반하는 물질을 의미하며 작업물질이라고도 한다.

⑩ 내연기관 : 연료＋공기(혼합기) → 동작물질 ＝ 연소가스

　　외연기관 : 증기(증기기관차) – 연료(석탄) → 동작물질 ≠ 연소가스

　　냉동기 : 냉매(프레온, 암모니아, 아황산가스 등) → 동작물질 ＝ 냉매

# 3. 상태와 성질

## (1) 상태(state)

계의 물질이 각 상(기체, 액체, 고체)에서 어떤 압력과 온도 하에 놓여있을 때 이 계(system)는 어떤 상태(state)에 놓여 있다고 한다.

⑩ 표준상태(STP) → 0℃, 1atm

　① 물질이 놓여있는 어떤 상태 → ② 상태를 나타내는 오직 한 개의 유한한 값이 상태량 → ③ 상태량 물 0℃, 1기압(시스템 상태에 의존하고 시스템이 주어진 상태에 도달하게 된 경로에는 무관한 양)

## (2) 상태량

상태는 상태량에 의해 나타내며 기본적인 상태량은 온도, 압력, 체적, 밀도, 내부에너지 등이며 열역학적 상태량의 조합된 상태량들인 엔탈피, 엔트로피 등이 있다.

## (3) 강도성 상태량과 종량성 상태량

① 강도성 상태량 : 질량에 무관한 상태량(압력, 온도, 비체적, 밀도, 비내부에너지, 비엔탈피 등) → 2등분해도 상태량이 변하지 않음

② 종량성 상태량 : 질량에 따라 변하는 상태량(전질량, 전체적, 전에너지량, 내부에너지, 엔탈피) → 2등분할 때 상태량이 변함

## (4) 성질

시스템(계)의 물질상태에 따라 달라지는 어떤 특성을 성질이라 한다.

## (5) 열역학적 함수

시스템(계)의 상태량이 변하면 그 시스템의 상태가 변화했다고 한다.

과정(process) : 시스템의 상태가 변하는 동안 시스템이 거쳐 가는 연속적인 경로

① 상태함수(Point Function : 점함수) : 경로에 상관없이 처음과 나중의 상태에 의해서만 결정되는 값(과정에 무관)

⑩ 압력 $P$, 온도 $T$, 밀도 $\rho$, 체적 $V$, 에너지 $E$, 비체적 $v$, 엔트로피 $S$
완전미분$(dP, dT, d\rho, dV, dE, dS, \cdots)$

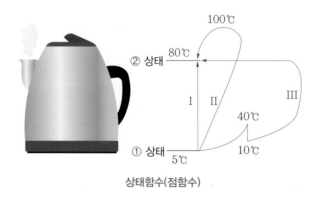

상태함수(점함수)

I . II . III 각각 다른 경로이지만 ①과 ② 상태의 온도 5℃$(T_1)$와 80℃$(T_2)$에 영향을 주지 않음. (경로가 달라도 온도가 변하지 않는다.)

$$\int_1^2 dT = T_2 - T_1$$

② 경로함수(Path Function : 도정함수) : 경로에 따라 그 값이 달라지는 양(과정에 따라 값이 달라짐)

⑩ 일(work)과 열(heat)
불완전미분$(\delta W, \delta Q)$

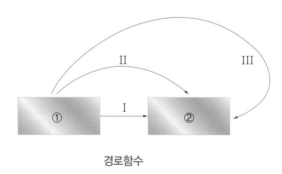

경로함수

I . II . III 각각 다른 경로이며 경로에 따라 그 값이 달라진다.

$$\int_1^2 \delta W = {}_1W_2$$

⇒ ①에서 ②까지 가는 데 필요한 일량
⇒ I . II . III 경로로 이동하면 모두 일량이 달라진다.(변위(displacement work)일의 개념이 아니며 경로의 일을 의미한다.)

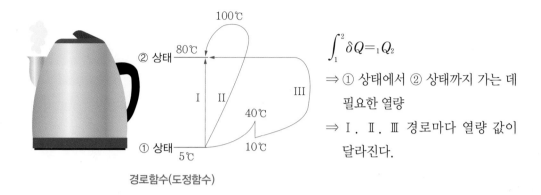

$$\int_1^2 \delta Q = {}_1Q_2$$

⇒ ① 상태에서 ② 상태까지 가는 데 필요한 열량

⇒ Ⅰ. Ⅱ. Ⅲ 경로마다 열량 값이 달라진다.

경로함수(도정함수)

### (6) 열역학적 함수의 적분

① 상태함수(점함수)의 적분

㉠ 상태함수 $dE$ : 완전미분 → 적분 $\int_1^2 dE = E_2 - E_1$ (상태함수 적분)

㉡ 상태함수 $dP$ : 완전미분 → 적분 $\int_1^2 dP = P_2 - P_1$

② 경로함수(도정함수)의 적분

㉠ $\delta W$ : 미소 일변화량

$\int_a^b \delta W = \int_a^b PdV = {}_aW_b$ (경로 $a$에서 $b$로 갈 때의 일량)

$\int_1^2 \delta W = {}_1W_2$ (경로 1에서 2로 갈 때의 일량)

※ ${}_1W_2 \neq W_2 - W_1$ (경로함수인 일은 이렇게 쓸 수 없다.)

㉡ $\delta Q$ : 미소 열량변화량

$\int_1^2 \delta Q = {}_1Q_2$ (경로 1에서 2까지의 총 열량) (경로함수 적분)

※ ${}_1Q_2 \neq Q_2 - Q_1$ (경로함수인 열은 이렇게 쓸 수 없다.)

## 4. 과정과 사이클

### (1) 과정(process)

시스템(계)의 상태가 변하는 동안 시스템이 거쳐 가는 연속적인 경로를 과정(process)이라한다.

① 가역과정(reversible process) : 경로의 모든 점에서 역학적, 열적, 화학적 평형이 유지되면서 어떤 손실(마찰)도 수반되지 않는 과정을 의미하며 이상적 과정으로 주위에 아무런 변화를 남기지 않는다.(원래 상태로 되돌릴 수 있는 과정)

② → 100℃
가열 $Q$=100kcal
① → 0℃

① → ② : 가열 열량 = 100kcal
② → ① : 방출 열량 = 100kcal

② 비가역과정(irreversible process) : 계의 상태가 변할 때 주위에 변화를 남기는 과정으로 열적, 역학적, 화학적 평형이 유지되지 않는 과정이다.(원래 상태로 되돌릴 수 없는 과정 – 실제 과정, 자연계는 모두 비가역과정이다.)

### (2) 준평형과정

과정이 진행되는 동안 시스템이 거쳐 가는 각 점의 상태가 열역학 평형으로부터 벗어나는 정도가 매우 작아서 시스템이 거쳐 가는 각 점이 평형상태에 있다고 보고 해석하는 과정을 의미한다. → 실제로 발생하는 많은 과정이 준평형상태에 가까우며 거시적 관점으로는 평형과정으로 인식하고 해석한다.

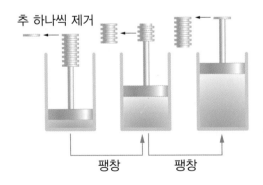

추 하나씩 제거

팽창 팽창

• 추 1개씩 제거 : 각각의 거쳐 가는 점이 평형상태(준평형과정)
• 추 모두 제거 : 비평형과정 → 과정이 시작하기 전과 평형 회복 후의 상태만 기술 가능, 즉 전체 효과만 알 수 있다.

① 실제 과정은 평형이 파괴되지만 → ② 과정이 진행 중일 때 시스템 상태 서술 → ③ 준평형과정이라는 이상적인 과정을 정의한다.

## 참고 ★중요

실제 준평형과정은 바로 앞의 그림처럼 팽창해갈 때 등온팽창한다면 외부의 아무런 조건 없이 등온으로 팽창한다는 것은 불가능하다. 처음에서 끝까지 그냥 팽창한다면 온도는 떨어져야 한다. 이 시스템에서 등온팽창과정을 만들고 싶다면 계의 경계 안으로 열을 서서히 가하면서 팽창시키면 온도를 일정하게 유지할 수 있게 된다. 이렇게 하면 가역등온팽창과정과 가역등온가열과정은 동일하게 해석된다.(사이클 단원에서 등온가열, 정압가열 등 이러한 내용을 다시 한번 열역학선도를 가지고 정확하게 배우게 된다.)

① 정적과정($V = C$) : 1상태에서 2상태로 갈 때 체적이 일정한 과정
② 정압(등압)과정($P = C$) : 1상태에서 2상태로 갈 때 압력이 일정한 과정
③ 등온과정($T = C$) : 1상태에서 2상태로 갈 때 온도가 일정한 과정
④ 단열과정($S = C$) : 1상태에서 2상태로 갈 때 열의 출입이 없는 과정(등엔트로피 과정)
⑤ 폴리트로픽 과정 : 어느 물질이 상태변화를 할 때 등온과정과 단열과정 사이의 과정 $pv^n = c$(단열과 등온과정 사이를 변화하는 경로로 실제 과정에 많다.($1 < n < k$))

## (3) 사이클

시스템이 여러 가지 상태변화 혹은 여러 가지 과정을 거쳐서 처음의 상태에 되돌아오는 과정을 사이클이라 한다.(주로 열역학적 사이클을 의미한다.)

- 열역학적 사이클 (예) 냉동기(냉매)
- 역학적 사이클 (예) 피스톤(흡입 → 압축 → 폭발 → 배기) ⇒ 왕복운동

## 참고

① 열역학사이클 (예) 증기동력발전소에서 순환하는 증기는 한 cycle을 거친다.
② 역학사이클 (예) 흡입, 압축, 폭발, 배기, 4행정(내연기관) : 2회전 역학사이클, 연료는 공기와 함께 타서 연소가스가 되어 대기 중으로 배출되므로 작업유체는 열역학 사이클을 이루지 않는다.(연소가스가 (연료+공기)인 처음 상태로 되돌아가면 열역학 사이클)

## 5. 열역학에서 필요한 단위와 단위환산

### (1) 부피

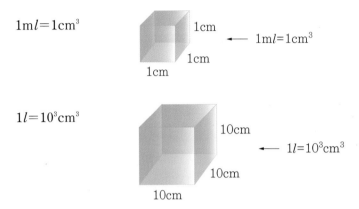

$1\text{m}l = 1\text{cm}^3$

$1l = 10^3\text{cm}^3$

### (2) 압력

$$P = \frac{F}{A} \, (\text{N/m}^2 \text{ 또는 kgf/m}^2)$$

$1\text{Pa}(\text{파스칼}) = 1\text{N/m}^2$

$1\text{kPa} = 10^3\text{Pa}, \, 1\text{MPa} = 10^6\text{Pa}$

$1\text{bar} = 10^5\text{Pa}, \, 1\text{hPa} = 10^2\text{Pa} \, (\text{hecto} = 10^2)$

### (3) 에너지 : 효과(일)를 유발할 수 있는 능력 ⇒ kcal(열), J(일)

① 1kcal(열에너지) : 4,185.5J만큼 일을 할 수 있다.

② 1kcal : 물 1kg을 1K 올리는 데 필요한 열량(14.5℃ → 15.5℃)

③ $4{,}185.5\text{J} \times \dfrac{1\text{kgf}\cdot\text{m}}{9.8\text{J}} = 427.09\text{kgf}\cdot\text{m} \fallingdotseq 427\text{kgf}\cdot\text{m}$

$\left(A = \dfrac{1}{4{,}185.5}\text{kcal/J} = \dfrac{1}{427}\text{kcal/kgf}\cdot\text{m} \ \text{일의 열당량}\right)$

$\left(\text{J} = 4{,}185.5\text{J/kcal} = 427\text{kgf}\cdot\text{m/kcal} \ \text{열의 일당량}\right)$

④ $1\text{kW}\cdot\text{h} = 1{,}000\text{W}\cdot\text{h} = 1{,}000\dfrac{\text{J}}{\text{s}}\cdot 3{,}600\text{s}\cdot\dfrac{1\text{kcal}}{4{,}185.5\text{J}} = 860\text{kcal}$

⑤ $1\text{PS}\cdot\text{h} = 75\dfrac{\text{kgf}\cdot\text{m}}{\text{s}} \times 3{,}600\text{s} \times \dfrac{1\text{kcal}}{427\text{kgf}\cdot\text{m}} = 632.3\text{kcal}$

⑥ $1\text{PS} = 75\text{kgf}\cdot\text{m/s} = 75 \times 9.8\text{N}\cdot\text{m/s} = 75 \times 9.8\text{J/s} = 735\text{W}$

⑦ $1\text{kW} = 102\text{kgf}\cdot\text{m/s} = 102 \times 9.8\text{N}\cdot\text{m/s} = 999.6\text{J/s} = 1{,}000\text{W} = 1\text{kJ/s}$

## 6. 차원에 대한 이해

### (1) 차원해석

동차성의 원리를 이용해 물리적 관계식의 함수관계를 도출

### (2) 모든 수식은 차원이 동차성 → 좌변차원 = 우변차원

(예) ① $x \ = \ x_0 \ + \ vt \ + \ \dfrac{1}{2}at$

$\qquad \downarrow \qquad\quad \downarrow \qquad\quad \downarrow$

$L\text{차원} + LT^{-1}\cdot T + \underline{LT^{-2}\cdot T}$

(잘못된 식 : 차원이 다름)

② $A + B = C \rightarrow A = B = C$ : 동차원

(예) 파의 속도 $v(LT^{-1})$, 진동수 $f(T^{-1})$, 파장 $\lambda(L)$ 중 하나를 다른 두 양의 곱으로 표현하면 차원이 일치하는 식은 오직 하나 → $v = f\cdot\lambda$

(예) $\delta W = PdV$

$\delta W(\text{N}\cdot\text{m}) \rightarrow [FL]$

$P(\text{N/m}^2) \times dV(\text{m}^3) = (\text{N}\cdot\text{m}) \rightarrow [FL]$

좌변차원 = 우변차원

## 7. 기체가 에너지를 저장하는 방법

밀폐계의 기체를 시스템(계)이라 할 때 기체가 에너지를 저장하는 방법

① 분자 간의 작용하는 힘과 연관 → 분자위치에너지($PE$)

② 분자의 병진운동과 연관 → 분자운동에너지($KE$)

③ 분자구조와 원자구조와 연관 → 분자내부에너지($U$ : 분자구조와 관련된 힘과 원자와 연관된 원자에너지, 회전에너지, 진동에너지 외에 수많은 요인에 의해 생기는 기타에너지를 의미하며, 물체 내부에 축적되는 에너지를 말한다.)

⑩ 압력용기나 탱크 속에 일정한 온도와 압력으로 저장되어 있는 기체를 시스템으로 보면

계는 분자로 이루어진 기체 → 에너지 : $E = PE + KE + U$

계의 미소에너지 변화량 → $dE = du + d(PE) + d(KE) = \delta Q - \delta W$

## 8. 비열

$m$ kg의 물질을 온도 $dT$ 만큼 올리는 데 필요한 열량을 $\delta Q$ 라 하면

$\delta Q \propto mdt$

$\delta Q = mCdt$

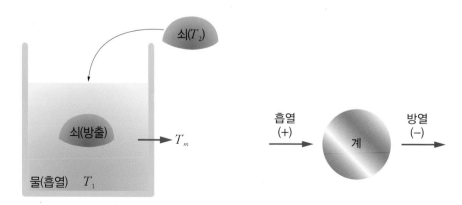

비열($C$) : 어느 물질 1kg을 1℃ 올리는 데 필요한 열량[kcal/kg · ℃]

$$\int_1^2 \delta Q = \int_1^2 mCdt \to {}_1Q_2 = mC(t_2 - t_1) = m \cdot C \cdot \Delta t$$

가정 $t_2 > t_1$, $Q_1(물) = -Q_2(쇠)$, 받은 열량(흡열) = $(-)$공급 열량(방열)이므로

$$m_1 C_1 (t_m - t_1) = -m_2 C_2 (t_m - t_2)$$

$$m_1 C_1 (t_m - t_1) = m_2 C_2 (t_2 - t_m)$$

$$\therefore t_m = \frac{m_1 C_1 t_1 + m_2 C_2 t_2}{m_1 C_1 + m_2 C_2}$$

$n$ 개 물질의 혼합 후 평형온도 $t_m = \dfrac{\sum\limits_{i=1}^{n} m_i c_i t_i}{\sum\limits_{i=1}^{n} m_i c_i}$

---

> **예제** 0.08㎥의 물속에 700℃의 쇠뭉치 3kg을 넣었더니 평균온도가 18℃로 되었다. 물의 온도상승을 구하라.(단, 쇠의 비열은 0.145kcal/kg · ℃이고 물과 용기와의 열교환은 없다.)
>
> 흡열 = $-$방열
>
> $$m_물 C_물 (t_m - t_물) = -m_쇠 C_쇠 (t_m - t_쇠)$$
>
> $$= m_쇠 C_쇠 (t_쇠 - t_m)$$
>
> $$0.08 \times 1,000 \times 1 \times \Delta T = 0.145 \times 3 \times (700 - 18) \quad \therefore \Delta T = 3.708℃$$

---

# 9. 온도

## (1) 사용온도

### ① 섭씨온도(celsius temperature)

물의 어는점을 0℃, 물의 끓는점을 100℃로 하여 두 개의 온도 사이를 100등분한 값을 섭씨온도라 한다.

0℃~100℃ ⇒ 100등분

### ② 화씨온도(fahrenheit temperature)

물의 어는점을 32℉, 물의 끓는점을 212℉로 하여 두 개의 온도 사이를 180등분한 값을 화씨온도라 한다.

32℉~212℉ ⇒ 180등분

③ 섭씨와 화씨도의 환산

$$℃ : °F = 100 : 180 ⇒ 100°F = 180℃ \quad ∴ °F = \frac{9}{5}℃$$

$$°F = \frac{9}{5}℃ + 32 ← 물의 어는점(섭씨 0℃일 때 화씨는 32°F이므로)$$

## (2) 절대온도(absolute temperature : 열역학적 온도)

열역학 제2법칙에 따라 정해진 온도로 캘빈이 도입한 온도이며, 물질의 특이성에 의존하지 않는 절대적인 온도를 나타내며, 이론상으로 생각할 수 있는 최저온도를 기준으로 하여 온도 단위를 갖는 온도를 말한다.(절대온도 외의 대부분의 온도는 상대적인 개념을 갖고 만들었기 때문에 열역학에서 계산에 사용하기에는 무리가 따른다. 왜냐하면 10℃의 2배를 20℃로 볼 수 없지만 이에 반해 절대온도에서 100K의 2배는 200K로 인식해도 되기 때문이다. 절대온도 0 K는 −273.15℃이다.)

① 섭씨온도($t$℃)의 절대온도 ⇒ 캘빈온도 $K = t℃ + 273.15$
② 화씨온도($t$°F)의 절대온도 ⇒ 랭킨온도 $°R = t°F + 460$

# 10. 열량

## (1) 열량의 단위

① 1kcal : 순수한 물 1kg을 1K(1℃) 올리는 데 필요한 열량(14.5℃에서 15.5℃로 올리는 데 필요한 열량)
② 1Btu(British thermal unit) : 순수한 물 1lbm를 1°F 올리는 데 필요한 열량(60.5°F에서 61.5°F로 올리는 데 필요한 열량)
③ 1Chu(Centigrade heat unit) : 순수한 물 1lbm를 1℃ 올리는 데 필요한 열량

## (2) 열량의 단위환산

① kcal와 Btu의 환산

$$1kcal = 1kg × 1K\left(1lbm = 0.4536kg, \ 1°F = \frac{5}{9}K\right)$$

$$= 1kg · \frac{1lbm}{0.4536kg} × 1K · \frac{°F}{\frac{5}{9}K} = 3.968lbm · °F = 3.968Btu$$

$$∴ \ 1kcal = 3.968Btu$$

② kcal와 Chu의 환산

$$1\text{kcal}=1\text{kg}\times1°\text{C}$$

$$=1\text{kg}\times\frac{1\text{lbm}}{0.4536\text{kg}}\times1°\text{C}=2.205\text{lbm}\cdot°\text{C}=2.205\text{Chu}$$

$$\therefore 1\text{kcal}=2.205\text{Chu}$$

> **참고**
>
>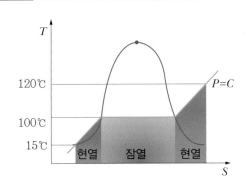
>
> ① **잠열**: 상변화 하는 데 드는 열(온도 변화 없음
>    (액체 → 기체))
> ② **현열**: 상변화 없이 드는 열(상변화 없이 온도
>    만 변화, (액체 → 액체), (기체 → 기체))
> ③ 물의 기화잠열은 540kcal/kgf, 얼음의 융해잠
>    열은 80kcal/kgf

## 11. 열효율

① 열효율은 입력(input power)에 대한 출력(output power)의 비로 입력은 동력시스템에 들어간 열을 의미하며 출력은 그 열을 가지고 만들어 낸 동력을 의미한다. 식으로 나타내면

$$\eta_{th}=\frac{\text{출력동력 (kW or PS)}\times[860\,(\text{kW일 때}) \text{ or } 632.3\,(\text{PS일 때})]}{\text{연료의 저위 발열량}\,(H_l)\times\text{연료소비율}\,(f_b)}\times100\%$$

② **고위발열량** : 연소반응에서 액체인 물이 생성될 때의 발열량

③ **저위발열량** : 고위발열량에서 기체인 증기($H_2O$)가 생성될 때의 열량을 뺀 발열량(보통 kcal/kg 으로 주어지지만 kJ/kg으로 주어질 수도 있다.)

④ **연료소비율** : 단위 시간당 소비되는 연료의 질량(kg/h)

> **예제** 한 시간에 3,600kg의 석탄을 소비하여 6,050kW를 발생하는 증기터빈을 사용하는 화력발전소
> 가 있다면, 이 발전소의 열효율은 약 몇 %인가?(단, 석탄의 발열량은 29,900kJ/kg이다.)
>
> $$\eta=\frac{\text{kW}}{H_l\times f_b}=\frac{6,050\,(\text{kW}=\text{kJ/s})\times3,600\text{s}}{29,900\,(\text{kJ/kg})\times3,600\,(\text{kg})}\times100\%=20.23\%$$

## 12. 밀도($\rho$), 비중량($\gamma$), 비체적($v$), 비중($s$)

① 밀도(density : $\rho$) $= \dfrac{\text{질량}}{\text{부피}} = \dfrac{m}{V}\,[\text{kg/m}^3]$

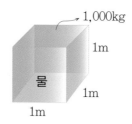

- 물의 밀도 : $\rho_w = 1{,}000\text{kg/m}^3 = 1{,}000\text{N}\cdot\text{s}^2/\text{m}^4 = 1{,}000\text{N}\dfrac{1\text{kgf}}{9.8\text{N}}\text{s}^2/\text{m}^4 = 102\text{kgf}\cdot\text{s}^2/\text{m}^4$

$$\underset{ML^{-3}}{\downarrow} \qquad\qquad \underset{FT^2L^{-4}}{\downarrow} \qquad\qquad\qquad \underset{\underline{FT^2L^{-4}}}{\downarrow}$$

② 비중량(specific weight : $\gamma$) $= \dfrac{\text{중량}}{\text{부피}} = \dfrac{W}{V} = \dfrac{m\cdot g}{V} = \rho\cdot g\,[\text{N/m}^3,\ \text{kgf/m}^3]$

③ 비체적(specific volume : $v$) $= \dfrac{\text{체적}}{\text{질량}}\,[\text{m}^3/\text{kgf}] \to$ 절대(SI)단위계 $v = \dfrac{1}{\rho}$

$\qquad\qquad\qquad\qquad\qquad = \dfrac{\text{체적}}{\text{무게(중량)}}\,[\text{m}^3/\text{kgf}] \to$ 공학(중력)단위계 $v = \dfrac{1}{\gamma}$

④ 비중(specific gravity : $s$) $= \dfrac{\gamma\,(\text{대상물질비중량})}{\gamma_w\,(\text{물의 비중량})} = \dfrac{\rho\,(\text{대상물질밀도})}{\rho_w\,(\text{물밀도})}$

$\qquad\qquad \gamma_w = 1{,}000\text{kgf/m}^3 = 9{,}800\text{N/m}^3$

## 13. 압력(Pressure)

### (1) 압력의 정의

압력이란 면적에 작용하는 힘의 크기를 나타낸다.

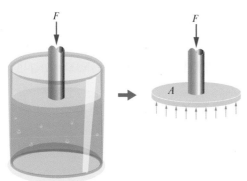

- 압력 : $P = \dfrac{F}{A}$ (면적분포)
- 단위 : $\text{N/m}^2$, $\text{kgf/cm}^2$, $\text{dyne/cm}^2$, mAq, mmHg, bar, atm, hPa, mbar
- $1\text{Pa} = 1\text{N/m}^2$, $1\text{psi} = 1\text{lb/inch}^2$

## (2) 압력의 종류

**1) 대기압 :** 대기(공기)에 의해 누르는 압력

① **국소대기압 :** 그 지방의 고도와 날씨 등에 따라 변하는 대기압

⑩ 높은 산에서 코펠에 돌을 올려 놓고 밥짓기

② **표준대기압 :** 표준해수면에서 잰 국소대기압의 평균값

- 표준대기압(Atmospheric pressure)

$$1atm = 760mmHg(수은주 높이)$$
$$= 10.33mAq(물 높이)$$
$$= 1.0332kgf/cm^2$$
$$= 1,013.25mbar$$

- 공학기압 : $1ata = 1kgf/cm^2$

## 2) 게이지 압력

압력계(게이지 압력)는 국소대기압을 기준으로 하여 측정하려는 압력과 국소대기압의 차를 측정 → 이 측정값 : 계기압력

## 3) 진공압

진공계로 측정한 압력으로 국소대기압보다 낮은 압력을 의미하며 (-)압력값을 가지므로 부압이라고도 한다.

- 진공도 $= \dfrac{진공압}{국소대기압} \times 100\%$

- 절대압 $= (1-진공도) \times 국소대기압$

### 4) 절대압력

완전진공을 기준으로 측정한 압력이며 완전진공일 때의 절대압력은 "0"이다.

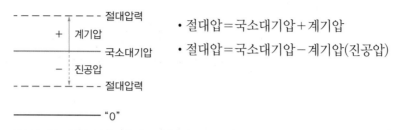

※ 이상기체나 다른 상태 방정식들에 관한 모든 계산은 절대압력 사용

---

예제 국소대기압이 730mmHg이고 진공도가 20%일 때 절대압력은 몇 mmHg인가? 또, 몇 kgf/cm²인가?

$$진공도 = \frac{진공압}{국소대기압} \times 100\% = 20\%$$

$$진공압 = 0.2 \times 국소대기압(730mmHg) = 146mmHg$$

$$절대압 = 국소대기압 - 진공압 = 730 - 146 = 584mmHg$$

방법1  $760 : 1.0332 = 584 : x$

$$\therefore x = 0.794kgf/cm^2$$

방법2  단위환산값을 사용하면 $584mmHg \times \dfrac{1.0332kgf/cm^2}{760mmHg} = 0.794kgf/cm^2$

"방법2 계산 방식 추천"

---

## 14. 열역학의 법칙

### (1) 열역학 제0법칙

열역학 제0법칙은 열평형에 관한 법칙으로 온도가 서로 다른 시스템(계)을 접촉시키거나 혼합시키면 온도가 높은 시스템에서 낮은 시스템으로 열이 이동하여 두 시스템 간의 온도차가 없어지며, 결국 두 시스템의 온도가 같아져 열평형상태에 놓이게 된다.

예를 들어 온도계로 물체 $B$와 $C$의 온도를 측정했을 때 두 물체의 온도가 $T_B = T_C$이면 $B$와 $C$는 열평형 상태에 있다.

## (2) 열역학 제1법칙

열역학 제1법칙은 에너지 보존의 법칙으로 밀폐계에 가한 일의 크기는 계의 열량변화량과 같다. : 열 $\rightleftarrows$ 일(에너지는 한 형태에서 다른 형태로 변하지만 에너지의 양은 항상 일정하게 보존된다는 것을 보여준다.)

아래 그림과 같은 줄의 실험에서 한 사이클 동안의 순일의 양은 한 사이클 동안의 순열량과 같다.(① → ② → ① 상태로 될 때 한일의 양과 열량변화량은 같다.)

따라서 열과 일의 적분관계는 다음과 같다.

$$\oint \delta Q = A \times \oint \delta W \left( A : \frac{1\text{kcal}}{4,185.5\text{J}} \text{ 일의 열당량} \right)$$

$$\oint \delta W = J \times \oint \delta Q \left( \text{J} : \frac{4,185.5\text{J}}{1\text{kcal}} \text{ 열의 일당량} \right)$$

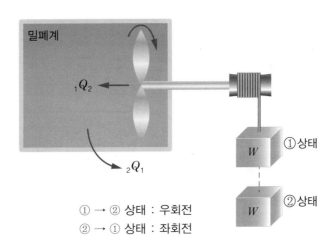

① → ② 상태 : 우회전
② → ① 상태 : 좌회전

## (3) 열역학 제2법칙

열역학 제2법칙(엔트로피)은 자연현상의 방향성을 제시한 법칙으로 열과 일이 갖는 비가역과정을 설명(엔트로피가 증가하는 방향으로만 진행)한다. 열기관에서의 열역학 제2법칙은 손실을 의미한다.

예를 들어 고온의 물체에서 저온의 물체로는 열이 전달되지만, 반대의 과정은 스스로 일어나지 않는다.

(열)  고온 $\rightleftarrows$ 저온    (물)   높은 위치 / 낮은 위치

## 1) 엔트로피($S$)

비가역성의 척도인 엔트로피 변화량 $dS = \dfrac{\delta Q}{T}$

① 가역과정 : $dS = 0 \rightarrow \displaystyle\oint \dfrac{\delta Q}{T} = 0$ (사이클 변화 동안의 엔트로피 변화량)

② 비가역과정 : $dS > 0 \rightarrow \displaystyle\oint \dfrac{\delta Q}{T} < 0$ (사이클 변화 동안의 엔트로피 변화량)

$\quad \Delta S$ 증가 ① 상태 $\rightleftarrows$ ② 상태(① → ② 상태, ② → ① 상태로 갈 때는 엔트로피 증가)

$\displaystyle\int_1^2 \dfrac{\delta Q}{T} - \int_2^1 \dfrac{\delta Q}{T} < 0$ (사이클 변화 동안(원래 상태로 되돌릴 때)의 엔트로피 변화량)

## (4) 열역학 제3법칙

열역학 제3법칙은 절대온도 0K에 이르게 할 수 없다는 법칙이다.(절대온도 0K에서의 엔트로피에 관한 법칙으로 Nernst가 주장 – 열역학적 과정에서의 절대온도 $T$ 가 0이 됨에 따라 열이 존재하지 않으며 엔트로피도 0이다.)

예 카르노 사이클

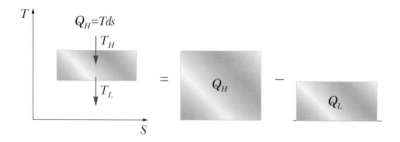

## (5) 영구기관

① 제1종 영구기관 : 열역학 제1법칙에 위배되는 기관(에너지를 공급받지 않고 끊임없이 일을 하는 기관)

② 제2종 영구기관 : 열역학 제2법칙에 위배되는 기관(손실이 없으므로 열효율 100%인 기관)

③ 제3종 영구기관 : 마찰이 없어서 무한히 운전은 되나 일을 얻을 수 없는 기관

# 핵심 기출 문제

**01** 다음 중 강도성 상태량(Intensive Property)이 아닌 것은?

① 온도
② 내부에너지
③ 밀도
④ 압력

**해설➕**

반$\left(\dfrac{1}{2}\right)$으로 나누었을 때 값이 변하지 않으면 강도성 상태량이다. 내부에너지는 반으로 줄어들므로 강도성 상태량이 아니다.

**02** 다음은 시스템(계)과 경계에 대한 설명이다. 옳은 내용을 모두 고른 것은?

> 가. 검사하기 위하여 선택한 물질의 양이나 공간 내의 영역을 시스템(계)이라 한다.
> 나. 밀폐계는 일정한 양의 체적으로 구성된다.
> 다. 고립계의 경계를 통한 에너지 출입은 불가능하다.
> 라. 경계는 두께가 없으므로 체적을 차지하지 않는다.

① 가, 다
② 나, 라
③ 가, 다, 라
④ 가, 나, 다, 라

**해설➕**

• 밀폐계에서 시스템(계)의 경계는 이동할 수 있으므로 체적은 변할 수 있다.
• 고립계(절연계)에서는 계의 경계를 통해 열과 일이 전달될 수 없다.

**03** 질량이 $m$이고 비체적이 $v$인 구(Sphere)의 반지름이 $R$이다. 이때 질량이 $4m$, 비체적이 $2v$로 변화한다면 구의 반지름은 얼마인가?

① $2R$
② $\sqrt{2}\,R$
③ $\sqrt[3]{2}\,R$
④ $\sqrt[3]{4}\,R$

**해설➕**

i) $mv = V$이므로 $mv = \dfrac{4}{3}\pi R^3$ ⋯ ⓐ

ii) 구의 반지름을 $x$라 하면 $4m \times 2v = \dfrac{4}{3}\pi x^3$

$$8mv = \dfrac{4}{3}\pi x^3 \rightarrow mv = \dfrac{\pi}{6}x^3 \ (\leftarrow ⓐ \ 대입)$$

$$\dfrac{4}{3}\pi R^3 = \dfrac{\pi}{6}x^3 \rightarrow x^3 = 8R^3 \quad \therefore \ x = 2R$$

**04** 용기에 부착된 압력계에 읽힌 계기압력이 150 kPa이고 국소대기압이 100kPa일 때 용기 안의 절대압력은?

① 250kPa
② 150kPa
③ 100kPa
④ 50kPa

**해설➕**

절대압력＝국소대기압＋계기압

$$P_{abs} = P_o + P_g = 100 + 150 = 250\,\mathrm{kPa}$$

**05** 500W의 전열기로 4kg의 물을 20℃에서 90℃까지 가열하는 데 몇 분이 소요되는가?(단, 전열기에서 열은 전부 온도 상승에 사용되고 물의 비열은 4,180J/(kg · K)이다.)

① 16
② 27
③ 39
④ 45

$$\dot{Q}(\text{열전달률}) = \frac{Q}{t}$$

$\delta Q = m c d T$ 에서

$$500\text{J/s} \times x \min \times \frac{60\text{s}}{1\min} = 4 \times 4{,}180 \times (90 - 20)$$

$$\therefore\ x = 39.01\min$$

**06** 화씨 온도가 86°F일 때 섭씨 온도는 몇 ℃인가?

① 30          ② 45

③ 60          ④ 75

$°\text{F} = \dfrac{9}{5}℃ + 32$ 에서

$$℃ = (°\text{F} - 32) \times \frac{5}{9} = (86 - 32) \times \frac{5}{9} = 30℃$$

**07** 그림과 같은 단열된 용기 안에 25℃의 물이 0.8m³ 들어 있다. 이 용기 안에 100℃, 50kg의 쇳덩어리를 넣은 후 열적 평형이 이루어졌을 때 최종 온도는 약 몇 ℃인가?(단, 물의 비열은 4.18kJ/(kg · K), 철의 비열은 0.45kJ/(kg · K)이다.)

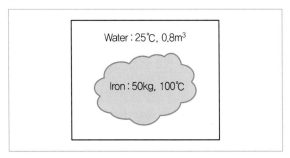

Water : 25℃, 0.8m³

Iron : 50kg, 100℃

① 25.5          ② 27.4

③ 29.2          ④ 31.4

$_1 Q_2 = m C(T_2 - T_1)$, 열평형온도 : $T_m$

$(-)$쇠가 방출한 열량$=(+)$물이 흡수한 열량

$$-m_i C_i(T_m - T_i) = m_w C_w(T_m - T_w)$$

$$m_i C_i(T_i - T_m) = m_w C_w(T_m - T_w)$$

$$\therefore\ T_m = \frac{m_i C_i T_i + m_w C_w T_w}{m_i C_i + m_w C_w}$$

(여기서, 물의 질량 $m_w = \rho_w V_w$)

$$= \frac{m_i C_i T_i + \rho_w V_w C_w T_w}{m_i C_i + \rho_w V_w C_w}$$

$$= \frac{50 \times 0.45 \times 100 + 1{,}000 \times 0.8 \times 4.18 \times 25}{50 \times 0.45 + 1{,}000 \times 0.8 \times 4.18}$$

$$= 25.5℃$$

**08** 매시간 20kg의 연료를 소비하여 74kW의 동력을 생산하는 가솔린 기관의 열효율은 약 몇 %인가?(단, 가솔린의 저위발열량은 43,470kJ/kg이다.)

① 18          ② 22

③ 31          ④ 43

$$\eta = \frac{H_{\text{kW}}}{H_l \times f_b}$$

$$= \frac{74\text{kW} \times \dfrac{3{,}600\text{kJ}}{1\text{kWh}}}{43{,}470 \dfrac{\text{kJ}}{\text{kg}} \times 20 \dfrac{\text{kg}}{\text{h}}} = 0.3064 = 30.64\%$$

**09** 100℃의 구리 10kg을 20℃의 물 2kg이 들어 있는 단열 용기에 넣었다. 물과 구리 사이의 열전달을 통한 평형 온도는 약 몇 ℃인가?(단, 구리 비열은 0.45kJ/kg · K, 물 비열은 4.2kJ/kg · K이다.)

① 48          ② 54

③ 60          ④ 68

**해설⊕**

열량 $_1Q_2 = mc(T_2 - T_1)$에서

구리가 방출(−)한 열량＝물이 흡수(＋)한 열량

$-m_{구}c_{구}(T_m - 100) = m_{물}c_{물}(T_m - 20)$

$$T_m = \frac{m_{물}c_{물} \times 20 + m_{구}c_{구} \times 100}{m_{물}c_{물} + m_{구}c_{구}}$$

$$= \frac{2 \times 4.2 \times 20 + 10 \times 0.45 \times 100}{2 \times 4.2 + 10 \times 0.45}$$

$$= 47.91 ℃$$

## 10 다음 온도에 관한 설명 중 틀린 것은?

① 온도는 뜨겁거나 차가운 정도를 나타낸다.

② 열역학 제0법칙은 온도 측정과 관계된 법칙이다.

③ 섭씨온도는 표준 기압하에서 물의 어는점과 끓는점을 각각 0과 100으로 부여한 온도 척도이다.

④ 화씨 온도 F와 절대온도 K 사이에는 K＝F+273.15 의 관계가 성립한다.

**해설⊕**

$K = ℃ + 273.15$

# 02 일과 열

## 1. 일(Work)

### (1) 일의 정의

**1) 변위일 :** 에너지의 일종으로 힘의 방향으로 변위가 일어날 때의 일을 말한다.

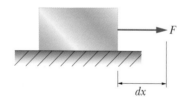

$$_1W_2 = \int_1^2 F \cdot dx$$

$$\delta W = F \cdot dx$$

① 일의 부호

ㄱ **양의 일 :** 계(System)가 한 일(+)

ㄴ **음의 일 :** 계(System)가 받은 일(−)

### 2) 준평형 과정 하에 있는 단순압축성 시스템의 경계이동에 의한 일

추를 1개 제거할 때 $dL$ 만큼 움직임 : 준평형과정($P=C$)

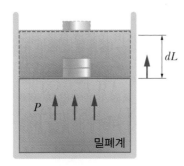

밀폐계

미소일량 : $\delta W = F \cdot dL = P \cdot A \cdot dL = P \cdot dV$

(일은 체적변화를 수반함)

$$\int_1^2 \delta W = \int_1^2 P \cdot AdL$$

$$\therefore {}_1W_2 = \int_1^2 PdV = P(V_2 - V_1) \ (\because P=C \text{이므로})$$

### (2) 절대일(absolute work : 밀폐계의 일)

밀폐계에서의 일, 비유동일, 검사질량(일정질량)의 일(질량유동 없는 계의 일)

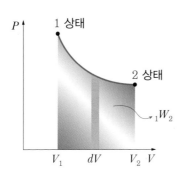

$\delta W = PdV \rightarrow \delta w = Pdv$

(정적과정에서 $dv=0$ 이므로 절대일량은 "0"이다.)

$${}_1W_2 = \int_1^2 PdV$$

(정압과정이란 조건이 없으므로 $P$ 는 변수(상수 아님))

(팽창하니까 압력이 낮아짐 → $P$ 가 어떤 함수)

예 카르노 사이클에서 일, 가솔린기관과 디젤기관의 일
⇒ 밀폐계의 일 ⇒ 절대일

### (3) 공업일(technical work : 개방계의 일)

개방계에서의 일, 유동일(검사체적을 잡으면 검사면에서 질량유동 있음)

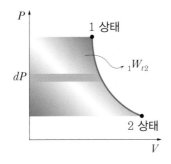

$\delta W_t = -VdP$

(정압과정에서 $dP=0$ 이므로 공업일의 양은 "0"이다.)

$${}_1W_{t2} = -\int_1^2 VdP$$

예 펌프일, 터빈일, 압축기일 ⇒ 계방계의 일 ⇒ 공업일

## 2. 열

### (1) 열의 정의

① 열

두 시스템 간의 온도차에 의하여 높은 온도의 시스템에서 계의 경계를 통하여 낮은 온도의 시스템으로 전달되는 에너지의 한 형태

② 열의 단위

$$1\text{kcal}=4,185.5\text{J}=4.1855\text{kJ}=427\text{kgf}\cdot\text{m}$$

## 3. 열역학 제1법칙

### (1) 밀폐계에 대한 열역학 제1법칙(사이클에서의 열역학 제1법칙)

밀폐계(검사질량) 내에서 계가 사이클 변화 동안 한 일의 총합은 열의 총합과 같다.
열역학 제1법칙을 정량적으로 표현하기 위해 상태량인 에너지를 정의

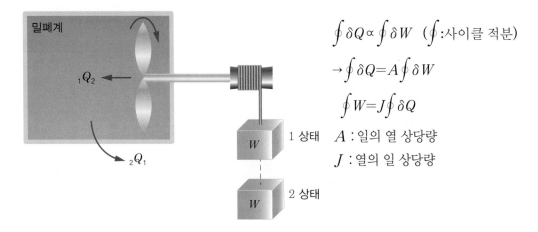

$$\oint \delta Q \propto \oint \delta W \quad (\oint : \text{사이클 적분})$$
$$\to \oint \delta Q = A \oint \delta W$$
$$\oint W = J \oint \delta Q$$

$A$ : 일의 열 상당량
$J$ : 열의 일 상당량

첫 번째 과정(1 상태 → 2 상태)에서는 추가 내려가는 동안 우회전하는 날개에 의하여 시스템에 열($_1Q_2$)이 가해진다.

두 번째 과정에서는 시스템을 처음 상태로 회복하기 위하여, 즉 Cycle을 완성하기 위하여 시스템으로부터 열을 추출($_2Q_1$)하면 날개가 좌회전하여 추를 감아올린다.

1 상태 → 2 상태 → 1 상태(사이클 완성)

$$\oint \delta Q = \int_1^2 \delta Q + \int_2^1 \delta Q$$

$$\oint \delta W = \int_1^2 \delta W + \int_2^1 \delta W$$

## (2) 밀폐계의 상태변화에 대한 열역학 제1법칙

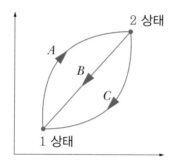

① 1 상태 $\xrightarrow{A}$ 2 상태 $\xrightarrow{B}$ 1 상태

$$\oint \delta Q = \int_{1A}^2 \delta Q + \int_{2B}^1 \delta Q$$

$$\oint \delta W = \int_{1A}^2 \delta W + \int_{2B}^1 \delta W$$

$$\therefore \int_{1A}^2 \delta Q + \int_{2B}^1 \delta Q = \int_{1A}^2 \delta W + \int_{2B}^1 \delta W \quad \text{ⓐ}$$

② 1 상태 $\xrightarrow{A}$ 2 상태 $\xrightarrow{C}$ 1 상태

$$\oint \delta Q = \int_{1A}^2 \delta Q + \int_{2C}^1 \delta Q$$

$$\oint \delta W = \int_{1A}^2 \delta W + \int_{2C}^1 \delta W$$

$$\therefore \int_{1A}^2 \delta Q + \int_{2C}^1 \delta Q = \int_{1A}^2 \delta W + \int_{2C}^1 \delta W \quad \text{ⓑ}$$

ⓐ식－ⓑ식 $\Rightarrow \int_{2B}^1 \delta Q - \int_{2C}^1 \delta Q = \int_{2B}^1 \delta W - \int_{2C}^1 \delta W \Rightarrow$ 같은 경로로 정리하면

$$\int_{2B}^1 (\delta Q - \delta W) = \int_{2C}^1 (\delta Q - \delta W) \quad \text{ⓒ}$$

ⓒ식은 1 상태, 2 상태 사이의 모든 과정에서 경로에 관계없이 일정하다.($\delta Q - \delta W \rightarrow$ 일정)

이 양을 밀폐계의 에너지 $E$ 로 표시하고, 경로와 무관한 양이며 점함수이므로 완전미분 $dE$ 로 쓰면

$$dE = \delta Q - \delta W \quad \text{⋯⋯⋯⋯⋯⋯⋯⋯⋯⋯⋯⋯⋯⋯⋯⋯⋯⋯⋯⋯⋯⋯⋯⋯} \quad ⓓ$$

이 식을 점함수와 경로함수를 적용하여 적분하면

$$E_2 - E_1 = {}_1Q_2 - {}_1W_2$$

여기서, $E$ : 시스템이 갖는 모든 에너지(열역학 제1법칙을 양적으로 표현)

$E = U + (KE) + (PE)$ 인데 미분식으로 미소변화량을 표현하면

$dE = dU + d(KE) + d(PE)$ (앞서 기체의 에너지 저장방식에서 언급하였음)

여기서, $U$ : 내부에너지(internal energy) : $KE$ 와 $PE$ 를 제외한 모든 에너지

$\quad\quad\quad KE$ (Kinetic energy) : 운동에너지(병진운동)

$\quad\quad\quad PE$ (Potential energy) : 위치에너지(분자 간 작용하는 힘(인력))

∴ 상태변화에 대한 열역학 제1법칙은 다음과 같이 표현된다.(ⓓ식은 $\delta Q = dE + \delta W$)

$$\delta Q = dU + d(KE) + d(PE) + \delta W \quad \text{⋯⋯⋯⋯⋯⋯⋯⋯⋯⋯⋯⋯⋯} \quad ⓔ$$

밀폐계(검사질량)가 상태변화를 하는 동안 일과 열의 양은 시스템의 경계를 통과하는 순에너지량과 같다.

시스템의 에너지는 내부에너지, 운동에너지, 위치에너지 중 어떤 것으로도 변할 수 있다.

여기서, 기체분자 운동에너지 $d(KE)$ 와 기체분자 위치에너지 $d(PE)$ 는 내부에너지에 비해 매우 작아 무시하면

$$\delta Q = dU + \delta W = dU + PdV$$

$${}_1Q_2 = U_2 - U_1 + {}_1W_2$$

밀폐계의 질량 $m$ 으로 양변을 나누면

$${}_1q_2 = u_2 - u_1 + {}_1w_2$$

이 식을 미소변화량에 대해 미분식으로 표현하면

$$\delta q = du + Pdv \text{ : 열역학 제1법칙(밀폐계)}$$

## (3) 일과 운동에너지, 위치에너지 정리

### 1) 일(힘×거리)-운동에너지

ⓔ식으로부터 운동에너지($KE$)

$$\delta Q = dU + d(KE) + d(PE) + \delta W \rightarrow \delta W = -d(KE)$$

(위치에너지($d(PE) = 0$)는 변화가 없다. 열전달은 없다($\delta Q = 0$). 내부에너지(온도만의 함수,

$dU=0$)도 변화가 없다.)

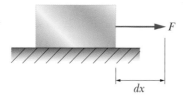

어떤 물체에 작용하는 일의 양은 그 물체의 운동에너지(위치에너지)의 변화량과 같다.

$\delta W = -F \cdot dx = -d(KE)$ ($\because$ 계가 일을 받으므로($-$))

$\qquad = +mvdv = d(KE)$

힘의 정의에서 $F = ma$

$$= m \cdot \frac{dv}{dt}$$

$$= m \cdot \frac{dx}{dt} \cdot \frac{dv}{dx}$$

$$= m \cdot v \cdot \frac{dv}{dx}$$

$F \cdot dx = m \cdot vdv$ (적분변수 $x_1 \to v_1, x_2 \to v_2$)

$$\Rightarrow \int_{x_1}^{x_2} F \cdot dx = \int_{v_1}^{v_2} mvdv$$

양변을 적분하면 $KE_2 - KE_1 = \dfrac{1}{2} m \left[v^2\right]_1^2$

$$= \frac{1}{2} m (v_2^2 - v_1^2) \quad \cdots\cdots\cdots\cdots \text{ⓕ}$$

만약, 정지물체를 $v$의 속도로 움직일 경우, $KE$(운동에너지)$= \dfrac{1}{2} mv^2$

## 2) 일-위치에너지

ⓔ식으로부터 $PE$(위치에너지), $F = ma \Rightarrow mg$

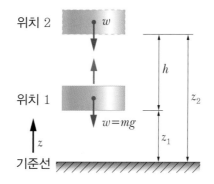

$$\delta W = -F \cdot dz = -d(PE)$$
$$= m \cdot g \cdot dz = d(PE)$$
$$PE_2 - PE_1 = mg(z_2 - z_1) \quad \text{-----------------------} ⓖ$$

만약, 바닥에서 $h$ 만큼 올려놓았다면, $PE = mg \cdot h = w \cdot h$

ⓔ식에 ⓕ, ⓖ를 적용해보자.

$\delta Q = dU + \dfrac{d(mv^2)}{2} + d(mg \cdot z) + \delta w$를 적분하면

$$\therefore {}_1Q_2 = U_2 - U_1 + \dfrac{m(v_2^2 - v_1^2)}{2} + mg(z_2 - z_1) + {}_1W_2$$

여기서, 밀폐계에서 분자의 운동에너지와 위치에너지는 내부에너지에 비해 극히 작게 변하므로 무시하면

$${}_1Q_2 = U_2 - U_1 + {}_1W_2 \quad \text{-----------------------} ⓗ$$

밀폐계이므로 일은 절대일, ⓗ식의 양변을 질량($m$)으로 나누면

$${}_1q_2 = u_2 - u_1 + {}_1w_2$$

> $\delta q = du + Pdv$ : 열역학 제1법칙(밀폐계)

## 4. 엔탈피(enthalpy, H)

### (1) 엔탈피 정의

밀폐계에 대한 열역학 제1법칙 ${}_1Q_2 = U_2 - U_1 + {}_1W_2$에서 1 상태에서 2 상태로 갈 때 정압과정($P = C$)이라면 $P_1 = P_2 = P$이고, 정압을 유지하기 위해 1 상태에서 2 상태로 팽창해가면서 열량($Q$)을 가해준다.

${}_1W_2 = \displaystyle\int_1^2 PdV$에서 ${}_1W_2 = P(V_2 - V_1) = PV_2 - PV_1 = P_2V_2 - P_1V_1$

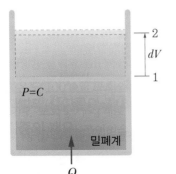

ⓗ식에 적용하면
$${}_1Q_2 = U_2 - U_1 + P_2V_2 - P_1V_1$$
$$= (U_2 + P_2V_2) - (U_1 + P_1V_1)$$
이 과정 동안 전달된 열량은 $U + PV$ 의 차로 나타난다.

> $H = U + PV$ (엔탈피 : 점함수 : 경로에 무관)

$H$ (엔탈피) : 열역학 상태량의 조합된 형태
　　　　　　　　(새로운 종량성 상태량)

## (2) 엔탈피 변화

$H=U+PV \rightarrow h=u+Pv$

나중에 배우지만 $dh=C_P dT$(이상기체에서 엔탈피는 온도만의 함수 → 일반적으로 온도가 더 높은 쪽의 엔탈피가 크다.)

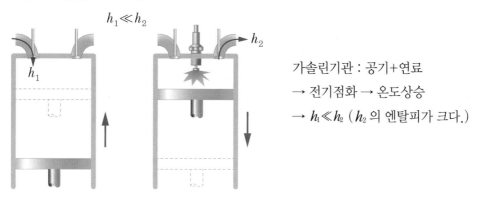

$h_1 \ll h_2$

가솔린기관 : 공기+연료

→ 전기점화 → 온도상승

→ $h_1 \ll h_2$ ($h_2$의 엔탈피가 크다.)

$H=U+PV$로 정의 → 단위질량당 엔탈피 $h=u+Pv$를 미분하면

$dh=du+Pdv+vdP$

완전미분식으로 표현된 열역학 상태량의 조합된 형태

$H$는 상태량이고 점함수이므로 진행과정(수식의 도출에서 정압과정으로 가정했지만)에는 상관없다.

---

### 참고

엔탈피를 이용해 내부에너지를 구할 수 있다.

$u=h-Pv$로부터

(수증기표 외에 열역학적 상태량에 대한 도표들에서는 엔탈피 값이 있으면 내부에너지가 나타나지 않은 경우가 많으므로)

미분식 $dh=du+Pdv+vdP$에서 ($du+Pdv=\delta q$이므로)

$dh=\delta q+vdP$

$\therefore \delta q=dh-vdP=du+Pdv$

$$\delta q=du+Pdv=dh-vdP : \text{검사질량(밀폐계)의 열역학 1법칙}$$

밀폐계는 질량유동 없음 → 검사체적에 대한 열역학 제1법칙은 질량유동 있음(개방계)

## 5. 검사체적에 대한 열역학 제1법칙

### (1) 검사체적에 대한 열역학 제1법칙(개방계)

검사체적에 대한 열역학 제1법칙은 개방계이므로 검사면을 통한 질량유동이 존재한다.

• 밀폐계에 대한 열역학 제1법칙으로부터 시작

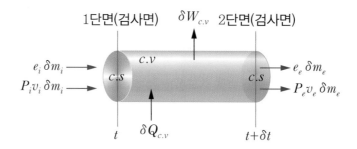

$dE = \delta Q - \delta W$ 에서 → $_1Q_2 = E_2 - E_1 + _1W_2$ → 미소 변화량으로 쓰면

$\delta Q = E_2 - E_1 + \delta W$ ············································· ⓐ

ⓐ식의 양변을 시간 $\delta t$ 로 나누면(미소 시간 동안의 평균변화율)

$\dfrac{\delta Q}{\delta t} = \dfrac{E_2 - E_1}{\delta t} + \dfrac{\delta W}{\delta t}$ ······························· ⓑ

### 1) 검사체적에서의 에너지량(에너지에 대해 정리)

$\left( \begin{array}{l} E_1 : \text{에너지}\,(t\text{초}) + \text{질량에 의해 유입되는 에너지}\,(E_i = m_i e_i) \\ E_2 : \text{에너지}\,(t+\delta t\text{초}) + \text{질량에 의해 유출되는 에너지}\,(E_e = m_e e_e) \end{array} \right)$

$E_1 = E_t + e_i \delta m_i$ : 시간 $t$일 때 검사질량의 에너지

$E_2 = E_{t+\delta t} + e_e \delta m_e$ : 시간 $t+\delta t$일 때 검사질량의 에너지

$\therefore E_2 - E_1 = (E_{t+\delta t} - E_t) + (e_e \delta m_e - e_i \delta m_i)$ ·············· ⓒ

(여기서, $E_{c.v} = E_{t+\delta t} - E_t$ 개념 : 검사체적에서 에너지 변화량)

### 2) 검사체적에서의 일량(일에 대해 정리)

일 = 힘 × 거리 = $P \cdot A \cdot dl = PdV = Pv\delta m$ (여기에서 $v = \dfrac{V}{m}$, 검사면에서 질량에 의해 나오는 일)

$\delta W_{c.v}$ : 검사체적에서 한 일의 양

$\therefore \delta W = \delta W_{c.v} + P_e \delta m_e v_e - P_i \delta m_i v_i$ ······························· ⓓ

### 3) 검사체적에서의 열량(열에 대해 정리)

$\delta Q = \delta Q_{c.v}$ ................................................................ ⓔ

외부에서 검사체적으로 들어오는 열량만 존재

ⓔ 보일러(물이 보일러 입구에 들어오면서 열을 공급하는 것은 아니다. 즉, 질량유량에 의한 열 출입이 없다. → 결론 : 검사체적 외부에서 물을 데움)

ⓑ식에 ⓒ, ⓓ, ⓔ를 대입하면

$$\frac{\delta Q_{c.v}}{\delta t} = \frac{(E_{t+\delta t} - E_t) + (e_e \delta m_e - e_i \delta m_i)}{\delta t} + \frac{\delta W_{c.v} + (P_e v_e \delta m_e - P_i v_i \delta m_i)}{\delta t}$$

열($c.v$으로 공급되며      점함수             일은 경로함수 → $c.v$에 대한 일과
경로함수)                                      질량 유·출입에 의한 일이 발생

$i$와 $e$로 정리하면

$$\frac{\delta Q_{c.v}}{\delta t} + \frac{\delta m_i}{\delta t}(e_i + P_i v_i) = \frac{E_{t+\delta t} - E_t}{\delta t} + \frac{\delta m_e}{\delta t}(e_e + P_e v_e) + \frac{\delta W_{c.v}}{\delta t}$$

양변에 극한 $\lim\limits_{\delta t \to 0}$을 취하면

$$\dot{Q}_{c.v} + \dot{m}_i(e_i + P_i v_i) = \frac{dE_{c.v}}{dt} + \dot{m}_e(e_e + P_e v_e) + \dot{W}_{c.v}$$

> 만약, 정상상태·정상유동(Steady State Steady Flow : SSSF) 과정이라면
>
> $\dfrac{\partial F}{\partial t} = 0$에서 $\dfrac{dE_{c.v}}{dt} = 0$, $\dot{m}_i = \dot{m}_e (\dfrac{dm_{c.v}}{dt} + \dot{m}_e - \dot{m}_i = 0$에서 $\dfrac{dm_{c.v}}{dt} = 0$이므로$)$
>
> 여기서, $e + Pv = u + \dfrac{V^2}{2} + gZ + Pv$
>
> $\qquad\qquad\quad = h + \dfrac{V^2}{2} + gZ \ (\because h = u + Pv)$
>
> (열역학 상태량이 조합된 형태)
>
> 검사질량이 검사면을 통과할 때면 언제나 $(u + Pv)$항이 나타난다.
>
> 상태량 enthalpy가 필요한 주된 이유를 정리하면 질량이 유입·유출되는 검사표면(C.S)에서 항상 엔탈피가 나오기 때문이다.

$\dot{m}_i = \dot{m}_e = \dot{m}$이므로 양변을 $\dot{m}$(kg/s)로 나누면

$$q_{c.v} + h_i + \frac{V_i^2}{2} + gZ_i = h_e + \frac{V_e^2}{2} + gZ_e + w_{c.v} \ \text{(SI단위)}$$

> $\left(\because \dfrac{\dot{Q}_{c.v}}{\dot{m}} = \dfrac{\text{kcal/s}}{\text{kg/s}} = \text{kcal/kg} = q_{c.v}, \ \dfrac{\dot{W}_{c.v}}{\dot{m}} = \dfrac{\text{kJ/s}}{\text{kg/s}} = \text{kJ/kg} = w_{c.v}\right.$
>
> SSSF과정에서 검사체적을 출입하는 단위질량당 열전달과 일량이라고 한다.$\left.\right)$

검사질량(질량이 일정)인지 검사체적(질량의 유동이 포함)인지 문맥상 명확히 구분된다.

$W_{c.v}$ : 검사체적 전체로 일 출력

$Q_{c.v}$ : 검사체적 전체로 열 투입

검사면으로 한정할 수 없다.

$$\dot{Q}_{c.v} + \dot{m}_i\left(h_i + \frac{V_i^2}{2} + gZ_i\right) = \frac{dE_{c.v}}{dt} + \dot{m}_e\left(h_e + \frac{V_e^2}{2} + gZ_e\right) + \dot{W}_{c.v}$$

검사체적 속으로 들어오는 열 전달률과 질량의 유입과 함께 들어오는 에너지 유입률의 합은 검사체적 속의 에너지 변화율과 질량의 유출과 함께 나가는 에너지 유출률, 검사체적에서 발생하는 출력(동력)의 합과 같다.

$\dot{m}_i = \dot{m}_e = \dot{m}$ 이므로 양변을 $\dot{m}(\mathrm{kg/s})$ 로 나누면(SSSF상태)

$$q_{c.v} + h_i + \frac{V_i^2}{2} + gZ_i = h_e + \frac{V_e^2}{2} + gZ_e + w_{c.v} \,(\mathrm{SI}단위)$$

개방계에 대한 열역학 제1법칙

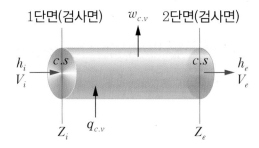

1단면(검사면)    $w_{c.v}$    2단면(검사면)

$h_i$ $V_i$    $c.s$    $c.s$    $h_e$ $V_e$

$Z_i$    $q_{c.v}$    $Z_e$

참고

유체역학이나 열전달에서 검사체적에 대한 열역학 제1법칙은 질량보존의 법칙에서와 마찬가지로 국소 상태량으로 표현한다.

$$q_{c.v} + h_i + \frac{V_i^2}{2} + gZ_i = h_e + \frac{V_e^2}{2} + gZ_e + w_{c.v} \,(\mathrm{SI}단위)$$

양변을 $g$ 로 나누면

$$q_{c.v} + h_i + A\frac{V_i^2}{2g} + AZ_i = h_e + A\frac{V_e^2}{2g} + AZ_e + Aw_{c.v} \,(공학단위)$$

여기서, $q_{c.v}$ : 중량당 열전달량, $h$ : 중량당 엔탈피, $A$ : 일의 열상당량(일량들을 열로 바꿈)

## (2) 검사체적에 대한 열역학 제1법칙과 베르누이 방정식의 관계

검사체적에 대한 열역학 제1법칙에서

정상유동 $\dfrac{dm_{c.v}}{dt}=0$

연속방정식 $\dot{m_i}=\dot{m_e}=\dot{m}$, 질량 유입 · 유출이 여러 곳에서 이루어지면

$\sum$(the sum of)를 사용하여 아래처럼 나타낼 수 있다.

$$\dot{Q}_{c.v}+\sum \dot{m_i}\left(h_i+\frac{V_i^2}{2}+gZ_i\right)=\sum \dot{m_e}\left(h_e+\frac{V_e^2}{2}+gZ_e\right)+\dot{W}_{c.v}$$

검사체적의 정상상태 · 정상유동에 대한 1법칙

$$q_{c.v}+h_i+\frac{V_i^2}{2}+gZ_i=h_e+\frac{V_e^2}{2}+gZ_e+w_{c.v} \cdots\cdots\cdots \text{ⓐ}$$

### 1) 베르누이 방정식과의 관계

유체에서는 열 출입이 없는 가역단열과정이므로 ⓐ식에서, 밀폐계의 1법칙

$\delta q=dh-vdP,\ 0=dh-vdP \to dh=vdP$

$h_2-h_1=\displaystyle\int_1^2 vdP,\ h_e-h_i=\int_i^e vdP$

비압축성 유체 $\left(v=\dfrac{1}{\rho}=C\right)$가 움직일 때

$$w_{c.v}=(h_i-h_e)+\frac{V_i^2-V_e^2}{2}+g(z_i-z_e) \cdots\cdots\cdots \text{ⓑ}$$

$$=-\int_i^e vdP+\frac{V_i^2-V_e^2}{2}+g(z_i-z_e)$$

※ 수차(터빈), 펌프 등 액체(유체) 해석할 때 열 출입은 없다.

노즐유동과 같이 일의 출입이 없는 가역 정상상태 · 정상유동과정에서 유체가 비압축성이면 $\rho=C$, 비체적 $v=C$이고, 유선을 따라 유동하는 유체의 에너지 값은 일을 하고 있지 않아 출력일($w_{c.v}=0$)은 없다.

$$v(P_i-P_e)+\frac{V_i^2-V_e^2}{2}+g(z_i-z_e)=0$$

$$\frac{P_i-P_e}{\rho}+\frac{V_i^2-V_e^2}{2}+g(z_i-z_e)=0 \text{ (SI단위)}$$

베르누이 방정식 $\dfrac{P_i-P_e}{\rho}+\dfrac{V_i^2-V_e^2}{2}+g(z_i-z_e)=0$

┃ 참고

ⓑ식은 작업유체의 운동에너지와 위치에너지 변화가 크지 않은 여러 종류의 유동과정에 광범위하게 적용 가능하며, 이러한 기계로는 일의 입출력(turbine, pump 등)이 있으며 위치에너지와 운동에너지 변화가 없는 가역 SSSF과정으로 볼 수 있다.

흐름속도가 거의 일정하여 위치에너지 차는 무시할만하다.(∵기체이므로)

따라서 ⓑ식은 $w_{c.v} = -\int_i^e vdP$ ····························· ⓒ

일은 작업유체의 비체적과 밀접한 관계가 있다.

※ 증기동력발전소에서 펌프에서의 압력 증가량은 터빈에서의 압력강하량과 같다. 펌프에서 입·출구의 위치에너지와 운동에너지의 변화를 무시하면 펌프와 터빈일은 ⓒ식으로 계산된다.

펌프에서 액체상태로 압축되며 액체는 터빈으로 들어가는 증기에 비하여 비체적이 매우 작다. 따라서 펌프의 입력일이 터빈의 출력일보다 훨씬 작다. 그 차이가 발전소의 순출력일이다.

## 6. 정상상태·정상유동과정의 개방계에 대한 열역학 제1법칙 적용

### (1) 검사체적을 보일러(boiler)에 적용

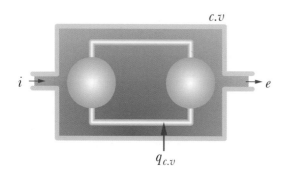

열 교환기(보일러, 응축기)는 일 못함 (체적변화가 없으므로)

$w_{c.v} = 0$

$$q_{c.v} + h_i + \frac{V_i^2}{2} + gZ_i = h_e + \frac{V_e^2}{2} + gZ_e + w_{c.v}$$

(가정 $V_i \approx V_e$, $Z_i \approx Z_e$, 입·출구 속도 거의 같고 위치에너지 무시)

$q_b = q_{c.v} = h_e - h_i \,(\mathrm{kJ/kg}) > 0$

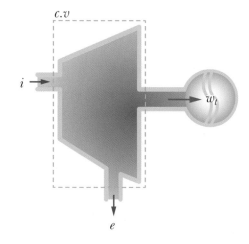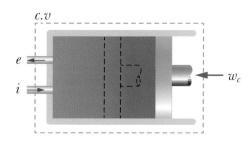

## (2) 검사체적을 터빈(turbine)에 적용

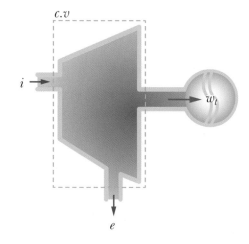

가정 : $q_{c.v}=0$(단열) : 열 출입이 없다.

$V_i \approx V_e$, $Z_i \approx Z_e$

$$q_{c.v}+h_i+\frac{V_i^2}{2}+gZ_i=h_e+\frac{V_e^2}{2}+gZ_e+w_{c.v}$$

$$\therefore w_{c.v}=h_i-h_e=w_t \,(\mathrm{kJ/kg}) > 0$$

## (3) 검사체적을 압축기(Compressor)에 적용

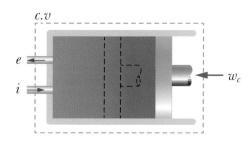

가정 : 단열 $q_{c.v}=0$, $V_i \approx V_e$, $Z_i \approx Z_e$

$$q_{c.v}+h_i+\frac{V_i^2}{2}+gZ_i=h_e+\frac{V_e^2}{2}+gZ_e+w_{c.v}$$

$$w_{c.v}=h_i-h_e<0$$

$$-w_{c.v}=h_i-h_e \text{ (계가 일 받음. (−)일 부호)}$$

$$\therefore w_{c.v}=h_e-h_i=w_c\,[\mathrm{kJ/kg}]$$

$h=u+Pv$

$du=C_v dT$

이상기체($Pv=RT$)라고 보면

$\rightarrow h=u+RT \rightarrow$ 압축(온도증가)

$\rightarrow$ 출구엔탈피가 크다.

## (4) 응축기(condenser : 방열기)

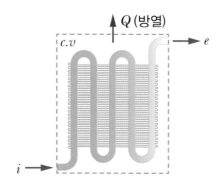

$w_{c.v} = 0$ : 일 못함 (열교환기)

$$q_{c.v} + h_i + \frac{V_i^2}{2} + gZ_i = h_e + \frac{V_e^2}{2} + gZ_e + w_{c.v}$$

$q_{c.v} = h_e - h_i < 0$ (방열 → $(-)$ 열부호)

$-q_{c.v} = h_e - h_i$

$\therefore q_{c.v} = h_i - h_e = q_c$

## (5) 교축과정(등엔탈피 과정)

교축이란 가스가 좁은 통로를 흐를 때 유동방향으로 압력이 떨어지는 현상을 말하며 비가역변화 중 하나이다.

### 1) 검사체적을 교축밸브(throttle valve)에 적용

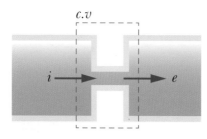

개방계에 대한 열역학 1법칙 : $q_{c.v} + h_i + \frac{V_i^2}{2} + gZ_i = h_e + \frac{V_e^2}{2} + gZ_e + w_{c.v}$

가정 : 열전달 시간 없다, 열전달 면적이 아주 작다, 단열로 볼 수 있다, 외부출력일 없다.

($q_{c.v} = 0,\ Z_i = Z_e,\ w_{c.v} = 0,\ V_i = V_e$)

$\therefore h_i = h_e \rightarrow$ 등엔탈피 과정 $h = C$

따라서 교축이 일어나도 엔탈피($h_i = h_e$)는 변함이 없다.

---

┃참고

$V$가 40m/s 이하일 때나 $V_i = V_e$이면 등엔탈피 과정($h_i = h_e$)으로 압력이 내려가는 현상이 발생한다. 이때 통로의 단면적을 바꿔 교축현상으로 감압과 유량을 조절하는 밸브를 교축밸브라 한다.

---

## (6) 노즐(nozzle)

기체 또는 액체의 분출 속도를 증가시키기 위해 유로의 끝에 설치하는 가는 관을 노즐이라 하며, 운동에너지를 증가시키는 게 목적이므로 $V_e \gg V_i$ 여서 개방계 1법칙에서 운동에너지를 고려해야 한다.

(예) 연료분사노즐 – 순간에 큰 동력, 짧은 시간 안에 연소(일정양) → 완전연소

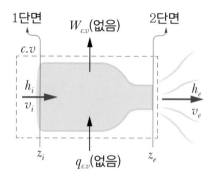

가정 : $q_{c.v} = 0$(열출입 없음), $V_e \gg V_i$ 이므로 $V_i$를 무시, $w_{c.v} = 0$ : 일 못함

$$q_{c.v} + h_i + \frac{V_i^2}{2} + gZ_i = h_e + \frac{V_e^2}{2} + gZ_e + w_{c.v}$$

$$\frac{V_e^2}{2} = h_i - h_e \ (h_i - h_e = \Delta h : \text{단열 열낙차})$$

$$\therefore V_e = \sqrt{2(h_1 - h_2)} = \sqrt{2\Delta h} \ (\text{SI단위})$$

→ 공학단위에서는 $\frac{V_e^2}{2g} = h_i - h_e$ 이므로 $V_e = \sqrt{2g(h_1 - h_2)} = \sqrt{2g\Delta h}$

$$q_{c.v} + h_i = h_e + w_{c.v} \ (\text{단, 노즐 제외})$$

### 참고

정상상태 : 터빈, 압축기, 노즐, 보일러, 응축기 등은 시동과 정지 시에 일어나는 짧은 과도기 과정은 포함되지 않으며 장기간 정상 운전하는 기간만 포함

SSSF과정에서 정상유동 : $\frac{\partial F}{\partial T} = 0$ (여기서, $F(\rho, v, V, T, P \cdots)$)

① 많은 공학문제에서 다른 에너지에 비하여 위치에너지의 변화량이 큰 의미가 없다. 높이의 변화가 크지 않은 대부분의 문제에서 위치에너지 항은 무시할 수 있다.

② 속도가 작으면 운동에너지도 무시하며 입구속도와 출구속도에 큰 차이가 없다면 운동에너지의 차이는 작아 무시할 수 있다.

※ 열역학 문제를 해석할 때 가정과 무시할 수 있는 양이 무엇인가를 잘 판단하여야 한다.

# 핵심 기출 문제

**01** 다음 중 가장 큰 에너지는?

① 100kW 출력의 엔진이 10시간 동안 한 일

② 발열량 10,000kJ/kg의 연료를 100kg 연소시켜 나오는 열량

③ 대기압하에서 10℃의 물 10m³를 90℃로 가열하는 데 필요한 열량(단, 물의 비열은 4.2kJ/kg · K이다.)

④ 시속 100km로 주행하는 총 질량 2,000kg인 자동차의 운동에너지

**해설⊕** - - - - - - - - - - - - - - - - - - - - - - - - -

① $100\dfrac{\text{kJ}}{\text{s}} \times 10\text{h} \times \dfrac{3,600\text{s}}{1\text{h}} = 3.6 \times 10^6 \text{kJ}$

② $Q = mq = 100\text{kg} \times 10,000\text{kJ/kg} = 1 \times 10^6 \text{kJ}$

③ $Q = mc\Delta T = \rho V c \Delta T$

$\quad = 1,000\text{kg/m}^3 \times 10\text{m}^3 \times 4.2 \times (90 - 10)$

$\quad = 3.36 \times 10^6 \text{kJ}$

④ $E_K = \dfrac{1}{2} m V^2$

$\quad = \dfrac{1}{2} \times 2,000\text{kg} \times 100^2 \left(\dfrac{\text{km}}{\text{h}}\right)^2 \times \left(\dfrac{1,000\text{m}}{\text{km}}\right)^2$

$\quad \times \left(\dfrac{1\text{h}}{3,600\text{s}}\right)^2$

$\quad = 7.71 \times 10^6 \text{J} = 7.71 \times 10^3 \text{kJ}$

**02** 다음 중 경로함수(Path Function)는?

① 엔탈피
② 엔트로피
③ 내부에너지
④ 일

**해설⊕** - - - - - - - - - - - - - - - - - - - - - - - - -

일과 열은 경로에 따라 그 값이 변하는 경로함수이다.

**03** 압력($P$) – 부피($V$) 선도에서 이상기체가 그림과 같은 사이클로 작동한다고 할 때 한 사이클 동안 행한 일은 어떻게 나타내는가?

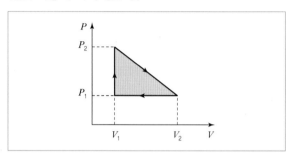

① $\dfrac{(P_2 + P_1)(V_2 + V_1)}{2}$

② $\dfrac{(P_2 - P_1)(V_2 + V_1)}{2}$

③ $\dfrac{(P_2 + P_1)(V_2 - V_1)}{2}$

④ $\dfrac{(P_2 - P_1)(V_2 - V_1)}{2}$

**해설⊕** - - - - - - - - - - - - - - - - - - - - - - - - -

한 사이클 동안 행한 일의 양은 삼각형 면적과 같으므로

$\dfrac{1}{2} \times (V_2 - V_1) \times (P_2 - P_1)$

**04** 밀폐계에서 기체의 압력이 100kPa로 일정하게 유지되면서 체적이 1m³에서 2m³로 증가되었을 때 옳은 설명은?

① 밀폐계의 에너지 변화는 없다.

② 외부로 행한 일은 100kJ이다.

③ 기체가 이상기체라면 온도가 일정하다.

④ 기체가 받은 열은 100kJ이다.

---

**정답** **01** ① **02** ④ **03** ④ **04** ②

**해설⊕**

밀폐계의 일 → 절대일 $\delta W = PdV$

$_1W_2 = \int_1^2 PdV$(정압과정이므로)

$\quad = P\int_1^2 dV = P(V_2 - V_1)$

$\quad = 100 \times (2-1) = 100\,\text{kJ}$

---

**05** 내부 에너지가 30kJ인 물체에 열을 가하여 내부에너지가 50kJ이 되는 동안에 외부에 대하여 10kJ의 일을 하였다. 이 물체에 가해진 열량(kJ)은?

① 10 　　　　　　② 20
③ 30 　　　　　　④ 60

**해설⊕**

일부호는 (+)

$\delta Q - \delta W = dU \rightarrow \delta Q = dU + \delta W$

$\therefore \;_1Q_2 = U_2 - U_1 + _1W_2$

$\quad = (50 - 30) + 10 = 30\,\text{kJ}$

---

**06** 펌프를 사용하여 150kPa, 26℃의 물을 가역단열과정으로 650kPa까지 변화시킨 경우, 펌프의 일(kJ/kg)은?(단, 26℃의 포화액의 비체적은 0.001m³/kg 이다.)

① 0.4 　　　　　　② 0.5
③ 0.6 　　　　　　④ 0.7

**해설⊕**

펌프일 → 개방계의 일 → 공업일

$\delta w_t = -vdp$

(계가 일을 받으므로(−))

$\delta w_p = (-)-vdp = vdp$

$w_p = \int_1^2 vdp = v(p_2 - p_1) = 0.001(650 - 150)$

$\qquad\qquad = 0.5\,\text{kJ/kg}$

---

**07** 용기 안에 있는 유체의 초기 내부에너지는 700kJ 이다. 냉각과정 동안 250kJ의 열을 잃고, 용기 내에 설치된 회전날개로 유체에 100kJ의 일을 한다. 최종상태의 유체의 내부에너지(kJ)는 얼마인가?

① 350 　　　　　　② 450
③ 550 　　　　　　④ 650

**해설⊕**

열부호(−), 일부호(−)

$\delta Q - \delta W = dU \rightarrow \;_1Q_2 - _1W_2 = U_2 - U_1$

$\therefore \; U_2 = U_1 + _1Q_2 - _1W_2$

$\quad = 700 + ((-)250) - ((-)100)$

$\quad = 550\,\text{kJ}$

---

**08** 기체가 열량 80kJ을 흡수하여 외부에 대하여 20kJ의 일을 하였다면 내부에너지 변화(kJ)는?

① 20 　　　　　　② 60
③ 80 　　　　　　④ 100

**해설⊕**

$\delta Q - \delta W = dU$에서

내부에너지 변화량 $U_2 - U_1 = _1Q_2 - _1W_2$

$\qquad\qquad\qquad\qquad = 80 - 20 = 60\,\text{kJ}$

(여기서, 흡열이므로 열부호 (+), 계가 일하므로 일부호 (+))

---

**09** 질량 유량이 10kg/s인 터빈에서 수증기의 엔탈피가 800kJ/kg 감소한다면 출력(kW)은 얼마인가?(단, 역학적 손실, 열손실은 모두 무시한다.)

① 80 　　　　　　② 160
③ 1,600 　　　　　④ 8,000

해설⊕

i) 개방계에 대한 열역학 제1법칙

$$q_{c.v} + h_i = h_e + w_{c.v} \quad \text{(단열이므로 } q_{c.v} = 0)$$

$$\therefore \; w_{c.v} = w_T = h_i - h_e > 0$$

$$w_T = \Delta h = 800 \, \text{kJ/kg}$$

ii) 출력 $\dot{W}_T = \dot{m} \cdot w_T = 10\dfrac{\text{kg}}{\text{s}} \times 800\dfrac{\text{kJ}}{\text{kg}}$

$$= 8{,}000\,\text{kJ/s} = 8{,}000\,\text{kW}$$

**10** 열역학적 관점에서 일과 열에 관한 설명으로 틀린 것은?

① 일과 열은 온도와 같은 열역학적 상태량이 아니다.

② 일의 단위는 J(Joule)이다.

③ 일의 크기는 힘과 그 힘이 작용하여 이동한 거리를 곱한 값이다.

④ 일과 열은 점 함수(Point Function)이다.

해설⊕

일과 열은 경로 함수(Path Function)이다.

**11** 입구 엔탈피 3,155kJ/kg, 입구 속도 24m/s, 출구 엔탈피 2,385kJ/kg, 출구 속도 98m/s인 증기 터빈이 있다. 증기 유량이 1.5kg/s이고, 터빈의 축 출력이 900kW일 때 터빈과 주위 사이의 열전달량은 어떻게 되는가?

① 약 124kW의 열을 주위로 방열한다.

② 주위로부터 약 124kW의 열을 받는다.

③ 약 248kW의 열을 주위로 방열한다.

④ 주위로부터 약 248kW의 열을 받는다.

해설⊕

개방계의 열역학 제1법칙

$$\dot{Q}_{c.v} + \dot{m}_i\left(h_i + \frac{V_i^{\,2}}{2} + gZ_i\right) = \dot{m}_e\left(h_e + \frac{V_e^{\,2}}{2} + gZ_e\right) + \dot{W}_{c.v}$$

(여기서, $\dot{m}_i = \dot{m}_e = \dot{m}$, $gZ_i = gZ_e$ 적용)

$$\dot{Q}_{c.v} = \dot{m}\left\{(h_e - h_i) + \frac{1}{2}\left(V_e^{\,2} - V_i^{\,2}\right)\right\} + \dot{W}_{c.v}$$

$$= 1.5\frac{\text{kg}}{\text{s}}\left\{(2{,}385 - 3{,}155)\frac{\text{kJ}}{\text{kg}} + \frac{1}{2}(98^2 - 24^2)\frac{\text{J}}{\text{kg}}\right.$$

$$\left. \times \frac{1\text{kJ}}{1{,}000\text{J}}\right\} + 900\,\text{kW}$$

$$= -248.23\,\text{kW} \text{ (열부호(−)이므로 주위로 열을 방출)}$$

**12** 보일러에 온도 40℃, 엔탈피 167kJ/kg인 물이 공급되어 온도 350℃, 엔탈피 3,115kJ/kg인 수증기가 발생한다. 입구와 출구에서의 유속은 각각 5m/s, 50m/s이고, 공급되는 물의 양이 2,000kg/h일 때, 보일러에 공급해야 할 열량(kW)은?(단, 위치에너지 변화는 무시한다.)

① 631

② 832

③ 1,237

④ 1,638

해설⊕

개방계에 대한 열역학 제1법칙

$$q_{c.v} + h_i + \frac{V_i^{\,2}}{2} = h_e + \frac{V_e^{\,2}}{2} + \cancel{w_{c.v}}^{\,0} \quad (\because \; gz_i = gz_e)$$

$$q_B = h_e - h_i + \frac{V_e^{\,2}}{2} - \frac{V_i^{\,2}}{2}$$

$$= (3{,}115 - 167)\frac{\text{kJ}}{\text{kg}}$$

$$+ \frac{1}{2}(50^2 - 5^2) \times \frac{\text{m}^2}{\text{s}^2} \times \frac{\text{kg}}{\text{kg}} \times \frac{1\text{kJ}}{1{,}000\text{J}}$$

$$= 2{,}949.24\,\text{kJ/kg}$$

공급열량 $\dot{Q} = \dot{m} \cdot q_B$

$$= 2{,}000\frac{\text{kg}}{\text{h}} \times \frac{1\text{h}}{3{,}600\text{s}} \times 2{,}949.24\frac{\text{kJ}}{\text{kg}}$$

$$= 1{,}638.47\,\text{kW}$$

**13** 열역학적 관점에서 다음 장치들에 대한 설명으로 옳은 것은?

① 노즐은 유체를 서서히 낮은 압력으로 팽창하여 속도를 감속시키는 기구이다.

② 디퓨저는 저속의 유체를 가속하는 기구이며 그 결과 유체의 압력이 증가한다.

③ 터빈은 작동유체의 압력을 이용하여 열을 생성하는 회전식 기계이다.

④ 압축기의 목적은 외부에서 유입된 동력을 이용하여 유체의 압력을 높이는 것이다.

**해설➕** ----------------------------------------

• 노즐 : 속도를 증가시키는 기구(운동에너지를 증가시킴)
• 디퓨저 : 유체의 속도를 감속하여 유체의 압력을 증가시키는 기구
• 터빈 : 일을 만들어 내는 회전식 기계(축일을 만드는 장치)

**14** 이상적인 교축과정(Throttling Process)을 해석하는 데 있어서 다음 설명 중 옳지 않은 것은?

① 엔트로피는 증가한다.

② 엔탈피의 변화가 없다고 본다.

③ 정압과정으로 간주한다.

④ 냉동기의 팽창밸브의 이론적인 해석에 적용될 수 있다.

**해설➕** ----------------------------------------

교축과정은 등엔탈피과정으로 속도변화 없이 압력을 저하시키는 과정이다.

**15** 단열된 노즐에 유체가 10m/s의 속도로 들어와서 200m/s의 속도로 가속되어 나간다. 출구에서의 엔탈피가 2,770kJ/kg일 때 입구에서의 엔탈피는 약 몇 kJ/kg인가?

① 4,370  ② 4,210
③ 2,850  ④ 2,790

**해설➕** ----------------------------------------

개방계에 대한 열역학 제1법칙

$$\cancel{q_{cv}}^{0} + h_i + \frac{V_i^{\,2}}{2} = h_e + \frac{V_e^{\,2}}{2} + \cancel{w_{c.v}}^{0} \quad (\because \; gz_i = gz_e)$$

$$h_i = h_e + \frac{V_e^{\,2}}{2} - \frac{V_i^{\,2}}{2}$$

$$= 2,770 + \frac{1}{2}\left(200^2 - 10^2\right) \cdot \frac{m^2}{s^2} \times \frac{kg}{kg} \times \frac{1kJ}{1,000J}$$

$$= 2,789.95\,kJ/kg$$

CHAPTER

# 03 이상기체

THERMODYNAMIC

## 1. 이상기체 조건

### (1) 완전기체(ideal gas)

실제 기체(공기, $CO_2$, $NO_2$, $O_2$)는 밀도가 작고 비체적이 클수록, 온도가 높고 압력이 낮을수록, 분자 간 척력이 작을수록(분자 간 거리가 멀다.) 이상기체에 가깝다. ⇒ $Pv=RT$를 만족

## 2. 아보가드로 법칙

정압(1기압), 등온(0℃) 하에서 기체는 같은 체적($22.4l$) 속에 같은 수의 분자량($6 \times 10^{23}$개)을 갖는다.

① 정압, 등온 : $Pv=RT$

$$P_1v_1=R_1T_1 \cdots\cdots\cdots\cdots\cdots ㉠$$

$$P_2v_2=R_2T_2 \cdots\cdots\cdots\cdots\cdots ㉡$$

㉠에서 $P_1=\dfrac{R_1}{v_1}T_1$, $P_1=P_2$이므로

㉡에 대입하면 $\dfrac{R_1}{v_1}T_1v_2=R_2T_2$ (여기서, $T_1=T_2$이므로)

$$\dfrac{v_2}{v_1}=\dfrac{R_2}{R_1} \cdots\cdots\cdots\cdots\cdots ⓐ$$

② 같은 체적 속에 같은 분자량($M$)

$$Mv=C, \ M_1v_1=M_2v_2$$

$$\dfrac{v_2}{v_1}=\dfrac{M_1}{M_2} \cdots\cdots\cdots\cdots\cdots ⓑ$$

ⓐ=ⓑ에서 $\dfrac{R_2}{R_1}=\dfrac{M_1}{M_2}$

$M_1R_1=M_2R_2=C \rightarrow MR=\overline{R}$ : 일반기체상수(표준기체상수)

## 3. 보일법칙

일정온도에서 기체의 압력과 그 부피(체적)는 서로 반비례한다.

$T=C$일 때 $PV=C\,(\div m)\rightarrow Pv=C$

$\Rightarrow$ 1 상태에서 2 상태로 갈 때 등온과정($T=C$)이면 $P_1v_1=P_2v_2$

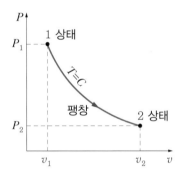

> **참고**

용기 속에 넣어 둔 질량($m$)이 일정한 기체분자는 활발한 운동을 하고 있어 용기 벽에 충돌하면서 일정한 압력을 가지고 있는데 외부에서 힘을 가해 기체의 부피를 감소시키면, 기체의 밀도가 증가(비체적은 감소)하며 충돌횟수도 증가하여 기체의 압력은 증가한다. 반대로 부피가 증가(비체적은 증가)하면 압력은 감소한다.
기체분자의 크기가 0이고 서로 영향을 미치지 않는 이상기체의 경우, 부피가 1/2배가 되면 압력은 2배가 된다.

## 4. 샤를법칙

압력이 일정($P=C$)한 과정에서 온도와 부피 사이의 관계는 비례한다.

$P=C$일 때 $\dfrac{V}{T}=C\,(\div m)\rightarrow \dfrac{v}{T}=C$

$\Rightarrow$ 1 상태에서 2 상태로 갈 때 정압과정($P=C$)이면 $\dfrac{v_1}{T_1}=\dfrac{v_2}{T_2}$

$\dfrac{v_1}{v_2}=\dfrac{T_1}{T_2}$ (비체적의 비가 온도비와 같다.)

> **참고**
>
> 용기 안의 기체분자들이 활발히 움직이고 있는데 온도가 높아지면 움직임이 더욱 빨라지고 분자들이 차지하는 공간이 커진다. 압력이 일정하려면 온도가 올라가면 비체적도 증가해야 한다.
>
> (예) 겨울철에 실내에서 팽팽했던 풍선을 차가운 실외로 가지고 나가면 풍선이 쭈글쭈글해지며, 여름에 전깃줄은 늘어진다.

## 5. 보일-샤를법칙

기체의 비체적은 온도에 비례하고 압력에 반비례한다.

$\dfrac{Pv}{T}=C$ 이며 1 상태에서 2 상태로 갈 때 $\dfrac{P_1 v_1}{T_1}=\dfrac{P_2 v_2}{T_2}$

보일-샤를법칙은 상수 $C$ 대신 기체상수인 $R$ 로 바꿔주면 $Pv=RT$ 라는 이상기체 상태방정식을 얻을 수 있다.

## 6. 이상기체 상태방정식

$PV=n\overline{R}T \left(n(몰수)=\dfrac{m(질량)}{M(분자량)}\right)$

$PV=\dfrac{m}{M}\overline{R}T \ (MR=\overline{R} 에서 \dfrac{\overline{R}}{M}=R)$

$PV=mRT \ (SI단위)$

$PV=mRT \ \rightarrow \ Pv=RT \left(v(비체적)=\dfrac{V}{m}\right)$

| SI단위 | 공학단위 |
|---|---|
| $v=\dfrac{1}{\rho}$ | $v=\dfrac{1}{\gamma}$ |
| $\dfrac{P}{\rho}=RT$ | $\dfrac{P}{\gamma}=RT$ |
| $P\cdot\dfrac{V}{m}=RT$ | $P\cdot\dfrac{V}{G}=RT$ |
| $PV=mRT$ | $PV=GRT$ |

> **참고**
>
> - 밀도가 낮은 기체는 보일(온도) 샤를(압력) 법칙을 따른다.
> - 밀도가 낮다는 조건 하에서 실험적 관찰에 근거한다.
> - 밀도가 높은 기체는 이상기체 상태방정식에서 상당히 벗어난다.
>
>   (이상기체 거동에서 얼마나 벗어나는가를 아는 방법 : $PV=Zn\overline{R}T$에서 압축성 인자 $Z=1$일 때 이상기체 상태방정식이고, $Z$값이 1에서 벗어난 정도가 실제 기체 상태식과 이상기체 상태방정식의 차이를 나타낸다.)

## 7. 일반(표준)기체상수($\overline{R}$)

공기를 이상기체로 보면(온도 : ℃, 압력 : 1atm, 1kmol 조건)

$PV=n\overline{R}T$에 대입하면

($1\text{mol}=22.4l$, $1\text{kmol}=10^3\text{mol}$, $1\text{atm}=1.0332\text{kgf/cm}^2$, MKS단위계로 환산)

$$\overline{R}=\frac{P\cdot V}{n\cdot T}=\frac{1.0332\times10^4\text{kgf/m}^2\times22.4\times10^{-3}\times10^3\text{m}^3}{1\text{kmol}\times(273+0\text{℃})\text{K}}$$

$$≒848\text{kgf}\cdot\text{m/kmol}\cdot\text{K (공학단위)}$$
$$≒8,314.4\text{N}\cdot\text{m/kmol}\cdot\text{K (SI단위)}$$
$$≒8,314.4\text{J/kmol}\cdot\text{K}$$
$$≒8.3144\text{kJ/kmol}\cdot\text{K}$$

$PV=mRT$(SI단위)에서 기체상수 $R$의 단위를 구해보면

몰수 : $n=\dfrac{m}{M}$을 이용하여

$$M=\frac{m}{n}=\frac{\text{kg}}{\text{kmol}},\ MR=\overline{R},\ R=\frac{\overline{R}}{M}=\frac{\text{N}\cdot\text{m/kmol}\cdot\text{K}}{\text{kg/kmol}}=\text{N}\cdot\text{m/kg}\cdot\text{K (SI단위)}$$
$$=\text{J/kg}\cdot\text{K (SI단위)}$$

$$PV=mRT\times\frac{g}{g}$$

$$PV=GRT\ (G=m\cdot g,\ \frac{R}{g},\ \text{공학단위})$$

$$\frac{R}{g}=\frac{\dfrac{\text{kgf}\cdot\text{m}}{\text{kg}\cdot\text{K}}}{g}=\frac{\text{kgf}\cdot\text{m}}{\text{kgf}\cdot\text{K}}\ (\because \text{kg}\cdot g\Rightarrow\text{kgf})$$

⑩ 공기의 기체상수($R$)를 구해보면

공기분자량 → 28.97kg/kmol(SI단위)

$$R=\frac{\overline{R}}{M}\text{에서 }\frac{8314.4\dfrac{\text{J}}{\text{kmol}\cdot\text{K}}}{28.97\dfrac{\text{kg}}{\text{kmol}}}=287\text{J/kg}\cdot\text{K(SI단위)}\left(n=\frac{m}{M}\text{에서 }M=\frac{m}{n}=\frac{\text{kg}}{\text{kmol}}\right)$$

$$\frac{848\dfrac{\text{kgf}\cdot\text{m}}{\text{kmol}\cdot\text{K}}}{28.97\dfrac{\text{kgf}}{\text{kmol}}}=29.27\text{kgf}\cdot\text{m/kgf}\cdot\text{K(공학단위)}$$

---

┃참고

이상기체, 즉 완전가스는 존재하지 않는다.

실제 가스(공기 : Air, 산소 : $O_2$, 이산화탄소 : $CO_2$, 헬륨 : He, 아르곤 : Ar, 수소 : $H_2$)
→ 상태방정식을 만족하는 이상기체로 취급

밀도가 낮은 기체 → 보일(온도), 샤를(압력)의 법칙을 만족 → 이상기체 상태방정식에 근접
밀도가 높은 기체 → 이상기체 상태방정식 $PV=Z\cdot n\overline{R}T$에서 얼마만큼 벗어나는지 압축성인자($Z$)를 사용

---

## 8. 이상기체의 정적비열과 정압비열

$$_1Q_2=mC(T_2-T_1)\rightarrow\delta Q=mCdT\rightarrow C=\frac{\delta Q}{mdT}=\frac{\delta q}{dT}\quad\text{ⓐ}$$

(여기서, $\delta q$ : 단위질량당 열량(비열전달량))

$$\delta q=du+Pdv=dh-vdP\quad\text{ⓑ}$$

ⓑ식을 ⓐ식에 대입하면

$$\text{비열 }C=\frac{du+Pdv}{dT}=\frac{dh-vdP}{dT}\quad\text{ⓒ}$$

### (1) 정적비열($C_v$)

체적이 일정할 때($v=C\rightarrow dv=0$) 비열식은

ⓒ식에서 $C_v=\dfrac{du+Pdv}{dT}\Big)_{v=c}=\dfrac{du}{dT}$

$$\therefore du=C_vdT\quad\text{ⓓ}$$

## (2) 정압비열($C_p$)

압력이 일정할 때($P=C \to dP=0$) 비열식은

ⓒ식에서 $C_p = \dfrac{dh-vdP}{dT}\bigg)_{p=c} = \dfrac{dh}{dT}$

$$\therefore dh = C_p dT$$ ·········································· ⓔ

---

**참고**

---

일반기체에서 $C_v = \dfrac{\partial u}{\partial T}\bigg)_{v=c}$, $C_p = \dfrac{\partial h}{\partial T}\bigg)_{p=c}$ 비열식을 편미분으로 나타내는 이유는 일반기체에서는 엔탈피가 온도만의 함수가 아니기 때문이다.

---

## (3) 이상기체에서 내부에너지와 엔탈피는 온도만의 함수

이상기체는 $Pv=RT$와 $\delta q=du+Pdv$를 기본식으로 놓고 다음 줄의 실험을 이해해보자.

Joule이 사용한 실험장치

그림처럼 한 용기에는 고압의 공기가 들어 있고 다른 용기는 비어 있다. 열평형에 도달했을 때 밸브를 열어 A의 압력과 B의 압력이 같도록 만들었다.

줄은 과정 중이나 과정 후에 수조 물의 온도는 변함이 없다는 것을 관찰하였고, 공기와 수조 사이에 열이 전달되지 않았다고 생각했으며, 이 과정동안 일이 없으므로 그는 체적과 압력은 변했지만 공기의 내부에너지는 변하지 않았다고 추정했다. 그러므로 내부에너지는 온도만의 함수라는 결론을 내렸다.

$\therefore u=f(T) \to du=C_v dT$

$\therefore h=f(T) \to dh=C_p dT$

## (4) 엔탈피와 이상기체의 관계식

$H = U + PV$ (양변 $\div m$)

$h = u + Pv$ ⋯⋯⋯⋯⋯⋯⋯⋯⋯⋯⋯⋯⋯⋯⋯⋯ ⓕ

$Pv = RT$ ⋯⋯⋯⋯⋯⋯⋯⋯⋯⋯⋯⋯⋯⋯⋯⋯⋯ ⓖ

ⓕ식에 ⓖ식을 대입하면

$h = u + RT$

양변을 미분하면

$dh = du + RdT + TdR$ ⋯⋯⋯⋯⋯⋯⋯⋯⋯⋯⋯ ⓗ

(여기서, 기체상수 $R = C \rightarrow dR = 0$)

ⓗ식에 ⓓ식, ⓔ식을 대입하면

$C_p dT = C_v dT + RdT$

$\therefore C_p - C_v = R$ ⋯⋯⋯⋯⋯⋯⋯⋯⋯⋯⋯⋯⋯ ⓘ

ⓘ식을 $C_v$로 나누면

$\dfrac{C_p}{C_v} - 1 = \dfrac{R}{C_v}$ (여기서, $\dfrac{C_p}{C_v} = k$ : 비열비, $C_p = kC_v$)

$k - 1 = \dfrac{R}{C_v}$ (여기서, $\dfrac{C_v + R}{C_v} > 1$, $\dfrac{C_p}{C_v} > 1$)

$$C_v = \frac{R}{k-1} \rightarrow C_p = \frac{kR}{k-1}$$ ⋯⋯⋯⋯⋯ ⓙ

예 공기의 비열비 $k = \dfrac{C_p}{C_v} = \dfrac{0.24}{0.171} = 1.4$

(질소나 산소, 수소 등의 비열비도 1.4로 본다.)

## (5) 이상기체의 내부에너지와 엔탈피 변화량

### 1) 내부에너지 변화량

| 비내부에너지 | 내부에너지 |
|---|---|
| $du = C_v dT$ 적분하면<br>$u_2 - u_1 = C_v(T_2 - T_1)$ | $dU = mC_v dT$ 적분하면<br>$U_2 - U_1 = mC_v(T_2 - T_1)$ |

### 2) 엔탈피 변화량

| 비엔탈피 | 엔탈피 |
|---|---|
| $dh = C_p dT$ 적분하면 $h_2 - h_1 = C_p(T_2 - T_1)$ | $dH = mC_p dT$ 적분하면 $H_2 - H_1 = mC_p(T_2 - T_1)$ |

---

**참고**

열역학 문제에서 전체시스템의 값을 구할 때는 그 시스템의 질량($m$)을 곱해주면 된다. 보통 문제에는 비내부에너지, 비엔탈피, 비열량 등이 주어지기 때문이다. (단위질량당 값)

---

# 9. 이상기체의 상태변화

## (1) 정적과정($V = C$)에서 이상기체의 각 상태량 변화

① 온도와 압력 간의 관계식(보일-샤를)

$$V = C, \ v = C, \ \frac{P}{T} = C \rightarrow \frac{P_1}{T_1} = \frac{P_2}{T_2} \rightarrow \frac{T_2}{T_1} = \frac{P_2}{P_1} \ (\text{온도비가 압력비로 표현})$$

② 절대일($_1w_2$)

$$\delta w = Pdv \ (V = C \rightarrow v = C, \ dv = 0)$$

$$\therefore \ _1w_2 = 0$$

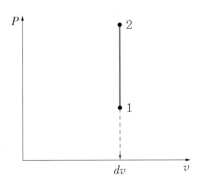

271

③ 공업일($_1W_{t2}$)

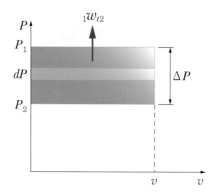

$$\delta w_t = -vdP \rightarrow \int_1^2 \delta w_t = -v\int_1^2 dP$$

$$_1w_{t2} = -v(P_2 - P_1)$$

$$= v(P_1 - P_2)$$

$$= R(T_1 - T_2)$$

$$= RT_1\left(1 - \frac{T_2}{T_1}\right)$$

$$= RT_1\left(1 - \frac{P_2}{P_1}\right)$$

④ 내부에너지 변화량($u_2 - u_1 = \Delta u$)

$$du = C_v dT \rightarrow \int_1^2 du = \int_1^2 C_v dT$$

$$\rightarrow u_2 - u_1 = \Delta u = C_v(T_2 - T_1)$$

$$= \frac{R}{k-1}(T_2 - T_1)$$

$$= \frac{RT_1}{k-1}\left(\frac{T_2}{T_1} - 1\right)$$

$$= \frac{RT_1}{k-1}\left(\frac{P_2}{P_1} - 1\right)$$

⑤ 엔탈피 변화량

$$dh = C_p dT \rightarrow \int_1^2 dh = \int_1^2 C_p dT$$

$$\rightarrow h_2 - h_1 = C_p(T_2 - T_1)$$

$$= \frac{kR}{k-1}(T_2 - T_1) = \frac{kRT_1}{k-1}\left(\frac{T_2}{T_1} - 1\right)$$

$$= \frac{kRT_1}{k-1}\left(\frac{P_2}{P_1} - 1\right)$$

$$= k(u_2 - u_1)$$

⑥ 열량 변화량($_1q_2$)

열역학 제1법칙 $\delta q = du + Pdv = du\,(v = C,\ dv = 0)$

$\delta q = du \rightarrow$ 정적과정에서 열량 변화량은 내부에너지 변화량과 같다.

$_1q_2 = u_2 - u_1 = C_v(T_2 - T_1)$

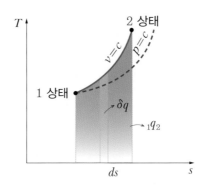

---

**예제** 밀폐용기 내에 공기가 0.5kg 들어있고 이때 온도는 15℃, 용기의 체적은 0.4m³, 압력은 24.5N/cm²이다. 정적과정으로 열을 받아 온도가 150℃가 되었다면 가한 열량은 몇 kcal/kg인가? 또 내부에너지 변화는?(단, 공기 $R = 287$J/kg·K, $A$ : 일의 열 상당량, $k = 1.4$)

$\delta q = du + Pdv \rightarrow \delta q = du$(가한 열량과 내부에너지 변화량은 같다.)

$$\delta q = du = C_v dT = \frac{R}{K-1}(T_2 - T_1)$$

$$= \frac{287 \times A}{1.4 - 1}((273.15 + 150) - (273.15 + 15))$$

$$= 96{,}862.5 \text{J/kg}$$

$$\therefore q = 96{,}862.5 \text{J/kg} \times \frac{1\text{kcal}}{4{,}185.5\text{J}}$$

$$= 23.14 \text{kcal/kg}$$

---

## (2) 정압과정($P=C$)에서 이상기체의 각 상태량 변화

정압과정에서는 $P=C$이므로 $dP=0$

① 온도와 체적 간의 관계식(보일-샤를)

$$P=C, \quad \frac{v}{T}=C \rightarrow \frac{v_1}{T_1}=\frac{v_2}{T_2} \rightarrow \frac{T_2}{T_1}=\frac{v_2}{v_1}$$

② 절대일($_1w_2$)

$$\delta w = Pdv \rightarrow \int_1^2 \delta w = \int_1^2 Pdv$$

$$_1w_2 = P(v_2-v_1) \ (\because Pv=RT\text{이므로})$$
$$= R(T_2-T_1)$$
$$= RT_1\left(\frac{T_2}{T_1}-1\right)$$
$$= RT_1\left(\frac{v_2}{v_1}-1\right)$$

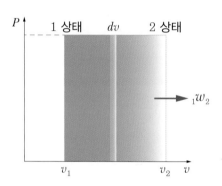

③ 공업일($_1w_{t2}$)

$$\delta w_t = -vdP = 0 \ (\because P=C \rightarrow dP=0)$$
$$_1w_{t2}=0$$

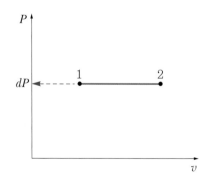

④ 내부에너지 변화량($u_2 - u_1 = \Delta u$)

$$du = C_v dT \rightarrow u_2 - u_1 = C_v(T_2 - T_1)$$
$$= \frac{R}{k-1}(T_2 - T_1)$$
$$= \frac{RT_1}{k-1}\left(\frac{T_2}{T_1} - 1\right)$$
$$= \frac{RT_1}{k-1}\left(\frac{v_2}{v_1} - 1\right)$$

⑤ 엔탈피 변화량

$$dh = C_p dT \rightarrow \int_1^2 dh = C_p \int_1^2 dT$$
$$\rightarrow h_2 - h_1 = C_p(T_2 - T_1)$$
$$= \frac{kR}{k-1}(T_2 - T_1)$$
$$= \frac{kRT_1}{k-1}\left(\frac{T_2}{T_1} - 1\right)$$
$$= \frac{kRT_1}{k-1}\left(\frac{v_2}{v_1} - 1\right)$$

⑥ 열량 변화량

열역학 제1법칙 $\delta q = du + Pdv = dh - vdP = dh \,(\because P = C \rightarrow dP = 0)$
(정압과정에서의 열량 변화량은 엔탈피 변화량과 같다.)

$$\therefore {}_1 q_2 = h_2 - h_1 = C_p(T_2 - T_1)$$

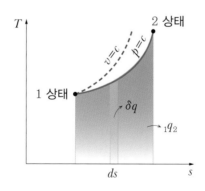

예제 20℃의 공기 5kg이 정압과정을 거쳐 체적이 2배가 되었다. 공급한 열량은 약 몇 kJ인가?(단, 정압비열은 1 kJ/kg · K)

$$\delta q = dh - vdP \ (P=C, \ dP=0)$$

$$\delta q = dh = C_p dT$$

$$_1q_2 = C_p(T_2 - T_1) = C_p T_1\left(\frac{T_2}{T_1} - 1\right) = C_p T_1\left(\frac{v_2}{v_1} - 1\right)$$

$$= 1 \times (273.15 + 20)(2-1)$$

$$= 293.15\mathrm{kJ/kg}$$

$$\therefore \text{공급열량} \ Q = mq = 5\mathrm{kg} \times 293.15\mathrm{kJ/kg} = 1,465.75\mathrm{kJ}$$

## (3) 등온과정($T = C$)에서 이상기체의 각 상태량 변화

등온과정에서는 $T=C$이므로 $dT=0$

### ① 압력과 체적 간의 관계식(보일-샤를)

$$\frac{Pv}{T} = C, \ Pv = C, \ P_1 v_1 = P_2 v_2 \rightarrow \frac{P_2}{P_1} = \frac{v_1}{v_2}$$

(압력비가 체적비로 나오지만 1 상태, 2 상태가 바뀌는 부분에 주의)

### ② 절대일($_1w_2$)

$$\delta w = Pdv \left(P = \frac{c}{v}\right)$$

$$= \frac{c}{v} dv$$

$$= c\int_1^2 \frac{1}{v} dv = c(\ln v_2 - \ln v_1)$$

$$= c\ln\left(\frac{v_2}{v_1}\right)$$

$$= P_1 v_1 \ln\left(\frac{v_2}{v_1}\right) = P_1 v_1 \ln\frac{P_1}{P_2}$$

$$= RT\ln\frac{v_2}{v_1} = RT\ln\frac{P_1}{P_2}$$

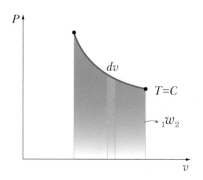

③ 공업일($_1w_{t2}$)

$$\delta w_t = -vdP\left(T=C,\ Pv=C,\ v=\frac{C}{P}\right)$$

$$= -\frac{C}{P}dP$$

$$\rightarrow \int_1^2 \delta w_t = -C[\ln P]_1^2 = -C(\ln P_2 - \ln P_1)$$

$$= -C\ln\frac{P_2}{P_1}$$

$$= C\ln\frac{P_1}{P_2} = P_1v_1\ln\frac{P_1}{P_2}$$

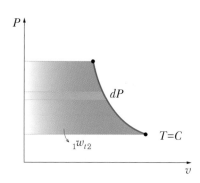

등온과정에서 절대일=공업일

$$\left(\begin{array}{l}\because \delta q = du + Pdv = dh - vdP \\ \quad = C_v dT + Pdv = C_p dT - vdP \\ \text{여기서}, dT=0, \therefore Pdv = -vdP\end{array}\right)$$

④ 내부에너지 변화량($u_2 - u_1 = \Delta u$)

$$du = C_v dT\,(T=C,\ dT=0)$$

$$du = 0 \rightarrow u = C,\ u_2 - u_1 = 0$$

⑤ 엔탈피 변화량

$$dh=C_p dT\ (T=C, dT=0)$$
$$dh=0 \to h=C, h_2-h_1=0$$

⑥ 열량 변화량

$$\delta q=du+Pdv=dh-vdP$$

(여기서, 등온과정에서 내부에너지와 엔탈피 변화량은 "0"이었으므로)

$$\delta q=Pdv=-vdP$$
$$_1q_2={_1}w_2={_1}w_{t2}=P_1v_1\ln\frac{v_2}{v_1}$$

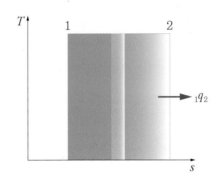

$$\delta q=Tds$$

(등온과정에서 열량 변화량은 절대일의 양과 같고, 공업일의 양과도 같다.)

면적은 $_1w_2={_1}w_{t2}={_1}q_2$

$_1q_2=A_1w_2=A_1w_{t2}$ (단위를 kcal/kg으로 동일하게 할 때)

---

**예제** 공기 1kg을 1MPa, 250℃의 상태로부터 압력 0.2MPa까지 등온 변화한 경우 외부에 대하여 한 일량은 약 몇 kJ인가?(단, 공기의 기체상수 R = 0.287 kJ/kg · K)

등온과정의 절대일이므로

$$_1w_2=\int_1^2 Pdv\left(\because Pv=C, P=\frac{C}{v}\right)$$
$$=\int_1^2 \frac{C}{v}dv=C\ln\frac{v_2}{v_1}=P_1v_1\ln\frac{v_2}{v_1}=RT\ln\frac{v_2}{v_1}=RT\ln\frac{P_1}{P_2}$$
$$=0.287\frac{\text{kJ}}{\text{kg·K}}(250+273.15)\text{K}\times\ln\left(\frac{1}{0.2}\right)$$
$$=241.65\text{kJ/kg}$$
$$\therefore {_1}W_2=m\cdot{_1}w_2$$
$$=1\text{kg}\times241.65\text{kJ/kg}$$
$$=241.65\text{kJ}$$

## (4) 단열과정($s = C$)에서 이상기체의 각 상태량 변화

① 온도, 압력, 체적 간의 관계식

㉠ 밀폐계의 열역학 제1법칙에서

$\delta q = du + Pdv = dh - vdP = 0$ (단열이므로 $\delta q = 0$)

$0 = du + Pdv$

$0 = C_v dT + Pdv$

$\therefore dT = -\dfrac{Pdv}{C_v}$ ⟶ ⓐ

㉡ 이상기체 상태방정식 $Pv = RT$ → 양변 미분

$Pdv + vdP = RdT + TdR$ (기체상수) ⟶ ⓑ

(여기서, $dR = 0$)

ⓐ식을 ⓑ식에 대입하여 정리하면

$Pdv + vdP + \dfrac{RPdv}{C_v} = 0$

$\left(1 + \dfrac{R}{C_v}\right)Pdv + vdP = 0$

$\left(\dfrac{C_v + R}{C_v}\right)Pdv + vdP = 0$

$\left(여기서, C_p - C_v = R \to C_v + R = C_p, \dfrac{C_p}{C_v} = k\right)$

$kPdv + vdP = 0$ (양변 $\div Pv$)

$k \cdot \dfrac{dv}{v} + \dfrac{dP}{P} = 0$

적분하면

$\int k\dfrac{dv}{v} + \int \dfrac{dP}{P} = C$

$k\ln v + \ln P = C$

$\ln P \cdot v^k = C$

$P \cdot v^k = e^c = C$

$P \cdot v^k = C$ ⟶ ⓒ

$P_1 \cdot v_1^k = P_2 \cdot v_2^k$

㉢ $Pv = RT \to P = \dfrac{RT}{v}$ ⟶ ⓓ

ⓓ식을 ⓒ식에 대입하면

$\dfrac{RT}{v}v^k = C \to RTv^{k-1} = C \to Tv^{k-1} = \dfrac{C}{R} = C$

$$Tv^{k-1} = C$$

$$\therefore T_1 v_1^{k-1} = T_2 v_2^{k-1}$$

$$\therefore \frac{T_2}{T_1} = \left(\frac{v_1}{v_2}\right)^{k-1}$$

ⓔ $Pv = RT \rightarrow v = \dfrac{RT}{P}$ ·············································· ⓔ

ⓔ식을 ⓒ식에 대입하면

$$P \cdot \left(\frac{RT}{P}\right)^k = C \; (여기서, R은 \; 상수 \; 취급, R^k = C)$$
$$P \cdot P^{-k}(RT)^k = C$$

$$P^{1-k}T^k = \frac{C}{R^k} = C \; (양변 \; 지수에 \; \frac{1}{k} \; 승)$$
$$P^{\frac{1-k}{k}}T = C^{\frac{1}{k}} = C$$

$$P^{\frac{1-k}{k}}T = C, \; TP^{\frac{1-k}{k}} = C$$
$$\therefore T_1 P_1^{\frac{1-k}{k}} = T_2 P_2^{\frac{1-k}{k}}$$

$$\frac{T_2}{T_1} = \left(\frac{P_1}{P_2}\right)^{\frac{1-k}{k}} \rightarrow \left(\frac{P_1}{P_2}\right)^{\frac{-(k-1)}{k}} = \left(\frac{P_2}{P_1}\right)^{\frac{k-1}{k}}$$

$$\frac{T_2}{T_1} = \left(\frac{P_2}{P_1}\right)^{\frac{k-1}{k}}$$

$$\boxed{\frac{T_2}{T_1} = \left(\frac{P_2}{P_1}\right)^{\frac{k-1}{k}} = \left(\frac{v_1}{v_2}\right)^{k-1}}$$

② 절대일($_1 w_2$)

$$\delta w = Pdv \left(Pv^k = C \rightarrow P = \frac{C}{v^k}\right)$$

$$= \frac{C}{v^k}dv$$

$$_1 w_2 = C\int_1^2 v^{-k}dv$$

$$= C\frac{1}{-k+1}[v^{-k+1}]_1^2$$

$$= \frac{C}{1-k}[v_2^{1-k} - v_1^{1-k}] \; (C = P_1 v_1^k = P_2 v_2^k)$$

$$= \frac{1}{1-k}(P_2 v_2^k v_2^{1-k} - P_1 v_1^k v_1^{1-k})$$

$$= \frac{1}{1-k}(P_2 v_2 - P_1 v_1)$$

$$= \frac{1}{k-1}(P_1 v_1 - P_2 v_2)$$

(여기서, $Pv = RT$에서 $P_1 v_1 = RT_1$과 $P_2 v_2 = RT_2$를 대입)

$$_1 w_2 = \frac{R}{k-1}(T_1 - T_2)$$

$$= \frac{RT_1}{k-1}\left(1 - \frac{T_2}{T_1}\right)$$

$$= \frac{RT_1}{k-1}\left(1 - \left(\frac{P_2}{P_1}\right)^{\frac{k-1}{k}}\right)$$

$$= \frac{RT_1}{k-1}\left(1 - \left(\frac{v_1}{v_2}\right)^{k-1}\right)$$

---

별해

$\delta q = du + Pdv = 0$ (단열이므로 $\delta q = 0$)

$Pdv = -du = -C_v dT$

$$_1 w_2 = -(u_2 - u_1)$$

$$= -C_v(T_2 - T_1)$$

$$= C_v(T_1 - T_2)$$

$$= \frac{R}{k-1}(T_1 - T_2)$$

$$= \frac{RT_1}{k-1}\left(1 - \frac{T_2}{T_1}\right)$$

$$= \frac{RT_1}{k-1}\left(1 - \left(\frac{P_2}{P_1}\right)^{\frac{k-1}{k}}\right)$$

$$= \frac{RT_1}{k-1}\left(1 - \left(\frac{v_1}{v_2}\right)^{k-1}\right)$$

이 방법으로 푸는 것이 더 효율적임

---

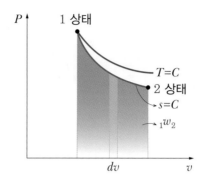

③ 공업일($_1w_{t2}$)

$$\delta w_t = -vdP$$

$$\delta w_t = -vdP\left(Pv^k=C \rightarrow v^k=\frac{C}{P} \rightarrow v=\left(\frac{C}{P}\right)^{\frac{1}{k}}\right)$$

$$\delta w_t = -\left(\frac{C}{P}\right)^{\frac{1}{k}}dP = -C^{\frac{1}{k}}P^{-\frac{1}{k}}dP$$

$$\int_1^2 \delta w_t = -C^{\frac{1}{k}}\int_1^2 P^{-\frac{1}{k}}dP$$

$$= -C^{\frac{1}{k}}\frac{1}{1-\frac{1}{k}}\left[P^{1-\frac{1}{k}}\right]_1^2$$

$$= -C^{\frac{1}{k}}\frac{k}{k-1}\left[P_2^{1-\frac{1}{k}}-P_1^{1-\frac{1}{k}}\right]$$

$$= C^{\frac{1}{k}}\cdot\frac{k}{k-1}\left[P_1^{\frac{k-1}{k}}-P_2^{\frac{k-1}{k}}\right] (여기서, C=P_1v_1^k=P_2v_2^k)$$

$$= \frac{k}{k-1}(P_1v_1^k)^{\frac{1}{k}}\cdot P_1^{\frac{k-1}{k}}-(P_2v_2^k)^{\frac{1}{k}}\cdot P_2^{\frac{k-1}{k}}$$

$$= \frac{k}{k-1}(P_1v_1-P_2v_2) \rightarrow k\cdot {}_1w_2$$

$$= \frac{kR}{k-1}(T_1-T_2)$$

$$= \frac{kRT_1}{k-1}\left(1-\frac{T_2}{T_1}\right)$$

$$= \frac{kRT_1}{k-1}\left(1-\left(\frac{P_2}{P_1}\right)^{\frac{k-1}{k}}\right)$$

$$= \frac{kRT_1}{k-1}\left(1-\left(\frac{v_1}{v_2}\right)^{k-1}\right)$$

단열과정의 공업일은 절대일보다 $k$ 배 크다.

별해 
$$\delta q = dh - vdP = 0$$
$$-vdP = -dh$$
$$-vdP = -C_p dT$$
$$\therefore {}_1w_{t2} = -\int_1^2 C_p dT$$
$$= -\frac{kR}{k-1}(T_2 - T_1)$$
$$= \frac{kR}{k-1}(T_1 - T_2)$$
$$= \frac{kRT_1}{k-1}\left(1 - \frac{T_2}{T_1}\right)$$
$$= \frac{kRT_1}{k-1}\left(1 - \left(\frac{P_2}{P_1}\right)^{\frac{k-1}{k}}\right)$$
$$= \frac{kRT_1}{k-1}\left(1 - \left(\frac{v_1}{v_2}\right)^{k-1}\right)$$

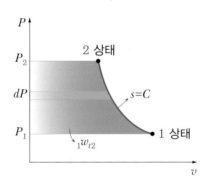

④ 내부에너지 변화량

$$du = C_v dT \rightarrow U_2 - U_1 = C_v(T_2 - T_1)$$
$$= \frac{RT_1}{k-1}\left(\frac{T_2}{T_1} - 1\right)$$
$$= \frac{RT_1}{k-1}\left(\left(\frac{P_2}{P_1}\right)^{\frac{k-1}{k}} - 1\right)$$
$$= \frac{RT_1}{k-1}\left(\left(\frac{v_1}{v_2}\right)^{k-1} - 1\right)$$

⑤ 엔탈피 변화량

$$dh = C_p dT$$
$$= \frac{kR}{k-1} dT$$
$$h_2 - h_1 = \frac{kR}{k-1}(T_2 - T_1)$$
$$= \frac{kRT_1}{k-1}\left(\frac{T_2}{T_1} - 1\right)$$
$$= \frac{kRT_1}{k-1}\left(\left(\frac{P_2}{P_1}\right)^{\frac{k-1}{k}} - 1\right)$$
$$= \frac{kRT_1}{k-1}\left(\left(\frac{v_1}{v_2}\right)^{k-1} - 1\right)$$

⑥ 열량 변화량

$$\delta q = 0 \rightarrow {}_1q_2 = 0$$

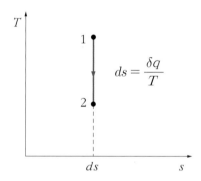

참고

단열과정 → 완전과정(존재하지 않는 과정)
불완전한 과정이 존재할거란 생각 → 폴리트로픽 과정(등온과 단열 사이의 과정)

## (5) 폴리트로픽 과정

공기 압축기에서 실제 압축은 순간적으로 이루어지지만 완벽한 단열과정으로의 압축은 어려우며, 실제로는 등온과 단열 사이의 과정으로 압축되는데 이러한 과정을 폴리트로픽 과정이라고 한다.

수냉식 왕복동 엔진의 실린더 속에서 연소가스의 팽창과정에서 폴리트로픽 과정인 팽창행정 동안 압력과 체적을 측정하여 압력과 체적의 로그함수 값을 그래프 위에 그리면 엔진선도에서처럼 결과는 다음 그림과 같이 나타난다.

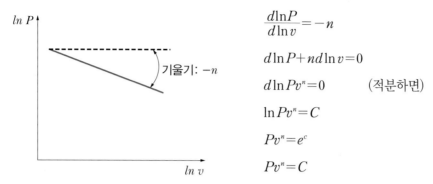

$$\frac{d\ln P}{d\ln v} = -n$$

$$d\ln P + nd\ln v = 0$$

$$d\ln Pv^n = 0 \qquad \text{(적분하면)}$$

$$\ln Pv^n = C$$

$$Pv^n = e^c$$

$$Pv^n = C$$

① 온도, 압력, 체적 간의 관계식

$Pv^n = C$ ($n$ : 폴리트로픽 지수)

$[1 < n < k]$

$$\frac{T_2}{T_1} = \left(\frac{P_2}{P_1}\right)^{\frac{k-1}{k}} = \left(\frac{v_1}{v_2}\right)^{k-1} \quad \leftarrow \text{단열과정}$$

↓ 지수 $k$를 폴리트로픽 지수 $n$으로 바꾸면 된다.

$$\frac{T_2}{T_1} = \left(\frac{P_2}{P_1}\right)^{\frac{n-1}{n}} = \left(\frac{v_1}{v_2}\right)^{n-1} \quad \leftarrow \text{폴리트로픽 과정}$$

② 절대일($_1w_2$)

$\delta w = Pdv$에 $Pv^n = C$에서 $P = Cv^{-n}$을 대입하여 적분하면

$$_1w_2 = \frac{1}{n-1}(P_1v_1 - P_2v_2) = \frac{R}{n-1}(T_1 - T_2)$$

$$= \frac{RT_1}{n-1}\left(1 - \frac{T_2}{T_1}\right)$$

$$= \frac{RT_1}{n-1}\left(1 - \left(\frac{P_2}{P_1}\right)^{\frac{n-1}{n}}\right)$$

$$= \frac{RT_1}{n-1}\left(1 - \left(\frac{v_1}{v_2}\right)^{n-1}\right)$$

③ 공업일($_1w_{t2}$)

$\delta w = -vdP$에 $Pv^n = C$에서 $v = \left(\frac{C}{P}\right)^{\frac{1}{n}}$을 대입하여 적분하면

$$_1w_{t2} = \frac{n}{n-1}(P_1v_1 - P_2v_2)$$

$$= \frac{nR}{n-1}(T_1 - T_2)$$

$$= \frac{nRT_1}{n-1}\left(1 - \frac{T_2}{T_1}\right)$$

$$= \frac{nRT_1}{n-1}\left(1-\left(\frac{P_2}{P_1}\right)^{\frac{n-1}{n}}\right)$$

$$= \frac{nRT_1}{n-1}\left(1-\left(\frac{v_1}{v_2}\right)^{n-1}\right)$$

④ 내부에너지 변화량($u_2 - u_1 = \Delta u$)

$$du = C_v dT \rightarrow u_2 - u_1 = C_v(T_2 - T_1)$$
$$= \frac{R}{k-1}(T_2 - T_1)$$
$$= \frac{RT_1}{k-1}\left(\frac{T_2}{T_1} - 1\right)$$
$$= \frac{RT_1}{k-1}\left(\left(\frac{P_2}{P_1}\right)^{\frac{n-1}{n}} - 1\right)$$
$$= \frac{RT_1}{k-1}\left(\left(\frac{v_1}{v_2}\right)^{n-1} - 1\right)$$

⑤ 엔탈피 변화량

$$dh = C_p dT \rightarrow h_2 - h_1 = C_p(T_2 - T_1)$$
$$= \frac{kR}{k-1}(T_2 - T_1)$$
$$= \frac{kRT_1}{k-1}\left(\frac{T_2}{T_1} - 1\right)$$
$$= \frac{kRT_1}{k-1}\left(\left(\frac{P_2}{P_1}\right)^{\frac{n-1}{n}} - 1\right)$$
$$= \frac{kRT_1}{k-1}\left(\left(\frac{v_1}{v_2}\right)^{n-1} - 1\right)$$

⑥ 열량 변화량(폴리트로픽)

$$\delta q = du + Pdv$$
$$= C_v dT - \frac{R}{n-1}dT$$
$$= \left(C_v - \frac{R}{n-1}\right)dT$$
$$= \left(\frac{(n-1)C_v - R}{n-1}\right)dT$$
$$= \left(\frac{nC_v - C_v - R}{n-1}\right)dT$$
$$= \left(\frac{nC_v - (C_v + R)}{n-1}\right)dT \left(여기서, C_p - C_v = R, \frac{C_p}{C_v} = k\right)$$
$$= \left(\frac{nC_v - kC_v}{n-1}\right)dT$$

$$\therefore \delta q = \frac{n-k}{n-1} C_v dT = C_n dT$$

(여기서, 폴리트로픽 비열 $C_n = \frac{n-k}{n-1} C_v$)

⑦ 폴리트로픽 지수($n$)에 따른 각 과정과 선도

$Pv^n = C \,[1 < n < k]$

$n = 0$일 때 $P = C \rightarrow$ 정압과정

$n = 1$일 때 $Pv = C \rightarrow$ 등온과정

$n = n$일 때 $Pv^n = C \rightarrow$ 폴리트로픽 과정

$n = k$일 때 $Pv^k = C \rightarrow$ 단열과정

$n = \infty$일 때 $Pv^\infty = C, \left(\text{양변에} \frac{1}{\infty} \text{승}\right) P^{\frac{1}{\infty}} v = C^{\frac{1}{\infty}}, v = C \rightarrow$ 정적과정

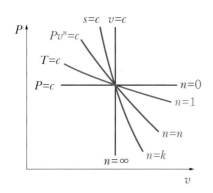

정적선($v = C$)을 기준으로 하여
오른쪽으로는 팽창을, 왼쪽으로는 압축을
나타냄

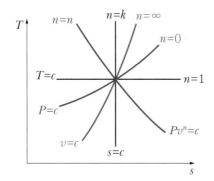

단열선($s = C$)을 기준으로 하여
오른쪽으로는 팽창을, 왼쪽으로는 압축을
나타냄

## 10. 가스의 혼합

### (1) 돌턴(Dalton)의 분압법칙

기체 상호 간 화학 반응이 일어나지 않는다면 혼합기체의 압력은 각 기체의 압력의 합과 같다.

$$P_t = P_A + P_B \cdots\cdots + P_n = \sum P_i$$

$$\frac{P_A}{P_t} = \frac{V_A}{V_t}$$

$$\therefore P_A = P_t \cdot \frac{V_A}{V_t} \rightarrow 체적비율을 알면 분압을 구할 수 있다.$$

### (2) 혼합기체의 평균비중량

$$G = G_1 + G_2 + G_3 = \cdots + G_n = \sum G_i$$
$$= \gamma_1 V_1 + \gamma_2 V_2 + \gamma_3 V_3 + \cdots + \gamma_n V_n = \gamma_m V_t$$
$$\therefore \gamma_m = \frac{\sum \gamma_i V_i}{V_{t(전체적)}} = \frac{\sum \gamma_i V_i}{\sum V_i}$$

### (3) 혼합기체의 평균기체상수

$$P_1 V = m_1 R_1 T$$
$$P_2 V = m_2 R_2 T$$
$$P_3 V = m_3 R_3 T$$
$$(P_1 + P_2 + P_3 + \cdots)V = (m_1 R_1 + m_2 R_2 + m_3 R_3 + \cdots)T$$
$$P \cdot V = m \cdot R_m \cdot T$$
$$\therefore R_m = \frac{\sum m_i R_i}{\sum m_i}$$

### (4) 혼합기체의 평균비열

$$m \cdot C_m = m_1 C_1 + m_2 C_2 + m_3 C_3 + \cdots + m_n C_n = \sum m_i C_i$$

$$C_m = \frac{\sum m_i C_i}{m\,(\text{전질량})} = \frac{\sum m_i C_i}{\sum m_i}$$

### (5) 혼합기체의 평균온도

$$G_1 C_1 T_1 + G_2 C_2 T_2 + G_3 C_3 T_3 + \cdots = (G_1 C_1 + G_2 C_2 + G_3 C_3 + \cdots)\,T_m$$

$$\therefore\ T_m = \frac{\sum G_i C_i T_i}{\sum G_i C_i}$$

### (6) 혼합기체에서 한 기체에 대한 중량비와 체적비

① $\dfrac{G_{i(\text{요소중량})}}{G_{(\text{전중량})}} = \dfrac{G_1}{G_1 + G_2 + G_3 + \cdots} = \dfrac{\gamma_1 V_1}{\gamma_1 V_1 + \gamma_2 V_2 + \gamma_3 V_3 + \cdots}$

분모, 분자를 $\gamma V$로 나누면

$$\frac{\dfrac{\gamma_1}{\gamma} \cdot \dfrac{V_1}{V}}{\dfrac{\gamma_1}{\gamma} \cdot \dfrac{V_1}{V} + \dfrac{\gamma_2}{\gamma} \cdot \dfrac{V_2}{V} + \dfrac{\gamma_3}{\gamma} \cdot \dfrac{V_3}{V} + \cdots} = \frac{\dfrac{M_1}{M} \cdot \dfrac{V_1}{V}}{\dfrac{M_1}{M} \cdot \dfrac{V_1}{V} + \dfrac{M_2}{M} \cdot \dfrac{V_2}{V} + \dfrac{M_3}{M} \cdot \dfrac{V_3}{V} + \cdots}$$

분모, 분자에 $MV$를 곱하면

$$\text{기체 1의 중량비} = \frac{M_1 V_1}{M_1 V_1 + M_2 V_2 + M_3 V_3 + \cdots}$$

$$\therefore\ M(\text{분자량}) \times V(\text{체적}) = G(\text{중량})$$

② $\dfrac{V_{i(\text{요소체적})}}{V_{(\text{전체적})}} = \dfrac{V_1}{V_1 + V_2 + V_3 + V_4 + \cdots} = \dfrac{\dfrac{G_1}{M_1}}{\sum \dfrac{G_i}{M_i}} = \text{기체 1의 체적비}$

분자량 $\times$ 체적 $=$ 중량

$$\text{중량비} = \frac{\text{요소중량}}{\text{전중량}} = \frac{M_i V_i}{\sum M_i V_i}$$

예제 체적비가 각각 $O_2=22\%$, $CO_2=40\%$, $N_2=20\%$, $CO=18\%$인 혼합가스 중 산소의 중량비를 구하여라.

각 체적당 고유값이 분자량($M$)이므로

$$산소의\ 중량비 = \frac{G_{O_2}}{G_t} = \frac{M_i V_i}{\sum M_i V_i} \ (여기서,\ V_i 는\ 체적비)$$

$$= \frac{32 \times 22}{32 \times 22 + 44 \times 40 + 28 \times 20 + 28 \times 18} \times 100\% = 19.95\%$$

|        | 체적비 | 분자량 |
|--------|--------|--------|
| $CO_2$ | 40%    | 44     |
| $N_2$  | 20%    | 28     |
| $CO$   | 18%    | 28     |
| $O_2$  | 22%    | 32     |

참고

$$\frac{P_i}{P_t} = \frac{V_i}{V_t} = \frac{n_i}{n_t} \quad (\because n은\ 몰수)$$

$$P_t = P_1 + P_2 + \cdots + P_n = \sum_{i=1}^{n} P_i$$

$$V_t = V_1 + V_2 + \cdots + V_n = \sum_{i=1}^{n} V_i$$

$$G_t = G_1 + G_2 + \cdots + G_n = \sum_{i=1}^{n} G_i$$

$$n_t = n_1 + n_2 + \cdots + n_n = \sum_{i=1}^{n} n_i$$

혼합기체는 비례법칙이 성립하며 비례식은 부분압의 비, 체적비, 몰수비가 항상 일치한다.

# 핵심 기출 문제

**01** 어떤 이상기체 1kg이 압력 100kPa, 온도 30℃의 상태에서 체적 0.8m³를 점유한다면 기체상수(kJ/kg · K)는 얼마인가?

① 0.251          ② 0.264
③ 0.275          ④ 0.293

**해설** ➕------------------------------

$PV = mRT$에서

$R = \dfrac{P \cdot V}{m\,T}$

$\quad = \dfrac{100 \times 0.8}{1 \times (30 + 273)}$

$\quad = 0.264$

**02** 공기 10kg이 압력 200kPa, 체적 5m³인 상태에서 압력 400kPa, 온도 300℃인 상태로 변한 경우 최종 체적(m³)은 얼마인가?(단, 공기의 기체상수는 0.287kJ/kg · K이다.)

① 10.7          ② 8.3
③ 6.8          ④ 4.1

**해설** ➕------------------------------

$PV = mRT$에서

$T_1 = \dfrac{P_1 V_1}{mR} = \dfrac{200 \times 10^3 \times 5}{10 \times 0.287 \times 10^3} = 348.43\,\mathrm{K}$

보일－샤를법칙에 의해

$\dfrac{P_1 V_1}{T_1} = \dfrac{P_2 V_2}{T_2}$이므로

$\dfrac{200 \times 10^3 \times 5}{348.43} = \dfrac{400 \times 10^3 \times V_2}{(300 + 273)}$

$V_2 = 4.11\mathrm{m}^3$

**03** 다음 중 기체상수(gas constant, $R$[kJ/(kg · K)]) 값이 가장 큰 기체는?

① 산소($O_2$)          ② 수소($H_2$)
③ 일산화탄소(CO)          ④ 이산화탄소($CO_2$)

**해설** ➕------------------------------

기체상수 $R = \dfrac{\overline{R}(\text{일 반 기 체 상 수})}{M(\text{분자량})}$

분자량이 가장 작은 수소($H_2$)의 $R$ 값이 가장 크다.

**04** 체적이 일정하고 단열된 용기 내에 80℃, 320kPa의 헬륨 2kg이 들어 있다. 용기 내에 있는 회전날개가 20W의 동력으로 30분 동안 회전한다고 할 때 용기 내의 최종 온도는 약 몇 ℃인가?(단, 헬륨의 정적비열은 3.12kJ/(kg · K)이다.)

① 81.9℃          ② 83.3℃
③ 84.9℃          ④ 85.8℃

**해설** ➕------------------------------

회전날개에 의해 공급된 일량＝내부에너지 변화량

$_1W_2 = 20\dfrac{\mathrm{J}}{\mathrm{s}} \times 30\mathrm{min} \times \dfrac{60s}{1\mathrm{min}} = 36{,}000\mathrm{J} = 36\mathrm{kJ}$

$\delta \cancel{Q}^{\,0} = dU + \delta W$

$dU = -\delta W$

일부호(－)를 취하면 $U_2 - U_1 = {}_1W_2 \rightarrow m(u_2 - u_1) = {}_1W_2$

$m\,C_v(T_2 - T_1) = {}_1W_2$

$\therefore\ T_2 = T_1 + \dfrac{{}_1W_2}{m\,C_v} = 80 + \dfrac{36}{2 \times 3.12} = 85.77℃$

**05** 압력이 200kPa인 공기가 압력이 일정한 상태에서 400kcal의 열을 받으면서 팽창하였다. 이러한 과정에서 공기의 내부에너지가 250kcal만큼 증가하였을 때, 공기의 부피변화($m^3$)는 얼마인가?(단, 1kcal는 4.186kJ이다.)

① 0.98       ② 1.21
③ 2.86       ④ 3.14

**해설** ❶ - - - - - - - -

i) 정압과정 $P = 200\text{kPa} = C$

ii) $\delta Q = dU + PdV$에서

$$_1Q_2 = U_2 - U_1 + \int_1^2 PdV \quad (\text{여기서, } P = C)$$

$$= U_2 - U_1 + P(V_2 - V_1)$$

$$\therefore \ V_2 - V_1 = \Delta V = \frac{_1Q_2 - (U_2 - U_1)}{P}$$

$$= \frac{(400 - 250)\text{kcal}}{200\text{kPa}} \times \frac{4.186\text{kJ}}{1\text{kcal}}$$

$$= 3.14\text{m}^3$$

※ $_1Q_2 = U_2 - U_1 + AP(V_2 - V_1)$

(여기서, $A = \dfrac{1\text{kcal}}{4.186\text{kJ}}$ : 일의 열당량)으로 해석해도 된다.

**06** 공기 1kg을 정압과정으로 20℃에서 100℃까지 가열하고, 다음에 정적과정으로 100℃에서 200℃까지 가열한다면, 전체 가열에 필요한 총에너지(kJ)는? (단, 정압비열은 1.009kJ/kg · K, 정적비열은 0.72kJ/kg · K이다.)

① 152.7       ② 162.8
③ 139.8       ④ 146.7

**해설** ❶ - - - - - - - -

$\delta q = du + pdv = dh - vdp$

i) 정압가열과정 $p = c$에서
$\delta q = dh - vdp \ (\because \ dp = 0)$

$$_1q_2 = \int_1^2 C_p dT = C_p(T_2 - T_1)$$

$$= 1.009 \times (100 - 20) = 80.72\text{kJ/kg}$$

$$\therefore \ Q_p = {_1Q_2} = m \cdot {_1q_2} = 1 \times 80.72 = 80.72\text{kJ}$$

ii) 정적가열과정 $v = c$에서
$\delta q = du + pdv (\because \ dv = 0)$

$$_1q_2 = \int_1^2 C_v dT = C_v(T_2 - T_1)$$

$$= 0.72 \times (200 - 100) = 72\text{kJ/kg}$$

$$\therefore \ Q_v = {_1Q_2} = m \cdot {_1q_2} = 1 \times 72 = 72\text{kJ}$$

iii) 총가열량 $Q = Q_p + Q_v = 80.72 + 72 = 152.72\text{kJ}$

**07** 이상기체 1kg이 초기에 압력 2kPa, 부피 0.1$m^3$를 차지하고 있다. 가역등온과정에 따라 부피가 0.3$m^3$로 변화했을 때 기체가 한 일은 약 몇 J인가?

① 9,540       ② 2,200
③ 954       ④ 220

**해설** ❶ - - - - - - - -

$T = C$이므로 $PV = C$

$\delta W = PdV \ \left(P = \dfrac{C}{V}\right)$

$$_1W_2 = \int_1^2 \frac{C}{V}dV$$

$$= C\ln\frac{V_2}{V_1} \quad (C = P_1V_1 \ \text{적용})$$

$$= P_1V_1\ln\frac{V_2}{V_1}$$

$$= 2 \times 10^3 \times 0.1 \times \ln\left(\frac{0.3}{0.1}\right) = 219.72\text{J}$$

**08** 초기 압력 100kPa, 초기 체적 0.1$m^3$인 기체를 버너로 가열하여 기체 체적이 정압과정으로 0.5$m^3$가 되었다면 이 과정 동안 시스템이 외부에 한 일(kJ)은?

① 10       ② 20
③ 30       ④ 40

**해설⊕**

밀폐계의 일＝절대일

$\delta W = PdV$ (일부호 (+))

$_1W_2 = \int_1^2 PdV \ (\because \ P=C)$

$\quad = P(V_2 - V_1)$

$\quad = 100 \times 10^3 \times (0.5 - 0.1)$

$\quad = 40{,}000\text{J}$

$\quad = 40\text{kJ}$

**09** 피스톤－실린더 장치에 들어 있는 100kPa, 27℃의 공기가 600kPa까지 가역단열과정으로 압축된다. 비열비가 1.4로 일정하다면 이 과정 동안에 공기가 받은 일(kJ/kg)은?(단, 공기의 기체상수는 0.287kJ/kg · K이다.)

① 263.6　　　　　② 171.8

③ 143.5　　　　　④ 116.9

**해설⊕**

단열과정이므로 $\dfrac{T_2}{T_1} = \left(\dfrac{P_2}{P_1}\right)^{\frac{k-1}{k}}$ 에서

$T_2 = (27+273) \times \left(\dfrac{600}{100}\right)^{\frac{0.4}{1.4}} = 500.55\text{K}$

밀폐계의 일(절대일)

$\cancel{\delta q}^{\,0} = du + pdv$

$pdv = -du = \delta w$

$_1w_2 = \int_1^2 -C_v dT = (-)\int_1^2 -C_v dT \ (\because \ 일부호(-))$

$\quad = C_v(T_2 - T_1) = \dfrac{R}{k-1}(T_2 - T_1)$

$\quad = \dfrac{0.287}{1.4-1}(500.55 - (27+273))$

$\quad = 143.89\,\text{kJ/kg}$

**10** 단열된 가스터빈의 입구 측에서 압력 2MPa, 온도 1,200K인 가스가 유입되어 출구 측에서 압력 100kPa, 온도 600K로 유출된다. 5MW의 출력을 얻기 위해 가스의 질량유량(kg/s)은 얼마이어야 하는가?(단, 터빈의 효율은 100%이고, 가스의 정압비열은 1.12kJ/kg · K이다.)

① 6.44　　　　　② 7.44

③ 8.44　　　　　④ 9.44

**해설⊕**

단열팽창하는 공업일이 터빈일이므로

$\cancel{\delta q}^{\,0} = dh - vdp$

$0 = dh - vdp$

여기서, $w_T = -vdp = -dh$

$\therefore \ _1w_{T2} = \int -C_p dT$

$\quad = -C_p(T_2 - T_1)$

$\quad = C_p(T_1 - T_2)(\text{kJ/kg})$

출력은 동력이므로 $\dot{W}_T = \dot{m}w_T \left(\dfrac{\text{kg}}{\text{s}} \cdot \dfrac{\text{kJ}}{\text{kg}} = \dfrac{\text{kJ}}{\text{s}} = \text{kW}\right)$

$\therefore \ \dot{m} = \dfrac{\dot{W}_T}{w_T} = \dfrac{5 \times 10^3 \text{kW}}{C_p(T_1 - T_2)}$

$\quad = \dfrac{5 \times 10^3}{1.12 \times (1{,}200 - 600)}$

$\quad = 7.44\text{kg/s}$

**11** 어떤 가스의 비내부에너지 $u$(kJ/kg), 온도 $t$(℃), 압력 $P$(kPa), 비체적 $v$(m³/kg) 사이에는 아래의 관계식이 성립한다면, 이 가스의 정압비열(kJ/kg · ℃)은 얼마인가?

- $u = 0.28t + 532$
- $Pv = 0.560(t + 380)$

① 0.84　　　　　② 0.68

③ 0.50　　　　　④ 0.28

**해설⊕**

단위질량당 엔탈피인 비엔탈피는

$h = u + Pv$

$\quad = 0.28t + 532 + 0.56t + 0.56 \times 380$

$\quad = 0.84t + 744.8$(온도만의 함수)

$\dfrac{dh}{dt} = C_P$이므로 위의 식을 $t$로 미분하면 $C_P = 0.84$

**12** 메탄올의 정압비열($C_p$)이 다음과 같은 온도 $T$(K)에 의한 함수로 나타날 때 메탄올 1kg을 200K에서 400K까지 정압과정으로 가열하는데 필요한 열량(kJ)은?(단, $C_p$의 단위는 kJ/kg · K이다.)

$$C_p = a + bT + cT^2$$
$$(a = 3.51,\ b = -0.00135,\ c - 3.47 \times 10^{-5})$$

① 722.9  　　② 1,311.2

③ 1,268.7　　④ 866.2

**해설⊕**

$\delta q = dh - vdp$ (여기서, $p = c \rightarrow dp = 0$)

$\delta q = C_p dT$에서 $C_p$ 값이 온도함수로 주어져 있으므로

$_1q_2 = \displaystyle\int_{200}^{400}(a + bT + cT^2)dT$

$\quad = a\,[\,T\,]_{200}^{400} + \dfrac{b}{2}\,[\,T^2\,]_{200}^{400} + \dfrac{c}{3}\,[\,T^3\,]_{200}^{400}$

$\quad = 3.51 \times (400 - 200) + \dfrac{-0.00135}{2}(400^2 - 200^2)$

$\qquad + \dfrac{3.47 \times 10^{-5}}{3}(400^3 - 200^3) = 1,268.73\text{kJ/kg}$

$\therefore {}_1Q_2 = m \cdot {}_1q_2 = 1\text{kg} \times 1,268.73\text{kJ/kg}$

$\qquad = 1,268.73\text{kJ}$

**13** 공기가 등온과정을 통해 압력이 200kPa, 비체적이 0.02m³/kg인 상태에서 압력이 100kPa인 상태로 팽창하였다. 공기를 이상기체로 가정할 때 시스템이 이 과정에서 한 단위 질량당 일(kJ/kg)은 약 얼마인가?

① 1.4  　　② 2.0

③ 2.8  　　④ 5.6

**해설⊕**

i) 등온과정 $T = c \rightarrow pv = c \rightarrow p_1v_1 = p_2v_2$

ii) 절대일 $\delta w = pdv$ $\left(\text{여기서, } p = \dfrac{c}{v}\right)$

$\quad {}_1w_2 = \displaystyle\int_1^2 \dfrac{c}{v}dv$

$\qquad = c\ln\dfrac{v_2}{v_1}$

$\qquad$ (여기서 $c = p_1v_1$, 일부호(+), $\dfrac{v_2}{v_1} = \dfrac{p_1}{p_2}$ 적용)

$\qquad = p_1v_1\ln\dfrac{p_1}{p_2}$

$\qquad = 200\dfrac{\text{kN}}{\text{m}^2} \times 0.02\dfrac{\text{m}^3}{\text{kg}} \times \ln\left(\dfrac{200}{100}\right) = 2.77\text{kJ/kg}$

**14** 분자량이 32인 기체의 정적비열이 0.714kJ/kg · K일 때 이 기체의 비열비는?(단, 일반기체상수는 8.314kJ/kmol · K이다.)

① 1.364  　　② 1.382

③ 1.414  　　④ 1.446

**해설⊕**

비열 간의 관계식 $C_p - C_v = R$에서

$\dfrac{C_p}{C_v} = k$

$C_p = kC_v$를 대입하면

$kC_v - C_v = R \rightarrow kC_v = C_v + R$

$$\therefore \ k = 1 + \frac{R}{C_v} = 1 + \frac{\dfrac{\overline{R}}{M}}{C_v}$$

$$= 1 + \frac{\dfrac{8.314 \dfrac{\mathrm{kJ}}{\mathrm{kmol \cdot K}}}{32 \dfrac{\mathrm{kg}}{\mathrm{kmol}}}}{0.714}$$

$$= 1.364$$

(여기서, 분자량 $M$ : 1mol → 32g, 1kmol → 32kg)

CHAPTER

# 04 열역학 제2법칙

## 1. 열역학 제2법칙

모든 과정은 어느 한 방향으로만 일어나고 역방향으로는 일어나지 않는다는 자연의 법칙을 설명하고 있으며, 열역학 제2법칙의 궁극적인 목적(비가역 손실이 존재하므로)은 자연자원과 환경을 효율적인 방법으로 다루는 데 있다.(가용에너지, 가역일, 비가역성, 자연현상의 방향성 제시)

거실에 있는 뜨거운 커피는 천천히 식어간다. 커피가 방출하는 열에너지는 주위 공기가 얻은 에너지와 같아 열역학 제1법칙을 만족하지만, 거실의 공기로부터 열을 전달받아 공기보다 뜨거운 커피가 더 뜨거워지는 과정은 발생하지 않는다.

⟮예⟯ 자동차가 언덕을 올라가는 동안 가솔린이 더 많이 소모된다. 그러나 자동차가 언덕을 내려온다고 가솔린 탱크의 가솔린이 원래 높이로 회복되지 않는다.

## (1) 열기관에 대한 2법칙의 켈빈-플랭크 표현

① 고온 물체로부터 일정량의 열을 받아서 같은 양의 일을 하며 사이클로 작동을 하는 열기관
 을 만들 수 없다.

 즉, 받은 열량을 전부 일로 변환시키며 다른 곳에 어떠한 변화도 남기지 않고 사이클을 이루
 는 기관은 만들 수 없다.

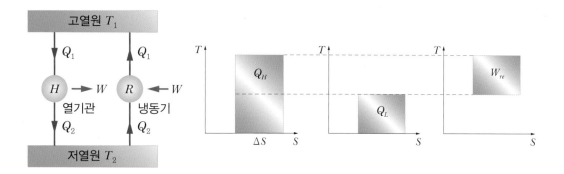

$$Q \neq AW$$

$$\eta_{th} = \frac{AW}{Q_H} < 100\%$$

효율을 높이기 위해 가능한 유일한 방법은 저온의 작업유체로부터 열량의 일부를 더 낮은
저온의 물체로 전달하는 것이다.

$T_L$ 이 절대온도 0K에 접근하면 효율이 100%에 접근한다.

$$\frac{Q_H - Q_L}{Q_H} = \frac{T_H - T_L}{T_H}$$

② 열효율이 100%인 열기관은 만들 수 없다.

 즉, 고온물체로부터 열기관으로 열이 전달되고 다시 열기관으로부터 저온 물체로 열이 전달
 되면서 일이 생산되므로 열기관은 두 개의 열 저장조가 있어야 한다.

 (사이클로 작동하는 어떠한 장치도 하나의 열 저장조로부터 열을 받고 정미일을 생산할 수
 는 없다.)

## (2) 냉동기에 대한 2법칙의 클라우시우스 표현

① 사이클로 작동하면서 저온 물체에서 고온 물체로 열을 전달하는 이외의 다른 어떠한 효과도
 내지 않는 장치를 만들기는 불가능하다.

② 열은 그 자신만으로는 저온 물체에서 고온 물체로 이동할 수 없다.

③ 냉동기는 외부에서 공급된 일에 의하여 저온 물체에서 고온 물체로 열전달이 이루어진다. 따라서 성능계수($\beta$)가 무한대인 냉동기는 만들 수 없다는 의미이다.

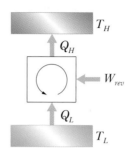

• 냉동사이클 : 저압상태에서 약간 과열된 냉매 증기가 압축기에 유입되며 압축된 후 고온 고압의 냉매가 증기상태로 압축기를 나와 응축기에 유입된다.

응축기에서 냉매는 냉각수나 대기 중으로 열을 빼앗겨서 응축하게 되며 고압의 액체 상태로 응축기를 나온다. 응축기를 나온 액체상태의 냉매는 팽창 밸브(교축밸브)를 지나는 동안 압력이 강하하여 일부는 저온저압의 증기가 되고 나머지는 저온저압 상태의 액체로 남게 된다. 남은 액체는 증발기를 지나는 동안 냉동실로부더 열을 흡수하여 증발하게 된다.

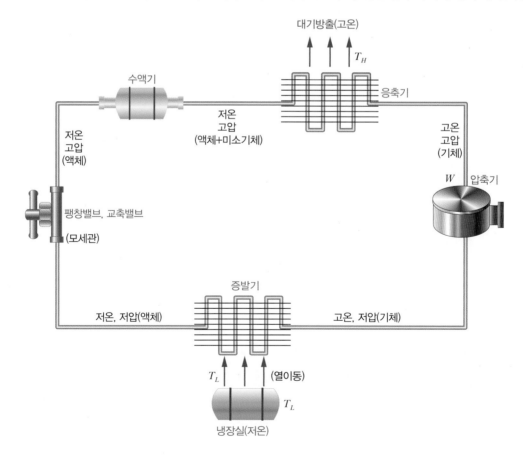

- **증발기** : 작업유체(냉매)가 열을 받지만 습증기 상태이므로 포화증기까지 가는 과정은 등온이면서 정압과정이다.

  압축기의 일을 공급할 때만 냉매가 냉장고 안($Q_L$ : 저온)으로부터 열을 받아 이동한 후 대기($Q_H$ : 고온)로 열을 전달가능하며, 입력일(압축기) 없이 작동되는 냉동기를 만들 수 없다. 따라서 냉동기의 성능계수가 무한대인 냉동기는 제작할 수 없다.

  → 클라우시우스의 표현

> **참고**
>
> 난방시스템(열펌프)은 고온 냉매로부터 난방대상인 고온물체로 열량 $Q_H$를 전달하는 것이 목적이며, 냉동기로 사용될 때는 냉동 공간으로부터 냉매로 열량 $Q_L$를 전달하는 것이 목적이다.

## 2. 열효율(열기관), 성능계수(냉동기, 열펌프), 가역과정과 비가역과정

### (1) 열효율과 성능계수

① **열효율(thermal efficiency)**

$$\eta_{th} = \frac{AW}{Q_1} = \frac{Q_1 - Q_2}{Q_1} = 1 - \frac{Q_2}{Q_1} = 1 - \frac{T_2}{T_1} \ (T_1 = T_H, \ T_2 = T_L)$$

② **열펌프(heat pump)의 성적계수(Coefficient Of Performance : COP)**

$$\varepsilon_H = \frac{Q_1}{Q_1 - Q_2} = \frac{T_1}{T_1 - T_2} \ (\text{열펌프 : 고온을 유지하는 것이 목적})$$

③ **냉동기(refrigerator)의 성적계수(COPR)**

$$\varepsilon_R = \beta = \frac{Q_2}{Q_1 - Q_2} = \frac{T_2}{T_1 - T_2} \ (\text{냉동기 : 저온을 유지하는 것이 목적})$$

④ **열펌프와 냉동기의 성적계수 관계**

$$\varepsilon_H = \frac{T_1}{T_1 - T_2} = \frac{T_1 - T_2 + T_2}{T_1 - T_2} = 1 + \frac{T_2}{T_1 - T_2} = 1 + \varepsilon_R$$

동일온도의 두 열원 사이에서 열펌프로 운전할 때의 성적계수가 냉동기로 운전할 때의 성적계수보다 1만큼 크다.(냉동기의 효율을 성능계수로 표현하는 이유는 효율이 1보다 크다는 이상한 결과를 피하기 위해서이다.)

### (2) 가역과정과 비가역과정

#### 1) 가역과정(reversible process)

① 진행된 과정이 역으로 진행될 수 있으며 시스템이나 주위에 아무런 변화를 남기지 않아 다시 되돌아갈 수 있는 과정(손실이 없는 과정)

② 자연계에 존재하지 않는 이상과정

③ 준평형과정($P=C, T=C, S=C, V=C$)

#### 2) 비가역과정(irreversible process)

① 실제 과정으로 평형이 유지되지 않는 과정

② 자연계에서 일어나는 모든 과정은 비가역과정

③ 유한한 온도차에 의한 열전달(두 물체의 온도차가 0에 근접할 때 열전달과정은 가역과정에 근접한다.)

④ 한 방향으로만 진행되는 과정(물에 잉크를 떨어뜨리면 잉크가 퍼져나가는 방향으로만 진행)

⑤ 열기관에서는 비가역과정을 손실로 인식해도 무방함

⑥ 서로 다른 물질의 혼합

참고

**비가역성**

과정을 비가역과정으로 되게 하는 요인을 비가역성이라 한다.

비가역성으로는 마찰, 자유팽창, 두 유체의 혼합, 유한한 온도차를 가지는 열전달, 전기저항, 고체의 비탄성변형, 화학반응 등이 포함된다.

## 3. 카르노 사이클(Carnot Cycle)

### (1) 카르노 사이클

가장 이상적인 열기관이며 기체를 작업유체로 사용하여 실린더 속에서 모든 과정이 일어나도록 이상화된 밀폐사이클로 카르노 사이클을 구성할 수 있다.(밀폐계 일 → 절대일)

① 가장 이상적인 열기관 사이클(열기관의 효율이 100%가 될 수 없다.) : 효율이 가장 좋은 열기관

② 모든 과정이 가역과정이다.(모든 과정이 가역이므로 → 모든 과정을 반대로 운전 → 냉동기
  (역카르노 사이클))

③ 2개의 등온과 2개의 단열로 이루어진 과정

## (2) 카르노 사이클의 각 과정 해석

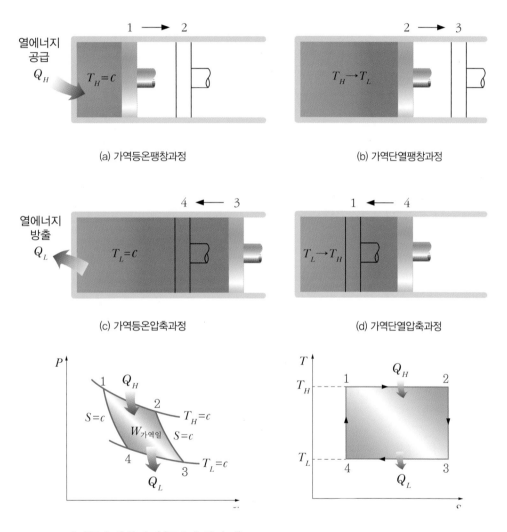

(a) 가역등온팽창과정

(b) 가역단열팽창과정

(c) 가역등온압축과정

(d) 가역단열압축과정

1 → 2 : 가역등온팽창과정(등온흡열과정)

2 → 3 : 가역단열팽창과정(고온에서 저온으로 떨어진다.)

3 → 4 : 가역등온압축과정(등온방열과정)

4 → 1 : 가역단열압축과정(저온에서 고온으로 올라간다.)

① 1 → 2 과정(가역등온팽창 → 기열량 = 팽창일) ($PV = C$)

$$_1Q_2 = {_1}W_2 = P_1 V_1 \ln \frac{V_2}{V_1} = RT_H \ln \frac{V_2}{V_1} = Q_H$$

→ 단위질량당 값으로 표현

$$_1q_2 = {_1}w_2 = P_1 v_1 \ln \frac{v_2}{v_1} = RT_H \ln \frac{v_2}{v_1} = q_H \quad \cdots\cdots\cdots\cdots\cdots ⓐ$$

② 2 → 3 과정(가역단열팽창 : $s = c$ → $pv^k = c$)

$$\frac{T_3}{T_2} = \left(\frac{P_3}{P_2}\right)^{\frac{k-1}{k}} = \left(\frac{v_2}{v_3}\right)^{k-1}$$

일 : $_2w_3 = \dfrac{1}{k-1}(P_2 v_2 - P_3 v_3) = \dfrac{R}{k-1}(T_2 - T_3)$

$$= \frac{RT_2}{k-1}\left(1 - \frac{T_3}{T_2}\right)$$

열량 : $_2q_3 = 0$(단열이므로)

③ 3 → 4 과정($T = C$, $T_3 = T_4 = T_L$ → $Pv = PV = C$)

등온일 경우 : $Q_L = {_3}W_4$ 가역등온방열과정

㉠ 압축일 $_3w_4 = P_3 v_3 \ln \dfrac{v_4}{v_3} = P_3 v_3 \ln \dfrac{P_3}{P_4} = RT_L \ln \dfrac{v_4}{v_3} = RT_L \ln \dfrac{P_3}{P_4}$

㉡ 방열량 $_3q_4 = -q_{L(방열)} = -{_3}w_4$

$$q_L = P_3 v_3 \ln \frac{v_4}{v_3} < 0 \; : \; 방열(계에서 열 방출(-)) → -q_L에서 \; \therefore q_L = P_3 v_3 \ln \frac{v_3}{v_4} \cdots\cdots ⓑ$$

④ 4 → 1 과정(가역단열압축)

$$\delta q = du + Pdv$$

$$\therefore Pdv = -du = -C_v dT$$

적분하면

$$_4w_1 = \int_4^1 -C_v dT$$

$$= -\frac{R}{k-1}(T_1 - T_4) \; (여기서 일 부호(-)를 적용하면)$$

$$= \frac{R}{k-1}(T_1 - T_4) = \frac{1}{k-1}(P_1 v_1 - P_4 v_4)$$

⑤ 카르노 사이클 열효율

$$\eta_c = \frac{w_{가역}}{q_H} = \frac{q_H - q_L}{q_H} = 1 - \frac{q_L}{q_H} = \left(1 - \frac{RT_L \ln \dfrac{v_3}{v_4}}{RT_H \ln \dfrac{v_2}{v_1}}\right) \leftarrow ⓐ, ⓑ 대입$$

$$= 1 - \frac{T_L}{T_H}$$

카르노 사이클에서 열량은 온도만의 함수로 표현된다.

여기서, $T_1 = T_2$, $T_3 = T_4$

단열과정식에서

$$\frac{T_3}{T_2} = \left(\frac{v_2}{v_3}\right)^{k-1}, \ \frac{T_4}{T_1} = \left(\frac{v_1}{v_4}\right)^{k-1}$$

$$\therefore \frac{v_2}{v_3} = \frac{v_1}{v_4} \rightarrow \frac{v_2}{v_1} = \frac{v_3}{v_4}$$

## (3) 카르노 사이클 정리

① 두 개의 온도 사이에서 작동하면서 카르노 사이클보다 효율이 더 좋은 열기관은 만들 수 없다.

② 두 개의 온도 사이에서 카르노 사이클로 작동하는 모든 열기관의 효율은 같다.

③ 카르노 사이클의 효율은 작업유체에 무관하고 오직 온도에만 의존한다.

④ 카르노 사이클 열효율에서 열량을 온도만의 함수로 표현가능하다. $\left(\dfrac{q_L}{q_H} = \dfrac{T_L}{T_H}\right)$

> **참고**
>
> 고온저장조로부터 일정량의 열을 받는 카르노 사이클 열기관에서 사이클로부터 열이 방출되는 온도가 낮아짐에 따라 순 출력은 증가하고 방열량이 감소한다. 극한에서는 방열량이 0이 되며 이 극한에 대응되는 저장조의 온도가 0K이다.
>
> → 방출온도가 절대온도 0K에 이르면 카르노 사이클 기관의 열효율은 100%이다.
>
> → 열역학 제3법칙(절대온도 0K에 이르게 할 수 없다.)
>
> 또, 카르노 사이클 냉동기에서도 냉동 공간의 온도가 내려감에 따라 일정량의 냉동을 할 때 필요한 일의 크기가 증가한다. 절대온도 0K는 도달할 수 있는 온도의 극한값이다. 냉동하려는 곳의 온도가 0K에 접근하면, 유한한 양의 냉동에 필요한 일은 무한대에 접근하므로 냉장실의 온도를 떨어뜨리려면 그만큼의 일을 더 해야 한다.

$$\frac{Q_L}{Q_H - Q_L} \rightarrow \frac{T_L}{T_H - T_L}$$

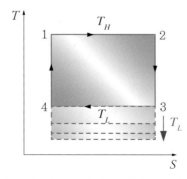

$T_L$ 값이 낮을수록 효율이 증가(카르노 사이클)

> **│참고**

가역일 때 일 $W_{가역}$ $(Q_H - Q_L)$보다 비가역일 때 일 $W_{비가역}$ $(Q_H - Q_L')$이 더 작다.
(열손실이 있으므로 출력 값이 작다.)

$W_{가역} > W_{비가역}$

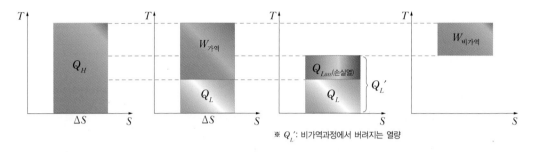

※ $Q_L'$ : 비가역과정에서 버려지는 열량

| 가역과정 | 비가역과정 |
|---|---|
| 열$(Q_H - Q_L) \rightarrow$ 가역일 $W_{re}$ | 열$(Q_H - Q_L') \rightarrow$ 비가역일 $W_{irre}$ <br> $Q_L' = Q_L + Q_{loss}$ |

## 4. 엔트로피(entropy)

자연의 방향성을 제시해주는 열역학 제2법칙의 상태량이며 자연물질이 변형되어 다시 원래상태로 되돌릴 수 없게 되는 현상을 말한다. 에너지를 사용할 때 결국 가용에너지가 손실되는 결과(비가용 에너지)로 바뀌는 것을 의미하며, 비가역량의 정량적인 표현이므로 가역과정일 때의 엔트로피는 일정하게 유지되며, 비가역과정인 자연적 과정에서 엔트로피는 증가하고, 자연적 과정에 역행하는 경우에는 엔트로피가 감소하는 성질도 있다. 그러므로 자연현상의 변화가 자연적 방향을 따라 발생하는가를 나타내는 척도라 볼 수 있다. 자연현상은 항상 엔트로피가 증가하는 방향으로 발생하며(비가역성, 열기관에서의 손실량으로 인식) 이미 진행된 변화는 되돌릴 수 없다는 의미이다. 즉 가용할 수 있는 에너지는 일정한데 자연의 물질은 일정한 방향으로만 움직이기 때문에 쓸 수 없는 상태로 변화한 자연현상이나 물질의 변화는 다시 되돌릴 수 없다는 것이다. 다시 쓸 수 있는 상태로 환원시킬 수 없는, 쓸 수 없는 상태로 전환된 에너지의 총량을 엔트로피라고 한다.

㉔ 석탄을 연료로 이용하고자 할 때 석탄을 캐면 석탄 중 일부는 아황산가스나 이산화탄소 등으로 기화하기 때문에 가용에너지 상태로 다시 되돌리지 못한다. 그 질량은 다른 상태로 변화되어도 사라지지 않지만, 이미 되돌릴 수 없는 상태로 전환된 것이다. 물질을 원상태로 되돌리려면 또 다른 에너지를 소모해야 하기 때문에 전체적으로는 엔트로피가 상승하는 결과를 가져온다.

## (1) 클라우시우스 부등식

### 1) 가역 사이클인 경우

카르노 사이클 열효율 : 모든 과정이 가역(열효율이 가장 좋다.)

$\rightarrow \dfrac{\delta Q}{T}$ 라는 상태량을 이끌어낸다.

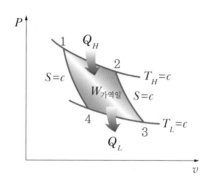

$$\eta_c = 1 - \frac{Q_L}{Q_H} = 1 - \frac{T_L}{T_H} \rightarrow \frac{Q_L}{Q_H} = \frac{T_L}{T_H} \rightarrow \frac{Q_H}{T_H} = \frac{Q_L}{T_L} \quad \cdots\cdots\cdots\cdots\cdots\cdots \text{ⓐ}$$

$$\frac{Q_H}{T_H} = \frac{Q_L}{T_L} \rightarrow \frac{Q_H}{T_H} - \frac{-Q_L}{T_L} = 0 \,(\because Q_L : \text{열방출}\,(-))$$

$$\therefore \frac{Q_H}{T_H} + \frac{Q_L}{T_L} = 0\,(\text{가역}) \quad \cdots\cdots\cdots\cdots\cdots\cdots\cdots\cdots\cdots\cdots\cdots \text{ⓑ}$$

임의의 가역 사이클에 적용

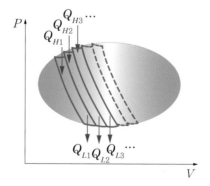

열효율이 가장 좋은 카르노 사이클로 자른다.

임의의 가역 사이클은 미소 카르노 사이클의 집합이므로 ⓑ식을 적용하면

$$\left(\frac{\delta Q_{H1}}{T_{H1}} + \frac{\delta Q_{L1}}{T_{L1}}\right) + \left(\frac{\delta Q_{H2}}{T_{H2}} + \frac{\delta Q_{L2}}{T_{L2}}\right) + \left(\frac{\delta Q_{H3}}{T_{H3}} + \frac{\delta Q_{L3}}{T_{L3}}\right) + \cdots = 0$$

$$\therefore \sum \frac{\delta Q}{T} = 0 \rightarrow \oint \frac{\delta Q}{T} = 0 \quad \cdots\cdots\cdots\cdots\cdots\cdots\cdots\cdots\cdots \text{ⓒ}$$

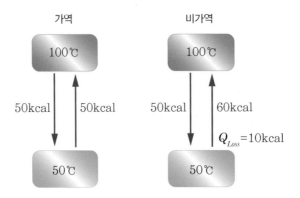

$$\oint \frac{방출량-흡열량}{T} < 0 \rightarrow 비가역$$

$$\therefore \oint \frac{\delta Q}{T} \leq 0$$

(비가역에서 사이클을 이루려면 방출열량보다 더 많은 열을 가해야 한다. – 손실이 있으므로)

팽창과정에서는 출력일이 작아지고 압축과정에서는 더 많은 일을 입력하여야 한다.

→ 모든 설계는 손실을 고려하여 출력계산 → 효율 문제

## 2) 비가역 사이클인 경우

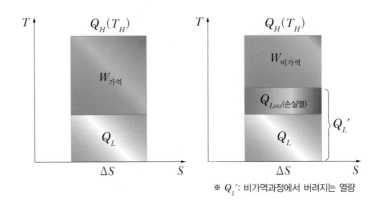

※ $Q_L'$ : 비가역과정에서 버려지는 열량

비가역기관은 열손실이 있으므로 그 열손실만큼 $Q_L'$ 로 더해진다.

그러므로 열효율은 $\eta_{가역} > \eta_{비가역}$ 이며

$$\frac{Q_H - Q_L}{Q_H} > \frac{Q_H - Q_L'}{Q_H} \text{ (여기서, } Q_L < Q_L')$$

① 가역 사이클 기관($-Q_L$ : 방열)

$$\oint \frac{\delta Q}{T} = \int_H \frac{\delta Q_H}{T} + \int_L \frac{\delta Q_L}{T} = \frac{Q_H}{T_H} - \frac{Q_L}{T_L} = 0 \quad \cdots\cdots\cdots\cdots \text{ⓓ}$$

$$\therefore \frac{Q_H}{T_H} = \frac{Q_L}{T_L} \quad \cdots\cdots\cdots\cdots\cdots\cdots\cdots\cdots\cdots\cdots\cdots\cdots\cdots\cdots \text{ⓔ}$$

② 비가역 사이클 기관

$$\oint \frac{\delta Q}{T} = \int_H \frac{\delta Q_H}{T} + \int_L \frac{\delta Q_L'}{T} = \frac{Q_H}{T_H} - \frac{Q_L'}{T_L} \neq 0 = y \text{라 놓으면}$$

$$y = \frac{Q_H}{T_H} - \frac{Q_L'}{T_L} \leftarrow \text{ⓔ식 대입}$$

$$= \frac{Q_L}{T_L} - \frac{Q_L'}{T_L} < 0$$

∴ 비가역일 때 $\oint \frac{\delta Q}{T} < 0$ ⋯⋯⋯⋯⋯⋯⋯⋯⋯⋯⋯⋯ ⓕ

이상에서 가역과 비가역 사이클에 대한 클라우시우스 부등식은 ⓒ와 ⓕ에서

$$\oint \frac{\delta Q}{T} \leq 0$$

## (2) 엔트로피 증가의 원리

검사질량과 주위의 엔트로피의 순 변화량이 항상 양수인 과정들만이 실제로 발생할 수 있다. 이와 반대인 과정, 즉 검사질량과 주위가 모두 원래의 상태로 돌아오는 과정은 결코 생기지 않는다(비가역). → 어떠한 과정이라도 그 과정이 진행할 수 있는 유일한 방향을 지시한다고 할 수 있다.

⑩ 커피를 식히는 과정, 자동차 연료연소, 우리 몸속 과정

### 1) 엔트로피의 수식 정의와 엔트로피 증가

① 가역 사이클

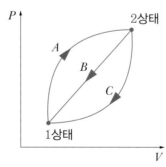

$1 \overset{A}{\to} 2 \overset{B}{\to} 1 \quad \oint \frac{\delta Q}{T} = 0 \Rightarrow \int_{1A}^{2} \left( \frac{\delta Q}{T} \right) + \int_{2B}^{1} \left( \frac{\delta Q}{T} \right) = 0$ ⋯⋯⋯⋯⋯⋯⋯ ⓐ

$1 \overset{A}{\to} 2 \overset{C}{\to} 1 \quad \oint \frac{\delta Q}{T} = 0 \Rightarrow \int_{1A}^{2} \left( \frac{\delta Q}{T} \right) + \int_{2C}^{1} \left( \frac{\delta Q}{T} \right) = 0$ ⋯⋯⋯⋯⋯⋯⋯ ⓑ

ⓐ−ⓑ를 하면 $\int_{2B}^{1} \left( \frac{\delta Q}{T} \right) - \int_{2C}^{1} \left( \frac{\delta Q}{T} \right) = 0$

$$\therefore \int_{2B}^{1}\left(\frac{\delta Q}{T}\right)=\int_{2C}^{1}\left(\frac{\delta Q}{T}\right) \dotfill ©$$

©에서 보듯이 $\dfrac{\delta Q}{T}$라는 값은 경로에 관계없이 일정하다.

($B$ 경로와 $C$ 경로의 $\dfrac{\delta Q}{T}$값이 일정하므로 경로에 무관한 점 함수이다.)

$\therefore$ 엔트로피 $ds=\dfrac{\delta Q}{T}$ : 점함수 → 완전미분

적분하면

$$S_2-S_1=\int_1^2 \frac{\delta Q}{T}$$

② 비가역 사이클의 경우

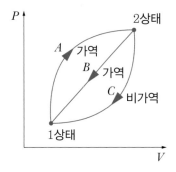

가역 : $\displaystyle\oint \frac{\delta Q}{T}=\int_{1A}^{2}\frac{\delta Q}{T}\bigg)_{가역}+\int_{2B}^{1}\frac{\delta Q}{T}\bigg)_{가역} \dotfill ©$

비가역 : $\displaystyle\oint \frac{\delta Q}{T}=\int_{1A}^{2}\frac{\delta Q}{T}\bigg)_{가역}+\int_{2C}^{1}\frac{\delta Q}{T}\bigg)_{비가역}<0 \dotfill ⓓ$

©–ⓓ를 하면

$$\int_{2B}^{1}\frac{\delta Q}{T}\bigg)_{가역}-\int_{1C}^{2}\frac{\delta Q}{T}\bigg)_{비가역}>0 \dotfill ⓔ \quad (\because 0-(-5)>0)$$

$\left(dS=\dfrac{\delta Q}{T} : 가역\right)$ 식을 대입하여 ⓔ를 고쳐 쓰면

$$\int_{2B}^{1}dS-\int_{2C}^{1}\frac{\delta Q}{T}>0$$

$$\int_{2B}^{1}dS>\int_{2C}^{1}\frac{\delta Q}{T}$$

$$\therefore dS>\frac{\delta Q}{T} \text{ (적분하면)}$$

$$S_2 - S_1 > \int_1^2 \frac{\delta Q}{T} \text{ (단열계에서 } \delta Q = 0\text{이므로)}$$

$$S_2 - S_1 > 0, \ S_2 > S_1$$

∴ 모든 실제 현상이 비가역이므로 엔트로피는 증가한다.

$$\Delta S > 0, \ S_2 - S_1 > 0$$

---

| 참고

- **엔트로피를 증가시키는 두 가지 방법**

① 열을 가하거나 비가역과정을 추가한다.

엔트로피 생성은 0보다 작을 수 없으므로(어떤 과정의 유일한 진행 방향을 지시) 시스템의 엔트로피를 감소시키는 방법은 그 시스템에서 열을 추출하는 것이다.

② 단열일 때는 $\delta Q = 0$이므로 엔트로피는 비가역성과 관련 있다.(온도차를 크게 하면 비가역성이 커짐)

컵에 얼음조각을 넣고 커피를 식히는 경우처럼 고도로 비가역적인 과정을 관찰할 때 엔트로피가 증가하고 있으며, 효율이 좀 더 높다는 것은 총엔트로피 증가량을 좀 더 줄이면서 주어진 목표를 달성하였다는 것을 의미한다.

---

| 참고

- **통계열역학에서의 엔트로피는 확률로 정의**

엔트로피는 미래의 우리와 우주의 운명에 대한 해답을 기술한 것(방향성 제시)이라는 철학적 의미를 가지고 있다.

① 박막을 찢을 때

확률이 낮은 상태 → 높은 상태인 과정이 진행되며 이와 관련하여 엔트로피가 증가한다.

② 커피가 식을 때

자연계는 변화가 일어날 때마다 기계적 일의 일부를 반드시 잃게 되고, 이것에 상당하는 열에너지는 이용할 수 없는 상태로서 증가되어 본래의 상태로는 되돌릴 수 없다. 결과적으로 자연계의 변화는 전체적으로 볼 때 한 방향으로 진행됨으로써 그 방향성을 갖게 된다.

---

## 5. 이상기체의 엔트로피 변화

### (1) 엔트로피 변화의 일반 관계식

단위질량당 1법칙에서

$$\delta q = du + Pdv = dh - vdP, \, ds = \frac{\delta q}{T}, \, Pv = RT$$

$$\rightarrow Tds = C_v dT + \frac{RT}{v} dv = C_p dT - \frac{RT}{P} dP \, (\div T)$$

$$ds = C_v \frac{dT}{T} + \frac{R}{v} dv = C_p \frac{dT}{T} - \frac{R}{P} dP$$

양변을 적분하면

$$\int_1^2 ds = \int_1^2 C_v \frac{dT}{T} + \int_1^2 R \frac{dv}{v} = \int_1^2 C_p \frac{dT}{T} - \int_1^2 \frac{R}{P} dP$$

여기서, $C_v, C_p$는 상수로 취급할 수 없다. → 적분 불능(함수가 주어져야 가능)

$$\therefore s_2 - s_1 - \int_1^2 C_v \frac{dT}{T} + R \ln \frac{v_2}{v_1}$$

$$= \int_1^2 C_p \frac{dT}{T} - R \ln \frac{P_2}{P_1}$$

만약, $C_v, C_p$가 일정하면

$$s_2 - s_1 = C_v \ln \frac{T_2}{T_1} + R \ln \frac{v_2}{v_1} = C_p \ln \frac{T_2}{T_1} - R \ln \frac{P_2}{P_1}$$

> **참고**
>
> 공기의 비열 $\begin{cases} C_v = 0.17 \text{kcal/kg·K (정적비열)} \\ C_p = 0.24 \text{kcal/kg·K (정압비열)} \end{cases}$

> **예제** 5kg의 산소가 정압 하에서 체적이 $0.2m^3$에서 $0.6m^3$로 증가하였다. 산소를 이상기체로 보고 정압비열 $C_p = 0.92kJ/kg \cdot K$로 하여 엔트로피의 변화를 구하였을 때 그 값은 몇 kJ/K인가?
>
> $$ds = \frac{\delta q}{T} = \frac{dh - vdP}{T} \text{에서 } dP = 0$$
>
> $$ds = \frac{dh}{T} = C_p \frac{1}{T} dT$$
>
> $$\therefore s_2 - s_1 = \Delta s = C_p \ln \frac{T_2}{T_1}$$
>
> $$= C_p \ln \frac{v_2}{v_1} \quad \left( \frac{v}{T} = C \text{에서 } \frac{v_1}{T_1} = \frac{v_2}{T_2} \right)$$
>
> $$= 0.92 \times \ln \frac{0.6}{0.2}$$
>
> $$= 1.01 kJ/kg \cdot K$$
>
> $$\therefore S_2 - S_1 = m(s_2 - s_1) = 5kg \times 1.01kJ/kg \cdot K = 5.05kJ/K$$

## (2) 이상기체의 각 과정에서 엔트로피 변화

### 1) 정적과정의 엔트로피 변화

$$\delta q = du + Pdv, \ v = C, \ dv = 0$$

$$du = C_v dT$$

$$\frac{Pv}{T} = C, \ \frac{P_1}{T_1} = \frac{P_2}{T_2}$$

$$ds = \frac{\delta q}{T} \rightarrow \frac{C_v dT}{T}$$

$$\int_1^2 ds = \int_1^2 C_v \cdot \frac{dT}{T}$$

$$\therefore s_2 - s_1 = C_v \ln \frac{T_2}{T_1} = C_v \ln \frac{P_2}{P_1}$$

참고

• 전개순서

$$\text{보일-샤를 법칙 } \frac{Pv}{T}=C$$
$$\downarrow$$
$$1\text{법칙 } \delta q=du+Pdv=dh-vdP$$
$$\downarrow$$
$$ds=\frac{\delta q}{T}$$

## 2) 정압과정의 엔트로피 변화

$$P=C, dP=0, \frac{v_1}{T_1}=\frac{v_2}{T_2} \rightarrow \frac{T_2}{T_1}=\frac{v_2}{v_1}$$

$$\delta q=dh-vdP=C_p dT$$

$$ds=\frac{\delta q}{T}$$

$$Tds=C_p dT$$

$$ds=C_p \frac{dT}{T}$$

$$\int_1^2 ds=\int_1^2 C_p \frac{dT}{T}$$

$$\therefore s_2-s_1=C_p \ln \frac{T_2}{T_1}=C_p \ln \frac{v_2}{v_1}$$

## 3) 등온과정의 엔트로피 변화

$$\frac{Pv}{T}=C, P_1 v_1=P_2 v_2, \frac{P_2}{P_1}=\frac{v_1}{v_2}$$

$$\delta q=du+Pdv=dh-vdP$$

$$Tds=Pdv=-vdP \text{ (여기서, } P=\frac{RT}{v}, v=\frac{RT}{P})$$

$$Tds=R\frac{T}{v}dv$$

$$\int_1^2 ds=\int_1^2 R\frac{dv}{v}$$

$$\therefore s_2-s_1=R\ln \frac{v_2}{v_1}=R\ln \frac{P_1}{P_2} \text{ (여기서, } R=C_p-C_v \text{(kcal/kg·K))}$$

### 4) 단열과정의 엔트로피 변화

$$ds=\frac{\delta q}{T} \rightarrow \delta q=0, ds=0 \rightarrow s=C, \Delta s=0, s_2-s_1=0 : \text{등엔트로피 변화}$$

### 5) 폴리트로픽 변화

$$\delta q=C_n dT \; (\text{여기서}, \; C_n : \text{폴리트로픽 비열})$$

$$\delta q=C_v\frac{n-k}{n-1}dT, \; \frac{T_2}{T_1}=\left(\frac{P_2}{P_1}\right)^{\frac{n-1}{n}}=\left(\frac{v_1}{v_2}\right)^{n-1}$$

$$\Delta s=s_2-s_1=\int_1^2\frac{\delta q}{T}=C_v\frac{n-k}{n-1}\int_1^2\frac{dT}{T}=C_v\frac{n-k}{n-1}\ln\frac{T_2}{T_1}$$

$$=C_v\frac{n-k}{n-1}\ln\left(\frac{P_2}{P_1}\right)^{\frac{n-1}{n}}$$

$$=C_v\frac{n-k}{n-1}\ln\left(\frac{v_1}{v_2}\right)^{n-1}$$

## 6. 가용(유효)에너지(available energy)와 비가용(무효)에너지(unavailable energy)

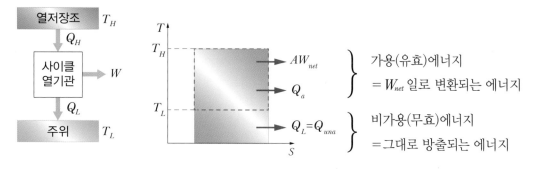

주위 온도 $T_0$보다 낮은 온도의 열량은 열기관에 의하여 일로 전환될 수 없으며 버려지게 된다.

$$\eta_{carnot}=1-\frac{Q_L}{Q_H}=1-\frac{T_L}{T_H} \rightarrow Q_a=Q_H-Q_L=Q_H-T_L\cdot\Delta S \; (\text{전열량(공급된)}-\text{무효에너지})$$

$$\eta_c=\frac{Q_a}{Q_H}=\frac{AW_{net}}{Q_H} \; (\text{여기서}, \eta_{carnot}=\eta_c)$$

유효에너지 $Q_a=\eta_c Q_H$

무효에너지 $Q_u=Q_H-Q_a=T_L\cdot\Delta S$

> **참고**
>
> 입구와 출구 사이의 상태 변화가 주어졌을 때 실제일이 적으면 적을수록 비가역성(손실)이 커지므로 비가역성은 실제과정의 비효율성(inefficiency)에 대한 척도가 된다. 완전한 가역과정의 비가역성은 0이며 그렇지 않은 경우에는 항상 0보다 크다.

## 7. 최대일과 최소일

### (1) 최대일

주어진 상태의 질량이 완전히 가역과정을 따라서 주위와 평형을 이루는 상태에 도달할 때 그 질량으로부터 최대가역일을 얻게 된다. 가용에너지는 그 질량(검사질량)으로부터 얻을 수 있는 잠재적 최대일이라고 할 수 있다.

### (2) 최소일

기체를 가역적으로 압축하는 데 필요한 일

---

> **예제** $1N/cm^2$, 30℃의 대기중에서 100℃의 물 $2kg$이 존재할 때, 이 물의 최대일(kcal)은?
>
> 검사질량으로부터 최대가역일(밀폐계)
>
> $Q = mC(T_2 - T_1)$ $((-)$ 열 부호)
>
> $Q = mC(T_1 - T_2) = 2kg \times 1kcal/kg \cdot ℃ \times (100 - 30)℃ = 140kcal$
>
> $dS = \dfrac{\delta Q}{T} = mc\dfrac{1}{T}dT$
>
> $S_2 - S_1 = mC\ln\left(\dfrac{T_2}{T_1}\right)$
>
> $\qquad = 2 \times 1 \times \ln\left(\dfrac{303}{373}\right) \quad \begin{matrix} \leftarrow 273 + 30 = T_2 \\ \leftarrow 273 + 100 = T_1 \end{matrix}$
>
> $\qquad = -0.4159kcal ((-) 열 부호 (방열) = 0.416kcal)$
>
> 가역과정을 따라서 주위와 평형을 이루는 상태 → Carnot cycle
>
> $T_2 \Rightarrow T_0$
>
> $AW = Q - T_0(S_1 - S_0) = Q - T_0\Delta S$
>
> $\qquad = 140 - 303 \times 0.416$
>
> $\qquad = 140 - 126$
>
> $\qquad = 14kcal$

---

> **참고**
>
> 주어진 상태변화 동안 발생한 비가역성이 작을수록 얻을 수 있는 일의양은 커지고 입력해야 할 일(펌프일)의 양은 적어진다.
>
> ① 가용에너지는 자연자원의 한 가지(유전, 탄광, 우라늄 등 : 유한한 자원)
>
>   필요한 일을 저장되어 있는 가용에너지 중에서 가역적으로 얻는다면 가용에너지의 감소량은 가역일과 정확하게 같다.(자원소비량＝가역일)
>
>   그러나 필요한 양의 일을 얻는 동안 비가역성(손실)이 발생하므로 실제로 얻은 일은 가역일보다 작을 것이며 실제일을 가역적으로 얻었을 때 감소된 가용에너지보다(비가역성의 양만큼) 더 많은 가용에너지가 감소(연료소모)될 것이다.
>
>   일정한 출력일을 만들어내야 하므로 모든 과정에서 비가역성(손실)이 클수록 가용에너지 자원(에너지 자원)의 감소량이 커지게 된다. → 가용에너지 절약 및 효과적인 사용(자원의 재분배) → 엔트로피가 덜 증가하는 방향으로 발달
>
> ② 경제적인 이유로 최소의 비가역성으로 주어진 목적 달성
>
>   비가역성이 작을 때 적은 비용으로 주어진 목적을 달성할 수 있다.
>
>   공학적 판단 → 환경에 미치는 영향(대기 · 수질오염 등)을 감안한 최적설계
>
> $$\eta_{\text{2nd Law}} : 2법칙\ 효율 = \frac{W_a}{W_{손실가용에너지}}$$

## 8. 헬름홀츠 함수(F)와 깁스 함수(G)

화학반응이 있는 과정 $\Rightarrow$ $F$와 $G$는 화학반응이 있는 과정에서 중요한 함수

### (1) 밀폐계의 최대일(검사질량) ← 비유동과정

1법칙 $_1Q_2 = (U_2 - U_1) + _1W_2$

$_1W_2 = _1Q_2 - (U_2 - U_1) \leftarrow \delta Q = TdS$

$\quad = T(S_2 - S_1) - (U_2 - U_1)$

$\quad = (U_1 - TS_1) - (U_2 - TS_2) = F_1 - F_2$

여기서, 열역학 상태량의 조합이므로 그 자신도 열역학상태량이다.

$U - TS$ : Helmholtz 함수(헬름홀츠 함수)

$F = U - TS$ : 밀폐계의 최대일은 헬름홀츠 함수로 나타난다. ← 절대일

## (2) 개방계의 최대일(검사체적) ← 유동과정(질량유동 있음)

$\delta Q = dH - VdP$

$_1Q_2 = H_2 - H_1 + {_1W_{t2}}$

$_1W_{t2} = {_1Q_2} - (H_2 - H_1)$

$\qquad = T(S_2 - S_1) - (H_2 - H_1)$

$\qquad = (H_1 - TS_1) - (H_2 - TS_2) = G_1 - G_2$

$G = H - TS$ : Gibbs 함수 ← 공업일

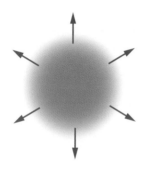

주위 상태 : 15℃라면 계 내부도 15℃가 될 때까지의 일

100kJ:가역

50kgf/cm²

120kJ:비가역

# 핵심 기출 문제

**01** 열역학 제2법칙에 대한 설명으로 틀린 것은?

① 효율이 100%인 열기관은 얻을 수 없다.

② 제2종의 영구기관은 작동 물질의 종류에 따라 가능하다.

③ 열은 스스로 저온의 물질에서 고온의 물질로 이동하지 않는다.

④ 열기관에서 작동 물질이 일을 하게 하려면 그 보다 더 저온인 물질이 필요하다.

**해설⊕**

열역학 제2법칙을 위배하는 기관은 제2종 영구기관으로 열효율 100%인 제2종 영구기관은 만들 수 없다.

**02** 100℃의 수증기 10kg이 100℃의 물로 응축되었다. 수증기의 엔트로피 변화량(kJ/K)은?(단, 물의 잠열은 100℃에서 2,257kJ/kg이다.)

① 14.5
② 5,390
③ -22,570
④ -60.5

**해설⊕**

$$dS = \frac{\delta Q}{T}$$

$$S_2 - S_1 = \frac{m \cdot _1q_2}{T} = \frac{(-)10 \times 2,257}{373} \quad ((-) \text{ 방열})$$

$$= -60.51 \text{kJ/K}$$

**03** 계의 엔트로피 변화에 대한 열역학적 관계식 중 옳은 것은?(단, $T$는 온도, $S$는 엔트로피, $U$는 내부에너지, $V$는 체적, $P$는 압력, $H$는 엔탈피를 나타낸다.)

① $TdS = dU - PdV$
② $TdS = dH - PdV$
③ $TdS = dU - VdP$
④ $TdS = dH - VdP$

**해설⊕**

$$dS = \frac{\delta Q}{T}$$

$$\delta Q = dH - VdP$$

**04** 실린더 내의 공기가 100kPa, 20℃ 상태에서 300kPa이 될 때까지 가역단열과정으로 압축된다. 이 과정에서 실린더 내의 계에서 엔트로피의 변화(kJ/kg · K)는?(단, 공기의 비열비($k$)는 1.40이다.)

① -1.35
② 0
③ 1.35
④ 13.5

**해설⊕**

단열과정 $\delta q = 0$에서

엔트로피 변화량 $ds = \dfrac{\delta q}{T} \rightarrow ds = 0 \ (s = c)$

**05** 고온 열원의 온도가 700℃이고, 저온 열원의 온도가 50℃인 카르노 열기관의 열효율(%)은?

① 33.4
② 50.1
③ 66.8
④ 78.9

**해설⊕**

카르노 사이클의 효율은 온도만의 함수이므로

$$\eta = \frac{T_H - T_L}{T_H} = 1 - \frac{T_L}{T_H}$$

$$= 1 - \frac{(50 + 273)}{(700 + 273)} = 0.668 = 66.8\%$$

정답  01 ②  02 ④  03 ④  04 ②  05 ③

**06** 클라우지우스(Clausius)의 부등식을 옳게 나타낸 것은?(단, $T$는 절대온도, $Q$는 시스템으로 공급된 전체 열량을 나타낸다.)

① $\oint T\delta Q \leq 0$

② $\oint T\delta Q \geq 0$

③ $\oint \dfrac{\delta Q}{T} \leq 0$

④ $\oint \dfrac{\delta Q}{T} \geq 0$

**해설⊕**

• 가역일 때 $\oint \dfrac{\delta Q}{T} = 0$

• 비가역일 때 $\oint \dfrac{\delta Q}{T} < 0$

**07** 카르노사이클로 작동하는 열기관이 1,000℃의 열원과 300K의 대기 사이에서 작동한다. 이 열기관이 사이클당 100kJ의 일을 할 경우 사이클당 1,000℃의 열원으로부터 받은 열량은 약 몇 kJ인가?

① 70.0

② 76.4

③ 130.8

④ 142.9

**해설⊕**

카르노 사이클의 효율은 온도만의 함수이므로

$$\eta = \frac{T_H - T_L}{T_H} = 1 - \frac{T_L}{T_H} = 1 - \frac{300}{1,273}$$

$$= 0.764$$

1사이클당 100kJ 일($W_{\neq t}$)을 할 경우, 사이클당 1,000℃의 열원으로부터 공급받는 열량 : $Q_H$

$$\eta = \frac{W_{\neq t}}{Q_H} \text{에서} \quad Q_H = \frac{W_{\neq t}}{\eta} = \frac{100}{0.764} = 130.89\text{kJ}$$

**08** 효율이 40%인 열기관에서 유효하게 발생되는 동력이 110kW라면 주위로 방출되는 총 열량은 약 몇 kW인가?

① 375

② 165

③ 135

④ 85

**해설⊕**

$$\eta = \frac{\dot{Q_a}}{\dot{Q_H}} \rightarrow \text{공급 총열전달률} \quad \dot{Q_H} = \frac{\dot{Q_a}}{\eta} = \frac{110}{0.4} = 275\text{kW}$$

방열 총열전달률(유효하지 않은 동력)$= 275 \times (1 - 0.4)$

$$= 165\text{kW}$$

※ $(1-0.4)$ : 60%가 비가용 에너지임을 의미

**09** 1,000K의 고열원으로부터 750kJ의 에너지를 받아서 300K의 저열원으로 550kJ의 에너지를 방출하는 열기관이 있다. 이 기관의 효율($\eta$)과 Clausius 부등식의 만족 여부는?

① $\eta = 26.7\%$이고, Clausius 부등식을 만족한다.

② $\eta = 26.7\%$이고, Clausius 부등식을 만족하지 않는다.

③ $\eta = 73.3\%$이고, Clausius 부등식을 만족한다.

④ $\eta = 73.3\%$이고, Clausius 부등식을 만족하지 않는다.

**해설⊕**

i) 열기관의 효율

$$\eta = \frac{Q_H - Q_L}{Q_H} = 1 - \frac{Q_L}{Q_H} = 1 - \frac{550}{750}$$

$$= 0.2667 = 26.67\%$$

ii) 클라우시우스 부등식

$$\oint \frac{\delta Q}{T} = \frac{Q_H}{T_H} + \frac{Q_L}{T_L} \quad (Q_H : \text{흡열}(+), \ Q_L : \text{방열}(-))$$

$$= \frac{750}{1,000} + \frac{(-)550}{300} = -1.08\text{kJ/K}$$

$$\therefore \oint \frac{\delta Q}{T} < 0 \text{이므로 비가역과정(실제과정)}$$

$$\rightarrow \text{클라우시우스 부등식 만족}$$

**10** 어떤 시스템에서 공기가 초기에 290K에서 330K로 변화하였고, 이때 압력은 200kPa에서 600 kPa로 변화하였다. 이때 단위 질량당 엔트로피 변화는 약 몇 kJ/(kg · K)인가?(단, 공기는 정압비열이 1.006kJ/(kg · K)이고, 기체상수가 0.287kJ/(kg · K)인 이상기체로 간주한다.)

① 0.445  ② −0.445
③ 0.185  ④ −0.185

**해설 ➕**

$$\delta q = dh - vdp, \quad ds = \frac{\delta q}{T}$$

$$Tds = dh - vdp = C_p dT - vdp$$

$$ds = C_p \frac{1}{T} dT - \frac{v}{T} dp \quad (\text{여기서}, \ pv = RT)$$

$$\quad = C_p \frac{1}{T} dT - \frac{R}{p} dp$$

$$\therefore s_2 - s_1 = C_p \ln \frac{T_2}{T_1} - R \ln \frac{p_2}{p_1}$$

$$\quad = 1.006 \ln \left(\frac{330}{290}\right) - 0.287 \ln \left(\frac{600}{200}\right)$$

$$\quad = -0.185 \text{kJ/kg} \cdot \text{K}$$

**11** 600kPa, 300K 상태의 이상기체 1kmol이 엔탈피가 등온과정을 거쳐 압력이 200kPa로 변했다. 이 과정 동안의 엔트로피 변화량은 약 몇 kJ/K인가?(단, 일반 기체상수($\overline{R}$)는 8.31451kJ/(kmol · K)이다.)

① 0.782  ② 6.31
③ 9.13  ④ 18.6

**해설 ➕**

$$dS = \frac{\delta Q}{T} \quad (\leftarrow \delta Q = d\cancel{H}^{\,0} - Vdp)$$

$$\quad = -\frac{V}{T} dp \quad (\leftarrow pV = n\overline{R}T)$$

$$\quad = -n\overline{R} \frac{1}{p} dp$$

$$\therefore S_2 - S_1 = -n\overline{R} \int_1^2 \frac{1}{p} dp$$

$$\quad = -n\overline{R} \ln \frac{p_2}{p_1}$$

$$\quad = n\overline{R} \ln \frac{p_1}{p_2}$$

$$\quad = 1\text{kmol} \times 8.31451 \frac{\text{kJ}}{\text{kmol} \cdot \text{K}} \times \ln \left(\frac{600}{200}\right)$$

$$\quad = 9.13 \text{kJ/K}$$

**12** 열기관이 1,100K인 고온열원으로부터 1,000kJ의 열을 받아서 온도가 320K인 저온열원에서 600KJ의 열을 방출한다고 한다. 이 열기관이 클라우지우스 부등식$\left(\oint \frac{\delta Q}{T} \leq 0\right)$을 만족하는지 여부와 동일 온도 범위에서 작동하는 카르노 열기관과 비교하여 효율은 어떠한가?

① 클라우지우스 부등식을 만족하지 않고, 이론적인 카르노열기관과 효율이 같다.
② 클라우지우스 부등식을 만족하지 않고, 이론적인 카르노열기관보다 효율이 크다.
③ 클라우지우스 부등식을 만족하고, 이론적인 카르노 열기관과 효율이 같다.
④ 클라우지우스 부등식을 만족하고, 이론적인 카르노 열기관보다 효율이 작다.

**해설 ➕**

ⅰ) 열기관의 이상 사이클인 카르노사이클의 열효율

$$\eta_c = 1 - \frac{T_L}{T_H} = 1 - \frac{320}{1,100} = 0.709 = 70.9\%$$

열기관효율

$$\eta_{th} = 1 - \frac{Q_L}{Q_H} = 1 - \frac{600}{1,000} = 0.4 = 40\%$$

두 기관의 효율을 비교하면 $\eta_c > \eta_{th}$이다.

**정답**  **10** ④  **11** ③  **12** ④

ii) $\oint \dfrac{\delta Q}{T} = \dfrac{Q_H}{T_H} + \dfrac{Q_L}{T_L}$

(여기서, $Q_H$ : 흡열(+), $Q_L$ : 방열(-))

$= \dfrac{1,000}{1,100} + \dfrac{(-600)}{320} = -0.9659\text{kJ/K}$

$\therefore \oint \dfrac{\delta Q}{T} < 0$ 이므로 비가역과정 → 클라우지우스 부

등식 만족

---

**13** 어떤 카르노 열기관이 100℃와 30℃ 사이에서 작동되며 100℃의 고온에서 100kJ의 열을 받아 40kJ 의 유용한 일을 한다면 이 열기관에 대하여 가장 옳게 설명한 것은?

① 열역학 제1법칙에 위배된다.
② 열역학 제2법칙에 위배된다.
③ 열역학 제1법칙과 제2법칙에 모두 위배되지 않는다.
④ 열역학 제1법칙과 제2법칙에 모두 위배된다.

**해설 ⊕**

열기관의 이상 사이클인 카르노사이클의 열효율($\eta_c$)은
$T_H = 100 + 273 = 373\text{K}$, $T_L = 30 + 273 = 303\text{K}$

$\eta_c = 1 - \dfrac{T_L}{T_H} = 1 - \dfrac{303}{373} = 0.1877 = 18.77\%$

열기관효율 $\eta_{th} = \dfrac{W}{Q_H} = \dfrac{40\text{kJ}}{100\text{kJ}} = 0.4 = 40\%$

두 기관의 효율을 비교하면 $\eta_c < \eta_{th}$ 이므로 모든 과정이 가역과정으로 이루어진 열기관의 이상 사이클인 카르노사이클보다 효율이 좋으므로 불가능한 열기관이며, 실제로는 손실이 존재해 카르노사이클보다 효율이 낮게 나와야 한다. 열기관의 비가역량(손실)이 발생한다는 열역학 제2법칙에 위배된다.

---

**14** 어떤 사이클이 다음 온도($T$)–엔트로피($s$) 선도와 같을 때 작동 유체에 주어진 열량은 약 몇 kJ/kg인가?

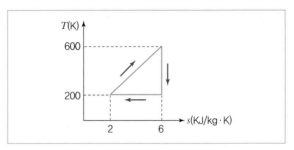

① 4
② 400
③ 800
④ 1,600

**해설 ⊕**

$\delta Q = T \cdot dS$ 에서
사이클로 작동하는 유체의 열량은 삼각형 면적과 같다.

$\dfrac{1}{2} \times 4 \times (600 - 200) = 800$

---

**15** 이상기체 1kg을 300K, 100kPa에서 500K까지 "$PV^n =$ 일정"의 과정($n = 1.2$)을 따라 변화시켰다. 이 기체의 엔트로피 변화량(kJ/K)은?(단, 기체의 비열비는 1.3, 기체상수는 0.287kJ/kg · K이다.)

① $-0.244$
② $-0.287$
③ $-0.344$
④ $-0.373$

**해설 ⊕**

$n = 1.2$ 인 폴리트로픽 과정에서의 엔트로피 변화량이므로

$dS = \dfrac{\delta Q}{T}$ 에서 $\delta Q = m C_n dT = m \left( \dfrac{n-k}{n-1} \right) C_v dT$

여기서, $C_n$ : 폴리트로픽 비열

$S_2 - S_1 = m \times \dfrac{n-k}{n-1} C_v \displaystyle\int_1^2 \dfrac{1}{T} dT$ (여기서, $k = 1.3$)

$= m \times \dfrac{n-k}{n-1} C_v \ln \dfrac{T_2}{T_1} = m \times \dfrac{n-k}{n-1} \dfrac{R}{k-1} \ln \dfrac{T_2}{T_1}$

$= 1 \times \left( \dfrac{1.2 - 1.3}{1.2 - 1} \right) \times \left( \dfrac{0.287}{1.3 - 1} \right) \times \ln \left( \dfrac{500}{300} \right)$

$= -0.2443\,\text{kJ/K}$

---

# 05 기체의 압축

## 1. 압축기의 정의

압축기(compressor)는 저압기체를 고압기체로 송출한다.

• 체적형(용적형) : 압축비가 크나 용량은 적다.

• 회전형 : 압축비가 작으나 용량은 많다.

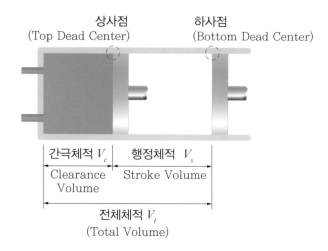

상사점
(Top Dead Center)   하사점
(Bottom Dead Center)

간극체적 $V_c$ | 행정체적 $V_s$
Clearance
Volume | Stroke Volume

전체체적 $V_t$
(Total Volume)

### (1) 간극비(극간비)

$$\lambda = \frac{V_c}{V_s} = \frac{간극체적}{행정체적}$$

여기서, 간극체적=연소실체적(내연기관)=극간체적=통극체적이라고 한다.

### (2) 압축비(Compression ratio)

내연기관의 성능에 중요한 변수(압축되어야 하므로 1보다 크다.)

$$압축비\,(\varepsilon)=\frac{실린더\,전체적}{간극체적}=\frac{V_t}{V_c}$$

$$\varepsilon=\frac{V_c+V_s}{V_c}=\frac{\dfrac{V_c}{V_s}+1}{\dfrac{V_c}{V_s}}=\frac{\lambda+1}{\lambda}=1+\frac{1}{\lambda}$$

---

예제 왕복식 압축기에서 $V_c=50\mathrm{cc}$이고 실린더 전체적이 $V=600\mathrm{cc}$일 때 간극비($\lambda$)와 압축비 ($\varepsilon$)를 구하라.

$$\lambda=\frac{50}{550}=\frac{V_c}{V_s}=0.091=9.1\%$$

$$\varepsilon=1+\frac{1}{\lambda}=1+\frac{1}{0.091}=11.99$$

---

## 2. 손실이 없는 가역과정의 왕복식 압축기

### (1) 정상유동과정의 압축일

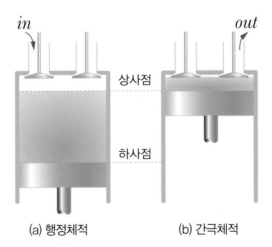

(a) 행정체적　　　　　(b) 간극체적

압축기의 일이므로 → 질량유동 있음 → 공업일(개방계의 일)

$W_c=-VdP$ → 일의 부호에서 계가 일을 받으므로 (−)

$-W_c=-VdP$　∴ $W_c=VdP$

압축일 $W_c = \int V dP$

정적, 정압 압축은 있을 수 없다.(Common Sense)

## (2) 이상기체의 각 과정에서 압축일

### 1) 등온과정의 압축일

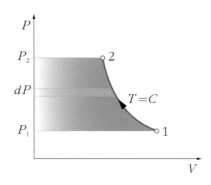

$W_c = VdP$ (여기서, $P_1 V_1 = P_2 V_2 = C = PV$)

$\quad = \dfrac{C}{P} dP$

$\quad = C[\ln P]_1^2$

$\quad = C \ln \dfrac{P_2}{P_1}$

$\quad = P_1 V_1 \ln \dfrac{P_2}{P_1} = P_1 V_1 \ln \dfrac{V_1}{V_2} = RT_1 \ln \dfrac{V_1}{V_2}$

### 2) 단열과정에서 압축일

$W_c = VdP$ (여기서, $PV^k = C$)

$\quad = \displaystyle\int_1^2 \left(\dfrac{C}{P}\right)^{\frac{1}{k}} dP$

$\quad = C^{\frac{1}{k}} \displaystyle\int P^{-\frac{1}{k}} dP$

$\quad = C^{\frac{1}{k}} \dfrac{1}{1-\dfrac{1}{k}} [P^{1-\frac{1}{k}}]_1^2$ (여기서, $C = P_2 V_2^k = P_1 V_1^k \rightarrow C^{\frac{1}{k}} = P_2^{\frac{1}{k}} V_2 = P_1^{\frac{1}{k}} V_1$)

$\quad = \dfrac{k}{k-1} (P_2 V_2 - P_1 V_1)$ (여기서, $PV = mRT$)

$\quad = \dfrac{kmR}{k-1} (T_2 - T_1)$

$\quad = \dfrac{kmRT_1}{k-1} \left(\dfrac{T_2}{T_1} - 1\right)$

**별해**

$$\delta Q = dH - VdP$$
$$0 = dH - VdP$$
$$VdP = dH = W_c$$
$$\int_1^2 VdP = m \int C_p dT$$
$$W_c = mC_p(T_2 - T_1)$$
$$= \frac{kmRT_1}{k-1}\left(\frac{T_2}{T_1} - 1\right)$$
$$= \frac{kmRT_1}{k-1}\left(\left(\frac{P_2}{P_1}\right)^{\frac{k-1}{k}} - 1\right)$$
$$= \frac{kmRT_1}{k-1}\left(\left(\frac{V_1}{V_2}\right)^{k-1} - 1\right)$$

**3) 폴리트로픽 압축일(단열에서 $k \to n$ 으로)**

$$W_c = \frac{nmRT_1}{n-1}\left(\frac{T_2}{T_1} - 1\right)$$
$$= \frac{nmRT_1}{n-1}\left(\left(\frac{P_2}{P_1}\right)^{\frac{n-1}{n}} - 1\right)$$
$$= \frac{nmRT_1}{n-1}\left(\left(\frac{V_1}{V_2}\right)^{n-1} - 1\right)$$

**4) P–V 선도에서 각 과정의 압축일**

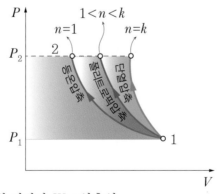

그림에서 $P$축에 투사한 면적이 $W_c$ : 압축일

등온압축일 < 폴리트로픽일 < 단열과정압축일

∴ 공업일은 외부에서 입력해주는 일이므로 일의 양이 적으면서 똑같은 압력으로 압축할 수 있는 등온압축일이 가장 효율적이다.(일의 양이 가장 적게 든다.)

## 3. 압축일에서 압축기 효율

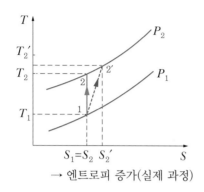
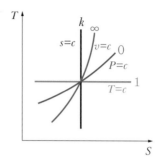

→ 엔트로피 증가(실제 과정)

검사체적에 대한 정상유동의 열역학 제1법칙

$Q_{c.v} + H_i = H_e + W_{c.v}$

단열일 경우 $Q_{c.v} = 0$

$\therefore W_c = H_i - H_e$ (압축일)

계가 일을 받으므로 (−)

$W_c = -(H_i - H_e)$

$W_c = H_e - H_i$

위의 그래프에서 보듯이 실제 과정은 엔트로피가 증가하는 방향인 $T_2{}'$로 압축되므로 실제일과 이상일의 차이로 압축기 효율을 나타내면

$$압축기\ 효율\ \eta_c = \frac{이상일\,(W_{th})}{실제일\,(W_c)} = \frac{h_2 - h_1}{h_2{}' - h_1} = \frac{C_p(T_2 - T_1)}{C_p(T_2{}' - T_1)} = \frac{T_2 - T_1}{T_2{}' - T_1}$$

(예) 압축기를 1,000J로 압축하면 출력은 900J 정도 나온다고 이해하면 되며, 실제로는 100kW의 동력을 가지고 압축한다면 실제 출력시키는 값은 70kW 정도밖에 안 된다.(왕복동압축기 효율 : 70~80%)

$$\eta_c = \frac{이론동력}{축동력(운전동력)}$$

## 4. 다단 압축기

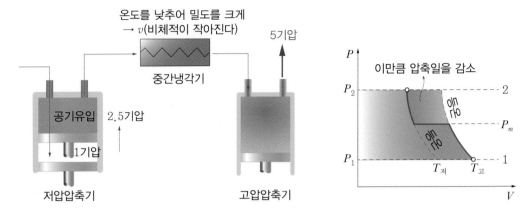

다단 압축기는 그림에서처럼 2개 이상의 압축기를 사용하고 그 중간에 중간냉각기를 설치하여 압축일을 작게 하고 체적효율을 높게 하기 위한 압축기이다.

평균압력 $P_m = \sqrt[n]{P_1 P_2}$ (2단 압축이면 $n=2$, 3단 압축이면 $n=3$, $\sqrt[3]{P_1 P_2 P_3}$)

## 5. 압축기에서 여러 가지 효율

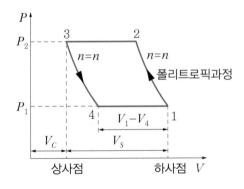

압축에서 실제 과정은 폴리트로픽 과정에 가깝다.(등온과 단열 사이 과정)

보통 폴리트로픽 과정(등온과 단열 사이의 과정)인 $3 \to 4$ 과정에서 외압인 $P_1$과 같아질 때까지 실린더 내에는 공기가 흡입되지 않는다.

### (1) 체적효율(용적효율)

$$\eta_V = \frac{V_{4 \to 1}}{V_s} = \frac{\text{실제 흡입된 기체체적}}{\text{행정체적}} = \frac{V_1 - V_4}{V_s} \quad \text{......................... ⓐ}$$

(여기서, $V_1 - V_4$ : 유효 흡입 행정)

$$\lambda = \frac{V_c}{V_s} = \frac{V_3}{V_s} \rightarrow V_3 = \lambda V_s \quad \text{......................................} \quad \text{ⓑ}$$

3 → 4과정(폴리트로픽 과정)

$$PV^n = C \rightarrow P_3 V_3^n = P_4 V_4^n$$

$$\frac{P_4}{P_3} = \left(\frac{V_3}{V_4}\right)^n$$

$$\left(\frac{V_3}{V_4}\right) = \left(\frac{P_4}{P_3}\right)^{\frac{1}{n}}$$

$$V_4 = V_3 \left(\frac{P_4}{P_3}\right)^{-\frac{1}{n}}$$

$$= V_3 \left(\frac{P_3}{P_4}\right)^{\frac{1}{n}} = V_3 \left(\frac{P_2}{P_1}\right)^{\frac{1}{n}}$$

$$(\because P_4 = P_1, \; P_3 = P_2)$$

$$\therefore V_4 = V_3 (r)^{\frac{1}{n}} \quad \text{......................................} \quad \text{ⓒ}$$

(여기서, $r = \dfrac{P_2}{P_1}$ (압력비))

ⓑ를 ⓒ에 대입하면

$$V_4 = \lambda V_s (r)^{\frac{1}{n}} \quad \text{......................................} \quad \text{ⓓ}$$

$$V_1 = V_c + V_s = \lambda V_s + V_s \quad \text{......................................} \quad \text{ⓔ}$$

ⓓ, ⓔ를 ⓐ에 대입하면

$$\eta_V = \frac{\lambda V_s + V_s - \lambda V_s (r)^{\frac{1}{n}}}{V_s} = \lambda + 1 - \lambda (r)^{\frac{1}{n}}$$

$$\therefore \eta_V = 1 + \lambda - \lambda \left(\frac{P_2}{P_1}\right)^{\frac{1}{n}}$$

## (2) 기계효율($\eta_m$)

$$\eta_m = \frac{W_{th}}{W_{real}}$$

$$\eta_m = \frac{\text{이론상 출력일(이상일)}}{\text{제동일(실제일)}} = \frac{\text{지시마력(도시마력)}}{\text{제동마력}}$$

$$= \frac{\text{이론상 소요동력}}{\text{실제 소요동력}}$$

## (3) 실린더 속의 흡입체적

$$V = Z \times \frac{\pi}{4} d^2 \times S \times n \times m \times \eta_V$$

여기서, $Z$ : 실린더수, $S$ : 행정, $n$ : 회전수, $m$ : 단수, $\eta_V$ : 체적효율

# 핵심 기출 문제

**01** 배기체적이 1,200cc, 간극체적이 200cc인 가솔린 기관의 압축비는 얼마인가?

① 5          ② 6
③ 7          ④ 8

**해설 ➕**

배기체적은 행정체적($V_s$)이므로

$$\varepsilon = \frac{V_t}{V_c} = \frac{V_c + V_s}{V_c} = \frac{200 + 1,200}{200} = 7$$

**02** 등엔트로피 효율이 80%인 소형 공기터빈의 출력이 270kJ/kg이다. 입구 온도는 600K이며, 출구 압력은 100kPa이다. 공기의 정압비열은 1.004kJ/(kg·K), 비열비는 1.4일 때, 입구 압력(kPa)은 약 몇 kPa인가? (단, 공기는 이상기체로 간주한다.)

① 1,984          ② 1,842
③ 1,773          ④ 1,621

**해설 ➕**

공기터빈(연소과정 없다.) → 압축되어 나온 공기가 터빈에서 팽창하므로

$$\eta = \frac{w_T}{w_c} = \frac{\text{터빈일}}{\text{압축일}} = 0.8$$

압축일 $w_c = \dfrac{270}{0.8} = 337.5\,\text{kJ/kg}$

$$\cancel{q_{cv}}^{0} + h_i = h_e + w_{cv}$$

$$w_{cv} = w_c = h_i - h_e < 0 \ (\text{일 부호}(-))$$

$$\therefore\ w_c = h_e - h_i > 0 = h_2 - h_1 = C_p(T_2 - T_1)$$

$$337.5 = 1.004(600 - T_1)$$

$$\therefore\ T_1 = 600 - \frac{337.5}{1.004} = 263.84\,\text{K}$$

압축일 과정 : 1 → 2 과정(단열과정)

$$\frac{T_2}{T_1} = \left(\frac{p_2}{p_1}\right)^{\frac{k-1}{k}} \rightarrow \frac{600}{283.84} = \left(\frac{p_2}{100}\right)^{\frac{0.4}{1.4}}$$

$$\therefore\ \frac{p_2}{100} = 17.73524, \quad p_2 = 1,773.53\,\text{kPa}$$

**03** 공기압축기에서 입구 공기의 온도와 압력은 각각 27℃, 100kPa이고, 체적유량은 0.01m³/s이다. 출구에서 압력이 400kPa이고, 이 압축기의 등엔트로피 효율이 0.8일 때, 압축기의 소요 동력은 약 몇 kW인가? (단, 공기의 정압비열과 기체상수는 각각 1kJ/kg·K, 0.287kJ/kg·K이고, 비열비는 1.40이다.)

① 0.9          ② 1.7
③ 2.1          ④ 3.8

**해설 ➕**

주어진 압력 : $p_1 = 100\text{kPa}$, $T_1 = 27 + 273 = 300\text{K}$,

$\qquad\qquad p_2 = 400\text{kPa}$

ⅰ) 공기압축기 → 개방계이며 단열이므로

$$\cancel{q_{cv}}^{0} + h_i = h_e + w_{cv}$$

$$w_{cv} = w_c = h_i - h_e < 0 \ (\text{계가 일 받음}(-))$$

$$\therefore\ w_c = h_e - h_i > 0$$

여기서, $dh = C_p dT$이므로

$$\therefore\ w_c = h_e - h_i = \int_i^e C_p dT$$

$$= C_p(T_2 - T_1)$$

$$= C_p T_1\left(\frac{T_2}{T_1} - 1\right) \ (\text{단열이므로})$$

$$= C_p T_1\left(\left(\frac{P_2}{P_1}\right)^{\frac{k-1}{k}} - 1\right)$$

$$= 1 \times 10^3 \times 300 \times \left(\left(\frac{400}{100}\right)^{\frac{0.4}{1.4}} - 1\right)$$

$$= 145,798.3\,\text{J/kg}$$

ii) $\dot{W_c} = \dot{m}\,w_c$ (여기서, $\dot{m} = \rho A\,V = \rho Q \leftarrow \rho = \dfrac{P}{RT}$)

$$\dot{m} = \frac{P_1}{RT_1}\,Q$$

$$= \frac{100 \times 10^3}{0.287 \times 10^3 \times 300} \times 0.01$$

$$= 0.01161\text{kg/s}$$

$$\therefore \dot{W_c} = 0.01161 \times 145,798.3$$

$$= 1,692.72\text{W}$$

$$= 1.69\text{kW}$$

iii) $\eta_c = \dfrac{\text{이론동력}}{\text{소요동력}} = \dfrac{\dot{W_c}}{\dot{W_s}}$

$$\dot{W_s} = \frac{\dot{W_c}}{\eta_c} = \frac{1.69\text{kW}}{0.8} = 2.11\text{kW}$$

**04** 자동차 엔진을 수리한 후 실린더 블록과 헤드 사이에 수리 전과 비교하여 더 두꺼운 개스킷을 넣었다면 압축비와 열효율은 어떻게 되겠는가?

① 압축비는 감소하고, 열효율도 감소한다.
② 압축비는 감소하고, 열효율은 증가한다.
③ 압축비는 증가하고, 열효율은 감소한다.
④ 압축비는 증가하고, 열효율도 증가한다.

**해설 ⊕**
실린더 헤드 개스킷(Cylinder Head Gasket)이 두꺼워지면 연소실 체적($V_c$)이 커져 압축비가 작아진다. 따라서 엔진의 열효율도 감소한다.

# CHAPTER 06 증기

## 1. 순수물질(Pure Substance)

어떠한 상(고체, 액체, 기체)에서도 화학조성이 균일하고 일정한 물질(얼음 → 물 → 수증기 모두 균일)을 의미하며 공기와 같은 기체 혼합물은 상변화기 없는 한 순수물질로 간주할 수 있다.

### (1) 기체

① 증기 : 상변화가 쉽다. 예 (액화, 기화 → $H_2O$, $NH_3$, 냉매가스)
   증기는 실측의 결과에 기초를 두고 어떤 압력 혹은 온도 조건 하에서 비체적, 엔탈피, 엔트로피 등의 도표 값 또는 증기선도 등을 이용하는 것이 일반적이다.
② 가스 : 상 변화가 어렵다. 예 LPG

## 2. 증기의 성질

### (1) 증기의 상태변화와 일반적 성질

일정한 압력 1atm 하에서 15℃의 물을 넣고 계속 가열하면 다음 그림처럼 증발이 일어나는 포화온도 100℃인 포화액에 도달하고 상변화 하는 습증기 영역을 거쳐 100% 증기인 포화증기가 되며, 포화증기 상태로 1atm 하에서 온도가 계속 상승하는 과열증기가 된다.(여기서부터 증기의 성질에 관한 내용들은 쉬운 이해를 위해 1atm 상태의 포화온도 100℃를 기준으로 설명한다. 증기표에는 주어진 온도에 따른 포화압력 증기표와 주어진 압력에 따른 포화온도 증기표가 있다.)

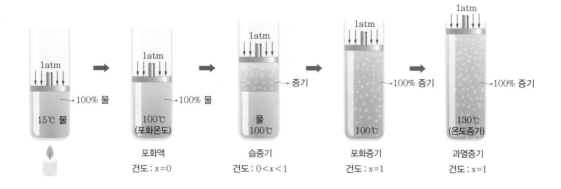

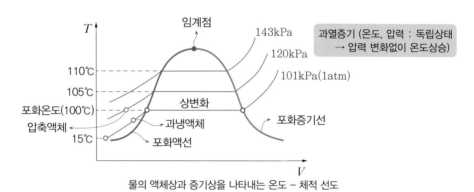

물의 액체상과 증기상을 나타내는 온도 – 체적 선도

① 임계점(C ; critical point)

포화액체상태와 포화증기상태가 동일(임계온도, 임계압력, 임계비체적)

② 포화온도

주어진 압력(1atm) 하에서 증발이 일어나는 온도(100℃) → 이때 압력을 주어진 온도 (100℃)에 대한 포화압력(1atm)이라 하며, 순수물질의 포화온도와 포화압력 사이에는 일정한 관계가 있다.(압력이 상승하면 일반적으로 포화온도는 상승한다.)

이 관계를 나타내는 그래프가 증기압곡선(vapor pressure curve)이다.

예 산에 올라가면 압력(국소대기압)이 낮아지므로 포화온도가 낮아진다. → 고도가 낮은 평지보다 물이 빨리 끓는다.

③ 포화액

과냉액체인 15℃ 물을 가열하여 포화온도 100℃가 될 때 100% 물인 상태

④ 건도(quality : 질)

전체 질량에 대한 증기 질량의 비로 $x = \dfrac{m_{gas}}{m_{total}}$

물질이 포화상태(포화압력과 포화온도 하)에 있을 때에만 의미를 갖는다.

⑤ 습증기

1atm, 포화온도 100℃ 하에서 증발이 일어나 물과 증기가 같이 존재하는 상태

→ 건도 $x$가 0~1까지이며 $x$가 주어질 때 증기표에서 열역학적 상태량을 구할 수 있다.($u_x$ : 건도가 $x$인 비내부에너지, $h_x$ : 건도가 $x$인 비엔탈피…)

→ 상변화하는 구간에서는 포화액부터 포화증기까지 정압(1atm)과정이며 등온(100℃)과정이다.

⑥ 포화증기(건포화증기)

1atm 상태에서 포화온도 100℃의 물이 모두 100% 증기로 바뀌는 상태

⑦ 과열증기

포화증기상태로 가열하면 1atm 하에서 온도가 계속 상승하는 상태

과열도＝과열증기의 온도－건포화 증기의 온도(포화온도)＝$T_{과열} - T_{포화온도}$

## (2) 증기표

### 1) 온도기준 포화증기표(temperature table)

| 온도 (temp..) ℃ | 포화압력 (pressure) kPa | 비체적 m³/kg | | 내부에너지 kJ/kg | | | 엔탈피 kJ/kg | | | 엔트로피 kJ/kg · K | | |
|---|---|---|---|---|---|---|---|---|---|---|---|---|
| $T$ | $P_{sat}$ | liquid $v_f$ 포화액 | vapor $v_g$ 포화증기 | $u_f$ 포화액 | $u_{fg}$ 증발 | $u_g$ 포화증기 | $h_f$ 포화액 | $h_{fg}$ 증발 | $h_g$ 포화증기 | $s_f$ 포화액 | $s_{fg}$ 증발 | $s_g$ 포화증기 |
| 100 | 101.42 | 0.001043 | 1.6720 | 419.06 | 2087.0 | 2506.0 | 419.17 | 2256.4 | 2675.6 | 1.3072 | 6.0470 | 7.3542 |
| 110 | 143.38 | 0.001052 | 1.2094 | 461.27 | 2056.4 | 2517.7 | 461.42 | 2229.7 | 2691.1 | 1.4188 | 5.8193 | 7.2382 |

### 2) 압력기준 포화증기표(pressure table)

| 압력 (pressure) kPa | 포화온도 (temp..) ℃ | 비체적 m³/kg | | 내부에너지 kJ/kg | | | 엔탈피 kJ/kg | | | 엔트로피 kJ/kg · K | | |
|---|---|---|---|---|---|---|---|---|---|---|---|---|
| $P$ | $T_{sat}$ | liquid $v_f$ 포화액 | vapor $v_g$ 포화증기 | $u_f$ 포화액 | $u_{fg}$ 증발 | $u_g$ 포화증기 | $h_f$ 포화액 | $h_{fg}$ 증발 | $h_g$ 포화증기 | $s_f$ 포화액 | $s_{fg}$ 증발 | $s_g$ 포화증기 |
| 100 | 99.61 | 0.001043 | 1.6941 | 417.40 | 2088.2 | 2505.6 | 417.51 | 2257.5 | 2675.0 | 1.3028 | 6.0562 | 7.3589 |
| 125 | 105.97 | 0.001048 | 1.3750 | 444.23 | 2068.8 | 2513.0 | 444.36 | 2240.6 | 2684.9 | 1.3741 | 5.9100 | 7.2841 |

포화증기의 전내부에너지와 전엔탈피를 구해보면

$$\begin{cases} U_g = m \times u_g \\ H_g = m \times h_g \end{cases}$$

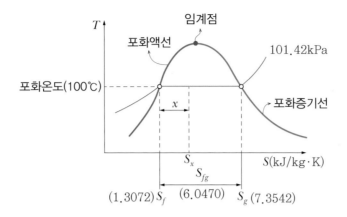

온도기준 포화증기표와 T−S 선도에서 엔트로피 상태량을 기초로 건도(질)가 $x$인 엔트로피 $s_x$를 구해보면

$$s_{fg} = (s_g - s_f) = 7.3542 - 1.3072 = 6.0470 \, (\text{T−S 선도의 } s \text{값})$$

$$s_x = s_f + x \cdot s_{fg}$$

$$\quad = (1-x)s_f + x \cdot s_g$$

⇒ 모든 증기 상태량 값$(v, h, u)$을 똑같은 방법으로 구함

## 3. 증기선도

증기의 성질 2가지를 좌표로 잡아 각 성질의 변화를 표시한 것을 증기선도라고 한다.

① P−T 선도

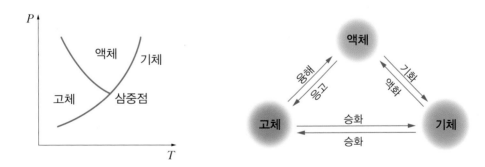

② P–V 선도

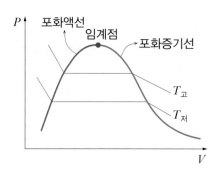

③ T–S 선도

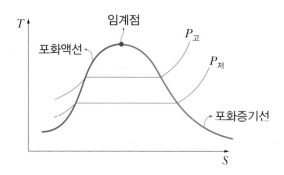

④ h–s 선도

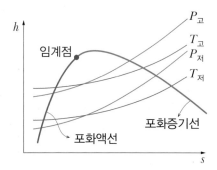

⑤ P–h 선도

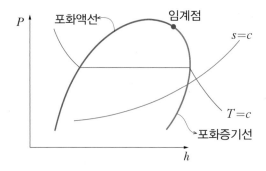

냉매의 상태변화 P−h 선도 → 냉동사이클에서 주로 사용

## 4. 증기의 열적 상태량

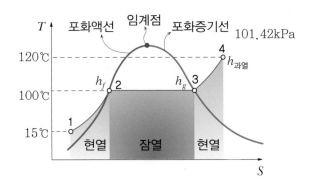

① 현열(액체열 1 → 2)

$\delta q = dh - vdp$ ($\because dp = 0 \to$ 상변화 없이 정압(101.42kPa) 하에서 온도상승)

$_1Q_2 = H_2 - H_1$

$_1q_2 = h_2 - h_1 = h_f - h_1$ (여기서, $h_f$ : 포화액의 엔탈피)

② 잠열(증발열 2 → 3)

$_2q_3 = h_3 - h_2 = h_g - h_f$ (포화증기 엔탈피 − 포화액의 엔탈피)

③ 현열(과열증기 3 → 4)

$h_{과열} = h_g + \int_{T_{포화온도}}^{T_{과열증기}} C_p dT$ (여기서, $h_g$ : 포화증기 엔탈피)

$S_{과열} = S_g + \int_{T_{포화온도}}^{T_{과열증기}} \dfrac{\delta Q}{T} = S_g + \int_{T_{포화온도}}^{T_{과열증기}} C_p \dfrac{1}{T} dT$

$U_{과열} = U_g + \int_{T_{포화온도}}^{T_{과열증기}} C_v dT$

# 핵심 기출 문제

## 01
포화액의 비체적은 0.001242m³/kg이고, 포화증기의 비체적은 0.3469m³/kg인 어떤 물질이 있다. 이 물질이 건도 0.65 상태로 2m³인 공간에 있다고 할 때 이 공간 안을 차지한 물질의 질량(kg)은?

① 8.85　　　　② 9.42
③ 10.08　　　　④ 10.84

**해설 ⊕**

i) $v_f = 0.001242$, $v_g = 0.3469$, 건도 $x = 0.65$

ii) 건도가 $x$인 비체적 $v_x = v_f + x(v_g - v_f)$에서
$$v_x = 0.001242 + 0.65 \times (0.3469 - 0.001242)$$
$$= 0.226\text{m}^3/\text{kg}$$

iii) $v_x = \dfrac{V_x}{m_x}$
$$\rightarrow m_x = \frac{V_x}{v_x} = \frac{2\text{m}^3}{0.226\dfrac{\text{m}^3}{\text{kg}}} = 8.85\text{kg}$$

## 02
보일러에 물(온도 20℃, 엔탈피 84kJ/kg)이 유입되어 600kPa의 포화증기(온도 159℃, 엔탈피 2,757 kJ/kg) 상태로 유출된다. 물의 질량유량이 300kg/h이라면 보일러에 공급된 열량은 약 몇 kW인가?

① 121　　　　② 140
③ 223　　　　④ 345

**해설 ⊕**

$$q_{cv} + h_i = h_e + w_{c.v}^{\nearrow 0}$$
$$q_B = h_e - h_i > 0 \text{ (열 받음(+))}$$
$$= 2,757 - 84 = 2,673\text{kJ/kg}$$
$$\dot{Q}_B = \dot{m} q_B = 300 \frac{\text{kg}}{\text{h} \times \left(\dfrac{3,600\text{s}}{1\text{h}}\right)} \times 2,673 \frac{\text{kJ}}{\text{kg}}$$
$$= 222.75\text{kW}$$

## 03
물질이 액체에서 기체로 변해 가는 과정과 관련하여 다음 설명 중 옳지 않은 것은?

① 물질의 포화온도는 주어진 압력하에서 그 물질의 증발이 일어나는 온도이다.
② 물의 포화온도가 올라가면 포화압력도 올라간다.
③ 액체의 온도가 현재 압력에 대한 포화온도보다 낮을 때 그 액체를 압축액 또는 과냉각액이라 한다.
④ 어떤 물질이 포화온도하에서 일부는 액체로 존재하고 일부는 증기로 존재할 때, 전체 질량에 대한 액체 질량의 비를 건도로 정의한다.

**해설 ⊕**

건도 $x = \dfrac{m_g}{m_t}$ (증기질량/전체질량)

## 04
포화증기를 단열상태에서 압축시킬 때 일어나는 일반적인 현상 중 옳은 것은?

① 과열증기가 된다.
② 온도가 떨어진다.
③ 포화수가 된다.
④ 습증기가 된다.

**해설 ⊕**

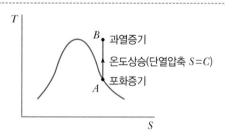

**05** 1MPa의 일정한 압력(이때의 포화온도는 180℃) 하에서 물이 포화액에서 포화증기로 상변화를 하는 경우 포화액의 비체적과 엔탈피는 각각 0.00113m³/kg, 763kJ/kg이고, 포화증기의 비체적과 엔탈피는 각각 0.1944m³/kg, 2,778kJ/kg이다. 이때 증발에 따른 내부에너지 변화($u_{fg}$)와 엔트로피 변화($s_{fg}$)는 약 얼마인가?

① $u_{fg}=1,822\text{kJ/kg}$, $s_{fg}=3.704\text{kJ/(kg·K)}$

② $u_{fg}=2,002\text{kJ/kg}$, $s_{fg}=3.704\text{kJ/(kg·K)}$

③ $u_{fg}=1,822\text{kJ/kg}$, $s_{fg}=4.447\text{kJ/(kg·K)}$

④ $u_{fg}=2,002\text{kJ/kg}$, $s_{fg}=4.447\text{kJ/(kg·K)}$

**해설⊕**

포화액에서 포화증기로 상변화하는 과정은 정압과정이면서 등온과정

i) $p=c$, $dp=0$

$$\delta q = dh - v\overset{0}{dp} = du + pdv$$

$$\therefore \ dh = du + pdv$$

$$h_2 - h_1 = u_2 - u_1 + \int_1^2 pdv$$

$$= u_2 - u_1 + p(v_2 - v_1) \text{에서}$$

여기서, 포화액의 비엔탈피 $h_f = h_1$,
  포화증기의 비엔탈피 $h_g = h_2$
  포화액의 비내부에너지 $u_f = u_1$,
  포화증기의 비내부에너지 $u_g = u_2$를 적용

$$\therefore \ u_2 - u_1 = u_g - u_f = u_{fg}$$

$$= h_g - h_f - p(v_g - v_f)$$

$$= (2,778 - 763) - 1 \times 10^3 \text{kPa}$$

$$\times (0.1944 - 0.00113)\text{m}^3/\text{kg}$$

$$= 1,821.9\text{kJ/kg}$$

ii) $ds = \dfrac{\delta q}{T}$, $_1q_2 = h_2 - h_1$

$$s_2 - s_1 = s_g - s_f = s_{fg} = \frac{h_2 - h_1}{T} = \frac{h_{fg}}{T}$$

$$= \frac{2,778 - 763}{180 + 273}$$

$$= 4.448\text{kJ/kg·K}$$

**06** 어떤 습증기의 엔트로피가 6.78kJ/kg·K라고 할 때 이 습증기의 엔탈피는 약 몇 kJ/kg인가?(단, 이 기체의 포화액 및 포화증기의 엔탈피와 엔트로피는 다음과 같다.)

| 구분 | 포화액 | 포화 증기 |
|---|---|---|
| 엔탈피(kJ/kg) | 384 | 2,666 |
| 엔트로피(kJ/kg·K) | 1.25 | 7.62 |

① 2,365  ② 2,402

③ 2,473  ④ 2,511

**해설⊕**

건도가 $x$인 습증기의 엔트로피 $s_x$

$$s_x = s_f + x s_{fg} = s_f + x(s_g - s_f)$$

$$x = \frac{s_x - s_f}{s_g - s_f} = \frac{6.78 - 1.25}{7.62 - 1.25} = 0.868$$

$$\therefore \ h_x = h_f + x h_{fg} = h_f + x(h_g - h_f)$$

$$= 384 + 0.868 \times (2,666 - 384)$$

$$= 2,364.78\text{kJ/kg}$$

## 1. 증기동력 발전시스템 개요

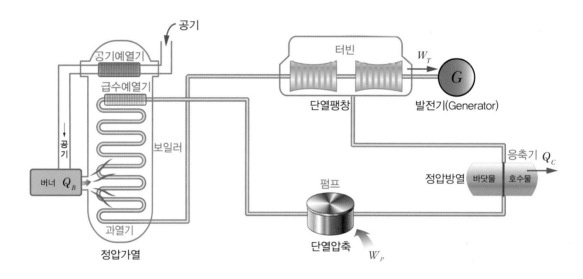

응축기에서 나온 물은 포화된 액체상태로 펌프에 들어가고 보일러의 작동 압력까지 단열(등엔트로피) 압축된다. 압축된 액체상태로 보일러에 들어가고 열을 받아 습증기를 거쳐 포화증기가 되며 과열기를 지나며 과열증기가 된다. 보일러는 기본적으로 대형 열교환기로서, 연소가스, 핵반응로 또는 다른 공급원 등으로부터 발생된 열을 정압과정으로 물에 전달한다. 증기를 과열시키는 과열기(superheater)와 함께 보일러를 종종 증기발생기(steam generator)라고도 한다. 또 보일러의 열교환기인 절탄기(급수예열기)에서는 보일러를 나가기 직전의 연소가스의 열이 응축수에 전달되며, 외부에서 보일러에 유입된 공기는 연도를 통과하는 공기예열기에서 열을 받아 버너에서 열효율을 높이는 역할을 한다. 보일러에서 과열된 증기는 터빈에 들어가 단열(등엔트로피)팽창하면서 발전기에 연결된 축을 회전시켜 일을 발생한다. 습증기 상태로 터빈을 나온 증기는 압력과 온도가

내려간 상태로 응축기에 들어가게 된다. 습증기는 일종의 대형 열교환기인 응축기에서 일정한 압력 하에서 응축되는데, 여기서 수증기의 열이 호수, 강, 바다 또는 공기와 같은 냉각 매체로 방출된다. 이어 수증기는 포화액 상태로 응축기를 떠나 펌프로 들어감으로써 한 사이클이 완성된다.

## 2. 랭킨사이클

증기동력 발전소의 이상 사이클이며 두 개의 정압과정과 단열과정으로 구성된 사이클
증기동력 사이클 : 정상상태, 정상유동과정(SSSF과정)
- 작업유체 : 물(수증기) ≠ 연소가스 → 외연기관
- 개방계의 일이므로 → 공업일(터빈일($W_T$), 펌프일($W_P$))

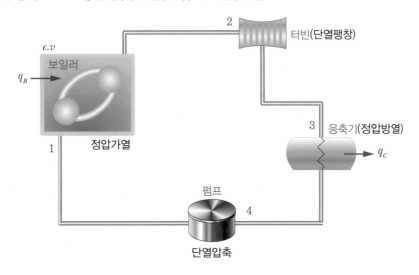

개방계 → 검사체적 1법칙

$$Q_{c.v} + H_i = H_e + W_{c.v}$$
$$q_{c.v} + h_i = h_e + w_{c.v}$$

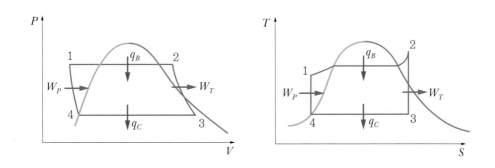

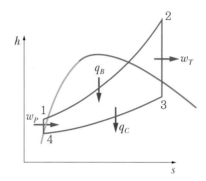

## (1) 랭킨사이클의 각 과정 해석

### ① 1 → 2 과정(보일러 : 정압가열)

$q_{c.v} + h_i = h_e + w_{c.v}$ ($\because w_{c.v} = 0$ : 열교환기는 일 못함)

$\therefore q_B = h_e - h_i > 0$(흡열$(+)$)

$\qquad = h_2 - h_1$

### ② 2 → 3 과정(터빈 : 단열팽창)

$q_{c.v} + h_i = h_e + w_{c.v}$ ($\because q_{c.v} = 0$)

$\therefore w_{c.v} = h_e - h_i > 0$ (하는 일$(+)$)

$\qquad = h_2 - h_3$

### ③ 3 → 4 과정(응축기(복수기) : 정압방열)

$q_{c.v} + h_i = h_e + w_{c.v}$ ($\because w_{c.v} = 0$ : 열교환기는 일 못함)

$\therefore q_{c.v} = q_c = h_e - h_i < 0$ (방열$(-)$)

$\qquad\qquad = -(h_e - h_i)$

$\qquad\qquad = h_i - h_e$

$\therefore q_c = h_3 - h_4$(엔탈피 값을 보고 그래프에서 바로 구할 수 있어야 한다.)

### ④ 4 → 1 과정(펌프 : 단열압축)

$q_{c.v} + h_i = h_e + w_{c.v}$ ($\because q_{c.v} = 0$)

$\therefore w_{c.v} = w_p = h_i - h_e < 0$ (받는 일$(-)$)

$\qquad\qquad = -(h_i - h_e)$

$\qquad\qquad = h_e - h_i$

$\qquad\qquad = h_1 - h_4$

※ 위의 증기선도인 h-s 선도에서 각 과정 해석에 대한 엔탈피 차이 값을 그래프에서 바로 읽어 구할 수 있다.

## (2) 랭킨사이클 열효율

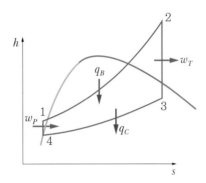

$$\eta_R = \frac{Aw_{net}}{q_B} = \frac{출력}{입력} = \frac{w_t - w_p}{q_B} = \frac{(h_2 - h_3) - (h_1 - h_4)}{h_2 - h_1}$$

터빈 일에 비해 펌프 일이 작으므로 무시하면

$$\eta_R = \frac{h_2 - h_3}{h_2 - h_1}$$

---

**예제** 증기원동소의 이상사이클인 랭킨사이클에서 각각의 점의 엔탈피가 다음과 같다. 터빈에서 얻은 일은 몇 J/kg이고 이 사이클의 열효율은 몇 %인가?(단, 펌프 일은 무시한다.)

보일러 출구 : 1,467J/kg, 복수기 입구 : 721J/kg, 펌프 출구 : 417J/kg

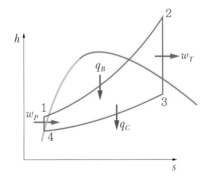

$$w_T = h_i - h_e > 0 \,(단열)$$
$$= 1,467 - 721$$
$$= 746\text{J/kg}$$
$$\eta_R = \frac{w_T}{q_B} = \frac{746}{1,467 - 417} \times 100\% = 71.04\%$$

## (3) 랭킨사이클의 열효율을 증가시키는 방법

T–S 선도에서 랭킨사이클(1 → 2 → 3 → 4(파란색))

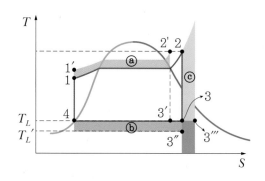

### 1) 보일러의 최고 압력을 높일 때(그림에서 ⓐ) → 최고온도는 같게

① 효율 증가 : 1→2에서 1'→2'로 압력 상승 → 효율 증가

② 단점 : 3에서 3'로 건도 감소 → 수분의 함량 증가 → 터빈 날개 부식

③ 재열사이클(고압터빈 → 팽창, 저압터빈 → 팽창) 열효율 증가와 건도 증가(터빈 부식 방지)

### 2) 배기 압력과 온도를 낮출 때(복수기 압력과 온도를 낮출 때)(그림에서 ⓑ)

① 효율 증가 : 일량의 증가

$$\eta = 1 - \frac{Q_L}{Q_H} = 1 - \frac{T_L}{T_H} \ (T_L \text{이 } T_L' \text{로 낮아지므로 효율 증가})$$

② 단점 : 수분함량 증가 3 → 3″로(건도 감소 → 터빈 부식)

### 3) 과열증기를 사용할 경우(그림에서 ⓒ)

① 효율 증가 : $\eta = 1 - \dfrac{Q_L}{Q_H} \ (Q_H \text{가 늘어 일량이 더 많다.}) \to$ 효율 증가

 3 → 3‴로 건도증가(습분 감소) → 터빈 날개 부식을 개선

② 단점 : 방출열량 증가로 복수기 용량이 커져야 한다.(T–S 선도에서 녹색 색칠 부분)

---

| 참고

랭킨사이클의 열효율과 단점을 개선시키기 위해 → 재열, 재생, 재열 · 재생사이클

---

## 3. 재열사이클(Reheating cycle)

고압터빈에서 팽창도중 증기를 빼내어 보일러에서 다시 가열하여 과열도를 높인 다음 다시 저압터
빈에서 팽창시켜 열효율을 증가시키고 건도를 높여 터빈날개의 부식을 방지할 수 있는 사이클 →
터빈 수분함량을 안전한 값까지 감소시킬 수 있는 주된 이점이 있다.

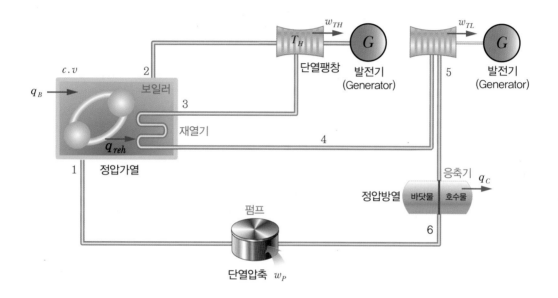

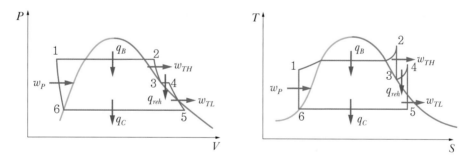

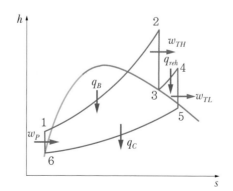

## (1) 재열사이클의 각 과정 해석

① 1→2 과정(보일러 가열 : 정압가열)

$$q_B = h_e - h_i > 0 \, (흡열\,(+))$$

$$q_B = h_2 - h_1$$

② 2→3 과정(고압터빈 일 → 개방계의 일이므로(질량유동 있음) → 고압터빈 공업일)

단열터빈 $\quad w_T = w_{c.v} = h_i - h_e > 0 \, (하는 일\,(+))$

$$\therefore w_{TH} = h_2 - h_3$$

③ 3→4 과정(재열기(Reheater) 가열량)

$$q_{Reh} = q_{c.v} = h_e - h_i > 0 \, (흡열량\,(+))$$

$$\therefore q_{Reh} = h_4 - h_3$$

④ 4→5 과정(저압터빈 공업일 : 단열팽창)

$$q_{c.v} + h_i = h_e + w_{c.v}$$

$$w_{c.v} = h_i - h_e > 0 \, (하는 일\,(+))$$

$$\therefore w_{TL} = h_4 - h_5$$

⑤ 5→6 과정(복수기의 방열량 : 정압 방열)

$$q_{c.v} + h_i = h_e + w_{c.v}$$

$$q_{c.v} = h_e - h_i$$

$$q_c = h_e - h_i < 0 \, (방출 열\,(-))$$

$$= -(h_e - h_i)$$

$$= h_i - h_e$$

$$= h_5 - h_6$$

⑥ 6→1 과정(펌프 공업일 : 단열압축)

$$q_{c.v} + h_i = h_e + w_{c.v}$$

$$w_{c.v} = h_i - h_e$$

$$w_P = h_i - h_e < 0 \, (받는 일\,(-))$$

$$= -(h_i - h_e)$$

$$= h_e - h_i$$

$$= h_1 - h_6$$

⑦ 재열사이클 열효율

$$\eta_{Reh}=\frac{Aw_{net}}{q_H}=\frac{Aw_T-Aw_P}{q_B+q_{Reh}}$$

$$=\frac{\{(h_2-h_3)+(h_4-h_5)\}-(h_1-h_6)}{(h_2-h_1)+(h_4-h_3)}$$

펌프 일 무시하면(입구와 출구의 엔탈피 차이가 없다면) $h_1=h_6$이므로

$$\eta_{Reh}=\frac{(h_2-h_3)+(h_4-h_5)}{(h_2-h_1)+(h_4-h_3)}$$

## 4. 재생사이클(Regenerative cycle)

고압터빈에서 팽창중인 증기의 일부를 빼내어 보일러로 유입되는 급수를 가열하여 효율을 증대시키는 사이클(각 과정마다 질량이 변함)

• 급수가열기 가열방법 : 표면식 급수가열기, 혼합식 급수가열기(질량이 더해짐)

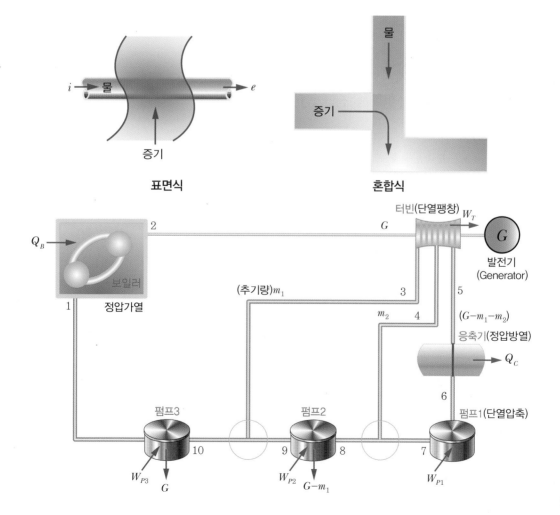

표면식                      혼합식

재생사이클에서는 질량이 더해지므로

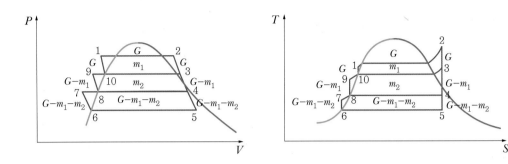

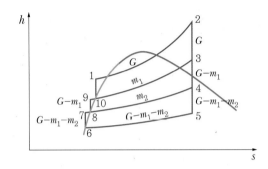

## (1) 재생사이클의 각 과정 해석

① 1→2 과정(보일러 일 못함 : 정압가열)

$$q_{c.v} + h_i = h_e + w_{c.v}$$

$$q_B = h_e - h_i = h_2 - h_1$$

$$\Rightarrow Q_B = G(h_2 - h_1) \ (\because 전체 \ 증기 \ 질량 = G)$$

② 2→3, 3→4, 4→5 과정(터빈 공업일 : 단열팽창)

$$W_T = G(h_2 - h_3) + (G - m_1)(h_3 - h_4) + (G - m_1 - m_2)(h_4 - h_5) \cdots\cdots ⓐ$$

③ 6→7, 8→9, 10→1 과정(펌프 공업일 : 단열압축)

$$q_{c.v} + h_i = h_e + w_{c.v}$$

$$w_{c.v} = h_i - h_e (받는 \ 일 \ (-))$$

$$\therefore w_p = h_e - h_i$$

$$W_P = (G - m_1 - m_2)(h_7 - h_6) + (G - m_1)(h_9 - h_8) + G(h_1 - h_{10}) \cdots\cdots ⓑ$$

④ 5 → 6 과정(복수기 방출열량 : 정압방열)

$$q_{c.v} + h_i = h_e + w_{c.v}$$

$$q_{c.v} = h_e - h_i < 0 (방열 (-))$$

$$= h_i - h_e$$

$$\Rightarrow Q_C = (G - m_1 - m_2)(h_5 - h_6)$$

⑤ 재생사이클 열효율

$$\eta_{regen} = \frac{A W_{net}}{Q_B} = \frac{A W_T - A W_P}{Q_B} = \frac{ⓐ - ⓑ}{G(h_2 - h_1)}$$

펌프일을 무시하면

$$\eta_{regen} = \frac{ⓐ}{G(h_2 - h_1)}$$

## 5. 재열 · 재생사이클

재열 · 재생의 특징을 모두 조합하여 만든 사이클

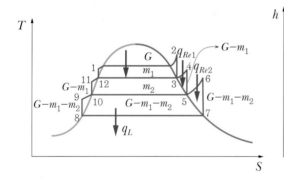
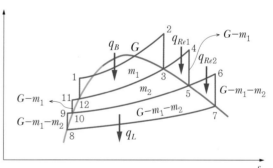

### (1) 재열·재생사이클의 각 과정 해석

#### ① 공급열량

1→2 과정 : 보일러에 가한 열량

$Q_B = G(h_2 - h_1)$

3→4 과정

$Q_{Reh1} = (G - m_1)(h_4 - h_3)$

5→6 과정

$Q_{Reh2} = (G - m_1 - m_2)(h_6 - h_5)$

#### ② 터빈 공업일(2→3, 4→5, 6→7 과정)

$W_T = G(h_2 - h_3) + (G - m_1)(h_4 - h_5) + (G - m_1 - m_2)(h_6 - h_7)$

#### ③ 펌프 일(8→9, 10→11, 12→1 과정)

$W_P = (G - m_1 - m_2)(h_9 - h_8) + (G - m_1)(h_{11} - h_{10}) + G(h_1 - h_{12})$

#### ④ 효율

$$\eta = \frac{AW_T - AW_P}{Q_B + Q_{Re1} + Q_{Re2}}$$

> **참고**

### • 실제 사이클(증기동력 사이클)

① 배관손실(마찰효과로 인한 압력강하(관마찰), 주위로 열전달) → 터빈의 유효에너지 감소

② 터빈손실(열전달(단열×)), 터빈 마찰

③ 펌프손실(단열×), 비가역적인 유체의 점성유동

④ 응축기(복수기) 손실(과냉에 의한 손실) → 응축기를 나오는 물이 포화온도 이하로 냉각되면 그 포화온도까지 다시 가열해야 함

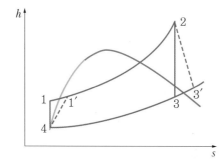

• 터빈 효율 : $\eta_T = \dfrac{\text{실제 터빈일}}{\text{이상적 터빈일}} = \dfrac{h_2 - h_3{}'}{h_2 - h_3}$

• 펌프 효율 : $\eta_{pump} = \dfrac{\text{이상적 펌프일}}{\text{실제 펌프일}} = \dfrac{h_1 - h_4}{h_1{}' - h_4}$

# 핵심 기출 문제

**01** 랭킨사이클에서 25℃, 0.01MPa 압력의 물 1kg을 5MPa 압력의 보일러로 공급한다. 이때 펌프가 가역 단열과정으로 작용한다고 가정할 경우 펌프가 한 일(kJ)은?(단, 물의 비체적은 0.001m³/kg이다.)

① 2.58  ② 4.99

③ 20.12  ④ 40.24

**해설⊕**

랭킨사이클은 개방계이므로

$$\cancel{q_{cv}}^{0} + h_i = h_e + w_{cv}$$

$$w_{cv} = w_P = h_i - h_e < 0 (계가 \ 일 \ 받음(-))$$

$$\therefore \ w_P = h_e - h_i > 0$$

여기서, $\cancel{\delta q}^{0} = dh - vdp \ \rightarrow \ dh = vdp$

$$\therefore \ w_P = h_e - h_i = \int_i^e vdp (물의 \ 비체적 \ v = c)$$

$$= v(p_e - p_i) = 0.001 \times (5 - 0.01) \times 10^6$$

$$= 4,990 \text{J/kg} = 4.99 \text{kJ/kg}$$

펌프일 $W_P = m \cdot w_P = 1\text{kg} \times 4.99\text{kJ/kg} = 4.99\text{kJ}$

**02** 랭킨사이클의 각 점에서의 엔탈피가 아래와 같을 때 사이클의 이론 열효율(%)은?

- 보일러 입구 : 58.6kJ/kg
- 보일러 출구 : 810.3kJ/kg
- 응축기 입구 : 614.2kJ/kg
- 응축기 출구 : 57.4kJ/kg

① 32  ② 30

③ 28  ④ 26

**해설⊕**

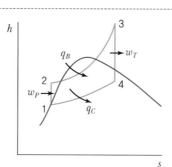

$h - s$ 선도에서

$$h_1 = 57.4, \ h_2 = 58.6, \ h_3 = 810.3, \ h_4 = 614.2$$

$$\eta_R = \frac{w_{net}}{q_B} = \frac{w_T - w_P}{q_B}$$

$$= \frac{(h_3 - h_4) - (h_2 - h_1)}{h_3 - h_2}$$

$$= \frac{(810.3 - 614.2) - (58.6 - 57.4)}{810.3 - 58.6}$$

$$= 0.2593$$

$$= 25.93\%$$

**03** 압력 1,000kPa, 온도 300℃ 상태의 수증기(엔탈피 3,051.15kJ/kg, 엔트로피 7.1228kJ/kg · K)가 증기터빈으로 들어가서 100kPa 상태로 나온다. 터빈의 출력 일이 370kJ/kg일 때 터빈의 효율(%)은?

[수증기의 포화 상태표](압력 100kPa/온도 99.62℃)

| 엔탈피(kJ/kg) | | 엔트로피(kJ/kg · K) | |
|---|---|---|---|
| 포화액체 | 포화증기 | 포화액체 | 포화증기 |
| 417.44 | 2,675.46 | 1.3025 | 7.3593 |

① 15.6  ② 33.2

③ 66.8  ④ 79.8

해설◉

개방계의 열역학 제1법칙에서

$$q_{c.v}^{\nearrow 0} + h_i = h_e + w_{c.v} (터빈 : 단열팽창)$$

$$w_{c.v} = w_T = h_i - h_e = 3,051.15 - h_{출구}$$

여기서, $h_{출구} = h_{습증기} = h_x$

(건도가 $x$인 습증기의 엔탈피)

$h_x$ 해석을 위해 터빈은 단열과정, 즉 등엔트로피 과정이므로

$$S_i = S_e = S_x = 7.1228$$

$$S_x = S_f + x S_{fg}$$

$$\therefore 건도 \ x = \frac{S_x - S_f}{S_{fg}} = \frac{7.1228 - 1.3025}{(7.3593 - 1.3025)} = 0.96$$

$$h_x = h_{출구} = h_f + x h_{fg}$$

$$= 417.44 + 0.96 \times (2,675.46 - 417.44)$$

$$= 2,585.14$$

$$\therefore w_T = 3,051.15 - 2,585.14 = 466.01 \,\text{kJ/kg (이론일)}$$

$$터빈효율 \ \eta_T = \frac{실제일}{이론일} = \frac{370}{466.01} \times 100\% = 79.4\%$$

**04** 랭킨사이클에서 보일러 입구 엔탈피 192.5kJ/kg, 터빈 입구 엔탈피 3,002.5kJ/kg, 응축기 입구 엔탈피 2,361.8kJ/kg일 때 열효율(%)은?(단, 펌프의 동력은 무시한다.)

① 20.3          ② 22.8

③ 25.7          ④ 29.5

해설◉

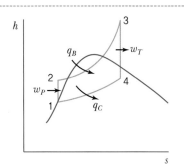

$h - s$ 선도에서 $h_2 = 192.5$, $h_3 = 3,002.5$, $h_4 = 2,361.8$

$$\eta = \frac{w_T - w_P}{q_B} = \frac{(h_3 - h_4)}{h_3 - h_2} \ (\because w_P^{\nearrow 0} 이므로)$$

$$= \frac{3,002.5 - 2,361.8}{3,002.5 - 192.5}$$

$$= 0.228 = 22.8\%$$

**05** 그림과 같은 Rankine 사이클로 작동하는 터빈에서 발생하는 일은 약 몇 kJ/kg인가?(단, $h$는 엔탈피, $s$는 엔트로피를 나타내며, $h_1 = 191.8$kJ/kg, $h_2 = 193.8$kJ/kg, $h_3 = 2,799.5$kJ/kg, $h_4 = 2,007.5$kJ/kg 이다.)

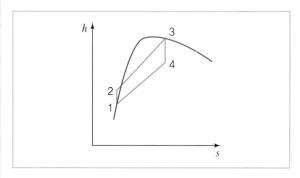

① 2.0kJ/kg

② 792.0kJ/kg

③ 2,605.7kJ/kg

④ 1,815.7kJ/kg

해설◉

$h - s$ 선도에서 단열팽창(3 → 4) 과정이 터빈일이므로

$$w_T = h_3 - h_4 = 2,799.5 - 2,007.5 = 792\text{kJ/kg}$$

**06** 다음 중 이상적인 증기 터빈의 사이클인 랭킨사이클을 옳게 나타낸 것은?

① 가역등온압축 → 정압가열 → 가역등온팽창 → 정압냉각

② 가역단열압축 → 정압가열 → 가역단열팽창 → 정압냉각

③ 가역등온압축 → 정적가열 → 가역등온팽창 → 정적냉각

④ 가역단열압축 → 정적가열 → 가역단열팽창 → 정적냉각

**해설⊕**

증기원동소의 이상 사이클인 랭킨사이클은 2개의 단열과정과 2개의 정압과정으로 이루어져 있으며, 펌프에서 단열압축한 다음, 보일러에서 정압가열 후 터빈으로 보내 단열팽창시켜 출력을 얻은 다음, 복수기(응축기)에서 정압방열 하여 냉각시킨 후 그 물이 다시 펌프로 보내진다.

**07** 증기터빈으로 질량 유량 1kg/s, 엔탈피 $h_1 = 3,500$kJ/kg의 수증기가 들어온다. 중간 단에서 $h_2 = 3,100$kJ/kg의 수증기가 추출되며 나머지는 계속 팽창하여 $h_3 = 2,500$kJ/kg 상태로 출구에서 나온다면, 중간 단에서 추출되는 수증기의 질량 유량은?(단, 열손실은 없으며, 위치에너지 및 운동에너지의 변화가 없고, 총 터빈 출력은 900kW이다.)

① 0.167kg/s      ② 0.323kg/s

③ 0.714kg/s      ④ 0.886kg/s

**해설⊕**

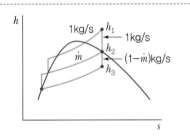

위의 재생사이클 $h - s$ 선도에서 터빈의 출력동력은 1kg/s를 가지고 $(h_1 - h_2)$만큼 팽창시키고 $\dot{m}$의 증기를 빼낸 다음, $(1\text{kg/s} - \dot{m})$의 질량유량을 가지고 $(h_2 - h_3)$만큼 팽창시킨 일의 양과 같으므로

$$\dot{W}_{c.v} = 1(\text{kg/s})(h_1 - h_2)(\text{kJ/kg})$$
$$+ (1 - \dot{m})(\text{kg/s})(h_2 - h_3)(\text{kJ/kg})$$

$$900\text{kW} = (3,500 - 3,100)\text{kW}$$
$$+ (1 - \dot{m})(3,100 - 2,500)\text{kW}$$

$$500\text{kW} = (1 - \dot{m})600\text{kW}$$

$$\therefore \dot{m} = 0.167\text{kg/s}$$

**08** 랭킨사이클의 열효율을 높이는 방법으로 틀린 것은?

① 복수기의 압력을 저하시킨다.

② 보일러 압력을 상승시킨다.

③ 재열(Reheat) 장치를 사용한다.

④ 터빈 출구온도를 높인다.

**해설⊕**

랭킨사이클의 열효율을 증가시키는 방법

① 터빈의 배기압력과 온도를 낮추면 효율이 증가하며 복수기 압력 저하

② 보일러의 최고압력을 높게 하면 열효율 증가

③ 재열기(Reheater) 사용 → 열효율과 건도 증가로 터빈 부식 방지

④ 터빈의 출구온도를 높이면 → ① 내용과 반대가 되어 열효율이 감소

**09** 시간당 380,000kg의 물을 공급하여 수증기를 생산하는 보일러가 있다. 이 보일러에 공급하는 물의 엔탈피는 830kJ/kg이고, 생산되는 수증기의 엔탈피는 3,230kJ/kg이라고 할 때, 발열량이 32,000kJ/kg인 석탄을 시간당 34,000kg씩 보일러에 공급한다면 이 보일러의 효율은 약 몇 %인가?

① 66.9%  ② 71.5%

③ 77.3%  ④ 83.8%

**해설⊕**

$$\eta = \frac{\dot{Q}_B}{H_l\left(\dfrac{\mathrm{kJ}}{\mathrm{kg}}\right) \times f_b}$$

여기서, 보일러(정압가열)

$q_{c.v} + h_i = h_e + w_{c.v}^{\,0}$ (열교환기 일 못함)

$q_B = h_e - h_i > 0$

$\quad\quad = 3,230 - 830 = 2,400\mathrm{kJ/kg}$

$\dot{Q}_B = \dot{m}\,q_B = 380,000\dfrac{\mathrm{kg}}{\mathrm{h}\times\left(\dfrac{3,600\mathrm{s}}{1\mathrm{h}}\right)}\times 2,400\dfrac{\mathrm{kJ}}{\mathrm{kg}}$

$\quad\quad = 253,333.33\mathrm{kJ/s}$

$\therefore \ \eta = \dfrac{253,333.33}{32,000\dfrac{\mathrm{kJ}}{\mathrm{kg}}\times 34,000\dfrac{\mathrm{kg}}{\mathrm{h}\times\left(\dfrac{3,600\mathrm{s}}{1\mathrm{h}}\right)}}$

$\quad\quad = 0.8382 = 83.82\%$

**10** 이상적인 랭킨사이클에서 터빈 입구 온도가 350℃이고, 75kPa과 3MPa의 압력범위에서 작동한다. 펌프 입구와 출구, 터빈 입구와 출구에서 엔탈피는 각각 384.4kJ/kg, 387.5kJ/kg, 3,116kJ/kg, 2,403kJ/kg이다. 펌프일을 고려한 사이클의 열효율과 펌프일을 무시한 사이클의 열효율 차이는 약 몇 %인가?

① 0.0011  ② 0.092

③ 0.11  ④ 0.18

**해설⊕**

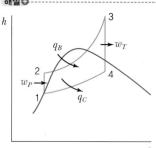

$h-s$ 선도에서

$h_1 = 384.4, \ h_2 = 387.5, \ h_3 = 3,116, \ h_4 = 2,403$

• 펌프일을 무시할 때

$$\eta_1 = \frac{w_T}{q_B} = \frac{h_3 - h_4}{h_3 - h_2}$$

$$= \frac{3,116 - 2,403}{3,116 - 387.5}$$

$$= 0.2613 = 26.13\%$$

• 펌프일을 고려할 때

$$\eta_2 = \frac{w_{net}}{q_B} = \frac{w_T - w_P}{q_B}$$

$$= \frac{(h_3 - h_4) - (h_2 - h_1)}{h_3 - h_2}$$

$$= \frac{(3,116 - 2,403) - (387.5 - 384.4)}{3,116 - 387.5}$$

$$= 0.2602 = 26.02\%$$

• 열효율의 차이

$\eta_1 - \eta_2 = 0.11\%$

# 08 가스동력 사이클

## 1. 가스동력시스템의 개요

이상기체를 작업유체(동작물질)로 사용하는 열기관사이클을 가스동력 사이클이라 하며 가솔린기관, 디젤기관, 가스터빈, 제트엔진 등에 해당하며, 실제사이클과 유사한 이상화된 밀폐사이클로 해석하면 편리하다.

- 가스동력 사이클(gas power cycle)과 공기표준동력 사이클은 밀폐계에 대한 1법칙을 가지고 각 과정을 해석한다.
- 작업유체＝연소가스 : 내연기관 → 해석을 위해 개방사이클과 유사한 밀폐사이클로 간주한다.

이러한 관점에서 다음의 가정을 통해 공기 표준사이클을 생각한다.

① 전 사이클을 통해 일정한 질량의 공기가 작업유체이며 공기(공기＋연료)를 이상기체로 취급한다. → 공기의 비열은 일정하다.

② 외부 열원으로부터의 열전달과정을 연소과정으로 대치한다.

③ 사이클은 주위로의 열 전달과정으로 완성된다.(실제엔진은 토출(배기)과정, 흡입과정)

④ 모든 과정은 내부적으로 가역이다.

⑤ 압축과 팽창은 단열이다.

⑥ 열 해리 현상은 없다. → $H_2O$ 연소 중 화학반응에서 열 손실을 말하며 물에 의해 발생(완전연소과정)한다.

> ┃참고
>
> 효율이나 평균유효압력(mean effective pressure)과 같이 공기 표준사이클에서 얻은 정량적 결과는 실제 엔진의 경우와 다를 수 있다. 따라서 공기 표준사이클을 다룰 때에는 정량적인 면보다는 정성적인 면에 중점을 두어야 한다. 열기관에서 효율이 가장 좋은 이상 사이클은 카르노 사이클이지만 제작이 불가능하고, 현재 널리 사용되는 기본사이클은 오토, 디젤, 사바테, 브레이턴사이클(가스터빈의 이상사이클) 등이 있다.

## 2. 평균유효압력(mean effective pressure)

왕복동 엔진에서 평균유효압력(mep)은 동력행정 동안 일정한 압력이 피스톤에 작용했다고 가정하였을 때 실제 계산할 수 있는 압력으로 정의된다.

한 사이클 동안의 일＝평균유효압력($P_{mep}$)×피스톤의 면적(Area)×행정(Stroke)

$W_{net}$(실제 일량)＝$P_{mep}×A×S$

$\eta_{th}×q_H＝P_{mep}×\varDelta V＝P_{mep}(V_1-V_2)\Leftarrow PV＝$일

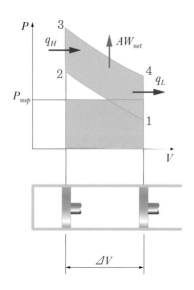

압력은 $P$ 1, 2, 3, 4와 같이 변화하지만 이것을 행정 중 일정한 압력 $P_{mep}$으로 작용하여 같은 양의 일을 한다고 가정할 때의 일정압력을 $P_{mep}$(이론평균유효압력)이라 한다.

① 도시평균 유효압력

피스톤 펌프손실일 $W_{pump}$ 가 있을 때 → 도시일 $W_i = W - W_{pump} = W_{net}$

$$P_{(mep)i}＝\frac{W-W_{pump}}{(V_1-V_2)}$$

여기서, $W_i$(도시일) → 피스톤 헤드상에서 얻어지는 일량

② 제동평균 유효압력

제동일 $W_b$, 제동평균유효압력 $P_{mb}$

$W_b＝P_{mb}(V_B-V_A)$

여기서, $W_b$(제동일) → 실제 일량은 베어링 마찰, 캠축의 구동 등의 손실일로 감소하게 되어 실제 사용할 수 있는 제동일

$W_b = W_i - W_f$(손실일)

③ 마찰평균 유효압력

마찰일을 $W_f$, 마찰평균유효압력 $P_{mf}$

$$W_f = P_{mf}(V_1 - V_2)$$

> **│참고**
>
> • **제동마력**(정미마력, 축마력, 유효마력, 순마력 : 크랭크축에 나타나는 마력)
>
> $$4행정사이클 = \frac{W_b}{75} = \frac{P_{mepb}\left(\dfrac{\pi d^2}{4}\right) \times l \times n \times Z}{2 \times 75 \times 60}$$
>
> 여기서, $n$ : 회전수, $z$ : 실린더 수
>
> $$\begin{pmatrix} 4행정사이클은 2회전 할 때 1번 동력전달 \\ (흡입, 압축) \to 1회전, (폭발, 배기) \to 1회전 \\ A \times l \times Z = V_s(행정 전체적) \end{pmatrix}$$

# 3. 오토사이클(otto cycle : 전기점화기관의 이상사이클, 정적사이클)

• 오토사이클은 가솔린 기관의 이상사이클이며, 전기점화 내연기관(spark ignition internal combustion engine)에 대한 이상사이클

• 열전달 과정(연소과정)이 정적과정에서 발생하므로 정적사이클

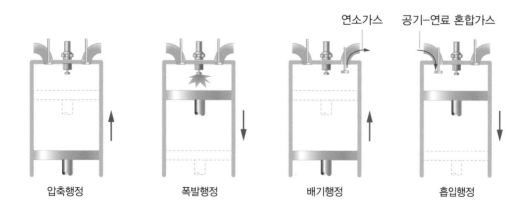

| 압축행정 | 폭발행정 | 배기행정 | 흡입행정 |

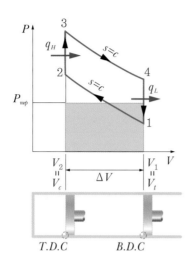

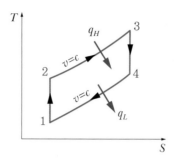

이상화된 밀폐사이클 → 질량유동이 없다.

단열압축−정적가열−단열팽창−정적방열

일정체적에서 열공급 → (간극(통극)체적에서

(연료+공기)의 혼합물에 점화)

$$\varepsilon : 압축비 = \frac{V_t}{V_c} = \frac{V_1}{V_2} = \frac{전체적}{간극(통극)체적}$$

(Ⅰ) 공급열량 $q_H = du + Pdv = C_v(T_3 - T_2) \ (\because dv = 0)$

(Ⅱ) 방출열량 $q_L = -C_v dT$

$$= -C_v(T_1 - T_4)$$

$$= C_v(T_4 - T_1)$$

(Ⅲ) 유효일 $w_{net} = q_H - q_L$

(Ⅳ) 열효율

$$\eta_{otto} = 1 - \frac{q_L}{q_H} = \frac{A w_{net}}{q_H} = 1 - \frac{C_v(T_4 - T_1)}{C_v(T_3 - T_2)}$$

$$\therefore \eta_{otto} = 1 - \frac{T_4 - T_1}{T_3 - T_2}$$

## (1) 오토사이클의 각 과정 해석

① 1→2 과정(단열압축)

$$\frac{T_2}{T_1} = \left(\frac{P_2}{P_1}\right)^{\frac{k-1}{k}} = \left(\frac{V_1}{V_2}\right)^{k-1}$$

$$\rightarrow T_2 = T_1 \left(\frac{V_1}{V_2}\right)^{k-1} \rightarrow \varepsilon = \frac{V_1}{V_2} 을 \ 대입하면 \ T_2 = T_1 \varepsilon^{k-1} \ \text{·····················} \ ⓐ$$

② 2→3 과정(정적연소)

$$\delta q = du + Pdv = C_v dT$$

$$q_H = C_v(T_3 - T_2) > 0 \,(흡열) \,\cdots\cdots\cdots\cdots\cdots\cdots\cdots\cdots\cdots\cdots\cdots \,ⓑ$$

③ 3→4 과정(단열팽창)

$$\frac{T_4}{T_3} = \left(\frac{V_3}{V_4}\right)^{k-1} = \left(\frac{P_4}{P_3}\right)^{\frac{k-1}{k}}$$

$$T_3 = T_4\left(\frac{V_3}{V_4}\right)^{-(k-1)} = T_4\left(\frac{V_4}{V_3}\right)^{k-1} = T_4\varepsilon^{k-1} \,\cdots\cdots\cdots\cdots\cdots \,ⓒ$$

$$\left(\because \frac{V_4}{V_3} = \frac{V_1}{V_2} = \varepsilon\right)$$

④ 4→1 과정(정적방열)

$$\delta q = du + Pdv$$

$$q_L = -C_v(T_1 - T_4) = C_v(T_4 - T_1) \,\cdots\cdots\cdots\cdots\cdots\cdots\cdots\cdots\cdots \,ⓓ$$

⑤ 열효율 $\eta_{otto} = 1 - \dfrac{T_4 - T_1}{T_3 - T_2} \leftarrow$ ⓐ와 ⓒ 대입

$$= 1 - \frac{T_4 - T_1}{T_4\varepsilon^{k-1} - T_1\varepsilon^{k-1}}$$

$$= 1 - \frac{T_4 - T_1}{(T_4 - T_1)\varepsilon^{k-1}}$$

$$\therefore \eta_{otto} = 1 - \frac{1}{\varepsilon^{k-1}} = 1 - \left(\frac{1}{\varepsilon}\right)^{k-1} \rightarrow 오토사이클\ 열효율은\ \varepsilon만의\ 함수$$

⑥ 평균유효압력($P_{mep} = P_m$)

$$w_{net} = P_m(v_1 - v_2) \rightarrow \eta_{otto} \cdot q_H = AP_m(v_1 - v_2)$$

$$P_m = \frac{w_{net}}{v_1 - v_2} = \frac{w_{net}}{v_1\left(1 - \dfrac{v_2}{v_1}\right)} = \frac{w_{net}}{\dfrac{RT_1}{P_1}\left(1 - \dfrac{1}{\varepsilon}\right)} = \frac{P_1 \cdot \varepsilon \cdot \eta_{otto} \cdot q_H}{ART_1(\varepsilon - 1)}$$

$$(\because w_{net} = q_H \cdot \eta_{otto}, \, A : 일의\ 열당량)$$

참고

• **열효율은 $\varepsilon$만의 함수** $\left(\varepsilon = \dfrac{V_1}{V_2} : 압축비\right)$

① $V_1 = C$이면서 $V_2$를 작게 하면 $\varepsilon$는 증가하나 불완전 연소하므로 노킹이 발생한다.

② $V_2 = C$이면서 $V_1$을 크게 하면 $\varepsilon$는 증가하나 엔진의 크기가 커져 단가와 경제적 비용이 많이 든다.

③ 평균유효압력이 낮으면 같은 출력일을 위해서 큰 피스톤의 변위가 필요하고 따라서 실제엔진에서는 많은 마찰손실이 있게 된다.

④ 이상연소(Knocking) 문제로 압축비의 크기는 제한된다.

⑤ $\varepsilon$를 증가시키면서 노킹을 억제하는 연료(테트라에틸납)를 첨가하거나, 노킹억제 특성이 우수한 무연휘발유를 사용한다.

⑥ 압축비를 높이면 연료가 스파크 점화 이전에 발화하는 경향이 있다.(preignition)

⑦ 발화 후 연료가 급속히 연소하여 실린더 내에 강한 압력파가 형성되어 스파크 노킹이 발생한다. 따라서 발화가 일어나지 않는 최대의 압력비는 정해져 있다.

---

**예제** 가솔린 기관의 압축비가 $\varepsilon = 13$일 때 1cycle당 가열량이 $q_H = 746\text{kcal/kg}$이라면 열효율과 평균유효압력(kPa)은?(단, $T_1 = 50℃$, $P_1 = 0.9\text{ata}$)

$$\eta_{otto} = 1 - \left(\frac{1}{\varepsilon}\right)^{k-1} = 1 - \left(\frac{1}{13}\right)^{1.4-1} = 0.6415 \times 100\% = 64.15\%$$

$$P_m = \frac{\varepsilon \cdot p_1 \eta_{otto} q_H}{ART_1(\varepsilon - 1)} = \frac{13 \times 0.9 \times 9.8 \times 10^4 \times 0.6415 \times 746}{\dfrac{1}{4,185.5} \times 287 \times (273 + 50) \times (13 - 1)}$$

$$= 2,064,567.6\text{N/m}^2 = 2,064.57\text{kPa}$$

$$(0.9\text{ata} = 0.9\text{kgf/cm}^2 = 0.9 \times 9.8 \times 10^4\text{N/m}^2)$$

---

참고

• **실제기관의 열효율이 공기 표준사이클 보다 낮은 중요한 원인**

① 실제기체의 비열은 온도가 상승함에 따라 증가

② 실린더 벽 및 피스톤을 통한 열전달

③ 불완전 연소 및 불꽃 전파기간 손실

④ 흡배기 밸브에서의 유체유동에 따르는 압력강하 및 소요일

⑤ 압력 및 온도구배로 인한 비가역 과정

⑥ 흡배기 시 일정량의 일을 필요, 불완전 연소가 가능

## 4. 디젤사이클(Disel cycle : 디젤기관의 이상사이클, 정압사이클)

연료분사장치

디젤엔진

- 열전달 과정 : 피스톤 내부의 압축된 공기가 압축 착화(자연발화)되는 압력에 도달할 때 연료분사
장치에서 연료를 분사해 열전달
- 열전달 과정이 정압연소과정이므로 정압사이클
- 열이 전달되면 기체가 팽창하므로 압력이 떨어지는데, 정압을 유지하기 위해 필요한 만큼만 연
료(열)가 공급된다.(아래 P–V 선도의 2→3 과정)
- (공기＋연료)인 오토사이클은 압축비를 크게 하는 것이 불가능하지만 공기만 압축하는 디젤사이
클은 압축비를 크게 하는 것이 가능하다.

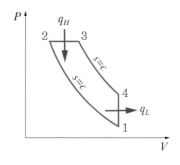
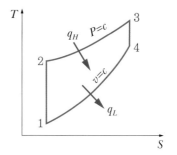

(Ⅰ) 공급열량(2→3 과정 : 정압가열)

$$\delta q = dh - vdP \,(\because dP = 0)$$

$$q_H = C_p(T_3 - T_2)$$

(Ⅱ) 방출열량(4→1 과정 : 정적방열)

$$\delta q = du + Pdv \,(\because dv = 0)$$

$$q_L = C_v(T_1 - T_4) \,(방열\,(-))$$

$$= -C_v(T_1 - T_4)$$

$$\therefore q_L = C_v(T_4 - T_1)$$

(Ⅲ) 열효율

$$\eta_{Disel} = 1 - \frac{q_L}{q_H}$$

$$= 1 - \frac{C_v(T_4-T_1)}{C_p(T_3-T_2)} = 1 - \frac{C_v(T_4-T_1)}{kC_v(T_3-T_2)}$$

$$= 1 - \frac{(T_4-T_1)}{k(T_3-T_2)} \quad \text{.................................................} \quad ⓐ$$

## (1) 디젤사이클의 각 과정 해석

### ① 1→2 과정(가역 단열압축)

$$\frac{T_2}{T_1} = \left(\frac{p_2}{p_1}\right)^{\frac{k-1}{k}} = \left(\frac{V_1}{V_2}\right)^{k-1}$$

$$T_2 = T_1\left(\frac{V_1}{V_2}\right)^{k-1} = T_1\varepsilon^{k-1} \quad \text{.......................................} \quad ⓑ$$

$$\frac{V_1}{V_2} = \frac{V_t}{V_c} : 압축비(\varepsilon)$$

### ② 2→3 과정(정압)

$$\frac{V_2}{T_2} = \frac{V_3}{T_3}$$

$$T_3 = T_2\frac{V_3}{V_2}$$

$$= T_2\sigma \leftarrow ⓑ식 대입$$

$$= T_1\varepsilon^{k-1}\sigma \quad \text{.........................................} \quad ⓒ$$

$$(단, \ \sigma = \frac{V_3}{V_2} : 연료차단비, \ 단절비, \ 체절비(cut \ off \ ratio))$$

$$q_H = h_3 - h_2 = C_p(T_3 - T_2) \quad \text{.........................................} \quad ⓓ$$

### ③ 3→4 과정(단열)

$$\frac{T_4}{T_3} = \left(\frac{V_3}{V_4}\right)^{k-1}$$

$$T_4 = T_3\left(\frac{V_3}{V_4}\right)^{k-1} = T_3\left(\frac{V_3}{V_2}\cdot\frac{V_2}{V_4}\right)^{k-1} = T_3\left(\sigma\cdot\frac{1}{\varepsilon}\right)^{k-1}$$

$$= T_3\sigma^{k-1}\frac{1}{\varepsilon^{k-1}} \leftarrow ⓒ식 대입$$

$$= T_1\sigma\cdot\varepsilon^{k-1}\sigma^{k-1}\frac{1}{\varepsilon^{k-1}}$$

$$= T_1\sigma^k \quad \text{.........................} \quad ⓔ$$

④ 4→1 과정(정적방열)

$$q_L = du + Pdv$$

$$q_L = C_v(T_1 - T_4)\,(\text{방열}\,(-))$$

$$\quad\, = C_v(T_4 - T_1)$$

⑤ 열효율

$$\eta_{Disel} = 1 - \frac{q_L}{q_H} = \frac{Aw_{net}}{q_H} = \frac{q_H - q_L}{q_H}$$

ⓐ식에서 $\eta_{Disel} = 1 - \dfrac{(T_4 - T_1)}{k(T_3 - T_2)}\left(k = \dfrac{C_p}{C_v},\, ⓑ,\, ⓒ,\, ⓔ\,\text{식 대입}\right)$

$$\qquad\qquad = 1 - \frac{1}{k}\left(\frac{T_1\sigma^k - T_1}{T_1\sigma\varepsilon^{k-1} - T_1\varepsilon^{k-1}}\right)$$

$$\qquad\qquad = 1 - \frac{1}{k}\frac{\sigma^k - 1}{\varepsilon^{k-1}(\sigma - 1)}$$

$$\therefore\ \eta_{Disel} = 1 - \left(\frac{1}{\varepsilon}\right)^{k-1}\cdot\frac{\sigma^k - 1}{k(\sigma - 1)}$$

$$\begin{cases}\varepsilon\ \text{증가} \to \eta_d\text{는 증가}\\ \sigma\ \text{증가} \to \eta_d\text{는 감소}\\ \sigma\ \text{감소} \to \eta_d\text{는 증가}\end{cases}$$

⑥ 평균유효압력$(P_{mep} = P_m)$

$$w_{net} = P_m \cdot (v_1 - v_2)$$

$$\eta_d \cdot q_H = P_m v_2\left(\frac{v_1}{v_2} - 1\right)\left(\text{여기서},\ \frac{v_1}{v_2} = \varepsilon\right)$$

$$P_m = \frac{\eta_d \cdot q_H}{v_2(\varepsilon - 1)} \times \frac{v_1}{v_1}$$

$$\quad\, = \frac{\eta_d \cdot q_H \cdot \varepsilon}{v_1(\varepsilon - 1)} \leftarrow v_1 = \frac{RT_1}{P_1}$$

$$\quad\, = \frac{\eta_d \cdot q_H \cdot \varepsilon P_1}{RT_1(\varepsilon - 1)}$$

$$\quad\, = \frac{q_H \cdot \varepsilon P_1}{RT_1(\varepsilon - 1)} \times \eta_d$$

$$\quad\, = \frac{C_p(T_3 - T_2)\varepsilon P_1}{(\varepsilon - 1)RT_1} \times \eta_d \leftarrow q_H = C_p(T_3 - T_2)$$

$$\quad\, = \frac{\dfrac{kR}{k-1}(T_3 - T_2)\varepsilon P_1}{(\varepsilon - 1)RT_1} \times \eta_d \leftarrow C_p = \frac{kR}{k-1}$$

$$= \frac{k(T_1\varepsilon^{k-1}\sigma - T_1\varepsilon^{k-1})\varepsilon P_1}{(k-1)(\varepsilon-1)\,T_1} \times \eta_d \leftarrow ⓑ, ⓒ 식 대입$$

$$= \frac{k\varepsilon^{k-1}(\sigma-1)\varepsilon P_1}{(k-1)(\varepsilon-1)}\eta_d$$

$$= \frac{k\varepsilon^k \cdot (\sigma-1)P_1}{(k-1)(\varepsilon-1)}\eta_d$$

## 5. 사바테 사이클

- 사바테 사이클(복합사이클) : 고속디젤 기관의 기본사이클 → 선박, 대형 중장비에 적용
- 열전달 과정이 정적 및 정압으로 연속해서 이루어지므로 이중연소사이클 또는 정적·정압사이클

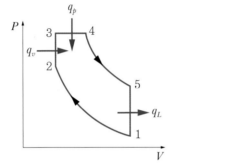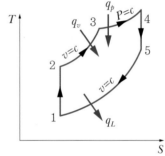

( I ) 공급열량(2→3 과정 : 정적가열( $q_v$ ), 3→4 과정 : 정압가열( $q_p$ ))

$$\delta q = du + Pdv = dh - vdP$$

$$q_H = q_v + q_p = C_v(T_3 - T_2) + C_p(T_4 - T_3)$$

( II ) 방출열량(5→1 과정 : 정적방열)

$$q_L = C_v(T_1 - T_5) < 0 \rightarrow 열부호 (-) 취하면 q_L = C_v(T_5 - T_1)$$

( III ) 유효일, 참일 $A\,W_{net} = q_H - q_L$

$$= C_v(T_3 - T_2) + C_p(T_4 - T_3) - C_v(T_5 - T_1)$$

( IV ) 열효율

$$\eta_{sa} = 1 - \frac{q_L}{q_H} = 1 - \frac{C_v(T_5 - T_1)}{C_v(T_3 - T_2) + C_p(T_4 - T_3)}$$

$$= 1 - \frac{T_5 - T_1}{T_3 - T_2 + k(T_4 - T_3)} \quad \cdots\cdots\cdots\cdots\cdots ⓐ$$

## (1) 사바테 사이클의 각 과정 해석

① 1→2 과정(단열)

$$\frac{T_2}{T_1} = \left(\frac{V_1}{V_2}\right)^{k-1} = T_2 = T_1\varepsilon^{k-1} \quad \cdots\cdots\cdots\cdots\cdots ⓑ \ (단, \ \varepsilon = \frac{V_1}{V_2} : 압축비)$$

② 2→3 과정(정적)

$$\frac{P_2}{T_2}=\frac{P_3}{T_3}$$

$$T_3=T_2\frac{P_3}{P_2}=T_2\cdot\rho=T_1\varepsilon^{k-1}\cdot\rho \quad\cdots\cdots\cdots\cdots\text{ⓒ} \left(\rho=\frac{P_3}{P_2}:\text{폭발비, ⓑ식 대입}\right)$$

③ 3→4 과정(정압)

$$\frac{V_3}{T_3}=\frac{V_4}{T_4}$$

$$T_4=T_3\frac{V_4}{V_3}=T_3\sigma=T_1\varepsilon^{k-1}\rho\cdot\sigma \quad\cdots\cdots\cdots\cdots\text{ⓓ} \left(\sigma=\frac{V_4}{V_3}(\text{체절비}:\text{연료차단비}),\text{ⓒ식 대입}\right)$$

④ 4→5 과정(단열)

$$\frac{T_5}{T_4}=\left(\frac{V_4}{V_5}\right)^{k-1}$$

$$T_5=T_4\left(\frac{V_4}{V_5}\right)^{k-1}=T_4\left(\frac{V_4}{V_3}\cdot\frac{V_3}{V_5}\right)^{k-1}=T_4\left(\sigma\cdot\frac{1}{\varepsilon}\right)^{k-1}$$

$$=T_4\frac{\sigma^{k-1}}{\varepsilon^{k-1}}\leftarrow\text{ⓓ식 대입}$$

$$=T_1\varepsilon^{k-1}\cdot\rho\cdot\sigma\cdot\frac{\sigma^{k-1}}{\varepsilon^{k-1}}$$

$$T_5=T_1\cdot\rho\cdot\sigma^k \quad\cdots\cdots\cdots\cdots\cdots\cdots\cdots\cdots\cdots\cdots\text{ⓔ}$$

⑤ 열효율

ⓐ식에서 $\eta_{sa}=1-\dfrac{q_L}{q_H}=1-\dfrac{C_v(T_5-T_1)}{C_v(T_3-T_2)+C_p(T_4-T_3)}$

$$=1-\frac{C_v(T_5-T_1)}{C_v(T_3-T_2)+kC_v(T_4-T_3)}$$

$$=1-\frac{T_5-T_1}{(T_3-T_2)+k(T_4-T_3)}\leftarrow\text{ⓑ, ⓒ, ⓓ, ⓔ식 대입}$$

$$=1-\frac{T_1\cdot\rho\sigma^k-T_1}{(T_1\varepsilon^{k-1}\cdot\rho-T_1\varepsilon^{k-1})+k(T_1\varepsilon^{k-1}\cdot\rho\cdot\sigma-T_1\varepsilon^{k-1}\rho)}$$

$$=1-\frac{1}{\varepsilon^{k-1}}\frac{\rho\cdot\sigma^k-1}{(\rho-1)+k\rho(\sigma-1)}$$

$$\therefore\eta_{sa}=1-\left(\frac{1}{\varepsilon}\right)^{k-1}\cdot\frac{\rho\cdot\sigma^k-1}{(\rho-1)+k\rho(\sigma-1)}$$

$$\begin{cases}\rho\text{ 증가}\rightarrow\text{효율 증가}\\\varepsilon\text{ 증가}\rightarrow\text{효율 증가}\\\sigma\text{ 감소}\rightarrow\text{효율 증가}\end{cases}$$

**363**

⑥ 평균유효압력($P_{mep}$)

$$Aw_{net} = P_{mep}(v_1 - v_2) = \eta_{sa} \cdot q_H$$

$$\eta_{sa} = \frac{Aw_{net}}{q_H}$$

$$\therefore P_{mep} = \frac{\eta_{sa} q_H}{A(v_1 - v_2)} = \frac{\eta_{sa} q_H}{Av_2\left(\dfrac{v_1}{v_2} - 1\right)} \times \frac{v_1}{v_1}$$

$$= \frac{\eta_{sa} \cdot q_H \cdot \varepsilon P_1}{A(\varepsilon - 1)RT_1} \leftarrow \frac{v_1}{v_2} = \varepsilon, \; v_1 = \frac{RT_1}{P_1}$$

$$= \frac{q_H P_1}{ART_1} \frac{\varepsilon}{(\varepsilon - 1)} \left\{ 1 - \frac{1}{\varepsilon^{k-1}} \frac{\rho \sigma^k - 1}{(\rho - 1) + k\rho(\sigma - 1)} \right\}$$

# 6. 내연기관에서 각 사이클 비교

## (1) 압축비

$\left( \varepsilon = \dfrac{V_t}{V_c} = \dfrac{전체적}{간극체적} \right)$를 같게 하고 가열량이 같을 때(즉, 입력이 모두 같다.)

$$\eta = \frac{출력}{입력}$$

출력 : 선도 내부면적 $AW_{net}$ 이 클수록 효율이 커진다.

실린더의 행정체적, 간극체적비를 같게 할 때$\left( \dfrac{V_t}{V_c} = \varepsilon \,(압축비)\, 가\, 일정할\, 때 \right)$

$\eta_{otto}$ 압축비는 제한되어 있다. → 자동차(가솔린)

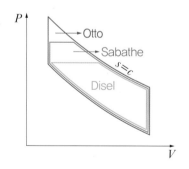
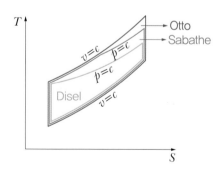

$$\therefore \eta_o > \eta_{sa} > \eta_d$$

## (2) 최고압력은 같게 하고 가열량이 같을 경우 열효율

자연발화온도까지 올릴 수 있는 최고압력을 같게 할 때 효율 최대 → 디젤기관

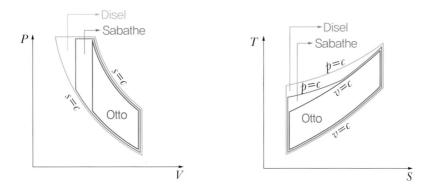

$$\therefore \eta_d > \eta_{sa} > \eta_o$$

# 7. 브레이턴 사이클(가스터빈의 이상사이클)

- 두 개의 정압과정과 두 개의 단열과정으로 구성
  - → 작업유체가 응축되면 → 랭킨사이클
  - → 작업유체가 응축되지 않고 항상 기체 → 브레이턴 사이클
- 항공기, 자동차, 발전용 · 선박용 기관에 주로 쓰임
- 피스톤이 아니므로 압축비가 나오지 않고 압력 상승비가 나옴
- 브레이턴 사이클로 운전되는 가스터빈은 개방사이클

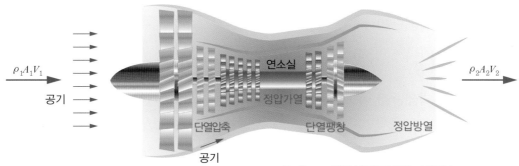

*ByPass* : 엔진 냉각(공냉식), 소음감소

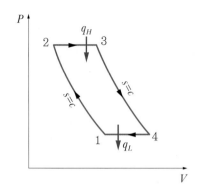
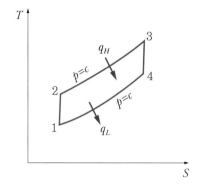

압력비가 증가하면 효율증가(압력상승비)

(Ⅰ) 공급열량(2→3 과정 : 정압연소)

$$\delta q = dh - vdP$$

$$q_H = C_p(T_3 - T_2) \leftarrow \mathrm{T-S} \text{ 그래프에서}$$

(Ⅱ) 방출열량(4→1 과정 : 정압방열)

$$q_L = C_p(T_4 - T_1)$$

(Ⅲ) 유효일

$$AW_{net} = q_H - q_L$$

(Ⅳ) 열효율

$$\eta_{Bray} = \frac{Aw_{net}}{q_H} = \frac{q_H - q_L}{q_H} = 1 - \frac{q_L}{q_H} = 1 - \frac{C_p(T_4 - T_1)}{C_p(T_3 - T_2)}$$

$$= 1 - \frac{T_4 - T_1}{T_3 - T_2} \cdots\cdots\cdots\cdots\cdots\cdots\cdots\cdots\cdots\cdots\cdots\cdots\cdots\cdots\cdots\cdots\cdots\cdots\cdots\cdots\cdots\cdots \text{ⓐ}$$

## (1) 브레이턴 사이클의 각 과정 해석

① 1→2 과정(단열)

$$\frac{T_2}{T_1} = \left(\frac{P_2}{P_1}\right)^{\frac{k-1}{k}} = \gamma^{\frac{k-1}{k}} \rightarrow T_2 = T_1 \gamma^{\frac{k-1}{k}} \left(\because \text{압력상승비} : \gamma = \frac{P_2}{P_1}\right) \cdots\cdots\cdots \text{ⓑ}$$

② 3→4 과정(단열)

$$\frac{T_3}{T_4} = \left(\frac{P_3}{P_4}\right)^{\frac{k-1}{k}} = \gamma^{\frac{k-1}{k}} \rightarrow T_3 = T_4 \gamma^{\frac{k-1}{k}} \left(\because \frac{P_3}{P_4} = \frac{P_2}{P_1}\right) \cdots\cdots\cdots \text{ⓒ}$$

③ 열효율

ⓐ식에서 $\eta_{Bray} = 1 - \dfrac{T_4 - T_1}{T_3 - T_2}$

$= 1 - \dfrac{T_4 - T_1}{T_4 \gamma^{\frac{k-1}{k}} - T_1 \gamma^{\frac{k-1}{k}}}$ ← ⓑ, ⓒ식 대입

$= 1 - \dfrac{1}{\gamma^{\frac{k-1}{k}}}$

$= 1 - \left(\dfrac{1}{\gamma}\right)^{\frac{k-1}{k}}$

> **예제** 가스터빈 사이클의 압력비가 10일 때 작업유체가 공기이고 이 이상사이클은 브레이턴 사이클이라면 열효율은? 또 연소 방출공기의 온도가 영하 10℃일 때 연소가스의 최고온도는?
>
> $\eta_B = 1 - \left(\dfrac{1}{\gamma}\right)^{\frac{k-1}{k}} = 1 - \left(\dfrac{1}{10}\right)^{\frac{0.4}{1.4}} = 0.482 \times 100\% = 48.2\%$
>
> $T_3 = T_4 \left(\dfrac{P_3}{P_4}\right)^{\frac{k-1}{k}}$ ← $\left(\dfrac{P_3}{P_4} = \dfrac{P_2}{P_1}\right) = \gamma$
>
> $= T_4 (\gamma)^{\frac{k-1}{k}}$
>
> $= (-10 + 273.15)(10)^{\frac{0.4}{1.4}} = 508.06K$

## (2) 압축기의 효율과 터빈효율

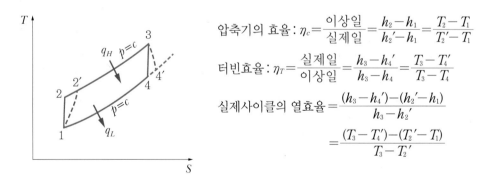

압축기의 효율 : $\eta_c = \dfrac{\text{이상일}}{\text{실제일}} = \dfrac{h_2 - h_1}{h_2{'} - h_1} = \dfrac{T_2 - T_1}{T_2{'} - T_1}$

터빈효율 : $\eta_T = \dfrac{\text{실제일}}{\text{이상일}} = \dfrac{h_3 - h_4{'}}{h_3 - h_4} = \dfrac{T_3 - T_4{'}}{T_3 - T_4}$

실제사이클의 열효율 $= \dfrac{(h_3 - h_4{'}) - (h_2{'} - h_1)}{h_3 - h_2{'}}$

$= \dfrac{(T_3 - T_4{'}) - (T_2{'} - T_1)}{T_3 - T_2{'}}$

**참고**

압축기와 터빈은 개방계이므로 공업일 $\delta w_t = -vdP$에서 (−) 일부호로 $\delta w_t = \delta w_c = vdP$로 정의되며 $\delta q = dh - vdP$에서 단열이므로 $vdP = dh$ 공업일의 양은 엔탈피 차이로 나타난다.

## 8. 에릭슨 사이클(ericsson cycle)

두 개의 등온과정과 두 개의 정압과정으로 구성

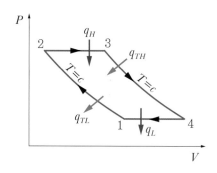 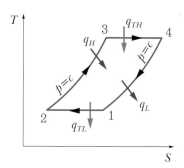

## 9. 스털링 사이클(stirling cycle)

역스털링 사이클은 극저온용의 기체 냉동기 기준사이클(냉매는 헬륨)

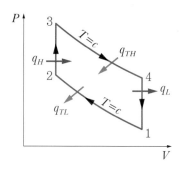 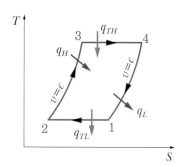

- 등온방열 → 정적가열 → 등온팽창 → 정적방열
- 두 개의 정적 열전달 과정을 포함하고 있으므로 사이클 동안 체적의 변화를 최소로 유지할 수 있다. 따라서 실린더-피스톤에 의한 경계 이동일을 하는 기기에 적합하며 높은 평균유효 온도를 가져야 한다.
- 스털링 사이클 엔진은 최근에 재생기를 가진 외연기관으로 개발되고 있다.
- 모든 열이 등온으로 공급되거나 방출되므로 사이클 효율은 같은 온도 사이에 작동하는 카르노 사이클의 효율과 같다.

# 핵심 기출 문제

**01** 다음 그림과 같은 오토 사이클의 효율(%)은?(단, $T_1 = 300\text{K}$, $T_2 = 689\text{K}$, $T_3 = 2,364\text{K}$, $T_4 = 1,029\text{K}$ 이고, 정적비열은 일정하다.)

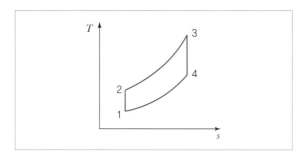

① 42.5

② 48.5

③ 56.5

④ 62.5

**해설 ⊕** - - - - - - - - - - - - - - - - - - - - - - - - -

열전달과정이 정적과정이므로

$$\delta q = du + pdv = C_v dT \ (\because dv = 0) \rightarrow {}_1q_2 = \int_1^2 C_v dT$$

$$\eta_0 = \frac{q_H - q_L}{q_H} = 1 - \frac{q_L}{q_H} = 1 - \frac{C_v(T_4 - T_1)}{C_v(T_3 - T_2)}$$

$$= 1 - \frac{(1,029 - 300)}{(2,364 - 689)} = 0.5648 = 56.48\%$$

**02** 다음은 오토(Otto) 사이클의 온도 – 엔트로피($T - S$) 선도이다. 이 사이클의 열효율을 온도를 이용하여 나타낼 때 옳은 것은?(단, 공기의 비열은 일정한 것으로 본다.)

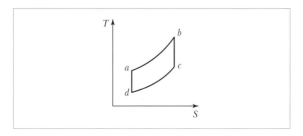

① $1 - \dfrac{T_c - T_d}{T_b - T_a}$

② $1 - \dfrac{T_b - T_a}{T_c - T_d}$

③ $1 - \dfrac{T_a - T_d}{T_b - T_c}$

④ $1 - \dfrac{T_b - T_c}{T_a - T_d}$

**해설 ⊕** - - - - - - - - - - - - - - - - - - - - - - - - -

열전달과정이 정적과정이므로

$$\delta q = du + pdv = C_v dT \ (\because dv = 0) \rightarrow {}_1q_2 = \int_1^2 C_v dT$$

$$\eta_0 = \frac{q_H - q_L}{q_H} = 1 - \frac{q_L}{q_H} = 1 - \frac{C_v(T_c - T_d)}{C_v(T_b - T_a)}$$

$$= 1 - \frac{(T_c - T_d)}{(T_b - T_a)}$$

**03** 오토 사이클의 효율이 55%일 때 101.3kPa, 20℃의 공기가 압축되는 압축비는 얼마인가?(단, 공기의 비열비는 1.4이다.)

① 5.28

② 6.32

③ 7.36

④ 8.18

**해설 ⊕** - - - - - - - - - - - - - - - - - - - - - - - - -

오토 사이클 효율 $\eta_0 = 1 - \left(\dfrac{1}{\varepsilon}\right)^{k-1}$ 에서

$$0.55 = 1 - \left(\frac{1}{\varepsilon}\right)^{1.4-1} = 1 - \left(\frac{1}{\varepsilon}\right)^{0.4}$$

$$\therefore \varepsilon^{-0.4} = 1 - 0.55 = 0.45$$

압축비 $\varepsilon = (0.45)^{-\frac{1}{0.4}} = 7.36$

**04** 이상적인 디젤 기관의 압축비가 16일 때 압축 전의 공기 온도가 90℃라면 압축 후의 공기 온도(℃)는 얼마인가?(단, 공기의 비열비는 1.4이다.)

① 1,101.9　　　　② 718.7
③ 808.2　　　　④ 827.4

**해설 ➕**

단열과정의 온도, 압력, 체적 간의 관계식에서

$$\frac{T_2}{T_1} = \left(\frac{V_1}{V_2}\right)^{k-1}$$

$V_1 = V_t,\ V_2 = V_c$ 이므로

$$\frac{T_2}{T_1} = \left(\frac{V_t}{V_c}\right)^{k-1} = (\varepsilon)^{k-1}\ \left(\because \frac{V_t}{V_c} = \varepsilon\ (압축비)\right)$$

$$\therefore\ T_2 = T_1(\varepsilon)^{k-1}$$

$$= (90+273) \times (16)^{1.4-1} = 1,100.41\text{K}$$

$$T_2 = 1,100.41 - 273 = 827.41℃$$

**05** 2개의 정적 과정과 2개의 등온과정으로 구성된 동력 사이클은?

① 브레이턴(Brayton) 사이클
② 에릭슨(Ericsson) 사이클
③ 스털링(Stirling) 사이클
④ 오토(Otto) 사이클

**해설 ➕**

스털링 사이클

등온방열 → 정적가열 → 등온팽창 → 정적방열

**06** 이상적인 복합 사이클(사바테 사이클)에서 압축비는 16, 최고압력비(압력상승비)는 2.3, 체절비는 1.6이고, 공기의 비열비는 1.4일 때 이 사이클의 효율은 약 몇 %인가?

① 55.52　　　　② 58.41
③ 61.54　　　　④ 64.88

**해설 ➕**

$$\eta_{Sa} = 1 - \left(\frac{1}{\varepsilon}\right)^{k-1} \cdot \frac{\rho\sigma^k - 1}{(\rho-1) + k\rho(\sigma-1)}$$

$$= 1 - \left(\frac{1}{16}\right)^{1.4-1} \cdot \frac{2.3 \times 1.6^{1.4} - 1}{(2.3-1) + 1.4 \times 2.3 \times (1.6-1)}$$

$$= 0.6488 = 64.88\%$$

**07** 어떤 기체 동력장치가 이상적인 브레이턴 사이클로 다음과 같이 작동할 때 이 사이클의 열효율은 약 몇 %인가?(단, 온도($T$)–엔트로피($S$) 선도에서 $T_1 = 30℃$, $T_2 = 200℃$, $T_3 = 1,060℃$, $T_4 = 160℃$이다.)

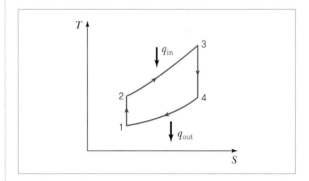

① 81%　　　　② 85%
③ 89%　　　　④ 92%

**해설 ➕**

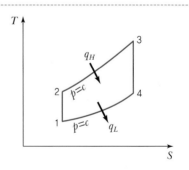

$$\eta = 1 - \frac{q_L}{q_H} = 1 - \frac{q_{out}}{q_{in}}$$

$$(\delta q = dh - vdp^{\nearrow 0}\ (정압과정)) = C_p dT)$$

$$\eta = 1 - \frac{C_p(T_4 - T_1)}{C_p(T_3 - T_2)}$$
$$= 1 - \frac{T_4 - T_1}{T_3 - T_2}$$
$$= 1 - \frac{(160 - 30)}{(1,060 - 200)} = 0.8488 = 84.88\%$$

**08** 다음 중 브레이턴 사이클의 과정으로 옳은 것은?

① 단열 압축 → 정적 가열 → 단열 팽창 → 정적 방열
② 단열 압축 → 정압 가열 → 단열 팽창 → 정적 방열
③ 단열 압축 → 정적 가열 → 단열 팽창 → 정압 방열
④ 단열 압축 → 정압 가열 → 단열 팽창 → 정압 방열

**해설⊕**

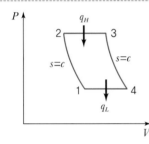

브레이턴 사이클은 가스터빈의 이상사이클로 두 개의 정압과 정과 두 개의 단열과정으로 이루어져 있다.

**09** 최고온도 1,300K와 최저온도 300K 사이에서 작동하는 공기표준 Brayton 사이클의 열효율(%)은?(단, 압력비는 9, 공기의 비열비는 1.4이다.)

① 30.4  ② 36.5
③ 42.1  ④ 46.6

**해설⊕**

$$\eta = 1 - \left(\frac{1}{\gamma}\right)^{\frac{k-1}{k}} = 1 - \left(\frac{1}{9}\right)^{\frac{0.4}{1.4}}$$
$$= 0.466 = 46.6\%$$

**10** 그림과 같은 공기표준 브레이턴(Brayton) 사이클에서 작동유체 1kg당 터빈 일(kJ/kg)은?(단, $T_1 = 300$K, $T_2 = 475.1$K, $T_3 = 1,100$K, $T_4 = 694.5$K이고 공기의 정압비열과 정적비열은 각각 1.0035kJ/kg · K, 0.7165kJ/kg · K이다.)

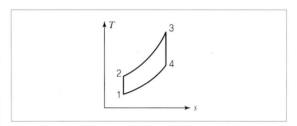

① 290  ② 407
③ 448  ④ 627

**해설⊕**

단열팽창하는 공업일이 터빈 일이므로

$$\cancel{\delta q}^{0} = dh - vdp$$
$$0 = dh - vdp$$

여기서, $\delta w_T = -vdp = -dh$ (3 → 4 과정)

$$\therefore {}_3w_{T4} = \int -C_p dT$$
$$= -C_p(T_4 - T_3)$$
$$= C_p(T_3 - T_4)$$
$$= 1.0035 \times (1,100 - 694.5)$$
$$= 406.92 \text{kJ/kg}$$

# CHAPTER 09 냉동사이클

## 1. 냉동사이클의 개요

- 냉동(Refrigeration) : 냉매(작업유체)가 저온체로부터 열을 흡수하여 고온체로 열을 방출시키면서 저온을 유지하는 것을 냉동이라 한다.
- 냉매 : 프레온, 암모니아, 탄산가스(작업물질 : 동작물질)

① **냉동효과** : 저온체에서 흡수하는 열량(증발기에서 기화하면서 $Q_L$(냉장실)로부터 냉매가 빼앗는 열량) → $q_L$ : kcal/kg(증발기에서 냉매 1kg이 흡수한 열량)

성적계수 $\varepsilon_R = \dfrac{Q_L}{Aw_{입력}} = \dfrac{Q_L}{Aw_c} = \dfrac{Q_L}{Q_H - Q_L} = \dfrac{T_L}{T_H - T_L}$

$\varepsilon_{열펌프} = \dfrac{Q_H}{Aw_C(입력)} = \dfrac{Q_H}{Aw_c} = \dfrac{Q_H}{Q_H - Q_L} = \dfrac{T_H}{T_H - T_L} = 1 + \varepsilon_R$

② **냉동능력** : 냉매가 한 시간 동안 저온체로부터 흡수한 열량(kcal/h)
  (증발기에서 냉매가 1시간당 흡수한 열량)

③ **체적냉동효과** : 증발기를 빠져나간 냉매가 단위체적당 흡수한 열량(kcal/m³)

④ **냉동톤** : 하루(1일)에 1톤(1,000kg)의 0℃ 순수 물을 0℃ 얼음으로 만드는 데 필요한 냉동능력
  - $1RT = \dfrac{1,000kg}{24h} \times 79.68kcal/kg = 3,320kcal/h$
  - $1RT(us) = \dfrac{2,000lb \times 0.4536kg/lb}{24} \times 79.68 = 3,012kcal/h$

## 2. 증기압축 냉동사이클

- **냉동사이클** : 저압상태에서 약간 과열된 냉매 증기가 압축기에 유입되어 압축된 후 고온고압의
냉매가 증기상태로 압축기를 나와 응축기에 유입된다. 응축기에서 냉매는 냉각수나 대기 중으로
열을 빼앗겨서 응축하게 되며 고압의 액체상태로 응축기를 나온다. 응축기를 나온 액체상태의
냉매는 팽창 밸브(교축밸브)를 지나는 동안 압력이 강하하여 일부는 저온저압의 증기가 되고 나
머지는 저온저압상태의 액체로 남게 된다. 남은 액체는 증발기를 지나는 동안 냉동실로부터 열
을 흡수하여 증발하게 된다.

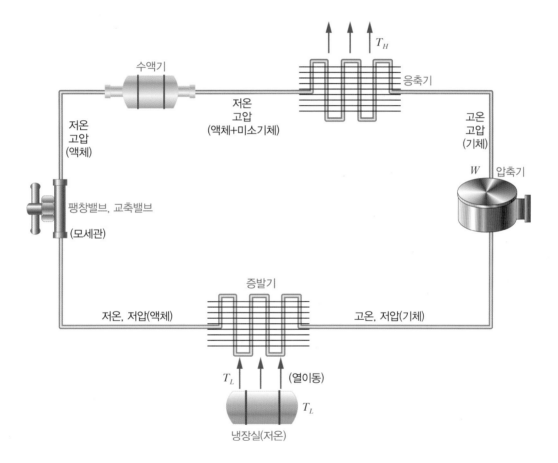

• **증발기** : 작업유체(냉매)가 열을 흡수하지만 습증기 상태에서 포화증기까지 가는 과정이므로 등온이면서 정압과정이다.

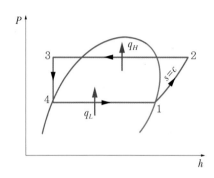

## (1) 냉동사이클의 각 과정 해석

$$q_{c.v} + h_i = h_e + w_{c.v}$$

① 1→2 과정(단열압축)

$$q_{\cancel{c.v}}^{0} + h_i = h_e + w_{c.v}$$

$$w_{c.v} = h_i - h_e < 0 \ (받는 일(-))$$

$$= h_e - h_i > 0$$

$$\therefore w_c = h_2 - h_1$$

② 2→3 과정(정압방열 : 열교환기 일 못함)

$$q_{c.v} + h_i = h_e + w_{\cancel{c.v}}^{0}$$

$$q_{c.v} = h_e - h_i < 0 (방열(-))$$

$$= h_i - h_e > 0$$

$$\therefore q_H = h_2 - h_3$$

③ 3→4 과정(교축과정, 팽창과정(expansion process))

$$h = c \rightarrow h_3 = h_4 : 등엔탈피 과정$$

④ 4→1 과정(정압(등온)흡열 : $q_L$)

$$q_L = h_1 - h_4 \leftarrow 냉동효과(\text{kcal/kg})$$

⑤ 냉동사이클의 성적계수($\varepsilon_R$)

$$\varepsilon_R = \frac{q_L}{w_c} = \frac{h_1 - h_4}{h_2 - h_1} = \frac{h_1 - h_3}{h_2 - h_1} = \frac{q_L}{q_H - q_L} (수식 동일)$$

## 3. 역카르노 사이클

- 카르노 사이클을 역방향으로 과정을 구성하여 냉동사이클을 만듦
- 단열팽창 → 등온팽창(등온흡열) → 단열압축 → 등온압축(등온방열)

### (1) 냉동기 성적계수($\varepsilon_R$)

$$\varepsilon_R = \frac{q_L}{Aw_c} = \frac{q_L}{q_H - q_L} = \frac{T_L(S_3 - S_2)}{T_H(S_4 - S_1) - T_L(S_3 - S_2)} = \frac{T_L}{T_H - T_L} \ (\because \Delta S \ \text{동일})$$

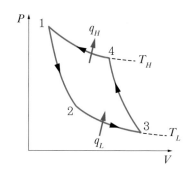 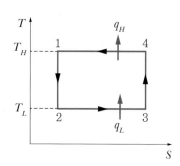

### (2) 열펌프의 성적계수($\varepsilon_H$)

$$\varepsilon_H = \frac{q_H}{Aw_c} = \frac{q_H}{q_H - q_L} = \frac{T_H(S_4 - S_1)}{T_H(S_4 - S_1) - T_L(S_3 - S_2)} = \frac{T_H}{T_H - T_L} \ (\because \Delta S \ \text{동일})$$

## 4. 역브레이턴 사이클(공기냉동기의 표준사이클)

- 공기를 냉매로 하는 공기냉동기의 표준사이클이며 공기의 상변화가 없는 가스사이클이다.
- 단열팽창 → 정압팽창(정압흡열) → 단열압축 → 정압압축(정압방열)

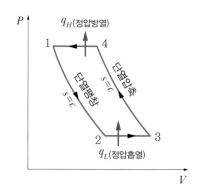 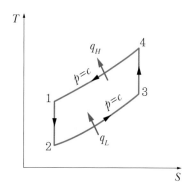

## (1) 성적계수($\varepsilon_{Bray}$)

$$\varepsilon_{Bray} = \frac{q_L}{Aw_c} = \frac{q_L}{q_H - q_L}$$

$$= \frac{C_p(T_3 - T_2)}{C_p(T_4 - T_1) - C_p(T_3 - T_2)} = \frac{T_3 - T_2}{(T_4 - T_1) - (T_3 - T_2)}$$

$$= \frac{1}{\dfrac{T_4 - T_1}{T_3 - T_2} - 1} \quad \cdots\cdots\cdots\cdots\cdots\cdots\cdots\cdots\cdots\cdots\cdots\cdots\cdots\cdots\cdots\cdots \text{ⓐ}$$

$1 \rightarrow 2$ 과정(단열)

$$\frac{T_2}{T_1} = \left(\frac{P_2}{P_1}\right)^{\frac{k-1}{k}} \rightarrow T_2 = T_1\left(\frac{P_2}{P_1}\right)^{\frac{k-1}{k}} \quad \cdots\cdots\cdots\cdots\cdots\cdots\cdots\cdots\cdots\cdots \text{ⓑ}$$

$3 \rightarrow 4$ 과정(단열)

$$\frac{T_4}{T_3} = \left(\frac{P_4}{P_3}\right)^{\frac{k-1}{k}} = \left(\frac{P_1}{P_2}\right)^{\frac{k-1}{k}} \rightarrow T_3 = T_4 \cdot \left(\frac{P_2}{P_1}\right)^{\frac{k-1}{k}} \quad \cdots\cdots\cdots\cdots \text{ⓒ}$$

ⓐ식에 ⓑ, ⓒ식을 대입하면

$$\varepsilon_{Bray} = \frac{1}{\dfrac{T_4 - T_1}{T_4\left(\dfrac{P_2}{P_1}\right)^{\frac{k-1}{k}} - T_1\left(\dfrac{P_2}{P_1}\right)^{\frac{k-1}{k}}} - 1} = \frac{1}{\dfrac{1}{\left(\dfrac{P_2}{P_1}\right)^{\frac{k-1}{k}}} - 1}$$

$$= \frac{1}{\dfrac{T_1}{T_2} - 1} = \frac{1}{\dfrac{T_1 - T_2}{T_2}}$$

$$= \frac{T_2}{T_1 - T_2}$$

# 핵심 기출 문제

**01** 냉매로서 갖추어야 될 요구 조건으로 적합하지 않은 것은?

① 불활성이고 안정하며 비가연성이어야 한다.
② 비체적이 커야 한다.
③ 증발 온도에서 높은 잠열을 가져야 한다.
④ 열전도율이 커야 한다.

**해설⊕**

냉매의 요구조건
• 냉매의 비체적이 작을 것
• 불활성이고 안정성이 있을 것
• 비가연성일 것
• 냉매의 증발잠열이 클 것
• 열전도율이 클 것

**02** 이상적인 냉동사이클에서 응축기 온도가 30℃, 증발기 온도가 −10℃일 때 성적 계수는?

① 4.6          ② 5.2
③ 6.6          ④ 7.5

**해설⊕**

$$\varepsilon_R = \frac{T_L}{T_H - T_L}$$
$$= \frac{(-10 + 273)}{(30 + 273) - (-10 + 273)}$$
$$= 6.58$$

**03** 성능계수가 3.2인 냉동기가 시간당 20MJ의 열을 흡수한다면 이 냉동기의 소비동력(kW)은?

① 2.25         ② 1.74
③ 2.85         ④ 1.45

**해설⊕**

시간당 증발기가 흡수한 열량 $\dot{Q}_L = 20 \times 10^6 \text{J/h}$

$$\varepsilon_R = \frac{\dot{Q}_L}{\dot{W}_C} \text{에서}$$

$$\dot{W}_C = \frac{\dot{Q}_L}{\varepsilon_R} = \frac{20 \times 10^3 \dfrac{\text{kJ}}{\text{h}} \times \dfrac{1\text{h}}{3{,}600\text{s}}}{3.2} = 1.74\text{kW}$$

**04** 카르노 냉동기에서 흡열부와 방열부의 온도가 각각 −20℃와 30℃인 경우, 이 냉동기에 40kW의 동력을 투입하면 냉동기가 흡수하는 열량(RT)은 얼마인가? (단, 1RT=3.86kW이다.)

① 23.62        ② 52.48
③ 78.36        ④ 126.48

**해설⊕**

i) $T_H = 30 + 273 = 303\text{K}$, $T_L = 20 + 273 = 253\text{K}$

$$\varepsilon_R = \frac{Q_L}{Q_H - Q_L} = \frac{T_L}{T_H - T_L} = \frac{253}{303 - 253} = 5.06$$

ii) $\varepsilon_R = \dfrac{\text{output}}{\text{input}} = \dfrac{Q_L}{40\text{kW}}$

$$\therefore Q_L = \varepsilon_R \times 40\text{kW} = 5.06 \times 40 = 202.4\text{kW}$$

단위환산하면 $202.4\text{kW} \times \dfrac{1\text{RT}}{3.86\text{kW}} = 52.44\text{RT}$

**05** 고온 열원($T_1$)과 저온열원($T_2$) 사이에서 작동하는 역카르노 사이클에 의한 열펌프(Heat Pump)의 성능계수는?

① $\dfrac{T_1 - T_2}{T_1}$          ② $\dfrac{T_2}{T_1 - T_2}$

③ $\dfrac{T_1}{T_1 - T_2}$          ④ $\dfrac{T_1 - T_2}{T_2}$

**정답**   **01** ②   **02** ③   **03** ②   **04** ②   **05** ③

해설⊕-----

$$\varepsilon_h = \frac{T_H}{T_H - T_L} = \frac{T_1}{T_1 - T_2}$$

**06** R-12를 작동 유체로 사용하는 이상적인 증기압축 냉동 사이클이 있다. 여기서 증발기 출구 엔탈피는 229kJ/kg, 팽창밸브 출구엔탈피는 81kJ/kg, 응축기 입구 엔탈피는 255kJ/kg일 때 이 냉동기의 성적계수는 약 얼마인가?

① 4.1　　　　　　② 4.9

③ 5.7　　　　　　④ 6.8

해설⊕-----

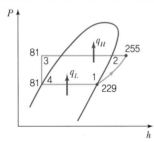

열 출입과정이 정압이면서 등온과정이므로 열량은 엔탈피 차로 나온다.

$$\varepsilon_R = \frac{q_L}{q_H - q_L} = \frac{(229 - 81)}{(255 - 81) - (229 - 81)} = 5.69$$

**07** 100℃와 50℃ 사이에서 작동하는 냉동기로 가능한 최대성능계수(COP)는 약 얼마인가?

① 7.46　　　　　　② 2.54

③ 4.25　　　　　　④ 6.46

해설⊕-----

두 개의 열원 사이에 작동하는 최대성능의 냉동기는 역카르노사이클(열량이 온도만의 함수)이므로

$$\text{COP} = \frac{q_L}{q_H - q_L} = \frac{T_L}{T_H - T_L} = \frac{323}{373 - 323} = 6.46$$

**08** 그림의 증기압축 냉동사이클(온도($T$)-엔트로피($s$) 선도)이 열펌프로 사용될 때의 성능계수는 냉동기로 사용될 때의 성능계수의 몇 배인가?(단, 각 지점에서의 엔탈피는 $h_1 = 180$kJ/kg, $h_2 = 210$kJ/kg, $h_3 = h_4 = 50$kJ/kg이다.)

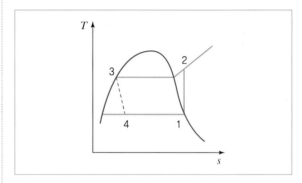

① 0.81　　　　　　② 1.23

③ 1.63　　　　　　④ 2.12

해설⊕-----

$P-h$선도를 그려 비엔탈피 값을 적용해 해석해 보면

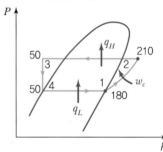

ⅰ) 열펌프의 성적계수

$$\varepsilon_h = \frac{q_H}{q_H - q_L} = \frac{q_H}{w_C} = \frac{h_2 - h_3}{h_2 - h_1} = \frac{210 - 50}{210 - 180} = 5.33$$

ⅱ) 냉동기의 성적계수

$$\varepsilon_R = \frac{q_L}{q_H - q_L} = \frac{q_L}{w_C} = \frac{h_1 - h_4}{h_2 - h_1} = \frac{180 - 50}{210 - 180} = 4.33$$

$$\therefore \ \frac{\varepsilon_h}{\varepsilon_R} = \frac{5.33}{4.33} = 1.23$$

**09** 압축기 입구 온도가 −10℃, 압축기 출구 온도가 100℃, 팽창기 입구 온도가 5℃, 팽창기 출구 온도가 −75℃로 작동되는 공기 냉동기의 성능계수는?(단, 공기의 $C_p$는 1.0035kJ/kg · ℃로서 일정하다.)

① 0.56    ② 2.17
③ 2.34    ④ 3.17

**해설⊕**
공기 냉동기의 표준 사이클인 역브레이턴 사이클에서 성적계수

$$\varepsilon_R = \frac{q_L}{q_H - q_L}$$

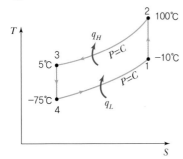

$$\delta q = dh - v d\cancel{P}^{\,0}$$

$C_p dT$와 $T-S$선도에서 $C_p(T_H - T_L)$ 적용

ⅰ) 방열량 $q_H = C_p(T_2 - T_3)$
ⅱ) 흡열량 $q_L = C_p(T_1 - T_4)$

$$\therefore \varepsilon_R = \frac{C_p(T_1 - T_4)}{C_p(T_2 - T_3) - C_p(T_1 - T_4)}$$

$$= \frac{T_1 - T_4}{(T_2 - T_3) - (T_1 - T_4)}$$

$$= \frac{(-10 - (-75))}{(100 - 5) - (-10 - (-75))} = 2.167$$

**10** 역카르노사이클로 작동하는 증기압축 냉동사이클에서 고열원의 절대온도를 $T_H$, 저열원의 절대온도를 $T_L$이라 할 때, $\dfrac{T_H}{T_L} = 1.6$이다. 이 냉동사이클이 저열원으로부터 2.0kW의 열을 흡수한다면 소요 동력은?

① 0.7kW    ② 1.2kW
③ 2.3kW    ④ 3.9kW

**해설⊕**

$$\varepsilon_R = \frac{\dot{Q}_L}{\dot{W}_C} = \frac{T_L}{T_H - T_L}$$

(역카르노사이클 → 온도만의 함수)

$$\dot{W}_C = \frac{\dot{Q}_L(T_H - T_L)}{T_L}$$

$$= \dot{Q}_L \left( \frac{1.6 T_L - T_L}{T_L} \right)$$

$$= 2 \times (1.6 - 1) = 1.2\text{kW}$$

CHAPTER

# 10 가스 및 증기의 흐름

## 1. 가스 및 증기의 정상유동의 에너지 방정식

### (1) 검사체적에 대한 열역학 제1법칙

$$\dot{Q}_{c.v} + \sum \dot{m}_i \left( h_i + \frac{V_i^2}{2} + gZ_i \right) = \frac{dE_{c.v}}{dt} + \sum \dot{m}_e \left( h_e + \frac{V_e^2}{2} + gZ_e \right) + \dot{W}_{c.v}$$

정상유동일 경우(SSSF상태)

$$\frac{dm_{c.v}}{dt} = 0, \ \frac{dE_{c.v}}{dt} = 0, \ \dot{m}_i = \dot{m}_e = \dot{m}, \ \text{양변을 질량유량으로 나누면}$$

$$\therefore q_{c.v} + h_i + \frac{V_i^2}{2} + gZ_i = h_e + \frac{V_e^2}{2} + gZ_e + w_{c.v} : \text{단위질량당 에너지 방정식}$$

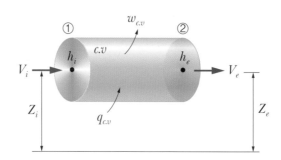

## 2. 이상기체에 대한 열역학 관계식

### (1) 일반 열역학 관계식

① 열량 : $\delta q = du + pdv$ (밀폐계)

$\qquad = dh - vdp$ (개방계)

② 일량 : $\delta W = pdv$ (절대일)

$\qquad \delta W_t = -vdp$ (공업일)

③ 엔탈피 : $h = u + pv$

④ 이상기체 상태방정식 : $pv = RT$

⑤ 엔트로피 : $ds = \dfrac{\delta q}{T}$

### (2) 비열 간의 관계식

① 내부에너지 : $du = C_v dT$

② 엔탈피 : $dh = C_p dT$

③ $C_p - C_v = R$ ($C_p$ : 정압비열, $C_v$ : 정적비열)

④ 비열비 : $k = \dfrac{C_p}{C_v}$

## 3. 이상기체의 음속(압력파의 전파속도)

• 압축성 유체(기체)에서 발생하는 압력교란은 유체의 상태에 의해 결정되는 속도로 전파된다. 물체가 진동을 일으키면 이와 접한 공기는 압축과 팽창이 교대로 연속되는 파동을 일으키면서 음으로 귀에 들리게 된다. 음속(소리의 속도 : Sonic Velocity)은 압축성 유체의 유동에서 중요한 변수이다.

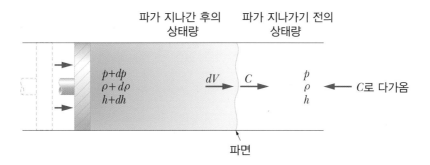

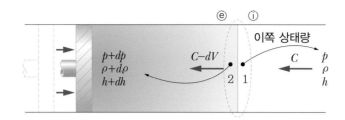

- 피스톤을 이동시켜서 교란을 일으키면, 파(Wave)는 관 안에서 속도 $C$로 전파된다. 이 속도가 음속이다. 파가 지나간 후에 기체의 상태량은 미소하게 변화하고 기체는 파의 진행방향으로 $dV$의 속도로 움직인다.

### (1) 검사체적에 대한 1법칙

(정상상태, 정상유동, 단열 $q_{c.v}=0$, 일량 $w_{c.v}=0$, $Z_i=Z_e$)

$$q_{c.v}+h_i+\frac{V_i^2}{2}+gZ_i=h_e+\frac{V_e^2}{2}+gZ_e+w_{c.v}$$

$$h+\frac{C^2}{2}=(h+dh)+\frac{(C-dV)^2}{2}\left(\frac{dV^2}{2}=0\right)$$

$$dh-CdV=0 \quad\text{⋯⋯⋯⋯⋯⋯⋯⋯⋯⋯⋯⋯⋯⋯⋯}\quad ⓐ$$

$$\dot{m}_e=\dot{m}_i$$

$$\rho AC=(\rho+d\rho)A\cdot(C-dV)$$

$$\qquad=(\rho C-\rho dV+Cd\rho-d\rho dV)A \quad (d\rho\cdot dV=0 \to 2차항 무시)$$

$$\therefore Cd\rho-\rho dV=0 \quad\text{⋯⋯⋯⋯⋯⋯⋯⋯⋯⋯⋯⋯⋯}\quad ⓑ$$

$$\Rightarrow dV=\frac{Cd\rho}{\rho} \quad\text{⋯⋯⋯⋯⋯⋯⋯⋯⋯⋯⋯⋯⋯⋯}\quad ⓒ$$

### (2) 유동계에 대한 1법칙

$$\delta q=dh-vdP$$

$$Tds=dh-\frac{dP}{\rho} \quad\text{⋯⋯⋯⋯⋯⋯⋯⋯⋯⋯⋯⋯⋯⋯}\quad ⓓ$$

단열이면 $ds=0, dh-\dfrac{dP}{\rho}=0 \;\therefore dh=\dfrac{dP}{\rho}$ ⋯ ⓔ

ⓔ식을 ⓐ식에 대입

$$\frac{dP}{\rho}-CdV=0 \leftarrow ⓒ식 대입$$

$$\frac{dP}{\rho}-\frac{C^2\cdot d\rho}{\rho}=0$$

$$C^2 = \frac{dP}{d\rho}$$

$$음속 : C = \sqrt{\frac{dP}{d\rho}}$$

## 4. 마하수와 마하각

① Mach수 : 유체의 유동에서 압축성 효과(Compressibility effect)의 특징을 기술하는 데 가장 중요한 변수

$$Ma = \frac{V}{C} \frac{(물체의\ 속도)}{(음속)}$$

$Ma < 1$인 흐름 : 아음속 흐름

$Ma > 1$인 흐름 : 초음속 흐름

② 비교란구역 : 이 구역에선 소리를 듣지 못한다.(운동을 감지하지 못함)

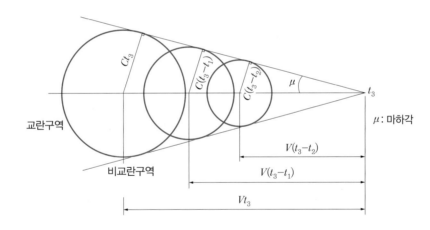

③ 마하각

$$\sin\mu = \frac{C(t_3 - t_2)}{V(t_3 - t_2)} = \frac{Ct_3}{Vt_3}$$

$$\therefore \sin\mu = \frac{C}{V}$$

마하각 $\mu = \sin^{-1}\frac{C}{V}$

<hr />

예제  온도 20℃인 공기 속을 제트기가 2,400km/hr로 날아갈 때 마하수는?

$$C(음속) = \sqrt{kgRT} = \sqrt{1.4 \times 9.8 \times 29.27 \times 393} = 343\,\text{m/s}$$

$$V = \frac{2,400 \times 1,000\text{m}}{3,600\text{s}} = 667\,\text{m/s}$$

$$Ma = \frac{V}{C} = \frac{667}{343} = 1.94$$

<hr />

예제  15℃인 공기 속을 나는 물체의 마하각이 20°이면 이 물체의 속도는 몇 m/s인가?

$$C(음속) = \sqrt{kgRT} = \sqrt{1.4 \times 9.8 \times 29.27 \times 288} = 340\,\text{m/s}$$

$$\sin\mu = \frac{C}{V}\text{에서}$$

$$V = \frac{C}{\sin\mu} = \frac{340}{\sin 20°} = 994\,\text{m/s}$$

※ 음속은 $C = 331 + 0.6t$℃(공기)로도 구할 수 있다.

## 5. 노즐과 디퓨져

- 노즐은 단열과정으로 유체의 운동에너지를 증가시키는 장치이다.
- 유동단면적을 적절하게 변화시키면 운동에너지를 증가시킬 수 있으며 운동에너지가 증가하면 압력은 떨어지게 된다. 디퓨져(Diffuser)라는 장치는 노즐과 반대로 유체의 속도를 줄여 압력을 증가시킨다.

### (1) 노즐을 통과하는 이상기체의 가역단열 1차원 정상유동

(단면적이 변하는 관에서의 아음속과 초음속)

축소단면 : 노즐, 확대단면 : 디퓨져, 단면적이 최소가 되는 부분(throat)

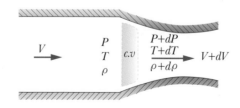

- 검사체적에 대한 열역학 제1법칙

$$q_{c.v} + h_i + \frac{V_i^2}{2} + gZ_i = h_e + \frac{V_e^2}{2} + gZ_e + w_{c.v}$$

(단열 $q_{c.v} = 0$, 일 못함 $w_{c.v} = 0$, $Z_i = Z_e$) 적용하면

$$h + \frac{V^2}{2} = (h + dh) + \frac{(V + dV)^2}{2}$$

$$0 = dh + VdV + \frac{dV^2}{2} \text{ (미소고차항 } \frac{dV^2}{2} \text{ 무시)}$$

$$\therefore dh + VdV = 0 \quad\text{------------------------------} \quad \text{ⓐ}$$

- 단열

$$\delta Q = dh - Vdp \, (Tds = dh - Vdp)$$

$$0 = dh - \frac{dp}{\rho}$$

$$\therefore dh = \frac{dp}{\rho} \quad\text{------------------------------} \quad \text{ⓑ}$$

ⓐ식에 ⓑ식을 대입하면

$$\frac{dp}{\rho} + VdV = 0 \quad\text{------------------------------} \quad \text{ⓒ}$$

- 연속방정식(미분형)

$$\rho \cdot AV = \dot{m} = \text{일정}$$

$$\frac{d\rho}{\rho} + \frac{dA}{A} + \frac{dV}{V} = 0 \quad\text{------------------------------} \quad \text{ⓓ}$$

$$\therefore \frac{d\rho}{\rho} = -\frac{dA}{A} - \frac{dV}{V} \quad\text{------------------------------} \quad \text{ⓓ'}$$

$$C = \sqrt{\frac{dP}{d\rho}} \to dP = C^2 d\rho \quad\text{------------------------------} \quad \text{ⓔ}$$

ⓔ식을 ⓒ식에 대입

$$C^2 \cdot \frac{d\rho}{\rho} + VdV = 0 \quad \text{(ⓓ'를 대입)}$$

$$C^2 \left( -\frac{dA}{A} - \frac{dV}{V} \right) + VdV = 0$$

양변에 $-AV$를 곱하면

$$C^2 \cdot VdA + C^2 \cdot AdV - AV^2 dV = 0$$

$$C^2 VdA = (AV^2 - AC^2)dV$$

$$\frac{dA}{dV} = \frac{A}{V} \left( \frac{V^2}{C^2} - 1 \right)$$

$$\therefore \frac{dA}{dV} = \frac{A}{V} (Ma^2 - 1)$$

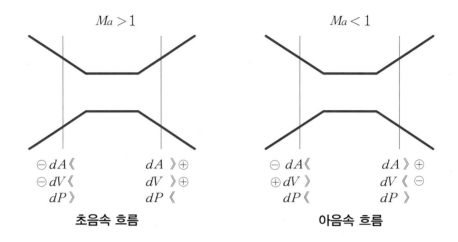

$$Ma > 1 \qquad\qquad Ma < 1$$

$$\ominus\, dA \ll \qquad dA \gg \oplus \qquad \ominus\, dA \ll \qquad dA \gg \oplus$$
$$\ominus\, dV \ll \qquad dV \gg \oplus \qquad \oplus\, dV \gg \qquad dV \ll \ominus$$
$$dP \gg \qquad dP \ll \qquad dP \ll \qquad dP \gg$$

**초음속 흐름**        **아음속 흐름**

- $Ma = 1$일 경우 $dA = 0$

  노즐목에서 기울기는 0

  $\dfrac{dA}{dx} = 0$, 목부분 $dA = 0$이므로 노즐목에서의 $Ma = 1$이어야 한다.

# 6. 이상기체의 등엔트로피(단열) 흐름

## (1) 등엔트로피(단열)에서 에너지방정식

이상기체가 노즐의 전후에서 단열이므로

$$q_{c.v} + h_i + \frac{V_i^2}{2} + gZ_i = h_e + \frac{V_e^2}{2} + gZ_e + w_{c.v}$$

$q_{c.v} = 0$, $w_{c.v} = 0$, $gZ_i = gZ_e$이므로

$$h_i + \frac{V_i^2}{2} = h_e + \frac{V_e^2}{2}$$

$$h_i - h_e = \frac{1}{2}(V_e^2 - V_i^2)$$

여기서, $dh = C_p dT$이므로

$$\therefore C_p(T_i - T_e) = \frac{1}{2}(V_e^2 - V_i^2) \quad\cdots\cdots\cdots\cdots\cdots\cdots\cdots\cdots\cdots ⓐ$$

## (2) 국소단열에서 정체상태량

① 압축성 유동에서 유동하는 유체의 속도가 0으로 정지될 때의 상태를 정체조건이라 하며, 이 때의 상태량을 정체상태량이라 한다.

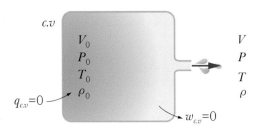

② 위의 그림처럼 아주 큰 탱크에서 분사노즐을 통하여 이상기체를 밖으로 분출시키면 검사체 적에서 일의 발생이 없고, 열출입이 없는 단열(등엔트로피) 흐름을 얻을 수 있으며 여기서 용기 안의 유체 유동속도 $V_0=0$으로 볼 수 있어 정체상태량을 구할 수 있다.

(1)의 ⓐ에 그림 상태를 적용하면

$$C_p(T_0 - T) = \frac{1}{2}(V^2 - V_0^2)$$

$$\frac{kR}{k-1}(T_0 - T) = \frac{V^2}{2}$$

∴ 정체온도 $T_0 = T + \dfrac{k-1}{kR}\dfrac{V^2}{2}$　·················　ⓑ

ⓑ의 양변을 $T$로 나누고 $Ma = \dfrac{V}{C}$와 $C^2 = kRT$를 대입하면

$$\frac{T_0}{T} = 1 + \frac{k-1}{kRT}\frac{V^2}{2}$$

$$= 1 + \frac{V^2}{C^2}\cdot\frac{k-1}{2}$$

$$= 1 + \frac{k-1}{2}Ma^2$$

$$\therefore \frac{T_0}{T} = 1 + \frac{k-1}{2}Ma^2 \qquad \text{(여기에 단열에서 온도, 압력, 체적 간의 관계식을 이용하면)}$$

$$\frac{T_0}{T} = \left(\frac{P_0}{P}\right)^{\frac{k-1}{k}} = \left(\frac{v}{v_0}\right)^{k-1} = \left(\frac{\rho_0}{\rho}\right)^{k-1} \text{를 이용하여}$$

$$\frac{T_0}{T} = \left(\frac{P_0}{P}\right)^{\frac{k-1}{k}} \text{에서 정체압력식을 구하면 } \frac{P_0}{P} = \left(\frac{T_0}{T}\right)^{\frac{k}{k-1}} \text{에서}$$

$$\therefore \frac{P_0}{P} = \left(1 + \frac{k-1}{2}Ma^2\right)^{\frac{k}{k-1}}$$

$$\frac{T_0}{T}=\left(\frac{v}{v_0}\right)^{k-1} \Rightarrow \left(\frac{v}{v_0}\right)=\left(\frac{T_0}{T}\right)^{\frac{1}{k-1}} \text{에서}$$

$$\therefore \frac{v_0}{v}=\left(1+\frac{k-1}{2}Ma^2\right)^{\frac{1}{k-1}}$$

$$v=\frac{1}{\rho} \text{에서} \left(\frac{v}{v_0}\right)^{k-1}=\left(\frac{\rho_0}{\rho}\right)^{k-1}$$

$$\therefore \frac{v}{v_0}=\frac{\rho_0}{\rho}$$

$$\therefore \text{정체밀도식은 } \frac{\rho_0}{\rho}=\left(1+\frac{k-1}{2}Ma^2\right)^{\frac{1}{k-1}}$$

## (3) 임계조건에서 임계 상태량

노즐목에서 유체속도가 음속일 때의 상태량을 의미하므로 정체상태량식에 $Ma=1$을 대입하여 구하면 된다.

$$\left.\begin{array}{l} \text{임계온도비}: \dfrac{T_0}{T_c}=\dfrac{k+1}{2} \\[3mm] \text{임계압력비}: \dfrac{P_0}{P_c}=\left(\dfrac{k+1}{2}\right)^{\frac{k}{k-1}} \\[3mm] \text{임계밀도비}: \dfrac{\rho_0}{\rho_c}=\left(\dfrac{k+1}{2}\right)^{\frac{1}{k-1}} \end{array}\right\} \text{(여기서, } T_c, P_c, \rho_c \text{는 임계상태량)}$$

# 11 연소

## 1. 연소

- 물질이 공기 중 산소($O_2$)를 매개로 많은 열과 빛을 동반하면서 타는 현상
- 연료가 산화하여 대량의 에너지를 방출하는 화학반응

### (1) 연소 반응식

① $C$ + $O_2$ → $CO_2$ (이산화탄소) ⇒ 물질의 계수비(몰수비) 1 : 1 : 1

　1kmol　　1kmol　　1kmol　($C=12, O_2=32, CO_2=44$)

　　↓　　　　↓　　　　↓

　12kg　　32kg　　44kg

② $2H_2$ + $O_2$ → $2H_2O$ (수증기) ⇒ 계수비(몰수비) 2 : 1 : 2

　2kmol　　1kmol　　2kmol　($H=1, O_2=32, 2H_2O=36$)

　　↓　　　　↓　　　　↓

　4kg　　32kg　　36kg

③ $S$ + $O_2$ → $SO_2$ (아황산가스) ⇒ 계수비(몰수비) 1 : 1 : 1

　1kmol　　1kmol　　1kmol　($S=32, O_2=32, SO_2=64$)

　　↓　　　　↓　　　　↓

　32kg　　32kg　　64kg

## (2) 연료의 발열량

연료가 정상유동과정에서 완전연소 하고 생성물이 반응물상태와 같을 때 방출되는 에너지 양

C $\quad + \quad$ O$_2$ $\quad \to \quad$ CO$_2$ $\quad + \quad$ 8,100 (kcal/kg)

2H$_2$ $\quad + \quad$ O$_2$ $\quad \to \quad$ 2H$_2$O $\quad +$ 34,000 (kcal/kg) ← 물일 때

$\qquad\qquad\qquad\qquad\qquad\qquad\quad$ 29,000(kcal/kg) ← 수증기일 때

S $\quad + \quad$ O$_2$ $\quad \to \quad$ SO$_2$ $\quad + \quad$ 2,500(kcal/kg)

① 고위발열량(higher heating value)

연소 시 수분이 액체상태의 물로 생성될 때의 발열량

$$H_h = 8{,}100\text{C} + 34{,}000\left(\text{H} - \frac{\text{O}}{8}\right) + 2{,}500\text{S} \,(\text{kcal/kg})$$

(여기서, 탄소량 C kg, 수소량 H kg, 산소량 O kg, 유황량 S kg)

② 저위발열량(lower heating value)

연소 시 수분생성물이 수증기(기체) 상태일 때의 발열량

$$H_l = 8{,}100\text{C} + 29{,}000\left(\text{H} - \frac{\text{O}}{8}\right) + 2{,}500\text{S} - 600\text{W} \,(\text{kcal/kg})$$

(여기서, 탄소량 C kg, 수소량 H kg, 산소량 O kg, 유황량 S kg, 수증기량 W kg)

## (3) 연소 시 필요한 이론공기량

$$L_o = 8.89\text{C} + 26.7\left(\text{H} - \frac{\text{O}}{8}\right) + 3.33\text{S} \,(\text{Nm}^3/\text{kg})$$

(여기서, 탄소량 C kg, 수소량 H kg, 산소량 O kg, 유황량 S kg)

# 04

# 재료역학

# CHAPTER 01 하중과 응력 및 변형률

## 1. 재료역학 개요

### (1) 재료역학의 정의

여러 가지 형태의 하중을 받고 있는 고체의 거동을 취급하는 응용역학의 한 분야로 하중을 받는 부재의 강도(strength), 강성도(rigidity), 안전성(safety)을 해석학적인 수법으로 구하는 학문

### (2) 재료역학의 기본 가정

① 재료는 완전탄성체(탄성한도 이내), 재료의 균질성(동일한 밀도), 등방성(동일한 저항력)
② 탄성한도 영역 내에서 하중을 받고 있는 물체에 대해 해석(변형된 물체나 파괴된 물체를 해석하지 않음)
③ 뉴턴역학의 정역학적 평형조건 만족

$$\sum F=0, \ \sum M=0$$

### (3) 재료해석의 목적

하중에 의해서 생기는 응력, 변형률 및 변위를 구하는 것이며, 파괴하중에 도달할 때까지의 모든 하중에 대하여 이 값들을 구할 수 있다면 그 고체의 역학적 거동에 대한 완전한 모습을 얻을 수 있다.

## 2. 하중(load)

### (1) 하중의 개요

부하가 걸리는 원인이 되는 모든 외적 작용력을 하중이라고 하며 하중을 받을 때 발생하는 부하에 해당하는 반력요소에 의해 재료 내부의 저항하는 응력(stress)이 존재하게 된다.

## (2) 하중의 종류

### 1) 집중유무에 따른 분류

① 집중력 : 강체역학이므로 대부분 질점에 작용하는 집중력으로 간주하고 해석

② 분포하중 : 선분포$(N/m)$, 면적분포$(N/m^2)$, 체적분포$(N/m^3)$

　(예) 선분포$(N/m,\ kgf/m)$

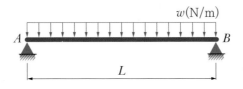

균일분포하중 $w(N/m)$로 선분포의 힘

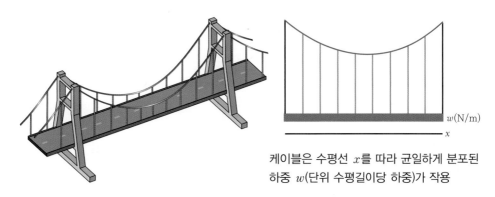

케이블은 수평선 $x$를 따라 균일하게 분포된
하중 $w$(단위 수평길이당 하중)가 작용

　(예) 면적분포$(N/m^2,\ kgf/m^2)$

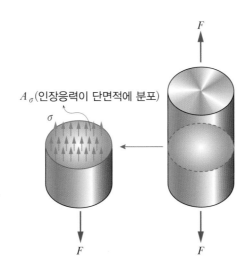

(예) 체적분포 : 힘이 물체의 체적 전체에 분포(N/m³, kgf/m³)

| 체적분포 | × | 힘이 작용(분포)하는 체적 | = | 힘 |
|---|---|---|---|---|
| $\dfrac{N}{m^3}$ | × | $m^3$ | = | N |
| $\gamma$(비중량) | × | $V$ | = | W(무게) |

## 2) 접촉유무에 따른 분류

① 표면력(직접 접촉) : 물체표면에 접촉하여 벡터로 표시되는 대부분의 힘
② 체적력(직접 접촉하지 않음) : 공학에서 고려되는 체적력은 주로 중력(무게 : W)

## 3) 하중 변화상태에 따른 분류

① 정하중 : 항상 일정한 하중으로 하중의 크기 및 방향이 변하지 않는다.
② 동하중 : 물체에 작용하는 하중의 크기 및 방향이 시간에 따라 바뀐다.

## 4) 물체에 작용하는 상태에 따른 분류

| 하중 종류 | 하중 상태 | 재료역학의 해석 |
|---|---|---|
| 인장하중<br>(하중과 파괴면적 수직) | | 그림에서 표시한 하중 종류에 따라 재료내부에 발생하는 각각의 사용응력과 변형에 대해 강도와 강성, 안전성을 구함<br>• 강도설계 : 허용응력에 기초를 둔 설계<br>  (허용응력: 안전상 허용할 수 있는 재료의 최대응력)<br>• 강성설계 : 허용변형에 기초를 둔 설계<br>• 안전성 검토 |
| 압축하중<br>(하중과 파괴면적 수직) | | |
| 전단하중<br>(하중과 파괴면적 평형) | | |
| 굽힘하중<br>(중립축을 기준으로<br>인장, 압축) | | |
| 비틀림하중<br>(비틀림 발생하중) | | |
| 좌굴하중<br>(재료의 휨을 발생) | | |

하중이 주어질 때 균일 단면봉이 균일한 인장이나 압축을 받으려면 축력은 반드시 단면적의 도심을 지나야 하며, 굽힘하중과 좌굴하중 또한 재료 단면의 도심에 하중이 작용해야 한다. 도심에서 편심된 치수가 주어지지 않으면 하중은 도심에 작용하는 것으로 간주하고 해석한다.

## 3. 응력과 변형률

### (1) 응력(stress, 내력, 저항력)

#### 1) 수직응력(normal stress)

물체에 외부 하중이 가해지면 재료 내부의 단면에 내력(저항력)이 발생하여 외력과 평형을 이룬다. 즉, 단위 면적당 발생하는 힘의 세기로 변형력이라고도 한다.

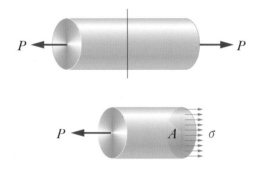

$$\sum F_x = 0 : -P + \sigma A = 0$$

$$\therefore \sigma = \frac{P}{A} \ (N/m^2)$$

여기서, $A$ : 파괴면적[내력(저항력)이 작용하는 면적]

그림에서처럼 하중 $P$와 면적 $A$가 수직으로 작용할 때의 응력을 인장응력이라 한다.
응력이 단면에 균일하게 분포한다고 가정하면 그 합력은 봉의 단면적 $A$와 응력 $\sigma$를 곱한 것과 같음을 알 수 있다.
인장하중 $P$는 자유물체의 좌단에 작용하고, 우단에는 제거된 부분에 남아 있는 반작용력(응력)이 작용한다. 이 응력들은 마치 수압이 물에 잠긴 물체의 수평면에 연속적으로 분포하는 것과 같이 전체단면에 걸쳐 연속적으로 분포한다.

① 인장응력 $\sigma(\text{N/cm}^2) \times$ $\boxed{\text{인장파괴면적 } A(\text{cm}^2)}$ $= $ 인상하중 $F(\text{N})$

$\sum F_y = 0 : -F + \sigma A = 0$

$\therefore \sigma = \dfrac{F}{A}$

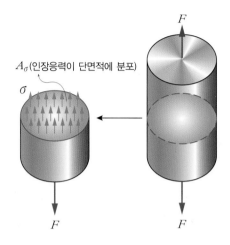

② 압축응력 $\sigma_c(\text{N/cm}^2) \times$ $\boxed{\text{압축파괴면적 } A(\text{cm}^2)}$ $=$ 압축하중 $F(\text{N})$

$\sum F_y = 0 : +F - \sigma_c \cdot A = 0$

$\therefore \sigma_c = \dfrac{F}{A}$

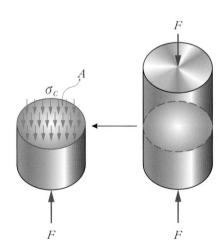

③ 압축면압 $\sigma_c(\mathrm{N/cm^2}) \times$ ⬚ 압축면적 $A(\mathrm{cm^2})$ ⬚ $=$ 하중 $P(\mathrm{N})$

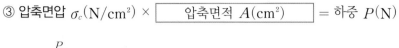

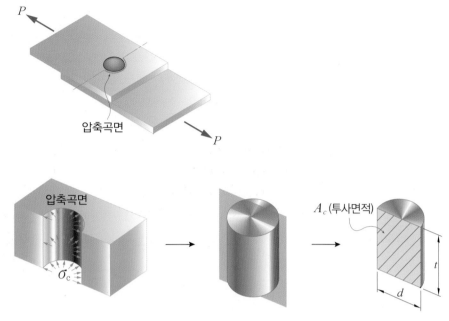

※ 반원통의 곡면에 압축이 가해진다. ⇒ 압축곡면을 투사하여 $A_c = d \times t$(투사면적)로 본다.

$$\sigma_c = \frac{P}{A_c} \qquad \therefore \text{ 압축력 } P = \sigma_c \times A_c$$

## 2) 전단(접선)응력(shearing stress)

그림에서처럼 하중 $P$와 면적 $A_\tau$가 평행(수평)하게 작용할 때의 응력을 전단응력이라 한다.

전단응력 $\tau(\mathrm{N/cm^2}) \times$ ⬚ 전단파괴면적 $A(\mathrm{cm^2})$ ⬚ $=$ 전단하중 $P(\mathrm{N})$

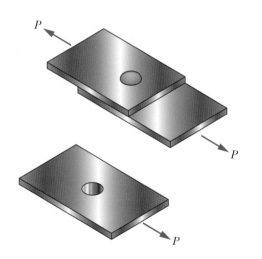

$$\sum F_x = P - \tau \cdot A_\tau = 0$$

$$\therefore \tau = \frac{P}{A_\tau}$$

$$\therefore \text{ 전단력 } P = \tau \times A_\tau$$

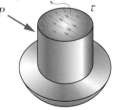

리벳이음

## (2) 변형률(strain)

### 1) 인장과 압축부재의 변형률

변형 전의 원래 치수에 대한 변형량의 비(무차원량)로 단위길이당 변형량(늘음양, 줄음양)이 된다. 그림처럼 인장을 받는 봉에서 전체 늘음양은 재료가 봉의 전길이에 걸쳐 늘어난 누적결과이다. 인장봉의 반쪽만 고려하면 늘음양은 $\dfrac{\lambda}{2}$이므로 봉의 단위 길이에 대한 늘음양은 전체 늘음양 $\lambda$에 $\dfrac{1}{l}$을 곱한 값이 된다.

→ 변형률×길이＝변형량

$$\varepsilon_x = \frac{\Delta x}{x}$$

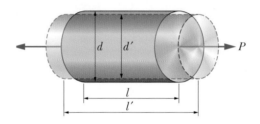

$l$(길이방향＝종방향), $d$(직경방향＝횡방향)
$l'$(인장 후의 재료의 전체 종방향길이＝$l+\lambda$)
$d'$(인장 후의 횡방향 전체 직경＝$d-\delta$)
(여기서, 재료가 인장되면 길이는 ＋, 직경은 －,
재료가 압축되면 길이는 －, 직경은 ＋가 된다.)

① 종변형률 : $\varepsilon = \dfrac{\Delta l}{l} = \dfrac{l'-l}{l} = \dfrac{\lambda}{l}$

② 횡변형률 : $\varepsilon' = \dfrac{\Delta d}{d} = \dfrac{d-d'}{d} = \dfrac{\delta}{d}$

③ 단면변형률 : $\varepsilon_A = \dfrac{\Delta A}{A} = 2\mu\varepsilon$

④ 체적변형률 : $\varepsilon_V = \dfrac{\Delta V}{V} = \varepsilon(1-2\mu)$

## 2) 전단변형률($\gamma$)

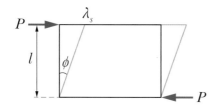

$$\gamma = \frac{\text{전단변위량}}{\text{전단길이}}$$

$$= \frac{\lambda_s}{l} = \tan\phi \approx \phi \,(\text{rad})$$

## 4. 응력–변형률 선도

그림과 같은 연강 인장시험편에 하중 $P$를 점점 증가시켜주면서 시편을 신장시킨다. 인장 시험 중에 측정된 하중과 변형데이터를 이용하여 시편 내의 응력과 변형률 값을 계산하고 그 값들을 그래프로 그리면 응력($\sigma$)–변형률($\varepsilon$) 선도가 된다.

• 봉의 변형이 균일하게 일어남
• 봉의 균일단면($d_0$)에 대해 인장시험
• 하중이 단면의 도심에 작용
• 재료가 균질(homogeneous) : 봉의 전 부분에 대해서 동질

위 조건을 만족할 때의 응력과 변형률을 단축응력과 변형률(uniaxial stress and strain)이라 한다.

인장시험편

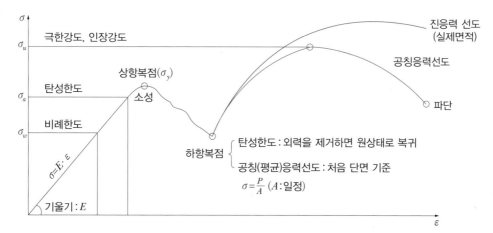

• 네킹(necking) : 힘을 받은 재료가 극한강도에 이르면 국부축소가 일어나면서 변형이 급증한다.(엿가락을 늘일 때 힘을 주지 않아도 늘어나는 부분)
• $E$(young계수 : 종탄성계수) : 응력과 변형률 선도의 직선부분 기울기 → $\sigma = E\varepsilon$

### (1) 탄성과 소성

① 탄성(elasticity) : 시편에 작용하는 외력에 의해 변형이 발생하지만 탄성한도 영역 안에 있으면 외력을 제거했을 때 시편이 원상태로 돌아간다. 이처럼 물체가 원래 상태로 되돌아가려는 성질을 탄성이라 한다.

② 소성(plasticity) : 시편에 작용하는 외력에 의한 변형이 재료의 탄성한도를 넘어서면 재료는 영구변형을 일으킨다. 외력을 제거해도 시편이 원상태로 되지 않으며 변형이 존재한다. 이러한 성질을 소성이라 한다.

③ 비례한도 : 응력과 변형률이 직선으로 나타나며 이러한 선형 탄성변형까지의 최대응력을 비례한도라 한다. $(\sigma = E\varepsilon)$

④ 탄성한도 : 응력이 비례한도를 넘어서면, 재료가 아직은 탄성적으로 거동하지만 선도가 곡선으로 약간 휘어진다. (보통 비례한도와 차이가 매우 작아 같다고 본다.)

⑤ 항복(yielding) : 탄성한도를 넘어서 응력을 더 증가시키면 재료는 이에 견디지 못하고 영구적으로 변형하게 된다. 이러한 재료의 거동을 항복이라 한다.

⑥ 공칭응력 선도는 시험편의 단면($d_0$)을 기준으로 한 그래프이고, 진응력 선도는 시편이 늘어남에 따라 실제 단면이 줄어들게 되는데 이 줄어든 단면($d'$)을 가지고 계산해 응력−변형률 선도에 그려놓은 그림이다.

⑦ 허용응력($\sigma_a$) : 안전상 허용할 수 있는 재료의 최대응력으로 탄성한도 내에 존재한다. (재료의 고유값)

## 5. 파손

### (1) 파단의 형상

연강 인장시험에서의 파단면은 옆의 그림과 같이 분리(인장) 파괴와 미끄럼 파괴를 혼합한 파단면들이 동시에 나타나는데 분리 파괴에는 최대주응력이, 미끄럼 파괴에는 최대전단응력이 작용하고 있음을 보여준다. 재료가 취성일 때는 분리 파괴를, 연성일 때는 미끄럼 파괴를 일으킨다.

### (2) 파손의 법칙

재료의 사용응력이 탄성한도를 넘으면 재료는 파손된다. 재료역학에서는 부재가 여러 하중이
가해지는 조합응력상태에서 자주 사용되는데 이러한 경우의 파손은 최대주응력설, 최대전단응
력설, 최대주스트레인설 등으로 설명된다. 일반적으로 주철과 같은 취성재료에는 최대주응력
설을, 연강, 알루미늄 합금과 같은 연성재료에는 최대전단응력설을 파손에 적용하며, 이 책에
서는 응력의 조합상태에서 상세히 다룬다.

### (3) 크리프(Creep)

재료(부재)가 일정한 고온하에서 오랜 시간에 걸쳐 일정한 하중을 받았을 경우, 재료 내부의
응력은 일정함에도 불구하고 재료의 변형률이 시간의 경과에 따라 증가하는 현상을 크리프
(Creep)라 한다. 예를 들면 보일러관의 크리프는 기계의 성능 저하뿐만 아니라 손상의 원인도
된다.

### (4) 피로(Fatigue)

실제의 기계나 구조물들은 반복하중상태에 놓이는 경우가 많이 있는데, 이 경우 재료에 발생하
는 응력이 탄성한도 영역 안에 있어도 하중의 반복작용에 의하여 재료가 점점 약해지며 파괴되
는 현상을 피로 파괴라 한다. 설계상 충분히 주의해야 하는 이유는 반복하중에 계속 노출될 경
우 재료의 정적강도보다 훨씬 낮은 응력으로도 파괴될 수 있기 때문이다.

## 6. 사용응력, 허용응력, 안전율

### (1) 사용응력과 허용응력

① 사용응력($\sigma_w$ : working stress) : 부재에 실제 작용하고 있는 하중에 의해 생기는 응력, 부재
를 사용할 때 발생하는 응력
② 허용응력($\sigma_a$ : allowable stress) : 탄성한도 영역 이내에서 재료가 가지는 안전상 허용할 수
있는 최대응력

하중을 받는 부재나 구조물, 기계 등이 안전한 상태를 유지하며 제 기능을 발휘하려면 설계할
때 실제의 사용상태를 정확히 파악하고 그 상태의 응력을 고려하여 절대적으로 안전한 상태에
놓이도록 사용재료와 그 치수를 결정해야 한다. 오랜 기간 동안 실제상태에서 안전하게 작용
하고 있는 응력을 사용응력(Working Stress)이라 하며, 이 사용응력을 정확하게 선정한다는 것

은 거의 불가능하다. 따라서 탄성한도 영역 내의 안전상 허용할 수 있는 최대응력인 허용응력
(Allowable Stress)을 사용응력이 넘지 않도록 설계해야 한다.

$$\text{사용응력}(\sigma_w) \leq \text{허용응력}(\sigma_a) \leq \text{탄성한도}$$

## (2) 안전율

하중의 종류와 사용조건에 따라 달라지는 기초강도 $\sigma_s$와 허용응력 $\sigma_a$와의 비를 안전율(Safety
Factor)이라고 한다.

$$S = \frac{\text{기초강도}}{\text{허용응력}} = \frac{\sigma_s}{\sigma_a}$$

### 1) 기초강도

사용재료의 종류, 형상, 사용조건에 의하여 주로 항복강도, 인장강도(극한강도) 값이며 크리프
한도, 피로 한도, 좌굴강도 값이 되기도 한다. 안전율은 항상 1보다 크게 나오는데 설계 시 안
전율을 크게 하면 기계나 구조물의 안정성은 증가하나 경제성은 떨어진다. 왜냐하면 어떤 부
재에 작용하는 하중이 정해져 있을 경우, 안전율을 높이면 사용할 부재의 치수가 커지기 때문
이다. 그러므로 실제하중의 작용조건, 상태(부식, 마모, 진동, 마찰, 정밀도, 수명) 등을 고려
해서 적절한 안전율을 고려해주는 최적화 Optimization)설계를 해야 한다.

$\sigma_a = \dfrac{\sigma_s}{S}$   → 재료의 극한강도(인장강도)는 재료마다 정해져 있다.
→ 안전율을 크게 하면 허용응력이 줄어든다.

→ 허용응력($\sigma_a$)을 사용응력($\sigma_w$)과 같게 설계한다면 $\sigma_a = \sigma_w = \dfrac{P}{A}$가 작아지므로,
재료에 작용하는 하중이 일정하다고 보면 재료의 면적을 크게 해야 한다.(물론
면적을 일정하게 설계하면 하중을 줄여야 할 것이다.)

# 7. 힘

## (1) 두 힘의 합력

두 힘이 $\theta$각을 이룰 때의 합력

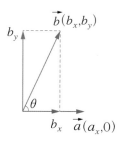
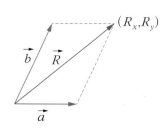

① 합력 $R$ → 직각분력으로 나누어 $x$성분은 $x$성분대로, $y$성분은 $y$성분대로 더함

$$\vec{R} = (R_x,\ R_y)$$

$$= (a_x + b_x,\ b_y)$$

$$= (a + b\cos\theta,\ b\sin\theta)$$

$\therefore$ 합력의 크기 $= \sqrt{R_x^{\,2} + R_y^{\,2}}$

$$= \sqrt{(a + b\cos\theta)^2 + (b\sin\theta)^2}$$

$$= \sqrt{a^2 + 2ab\cos\theta + b^2\cos^2\theta + b^2\sin^2\theta}$$

$$= \sqrt{a^2 + b^2(\cos^2\theta + \sin^2\theta) + 2ab\cos\theta}$$

$$= \sqrt{a^2 + b^2 + 2ab\cos\theta}$$

**┃참고**

피타고라스의 정리 → $3^2 + 4^2 = 5^2$

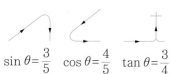

$\sin\theta = \dfrac{3}{5}$    $\cos\theta = \dfrac{4}{5}$    $\tan\theta = \dfrac{3}{4}$

**중요**

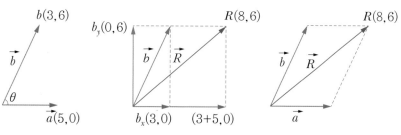

힘은 항상 직각 분력으로 나누어 해석한다.

## (2) 힘의 평형

### 1) 정역학적 평형상태 방정식

정역학적 평형상태는 움직이거나 회전하지 않는 완전 정지 상태를 의미한다.

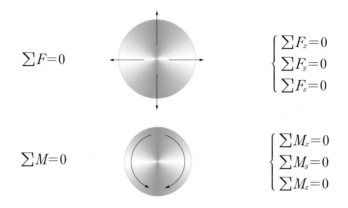

$$\sum F = 0 \qquad \begin{cases} \sum F_x = 0 \\ \sum F_y = 0 \\ \sum F_z = 0 \end{cases}$$

$$\sum M = 0 \qquad \begin{cases} \sum M_x = 0 \\ \sum M_y = 0 \\ \sum M_z = 0 \end{cases}$$

### 2) 2력부재와 3력부재의 평형

① 2력부재의 평형

두 힘이 힘의 크기가 같고 방향이 반대이며 동일 직선상에 존재해야 한다.

② 3력부재(라미의 정리)

세 힘이 평형을 이루면 작용선은 한 점에서 만나며 힘의 삼각형은 폐쇄 삼각형으로 그려진다.(세 힘의 작용점이 한 점에서 만나지 않으면 움직이거나 회전하게 된다. 왜냐하면 세 힘이 한 점에서 만나지 않으면 떨어져 있는 힘을 옮겨야 되는데 힘을 옮기면 우력이 발생하므로 정역학적 평형상태가 되지 않는다. 그러므로 3력 부재의 시력도는 폐합된다.)

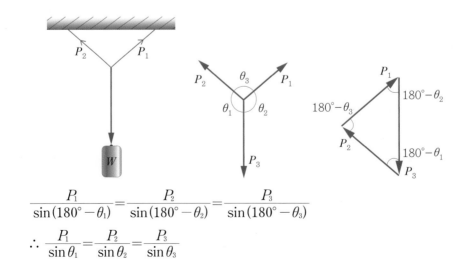

$$\frac{P_1}{\sin(180° - \theta_1)} = \frac{P_2}{\sin(180° - \theta_2)} = \frac{P_3}{\sin(180° - \theta_3)}$$

$$\therefore \frac{P_1}{\sin\theta_1} = \frac{P_2}{\sin\theta_2} = \frac{P_3}{\sin\theta_3}$$

# 8. 훅의 법칙과 탄성계수

## (1) 훅의 법칙

대부분 공업용 재료는 탄성영역 내에서 응력과 변형률이 선형적인 관계를 보이며 응력이 증가하면 변형률도 비례해서 증가한다.

$$\frac{P}{A} \propto \frac{\lambda}{l} \Leftrightarrow \sigma \propto \varepsilon$$

$\sigma = E \cdot \varepsilon$ ($E$ : 종탄성계수 : 영계수 : 비례계수)

## (2) 탄성계수의 종류

### 1) 종탄성계수($E$)

$\sigma = E \cdot \varepsilon$

### 2) 횡탄성계수($G$)

$\tau = G \cdot \gamma$ ($\gamma$ : 전단변형률)

### 3) 체적탄성계수($K$)

$\sigma = K \cdot \varepsilon_v$ ($\varepsilon_v$ : 체적변화율)

## (3) 응력과 변형률의 관계

$$\sigma = \frac{P}{A} = E \cdot \varepsilon \rightarrow E = \frac{\sigma}{\varepsilon} = \frac{\frac{P}{A}}{\frac{\lambda}{l}} = \frac{Pl}{A\lambda}[\text{N/cm}^2]$$

길이 변화량 : $\lambda = \frac{P \cdot l}{A \cdot E} = \frac{\sigma \cdot l}{E} = \varepsilon \cdot l$

## (4) 푸아송의 비($\mu$)

종변형률과 횡변형률의 비이며 푸아송의 수 $m$의 역수

$$\mu = \frac{1}{m} = \frac{\varepsilon'}{\varepsilon} = \frac{\delta/d}{\lambda/l} = \frac{\delta l}{d\lambda}$$

지름 변화량 $\delta = \frac{d\lambda}{lm} = \frac{d\sigma \cdot l}{lmE} = \frac{d\sigma}{mE}$ ($\lambda = \frac{\sigma \cdot l}{E}$ 대입)

$(\delta = d - d')$

### (5) 길이($l$), 직경($\sigma$), 단면적, 체적의 변화율

$$\left(\varepsilon=\frac{l'-l}{l}=\frac{\lambda}{l}=\frac{\Delta l}{l},\ \varepsilon'=\frac{d-d'}{d}=\frac{\delta}{d}\right)$$

$$\lambda=\varepsilon\cdot l \qquad\qquad \delta=\varepsilon'\cdot d$$

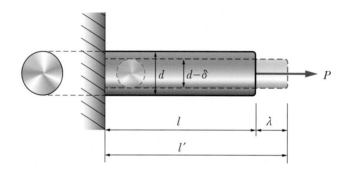

### 1) 길이

$$l:l'=l:l+\lambda$$
$$\qquad=l:l(1+\varepsilon)=1:(1+\varepsilon)\ \uparrow\text{늘어남}$$

### 2) 직경

$$d:d'=d:d-\delta$$
$$\qquad=d:d(1-\varepsilon')\ \text{여기서},\ \mu=\frac{1}{m}=\frac{\varepsilon'}{\varepsilon},\ \varepsilon'=\mu\varepsilon$$
$$\qquad=d:d(1-\mu\varepsilon)$$
$$\qquad=1:(1-\mu\varepsilon)$$

### 3) 면적

$$A:A'=\frac{\pi}{4}d^2:\frac{\pi}{4}d'^2$$
$$\qquad=\frac{\pi}{4}d^2:\frac{\pi}{4}d^2(1-\mu\varepsilon)^2$$
$$\qquad=\frac{\pi}{4}d^2:\frac{\pi}{4}d^2(1-2\mu\varepsilon+\mu^2\varepsilon^2)\ (\because \varepsilon^2\text{은 무시})$$
$$\qquad=\frac{\pi}{4}d^2:\frac{\pi}{4}d^2(1-2\mu\varepsilon)$$
$$A'=A(1-2\mu\varepsilon)=A-2\mu\varepsilon A$$
$$\varepsilon_A=\frac{\Delta A}{A}=\frac{(A-2\mu\varepsilon A)-A}{A}$$

$$\therefore\ \text{단면 변화율}\ \varepsilon_A=-2\mu\varepsilon$$

### 4) 체적

$$V = A \cdot l$$

$$V' = A' \cdot l'$$

$$= A(1-2\mu\varepsilon) \times l(1+\varepsilon)$$

$$= A \cdot l\{1+\varepsilon-2\mu\varepsilon-2\mu\varepsilon^2\} \ (\because \varepsilon^2 \text{은 무시})$$

$$= A \cdot l\{1+\varepsilon(1-2\mu)\}$$

$$\varepsilon_V = \frac{\Delta V}{V} = \frac{Al\{1+\varepsilon(1-2\mu)\}-Al}{Al}$$

$$\therefore \text{체적 변화율 } \varepsilon_V = \varepsilon(1-2\mu)$$

---

**각 탄성계수 간의 관계식**

$$E = 2G(1+\mu) = 3K(1-2\mu)$$

---

> **참고**
>
> $\mu = \dfrac{1}{2}$ 일 때 체적은 변화하지 않는다.
>
> $\mu \leq \dfrac{1}{2}$ 인 고무는 $\mu$ 가 $\dfrac{1}{2}$ 에 가까우므로 길이가 늘어나도 체적이 거의 변화하지 않는다.
>
> 유리 $\mu = 0.24$, 연강 $\mu = 0.03$, 고무 $\mu = 0.5$, $\varepsilon_V = \varepsilon(1-2\mu)(\mu = \dfrac{\varepsilon'}{\varepsilon} \to \dfrac{1}{2} = 0.5$이면 체적 불변$)$

## 9. 응력집중(stress concentration)

### (1) 응력집중

다음 그림에서 재료의 단면적이 급격히 변하는 부분을 노치(notch)라 하는데 이렇게 부재의 단면적이 급격히 변하는 곳에서 국부적으로 응력이 집중되는 현상을 응력집중이라 하며, 응력이 집중되는 노치부에서 재료의 균열이나 파괴가 일어난다. 노치부의 $\sigma_{\max}$에도 견디도록 설계되어야 하므로 허용응력($\sigma_a$)은 $\sigma_{\max}$보다 커야 한다.

→ 실제 노치 단면에 발생하는 모든 응력은 허용응력 이내에 존재하도록 설계해야 한다.

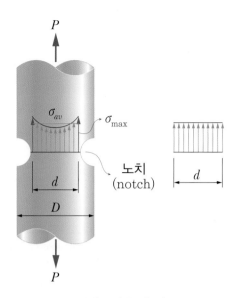

공칭(평균)응력($\sigma_{av}$)

$\sigma_{av}$ : 균일봉에서는 항상 응력 일정 – 노치부 $d$에서의 공칭(평균)응력

노치부에서의 응력이 최대이므로 노치부에서 파단이 시작된다.

$$\sigma_{av} = \frac{\sigma_{\max} + \sigma_{\min}}{2} = \frac{P}{A}$$

$$\sigma_{av} = \frac{P}{A} \xrightarrow{} \frac{\text{작용하중}}{\text{파괴면적}} = \frac{P}{\frac{\pi}{4} d^2}$$

실제 파괴직경 $d$(실제 응력을 받는 면적, 실제 노치부 파괴면적)

예 선반 가공할 때

라운드가공

라운딩(rounding) 이유 : 응력집중을 피하기 위해

## (2) 응력집중(형상)계수($\alpha_K$)

$$\alpha_K = \frac{\sigma_{max}}{\sigma_{av}} \begin{array}{l} \rightarrow \text{노치부의 최대응력} \\ \rightarrow \text{공칭응력(평균응력)} \end{array}$$

$$\sigma_{max} = \alpha_k \cdot \sigma_{av} \leq \sigma_a$$

$$S = \frac{\sigma_u}{\sigma_a} \begin{array}{l} \rightarrow \text{극한강도} \\ \rightarrow \text{허용응력} \end{array}$$

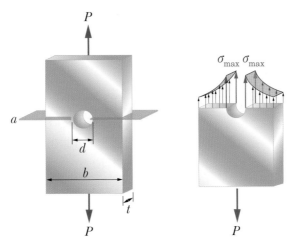

$$\sigma_{av} = \frac{P}{(b-d)t} \text{(노치부의 평균응력)}$$

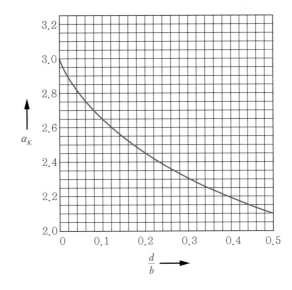

노치부 단면$\left(\dfrac{d}{b}\right)$에 따른 형상계수 $\alpha_K$

노치부 단면의 형상을 결정하는 $b$와 $d$를 가지고 $\dfrac{d}{b}$를 계산하여 이에 따른 응력집중계수 $\alpha_K$ 값을 위의 그래프에서 구해 노치부의 최대응력을 구할 수 있다.

# 핵심 기출 문제

**01** 두께 10mm의 강판에 지름 23mm의 구멍을 만드는 데 필요한 하중은 약 몇 kN인가?(단, 강판의 전단응력 $\tau = 750$MPa이다.)

① 243        ② 352

③ 473        ④ 542

**해설** ⊕

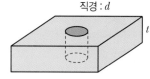

직경 : $d$

$A_\tau$ : 전단파괴면적 $= \pi dt$

$$\tau = \frac{F}{A_\tau} = \frac{F}{\pi dt}$$

$$\therefore F = \tau \cdot \pi dt = 750 \times 10^6 \times \pi \times 0.023 \times 0.01$$
$$= 541,924.7\text{N} = 541.92\text{kN}$$

**02** 다음 구조물에 하중 $P = 1$kN이 작용할 때 연결핀에 걸리는 전단응력은 약 얼마인가?(단, 연결핀의 지름은 5mm이다.)

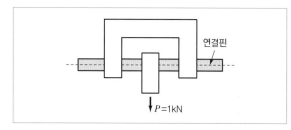

연결핀

$P$=1kN

① 25.46kPa

② 50.92kPa

③ 25.46MPa

④ 50.92MPa

**해설** ⊕

하중 $P$에 의해 연결핀은 양쪽에서 전단(파괴)된다.

$$\tau = \frac{P_s}{A_\tau} = \frac{P}{\dfrac{\pi d^2}{4} \times 2} = \frac{2P}{\pi d^2} = \frac{2 \times 1 \times 10^3}{\pi \times 0.005^2}$$
$$= 25.46 \times 10^6 \text{Pa}$$
$$= 25.46\text{MPa}$$

**03** 길이 3m, 단면의 지름이 3cm인 균일 단면의 알루미늄 봉이 있다. 이 봉에 인장하중 20kN이 걸리면 봉은 약 몇 cm 늘어나는가?(단, 세로탄성계수는 72GPa이다.)

① 0.118        ② 0.239

③ 1.18        ④ 2.39

**해설** ⊕

$$\lambda = \frac{Pl}{AE} = \frac{20 \times 10^3 \times 3}{\dfrac{\pi}{4} \times 0.03^2 \times 72 \times 10^9} = 0.001179\text{m}$$
$$= 0.118\text{cm}$$

**04** 그림과 같이 원형 단면을 갖는 연강봉이 100kN의 인장하중을 받을 때 이 봉의 신장량은 약 몇 cm인가? (단, 세로탄성계수는 200GPa이다.)

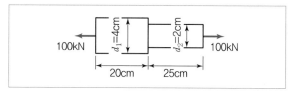

100kN    $d_1 = 4$cm    $d_2 = 2$cm    100kN

20cm      25cm

① 0.0478        ② 0.0956

③ 0.143        ④ 0.191

**해설⊕**

$$\lambda_1 = \frac{Pl_1}{A_1 E} = \frac{100 \times 10^3 \times 0.2}{\frac{\pi}{4} \times (0.04)^2 \times 200 \times 10^9} = 0.00008\,\mathrm{m}$$

$$\lambda_2 = \frac{Pl_2}{A_2 E} = \frac{100 \times 10^3 \times 0.25}{\frac{\pi}{4} \times (0.02)^2 \times 200 \times 10^9} = 0.000398\,\mathrm{m}$$

전체 신장량 $\lambda = \lambda_1 + \lambda_2 = 0.008\,\mathrm{cm} + 0.0398\,\mathrm{cm}$
$$= 0.0478\,\mathrm{cm}$$

**05** 원형 봉에 축방향 인장하중 $P = 88$kN이 작용할 때, 직경의 감소량은 약 몇 mm인가?(단, 봉은 길이 $L =$ 2m, 직경 $d = 40$mm, 세로탄성계수는 70GPa, 포아송 비 $\mu = 0.3$이다.)

① 0.006
② 0.012
③ 0.018
④ 0.036

**해설⊕**

$$\mu = \frac{\varepsilon'}{\varepsilon} = \frac{\frac{\delta}{d}}{\frac{\lambda}{l}} = \frac{l\delta}{d\lambda} \text{에서}$$

$$\delta = \frac{\mu d \lambda}{l} = \frac{\mu \cdot d}{l} \cdot \frac{P \cdot l}{AE} \left( \because \lambda = \frac{P \cdot l}{AE} \right)$$

$$= \frac{\mu dP}{AE} = \frac{\mu dP}{\frac{\pi}{4} d^2 E} = \frac{4\mu P}{\pi d E} = \frac{4 \times 0.3 \times 88 \times 10^3}{\pi \times 0.04 \times 70 \times 10^9}$$

$$= 0.000012\,\mathrm{m} = 0.012\,\mathrm{mm}$$

**06** 볼트에 7,200N의 인장하중을 작용시키면 머리 부에 생기는 전단응력은 몇 MPa인가?

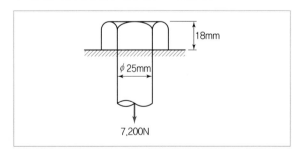

① 2.55
② 3.1
③ 5.1
④ 6.25

**해설⊕**

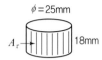

$$\tau = \frac{P}{A_\tau} = \frac{P}{\pi d h} = \frac{7,200}{\pi \times 0.025 \times 0.018}$$

$$= 5.091 \times 10^6\,\mathrm{Pa} = 5.1\,\mathrm{MPa}$$

**07** 단면적이 2cm²이고 길이가 4m인 환봉에 10kN 의 축 방향 하중을 가하였다. 이때 환봉에 발생한 응력은 몇 N/m²인가?

① 5,000
② 2,500
③ $5 \times 10^5$
④ $5 \times 10^7$

**해설⊕**

$$\sigma = \frac{P}{A} = \frac{10 \times 10^3\,\mathrm{N}}{2\mathrm{cm}^2 \times \left(\frac{1\mathrm{m}}{100\mathrm{cm}}\right)^2} = 5 \times 10^7\,\mathrm{N/m}^2$$

**08** 탄성계수(영계수) $E$, 전단탄성계수 $G$, 체적탄 성계수 $K$ 사이에 성립되는 관계식은?

① $E = \dfrac{9KG}{2K+G}$
② $E = \dfrac{3K-2G}{6K+2G}$
③ $K = \dfrac{EG}{3(3G-E)}$
④ $K = \dfrac{9EG}{3E+G}$

**해설⊕**

$E = 2G(1+\mu) = 3K(1-2\mu)$ 에서

$$K = \frac{E}{3(1-2\mu)} \cdots \text{ⓐ}$$

$$1 + \mu = \frac{E}{2G} \rightarrow \mu = \frac{E}{2G} - 1$$

$$\therefore \ \mu = \frac{E-2G}{2G} \cdots \text{ⓑ}$$

ⓐ에 ⓑ를 대입하면

$$K = \frac{E}{3\left(1 - 2\left(\frac{E-2G}{2G}\right)\right)} = \frac{E}{3\left(1 - \frac{E-2G}{G}\right)}$$

$$= \frac{E}{3\left(\frac{G-E+2G}{G}\right)} = \frac{EG}{3(3G-E)}$$

**09** 포아송 비 0.3, 길이 3m인 원형 단면의 막대에 축방향의 하중이 가해진다. 이 막대의 표면에 원주방향으로 부착된 스트레인 게이지가 $-1.5 \times 10^{-4}$의 변형률을 나타낼 때, 이 막대의 길이 변화로 옳은 것은?

① 0.135mm 압축      ② 0.135mm 인장

③ 1.5mm 압축      ④ 1.5mm 인장

**해설⊕**

포아송 비 $\mu = 0.3$

횡변형률 $\varepsilon' = -1.5 \times 10^{-4}$ (직경 감소(−))

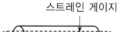

스트레인 게이지

길이방향 증가(원주방향 감소)

$\mu = \dfrac{\varepsilon'}{\varepsilon}$ 에서 $\varepsilon = \dfrac{\varepsilon'}{\mu} = \dfrac{1.5 \times 10^{-4}}{0.3} = 0.0005$

$\varepsilon = \dfrac{\lambda}{l} \rightarrow \lambda = \varepsilon \cdot l = 0.0005 \times 3,000 = 1.5mm$

**10** 지름 30mm의 환봉 시험편에서 표점거리를 10mm로 하고 스트레인 게이지를 부착하여 신장을 측정한 결과 인장하중 25kN에서 신장 0.0418mm가 측정되었다. 이때의 지름은 29.97mm이었다. 이 재료의 포아송 비($\nu$)는?

① 0.239      ② 0.287

③ 0.0239      ④ 0.0287

**해설⊕**

포아송 비 $\nu = \mu = \dfrac{\varepsilon'}{\varepsilon} = \dfrac{\frac{\delta}{d}}{\frac{\lambda}{l}} = \dfrac{\frac{30 - 29.97}{30}}{\frac{0.0418}{10}} = 0.239$

**11** 지름이 2cm, 길이가 20cm인 연강봉이 인장하중을 받을 때 길이는 0.016cm만큼 늘어나고 지름은 0.0004cm만큼 줄었다. 이 연강봉의 포아송 비는?

① 0.25      ② 0.5

③ 0.75      ④ 4

**해설⊕**

포아송 비 $\mu = \dfrac{\varepsilon'}{\varepsilon} = \dfrac{\frac{\delta}{d}}{\frac{\lambda}{l}} = \dfrac{\frac{0.0004}{2}}{\frac{0.016}{20}} = 0.25$

**12** 최대 사용강도 400MPa의 연강봉에 30kN의 축방향의 인장하중이 가해질 경우 강봉의 최소지름은 몇 cm까지 가능한가?(단, 안전율은 5이다.)

① 2.69      ② 2.99

③ 2.19      ④ 3.02

**해설⊕**

$\sigma_a = \dfrac{\sigma_u}{s} = \dfrac{400}{5} = 80MPa$

사용응력($\sigma_w$)은 허용응력 이내이므로

$\sigma_w = \dfrac{P}{A} = \dfrac{P}{\frac{\pi d^2}{4}} \leq \sigma_a$

$\therefore d \geq \sqrt{\dfrac{4P}{\pi \sigma_a}} = \sqrt{\dfrac{4 \times 30 \times 10^3}{\pi \times 80 \times 10^6}} = 0.02185m$

$= 2.19cm$

**13** 그림과 같이 봉이 평형상태를 유지하기 위해 $O$ 점에 작용시켜야 하는 모멘트는 약 몇 N · m인가?(단, 봉의 자중은 무시한다.)

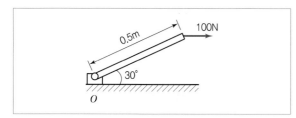

① 0

② 25

③ 35

④ 50

**해설 ⊕** - - - - - - - - - - - - - - - - - - - - - - - - -

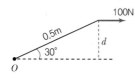

수직거리 $d = 0.5\sin30°$이므로

힘 $F$에 의한 모멘트

$M = F \cdot d = 100 \times 0.5\sin30° = 25\text{N} \cdot \text{m}$ (우회전)

평형을 유지하기 위해서는 $O$점에 좌회전으로

$M_O = 25\text{N} \cdot \text{m}$를 작용시켜야 한다.

**14** 지름 $D$인 두께가 얇은 링(Ring)을 수평면 내에서 회전시킬 때, 링에 생기는 인장응력을 나타내는 식은? (단, 링의 단위 길이에 대한 무게를 $W$, 링의 원주속도를 $V$, 링의 단면적을 $A$, 중력 가속도를 $g$로 한다.)

① $\dfrac{WV^2}{DAg}$

② $\dfrac{WDV^2}{Ag}$

③ $\dfrac{WV^2}{Ag}$

④ $\dfrac{WV^2}{Dg}$

**해설 ⊕** - - - - - - - - - - - - - - - - - - - - - - - - -

$F_r = ma_r = \dfrac{W_t}{g} \cdot \dfrac{V^2}{r}$

여기서, $\dfrac{W_t}{r} = W$ : 링의 단위길이당 무게

$a_r$ : 구심가속도(법선방향가속도)

$V$ : 원주속도

$W_t$ : 링의 전체 무게

$= \dfrac{W}{g} \cdot V^2$

$\therefore \sigma = \dfrac{F}{A} = \dfrac{WV^2}{Ag}$

**15** 그림과 같은 트러스 구조물에서 $B$점에서 10kN의 수직 하중을 받으면 $BC$에 작용하는 힘은 몇 kN인가?

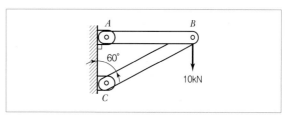

① 20

② 17.32

③ 10

④ 8.66

**해설 ⊕** - - - - - - - - - - - - - - - - - - - - - - - - -

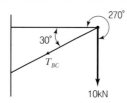

3력 부재이므로 라미의 정리에 의해

$\dfrac{10}{\sin30°} = \dfrac{T_{BC}}{\sin270°}$

$\therefore T_{BC} = 10 \times \dfrac{\sin270°}{\sin30°} = (-)20\text{kN}$

("$-$" 부호는 압축을 의미)

# 02 인장, 압축, 전단

## 1. 조합된 부재

### (1) 직렬조합

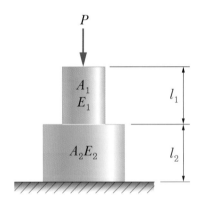

자중 무시(강체역학)

하중 $P$를 부재 $A_1$에 하나, 하중 $P$를 부재 $A_2$에 하나씩 따로 가하는 것과 동일하며 직렬로 연결된 2부재의 전체 변형량은 하나씩 따로따로 구한 변형량의 합과 같다.

### 1) 응력

$$\sigma_1 = \frac{P}{A_1}$$

$$\sigma_2 = \frac{P}{A_2}$$

## 2) 변형

$$\lambda = \lambda_1 + \lambda_2$$
$$= \frac{Pl_1}{A_1E_1} + \frac{Pl_2}{A_2E_2}$$
$$= \frac{\sigma_1 l_1}{E_1} + \frac{\sigma_2 l_2}{E_2}$$

## 3) 스프링에서 직렬조합

스프링에 걸리는 하중과 처짐양은 비례 $W \propto \delta \to W = k\delta$ ($k$ : 스프링상수)

$$k = \frac{W}{\delta} (\text{N/mm, kgf/mm})$$

여기서, $W$ : 스프링에 작용하는 하중

$\delta$ : $W$에 의한 스프링 처짐양

서로 다른 스프링이 직렬로 배열되어 하중 $W$를 받는다. 위의 직렬조합부재처럼 하중 $W$를 하나하나 따로 스프링에 매다는 것과 같다.

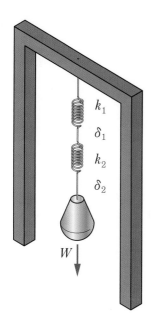

여기서, $k$ : 조합된 스프링의 전체 스프링상수

$\delta$ : 조합된 스프링의 전체 처짐양

$k_1$, $k_2$ : 각각의 스프링상수

$\delta_1$, $\delta_2$ : 각각의 스프링처짐양

$$\delta = \delta_1 + \delta_2$$

$$\frac{W}{k} = \frac{W}{k_1} + \frac{W}{k_2}$$

$$\therefore \frac{1}{k} = \frac{1}{k_1} + \frac{1}{k_2}$$

## (2) 병렬조합

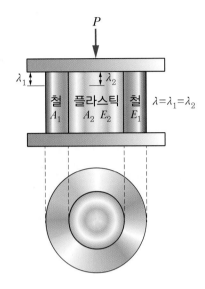

철이 변형된 만큼만 플라스틱도 변형되므로 변형량은 동일하다.

병렬조합의 재료에 하중이 가해지면 2개의 응력이 발생한다.(2부재 반력 발생)

### 1) 하중

$$P = \sigma_1 A_1 + \sigma_2 A_2 \quad \text{ⓐ}$$

### 2) 조합된 부재의 응력

$$\lambda = C, \ l = C$$

$$\varepsilon = \frac{\lambda}{l} = \left( \frac{\sigma_1}{E_1} = \frac{\sigma_2}{E_2} \right)$$

$$\therefore \ \sigma_1 = \frac{E_1 \sigma_2}{E_2}$$

$$\therefore \ \sigma_2 = \frac{E_2 \sigma_1}{E_1} \quad \text{ⓑ}$$

ⓑ를 ⓐ에 대입하면

$$P = \sigma_1 A_1 + \frac{E_2}{E_1} \sigma_1 \cdot A_2$$

$$\therefore \ \sigma_1 = \frac{P}{A_1 + \dfrac{E_2}{E_1} A_2} = \frac{PE_1}{A_1 E_1 + A_2 E_2}$$

$$\therefore \ \sigma_2 = \frac{PE_2}{A_1 E_1 + A_2 E_2}$$

∴ 응력은 탄성계수에 비례한다.

### 3) 스프링에서 병렬조합

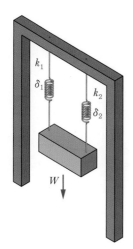

$W = W_1 + W_2$ (두개의 스프링 반력 발생)

$k\delta = k_1\delta_1 + k_2\delta_2 (\delta = \delta_1 = \delta_2$ 병렬조합에서 처짐양 일정)

$\therefore \ k = k_1 + k_2$

## 2. 균일한 단면의 부정정 구조물

부재가 안정을 유지하는 데 필요한 기본적인 지지 이외에 과다 지지된 구조물을 부정정 구조물이라 한다. 정역학적 평형상태방정식 $\sum F = 0$, $\sum M = 0$을 가지고 반력요소들을 모두 해결할 수 없는 구조물이다.

### (1) 양단고정된 균일 단면봉

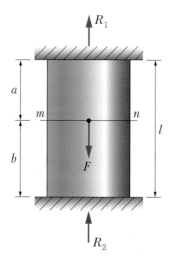

① 양단으로 고정된 균일 단면보의 $m-n$단면에서 하중 $F$를 가하면 위쪽의 $a$길이 부분은 인장되어 늘어나고 아래쪽의 $b$ 길이 부분은 압축되어 줄어들게 된다.

∴ 길이 $a$ 부분의 늘음양($\lambda_1$)= 길이 $b$ 부분의 줄음양($\lambda_2$)

$$\lambda_1 = \lambda_2, \ \frac{R_1 a}{AE} = \frac{R_2 b}{AE}, \ R_1 a = R_2 b, \ R_1 = \frac{R_2 b}{a}$$

② 하중 $F$에 의해 2개의 반력이 발생하므로

$$\sum F_y = 0 : R_1 - F + R_2 = 0$$

$$\therefore \ F = R_1 + R_2$$

$$F = \frac{R_2 b}{a} + R_2$$

$$= \frac{R_2 b + a R_2}{a}$$

$$= \frac{R_2 (b+a)}{a}$$

$$\therefore \ R_2 = \frac{a}{(a+b)} F = \frac{Fa}{l}$$

$$\therefore \ R_1 = \frac{Fb}{l}$$

③ 길이 $a$ 쪽의 응력과 길이 $b$ 쪽의 응력

$$\sigma_1 = \frac{R_1}{A}, \ \sigma_2 = \frac{R_2}{A}$$

## 3. 자중에 의한 응력과 변형

### (1) 자중에 의한 응력과 변형(균일 단면의 봉)

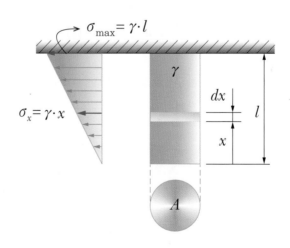

원형봉을 그림과 같이 매달면 외력이 작용하지 않아도 원형봉의 무게(자중)인 체적력이 나오게 된다. $x=0$일 때 원형봉의 아래 끝 지점에서는 무게가 없어 응력이 존재하지 않으나 $x$만큼 떨어져 있으면 자중(무게) $W_x = \gamma \cdot V_x = \gamma \cdot A \cdot x$에 의한 응력($\sigma_x$)이 발생하게 되는데, $x=l$일 때 자중은 최대가 되어 이 부분에서 최대응력이 발생하게 된다.(즉, 무게가 가장 많이 매달리는 부분은 고정된 봉의 위 끝부분이다.)

→ $x$값에 따라 자중이 다르므로 응력이 달라지고 따라서 변형량(변형률) 또한 달라짐을 알 수 있다.

## 1) 자중에 의한 응력

$$\sigma_x = \frac{W_x}{A} = \frac{\gamma \cdot A \cdot x}{A} = \gamma \cdot x$$

$x=l$에서 최대응력 $\sigma_{\max}$

$$\sigma_{x=l} = \sigma_{\max} = \gamma \cdot l$$

$\sigma_{\max} \leq \sigma_a$ (봉의 끝단에 걸리는 최대응력이 재료의 허용응력 이내에 있도록 설계)

## 2) 자중에 의한 변형

$x$ 거리의 단면에서 미소길이 $dx$를 취하고 이 부분에서의 미소 늘음양을 $d\lambda$라 할 때 전체 늘음양 $\lambda$는 적분하여 구할 수 있다.

$$\lambda = \int d\lambda$$

(미소길이 $dx$에서의 미소 늘음양($d\lambda$:변형량)을 구함 → 전체에 대해 적분)

$\lambda = \varepsilon \cdot l$을 적용 → $d\lambda = \varepsilon_x \cdot dx$ ($\sigma_x = E \cdot \varepsilon_x$)

$$d\lambda = \frac{\sigma_x}{E} dx$$

$$= \frac{\gamma \cdot x}{E} dx$$

$$= \frac{\gamma}{E} \int_0^l x dx$$

$$\therefore \lambda = \frac{\gamma \cdot l^2}{2E}$$

| 참고 |

**원추형 봉의 경우**

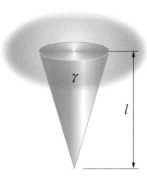

$$\lambda = \frac{\gamma \cdot l^2}{6E} \quad (\text{원추형 봉의 자중 } W = \gamma \cdot V \cdot \frac{1}{3} \rightarrow \text{원기둥 체적}(V)\text{의 } \frac{1}{3})$$

$$\sigma_{\max} = \frac{\gamma \cdot l}{3}$$

$$W = \gamma \cdot \frac{V}{3} = \gamma \cdot \frac{A \cdot l}{3}$$

$$\rightarrow \sigma = \frac{W}{A} = \frac{\gamma \cdot \frac{A}{3} \cdot l}{A} = \frac{\gamma}{3} \cdot l$$

## (2) 자중과 하중을 모두 고려한 경우의 응력과 변형

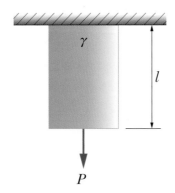

### 1) 응력

$$\sigma_x = \frac{P}{A} + \gamma \cdot x$$

$$\sigma_{\max} = \sigma_{x=l} = \frac{P}{A} + \gamma \cdot l \, (\text{N/cm}^2, \ \text{N/mm}^2)$$

### 2) 변형량

$$\lambda = \frac{Pl}{AE} + \frac{\gamma \cdot l^2}{2E}(\text{cm, mm})$$

## 4. 균일강도의 봉

자중에 의한 응력해석에서 봉의 위쪽 끝단으로 갈수록 자중에 의한 응력이 커지는데, 균일강도의 봉은 $x$값에 관계없이 어느 단면에서나 초기 응력 $\sigma_0 = C$인 값을 유지하도록 설계한 봉이다. 위쪽 끝단으로 갈수록 자중이 커지므로 위로 갈수록 부재의 단면을 크게 해주면 균일한 응력의 봉을 설계할 수 있다.

$$\text{응력} = \frac{\text{자중}(W_x) \to \text{커지면}}{\text{면적}(A_x) \to \text{커지면}} = C$$

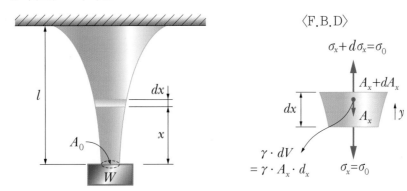

① $x=0$에서의 초기 응력$(\sigma_0)$과 단면$(A_0)$

$$\sigma_0 = \frac{W}{A_0}$$

② 힘 해석과 $A_x$단면(봉의 아래 단에서 $x$만큼 떨어진 단면)

정역학적 평형 $\sum F_y = 0$ :

$$\sigma_0(A_x + dA_x) - \sigma_0 A_x - \gamma \cdot A_x \cdot dx = 0 (\text{양변을} \div \alpha_0 A_x)$$

$$\frac{dA_x}{A_x} = \frac{\gamma}{\sigma_0} \cdot dx (\text{적분하면})$$

$$\ln A_x = \frac{\gamma}{\sigma_0} \cdot x + c$$

$x=0$일 때 단면은 $A_0$이므로 $C = \ln A_0$

$$\ln A_x - \ln A_0 = \frac{\gamma}{\sigma_0} \cdot x$$

$$\therefore \ln \frac{A_x}{A_0} = \frac{\gamma}{\sigma_0} \cdot x$$

$A_0$에서 임의의 거리 $x$까지 떨어진 면적 $A_x$를 구해보면

$$\therefore \ \frac{A_x}{A_0} = e^{\frac{\gamma}{\sigma_0} \cdot x}$$

$$\therefore \ A_x = A_0 e^{\frac{\gamma}{\sigma_0} \cdot x}$$

균일강도의 봉에서 $x$만큼 떨어진 임의의 단면적 $A_x = A_0 e^{\frac{\gamma}{\sigma_0} x}$

③ 늘음양

$$\lambda = \frac{\sigma_0 \cdot l}{E}$$

(어느 단면에서나 응력이 같으므로 변형률이 동일하게 된다.)

## 5. 열응력(thermal stress)

### (1) 열응력

그림처럼 양단이 고정된 부재에 열을 가하면 팽창하려고 하는데 양쪽이 고정단이므로 부재는 자유롭게 늘어나지 못해 역으로 재료 내부에는 양단(벽)에서 누르는 압축력이 발생하게 된다. 이 압축력에 의해 재료 내부에 발생하는 압축응력을 열응력이라 한다. 또한 부재를 냉각하면 수축하려고 하는데 수축할 수 없으므로 재료 내부에는 인장응력이 발생하게 된다.

열응력의 크기는 부재의 팽창과 수축에 상당한 길이만큼 압축 또는 인장을 가한 경우와 같이 응력이 발생한다.

정리해 보면,

가열(팽창) → 압축응력, 냉각(수축) → 인장응력,

구속이 없는 자유단 → 열응력 없음

## 1) 열응력의 크기

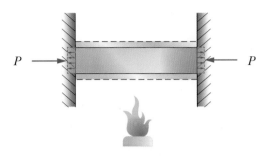

자유물체도 : 부재가 제거될 때 움직이려는 방향과 반대

부재에 $\Delta t\,(t_1\,{}^{\circ}\mathrm{C}\xrightarrow{\Delta t} t_2\,{}^{\circ}\mathrm{C})$만큼 온도가 변화하도록 열을 가할 때 재료에 발생하는 팽창량 $\lambda$는

부재의 길이와 온도변화에 비례하므로 → $\lambda \propto l(t_2 - t_1)$

$\lambda = \alpha l(t_2 - t_1)$ (여기서, $\alpha$ : 선팽창계수 : 비례계수)

$\lambda = \alpha l \Delta t$

$\dfrac{\lambda}{l} = \alpha \cdot \Delta t$ → $\varepsilon$ : 열변형률

열응력 $\sigma = E \cdot \varepsilon = E \cdot \dfrac{\lambda}{l} = E \cdot \alpha \cdot \Delta t$

┃참고

**금속재료의 선팽창계수**($1/{}^{\circ}\mathrm{C}$)

| 금 | $0.128 \times 10^{-4}$ |
|---|---|
| 알루미늄 | $0.207 \times 10^{-4}$ |
| 황동주물 | $0.167 \times 10^{-4}$ |
| 구리 | $0.139 \times 10^{-4}$ |

**예제** 10°C에서 길이 2m, 직경 100mm의 둥근봉을 1mm만큼 늘어나는 것을 허용할 수 있도록 벽에 고정하였다. 이 부재에 열을 가해 온도를 70°C로 상승시켰을 때 열응력 (kPa)과 벽을 미는 힘(N)을 구하여라.

[단, $E = 2.1 \times 10^8 (\text{N/m}^2)$, $\alpha = 11.2 \times 10^{-6} (1/°C)$]

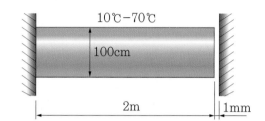

늘어날 수 있는 허용치가 1mm이므로 1mm 늘어날 때까지 벽을 미는 힘이 없다. 1mm 이상 늘어날 때부터 벽을 미는 힘이 작용한다.

열변형에 의한 자유 팽창량

$$\lambda = \varepsilon l = \alpha \Delta t l$$
$$= 11.2 \times 10^{-6} \times (60) \times 2,000 = 1.344 \text{mm}$$

$$\lambda' (\text{유효팽창량}) = \lambda - C = 1.344 - 1 = 0.344 \text{mm}$$

$$\sigma = E \cdot \varepsilon$$
$$= E \cdot \frac{\lambda'}{l} = 2.1 \times 10^8 \times \frac{0.344}{2,000} = 36,120 \text{N/m}^2 = 36.12 \text{kPa}$$

$$P = \sigma \cdot A$$
$$= 36,120 \times \frac{\pi}{4} \times 0.1^2$$
$$= 283.69 \text{N}$$

## 6. 후프응력(hoop stress : 원주응력)

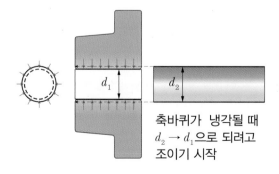

축바퀴가 냉각될 때
$d_2 \rightarrow d_1$으로 되려고
조이기 시작

축보다 작은 구멍 $d_1$을 가진 축바퀴를 가열하여 열팽창 시킨 다음 축($d_2$)을 넣어 끼워맞춤 한다. 냉각될 때 축바퀴는 $d_2$부터 → 원래의 직경 $d_1$으로 되려고 원주 방향에서 축을 조인다. 축바퀴는 원주가 $\pi d_1$에서 $\pi d_2$로 바뀌게 된다.

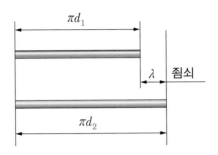

(원주방향) $\sigma_h = E \cdot \varepsilon$
$$= E \cdot \frac{\lambda}{l} = E \cdot \frac{\pi d_2 - \pi d_1}{\pi d_1} = E \cdot \frac{d_2 - d_1}{d_1}$$

# 7. 탄성에너지와 가상일

## (1) 탄성에너지와 가상일 개요

굽은 상태의 위치에너지로 저장

그림처럼 팔로 플라스틱 봉을 굽히면 원상태로 돌아가려고 하는 에너지가 봉에 저장된다. 즉, 외력이 작용하면 탄성한도 이내에서 탄성변형 하므로 외력의 크기에 비례하여 변형이 발생하며, 이는 일을 한 셈이고 이 일에 상당한 에너지를 모두 위치에너지로 재료 내부에 저장(축적)하게 된다. 이때 외력을 제거하면 축적된 에너지를 외부에 방출하게 되는데, 이러한 일에 소요되는 에너지를 변형률에너지 또는 탄성에너지(resilience)라 한다. 재료에서 인장, 압축, 전단에 의해 탄성변형된 재료도 재료 내부에 에너지를 축적한다.

### (2) 수직응력에 의한 탄성에너지

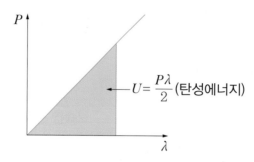

$$U = \frac{P\lambda}{2} \text{(탄성에너지)}$$

인장하중 $P$에 의해 재료가 $\lambda$만큼 늘어났다면 재료에 축적된 탄성에너지 $U$는 그래프에서의 삼각형 면적과 같다.

$$U = \frac{P\lambda}{2} = \frac{P^2 l}{2AE} = \frac{\sigma^2 A \cdot l}{2E}$$

(하중 $P$가 작용할 때 변형량이 0부터 $\lambda$까지 발생하는 동안 이루어진 일의 양)

단위체적당 변형에너지(단위체적당 축적되는 탄성에너지)

$$u = \frac{U}{V} = \frac{\dfrac{\sigma^2}{2E}Al}{Al} = \frac{\sigma^2}{2E} = \frac{1}{2}\sigma\varepsilon = \frac{E\varepsilon^2}{2}(\text{N}\cdot\text{m}/\text{cm}^3)$$

### (3) 전단응력에 의한 탄성에너지

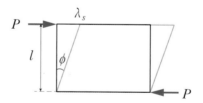

$$\gamma = \frac{\lambda_s}{l} \text{(전단변형률)}$$

전단변형에 대한 탄성에너지 $U = \dfrac{P\lambda_s}{2}(P = \tau \cdot A,\ \lambda_s = \gamma \cdot l,\ \tau = G \cdot \gamma)$

$$U = \frac{\tau \cdot A}{2} \cdot \gamma \cdot l = \frac{G\gamma^2}{2} \cdot A \cdot l$$

$$\rightarrow u = \frac{U}{V} = \frac{G\gamma^2}{2} \text{(단위체적당 탄성에너지)}$$

## 8. 충격응력

### (1) 에너지 보존의 법칙 → 운동에너지 = 위치에너지 = 탄성에너지

$$|E_k|=|E_p|=|U|$$

$$\begin{cases} (E_k)_{\max} & \rightarrow & (E_p=0) \\ (E_p)_{\max} & \rightarrow & (E_k=0) \end{cases}$$

**1) 위치에너지 :** $E_p = mg \cdot h$

**2) 운동에너지 :** $E_k = \dfrac{1}{2}\,m \cdot V^2$

**3) 탄성에너지 :** $U = \dfrac{P\lambda}{2}$ (탄성한도 이내에서)

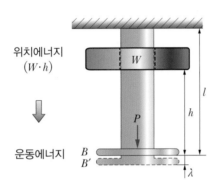

$B'$ 위치에 저장되어 있는 탄성변형에너지

### 4) 충격에 의한 응력과 변형

① 정응력 : $\sigma_0 = \dfrac{W}{A}$

② 정하중 시 늘음 : $\lambda_0 = \dfrac{W \cdot l}{AE}$

③ 충격응력 : $\sigma = \dfrac{P}{A}$

④ 충격신장량 : $\lambda = \dfrac{Pl}{AE} = \dfrac{\sigma}{E} \cdot l$

⑤ 위치에너지 : $E_p = W \cdot h$ ($B$위치)

⑥ 탄성에너지

$$U = \frac{P \cdot \lambda}{2} = \frac{P^2 l}{2AE} = \frac{\sigma^2}{2E} A \cdot l = \frac{\varepsilon^2}{2} E \cdot A \cdot l$$

$$\therefore \text{충격하중 } P = \sqrt{2 \frac{AE}{l} U} = \sqrt{2kU}$$

⑦ 충격응력

$$\sigma = \frac{P}{A} = \sqrt{\frac{2EU}{Al}}$$

⑧ 위치에너지에 $\lambda$를 고려한 충격응력

$$|E_p| = |U|$$

$$W(h + \lambda) = \frac{1}{2} P\lambda \ (B' \text{위치에 저장되어 있는 변형에너지})$$

추가 한 일의 양은 봉 내의 변형에너지로 저장된다.

$$W(h + \lambda) = \frac{\sigma^2}{2E} \cdot A \cdot l$$

$$Wh + \sigma \frac{W}{E} l = \frac{\sigma^2}{2E} \cdot A \cdot l$$

$$2EWh + 2\sigma Wl = \sigma^2 A \cdot l$$

$$Al\sigma^2 - 2Wl\sigma - 2EWh = 0 \rightarrow \text{근의 공식 적용}$$

$$\sigma = \frac{-(-Wl) \pm \sqrt{(-2Wl)^2 - Al \cdot (-2EWh)}}{Al}$$

$$= \frac{Wl \pm Wl\sqrt{1 + \frac{2AEh}{Wl}}}{Al}$$

$$= \frac{W}{A} \left( 1 \pm \sqrt{1 + \frac{AE \cdot 2h}{Wl}} \right)$$

$$= \frac{W}{A} \left( 1 \pm \sqrt{1 + \frac{2h}{\lambda_0}} \right)$$

$$\therefore \text{충격응력 } \sigma = \sigma_0 \left( 1 + \sqrt{1 + \frac{2h}{\lambda_0}} \right)$$

$$\lambda = \frac{\sigma l}{E} = \frac{l}{E} \sigma_0 \left( 1 + \sqrt{1 + \frac{2h}{\lambda_0}} \right)$$

$$\therefore \text{충격늘음양 } \lambda = \lambda_0 \left( 1 + \sqrt{1 + \frac{2h}{\lambda_0}} \right)$$

만약 $h = 0$인 제자리에서 충격력을 가하면 $\sigma = 2\sigma_0$, $\lambda = 2\lambda_0$가 된다. (충격응력은 정응력의 2배)

## 9. 압력을 받는 원통

### (1) 내압을 받는 얇은 원통 용기$\left(\dfrac{t}{D} \leq \dfrac{1}{10}\right)$

압력용기인 가스탱크, 물탱크 보일러 등에서 내압에 의한 강판의 인장응력이 나타나며, 그림에서처럼 축방향 응력($\sigma_s$)과 원주방향($\sigma_h$)의 응력이 발생한다. 그러므로 압력용기를 설계할 때는 최대응력을 기준으로 설계한다.

### 1) 원주방향의 응력($\sigma_h$)

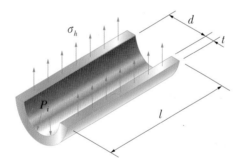

전압력 → 힘 $F = P_i \cdot d \cdot l$

$$\sum F_y = 0 \ : \ -P_i dl + \sigma_h A = 0$$

$$\therefore \ \sigma_h = \frac{P_i dl}{A} = \frac{P_i dl}{2tl} = \frac{P_i d}{2t}$$

### 2) 축방향의 응력($\sigma_s$)

 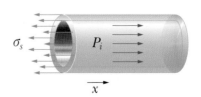

$$P_i \times \frac{\pi}{4} d^2 = \sigma_s \times \pi d \times t$$

$$\therefore \ \sigma_s = \frac{P_i d}{4t}$$

만약, 축방향 응력을 기준으로 한 $t = \dfrac{P_i d}{4\sigma}$로 동관두께를 설계하면 축방향의 하중은 견디나 원주방향의 하중은 못 견뎌 폭발한다.

∴ 압력용기의 실제 파괴는 원주방향의 응력이 축방향 응력의 2배이므로 원주방향으로 파괴된다. 최대응력으로 설계해야 하므로 강도나 두께 계산은 $\sigma_h$(후프응력)를 기준으로 설계해야 한다.

### 3) 내압을 받는 얇은 구

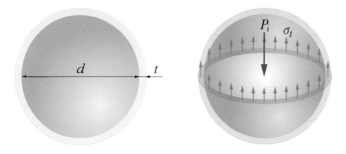

$$F = \frac{\pi}{4} d^2 \cdot P_i = \pi \cdot dt \sigma_t$$

$$\sigma_t = \frac{P_i d}{4t} \, (\mathrm{kg/mm^2})$$

### 4) 내압을 받는 두꺼운 원통 $\left( \dfrac{t}{D} \geq \dfrac{1}{10} \right)$

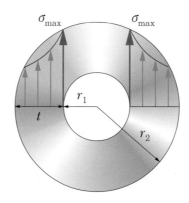

반경비 $\dfrac{r_2}{r_1} = \sqrt{\dfrac{\sigma_{max} + P_i}{\sigma_{max} - P_i}}$

# 핵심 기출 문제

**01** 그림과 같이 지름 $d$인 강철봉이 안지름 $d$, 바깥지름 $D$인 동관에 끼워져서 두 강체 평판 사이에서 압축되고 있다. 강철봉 및 동관에 생기는 응력을 각각 $\sigma_s$, $\sigma_c$라고 하면 응력의 비($\sigma_s/\sigma_c$)의 값은?(단, 강철($E_s$) 및 동($E_c$)의 탄성계수는 각각 $E_s = 200$GPa, $E_c = 120$GPa이다.)

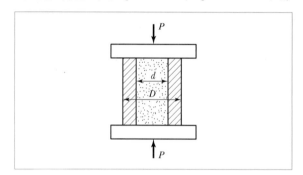

① $\dfrac{3}{5}$    ② $\dfrac{4}{5}$

③ $\dfrac{5}{4}$    ④ $\dfrac{5}{3}$

**해설⊕**

병렬조합의 응력해석에서

$P = \sigma_1 A_1 + \sigma_2 A_2$, $\lambda_1 = \lambda_2 = \dfrac{\sigma_1}{E_1} = \dfrac{\sigma_2}{E_2}$ 이므로

조합하면 $\sigma_s = \dfrac{PE_s}{A_s E_s + A_c E_c}$

$\qquad\qquad \sigma_c = \dfrac{PE_c}{A_s E_s + A_c E_c}$

$\therefore \ \dfrac{\sigma_s}{\sigma_c} = \dfrac{E_s}{E_c} = \dfrac{200}{120} = \dfrac{5}{3}$

**02** 한 변의 길이가 10mm인 정사각형 단면의 막대가 있다. 온도를 60℃ 상승시켜서 길이가 늘어나지 않게 하기 위해 8kN의 힘이 필요할 때 막대의 선팽창계수($\alpha$)는 약 몇 ℃$^{-1}$인가?(단, 탄성계수는 $E = 200$GPa이다.)

① $\dfrac{5}{3} \times 10^{-6}$    ② $\dfrac{10}{3} \times 10^{-6}$

③ $\dfrac{15}{3} \times 10^{-6}$    ④ $\dfrac{20}{3} \times 10^{-6}$

**해설⊕**

열응력에 의해 생기는 힘과 하중 8kN은 같다.

$\varepsilon = \alpha \Delta t$

$\sigma = E\varepsilon = E\alpha \Delta t$

$P = \sigma A = E\alpha \Delta t A$에서

$\alpha = \dfrac{P}{E\Delta t A} = \dfrac{8 \times 10^3}{200 \times 10^9 \times 60 \times 0.01^2}$

$\ = 0.000006667 = 6.\dot{6} \times 10^{-6}$

$\ = \dfrac{66 - 6}{9} \times 10^{-6}$

$\ = \dfrac{20}{3} \times 10^{-6}(1/℃)$

**03** 그림과 같이 두 가지 재료로 된 봉이 하중 $P$를 받으면서 강체로 된 보를 수평으로 유지시키고 있다. 강봉에 작용하는 응력이 150MPa일 때 Al 봉에 작용하는 응력은 몇 MPa인가?(단, 강과 Al의 탄성계수의 비는 $E_s/E_a = 3$이다.)

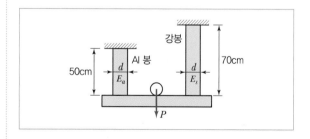

① 70            ② 270

③ 550         ④ 875

**해설⊕**

병렬조합이므로 Al 봉이 늘어난 길이와 강봉이 늘어난 길이는 같다.

$$\lambda = \frac{\sigma_s \cdot l_s}{E_s} = \frac{\sigma_a \cdot l_a}{E_a} \text{에서}$$

$$\sigma_a = \sigma_s \times \frac{l_s E_a}{l_a E_s} = 150 \times \frac{70 \times 1}{50 \times 3} = 70 \text{MPa}$$

**04** 직경 20mm인 와이어 로프에 매달린 1,000N의 중량물($W$)이 낙하하고 있을 때, $A$점에서 갑자기 정지시키면 와이어 로프에 생기는 최대 응력은 약 몇 GPa인가?(단, 와이어 로프의 탄성계수 $E$ = 20GPa이다.)

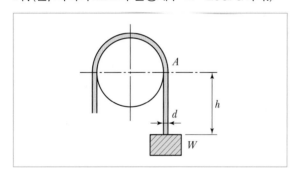

① 0.93        ② 1.13

③ 1.72        ④ 1.93

**해설⊕**

충격응력 $\sigma$, 정응력 $\sigma_0$

$$\sigma = \sigma_0 \left(1 + \sqrt{1 + \frac{2h}{\lambda_0}}\right) = \sigma_0 \left(1 + \sqrt{1 + \frac{2h}{\frac{Wh}{AE}}}\right)$$

$$= \sigma_0 \left(1 + \sqrt{1 + \frac{2AE}{W}}\right)$$

$$= \frac{1,000}{\frac{\pi \times 0.02^2}{4}} \times \left(1 + \sqrt{1 + \frac{2 \times \pi \times 0.02^2 \times 20 \times 10^9}{1,000 \times 4}}\right)$$

$$= 0.36 \text{GPa}$$

**05** 단면적이 7cm²이고, 길이가 10m인 환봉의 온도를 10℃ 올렸더니 길이가 1mm 증가했다. 이 환봉의 열팽창계수는?

① $10^{-2}/℃$        ② $10^{-3}/℃$

③ $10^{-4}/℃$        ④ $10^{-5}/℃$

**해설⊕**

$$\varepsilon = \frac{\lambda}{l} = \alpha \cdot \Delta t \text{에서}$$

$$\alpha = \frac{\lambda}{\Delta t \cdot l} = \frac{0.001 \text{m}}{10℃ \times 10 \text{m}} = 0.00001 = 1 \times 10^{-5}/℃$$

**06** 길이 10m, 단면적 2cm²인 철봉을 100℃에서 그림과 같이 양단을 고정했다. 이 봉의 온도가 20℃로 되었을 때 인장력은 약 몇 kN인가?(단, 세로탄성계수는 200GPa, 선팽창계수 $\alpha$ = 0.000012/℃이다.)

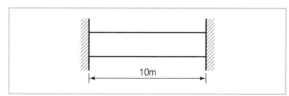

① 19.2        ② 25.5

③ 38.4        ④ 48.5

**해설⊕**

$$A = 2 \text{cm}^2 \times \left(\frac{1 \text{m}}{100 \text{cm}}\right)^2 = 2 \times 10^{-4} \text{m}^2$$

$$\varepsilon = \alpha \Delta t$$

$$\sigma = E\varepsilon = E\alpha \Delta t$$

$$P = \sigma A = E\alpha \Delta t A$$

$$= 200 \times 10^9 \times 0.000012 \times (100 - 20) \times 2 \times 10^{-4}$$

$$= 38,400 \text{N}$$

$$= 38.4 \text{kN}$$

**07** 판 두께 3mm를 사용하여 내압 20kN/cm²를 받을 수 있는 구형(Spherical) 내압용기를 만들려고 할 때, 이 용기의 최대 안전내경 $d$를 구하면 몇 cm인가?(단, 이 재료의 허용 인장응력을 $\sigma_w=800$kN/cm²로 한다.)

① 24          ② 48
③ 72          ④ 96

**해설⊕**

$t=0.3$cm

$$\sum F_y=0 : \sigma_t\times\pi dt-P_i\times\frac{\pi d^2}{4}=0$$

$$\therefore\ d=\frac{4\sigma_t\cdot t}{P_i}=\frac{4\times800\times10^3\times0.3}{20\times10^3}=48\text{cm}$$

**08** 그림과 같이 길이가 동일한 2개의 기둥 상단에 중심 압축 하중 2,500N이 작용할 경우 전체 수축량은 약 몇 mm인가?(단, 단면적 $A_1=1,000$mm², $A_2=2,000$mm², 길이 $L=300$mm, 재료의 탄성계수 $E=90$GPa이다.)

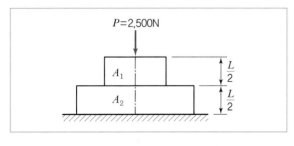

① 0.625          ② 0.0625
③ 0.00625          ④ 0.000625

**해설⊕**

동일한 부재이므로 탄성계수는 같으며, $A_1$, $A_2$ 부재에 따로 하중($P$)을 주어 수축되는 양과 같으므로
전체수축량 $\lambda=\lambda_1+\lambda_2$

$$\lambda=\frac{PL_1}{A_1E}+\frac{PL_2}{A_2E}=\frac{P}{E}\left(\frac{L_1}{A_1}+\frac{L_2}{A_2}\right)$$

$$=\frac{2,500}{90\times10^9}\left(\frac{0.15}{1,000\times10^{-6}}+\frac{0.15}{2,000\times10^{-6}}\right)$$

$$=6.25\times10^{-6}\text{m}=0.00625\text{mm}$$

**09** 최대 사용강도($\sigma_{\max}$)=240MPa, 내경 1.5m, 두께 3mm의 강재 원통형 용기가 견딜 수 있는 최대 압력은 몇 kPa인가?(단, 안전계수는 2이다.)

① 240          ② 480
③ 960          ④ 1,920

**해설⊕**

안전계수 $S=2$이므로

허용응력 $\sigma_a=\dfrac{\sigma_{\max}}{S}=\dfrac{240}{2}=120\text{MPa}$

후프응력 $\sigma_h=\dfrac{pd}{2t}=\sigma_a$

$$\therefore\ p=\frac{2t\sigma_a}{d}$$

$$=\frac{2\times0.003\times120}{1.5}=0.48\text{MPa}=480\text{kPa}$$

**10** 철도 레일의 온도가 50℃에서 15℃로 떨어졌을 때 레일에 생기는 열응력은 약 몇 MPa인가?(단, 선팽창계수는 0.000012/℃, 세로탄성계수는 210GPa이다.)

① 4.41      ② 8.82

③ 44.1      ④ 88.2

**해설⊕**

$\varepsilon = \alpha \Delta t$

$\sigma = E\varepsilon = E\alpha\Delta t$

$\quad = 210 \times 10^9 \times 0.000012 \times (50 - 15)$

$\quad = 88.2 \times 10^6 \, \mathrm{Pa}$

$\quad = 88.2 \, \mathrm{MPa}$

# CHAPTER 03 조합응력과 모어의 응력원

## 1. 개요

기본적인 1개의 하중에 의한 응력과 변형들을 계속 해석해 왔는데 이 장에서는 여러 가지 하중이 조합된 형태로 작용하여 취성파괴와 연성파괴에 의한 수직파괴단면과 경사파괴단면에 대한 재료 내부의 응력해석을 하게 된다. 이러한 경사단면에 발생하는 응력해석식들은 복잡한데, 해석된 수식들을 편리하게 구하기 위해 쉽게 만든 도식적 해법인 모어의 응력원이 있다.

### (1) 1축 응력(단순응력 : simple stress)

1개의 힘이 가해지는 응력상태

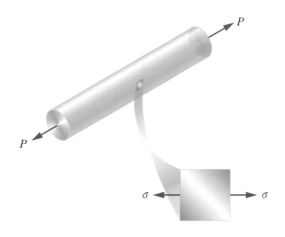

## (2) 2축 응력

2개의 힘이 가해지는 응력상태

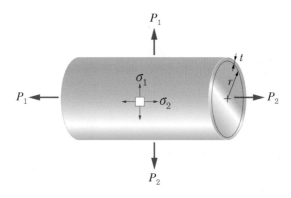

## (3) 3축 응력

3개의 힘이 가해지는 응력상태

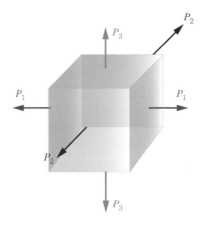

## (4) 평면응력

2개의 수직응력과 1개 또는 2개의 전단응력 성분의 조합으로 구성된 응력상태

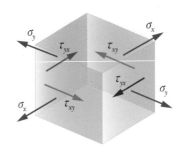

## 2. 경사단면에 발생하는 1축 응력

응력이 1개이므로 하나의 외력이 작용하며, 외력에 의해 그림(a)처럼 취성재료는 수직인 단면에 가깝게 인장파괴 되며, 이 외력에 대해 연성재료들은 수직인 단면으로부터 $\theta$만큼 경사지게 그림 (b)처럼 파괴되기도 한다. 경사지게 파괴될 때, 경사진 $n-n$단면($A_n$)에 대한 수직응력 $\sigma_n$과 전단응력 $\tau_n$에 대한 응력을 해석한다. 즉, 인장 시험편에서 연성재료들은 단면이 $A_n$ 단면처럼 $\theta$를 가지고 경사지게 파괴되므로 경사단면에 발생하는 수직응력(법선응력)과 전단응력을 해석하게 된다.

(a) 취성재료의 인장파괴　　　　　　(b) 연성재료의 인장파괴

### (1) 경사단면에 발생하는 수직응력과 전단응력

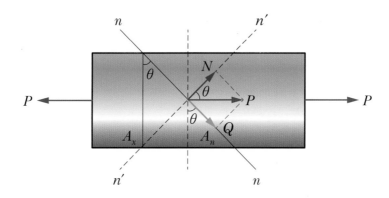

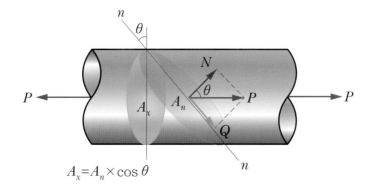

$$A_x = A_n \times \cos\theta$$

경사단면($A_n$)에서 기본수식 $A_n\cos\theta = A_x$ ($A_x$ : $x$축에 수직인 단면), $\sigma_n = \dfrac{N}{A_n}$, $\tau_n = \dfrac{Q}{A_n}$

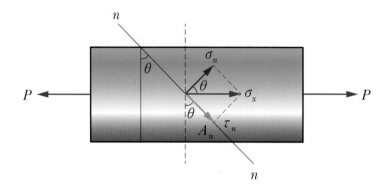

$\sigma_x = \dfrac{P_x}{A_x}$ : 단면적이 최소일 때 응력 최대($\because$ 하중 $P$는 동일하므로)

### 1) 경사단면의 수직력(법선력)과 수직응력

① 수직력 : $N = P\cos\theta$

② 수직응력(법선응력) : $\sigma_n = \dfrac{\text{수직력}}{\text{경사면}} = \dfrac{N}{A_n} = \dfrac{P\cos\theta}{A_x / \cos\theta}$

$$= \sigma_x \cdot \cos^2\theta$$

$$= \dfrac{\sigma_x}{2}(1 + \cos 2\theta)$$

여기서, $\cos(\alpha+\beta) = \cos\alpha\cos\beta - \sin\alpha\sin\beta$

$\cos(\theta+\theta) = \cos 2\theta = \cos^2\theta - \sin^2\theta = \cos^2\theta - (1 - \cos^2\theta)$

$\cos 2\theta = 2\cos^2\theta - 1$

$\therefore \cos^2\theta = \dfrac{1}{2}(1 + \cos 2\theta)$

### 2) 경사단면의 전단(접선)력과 전단응력

① 전단(접선)력 : $Q = P\sin\theta$

② 전단응력 : $\tau_n = \dfrac{\text{전단력}}{\text{경사면}} = \dfrac{Q}{A_n}$

$$= \dfrac{P\sin\theta}{A_x / \cos\theta} = \sigma_x \sin\theta\cos\theta$$

$$= \dfrac{\sigma_x}{2}\sin 2\theta$$

여기서, $\sin(\alpha+\beta) = \sin\alpha\cos\beta + \cos\alpha\sin\beta$

$\sin(\theta+\theta) = \sin 2\theta = \sin\theta\cos\theta + \cos\theta\sin\theta = 2\sin\theta\cos\theta$

$\therefore \sin\theta\cos\theta = \dfrac{1}{2}\sin 2\theta$

### 3) 공액법선응력과 공액전단응력

$n-n$단면과 직교(90°)하는 단면의 응력을 공액응력이라 하며 그림에서 $n'-n'$단면에 발생하는 법선응력과 전단응력을 공액법선응력, 공액전단응력이라 한다.

(수직응력과 전단응력 결과식에 $\theta$ 대신 → $\theta + 90°$를 대입)

① 공액법선응력

$$\sigma_n' = \sigma_x \cdot \cos^2(\theta + 90°) = \sigma_x \cdot (-\sin\theta)^2 = \sigma_x \sin^2\theta = \frac{\sigma_x}{2}(1 - \cos 2\theta)$$

② 공액전단응력

$$\tau_n' = \frac{1}{2}\sigma_x \sin 2(\theta + 90°) = \frac{1}{2}\sigma_x \sin(2\theta + 180°) = -\frac{\sigma_x}{2}\sin 2\theta$$

### 4) 응력과 공액응력의 합

① 법선응력과 공액법선응력의 합

$$\sigma_n + \sigma_n' = \sigma_x(\cos^2\theta + \sin^2\theta) = \sigma_x$$

② 전단응력과 공액전단응력의 합

$$\tau_n + \tau_n' = 0$$

### 5) 최대법선응력과 최소법선응력

① 최대법선응력

$\sigma_n = \sigma_x \cdot \cos^2\theta$ (법선응력은 $\cos$함수이므로 $\cos\theta = 1$일 때 최대이므로 ∴ $\theta = 0°$)

$$\sigma_n = \sigma_{max} = \sigma_x$$

② 최소법선응력

$\sigma_n = \sigma_x \cdot \cos^2\theta$ (법선응력은 $\cos$함수이므로 $\cos\theta = 0$일 때 최소이므로 ∴ $\theta = 90°$)

$$\sigma_n = \sigma_{min} = 0$$

### 6) 최대전단응력과 최소전단응력

① 최대전단응력

$\tau_n = \dfrac{\sigma_x}{2}\sin 2\theta$ (전단응력은 $\sin$함수이므로 $\sin 2\theta = 1$일 때 최대이므로 ∴ $\theta = 45°$)

$$\tau_{max} = \frac{\sigma_x}{2}$$

경사단면에서 단면은 45°로 파괴될 때 최대전단응력이 된다.

② 최소전단응력

$\tau_n = \dfrac{\sigma_x}{2}\sin 2\theta$ (전단응력은 $\sin$함수이므로 $\sin 2\theta = -1$일 때 최소이므로 ∴ $\theta = 135°$)

$$\tau_{min} = -\frac{\sigma_x}{2}$$

### 7) 1축 응력에서 모어의 응력원

1개의 하중에 의한 경사단면의 응력해석 값들을 모어의 응력원을 그려 편리하고 쉽게 구해보자.

- 응력원 작도법
  ① 좌표축을 설정 $x$축 → $\sigma$축, $y$축 → $\tau$축을 잡고
     1축 응력이므로 → $x$축에 작용하는 응력 1개 $\sigma_x$를 표시
  ② 원점(O)과 $\sigma_x$값을 지름으로 하는 원을 그림
  ③ 원의 중심 좌표($\sigma_{av}$=공칭응력) 구함
  ④ $x$축 기준, 좌측으로 각이 $2\theta$인 원의 중심을 지나는 지름을 그림
  ⑤ 각이 $2\theta$인 지름과 원이 만나는 점의 좌표 구함

  모어의 응력원은 경사단면에 발생하는 응력값들이 모어의 응력원의 **원주상**에 모두 나타나게 된다.

  $x$(횡)좌표 → 법선응력($\sigma$)값들을 의미
  $y$(종)좌표 → 전단응력($\tau$)값들을 의미

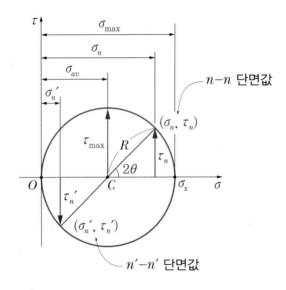

- 그려진 모어의 응력원에서 응력값들을 구해보면

$$\sigma_{av} = R = \frac{\sigma_x}{2}\text{(반지름)}$$

$$\sigma_n = R + R\cos 2\theta$$

$$\tau_n = R\sin 2\theta$$

$$\sigma_n' = R - R\cos 2\theta$$

$$\tau_n' = -R\sin 2\theta$$

① $\sigma_n \rightarrow (\theta=0°) \rightarrow \sigma_x = \dfrac{P}{A_x} = \dfrac{P}{A}$ (기본 응력값)

　수직단면($A_x$)으로 파괴(최소단면적)

② $\sigma_n(\text{min}) \rightarrow (\theta=90°) \rightarrow 0$

③ $\tau_{\text{max}}(\theta=45°) \rightarrow \dfrac{\sigma_x}{2} \rightarrow$ 반지름 $R$

④ $\tau_{\text{min}}(\theta=135°) \rightarrow -\dfrac{\sigma_x}{2}$

## 3. 경사단면에 작용하는 이축응력

두 개의 힘에 의해 두 개의 응력이 발생할 때 경사단면에서 두 힘을 직각분력으로 나누어 법선응력과 전단응력을 해석한다.

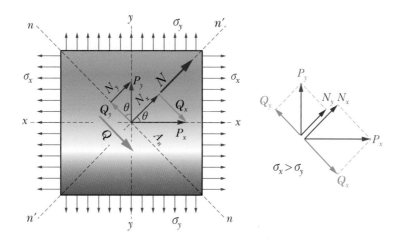

### (1) 경사단면에 발생하는 수직응력과 전단응력

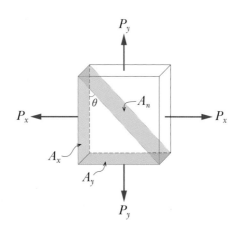

경사단면 $(A_n)$에서 기본수식 $A_n \cos\theta = A_x$ ($A_x$ : $x$축에 수직인 단면)

$A_n \sin\theta = A_y$ ($A_y$ : $y$축에 수직인 단면)

$$\sigma_x = \frac{P_x}{A_x}$$

$$\sigma_y = \frac{P_y}{A_y}$$

## 1) 경사단면의 수직력(법선력)과 수직응력

① 수직력 : $N_x = P_x \cos\theta$, $N_y = P_y \sin\theta$

② 수직응력(법선응력) : $\sigma_n = \dfrac{수직력}{경사면} = \dfrac{N}{A_n} = \dfrac{N_x + N_y}{A_n} = \dfrac{P_x \cos\theta + P_y \sin\theta}{A_n}$

$$= \frac{P_x \cos\theta}{A_n} + \frac{P_y \sin\theta}{A_n}$$

$$= \frac{P_x \cos\theta}{\dfrac{A_x}{\cos\theta}} + \frac{P_y \sin\theta}{\dfrac{A_y}{\sin\theta}}$$

$$= \sigma_x \cdot \cos^2\theta + \sigma_y \cdot \sin^2\theta$$

$$= \sigma_x \left( \frac{1 + \cos 2\theta}{2} \right) + \sigma_y \left( \frac{1 - \cos 2\theta}{2} \right)$$

$$\therefore \ \sigma_n = \frac{\sigma_x + \sigma_y}{2} + \frac{\sigma_x - \sigma_y}{2} \cos 2\theta$$

여기서, $\cos(\alpha + \beta) = \cos\alpha \cos\beta - \sin\alpha \sin\beta$

$\cos(\theta + \theta) = \cos 2\theta = \cos^2\theta - \sin^2\theta = \cos^2\theta - (1 - \cos^2\theta)$

$\cos 2\theta = 2\cos^2\theta - 1$

$\therefore \ \cos^2\theta = \dfrac{1}{2}(1 + \cos 2\theta)$

$\cos 2\theta = 2\cos^2\theta - 1 = 2\cos^2\theta - (\cos^2\theta + \sin^2\theta)$

$= \cos^2\theta - \sin^2\theta = (1 - \sin^2\theta) - \sin^2\theta$

$= 1 - 2\sin^2\theta$

$\therefore \ \sin^2\theta = \dfrac{1 - \cos 2\theta}{2}$

### 2) 경사단면의 전단(접선)력과 전단응력

① 전단(접선)력 : $Q_x = P_x \sin\theta$, $Q_y = P_y \cos\theta$

② 전단응력 :
$$\tau_n = \frac{\text{전단력}}{\text{경사면}} = \frac{Q}{A_n} = \frac{Q_x - Q_y}{A_n} = \frac{Q_x}{A_n} - \frac{Q_y}{A_n} = \frac{P_x \sin\theta}{A_n} - \frac{P_y \cos\theta}{A_n}$$

$$= \frac{P_x \sin\theta}{\dfrac{A_x}{\cos\theta}} - \frac{P_y \cos\theta}{\dfrac{A_y}{\sin\theta}}$$

$$= \sigma_x \sin\theta\cos\theta - \sigma_y \sin\theta\cos\theta$$

$$= \sigma_x \frac{1}{2}\sin 2\theta - \sigma_y \frac{1}{2}\sin 2\theta$$

$$= \frac{1}{2}(\sigma_x - \sigma_y)\sin 2\theta$$

$$\therefore \ \tau_n = \frac{1}{2}(\sigma_x - \sigma_y)\sin 2\theta$$

여기서, $\sin(\alpha+\beta) = \sin\alpha\cos\beta + \cos\alpha\sin\beta$

$\sin(\theta+\theta) = \sin 2\theta = \sin\theta\cos\theta + \cos\theta\sin\theta = 2\sin\theta\cos\theta$

$$\therefore \ \sin\theta\cos\theta = \frac{1}{2}\sin 2\theta$$

### 3) 공액법선응력과 공액전단응력

$n-n$단면과 직교(90°)하는 단면의 응력을 공액응력이라 하며 그림에서 $n'-n'$단면에 발생하는 법선응력과 전단응력을 공액법선응력, 공액전단응력이라 한다.

(수직응력과 전단응력 결과식에 $\theta$ 대신 → $\theta+90°$를 대입)

① 공액법선응력

$$\sigma_n' = \frac{\sigma_x + \sigma_y}{2} + \frac{\sigma_x - \sigma_y}{2}\cos 2(\theta+90°)$$

$$= \frac{\sigma_x + \sigma_y}{2} + \frac{\sigma_x - \sigma_y}{2}\cos(2\theta+180°)$$

$$= \frac{\sigma_x + \sigma_y}{2} - \frac{\sigma_x - \sigma_y}{2}\cos 2\theta$$

$$\therefore \ \sigma_n' = \frac{\sigma_x + \sigma_y}{2} - \frac{\sigma_x - \sigma_y}{2}\cos 2\theta$$

② 공액전단응력

$$\tau_n' = \frac{1}{2}(\sigma_x - \sigma_y)\sin 2(\theta+90°)$$

$$= \frac{1}{2}(\sigma_x - \sigma_y)\sin(2\theta+180°)$$

$$= -\frac{1}{2}(\sigma_x - \sigma_y)\sin 2\theta$$

$$\therefore \ \tau_n' = -\frac{\sigma_x - \sigma_y}{2}\sin 2\theta$$

### 4) 응력과 공액응력의 합

① 법선응력과 공액법선응력의 합

$$\sigma_n + \sigma_n' = \left(\frac{\sigma_x + \sigma_y}{2} + \frac{\sigma_x - \sigma_y}{2}\cos 2\theta\right) + \left(\frac{\sigma_x + \sigma_y}{2} - \frac{\sigma_x - \sigma_y}{2}\cos 2\theta\right) = \sigma_x + \sigma_y$$

② 전단응력과 공액전단응력의 합

$$\tau_n + \tau_n' = \frac{1}{2}(\sigma_x - \sigma_y)\sin 2\theta - \frac{1}{2}(\sigma_x - \sigma_y)\sin 2\theta = 0$$

전단응력과 공액전단응력의 크기는 동일(부호는 반대)하다는 것을 알 수 있다.

### 5) 최대법선응력과 최소법선응력

① 최대법선응력

$$\sigma_n = \frac{\sigma_x + \sigma_y}{2} + \frac{\sigma_x - \sigma_y}{2}\cos 2\theta$$

(법선응력은 $\cos$함수이므로 $\cos 2\theta = 1$일 때 최대이므로 $\therefore \theta = 0°$)

$$\sigma_n = \sigma_{max} = \sigma_x$$

② 최소법선응력

$$\sigma_n = \frac{\sigma_x + \sigma_y}{2} + \frac{\sigma_x - \sigma_y}{2}\cos 2\theta$$

(법선응력은 $\cos$함수이므로 $\cos 2\theta = -1$일 때 최소이므로 $\therefore \theta = 90°$)

$$\sigma_n = \sigma_{min} = \frac{\sigma_x + \sigma_y}{2} - \frac{\sigma_x - \sigma_y}{2} = \sigma_y$$

### 6) 최대전단응력과 최소전단응력

① 최대전단응력

$$\tau_n = \frac{1}{2}(\sigma_x - \sigma_y)\sin 2\theta$$

(전단응력은 $\sin$함수이므로 $\sin 2\theta = 1$일 때 최대이므로 $\therefore \theta = 45°$)

$$\tau_{max} = \frac{\sigma_x - \sigma_y}{2}$$

경사단면에서 단면은 45°로 파괴될 때 최대전단응력이 된다.

② 최소전단응력

$$\tau_n = \frac{1}{2}(\sigma_x - \sigma_y)\sin 2\theta$$

(전단응력은 $\sin$함수이므로 $\sin 2\theta = -1$일 때 최소이므로 $\theta = 135°$)

$$\tau_{min} = -\frac{\sigma_x - \sigma_y}{2}$$

### 7) 2축 응력에서 모어의 응력원

2개의 하중에 의한 경사단면의 응력해석 값들을 모어의 응력원을 그려 편리하고 쉽게 구해보자.

- **응력원 작도법**

① 좌표축을 설정 $x$축 → $\sigma$축, $y$축 → $\tau$축을 잡고

   2축 응력이므로 → $x$축에 작용하는 응력 2개 $\sigma_x$, $\sigma_y$를 표시 ($\sigma_x > \sigma_y$)

② $\sigma_x - \sigma_y$ 값을 지름으로 하는 원을 그림

③ 원의 중심 좌표($\sigma_{av}$ = 공칭응력) 구함

$$\left(\sigma_{av} = \frac{\sigma_x + \sigma_y}{2}\right)$$

④ $x$축 기준, 좌측으로 각이 $2\theta$인 원의 중심을 지나는 지름을 그림

⑤ 각이 $2\theta$인 지름과 원이 만나는 점의 좌표 구함

모어의 응력원은 경사단면에 발생하는 응력값들이 모어의 응력원의 **원주상**에 모두 나타나게 된다.

$x$(횡)좌표 → 법선응력($\sigma$)값들을 의미

$y$(종)좌표 → 전단응력($\tau$)값들을 의미

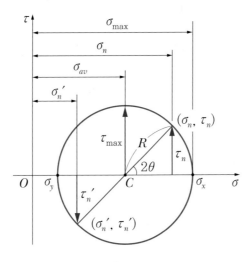

- 모어의 응력원에서 평균응력 $\sigma_{av} = \dfrac{\sigma_x + \sigma_y}{2}$이고

반지름 $R = \sigma_{av} - \sigma_y = \dfrac{\sigma_x + \sigma_y}{2} - \dfrac{2\sigma_y}{2} = \dfrac{\sigma_x - \sigma_y}{2}$

$\sigma_n = \sigma_{av} + R\cos 2\theta$, $\sigma_n' = \sigma_{av} - R\cos 2\theta$, $\tau_n = R\sin 2\theta$, $\tau_n' = -R\sin 2\theta$

$\sigma_{max} = \sigma_x$, $\tau_{max} = R$ 등을 바로 해석할 수 있으므로 응력원을 반드시 그릴 줄 알아야 한다.

## 4. 2축 응력 상태의 순수전단과 변형

### (1) 2축 응력 상태의 순수전단 → 전단응력만 존재

#### 1) 순수전단의 상태 $\sigma_x = -\sigma_y$이며 경사단면이 $\theta = 45°$로 파단될 때

→ 법선응력이 존재하지 않음

$\sigma_x \to$ 인장$(+)$, $\sigma_y \to$ 압축$(-)$ ⇒ 모어의 응력원에 적용

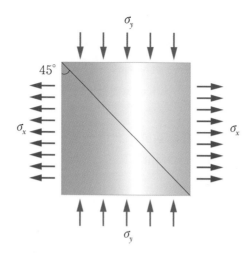

$$\sigma_n = \frac{\sigma_x + \sigma_y}{2} + \frac{\sigma_x - \sigma_y}{2}\cos 2\theta \ (\text{여기서, } \sigma_x = -\sigma_y, \ \theta = 45°)$$

$$= \frac{-\sigma_y + \sigma_y}{2} + \frac{-\sigma_y - \sigma_y}{2}\cos 90°$$

$$= 0$$

$$\tau_n = \frac{\sigma_x - \sigma_y}{2}\sin 2\theta$$

$$= \frac{-\sigma_y - \sigma_y}{2}\sin 90°$$

$$= -\sigma_y$$

$$= \sigma_x$$

### 2) 모어의 응력원(순수전단)

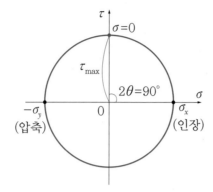

### (2) 3축 응력 상태의 변형

### 1) 선변형

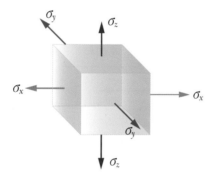

$x$축을 종으로(횡방향 $y$, $z$축 → $\varepsilon' = \mu\varepsilon$을 적용)

$$\varepsilon_x = \frac{\sigma_x}{E} - \mu\frac{\sigma_y}{E} - \mu\frac{\sigma_z}{E}$$

$y$축을 종으로

$$\varepsilon_y = \frac{\sigma_y}{E} - \mu\frac{\sigma_x}{E} - \mu\frac{\sigma_z}{E}$$

$z$축을 종으로

$$\varepsilon_z = \frac{\sigma_z}{E} - \mu\frac{\sigma_x}{E} - \mu\frac{\sigma_y}{E}$$

### 2) 체적변형

3축 응력 상태에서 체적변형률

$$\varepsilon_v = \frac{\Delta V}{V}$$
$$= (1+\varepsilon_x)(1+\varepsilon_y)(1+\varepsilon_z) - 1$$

이 수식은 변형이 아주 적을 때

$\varepsilon_v = \varepsilon_x + \varepsilon_y + \varepsilon_z$

$(\because \varepsilon_x\varepsilon_y = \varepsilon_x\varepsilon_z = \varepsilon_y\varepsilon_z = 0, \ \varepsilon_x\varepsilon_y\varepsilon_z = 0, \ 고차항 \ 무시)$

$\varepsilon_v = \dfrac{1}{E}(\sigma_x + \sigma_y + \sigma_z)(1 - 2\mu) \ \leftarrow \ \varepsilon_v = \varepsilon(1 - 2\mu) \ 적용$

## 5. 평면응력상태

평면응력(조합응력)상태(plane stress)인 각 힘들을 경사단면의 법선분력과 접선분력으로 나누어 해석하며 경사단면에서의 평면응력상태는 두 개의 수직응력성분과 하나의 전단응력성분만 알면 결정된다.

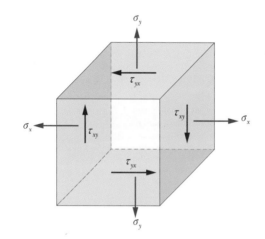

(a) 평면응력상태 재료

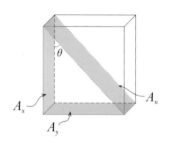

(b) 경사단면과 2축응력단면 재료

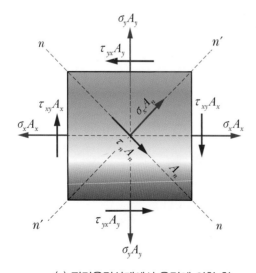

(c) 평면응력상태에서 응력에 의한 힘

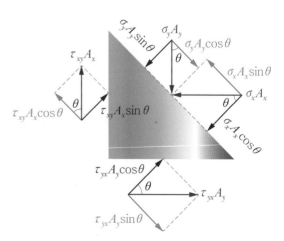

(d) 응력에 의한 힘들을 경사단면에서 직각분력으로 나누어 해석

## (1) 법선응력($\sigma_n$)

$\sum F_{\text{수직}} = 0 : \sigma_n A_n - \sigma_x A_x \cos\theta - \sigma_y A_y \sin\theta + \tau_{yx} A_y \cos\theta + \tau_{xy} A_x \sin\theta = 0$

$\sigma_n A_n = \sigma_x A_x \cos\theta + \sigma_y A_y \sin\theta - \tau_{yx} A_y \cos\theta - \tau_{xy} A_x \sin\theta$

$\sigma_n = \sigma_x A_x \cos\theta / A_n + \sigma_y A_y \sin\theta / A_n - \tau_{yx} A_y \cos\theta / A_n - \tau_{xy} A_x \sin\theta / A_n$

$\quad = \sigma_x A_x \cos\theta / (A_x / \cos\theta) + \sigma_y A_y \sin\theta / (A_y / \sin\theta) - \tau_{yx} A_y \cos\theta / (A_y / \sin\theta)$

$\quad\quad - \tau_{xy} A_x \sin\theta / (A_x / \cos\theta)$

$\quad = \sigma_x \cos^2\theta + \sigma_y \sin^2\theta - \tau_{yx} \sin\theta \cos\theta - \tau_{xy} \sin\theta \cos\theta$

$\quad = \sigma_x \left( \dfrac{1 + \cos 2\theta}{2} \right) + \sigma_y \left( \dfrac{1 - \cos 2\theta}{2} \right) - \dfrac{1}{2} \tau_{yx} \sin 2\theta - \dfrac{1}{2} \tau_{xy} \sin 2\theta$

$\therefore\ \sigma_n = \left( \dfrac{\sigma_x + \sigma_y}{2} \right) + \left( \dfrac{\sigma_x - \sigma_y}{2} \right) \cos 2\theta - \dfrac{1}{2} (\tau_{yx} + \tau_{xy}) \sin 2\theta$

여기서, $\tau_{xy} = \tau_{yx}$이므로(전단응력과 공액전단응력의 크기는 같다.)

$\therefore\ \sigma_n = \left( \dfrac{\sigma_x + \sigma_y}{2} \right) + \left( \dfrac{\sigma_x - \sigma_y}{2} \right) \cos 2\theta - \tau_{xy} \sin 2\theta$

## (2) 전단응력($\tau$)

$\sum F_{\text{수평}} = 0 : \tau_n A_n - \sigma_x A_x \sin\theta + \sigma_y A_y \cos\theta + \tau_{yx} A_y \sin\theta - \tau_{xy} A_x \cos\theta = 0$

$\tau_n A_n = \sigma_x A_x \sin\theta - \sigma_y A_y \cos\theta - \tau_{yx} A_y \sin\theta + \tau_{xy} A_x \cos\theta$

$\tau_n = \sigma_x A_x \sin\theta / A_n - \sigma_y A_y \cos\theta / A_n - \tau_{yx} A_y \sin\theta / A_n + \tau_{xy} A_x \cos\theta / A_n$

$\quad = \sigma_x A_x \sin\theta / (A_x / \cos\theta) - \sigma_y A_y \cos\theta / (A_y / \sin\theta) - \tau_{yx} A_y \sin\theta / (A_y / \sin\theta)$

$\quad\quad + \tau_{xy} A_x \cos\theta / (A_x / \cos\theta)$

$\quad = \dfrac{\sigma_x}{2} \sin 2\theta - \dfrac{\sigma_y}{2} \sin 2\theta - \tau_{yx} \sin^2\theta + \tau_{xy} \cos^2\theta$

$\quad = \dfrac{\sigma_x}{2} \sin 2\theta - \dfrac{\sigma_y}{2} \sin 2\theta - \tau_{yx} \left( \dfrac{1 - \cos 2\theta}{2} \right) + \tau_{xy} \left( \dfrac{1 + \cos 2\theta}{2} \right)$

$\quad = \dfrac{\sigma_x}{2} \sin 2\theta - \dfrac{\sigma_y}{2} \sin 2\theta + \dfrac{1}{2} (\tau_{xy} - \tau_{yx}) + \dfrac{1}{2} (\tau_{xy} + \tau_{yx}) \cos 2\theta$

$\quad = \left( \dfrac{\sigma_x - \sigma_y}{2} \right) \sin 2\theta + 0 + \tau_{xy} \cos 2\theta$

$\therefore\ \tau_n = \left( \dfrac{\sigma_x - \sigma_y}{2} \right) \sin 2\theta + \tau_{xy} \cos 2\theta$

### (3) 공액법선응력과 공액전단응력

$$\sigma_n{}' = \left(\frac{\sigma_x+\sigma_y}{2}\right) + \left(\frac{\sigma_x-\sigma_y}{2}\right)\cos 2(\theta+90°) - \tau_{xy}\sin 2(\theta+90°)$$

$$= \left(\frac{\sigma_x+\sigma_y}{2}\right) + \left(\frac{\sigma_x-\sigma_y}{2}\right)\cos(2\theta+180°) - \tau_{xy}\sin(2\theta+180°)$$

$$= \left(\frac{\sigma_x+\sigma_y}{2}\right) - \left(\frac{\sigma_x-\sigma_y}{2}\right)\cos 2\theta + \tau_{xy}\sin 2\theta$$

$$\tau_n{}' = \left(\frac{\sigma_x-\sigma_y}{2}\right)\sin 2(\theta+90°) + \tau_{xy}\cos 2(\theta+90°)$$

$$= \left(\frac{\sigma_x-\sigma_y}{2}\right)\sin(2\theta+180°) + \tau_{xy}\cos(2\theta+180°)$$

$$= -\left(\frac{\sigma_x-\sigma_y}{2}\right)\sin 2\theta - \tau_{xy}\cos 2\theta$$

### (4) 법선응력의 최댓값과 경사단면각

법선응력의 최댓값($(\sigma_n)_{max}$)은 전단응력이 $0(\tau_n=0)$이 되는 주면에서의 주응력이다.

$$\tau_n = \left(\frac{\sigma_x-\sigma_y}{2}\right)\sin 2\theta + \tau_{xy}\cos 2\theta = 0 \text{에서}$$

$$\tan 2\theta = \frac{-2\tau_{xy}}{\sigma_x-\sigma_y}$$

$$\therefore \text{경사단면각 } \theta = -\frac{1}{2}\tan^{-1}\frac{2\tau_{xy}}{\sigma_x-\sigma_y}$$

### (5) 주응력과 면 내 최대전단응력

#### 1) 면 내 주응력

최대 및 최소 수직응력을 구하기 위하여 $\sigma_n$을 $\theta$에 대하여 미분한 후, $\dfrac{d\sigma_n}{d\theta}=0$이라 놓고 구하면 된다.

$$\frac{d\sigma_n}{d\theta} = -\frac{\sigma_x-\sigma_y}{2}(2\times\sin 2\theta) - \tau_{xy}(2\times\cos 2\theta) = 0$$

$$-(\sigma_x-\sigma_y)\sin 2\theta - 2\tau_{xy}\cos 2\theta = 0$$

$$2\tau_{xy}\cos 2\theta = -(\sigma_x-\sigma_y)\sin 2\theta$$

$$2\tau_{xy} = -(\sigma_x-\sigma_y)\tan 2\theta$$

$$\therefore \tan 2\theta = \frac{2\tau_{xy}}{-(\sigma_x-\sigma_y)} \rightarrow \text{주평면의 위치}$$

### 2) 최대 전단응력과 경사단면각

최대 및 최소 전단응력을 구하기 위하여 $\tau_n$를 $\theta$에 대하여 미분한 후, $\dfrac{d\tau_n}{d\theta}=0$이라 놓고 구하면 된다.

$$\frac{d\tau_n}{d\theta}=\left(\frac{\sigma_x-\sigma_y}{2}\right)(2\times\cos2\theta)-\tau_{xy}(2\times\sin2\theta)=0$$

$$(\sigma_x-\sigma_y)\cos2\theta-2\tau_{xy}\sin2\theta=0$$

$$2\tau_{xy}\sin2\theta=(\sigma_x-\sigma_y)\cos2\theta$$

$$\therefore\ \tan2\theta=\frac{\sigma_x-\sigma_y}{2\tau_{xy}}\ \to\ \text{최대 전단응력의 위치}$$

## (6) 모어의 응력원

- 응력원 작도법

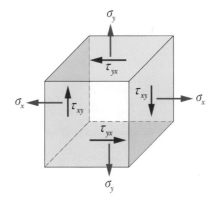

① 좌표축을 설정 $x$축 $\to\sigma$축, $y$축 $\to\tau$축을 잡고, 먼저 $x$축에 작용하는 응력 2개 $\sigma_x$, $\sigma_y$를 표시(가정 : $\sigma_x>\sigma_y$)

② $\sigma_x$점까지 $y$축과 평행하게 $\tau_{xy}(\downarrow)$값을 표시하고, $\sigma_y$점까지 $y$축과 평행하게 $\tau_{xy}(\uparrow)$값을 표시한 후, 두 점을 지름으로 하는 원을 그림

③ ②에서 그어진 지름을 기준축으로 해서 좌측으로 각이 $2\theta$인 원의 중심을 지나는 지름을 그림

④ 원의 중심 좌표($\sigma_{av}$=공칭응력) 구함

⑤ 각이 $2\theta$인 지름과 원이 만나는 점의 좌표 구함

모어의 응력원은 경사단면에 발생하는 응력값들이 모어의 응력원의 **원주상**에 모두 나타나게 된다.

$x$(횡)좌표 $\to$ 법선응력($\sigma$)값들을 의미

$y$(종)좌표 $\to$ 전단응력($\tau$)값들을 의미

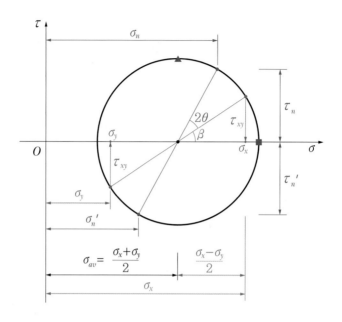

• 응력원을 바탕으로 아래 값들을 구해보면

① 공칭응력 : $\sigma_{av} = \dfrac{\sigma_x + \sigma_y}{2}$

② 원의 반경 : $R = \sqrt{\left(\dfrac{\sigma_x - \sigma_y}{2}\right)^2 + {\tau_{xy}}^2} = \tau_{\max}$

※ 응력원에서 $\tau$축으로 가장 큰 값(원주상에서 원의 위쪽 상한점)

③ 최대주응력 : $\sigma_{\max} = \sigma_{av} + R = \dfrac{\sigma_x + \sigma_y}{2} + \sqrt{\left(\dfrac{\sigma_x - \sigma_y}{2}\right)^2 + {\tau_{xy}}^2}$

※ 응력원에서 $\sigma$축으로 가장 큰 값(원주상에서 원의 오른쪽 상한점)

④ 최대 · 최소 주응력들의 방향 : $\tan 2\theta = \dfrac{-2\tau_{xy}}{\sigma_x - \sigma_y}$

전단응력이 0이 되는 위치 → 최대 · 최소 주응력이 존재하는 평면 → 주평면

$\tau_n = \dfrac{\sigma_x - \sigma_y}{2} \sin 2\theta + \tau_{xy} \cos 2\theta = 0$에서 $\dfrac{\sigma_x - \sigma_y}{2} \sin 2\theta = -\tau_{xy} \cos 2\theta$

$\dfrac{\sin 2\theta}{\cos 2\theta} = \tan 2\theta = \dfrac{-2\tau_{xy}}{\sigma_x - \sigma_y}$

($\tau_n = 0$일 경우 주평면의 방향)

⑤ 경사단면이 $\theta$일 때 법선응력

모어의 응력원에서

법선응력 : $\sigma_n = \sigma_{av} + R\cos(\beta + 2\theta)$ ⋯⋯⋯⋯⋯⋯⋯⋯⋯⋯ ⓐ

전단응력 : $\tau_n = R\sin(\beta + 2\theta)$ ⋯⋯⋯⋯⋯⋯⋯⋯⋯⋯ ⓑ

여기서,

$$R = \left(\frac{\sigma_x - \sigma_y}{2}\right)^2 + \tau_{xy}{}^2$$

$$\cos\beta = \frac{\dfrac{\sigma_x - \sigma_y}{2}}{R}, \ \sin\beta = \frac{\tau_{xy}}{R}$$

$$\cos(\beta + 2\theta) = \cos\beta\cos 2\theta - \sin\beta\sin 2\theta = \frac{\sigma_x - \sigma_y}{2R}\cos 2\theta - \frac{\tau_{xy}}{R}\sin 2\theta$$ ⋯⋯⋯⋯ ⓒ

$$\sin(\beta + 2\theta) = \sin\beta\cos 2\theta + \cos\beta\sin 2\theta = \frac{\tau_{xy}}{R}\cos 2\theta + \frac{\sigma_x - \sigma_y}{2R}\sin 2\theta$$ ⋯⋯⋯⋯ ⓓ

ⓐ에 ⓒ를 대입하면

$$\sigma_n = \sigma_{av} + R\left(\frac{\sigma_x - \sigma_y}{2R}\cos 2\theta - \frac{\tau_{xy}}{R}\sin 2\theta\right)$$

$$= \sigma_{av} + \frac{\sigma_x - \sigma_y}{2}\cos 2\theta - \tau_{xy}\sin 2\theta$$

$$= \frac{\sigma_x + \sigma_y}{2} + \left(\frac{\sigma_x - \sigma_y}{2}\right)\cos 2\theta - \tau_{xy}\sin 2\theta$$

※ 평면응력상태에서 경사단면의 힘 해석으로 구한 법선응력과 같음을 알 수 있다.

ⓑ에 ⓓ를 대입하면

$$\tau_n = R\left(\frac{\tau_{xy}}{R}\cos 2\theta + \frac{\sigma_x - \sigma_y}{2R}\sin 2\theta\right)$$

$$= \tau_{xy}\cos 2\theta + \left(\frac{\sigma_x - \sigma_y}{2}\right)\sin 2\theta$$

※ 평면응력상태에서 경사단면의 힘 해석으로 구한 전단응력과 같음을 알 수 있다.

# 핵심 기출 문제

**01** 평면 응력상태에 있는 재료 내부에 서로 직각인 두 방향에서 수직 응력 $\sigma_x$, $\sigma_y$가 작용할 때 생기는 최대 주응력과 최소 주응력을 각각 $\sigma_1$, $\sigma_2$라 하면 다음 중 어느 관계식이 성립하는가?

① $\sigma_1 + \sigma_2 = \dfrac{\sigma_x + \sigma_y}{2}$  ② $\sigma_1 + \sigma_2 = \dfrac{\sigma_x + \sigma_y}{4}$

③ $\sigma_1 + \sigma_2 = \sigma_x + \sigma_y$  ④ $\sigma_1 + \sigma_2 = 2(\sigma_x + \sigma_y)$

**해설 ⊕**

$\sigma_x > \sigma_y$라 가정하고 모어의 응력원을 그리면

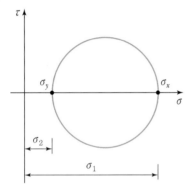

응력원에서 최대 주응력 $\sigma_1 = \sigma_x$, 최소 주응력 $\sigma_2 = \sigma_y$임을 알 수 있다.

그러므로 $\sigma_1 + \sigma_2 = \sigma_x + \sigma_y$이다.

**02** 2축 응력에 대한 모어(Mohr)원의 설명으로 틀린 것은?

① 원의 중심은 원점의 상하 어디라도 놓일 수 있다.

② 원의 중심은 원점 좌우의 응력축상에 어디라도 놓일 수 있다.

③ 이 원에서 임의의 경사면상의 응력에 관한 가능한 모든 지식을 얻을 수 있다.

④ 공액응력 $\sigma_n$과 $\sigma_n{}'$의 합은 주어진 두 응력의 합 $\sigma_x + \sigma_y$와 같다.

**해설 ⊕**

모어의 응력원에서 2축 응력의 값 $\sigma_x$, $\sigma_y$는 $x$축 위에 존재한다(원의 중심은 $x$축을 벗어날 수 없다).

**03** 평면 응력상태에서 $\sigma_x$와 $\sigma_y$만이 작용하는 2축응력에서 모어원의 반지름이 되는 것은?(단, $\sigma_x > \sigma_y$이다.)

① $(\sigma_x + \sigma_y)$  ② $(\sigma_x - \sigma_y)$

③ $\dfrac{1}{2}(\sigma_x + \sigma_y)$  ④ $\dfrac{1}{2}(\sigma_x - \sigma_y)$

**해설 ⊕**

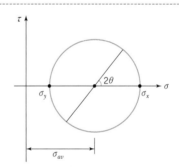

$\sigma_{av} = \dfrac{\sigma_x + \sigma_y}{2}$

$R = \sigma_{av} - \sigma_y = \dfrac{\sigma_x + \sigma_y}{2} - \dfrac{2\sigma_y}{2} = \dfrac{\sigma_x - \sigma_y}{2}$

**04** 2축 응력 상태의 재료 내에서 서로 직각방향으로 400MPa의 인장응력과 300MPa의 압축응력이 작용할 때 재료 내에 생기는 최대 수직응력은 몇 MPa인가?

① 500  ② 300

③ 400  ④ 350

**해설⊕**

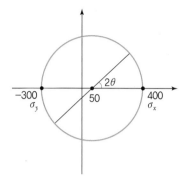

모어의 응력원에서 $\theta = 0°$일 때, 최대 주응력이므로

$\sigma_{\max} = \sigma_x = 400 \text{MPa}$

**05** 다음과 같은 평면응력상태에서 최대 전단응력은 약 몇 MPa인가?

- $x$방향 인장응력 : 175MPa
- $y$방향 인장응력 : 35MPa
- $xy$방향 전단응력 : 60MPa

① 38 　　　　　　② 53
③ 92 　　　　　　④ 108

**해설⊕**

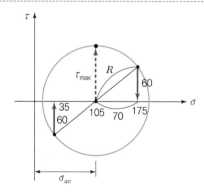

모어의 응력원에서

$\sigma_{av} = \dfrac{175 + 35}{2} = 105$

$R$의 밑변은 $175 - 105 = 70$

$\tau_{\max} = R$이므로

$R = \sqrt{70^2 + 60^2} = 92.2 \text{MPa}$

**06** 그림과 같은 평면응력상태에서 최대 주응력은 약 몇 MPa인가?(단, $\sigma_x = 500 \text{MPa}$, $\sigma_y = -300 \text{MPa}$, $\tau_{xy} = -300 \text{MPa}$이다.)

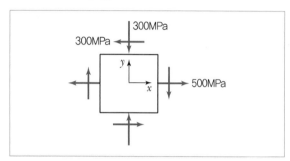

① 500 　　　　　　② 600
③ 700 　　　　　　④ 800

**해설⊕**

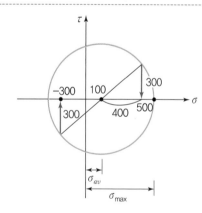

평면응력상태의 모어의 응력원을 그리면 응력원에서 $\sigma_{\max} = \sigma_{av} + R$

$\sigma_{av} = \dfrac{500 + (-300)}{2} = 100$

모어의 응력원에서 $R = \sqrt{400^2 + 300^2} = 500$

$\therefore \ \sigma_{\max} = 100 + 500 = 600 \text{MPa}$

**07** 평면 응력상태의 한 요소에 $\sigma_x = 100\text{MPa}$, $\sigma_y = -50\text{MPa}$, $\tau_{xy} = 0$을 받는 평판에서 평면 내에서 발생하는 최대 전단응력은 몇 MPa인가?

① 75      ② 50

③ 25      ④ 0

**해설 ⊕** ----------------------------------------

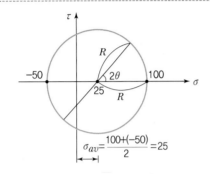

$$\sigma_{av} = \frac{100 + (-50)}{2} = 25$$

모어의 응력원에서 $\tau_{\max} = R = 100 - 25 = 75\text{MPa}$

**08** $\sigma_x = 700\text{MPa}$, $\sigma_y = -300\text{MPa}$이 작용하는 평면응력 상태에서 최대수직응력($\sigma_{\max}$)과 최대전단응력($\tau_{\max}$)은 각각 몇 MPa인가?

① $\sigma_{\max} = 700$, $\tau_{\max} = 300$

② $\sigma_{\max} = 600$, $\tau_{\max} = 400$

③ $\sigma_{\max} = 500$, $\tau_{\max} = 700$

④ $\sigma_{\max} = 700$, $\tau_{\max} = 500$

**해설 ⊕** ----------------------------------------

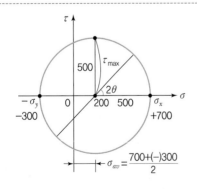

모어의 응력원에서

$$R = 700 - 200 = 500\text{MPa} = \tau_{\max}$$

$$\sigma_n)_{\max} = \sigma_x = 700\,\text{MPa}$$

**09** 다음 정사각형 단면(40mm×40mm)을 가진 외팔보가 있다. $a-a$면에서의 수직응력($\sigma_n$)과 전단응력($\tau_s$)은 각각 몇 kPa인가?

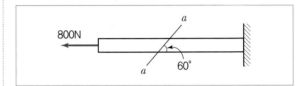

① $\sigma_n = 693$, $\tau_s = 400$    ② $\sigma_n = 400$, $\tau_s = 693$

③ $\sigma_n = 375$, $\tau_s = 217$    ④ $\sigma_n = 217$, $\tau_s = 375$

**해설 ⊕** ----------------------------------------

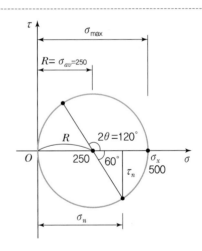

$$\sigma_x = \frac{800}{0.04^2} = 500 \times 10^3\,\text{Pa} = 500\text{kPa}$$

경사진 단면 $\theta = 60°$에 발생하는 법선응력($\sigma_n$)과 전단응력($\tau_s = \tau_n$)을 구하기 위해 1축응력($\sigma_x$)의 모어원을 그렸다. 모어의 응력원 중심에서 $2\theta = 120°$인 지름을 그린 다음, 응력원과 만나는 점의 $\sigma, \tau$ 값을 구하면 된다.

$$\sigma_n = R + R\cos 60°$$
$$= 250 + 250\cos 60° = 375\,\text{kPa}$$
$$\tau_s = \tau_n = R\sin 60° = 250\sin 60° = 216.51\,\text{kPa}$$

**10** 다음과 같은 평면응력 상태에서 최대 주응력 $\sigma_1$은?

| $\sigma_x = \tau,\quad \sigma_y = 0,\quad \tau_{xy} = -\tau$ |
|---|

① $1.414\tau$          ② $1.80\tau$

③ $1.618\tau$          ④ $2.828\tau$

**해설⊕**

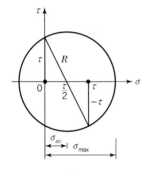

모어의 응력원에서 $\sigma_{av} = \dfrac{\tau}{2}$

$$R = \sqrt{\left(\dfrac{\tau}{2}\right)^2 + \tau^2} = \sqrt{\dfrac{5}{4}}\,\tau = \dfrac{\sqrt{5}}{2}\tau$$

$$\sigma_1 = \sigma_{\max} = \sigma_{av} + R$$

$$= \dfrac{\tau}{2} + \dfrac{\sqrt{5}}{2}\tau = \left(\dfrac{1 + \sqrt{5}}{2}\right)\tau = 1.618\,\tau$$

# CHAPTER 04 평면도형의 성질

## 1. 도심과 단면 1차 모먼트

### (1) 도심 : 힘들의 작용위치를 결정

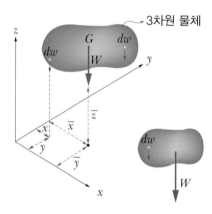

바리뇽 정리 : 임의의 축에 대한 전 중량의 모먼트는 미소요소중량(질점)에 대한 모먼트 합과 같다.

### 1) $x$축 기준($y$축도 동일 논리 적용)

#### ① 무게 중심

$$W \cdot \overline{y} = \int y \cdot dW$$

$$\overline{y} = \frac{\int y\,dW}{W} = \frac{\int y\,dW}{\int dW}$$

② 질량 중심

$W = mg,$

$dW = dm \cdot g$

$$\overline{y} = \frac{\displaystyle\int ygdm}{mg} = \frac{\displaystyle\int ydm}{m} = \frac{\displaystyle\int ydm}{\displaystyle\int dm}$$

③ 체적 중심

$m = \rho \cdot V, \ dm = \rho \cdot dV$

$$\overline{y} = \frac{\displaystyle\int y\rho dV}{\rho \cdot V} = \frac{\displaystyle\int ydV}{V} = \frac{\displaystyle\int ydV}{\displaystyle\int dV}$$

## (2) 면적의 도심(2차원 평면에서의 도심)

임의의 축에 대한 전체면적의 모먼트는 미소면적(질점)에 대한 모먼트 합과 같다.

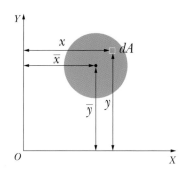

$X$축에 대한 도심을 구해보면

$$\therefore \ \overline{y} = \frac{\displaystyle\int ydA}{A} = \frac{\sum A_i y_i}{\sum A_i} \ (y_i 는 \ 개개 \ 면적의 \ 도심까지의 \ 거리)$$

$Y$축에 대한 도심을 구해보면

$$\therefore \ \overline{x} = \frac{\displaystyle\int xdA}{A} = \frac{\sum A_i x_i}{\sum A_i} \ (x_i 는 \ 개개 \ 면적의 \ 도심까지의 \ 거리)$$

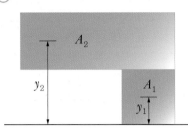

$$\overline{y} = \frac{\sum A_i y_i}{\sum A_i} = \frac{A_1 y_1 + A_2 y_2}{A_1 + A_2}$$

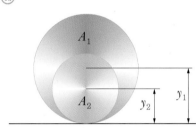

$$\overline{y} = \frac{A_1 y_1 - A_2 y_2}{A_1 - A_2} \text{ (파란색 부분에 대한 도심)}$$

예 T형 단면의 도심

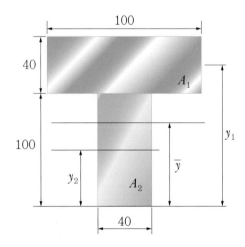

$$\overline{y} = \frac{\sum A_i y_i}{\sum A_i} = \frac{A_1 y_1 + A_2 y_2}{A_1 + A_2}$$

$$= \frac{100 \times 40 \times 120 + 40 \times 100 \times 50}{100 \times 40 + 40 \times 100}$$

$$= 85$$

㉠ 삼각형의 도심

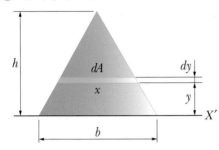

$$G_{X'} = A\overline{y} = \int ydA \qquad \therefore \ \overline{y} = \frac{\int ydA}{A}$$

$$dA = x \cdot dy$$

$$b : h = x : (h - y) \qquad \therefore \ x = \frac{b}{h}(h - y)$$

$$G_{X'}$$

$$= \int yxdy = \int y\frac{b}{h}(h - y)dy = \frac{b}{h}\int_0^h (hy - y^2)dy$$

$$= \frac{b}{h}\left\{ \left[\frac{hy^2}{2}\right]_0^h - \left[\frac{y^3}{3}\right]_0^h \right\} = \frac{b}{h}\left(\frac{h^3}{2} - \frac{h^3}{3}\right) = \frac{bh^2}{6}$$

$$\therefore \ \overline{y} = \frac{\int ydA}{A} = \frac{\dfrac{bh^2}{6}}{\dfrac{bh}{2}} = \frac{h}{3}$$

㉠ $y$축에 대한 도심

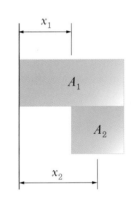

$$A \cdot \overline{x} = \int xdA \text{에서} \quad \overline{x} = \frac{\int xdA}{A} = \frac{\sum A_i x_i}{\sum A_i}$$

$$\overline{x} = \frac{A_1 x_1 + A_2 x_2}{A_1 + A_2}$$

## (3) 단면 1차 모먼트($G_X$, $G_Y$)

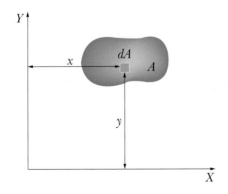

① $X$축에 대한 단면 1차 모먼트

$$G_X = \int ydA = A \cdot \overline{y}$$

② $Y$축에 대한 단면 1차 모먼트

$$G_Y = \int xdA = A \cdot \overline{x}$$

### (4) 단면 1차 모먼트의 평행축정리

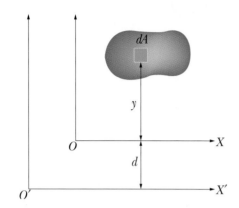

$$G_X = \int y\,dA$$

$$G_{X'} = \int (y+d)\,dA$$

$$= \int y\,dA + \int d\,dA$$

$$G_{X'} = G_X + Ad \text{ (면적 × 두 축 사이의 거리)}$$

## 2. 단면 2차 모먼트

단면 1차 모먼트$\left(\int y\,dA\right)$에 거리$(y)$를 곱하여 나오는 모먼트 값을 단면 2차 모먼트라 하며 관성 모먼트라고도 한다. 굽힘을 받는 보의 응력해석에서 사용된다.

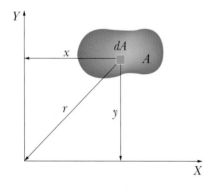

$$I_X = \int y\,dA \times y = \int y^2\,dA$$

$$I_Y = \int x\,dA \times x = \int x^2\,dA$$

## (1) 직사각형

### ① $X'$축에 대한 단면 2차 모먼트

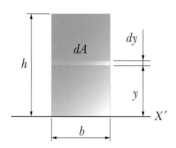

$$I_{X'} = \int y^2 dA = \int_0^h y^2 b\, dy = b\left[\frac{y^3}{3}\right]_0^h = \frac{bh^3}{3}$$

### ② 도심축($X$축)에 대한 단면 2차 모먼트

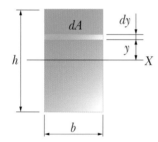

$$I_X = \int y^2 dA = \int_{-\frac{h}{2}}^{\frac{h}{2}} y^2 b\, dy = b\left[\frac{y^3}{3}\right]_{-\frac{h}{2}}^{\frac{h}{2}}$$

$$= \frac{b}{3}\left\{\left(\frac{h}{2}\right)^3 - \left(-\frac{h}{2}\right)^3\right\} = \frac{b}{3} \cdot \frac{h^3}{4} = \frac{bh^3}{12}$$

## (2) 삼각형

### ① $X'$축에 대한 단면 2차 모먼트

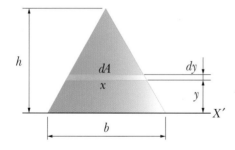

$$I_{X'} = \int y^2 dA$$

$$dA = x \cdot dy$$

$$b : h = x : (h-y) \qquad \therefore x = \frac{b}{h}(h-y)$$

$$I_{X'} = \int y^2 x\, dy = \int y^2 \frac{b}{h}(h-y)\, dy = \frac{b}{h}\int_0^h (hy^2 - y^3)\, dy$$

$$= \frac{b}{h}\left[\frac{hy^3}{3} - \frac{y^4}{4}\right]_0^h = \frac{b}{h}\left(\frac{h^4}{3} - \frac{h^4}{4}\right) = \frac{bh^3}{12}$$

② 도심축($X$축)에 대한 단면 2차 모먼트

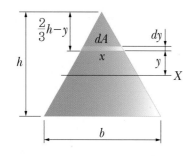

$$I_X = \int y^2 dA$$

$$dA = x \cdot dy$$

$$x : b = \left(\frac{2}{3}h - y\right) : h \qquad \therefore \ x = \frac{b}{h}\left(\frac{2}{3}h - y\right)$$

$$I_X = \int_{-\frac{1}{3}h}^{\frac{2}{3}h} y^2 \frac{b}{h}\left(\frac{2}{3}h - y\right) dy$$

$$= \frac{2}{9}b\left[y^3\right]_{-\frac{h}{3}}^{\frac{2}{3}h} - \frac{b}{4h}\left[y^4\right]_{-\frac{h}{3}}^{\frac{2}{3}h} = \frac{bh^3}{36}$$

③ 도심축($X$축)에 대한 원의 단면 2차 모먼트

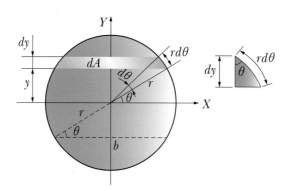

$$b = 2r\cos\theta, \ y = r\sin\theta, \ dy = rd\theta\cos\theta, \ dA = bdy$$

$$I_X = \int y^2 dA$$

$$= \int y^2 \cdot b \cdot dy$$

$$= 2\int_0^{\frac{\pi}{2}} y^2 \cdot 2r\cos\theta \cdot rd\theta\cos\theta$$

(적분변수 $d\theta : 0° \sim 90°$ 적분 → 반원이므로 맨 앞 계수 2를 곱함)

$$= 2\int_0^{\frac{\pi}{2}} y^2 \cdot 2r^2 \cos^2\theta d\theta$$

$$= 2\int_0^{\frac{\pi}{2}} r^2 \sin^2\theta \cdot 2r^2 \cos^2\theta d\theta$$

$$= r^4 \int_0^{\frac{\pi}{2}} (2\sin\theta\cos\theta)^2 d\theta$$

$$= r^4 \int_0^{\frac{\pi}{2}} \sin^2 2\theta d\theta$$

$$= r^4 \int_0^{\frac{\pi}{2}} \left(\frac{1-\cos 4\theta}{2}\right) d\theta$$

$$= r^4 \int_0^{\frac{\pi}{2}} \left(\frac{1}{2} - \frac{1}{2}\cos 4\theta\right) d\theta$$

$$= r^4 \left\{ \frac{1}{2}[\theta]_0^{\frac{\pi}{2}} - \frac{1}{2}\left[\frac{1}{4}\sin 4\theta\right]_0^{\frac{\pi}{2}} \right\}$$

$$= r^4 \left\{ \frac{\pi}{4} - 0 \right\}$$

$$= \frac{\pi}{4}\left(\frac{d}{2}\right)^4 \left(\because r = \frac{d}{2}\right)$$

$$= \frac{\pi d^4}{64}$$

## 3. 극단면 2차 모먼트

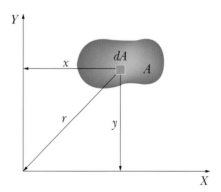

$$I_P = \int r^2 dA = \int (x^2 + y^2) dA = I_X + I_Y$$

## (1) 축에서 극단면 2차 모먼트

### ① 도심축에 대한 극단면 2차 모먼트

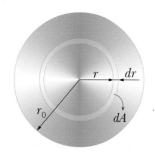

$$dA = 2\pi r dr$$

$$I_P = \int r^2 dA = \int r^2 \cdot 2\pi r dr = 2\pi \int_0^{r_0} r^3 dr = 2\pi \left[ \frac{r^4}{4} \right]_0^{r_0}$$

$$= 2\pi \left( \frac{r_0^4}{4} \right) = \frac{\pi r_0^4}{2} \quad \left( r_0 = \frac{d}{2} \right)$$

$$\therefore \ I_P = \frac{\pi d^4}{32} = I_X + I_Y = 2I_X = 2I_Y$$

※ 극단면 2차 모먼트는 축에 관한 비틀림응력을 해석하는 데 필요하다.

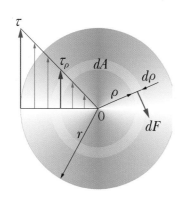

$$dF = \tau_\rho \cdot dA$$

$$dT = dF \cdot \rho = \tau_\rho \cdot \rho \cdot dA$$

$$\begin{pmatrix} r : \rho = \tau : \tau_\rho \\ \tau_\rho = \dfrac{\rho \cdot \tau}{r} \end{pmatrix}$$

$$dT = \frac{\rho^2 \cdot \tau \cdot dA}{r}$$

$$T = \frac{\tau}{r} \int \rho^2 dA \qquad T = \tau \cdot \frac{I_P}{r} = \tau \cdot Z_P$$

극단면 2차 모먼트

### ② 도심축에 대한 원 단면 2차 모먼트

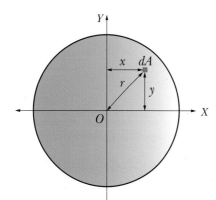

$$I_P = \int r^2 dA = \int (x^2 + y^2) dA = I_X + I_Y$$

$$I_P = I_X + I_Y = 2I_X = 2I_Y$$

$$I_X = I_Y = \frac{I_P}{2} = \frac{\pi d^4}{64}$$

## 4. 평행축 정리

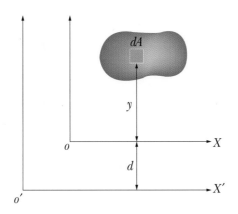

$$I_{X'} = \int_A (y+d)^2 dA$$

$$= \int_A (y^2 + 2yd + d^2) dA$$

$$= \int_A y^2 dA + \int_A 2dy dA + d^2 \int_A dA$$

$$= \int_A y^2 dA + 2d \int_A y dA + d^2 \int_A dA$$

$$I_{X'} = I_X + 2dG_X + d^2 A$$

$X$가 도심축이면 $G_X = 0$에서

$I_{X'} = I_X + A \cdot d^2$ ($d$ : 두 축 사이의 거리)

단면 2차 모멘트의 평행축 정리는 도심축에 대해서만 적용해야 한다.(도심축이 아니면 $G_X \neq 0$)

（예）

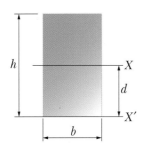

$$I_{X'} = \frac{bh^3}{12} + bh\left(\frac{h}{2}\right)^2 = \frac{bh^3}{12} + \frac{bh^3}{4} = \frac{bh^3}{3}$$

㈜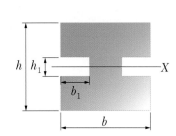

$$I_X = \frac{bh^3}{12} - 2\left(\frac{b_1 h_1^{\,3}}{12}\right) = (\text{전체 파란색 } bh\text{의 } I_X) - 2\,\text{개(주황색 } I_X)$$

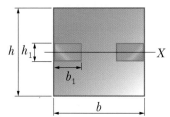

㈜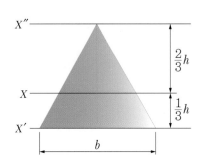

$$I_{X''} = I_X + A d^2 = \frac{bh^3}{36} + \left(\frac{bh}{2}\right)\left(\frac{2h}{3}\right)^2$$
$$= \frac{bh^3}{36} + \frac{4bh^3}{18} = \frac{bh^3}{4}$$

# 5. 단면계수($Z$)와 극단면계수($Z_P$)

## (1) 단면계수

도심축에 대한 단면 2차 모먼트를 도형의 도심에서 상하단 혹은 좌우단까지의 거리($e$)로 나눈 값을 단면계수라 한다.(하중이 단면에 작용하는 방향에 따라 해석이 다르다.)

$$Z = \frac{I_X}{e}$$

㈜ 사각단면에서 하중상태에 따른 단면계수

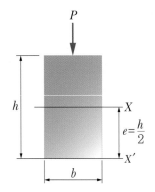

하중 $P$와 도심축 $X$, 폭 $b$가 수직인 단면 $b - h$에서 단면계수

$$Z = \frac{I_X}{e} = \frac{\dfrac{bh^3}{12}}{\dfrac{h}{2}} = \frac{bh^2}{6}$$

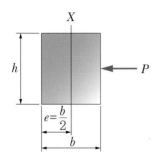

하중 $P$와 도심축 $X$, 높이 $b$가 수직인 단면 $h-b$에서
단면계수

$$Z=\frac{I_X}{e}=\frac{\frac{hb^3}{12}}{\frac{b}{2}}=\frac{hb^2}{6}$$

(예) 삼각단면에서 도심에서 최외단까지의 거리 $e_1$, $e_2$에 따른 단면계수

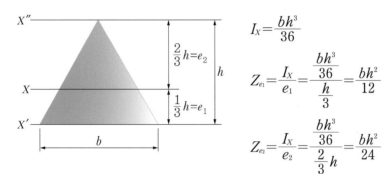

$$I_X=\frac{bh^3}{36}$$

$$Z_{e_1}=\frac{I_X}{e_1}=\frac{\frac{bh^3}{36}}{\frac{h}{3}}=\frac{bh^2}{12}$$

$$Z_{e_2}=\frac{I_X}{e_2}=\frac{\frac{bh^3}{36}}{\frac{2}{3}h}=\frac{bh^2}{24}$$

(예) 원형단면에서 단면계수

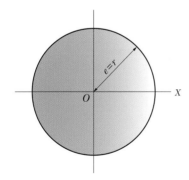

$$Z=\frac{I}{e}=\frac{\frac{\pi d^4}{64}}{\frac{d}{2}}=\frac{\pi d^3}{32}\ \left(r=\frac{d}{2}\right)$$

$Z$는 일반적으로 작은 값을 사용한다. 같은 재료로 면적이 동일한 단면들을 구성할 때 각
단면에 따른 단면계수, 단면 2차 모먼트가 나오게 되는데 이 값들이 큰 단면들은 변형에
저항하는 성질이 크다는 것을 알 수 있다.(보의 굽힘에서 상세한 내용들을 다룬다.)

## (2) 극단면계수

도심축에 대한 극단면 2차 모먼트를 도형의 도심에서 최외단까지의 거리($e$)로 나눈 값을 극단면계수라 한다.

$$Z_P = \frac{I_P}{e}$$

> ⑩ 원형단면에서 극단면계수

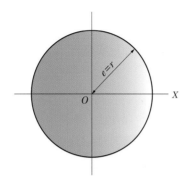

$$Z_P = \frac{I_P}{e} = \frac{\dfrac{\pi d^4}{32}}{\dfrac{d}{2}} = \frac{\pi d^3}{16} \ \left( r = \frac{d}{2} \right)$$

# 6. 회전반경($K$)

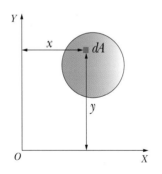
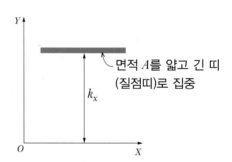

면적 $A$를 얇고 긴 띠
(질점띠)로 집중

그림에서 좌측 면적 $A$가 우측에서의 가늘고 긴 띠로 집중된 것으로 보고 이 물체를 $X$축으로 회전시키면 가늘고 긴 띠이므로 회전반경에 해당되게 되며, 이 값은 면적 $A$가 $X$축에 대해 발생하는 단면 2차 모먼트 값과 같다.(면적×거리²)

$k_x{}^2 \cdot A = I_X$에서

$$\therefore \ k_x = \sqrt{\frac{I_X}{A}}$$

$Y$축에 적용하여 $k_Y$($Y$축에 대한 회전반경)도 구할 수 있으며, 실제 재료에서 사용하는 부분은 주

축의 회전반경이나, 봉이나 기둥 등의 설계에서 최소회전반경을 사용한다.

⑩ 핵심반경 $a=\dfrac{k^2}{y}$ → 중립축에서 단면의 외단까지의 거리$(e)$

$$a=\dfrac{\dfrac{\pi d^4}{64}}{\dfrac{\pi d^2}{4}}\ (\because\ k^2=\dfrac{I}{A})$$

$$a=\dfrac{\dfrac{d^2}{16}}{\dfrac{d}{2}}=\dfrac{d}{8}$$

## 7. 단면상승 모먼트와 주축

### (1) 단면상승 모먼트

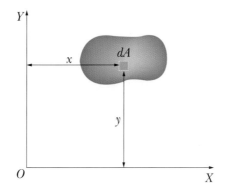

그림에서와 같이 $X$, $Y$ 각 축에서 미소면적 $dA$까지의 거리 $x$, $y$를 서로 곱해 적분하여 구하는 모먼트를 단면상승 모먼트라 하며 $I_{XY}$로 표시한다.

단면상승 모먼트 $I_{XY}=\displaystyle\int x\cdot ydA=A\overline{x}\ \overline{y}$

⑩

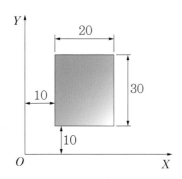

$$I_{XY}=A\overline{x}\ \overline{y}=20\times30\left(10+\dfrac{20}{2}\right)\left(10+\dfrac{30}{2}\right)$$

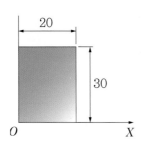

$$I_{XY} = 20 \times 30 \times 10 \times 15$$

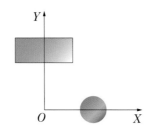

$I_{xy} = A \cdot \overline{x} \cdot \overline{y} = 0$ (사각형 → $\overline{x} = 0$, 원 → $\overline{y} = 0$)

$I_{XY} = 0$(대칭단면이고 두 축 중 한 축이 대칭축일 때)

### (2) 주축(principal axis)

임의의 단면에서 단면상승 모멘트가 0이 되고, $X$축, $Y$축이 단면의 도심을 지날 때 그 축을 주축이라 한다.

주축의 위치는 $\tan 2\theta = \dfrac{-2I_{XY}}{I_X - I_Y}$

## 8. 최대단면계수

원형봉을 잘라 4각형 부재($b \times h$)를 만들 때 이 부재가 갖게 되는 최대단면계수를 해석하려고 한다. 단면계수 $Z = \dfrac{I}{e}$ 는 $I$가 커질수록 커지게 되므로 부재의 치수관계를 가지고 미분하여 최대단면계수를 구한다. 보에서 배울 외팔보의 처짐양 $\delta = \dfrac{Pl^3}{3EI}$ 인데, $EI$(종탄성계수×단면 2차 모먼트)는 휨강성→ 휨변형에 저항하려는 성질이며, $E$는 재료의 상수이므로 $I$값을 기본으로 해석한다. 이유는 휨강성이 클수록 굽힘에 강한 단면의 보가 되기 때문이다. 간단히 설명하자면 외팔보의 처짐양 $\delta = \dfrac{Pl^3}{3EI}$ 이므로 $I$가 클수록 처짐양이 줄어들기 때문이다.

**474**

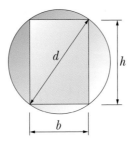

단면계수 $Z=\dfrac{I}{e}$ 이고 $d^2=b^2+h^2$

$$h^2=d^2-b^2 \quad\cdots\cdots\cdots\cdots\cdots\text{ⓐ}$$

$$h=\sqrt{d^2-b^2}$$

도심에 대한 $I_X=\dfrac{bh^3}{12}$

$$Z=\frac{\dfrac{bh^3}{12}}{\dfrac{h}{2}}=\frac{bh^2}{6}=\frac{1}{6}\,b(d^2-b^2)\ \text{(ⓐ 대입)}$$

$$=\frac{1}{6}(bd^2-b^3)\ \text{(양변을 }b\text{에 대해 미분하면)}$$

$$\frac{dZ}{db}=\frac{1}{6}(d^2-3b^2)$$

$\dfrac{dZ}{db}=0$일 때 $Z$가 최대가 되므로

$d^2-3b^2=0$에서

$$\therefore\ d^2=3b^2 \quad\cdots\cdots\cdots\cdots\cdots\cdots\cdots\text{ⓑ}$$

ⓑ를 ⓐ에 대입하면 $h^2=2b^2$

$\therefore\ b:h=1:\sqrt{2}$

ⓑ에서 $b:d=1:\sqrt{3}$

# 핵심 기출 문제

**01** 그림과 같은 직사각형 단면에서 $y_1 = \left(\dfrac{2}{3}\right)h$의 위쪽 면적(빗금 부분)의 중립축에 대한 단면 1차 모멘트 $Q$는?

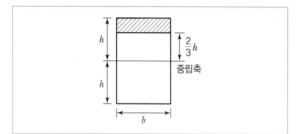

① $\dfrac{3}{8}bh^2$        ② $\dfrac{3}{8}bh^3$

③ $\dfrac{5}{18}bh^2$       ④ $\dfrac{5}{18}bh^3$

**해설 ⊕**

$Q = A_1 y_1$ ($y_1$은 중립축으로부터 빗금친 면적의 도심까지의 거리)

$= b \times \dfrac{h}{3} \times \left(\dfrac{2h}{3} + \dfrac{h}{3} \times \dfrac{1}{2}\right)$

$= \dfrac{5}{18}bh^2$

**02** 지름 80mm의 원형단면의 중립축에 대한 관성모멘트는 약 몇 $\mathrm{mm}^4$인가?

① $0.5 \times 10^6$        ② $1 \times 10^6$

③ $2 \times 10^6$         ④ $4 \times 10^6$

**해설 ⊕**

$I_X = \dfrac{\pi d^4}{64} = \dfrac{\pi \times 80^4}{64} = 2.01 \times 10^6 \mathrm{mm}^4$

**03** 그림과 같은 반지름 $a$인 원형 단면축에 비틀림 모멘트 $T$가 작용한다. 단면의 임의의 위치 $r(0 < r < a)$에서 발생하는 전단응력은 얼마인가? (단, $I_o = I_x + I_y$이고, $I$는 단면 2차 모멘트이다.)

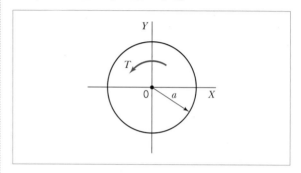

① $0$      ② $\dfrac{T}{I_o}r$      ③ $\dfrac{T}{I_x}r$      ④ $\dfrac{T}{I_y}r$

**해설 ⊕**

$I_0 = I_x + I_y$이므로 $I_p$와 같다.

$Z_p = \dfrac{I_p}{e} = \dfrac{I_0}{a} = \dfrac{I_0}{r}$

$T = \tau \cdot Z_p$에서 $\tau = \dfrac{T}{Z_p} = \dfrac{T}{\dfrac{I_0}{r}} = \dfrac{T \cdot r}{I_0}$

**04** 다음 그림과 같은 사각 단면의 상승모멘트 (Product of Inertia) $I_{xy}$는 얼마인가?

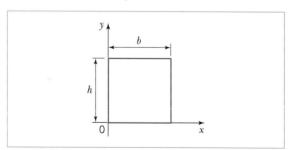

① $\dfrac{b^2 h^2}{4}$　　　　② $\dfrac{b^2 h^2}{3}$

③ $\dfrac{b^2 h^3}{4}$　　　　④ $\dfrac{bh^3}{3}$

**해설 ⊕**

$$I_{xy} = \int_A xy\,dA = A\,\bar{x}\,\bar{y}$$
$$= bh\,\frac{b}{2}\cdot\frac{h}{2}$$
$$= \frac{b^2 h^2}{4}$$

**05** 두께 1cm, 지름 25cm의 원통형 보일러에 내압이 작용하고 있을 때, 면 내 최대 전단응력이 −62.5 MPa이었다면 내압 $P$는 몇 MPa인가?

① 5　　　　② 10

③ 15　　　　④ 20

**해설 ⊕**

원통형 압력용기인 보일러에서

원주방향응력 $\sigma_h = \dfrac{Pd}{2t}$, 축방향응력 $\sigma_s = \dfrac{Pd}{4t}$ 일 때

2축 응력상태이므로 모어의 응력원을 그리면

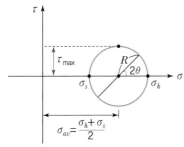

면 내 최대 전단응력

$$\tau_{\max} = R = \sigma_h - \sigma_{av} = \sigma_h - \frac{\sigma_h + \sigma_s}{2}$$
$$= \frac{\sigma_h - \sigma_s}{2} = \frac{1}{2}\left(\frac{Pd}{2t} - \frac{Pd}{4t}\right)$$

$$= \frac{P \cdot d}{8t}$$
$$\therefore P = \frac{8t\tau}{d} = \frac{8\times 0.01 \times 62.5\times 10^6}{0.25}$$
$$= 20\times 10^6\,\mathrm{Pa} = 20\,\mathrm{MPa}$$

**06** 다음 단면의 도심 축($X-X$)에 대한 관성모멘트는 약 몇 m⁴인가?

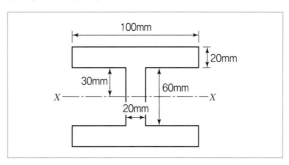

① $3.627\times 10^{-6}$　　② $4.627\times 10^{-7}$

③ $4.933\times 10^{-7}$　　④ $6.893\times 10^{-6}$

**해설 ⊕**

$X$가 도심축이므로 사각형 도심축에 대한 단면 2차 모멘트

$$I_X = \frac{bh^3}{12} \text{ 적용}$$

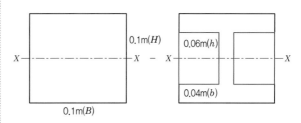

그림에서 전체의 $I_X$값에서 오른쪽에 사각형 2개의 $I_X$값을 빼주면 I형 빔의 도심축에 대한 단면 2차 모멘트 값을 구할 수 있다.

$$\frac{BH^3}{12} - \frac{bh^3}{12}\times 2 \text{ (양쪽)}$$
$$\frac{0.1\times 0.1^3}{12} - \frac{0.04\times 0.06^3}{12}\times 2 = 6.8933\times 10^{-6}\,\mathrm{m}^4$$

**07** 그림과 같은 단면에서 대칭축 $n-n$에 대한 단면 2차 모멘트는 약 몇 cm⁴인가?

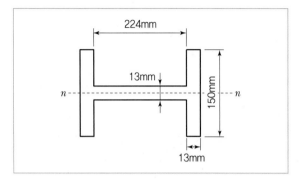

① 535　　　　　　　② 635

③ 735　　　　　　　④ 835

**해설⊕**

주어진 $n-n$ 단면은 H빔의 도심축이므로 아래 $A_1$, $A_2$의 도심축과 동일하다.

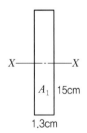

$A_1$의 단면 2차 모멘트

$$I_X = \frac{bh^3}{12} = \frac{1.3 \times 15^3}{12} = 365.625\,\text{cm}^4$$

H빔 양쪽에 $A_1$이 2개이므로 $2I_X = 731.25\,\text{cm}^4 \cdots$ ⓐ

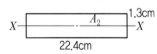

$$I_X = \frac{22.4 \times 1.3^3}{12} = 4.1\,\text{cm}^4 \cdots$$ ⓑ

∴ 도심축 $n-n$ 단면에 대한 단면 2차 모멘트는

ⓐ+ⓑ$= 735.35\,\text{cm}^4$

**08** 그림과 같은 빗금 친 단면을 갖는 중공축이 있다. 이 단면의 $O$점에 관한 극단면 2차 모멘트는?

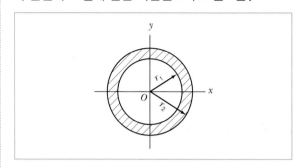

① $\pi(r_2^4 - r_1^4)$　　　② $\dfrac{\pi}{2}(r_2^4 - r_1^4)$

③ $\dfrac{\pi}{4}(r_2^4 - r_1^4)$　　④ $\dfrac{\pi}{16}(r_2^4 - r_1^4)$

**해설⊕**

$$I_P = \frac{\pi}{32}(d_2^4 - d_1^4)$$

$$= \frac{\pi}{32}((2r_2)^4 - (2r_1)^4)$$

$$= \frac{\pi}{2}(r_2^4 - r_1^4)$$

**09** 단면의 도심 $O$를 지나는 단면 2차 모멘트 $I_x$는 약 얼마인가?

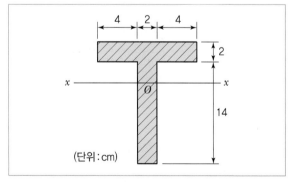

(단위：cm)

① 1,210mm⁴　　　　② 120.9mm⁴

③ 1,210cm⁴　　　　④ 120.9cm⁴

**해설⊕**

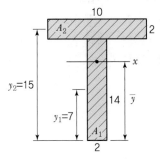

i) 도심축 거리 $\bar{y}$를 구하기 위해 바리뇽 정리를 적용하면

$$\bar{y} = \frac{\sum A_i y_i}{\sum A_i} = \frac{A_1 y_1 + A_2 y_2}{A_1 + A_2}$$

$$= \frac{2 \times 14 \times 7 + 10 \times 2 \times 15}{2 \times 14 + 10 \times 2} = 10.33 \text{cm}$$

ii) $A_1$과 $A_2$의 도심축에 대한 단면 2차 모멘트 $I_{x1}$, $I_{x2}$를 가지고 평행축 정리를 이용하여 도심축 $x$에 대한 단면 2차 모멘트 $I_x$를 구하면

$$I_x = \left(I_{x1} + A_1(\bar{y} - y_1)^2\right) + \left(I_{x2} + A_2(y_2 - \bar{y})^2\right)$$

$$= \left(\frac{2 \times 14^3}{12} + 2 \times 14 \times (10.33 - 7)^2\right)$$

$$+ \left(\frac{10 \times 2^3}{12} + 10 \times 2 \times (15 - 10.33)^2\right)$$

$$= 767.82 + 442.84 = 1,210.66 \text{cm}^4$$

**10** 그림의 H형 단면의 도심축인 $Z$축에 관한 회전반경(Radius of gyration)은 얼마인가?

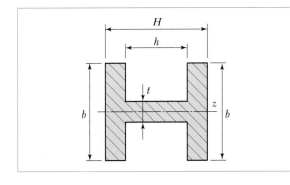

① $K_z = \sqrt{\dfrac{Hb^3 - (b-t)^3 b}{12(bH - bh + th)}}$

② $K_z = \sqrt{\dfrac{12Hb^3 - (b-t)^3 b}{(bH + bh + th)}}$

③ $K_z = \sqrt{\dfrac{ht^3 + Hb^3 - hb^3}{12(bH - bh + th)}}$

④ $K_z = \sqrt{\dfrac{12Hb^3 + (b+t)^3 b}{(bH + bh - th)}}$

**해설⊕**

도심축에 대한 $I_Z = K^2 A$ 이므로 회전반경 $K = \sqrt{\dfrac{I_Z}{A}}$

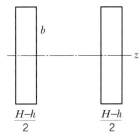

$$I_Z = \frac{(H-h)b^3}{12}$$

(∵ 두 사각형 밑변의 전체길이는 $H - h$ 이다.)

$$A = (H - h)b$$

$$I_Z = \frac{ht^3}{12}, \quad A = ht$$

H빔 전체 $I_Z = \dfrac{(H-h)b^3}{12} + \dfrac{ht^3}{12} = \dfrac{Hb^3 - hb^3 + ht^3}{12}$

$$= \frac{ht^3 + Hb^3 - hb^3}{12}$$

H빔 전체 $A = (H - h)b + ht = bH - bh + ht$

$$\therefore K = \sqrt{\frac{I_Z}{A}} = \sqrt{\frac{ht^3 + Hb^3 - hb^3}{12(bH - bh + ht)}}$$

# CHAPTER 05 비틀림(Torsion)

## 1. 축의 비틀림

그림에서처럼 원형단면의 봉을 벽에 고정하고 오른쪽 축의 끝에서 비틀림 모먼트($T$ : Torque)를 가하면 축이 비틀어지면서 비틀림 전단응력이 원형단면에 발생하게 된다.

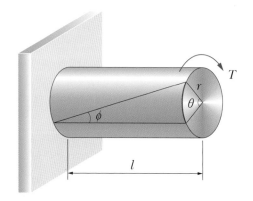

$$\tan\phi = \frac{r\cdot\theta}{l} = \phi\,(\text{rad}) = \gamma\,(\text{전단변형률})$$

여기서, $\theta$ : 비틀림각

훅의 법칙에서 비틀림 전단응력 $\tau = G\cdot\gamma = G\cdot\dfrac{r\cdot\theta}{l}$ ⓐ

## 2. 비틀림 전단응력($\tau$)과 토크($T$)

### (1) 비틀림 전단응력

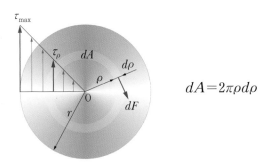

$$dA = 2\pi\rho d\rho$$

그림에서 임의의 반경 $\rho=0$이면 비틀림 전단응력 $\tau=0$이고 반경 $\rho$가 커질수록 전단응력은 커지며, $\rho=r$일 때 비틀림 전단응력은 최대전단응력인 $\tau_{\max}$가 된다.

축의 최외단에 작용하는 전단응력 $\tau_{\max}$가 축 재료의 허용응력 $\tau_a$ 이내에 있게 설계하는 것이 강도 설계이다.

### (2) 비틀림 모먼트(토크 : $T$)

그림의 전단응력 분포에서 비례식으로 $\tau_\rho$를 구해보면 $\rho : r = \tau_\rho : \tau$ 에서

$$\therefore \tau_\rho = \tau \cdot \frac{\rho}{r} \quad\text{................................}\quad ⓑ$$

여기서, $\tau_{\max} = \tau$

미소면적($dA$)에 전단응력 $\tau_\rho$가 작용하여 나오는 미소 힘($dF$)은

$dF = \tau_\rho \cdot dA \;\rightarrow\;$ 축에 작용하는 미소 토크 $dT = dF \times \rho = \tau_\rho dA\rho$에 ⓑ를 대입하면

$$\therefore dT = \tau \cdot \frac{\rho}{r} dA \times \rho \text{ (여기에 } dA = 2\pi\rho d\rho \text{를 대입하면)}$$

$$dT = \tau \cdot \frac{\rho}{r} \cdot 2\pi\rho \cdot \rho d\rho$$

양변을 적분하면

$$T = \int_0^r \frac{\tau \cdot \rho^2}{r} \cdot 2\pi\rho d\rho = \frac{\tau 2\pi}{r} \int_0^r \rho^3 d\rho$$

$$= \frac{\tau 2\pi}{r}\left(\frac{r^4}{4}\right) = \tau \cdot \pi \frac{r^3}{2}$$

$$= \tau \cdot \pi \frac{d^3}{16}$$

$$\therefore T = \tau \cdot Z_p \quad\text{................................}\quad ⓒ$$

## 3. 축의 강도설계

### (1) 비틀림을 받는 축

토크식을 기준으로 해석한다.

$$T = P \cdot \frac{d}{2} = \tau \cdot Z_P = \frac{H}{\omega} \text{ (SI단위)}$$

$$T = 716{,}200 \frac{H_{PS}}{N} \text{(kgf·mm)} \; \rightarrow \; \text{공학단위}$$

여기서, $N$ : 회전수(rpm)

$$T = 974{,}000 \frac{H_{kW}}{N} \text{(kgf·mm)}$$

### (2) 비틀림을 받는 축의 강도 설계

축의 강도 설계는 축 재료의 허용전단응력을 기준으로 설계한다.

$\tau_{\max} = \tau_a$ 이므로

① 중실축

정해진 축 재질($\tau_a$)을 가지고 주어진 토크를 전달할 수 있는 중실축의 지름설계

$$T = \tau_a \cdot Z_p = \tau_a \cdot \frac{\pi d^3}{16}$$

$$d = \sqrt[3]{\frac{16T}{\pi \tau_a}}$$

② 중공축의 외경설계

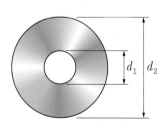

$$T = \tau_a \cdot Z_P = \tau_a \cdot \frac{I_P}{e} = \tau \cdot \frac{\frac{\pi}{32}(d_2{}^4 - d_1{}^4)}{\frac{d_2}{2}}$$

$$= \tau_a \cdot \frac{\pi}{16} \cdot \frac{1}{d_2} \cdot d_2{}^4 (1 - x^4)$$

$$= \tau_a \cdot \frac{\pi}{16} d_2{}^3 (1 - x^4)$$

$$\therefore d_2 = \sqrt[3]{\frac{16T}{\pi \tau_a (1 - x^4)}}$$

여기서, 내외경비 $x = \dfrac{d_1}{d_2}$

중공축은 지름을 조금만 크게 하여도 강도가 중실축과 같아지고 중량은 상당히 가벼워진다.

• 중실축과 중공축에서 단면성질 값

| 중실축 | 단면 2차 모먼트 | 극단면 2차 모먼트 |
|---|---|---|
| <br><br>$X, Y$ : 도심축<br>$e$ : 도심으로부터 최외단까<br>지의 거리 | $I_X = I_Y = \dfrac{\pi d^4}{64}$ | $I_P = I_X + I_Y = \dfrac{\pi d^4}{32}$ |
| | 단면계수 | 극단면계수 |
| | $Z = \dfrac{I_X}{e} = \dfrac{I_Y}{e} = \dfrac{\dfrac{\pi d^4}{64}}{\dfrac{d}{2}} = \dfrac{\pi d^3}{32}$ | $Z_P = \dfrac{I_P}{e} = \dfrac{\dfrac{\pi d^4}{32}}{\dfrac{d}{2}} = \dfrac{\pi d^3}{16}$ |

| 중공축 | 단면 2차 모먼트 | 극단면 2차 모먼트 |
|---|---|---|
| <br><br>$d_1$ : 내경<br>$d_2$ : 외경<br>$x = \dfrac{d_1}{d_2}$ : 내외경비<br>$e = \dfrac{d_2}{2}$ | $I_X = I_Y = \dfrac{\pi d_2^{\,4}}{64} - \dfrac{\pi d_1^{\,4}}{64}$<br><br>$= \dfrac{\pi d_2^{\,4}}{64}(1 - x^4)$ | $I_P = \dfrac{\pi d_2^{\,4}}{32} - \dfrac{\pi d_1^{\,4}}{32}$<br><br>$= \dfrac{\pi d_2^{\,4}}{32}(1 - x^4)$ |
| | 단면계수 | 극단면계수 |
| | $Z = \dfrac{I_X}{e} = \dfrac{I_Y}{e} = \dfrac{\dfrac{\pi d_2^{\,4}}{64}(1 - x^4)}{\dfrac{d_2}{2}}$<br><br>$= \dfrac{\pi d_2^{\,3}}{32}(1 - x^4)$ | $Z_P = \dfrac{I_P}{e} = \dfrac{\dfrac{\pi d_2^{\,4}}{32}(1 - x^4)}{\dfrac{d_2}{2}}$<br><br>$= \dfrac{\pi d_2^{\,3}}{16}(1 - x^4)$ |

$\theta = \dfrac{T \cdot l}{G \cdot I_P}$, $T = \tau \cdot Z_P$, $M = \sigma_b \cdot Z$ 에서 사용하는 단면의 성질값들은 도심축에 관한 값들

이다. 그 이유는 단면에 대한 굽힘이나 비틀림은 도심을 중심으로 작용하기 때문이다.

## (3) 굽힘을 받는 축

축에 작용하는 굽힘모먼트를 $M$, 축에 발생하는 최대굽힘응력을 $\sigma_b$, 축단면계수를 $Z$라 하면 (굽힘 수식은 보에서 상세한 해석이 다루어진다.)

① 중실축에서 축지름 설계

$$M=\sigma_b \cdot Z=\sigma_b \cdot \frac{\pi d^3}{32}$$

$$\therefore d=\sqrt[3]{\frac{32M}{\pi\sigma_b}} \quad (M \text{은 } M_{max}\text{를 구하여 대입해 주어야 한다.})$$

② 중공축에서 외경설계

$$M=\sigma_b \cdot Z=\sigma_b \cdot \frac{\pi}{32}d_2{}^3(1-x^4) \quad \left(x=\frac{d_1}{d_2}\right)$$

$$\therefore d_2=\sqrt[3]{\frac{32M}{\pi\sigma_b(1-x^4)}}$$

## 4. 축의 강성설계

허용변형에 기초를 둔 설계를 강성설계라 하므로 변형각인 비틀림각을 가지고 설계하게 된다.
앞에서 다룬 수식 ⓐ, ⓒ를 가지고 전단응력을 구하면

$$\tau=\frac{T}{Z_p}=G\cdot\frac{r\theta}{l}$$

$$\therefore \theta=\frac{T\cdot l}{GrZ_P}=\frac{T\cdot l}{GI_P}(\text{rad})$$

여기서, $l$ : 축의 길이(m)

$G$ : 횡탄성계수$(\text{N/m}^2)$

$I_P$ : 극단면 2차 모먼트$(\text{m}^4)$

비틀림각 $\theta \leq$ 허용비틀림각 $\theta_a$일 때 → 축은 안전하다.

## 5. 바흐(Bach)의 축공식

바흐의 축공식은 연강축의 허용 비틀림각을 축길이 1m에 대하여 $\frac{1}{4}°$ 이내로 제한하여 설계한다.
축 재질이 연강일 때만 적용가능하다.

### (1) 축지름 설계

비틀림각을 가지고 축지름을 설계해 보면

$$\theta = \frac{T \cdot l}{G \cdot I_P}$$

축 재료가 연강일 때

$$G = 830,000 \text{kgf/cm}^2$$

$$T = 71,620 \frac{H_{PS}}{N} (\text{kgf} \cdot \text{cm}), \ T = 97,400 \frac{H_{kW}}{N} (\text{kgf} \cdot \text{cm})$$

$$I_P = \frac{\pi d^4}{32} (\text{중실축})$$

$$I_P = \frac{\pi}{32}(d_2^4 - d_1^4)(\text{중공축})$$

$\frac{1}{4}° \times \frac{\pi}{180°} (\text{라디안})$으로 축지름이나 중공축외경을 설계하면 된다.

축지름을 구해 보면

$$\frac{1}{4}° \times \frac{\pi}{180°} = \frac{71,620 \frac{H_{PS}}{N} \times 100}{830,000 \times \frac{\pi d^4}{32}} \text{에서}$$

$$\therefore d = 12 \sqrt[4]{\frac{H_{PS}}{N}} (\text{cm}) (\text{동력을 PS단위로}, \ N \text{ rpm으로 넣어 계산한다.})$$

동력을 $H_{kW}$ 단위의 토크식인 $T = 97,400 \frac{H_{kW}}{N} (\text{kgf} \cdot \text{cm})$를 넣으면

축지름 $d = 13 \sqrt[4]{\frac{H_{kW}}{N}} (\text{cm})$

중공축의 외경 → $I_P = \frac{\pi}{32}(d_2^4 - d_1^4)$ 값을 적용해 구하면

$$\therefore d = 12 \sqrt[4]{\frac{H_{PS}}{N(1-x^4)}} (\text{cm}) (\text{동력을 PS단위로}, \ N \text{ rpm으로 넣어 계산한다.})$$

## 6. 비틀림에 의한 탄성변형에너지

그림에서처럼 축에 비틀림 모먼트 $T$가 작용하여 비틀림각이 발생하면 비틀림을 받아 변형된 위치로 가해진 토크를 축 내부의 탄성변형에너지로 저장하게 된다. 토크를 제거하면 축은 원래 상태로 되돌아오게 된다.

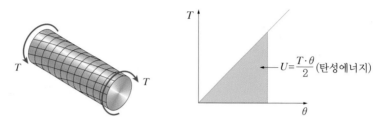

비틀림 토크에 의한 탄성에너지

탄성에너지 $U = \dfrac{1}{2}\,T\cdot\theta = \dfrac{1}{2}\,T\cdot\dfrac{T\cdot l}{G\cdot I_P} = \dfrac{T^2\cdot l}{2G\cdot I_P}$ (여기서, $T = \tau \cdot Z_P$ 대입)

$$= \frac{(\tau\cdot Z_P)^2\cdot l}{2G\cdot I_P} = \frac{\left(\tau\cdot\dfrac{d^3}{16}\right)^2\cdot l}{2G\cdot\left(\dfrac{\pi d^4}{32}\right)} = \frac{1}{4}\cdot\frac{\tau^2}{G}\cdot\frac{\pi d^2}{4}\cdot l = \frac{\tau^2 A l}{4G}$$

여기서, 단위체적당 탄성에너지를 구해 보면

$$u = \frac{U}{V} = \frac{\dfrac{\tau^2 A l}{4G}}{A l} = \frac{\tau^2}{4G}$$

## 7. 나선형 코일 스프링

스프링은 탄성변형이 큰 재료의 탄성을 이용하여 외력을 흡수하고, 탄성에너지로서 축적하는 특성이 있으며, 동적으로 고유진동을 가지고 충격을 완화하거나 진동을 방지하는 기능을 가진다. 또한 축적한 에너지를 운동에너지로 바꾸는 스프링도 있다. 스프링은 강도 외에 강성도 고려하여야 한다.

### (1) 스프링상수

$$k = \frac{W}{\delta}\ (\text{N/mm, kgf/mm})$$

여기서, $W$ : 스프링에 작용하는 하중

$\delta$ : $W$에 의한 스프링 처짐양

$$W = k\delta$$

## (2) 스프링조합

### 1) 직렬조합

서로 다른 스프링이 직렬로 배열되어 하중 $W$를 받는다.

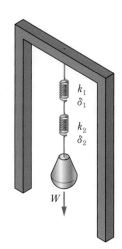

여기서, $k$ : 조합된 스프링의 전체 스프링상수

$\delta$ : 조합된 스프링의 전체 처짐양

$k_1$, $k_2$ : 각각의 스프링상수

$\delta_1$, $\delta_2$ : 각각의 스프링 처짐양

$$\delta = \delta_1 + \delta_2$$

$$\frac{W}{k} = \frac{W}{k_1} + \frac{W}{k_2}$$

$$\therefore \ \frac{1}{k} = \frac{1}{k_1} + \frac{1}{k_2}$$

### 2) 병렬조합

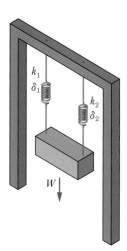

$$W = W_1 + W_2$$

$$k\delta = k_1\delta_1 + k_2\delta_2 \ (\delta = \delta_1 = \delta_2 \ \text{늘음양이 일정하므로})$$

$$\therefore \ k = k_1 + k_2$$

### (3) 인장(압축)코일스프링

스프링의 소선에는 축하중 $W$에 의한 전단하중과 비틀림 토크 $T$에 의한 전단비틀림 하중이 동시에 작용하게 된다.

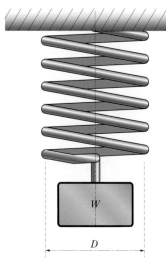
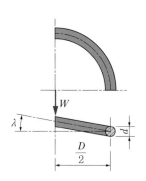

$W$ : 스프링에 작용하는 하중(N)
$D$ : 코일의 평균지름(mm)
$\delta$ : 스프링의 처짐양(mm)
$n$ : 스프링의 유효감김 수
$\tau$ : 비틀림에 의한 전단응력(N/mm²)
$G$ : 스프링의 횡탄성계수(N/mm²)

#### 1) 비틀림 모먼트

$$T = W \cdot \frac{D}{2}$$

#### 2) 스프링 소선에 발생하는 응력

① 하중 $W$에 의한 전단응력($\tau_1$)

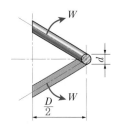

$$\therefore \tau_1 = \frac{W}{A} = \frac{W}{\frac{\pi d^2}{4}} = \frac{4W}{\pi d^2}$$

② 비틀림에 의한 전단응력($\tau_2$)

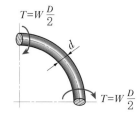

$$T = \tau_2 \cdot Z_P \text{에서} \quad W \cdot \frac{D}{2} = \tau_2 \cdot \frac{\pi d^3}{16}$$

$$\therefore \tau_2 = \frac{8WD}{\pi d^3}$$

③ 최대전단응력($\tau_{max}$)

소선에 발생하는 최대전단응력은 $\tau_1$과 $\tau_2$를 합한 것과 같다.

$$\tau_{max}=\tau_1+\tau_2=\frac{4W}{\pi d^2}+\frac{8WD}{\pi d^3}=\frac{8WD}{\pi d^3}\left(1+\frac{d}{2D}\right)$$

여기서, $\left(1+\dfrac{d}{2D}\right)$의 값을 $K$(와알의 응력수정계수)라 한다.

$$K=\frac{4C-1}{4C-4}+\frac{0.615}{C}$$

여기서, $C$ : 스프링 지수 $\boxed{C=\dfrac{\text{코일의 평균지름}(D)}{\text{소선의 지름}(d)}}$

따라서 소선의 휨과 하중 $W$에 의한 직접전단응력을 고려한 최대비틀림 전단응력은

$$\therefore \tau_{max}=K\frac{8WD}{\pi d^3}\leq \tau_a$$

## 3) 스프링의 처짐양($\delta$)

① 처짐각($\theta$)

$$\theta=\frac{T\cdot l}{G\cdot I_P}=\frac{T\cdot l}{G\cdot\dfrac{\pi d^4}{32}}=\frac{32\,T\cdot l}{G\cdot\pi d^4}$$

여기서, 스프링 길이 $l=\pi Dn$,

$n$ : 스프링의 유효감김 수

$$\therefore \theta=\frac{32\,T\cdot D\cdot n}{G\cdot d^4}=\frac{32\,W\cdot\dfrac{D}{2}\cdot D\cdot n}{G\cdot d^4}=\frac{16\,WD^2n}{Gd^4}$$

② 처짐양($\delta$)

㉠ 비틀림 탄성에너지($U_1$)

$$U_1=\frac{1}{2}\,T\cdot\theta=\frac{1}{2}\cdot W\cdot\frac{D}{2}\cdot\frac{16\,WD^2n}{Gd^4}=\frac{4\,W^2D^3n}{Gd^4} \quad\text{······}\quad ⓐ$$

㉡ 스프링 탄성에너지($U_2$)

하중 $W$에 의해 $\delta$만큼 처짐양이 발생할 때 스프링이 한 일은 스프링에 탄성에너지로 저장되므로

$$U_2=\frac{1}{2}\,W\cdot\delta \quad\text{······}\quad ⓑ$$

ⓐ=ⓑ에서  $\dfrac{4W^2D^3n}{Gd^4}=\dfrac{1}{2}\,W\cdot\delta$

$$\therefore\ \delta=\dfrac{8WD^3n}{Gd^4}$$

### 4) 스프링의 탄성에너지($U$)

$U=\dfrac{1}{2}\,W\delta=\dfrac{1}{2}\,k\delta^2\ (W=K\delta$에서$)$

# 핵심 기출 문제

**01** 지름 70mm인 환봉에 20MPa의 최대 전단응력이 생겼을 때 비틀림모멘트는 약 몇 KN · m인가?

① 4.50          ② 3.60

③ 2.70          ④ 1.35

**해설**

$$T = \tau Z_P = \tau \frac{\pi d^3}{16} = 20 \times 10^6 \times \frac{\pi \times 0.07^3}{16}$$
$$= 1{,}346.96 \, \text{N} \cdot \text{m}$$
$$= 1.35 \, \text{KN} \cdot \text{m}$$

**02** 비틀림모멘트 2kN · m가 지름 50mm인 축에 작용하고 있다. 축의 길이가 2m일 때 축의 비틀림각은 약 몇 rad인가?(단, 축의 전단탄성계수는 85GPa이다.)

① 0.019          ② 0.028

③ 0.054          ④ 0.077

**해설**

$$\theta = \frac{T \cdot l}{G I_p} = \frac{2 \times 10^3 \times 2}{85 \times 10^9 \times \frac{\pi \times 0.05^4}{32}} = 0.0767 \text{rad}$$

**03** 100rpm으로 30kW를 전달시키는 길이 1m, 지름 7cm인 둥근 축단의 비틀림각은 약 몇 rad인가?(단, 전단탄성계수는 83GPa이다.)

① 0.26          ② 0.30

③ 0.015          ④ 0.009

**해설**

$$T = \frac{H}{\omega} = \frac{H}{\frac{2\pi N}{60}} = \frac{60 \times 30 \times 10^3}{2\pi \times 100} = 2{,}864.79 \, \text{N} \cdot \text{m}$$

$$\theta = \frac{T \cdot l}{G I_p} = \frac{2{,}864.79 \times 1}{83 \times 10^9 \times \frac{\pi \times 0.07^4}{32}} = 0.0146 \text{rad}$$

**04** 원형단면 축에 147kW의 동력을 회전수 2,000rpm으로 전달시키고자 한다. 축 지름은 약 몇 cm로 해야 하는가?(단, 허용전단응력은 $\tau_w = 50$MPa이다.)

① 4.2    ② 4.6    ③ 8.5    ④ 9.9

**해설**

전달 토크 $T = \dfrac{H}{\omega} = \dfrac{H}{\frac{2\pi N}{60}} = \dfrac{147 \times 10^3}{\frac{2\pi \times 2{,}000}{60}}$

$$= 701.87 \text{N} \cdot \text{m}$$

$T = \tau \cdot Z_p = \tau \cdot \dfrac{\pi d^3}{16}$ 에서

$$\therefore \ d = \sqrt[3]{\frac{16T}{\pi\tau}} = \sqrt[3]{\frac{16 \times 701.87}{\pi \times 50 \times 10^6}}$$
$$= 0.0415 \text{m} = 4.15 \text{cm}$$

**05** 바깥지름이 46mm인 중공축이 120kW의 동력을 전달하는데 이때의 각속도는 40rev/s이다. 이 축의 허용비틀림 응력이 $\tau_a = 80$MPa일 때, 최대 안지름은 약 몇 mm인가?

① 35.9    ② 41.9    ③ 45.9    ④ 51.9

**해설**

$1\text{rev} = 2\pi (\text{rad})$

$\omega = 40\text{rev/s} = 40 \times 2\pi \, \text{rad/s}$

전달 토크 $T = \dfrac{H}{\omega} = \dfrac{120 \times 10^3}{40 \times 2\pi} = 477.46 \text{N} \cdot \text{m}$

내외경 비 $x = \dfrac{d_1}{d_2}$

$$T = \tau \cdot Z_p = \tau \cdot \frac{I_p}{e} = \tau \cdot \frac{\frac{\pi}{32}\left(d_2{}^4 - d_1{}^4\right)}{\frac{d_2}{2}}$$

$$= \tau \cdot \frac{\pi d_2{}^3}{16}\left(1 - x^4\right)$$

$$\therefore (1-x^4) = \frac{16T}{\pi \tau d_2^{\ 3}}$$

$$x = \sqrt[4]{1 - \frac{16T}{\pi \tau d_2^{\ 3}}}$$

$$= \sqrt[4]{1 - \frac{16 \times 477.46}{\pi \times 80 \times 10^6 \times 0.046^3}}$$

$$= 0.91$$

$$\therefore \frac{d_1}{d_2} = 0.91 \text{에서} \quad d_1 = 0.91 \times 46 = 41.86\text{mm}$$

**06** 지름이 $d$인 원형 단면 봉이 비틀림모멘트 $T$를 받을 때, 발생되는 최대 전단응력 $\tau$를 나타내는 식은? (단, $I_p$는 단면의 극단면 2차 모멘트이다.)

① $\dfrac{Td}{2I_p}$  ② $\dfrac{I_p d}{2T}$

③ $\dfrac{TI_p}{2d}$  ④ $\dfrac{2T}{I_p d}$

**해설 ⊕**

$$T = \tau \cdot Z_p = \tau \cdot \frac{I_p}{e} = \tau \cdot \frac{I_p}{\frac{d}{2}}$$

$$\therefore \tau = \frac{T \cdot d}{2I_p}$$

**07** 길이가 $L$이고 직경이 $d$인 축과 동일 재료로 만든 길이 $2L$인 축이 같은 크기의 비틀림모멘트를 받았을 때, 같은 각도만큼 비틀어지게 하려면 직경은 얼마가 되어야 하는가?

① $\sqrt{3}\,d$  ② $\sqrt[4]{3}\,d$

③ $\sqrt{2}\,d$  ④ $\sqrt[4]{2}\,d$

**해설 ⊕**

길이 $L$, 직경 $d$인 축의 비틀림각 $\theta_1$, 길이가 $2L$인 축의 비틀림각 $\theta_2$에 대해

$\theta_1 = \theta_2$이므로 $\dfrac{T \cdot L}{GI_{p1}} = \dfrac{T \cdot 2L}{GI_{p2}}$ ($\because$ $G$, $T$ 동일)

$$2I_{p1} = I_{p2}$$

$$2 \times \frac{\pi \cdot d_1^{\ 4}}{32} = \frac{\pi \cdot d_2^{\ 4}}{32} \quad (\text{여기서}, \ d_1 = d)$$

$$\therefore d_2 = \sqrt[4]{2d^4} = \sqrt[4]{2} \cdot d$$

**08** 원형축(바깥지름 $d$)을 재질이 같은 속이 빈 원형축(바깥지름 $d$, 안지름 $d/2$)으로 교체하였을 경우 받을 수 있는 비틀림모멘트는 몇 % 감소하는가?

① 6.25  ② 8.25
③ 25.6  ④ 52.6

**해설 ⊕**

$T = \tau \cdot Z_p$에서

$T_1 = \tau \cdot \dfrac{\pi d^3}{16}$ (중실축)

$T_2 = \tau \cdot \dfrac{\pi d_2^{\ 3}}{16}(1-x^4)$ $\left(x = \dfrac{d_1}{d_2} : \text{내외경비(중공축)}\right)$

$$= \tau \cdot \frac{\pi d^3}{16}\left(1 - \left(\frac{\frac{d}{2}}{d}\right)^4\right) \ \left(\because \ d_2 = d, \ d_1 = \frac{d}{2}\right)$$

$$= \tau \cdot \frac{\pi d^3}{16}\left(1 - \left(\frac{1}{2}\right)^4\right)$$

$$= 0.9375\tau \cdot \frac{\pi d^3}{16}$$

$$= 0.9375\,T_1$$

→ $T_1$에 비해 $1 - 0.9375 = 0.0625 = 6.25\%$만큼 감소

**09** 바깥지름 50cm, 안지름 30cm의 속이 빈 축은 동일한 단면적을 가지며 같은 재질의 원형축에 비하여 약 몇 배의 비틀림 모멘트에 견딜 수 있는가?(단, 중공축과 중실축의 전단응력은 같다.)

① 1.1배  ② 1.2배
③ 1.4배  ④ 1.7배

**해설⊕**

중공축과 동일한 단면의 중실축($d$)이므로(면적 동일)

$$\frac{\pi}{4}\left(d_2{}^2 - d_1{}^2\right) = \frac{\pi}{4}d^2$$

$$\therefore \ d = \sqrt{d_2{}^2 - d_1{}^2} = \sqrt{50^2 - 30^2} = 40\text{cm}$$

$T = \tau \cdot Z_p = \tau \cdot \dfrac{I_p}{e}$ 에서

$$\frac{T_{중공축}}{T_{중실축}} = \frac{\tau \cdot \dfrac{I_{p중공}}{e_{중공}}}{\tau \cdot \dfrac{I_{p중실}}{e_{중실}}} = \frac{\dfrac{\dfrac{\pi}{32}\left(50^4 - 30^4\right)}{\dfrac{50}{2}}}{\dfrac{\dfrac{\pi \times 40^4}{32}}{\dfrac{40}{2}}} \quad (\because \ \tau \ 동일)$$

$$= 1.7$$

---

**10** 지름 3cm인 강축이 26.5rev/s의 각속도로 26.5kW의 동력을 전달하고 있다. 이 축에 발생하는 최대전단응력은 약 몇 MPa인가?

① 30 　　　　　② 40

③ 50 　　　　　④ 60

**해설⊕**

$H = T\omega$ 에서

$$T = \frac{H}{\omega} = \frac{26.5 \times 10^3 \text{W}}{26.5\dfrac{\text{rev}}{\text{s}} \times \dfrac{2\pi\,\text{rad}}{1\text{rev}}} = 159.15\text{N}\cdot\text{m}$$

$T = \tau Z_P$ 에서

최대전단응력

$$\tau_{\max} = \frac{T}{Z_P} = \frac{159.15}{\dfrac{\pi \times 0.03^3}{16}} = 30.02 \times 10^6 \text{N/m}^2$$

$$= 30.02\text{MPa}$$

---

**11** 지름 7mm, 길이 250mm인 연강 시험편으로 비틀림 시험을 하여 얻은 결과, 토크 4.08N · m에서 비틀림 각이 8°로 기록되었다. 이 재료의 전단탄성계수는 약 몇 GPa인가?

① 64 　　　　　② 53

③ 41 　　　　　④ 31

**해설⊕**

$\theta = \dfrac{T \cdot l}{GI_p}$ 에서

$$G = \frac{T \cdot l}{\theta I_p} = \frac{4.08 \times 0.25}{8° \times \dfrac{\pi\,rad}{180°} \times \dfrac{\pi \times 0.007^4}{32}}$$

$$= 3.099 \times 10^{10}\text{Pa} = 30.99 \times 10^9\text{Pa}$$

$$= 30.99\text{GPa}$$

---

**12** 지름 35cm의 차축이 0.2°만큼 비틀렸다. 이때 최대 전단응력이 49MPa이라고 하면 이 차축의 길이는 약 몇 m인가?(단, 재료의 전단탄성계수는 80GPa이다.)

① 2.5 　　　　　② 2.0

③ 1.5 　　　　　④ 1

**해설⊕**

$r = 17.5\text{cm} = 0.175\text{m}, \ \ \tau = G\gamma, \ \ \gamma = \dfrac{r\theta}{l}$

$\tau = G\dfrac{r\theta}{l}$ 에서

$$l = \frac{Gr\theta}{\tau} = \frac{80 \times 10^9 \times 0.175 \times 0.2° \times \dfrac{\pi}{180°}}{49 \times 10^6}$$

$$= 0.9973\text{m}$$

---

**13** 400rpm으로 회전하는 바깥지름 60mm, 안지름 40mm인 중공 단면축의 허용비틀림각도가 1°일 때 이 축이 전달할 수 있는 동력의 크기는 약 몇 kW인가?(단, 전단탄성계수 $G=80$GPa, 축 길이 $L=3$m이다.)

① 15　　　　　　② 20
③ 25　　　　　　④ 30

**해설⊕**- - - - - - - - - - - - - - - - - - - - - - - - - - - -

$\theta = 1° \times \dfrac{\pi}{180} = 0.01745 \, \text{rad}$

$\theta = \dfrac{Tl}{GI_P}$ 에서

$T = \dfrac{GI_P \theta}{l}$

$= \dfrac{80 \times 10^9 \times \dfrac{\pi(0.06^4 - 0.04^4)}{32} \times 0.01745}{3}$

$= 475.11 \text{N} \cdot \text{m}$

$H_{\text{kW}} = \dfrac{T\omega}{1,000} = \dfrac{475.11 \times \dfrac{2\pi \times 400}{60}}{1,000} = 19.9 \, \text{kW}$

**14** 강선의 지름이 5mm이고 코일의 반지름이 50mm인 15회 감긴 스프링이 있다. 이 스프링에 힘을 가하여 처짐량이 50mm일 때, $P$는 약 몇 N인가? (단, 재료의 전단탄성계수 $G=100$Gpa이다.)

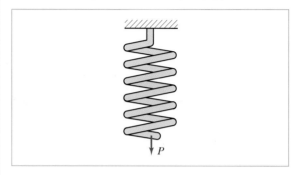

① 18.32　　　　② 22.08
③ 26.04　　　　④ 28.43

**해설⊕**- - - - - - - - - - - - - - - - - - - - - - - - - - - -

$\delta = \dfrac{8PD^3 n}{Gd^4}$ 에서

$P = \dfrac{Gd^4 \delta}{8D^3 n} = \dfrac{100 \times 10^9 \times 0.005^4 \times 0.05}{8 \times 0.1^3 \times 15} = 26.04 \text{N}$

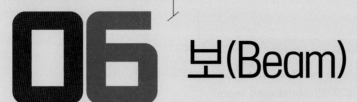

# 06 보(Beam)

## 1. 보의 정의와 종류

### (1) 보의 정의

부재의 단면적에 비해 가늘고 길며, 그 길이 방향 축에 수직으로 작용되는 하중을 지지하는 부재를 보(beam)라 부르며, 보통 보는 길고 일정한 단면을 갖는 직선막대이다. 보는 길이(Span), 지지점, 하중으로 구성되며, 가장 중요한 구조 요소로서 건물의 천장과 바닥, 다리, 비행기 날개, 자동차 차축, 크레인, 인체의 많은 뼈 등도 보와 같이 작용한다.

### (2) 보의 종류

① 정정보(Statically determinate beam)

정역학적 평형상태방정식($\sum F=0$, $\sum M=0$)으로 보의 모든 반력요소를 해석할 수 있는 보이며, 종류에는 단순보, 외팔보, 내다지보(돌출보) 등이 있다.

단순지지보(simply supported beam)

외팔보(cantilever beam)

내다지보(overhanging beam)

② 부정정보(Statically indeterminate beam)

정역학적 평형상태방정식($\sum F=0$, $\sum M=0$)으로 보의 모든 반력요소를 해석할 수 없는 보이며, 부정정요소의 해석을 위해 굽힘에 의한 보의 처짐(처짐각과 처짐양)을 고려하여 미지반력을 해결한 후 정정보로 해석한다. 종류에는 양단고정보, 일단고정 타단 지지보, 연속보(보의 평형상태를 유지하기 위해 필요한 기본적인 지지 이외의 과다 지지된 보) 등이 있다.

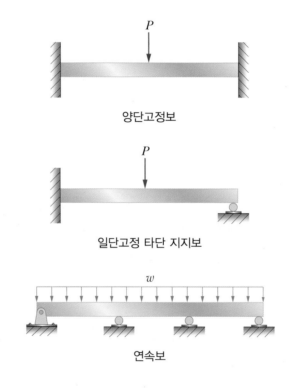

양단고정보

일단고정 타단 지지보

연속보

## 2. 보의 지점(support)의 종류

하중을 받는 보를 지지하는 점을 지점이라 하며, 종류에는 가동지점, 힌지지점, 고정지점이 있다.

### (1) 가동지점[롤러(roller)지점]

롤러지점은 수평방향으로 굴러가므로 수평반력은 존재하지 않는다.

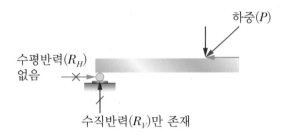

### (2) 고정회전지점(힌지)

힌지(핀)지점에서는 모멘트에 저항하지 못하므로 힌지에서 모멘트 반력은 존재하지 않으며, 수평반력과 수직반력의 2가지 반력만이 존재한다.

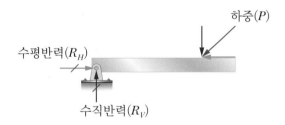

### (3) 고정지점

고정지점에서는 수평반력, 수직반력, 모멘트의 3가지 반력요소가 존재한다.

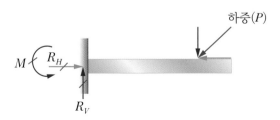

## 3. 보에 작용하는 하중의 종류

### (1) 집중하중

① 고정 집중하중 : 한 점에 집중되어 작용하는 하중
② 이동 집중하중 : 작용하중의 위치가 이동하면서 작용할 때의 하중
   ⑩ 자동차가 다리 위를 이동할 때 작용

### (2) 분포하중

분포하중의 경우, 전하중의 세기는 힘의 분포도 면적의 크기와 같고 그 작용점은 힘의 분포도 도심에 작용하는 집중력으로 간주하고 해석한다.

① 균일(등) 분포하중($w$는 상수)

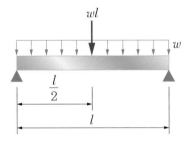

② 점변 분포하중($w$는 1차)

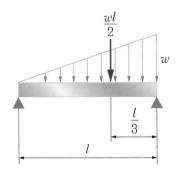

③ 분포하중 $w$가 상수($n=0$), 1차 직선($n=1$), 2차 포물선($n=2$), 3차 곡선($n=3$), $n$차 곡선이면 →  $\text{면적(하중)} = \dfrac{w \cdot l}{n+1}$ , $\text{도심} = \dfrac{l}{n+2}$

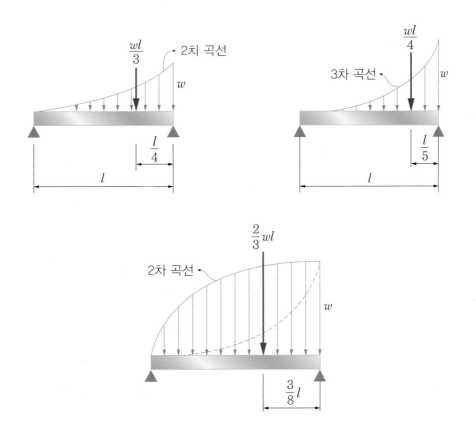

## 4. 우력[couple(짝힘)]

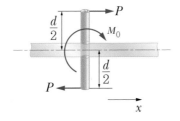

"순수회전"만 발생하는 우력은 크기가 서로 같고 동일한 직선상에 존재하지 않으며 방향이 반대인 한 쌍의 평행력을 말하며, 우력에 대한 힘의 효과는 "0"이다. 다만 힘의 회전효과, 즉 단순모먼트만 존재한다.

우력은 수직거리 $d$만의 함수이다.

$$\sum F_x = P - P = 0, \quad M_0 = P \cdot \frac{d}{2} + P \cdot \frac{d}{2} = Pd$$

## 5. 보의 해석에서 힘, 모먼트, 전단력, 굽힘모먼트 부호

보를 해석할 때 쓰이는 부호의 정의이며 이 책에서는 다음과 같은 부호들을 일관되게 사용한다. 부호를 다르게 정의해도 무관하지만 보를 해석하는 동안에는 처음부터 끝까지 동일하게 부호를 적용하여 해석하면 된다.

① 힘 부호

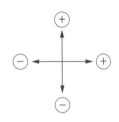

② 모먼트 부호

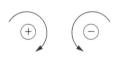

③ 전단력 부호

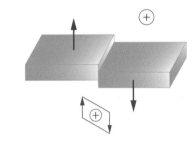
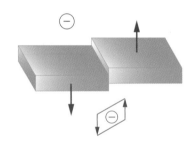

④ 굽힘모먼트 부호

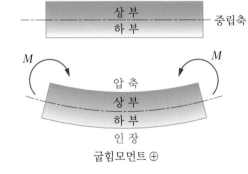
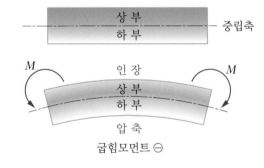

## 6. 보의 해석 일반

### (1) 보 해석의 기초 사항

① 하중은 보의 축방향에 수직으로 작용하며, 보 전체의 해석과 고려해야 할 임의의 부분(구간해석)에 대해서 해석할 때 각각 자유물체도(F.B.D)와 평형조건을 세워서 해석한다.
→ 정역학적 평형상태방정식과 자유물체도

- 보의 전체길이에서 어떤 지점에서도 올라가거나 내려가지 않으며, 또한 보는 어떤 지지점을 중심으로도 회전하지 않는다.
- 떨어져 나간 부재에도 같은 힘이 존재한다.(자유물체를 그릴 때)
- 굽힘이 작용할 때 임의의 단면에 작용하는 인장 ← / 압축 → 의 두 힘은 우력이 되며, 해당 단면의 모먼트 값이 된다.

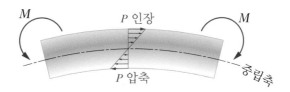

② 외부합력과 이러한 힘을 지지하기 위한 보의 내부 저항력 사이의 관계식을 세운다. → 재료의 강도 특성과 관련한 해석
③ 보의 길이 방향에 따르는 전단력 $V$와 굽힘모먼트 $M$의 변화는 보의 설계해석에 반드시 필요한 사항이다.
- 특히 굽힘모먼트 최댓값은 보의 선택이나 설계 시 가장 먼저 고려해야 할 대상이므로, 그 값과 방향을 먼저 구해야 한다.
- 보의 길이방향에 대한 전단력 $V$와 모먼트 $M$의 그래프를 각각 보의 전단력 선도(Shear Force Diagram) 및 굽힘모먼트선도(Bending Moment Diagram)라 한다.

### (2) 보의 해석 순서

① 보 전체의 자유물체도를 그리고 정역학적 평형상태방정식을 적용한다.
→ 모든 반력 결정(정정보)
② 보의 일부를 분리하여 임의 횡단면에 오른쪽이나 왼쪽부분의 자유물체도를 그린 후, 분리한보의 부분에 정역학적 평형상태방정식을 적용한다.
(분리한 보의 절단면에 작용하는 전단력 $V$와 굽힘모먼트 $M$을 나타낸다.)

- 분리한 임의 단면의 오른쪽 또는 왼쪽에서 미지의 힘의 수가 더 작은 쪽에서 일반적으로 더 간단한 해를 얻을 수 있다.
- 집중하중 위치와 일치하는 횡단면의 사용을 피해야 한다.→ 왜냐하면 집중하중이 작용하는 위치에서는 전단력이 불연속점이기 때문이다.
- $V$와 $M$의 일반 부호규약에 따라 양($+$)의 부호를 일관되게 사용한다.

③ 보의 길이방향으로 왼쪽 지지점으로부터 $x$만큼 떨어진 단면의 전단력과 굽힘모먼트를 가지고 보의 전체 전단력선도와 굽힘모먼트선도를 그린다.

④ 선도에서 최대가 되는 부분을 구해 해석한다.

## 7. 전단력과 굽힘모먼트의 미분 관계식

### (1) 분포하중에서 전단력과 굽힘모먼트의 미분 관계식

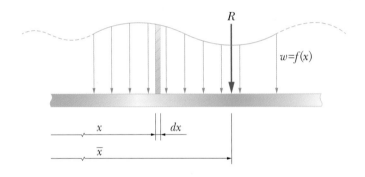

① 합력의 위치($\overline{x}$)

분포힘의 미소 증가분 $dR = wdx$

적분하면 $\int wdx = R$이며 위의 그림에서 바리농 정리를 적용하면 합력의 작용위치 $\overline{x}$

$\int x \cdot wdx = R\overline{x}$ 에서 분포하중에 대한 합력 $R$의 위치를 구한다.

② 보의 지지점으로부터 $x$만큼 떨어진 단면($O$)에서 미소길이 $dx$를 취할 때의 힘과 모먼트의 자유물체도 해석

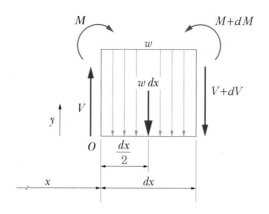

보의 길이방향 $x$에 따라 $V$와 $M$이 변화하고 있으며 위의 그림에서 $x$만큼 떨어진 임의점 ($O$)에서 미소요소길이 $dx$를 취할 때 $x+dx$에서 전단력은 $V+dV$로, 모멘트는 $M+dM$ 으로 변화하고 있는 것을 알 수 있다.

- 작용하는 $w$는 미소요소길이($dx$)에 걸쳐 일정하다고 간주(그 이유는 요소길이가 미소량 이고 $w$의 변화량은 극한치에서 $w$ 자신에 비해 무시될 수 있기 때문이다.)

③ 그림의 미소요소에 정역학적 평형상태방정식을 적용하면

$\sum F_y = 0(\uparrow +)$ : 수직방향 힘의 합은 0이 되어야 한다.

따라서 $V-wdx-(V+dV)=0$에서

$$w = -\frac{dV}{dx} \quad \text{.................} \quad \text{ⓐ} \left( \frac{\text{힘}}{\text{거리}} = 등분포하중(w) \right)$$

(여기서, 전단력선도의 기울기는 모든 곳에서 분포하중 값에 음의 부호를 붙인 것과 동일함 을 알 수 있다. ($\frac{dV}{dx}=-w$))

ⓐ식은 집중하중이 작용하는 어느 쪽에서나 성립하나, 전단력이 급격히 변화되는 불연속점, 즉 집중하중점에서는 성립하지 않는다.

모멘트 합 $\sum M_o = 0$ ($\curvearrowleft +$): $\sum M_o = 0$

$M + w \cdot dx \cdot \frac{dx}{2} + (V+dV)dx - (M+dM) = 0$

$Vdx - dM = 0$

(여기서, $\frac{dx^2}{2}$와 $dV \cdot dx \rightarrow$ 미분값의 2차항들이므로 고차항 무시)

$$\therefore V = \frac{dM}{dx} \quad \text{.................} \quad \text{ⓑ} \left( \frac{dM}{dx} = \frac{\text{힘}\times\text{거리}}{\text{거리}} = \text{힘} \right)$$

모든 $x$에서 전단력은 모먼트 곡선의 기울기와 같다는 것을 의미한다.

ⓑ식은 $dM=Vdx$에서 양변을 적분하면 $\int_{M_0}^{M} dM = \int_{x_0}^{x} Vdx$

(여기서, $M_0$는 $x_o$의 위치에서 굽힘모먼트, $M$은 $x$에서의 굽힘모먼트)

$$M - M_0 = \int_{x_0}^{x} Vdx$$

$$\therefore M = M_0 + \int_{x_0}^{x} Vdx \rightarrow M = M_0 + (x_0 \text{에서 } x \text{까지의 전단력선도의 면적})$$

만약 $x_o = 0$의 위치에서 외부 모먼트($M_o$)가 없는 보의 경우

임의의 단면의 모먼트 $\rightarrow M = \int_{x_0}^{x} Vdx \rightarrow \int_{0}^{x} Vdx$

그 단면($x$)까지의 전단력 선도면적과 같다.

일반적으로 전단력 선도의 면적을 더함으로써 가장 간단하게 굽힘모먼트선도를 그릴 수 있다.

- $V$가 0을 지나는 지점에서 $x$에 대한 연속 함수로서 $\dfrac{dV}{dx} \neq 0$($w$가 존재)일 때 이 지점에서 굽힘모먼트 $M$은 최댓값 또는 최솟값이 된다. 왜냐하면 이 지점에서 $\dfrac{dM}{dx} = V = 0$이 되기 때문이다.

- 집중하중을 받는 보의 경우, 전단력선도의 $V$가 0인 기준축을 불연속적으로 통과할 때 보의 길이 방향 $x$에 대한 모먼트의 기울기는 0이므로 이때 모먼트($M$)값이 역시 임계값이 된다.

- 전단력선도 SFD $\quad w = -\dfrac{dV}{dx} \rightarrow V$가 $w$보다 $x$항에 대해 한 차수 더 높다.

  ⑩ $V$가 1차 $\rightarrow w$는 상수, $V$가 2차 $\rightarrow w$는 1차, $V$가 3차 $\rightarrow w$는 2차, …

- 굽힘모먼트선도 BMD $\quad V = \dfrac{dM}{dx} \rightarrow M$이 $V$보다 $x$항에 대해 한 차수 더 높다.

  또한 $M$은 $w$에 비하여 $x$항에 대해 두 차수 더 높다.

  따라서 $x$에 대하여 1차항인 $w = kx$로 하중을 받는 보의 경우(일차함수분포) 전단력 $V$는 $x$에 대하여 2차가 되며, 굽힘모먼트 $M$은 $x$에 대하여 3차가 된다.

$$w = -\dfrac{d\left(\dfrac{dM}{dx}\right)}{dx} = -\dfrac{d^2 M}{dx^2}$$

  따라서 $w$가 $x$의 함수로 주어진다면, 적분 시 상하한 값을 매번 적합하게 선택하여 적분을 두 번 수행함으로써 모먼트 $M$을 얻을 수 있으며, 이 방법은 $w$가 $x$에 대하여 연속 함수일 경우에 한하여 사용 가능하다.

- $w$가 $x$에 대하여 불연속일 경우 특이함수(singularity function)라는 별도의 식을 사용
  → 불연속적인 구간에서 전단력 $V$와 모먼트 $M$에 대한 해석식

## 8. 보의 해석

### (1) 집중하중을 받는 단순보

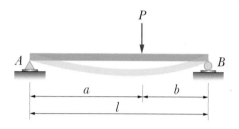

### 1) 자유물체도(F.B.D)

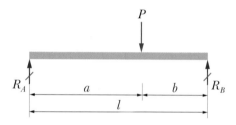

### 2) 하중을 받고 있는 보는 보의 어떤 지점에서도 움직이거나 회전하지 않는다.

$$\sum F=0, \; \sum M=0$$

$$\sum F_y=0 : R_A-P+R_B=0$$

$$\therefore \; P=R_A+R_B \; \cdots\cdots\cdots\cdots\cdots ⓐ$$

$\sum M_{A지점}=0 :$ A지점을 기준으로 모멘트의 합은 "0"이다.

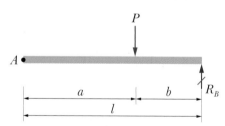

$$Pa-R_B \cdot l=0$$

$$\therefore \; R_B=\frac{Pa}{l} \; \cdots\cdots\cdots\cdots\cdots ⓑ$$

## 3) ⓑ를 ⓐ에 대입하면

$$P = R_A + \frac{Pa}{l}$$

$$\therefore R_A = P - \frac{Pa}{l}$$

$$= \frac{P(l-a)}{l}$$

$$= \frac{Pb}{l}$$

또는

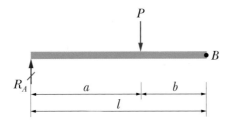

$$\sum M_{B지점} = 0 : R_A \cdot l - Pb = 0$$

$$\therefore R_A = \frac{Pb}{l}$$

## 4) 전단력선도(S.F.D)

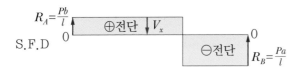

## 5) 굽힘모먼트선도(B.M.D)

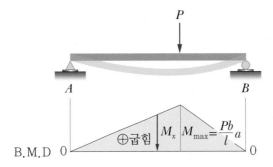

$$\frac{Pb}{l} \cdot a \Rightarrow M_{x=a}$$ 인 지점에서 모먼트값은

"0"에서 $a$까지 전단력선도의 면적이므로

$$M_{max} = \frac{Pb}{l} \cdot a$$

6) 다음 그림처럼 보의 $A$지점으로부터 $x$의 거리만큼 떨어져 있는 지점에서 보 해석($x$위치가
$P$작용 위치인 거리 $a$보다 작을 때 $0<x<a$ 구간)

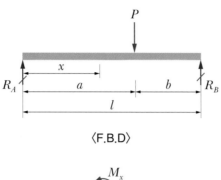

〈F.B.D〉

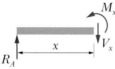

$\sum F_y=0 : R_A - V_x = 0 \qquad \therefore R_A = V_x$

$\sum M_{x지점}=0 : R_A \cdot x - M_x = 0 \qquad \therefore M_x = R_A \cdot x$

이 값들을 4)와 5)의 선도에 빨간색으로 그려 넣어서 보면 $V_x$와 $M_x$값을 쉽게 이해할 수 있다.

7) 다음 그림처럼 보의 $A$지점으로부터 $x$의 거리만큼 떨어져 있는 지점에서 보 해석($x$위치가
$P$작용 위치인 $a<x<l$ 구간)

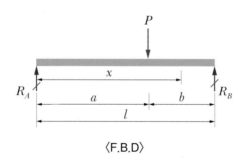

〈F.B.D〉

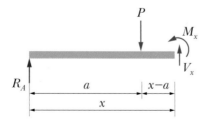

$$\sum F_y = 0 : R_A - P + V_x = 0$$

$$\therefore V_x = P - R_A$$

$$\sum M_{x지점} = 0 : R_A \cdot x - P(x-a) - M_x = 0$$

$$M_x = R_A \cdot x - P(x-a)$$

## 8) 다음 그림처럼 수치가 주어지면 보를 쉽게 해석할 수 있다.

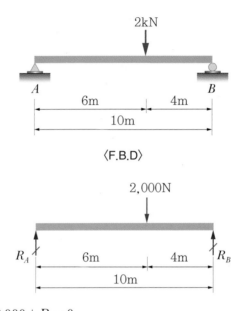

〈F.B.D〉

① $\sum F_y = 0 : R_A - 2{,}000 + R_B = 0$

$\therefore 2{,}000 = R_A + R_B$ ···························· ⓐ

② $\sum M_{A지점} = 0 : 2{,}000 \times 6 - R_B \times 10 = 0$

$\therefore R_B = \dfrac{2{,}000 \times 6}{10} = 1{,}200\text{N}$ ······················· ⓑ

③ ⓑ를 ⓐ에 대입하면 $R_A = 800\text{N}$

④ 전단력선도(S.F.D)

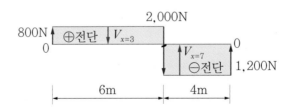

⑤ 굽힘모먼트선도

$M_x$는 "0"부터 $x$까지 전단력선도의 면적과 같으므로

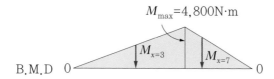

$\therefore M_x = 800x$

전단력 $V$가 "0"을 통과하는 지점 → $x=6$m일 때 $M_{x=6\mathrm{m}} = 800 \times 6 = 4{,}800\mathrm{N\cdot m}$

($\dfrac{dM}{dx} = 0 \rightarrow V = 0$, 또는 ⊕전단에서 ⊖전단으로 바뀔 때)

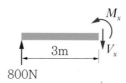

$M_x = 800x$이므로 $M_{x=3\mathrm{m}} = 800 \times 3 = 2{,}400\mathrm{N\cdot m}$

$x=3$m일 때와 $x=7$m일 때 값들을 ④, ⑤의 선도에 표시해 보았다.

⑥ $x=3$m일 때 해석해 보면

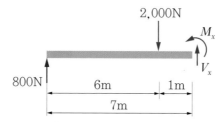

$\sum F_y = 0 : 800 - V_x = 0 \qquad \therefore V_x = 800\mathrm{N}$

$\sum M_{x\text{지점}} = 0 : 800 \times 3 - M_x = 0 \qquad \therefore M_x = 2{,}400\mathrm{N\cdot m}$

⑦ $x=7$m일 때 해석해 보면

2,000N

800N

6m  1m

7m

$\sum F_y = 0 : 800 - 2{,}000 + V_x = 0$

$\therefore V_x = 2{,}000 - 800 = 1{,}200\mathrm{N}$

$\sum M_{x\text{지점}} : 800 \times 7 - 2{,}000 \times 1 - M_x = 0$

$\therefore M_x = 800 \times 7 - 2{,}000 \times 1 = 5{,}600 - 2{,}000 = 3{,}600\mathrm{N\cdot m}$

⑧ 만약 $x=7\text{m}$에서 자유물체도를

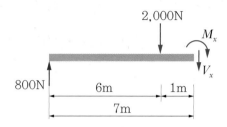

위 그림과 같이 가정하고 해석해 보면

$\sum F_y=0 : 800\text{N}-2,000\text{N}-V_x=0 \quad \therefore V_x=\ominus 1,200\text{N}$

$V_x$값이 $\ominus$가 나오면 가정방향 $\downarrow V_x$와 반대이므로 $\uparrow V_x$가 되어야 한다.

$\sum M_{x=7\text{m}지점}=0 : 800\times 7-2,000\times 1+M_x=3,600\text{N}\cdot\text{m}$

만약 $M_x$값이 $\ominus$가 나오면 가정방향 ⤸ $M_x$와 반대이므로 ⤹ $M_x$가 되어야 한다.

$\therefore$ 결론 : 보의 $x$위치에서 전단력과 모멘트의 방향은 임의로 가정하여 해석한 다음, $\ominus$가
나오면 가정방향과 반대로 해석해 주면 된다.

## (2) 분포하중을 받는 단순보

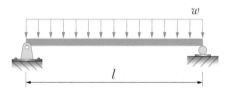

1) 분포하중에서 전 하중의 세기는 분포하중의 면적과 같고 그 면적의 도심에 작용하는 집중력
으로 간주한다.

자유물체도(F.B.D)를 그리면

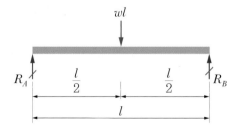

2) $\sum F_y=0 : R_A-wl+R_B=0$

$$\therefore \ wl = R_A + R_B$$

**3)** $\sum M_{A지점} = 0 : wl \times \dfrac{l}{2} - R_B \cdot l = 0$

$$\therefore \ R_B = \dfrac{\dfrac{w}{2}l^2}{l} = \dfrac{wl}{2}$$

$$\therefore \ R_A = \dfrac{wl}{2}$$

### 4) 전단력선도와 굽힘모멘트선도

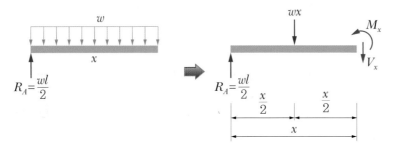

① $\sum F_y = 0 : \dfrac{wl}{2} - wx - V_x = 0$

$\quad \therefore \ V_x = \dfrac{wl}{2} - wx$ ·································· ⓐ

• $x = \dfrac{l}{2}$에서 전단력 $V_{x=\frac{1}{2}} = \dfrac{wl}{2} + \dfrac{wl}{2} = 0$이 됨을 알 수 있다. → $M_{\max}$

② $\sum M_{x지점} = 0 : \dfrac{wl}{2}x - wx\dfrac{x}{2} - M_x = 0$

$\quad \therefore \ M_x = \dfrac{wl}{2}x - \dfrac{w}{2}x^2$

③ 전단력선도(S.F.D)

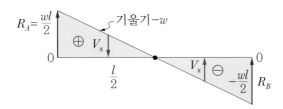

- $V_x = \dfrac{wl}{2} - wx$ 이므로 $x$에 대해 미분하면 $\dfrac{dV_x}{dx} = -w$가 됨을 확인할 수 있다.

- $x = \dfrac{l}{2}$ 을 전후로 해서 전단력 부호가 바뀜을 알 수 있다.

- 만약 $x = \dfrac{3}{4}l$ 에서 전단력을 구하라고 하면 $V_x = \dfrac{wl}{2} - w\dfrac{3}{4}l$ 로 해석하면 된다.

④ 굽힘모멘트선도(B.M.D)

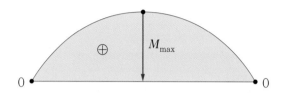

- $M_x = \dfrac{wl}{2}x - \dfrac{w}{2}x^2$ 이므로 $x$에 대해 미분하면

$$\dfrac{dM_x}{dx} = \dfrac{wl}{2} - wx \;\rightarrow\; ⓐ식이 됨을 확인할 수 있다.$$

- 만약 $x = \dfrac{l}{3}$ 에서의 모먼트값을 구하라고 하면

$$M_{x=\frac{l}{3}} = \dfrac{wl}{2} \cdot \dfrac{l}{3} - \dfrac{w}{2} \cdot \left(\dfrac{l}{3}\right)^2 \text{으로 해석하면 된다.}$$

- 전단력이 "0"이 되는 위치 $x = \dfrac{l}{2}$ 에서 최대 굽힘모멘트가 나오므로

$$M_{\max} = M_{x=\frac{l}{2}} = \dfrac{wl}{2} \cdot \dfrac{l}{2} - \dfrac{w}{2} \cdot \left(\dfrac{l}{2}\right)^2$$

$$= \dfrac{wl^2}{4} - \dfrac{wl^2}{8}$$

$$= \dfrac{wl^2}{8}$$

**5) 다음 그림처럼 수치가 주어지면 보를 쉽게 해석할 수 있다.**

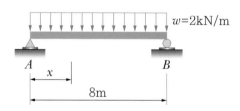

① 자유물체도(F.B.D)

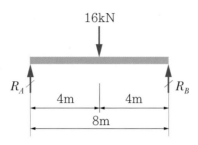

$$\sum F_y = 0 : R_A - 16\text{kN} + R_B = 0$$

$$\therefore 16\text{kN} = R_A + R_B$$

$$\sum M_{A지점} = 0 : 16\text{kN} \times 4\text{m} - R_B \times 8\text{m} = 0$$

$$\therefore R_B = 8\text{kN}$$

$$16\text{kN} = R_A + 8\text{kN} \rightarrow \therefore R_A = 8\text{kN}$$

② $A$지점으로부터 $x$인 지점의 전단력과 굽힘모먼트

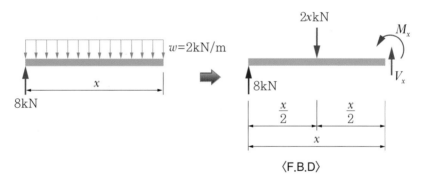

⟨F.B.D⟩

$$\sum F_y = 0 : 8(\text{kN}) - 2(\text{kN/m}) \cdot x(\text{m}) + V_x(\text{kN}) = 0$$

$$\therefore V_x = 2(\text{kN/m}) \cdot x(\text{m}) - 8(\text{kN})$$

전단력이 "0"인 위치

$$0 = 2(\text{kN/m}) \cdot x(\text{m}) - 8(\text{kN})$$

$$\therefore x = 4\text{m}$$

$$\sum M_{x지점} = 0 : 8(\text{kN}) \times x(\text{m}) - 2(\text{kN/m}) \times x(\text{m}) \times \frac{x}{2}(\text{m}) - M_x = 0$$

$$\therefore M_x = (8x - x^2)\text{kN} \cdot \text{m}$$

최대 굽힘모먼트는 $x = 4\text{m}$인 지점에서 발생하므로

$$M_{\max} = M_{x=4\text{m}} = (8 \times 4 - 4^2)\text{kN} \cdot \text{m} = 16\text{kN} \cdot \text{m}$$

③ 전단력선도(S.F.D)

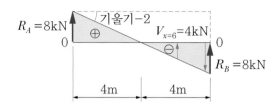

- $\dfrac{dV}{dx} = -w$이고 $\dfrac{dV}{dx} = -2(\text{kN})$이므로 $A$지점의 $8(\text{kN})$, $B$지점의 $-8(\text{kN})$값을 $-2(\text{kN})$의 기울기로 연결하면 된다. $w$가 등분포하중(상수)이어서 전단력은 한 차수 높은 $x$의 1차 함수가 되므로 $8(\text{kN})$과 $-8(\text{kN})$을 직선으로 연결하면 된다.
- 전단력선도는 보 전체의 전단력을 보여주는 그림이며, 전단력이 "0"인 위치에서 최대 굽힘모멘트가 되는 것을 알 수 있다.
- $V_{x=6}$에서 전단력은 $4(\text{kN})$이므로 전단력선도에 표시하였다.

④ 굽힘모멘트선도(B.M.D)

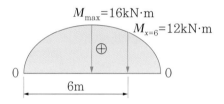

- $M_{\max}$를 ③의 전단력선도에서 구해보면 $x=4$에서 $M_{\max}$이므로

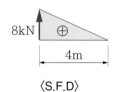

〈S.F.D〉

$x=0$에서 $x=4$까지의 전단력선도의 면적(삼각형)이 $M_{x=4}$이므로

$$\frac{1}{2} \times 4\text{m} \times 8\text{kN} = 16\text{kN}\cdot\text{m}$$

- $M_{x=6\text{지점}}$의 모멘트값이 $12\text{kN}\cdot\text{m}$

---

⑤ $x=6\text{m}$인 지점에서의 전단력과 굽힘모멘트 해석

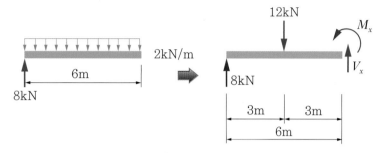

- 전단력 $V_x : \sum F_y=0 \to 8\text{kN}-12\text{kN}+V_x=0 \quad \therefore V_x=4\text{kN}$
- 굽힘모멘트 $M_x : \sum M_{x=6\text{m}지점}=0 : 8\text{kN}\times6\text{m}-12\text{kN}\times3\text{m}-M_x=0$

$\therefore M_x=(48-36)\text{kN}\cdot\text{m}=12\text{kN}\cdot\text{m}$

# 9. 외팔보에 집중하중이 작용할 때

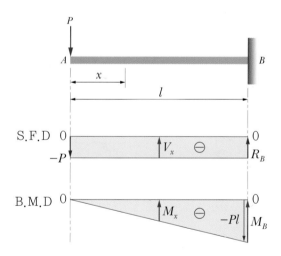

## 1) 자유물체도(F.B.D)

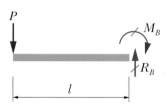

## 2) 반력요소

$$\sum F_y = 0 : -P + R_B = 0$$

$$\therefore R_B = P$$

$$\sum M_{B지점} = 0 : -P \cdot l + M_B = 0$$

$$\therefore M_B = P \cdot l$$

## 3) $x$ 위치에서 전단력과 굽힘모먼트

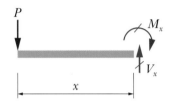

$$\sum F_y = 0 : -P + V_x = 0 \qquad \therefore V_x = P$$

$$\sum M_{x지점} = 0 : -Px + M_x = 0$$

$$\therefore M_x = Px$$

① $M_{x=0} \;\to\; M_A = 0$

② $M_{x=l} \;\to\; M_B = P \cdot l$

## 4) 자유물체도에서 $V_x$를 ↓(아래방향)과 $M_x$를 ⤹(좌회전)으로 가정하면

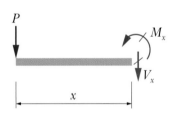

$$\sum F_y = 0 : -P - V_x = 0$$

$$\therefore V_x = -P$$

$-P$이므로 $P$의 방향과 반대로 $V_x$는 ↑(위 방향)으로 향하게 된다.

**5) 자유물체도에서 $M_x$를 ⤺(좌회전 방향)으로 가정하면**

$$\sum M_{x지점} = 0 : -Px - M_x = 0$$

$$\therefore M_x = -Px$$

$-Px$이므로 $Px$의 방향과 반대로 $M_x$는 ⤹(우회전 방향)으로 바뀌게 된다.

**6) 외팔보가 그림처럼 좌우가 바뀌었을 때 S.F.D와 B.M.D는 다음과 같다.**

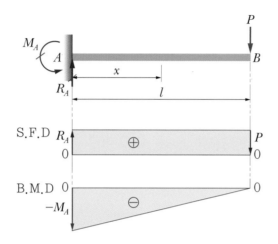

**7) 자유물체도를 사용해 외팔보의 반력과 모먼트, $x$지점의 전단력과 모먼트를 해석해 보면**

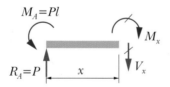

그림에서 $R_A - V_x = 0$

$$\therefore V_x = R_A = P$$

$$\sum M_{x지점} = 0 : -M_A + R_A \cdot x + M_x = 0$$

$$\therefore M_x = M_A - R_A \cdot x$$

$$= Pl - P \cdot x$$

## 10. 외팔보에 등분포하중이 작용할 때

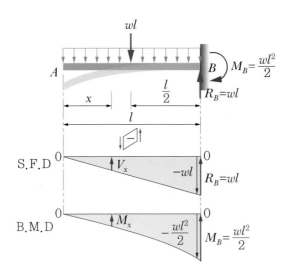

### 1) 자유물체도(F.B.D)

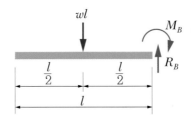

### 2) 반력요소

$$\sum F_y = 0 : -wl + R_B = 0$$

$$\therefore R_B = wl$$

$$\sum M_{B지점} = 0 : -wl\frac{l}{2} + M_B = 0$$

$$\therefore M_B = \frac{wl^2}{2}$$

### 3) $x$위치에서 전단력과 굽힘모먼트

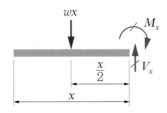

$$\sum F_y = 0 : -wx + V_x = 0 \qquad \therefore V_x = wx$$

$$\sum M_{x \text{지점}} = 0 : -wx\frac{x}{2} + M_x = 0 \qquad \therefore M_x = \frac{wx^2}{2}$$

① $M_{x=0} \rightarrow M_A = 0$

② $M_{x=l} \rightarrow M_B = \frac{wl^2}{2}$

**4) 등분포하중의 외팔보가 그림처럼 좌우가 바뀌었을 때 S.F.D와 B.M.D는 다음과 같다.**

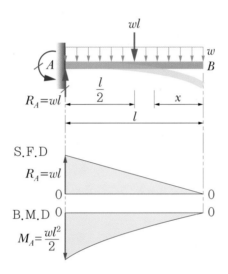

**5) 등분포하중을 받는 외팔보의 $x$지점의 전단력과 모먼트를 해석해 보면**

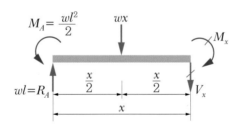

$$\sum F_y = 0 : R_A - wx - V_x = 0$$

$$\therefore V_x = R_A - wx = wl - wx$$

$$\sum M_{x \text{지점}} = 0 : -\frac{wl^2}{2} + R_A \cdot x - wx\frac{x}{2} + M_x = 0$$

$$\therefore M_x = \frac{wl^2}{2} + \frac{wx^2}{2} - wlx$$

## 11. 외팔보에 점변분포하중이 작용할 때

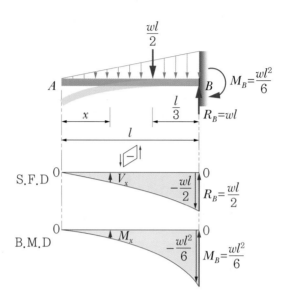

### 1) 자유물체도(F.B.D)

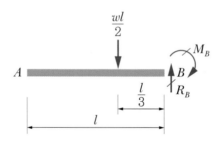

### 2) 반력요소

$$\Sigma F_y = 0 : -\frac{wl}{2} + R_B = 0$$

$$\therefore R_B = \frac{wl}{2}$$

$$\Sigma M_{B지점} = 0 : -\frac{wl}{2} \times \frac{l}{3} + M_B = 0$$

$$\therefore M_B = \frac{wl^2}{6}$$

## 3) $x$위치에서 전단력과 굽힘모먼트

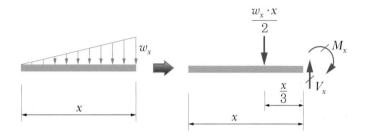

$x : l = w_x : w$

$\therefore \ w_x = \dfrac{w}{l} x$

$\sum F_y = 0 : -\dfrac{w_x \cdot x}{2} + V_x = 0$

$-\dfrac{w \cdot x^2}{2l} + V_x = 0$

$\therefore \ V_x = \dfrac{w \cdot x^2}{2l}$

$\sum M_{x지점} = 0 : -\dfrac{w_x \cdot x^2}{2} \times \dfrac{x}{3} + M_x = 0$

$-\dfrac{w \cdot x^3}{6l} + M_x = 0$

$\therefore \ M_x = \dfrac{w \cdot x^3}{6l}$

① $M_{x=0} \ \rightarrow \ M_A = 0$

② $M_{x=l} \ \rightarrow \ M_B = \dfrac{wl^2}{6}$

## 12. 우력이 작용하는 외팔보

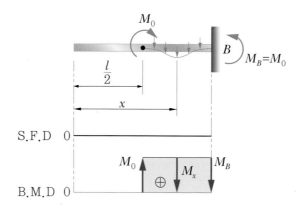

### 1) 자유물체도(F.B.D)

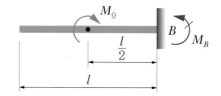

### 2) 반력요소

$R_B$ : 존재하지 않는다.

$\sum M_{B지점}=0 : M_0 - M_B = 0$

$\therefore M_B = M_0$

### 3) $x$위치에서 전단력과 굽힘모먼트

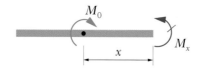

$V_x = 0$

$\sum M_{x지점}=0 : M_0 - M_x = 0$

$\therefore M_x = M_0$

> 참고

 $\Rightarrow$ ↑  ↓

우력을 두 힘과 수직거리로
나누어서 해석할 수도 있다.

## 13. 순수굽힘을 받는 단순보

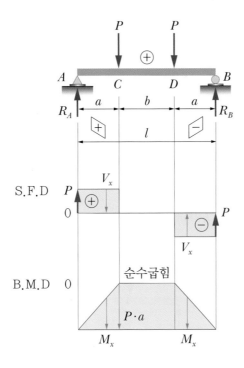

> **참고**
>
> 설계에서 굽힘만 받는 축 ⇒ 차축

### 1) 자유물체도(F.B.D)

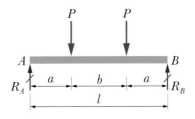

### 2) 반력요소

$$\sum M_{B지점}=0 : R_A \cdot l - P(b+a) - Pa = 0$$

$$\therefore R_A = \frac{P(b+2a)}{l} = P \ (R_A = R_B = P)$$

### 3) $x$위치에서 전단력과 굽힘모먼트

① $x$의 위치가 $0<x<a$일 때

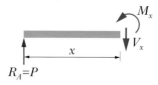

$P - V_x = 0$

$Px - M_x = 0$

$\therefore\ M_x = Px$

② $x$의 위치가 $a<x<a+b$일 때

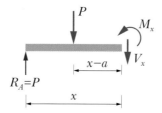

$R_A - P + V_x = 0$

$\therefore\ V_x = 0$

$R_A \cdot x - P(x-a) - M_x = 0$

$\therefore\ M_x = Pa$

③ $x$의 위치가 $a+b<x<l$일 때

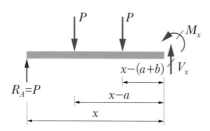

$R_A - P - P + V_x = 0$

$\therefore\ V_x = P$

$R_A \cdot x - P(x-a) - P(x-(a+b)) - M_x = 0$

$Px - Px + Pa - Px + P(a+b) = M_x$

$\therefore\ M_x = P(2a+b-x) = P(l-x)$

④ $M_{max}$는 전단력이 "0"인 곳에서 발생하므로 $x$의 범위는 $a<x<a+b$이다.

이 구간의 $M_x=Pa$이므로 최대 굽힘모멘트는 $Pa$이다.

또한 이 구간에서는 전단력이 모두 "0"이므로 "순수굽힘"만을 받는다.

## 14. 단순보에 등분포하중이 작용할 때

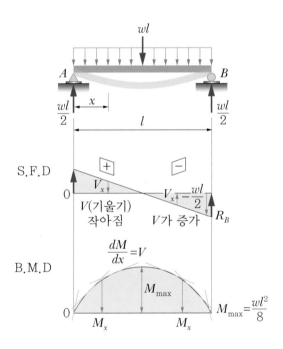

### 1) 자유물체도(F.B.D)

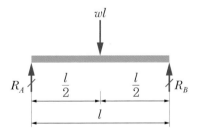

### 2) 반력요소

$\sum F_y=0 : R_A-wl+R_B=0$

$\therefore wl=R_A+R_B$

$$\sum M_{B \text{지점}} = 0 : R_A \cdot l - wl\frac{l}{2} = 0$$

$$\therefore R_A = \frac{wl}{2} \ \rightarrow \ R_B = \frac{wl}{2}$$

### 3) $x$위치에서 전단력과 굽힘모먼트

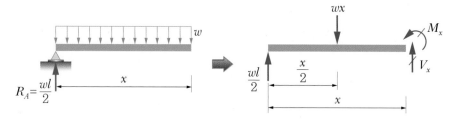

① $\sum F_y = 0 : R_A - wx + V_x = 0 \ \therefore V_x = wx - R_A = wx - \frac{wl}{2} \ \rightarrow \ $ S.F.D $x$의 1차 함수

② $\sum M_{x \text{지점}} = 0 : R_A \cdot x - wx\frac{x}{2} - M_x = 0 \ \therefore M_x = \frac{wl}{2}x - \frac{w}{2}x^2 \ \rightarrow \ $ B.M.D $x$의 2차 함수

③ 전단력이 "0"인 위치 $V_x = wx - \frac{wl}{2} = 0$에서 $x = \frac{l}{2}$

④ $M_{\max} = M_{x=\frac{l}{2}} = \frac{wl}{2} \cdot \frac{l}{2} - \frac{w}{2}\left(\frac{l}{2}\right)^2 = \frac{wl^2}{4} - \frac{wl^2}{8} = \frac{wl^2}{8}$

## 15. 단순보에 점변분포하중이 작용할 때

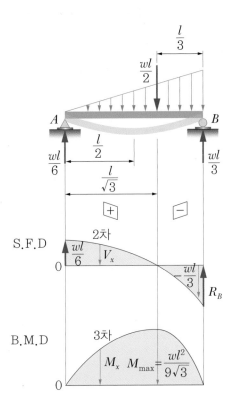

### 1) 자유물체도(F.B.D)

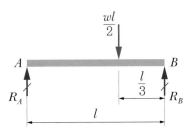

### 2) 반력요소

$$\sum F_y = 0 : R_A - \frac{wl}{2} + R_B = 0 \qquad \therefore \ \frac{wl}{2} = R_A + R_B \ \cdots\cdots\cdots\cdots\cdots\cdots ⓐ$$

$$\sum M_{B지점} = 0 : R_A \cdot l - \frac{wl}{2} \cdot \frac{l}{3} = 0 \qquad \therefore \ R_A = \frac{wl}{6} \ \cdots\cdots\cdots\cdots\cdots\cdots ⓑ$$

ⓐ에 ⓑ를 대입하면 $R_B = \frac{wl}{3}$

### 3) $x$위치에서 전단력과 굽힘모먼트

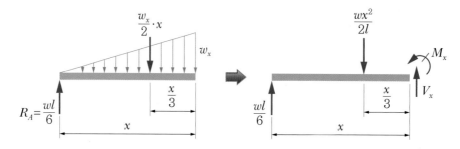

$$x : w_x = l : w \qquad \therefore \ w_x = \frac{w}{l}x$$

① $\sum F_y = 0 : \dfrac{wl}{6} - \dfrac{wx^2}{2l} + V_x = 0 \quad \therefore \ V_x = \dfrac{w}{2l}x^2 - \dfrac{wl}{6}$

② $\sum M_{x지점} = 0 : \dfrac{wl}{6}x - \dfrac{wx^2}{2l} \cdot \dfrac{x}{3} - M_x = 0 \quad \therefore \ M_x = \dfrac{wl}{6}x - \dfrac{wx^3}{6l}$

③ 전단력이 "0"인 위치 $V_x = \dfrac{w}{2l}x^2 - \dfrac{wl}{6} = 0$ 에서 $x^2 = \dfrac{l^2}{3} \quad \therefore \ x = \dfrac{l}{\sqrt{3}}$

④ $M_{\max} = M_{x=\frac{l}{\sqrt{3}}} = \dfrac{wl}{6} \cdot \dfrac{l}{\sqrt{3}} - \dfrac{w}{6l}\left(\dfrac{l}{\sqrt{3}}\right)^3 = \dfrac{wl^2}{6\sqrt{3}}\left(1 - \dfrac{1}{3}\right) = \dfrac{wl^2}{9\sqrt{3}}$

## 16. 단순보에 우력이 작용할 때

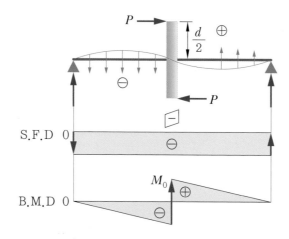

## 1) 자유물체도(F.B.D)

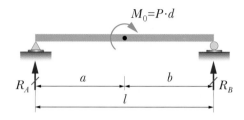

## 2) 반력요소

$\sum F_y = 0 : R_A + R_B = 0$  $\therefore R_A = -R_B$ (힘의 크기가 같고 서로 반대 방향)

$\sum M_{A지점} = 0 : M_0 - R_B \cdot l = 0$  $\therefore R_B = \dfrac{M_0}{l}$  →  $R_A = -\dfrac{M_0}{l}$

정확히 자유물체도를 그리면

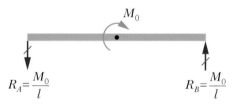

## 3) $x$위치에서 전단력과 굽힘모먼트

① $x$의 위치가 $0 < x < a$일 때

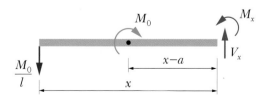

$\sum F_y = 0 : -\dfrac{M_0}{l} + V_x = 0$  $\therefore V_x = \dfrac{M_0}{l}$

$\sum M_{x지점} = 0 : -R_A \cdot x + M_x = 0$  $\therefore M_x = \dfrac{M_0}{l}x$

② $x$의 위치가 $a < x < l$일 때

$$\sum F_y = 0 : -\frac{M_0}{l} + V_x = 0 \quad \therefore \ V_x = \frac{M_0}{l}$$

$$\sum M_{x지점} = 0 : -\frac{M_0}{l}x + M_0 - M_x = 0 \quad \therefore \ M_x = M_0 - \frac{M_0}{l}x$$

## 17. 돌출보에 집중하중이 작용할 때

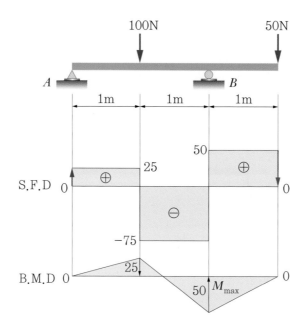

### 1) 자유물체도(F.B.D)

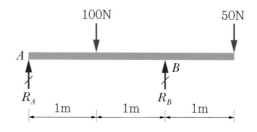

### 2) 반력요소

$$\sum F_y = 0 : R_A - 100 + R_B - 50 = 0 \quad \therefore \ R_A + R_B = 150\text{N} \quad \text{·········} ⓐ$$

$$\sum M_{B지점} = 0 : R_A \times 2 - 100 \times 1 + 50 \times 1 = 0 \quad \therefore \ R_A = 25\text{N} \quad \text{·········} ⓑ$$

ⓑ를 ⓐ에 대입하면 $R_B = 125$N

### 3) $x$위치에서 전단력과 굽힘모먼트

① $x$의 위치가 $0<x<1$일 때

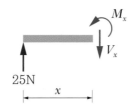

$$V_x=25\text{N}$$
$$M_x=25x\text{N}\cdot\text{m}$$

② $x$의 위치가 $1<x<2$일 때

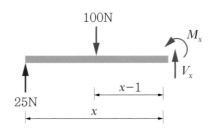

$$\sum F_y=0 : 25-100+V_x=0 \quad \therefore V_x=75\text{N}$$
$$\sum M_{x지점}=0 : 25x-100(x-1)-M_x=0$$
$$\therefore M_x=25x-100x+100=-75x+100\text{N}\cdot\text{m}$$

③ $x$의 위치가 $2<x<3$일 때

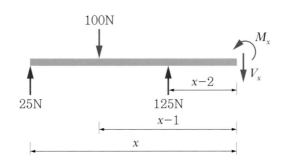

$$\sum F_y=0 : 25-100+125-V_x=0 \quad \therefore V_x=50\text{N}$$
$$\sum M_{x지점}=0 : 25x-100(x-1)+125(x-2)-M_x=0$$
$$\therefore M_x=25x-100x+100+125x-250=50x-150\text{N}\cdot\text{m}$$

④ 전단력이 "0"을 통과하는 두 지점 → S.F.D에서 $x=1$m와 $x=2$m

$$M_{x=1}=25\text{N}\cdot\text{m}, \ M_{x=2}=25\times2-100\times1=-50\text{N}\cdot\text{m}$$

$\therefore M_{\max}=50\text{N}\cdot\text{m}$ (B.M.D에서 보면 매우 이해하기 쉽다.)

## 18. 돌출보가 등분포하중을 받을 때

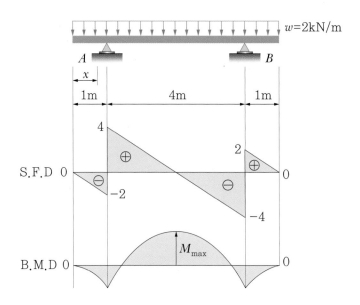

### 1) 자유물체도(F.B.D)

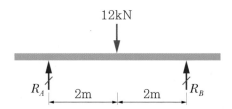

### 2) 반력요소

$\sum F_y = 0 : R_A - 12 + R_B = 0$   $\therefore R_A + R_B = 12\text{kN}$ ·················· ⓐ

$\sum M_{B지점} = 0 : R_A \times 4 - 12 \times 2 = 0$   $\therefore R_A = 6\text{kN}$ ························ ⓑ

ⓑ를 ⓐ에 대입하면 $R_B = 6\text{kN}$

### 3) $x$위치에서 전단력과 굽힘모먼트

① $x$의 위치가 $0 < x < 1$일 때

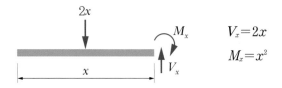

$V_x = 2x$

$M_x = x^2$

② $x$의 위치가 $1 < x < 5$일 때

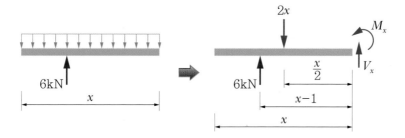

$$\sum F_y = 0 : 6 - 2x + V_x = 0 \quad \therefore V_x = 2x - 6$$

$$\sum M_{x\text{지점}} = 0 : 6 \times (x-1) - 2x \cdot \frac{x}{2} - M_x = 0$$

$$\therefore M_x = 6(x-1) - x^2$$

③ 전단력이 "0"인 위치는 S.F.D에서 보면 바로 알 수 있고 ②에서

$$V_x = 2x - 6 = 0 \quad \therefore x = 3\text{m}$$

$$M_{\max} = M_{x=3} = 6 \times 2 - 6 \times 1.5 = 3\text{kN} \cdot \text{m}$$

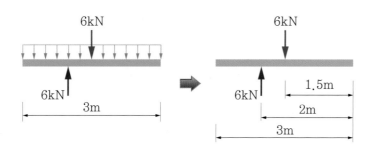

## 19. 돌출보에 집중하중과 등분포하중이 작용할 때

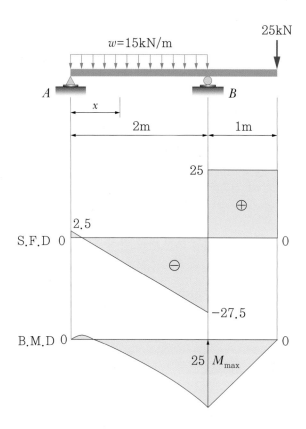

### 1) 자유물체도(F.B.D)

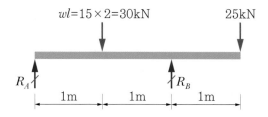

### 2) 반력요소

$\sum F_y = 0 : R_A - 30 + R_B - 25 = 0 \quad \therefore R_A + R_B = 55 \text{kN}$ ·············· ⓐ

$\sum M_{B지점} = 0 : R_A \times 2 - 30 \times 1 + 25 \times 1 = 0 \quad \therefore R_A = 2.5 \text{kN}$ ·············· ⓑ

ⓑ를 ⓐ에 대입하면 $R_B = 52.5 \text{kN}$

### 3) $x$위치에서 전단력과 굽힘모먼트

① $x$의 위치가 $0 < x < 2$일 때

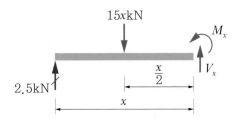

$$\sum F_y = 0 : 2.5 - 15x + V_x = 0 \quad \therefore V_x = 15x - 2.5 \,(\text{kN})$$

$$\sum M_{x지점} = 0 : 2.5 \times x - 15x\frac{x}{2} - M_x = 0 \quad \therefore M_x = 2.5x - \frac{15}{2}x^2 \,(\text{kN·m})$$

② $x$의 위치가 $2 < x < 3$일 때

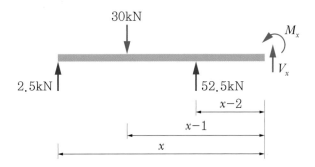

$$\sum F_y = 0 : 2.5 - 30 + 52.5 + V_x = 0 \quad \therefore V_x = 25\text{kN}$$

$$\sum M_{x지점} = 0 : 2.5x - 30(x-1) + 52.5(x-2) - M_x = 0$$

$$\therefore M_x = 2.5x - 30(x-1) + 52.5(x-2)$$

③ 전단력이 "0"을 통과하는 2지점 → S.F.D에서 $x = 0.167\text{m}$와 $x = 2\text{m}$

　　①에서 구한 $V_x = 15x - 2.5 = 0 \quad \therefore x = 0.167\text{m}$

　　$x = 2\text{m}$에서 $M_{\max}$이므로 ②에서

　　$M_{\max} = M_{x=2} = 2.5 \times 2 - 30(2-1) = -25\text{kN·m}$

## 20. 단순보 기타

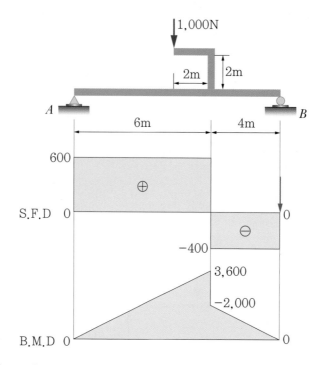

### 1) 자유물체도(F.B.D)

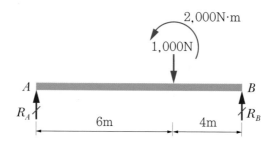

### 2) 반력요소

$$\sum F_y = 0 : R_A - 1,000 + R_B = 0 \quad \therefore \ R_A + R_B = 1,000\text{N}$$

$$\sum M_{B\text{지점}} = 0 : R_A \times 10 - 1,000 \times 4 - 2,000 = 0$$

$$\therefore \ R_A = 600\text{N} \ \rightarrow \ R_B = 400\text{N}$$

# 핵심 기출 문제

**01** 그림과 같은 균일 단면의 돌출보에서 반력 $R_A$ 는?(단, 보의 자중은 무시한다.)

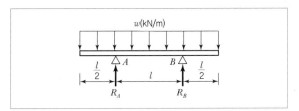

① $wl$      ② $\dfrac{wl}{4}$      ③ $\dfrac{wl}{3}$      ④ $\dfrac{wl}{2}$

**해설⊕**

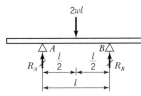

$$\sum M_{B지점} = 0 : R_A l - 2wl \cdot \frac{l}{2} = 0$$

$$\therefore \ R_A = wl$$

**02** 그림과 같은 단순 지지보에 모멘트($M$)와 균일분 포하중($w$)이 작용할 때, $A$ 점의 반력은?

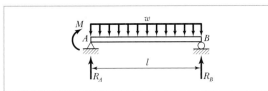

① $\dfrac{wl}{2} - \dfrac{M}{l}$      ② $\dfrac{wl}{2} - M$

③ $\dfrac{wl}{2} + M$      ④ $\dfrac{wl}{2} + \dfrac{M}{l}$

**해설⊕**

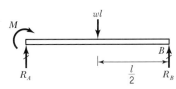

$$\sum M_{B지점} = 0 : M + R_A l - wl\frac{l}{2} = 0$$

$$\therefore \ R_A = \frac{wl}{2} - \frac{M}{l}$$

**03** 그림과 같이 등분포하중이 작용하는 보에서 최대 전단력의 크기는 몇 kN인가?

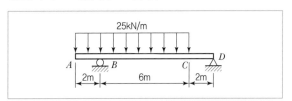

① 50             ② 100

③ 150          ④ 200

**해설⊕**

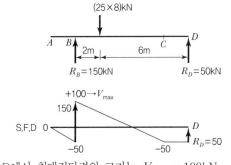

S.F.D에서 최대전단력의 크기는 $V_{\max} = 100\text{kN}$

**04** 아래와 같은 보에서 $C$점($A$에서 4m 떨어진 점)에서의 굽힘모멘트 값은 약 몇 kN · m인가?

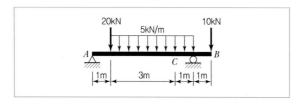

① 5.5　　② 11　　③ 13　　④ 22

**해설⊕**

• 지점의 반력을 구해보면

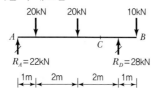

$$\sum M_{A지점} = 0 : R_A \times 5 - 20 \times 4 - 20 \times 2 + 10 \times 1 = 0$$

$$\therefore R_A = 22\text{kN}$$

$$\sum F_y = 0 : R_A - 20 - 20 - 10 + R_D = 0 에서$$

$$\therefore R_D = 28\text{kN}$$

• $C$점의 모멘트 값을 구하기 위해 자유물체도를 그리면

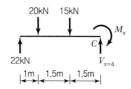

$$\sum M_{x=4지점} = 0 : 22 \times 4 - 20 \times 3 - 15 \times 1.5 + M_x = 0$$

$$\therefore M_x = 5.5\text{kN} \cdot \text{m}$$

**05** 그림과 같은 외팔보에서 고정부에서의 굽힘모멘트를 구하면 약 몇 kN · m인가?

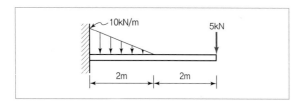

① 26.7(반시계방향)　　② 26.7(시계방향)

③ 46.7(반시계방향)　　④ 46.7(시계방향)

**해설⊕**

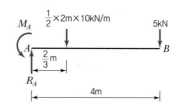

$$\sum M_{A지점} = 0 : -M_A + \frac{1}{2} \times 2 \times 10 \times \frac{2}{3} + 5 \times 4 = 0$$

$$\therefore M_A = \frac{20}{3} + 20 = 26.7\text{kN} \cdot \text{m}$$

**06** 그림과 같은 외팔보에 있어서 고정단에서 20cm 되는 지점의 굽힘모멘트 $M$은 약 몇 kN · m인가?

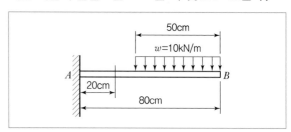

① 1.6　　② 1.75

③ 2.2　　④ 2.75

**해설⊕**

ⅰ) 외팔보의 자유물체도

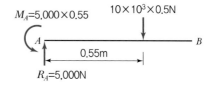

$$\uparrow y, \ \sum F_y = 0 : R_A - 5,000 = 0$$

$$\therefore R_A = 5,000\text{N}$$

$$\sum M_{A지점} = 0 : -M_A + 5,000 \times 0.55 = 0$$

$$\therefore M_A = 2,750\text{N} \cdot \text{m}$$

**07** 다음과 같이 길이 $l$인 일단고정, 타단지지보에 등분포 하중 $w$가 작용할 때, 고정단 $A$로부터 전단력이 0이 되는 거리$(X)$는 얼마인가?

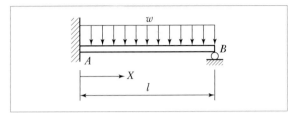

① $\dfrac{2}{3}l$         ② $\dfrac{3}{4}l$

③ $\dfrac{5}{8}l$         ④ $\dfrac{3}{8}l$

**해설⊕**

처짐을 고려하여 부정정요소를 해결한다.

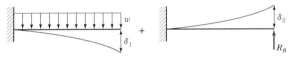

$\delta_1 = \dfrac{wl^4}{8EI}, \quad \delta_2 = \dfrac{R_B \cdot l^3}{3EI}$

$\delta_1 = \delta_2$이면 $B$점에서 처짐량이 "0"이므로

$\dfrac{wl^4}{8EI} = \dfrac{R_B \cdot l^3}{3EI}$ 에서 $R_B = \dfrac{3}{8}wl \rightarrow \therefore R_A = \dfrac{5}{8}wl$

고정단으로부터 전단력 $V_x = 0$이 되는 거리는 전단력만의 자유물체도에서

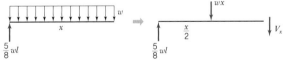

$\dfrac{5}{8}wl - wx - V_x = 0 \ (\because \ V_x = 0)$

$\dfrac{5}{8}wl = wx \qquad \therefore \ x = \dfrac{5}{8}l$

**08** 길이가 $l$인 외팔보에서 그림과 같이 삼각형 분포 하중을 받고 있을 때 최대전단력과 최대굽힘모멘트는?

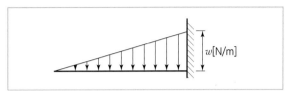

① $\dfrac{wl}{2}, \dfrac{wl^2}{6}$         ② $wl, \dfrac{wl^2}{3}$

③ $\dfrac{wl}{2}, \dfrac{wl^2}{3}$         ④ $\dfrac{wl^2}{2}, \dfrac{wl}{6}$

**해설⊕**

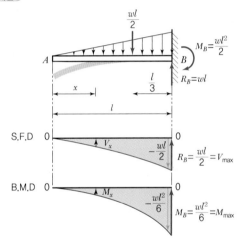

S.F.D와 B.M.D의 그림에서 최대전단력과 최대굽힘모멘트를 바로 구할 수 있다.

**09** 그림과 같은 선형 탄성 균일단면 외팔보의 굽힘 모멘트 선도로 가장 적당한 것은?

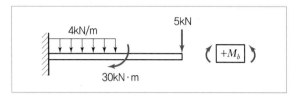

① ② ③ ④

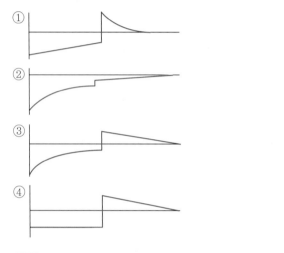

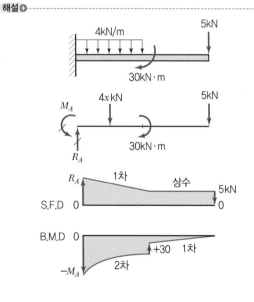

**10** 그림과 같은 외팔보에 대한 전단력 선도로 옳은 것은?(단, 아랫방향을 양(+)으로 본다.)

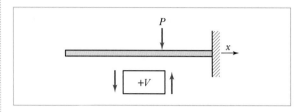

① ② ③ ④

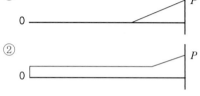

아랫방향을 양(+)으로 가정했으므로 $P$작용점에서 올라가서 일정하게 작용하다 고정단에서 반력($P$)으로 내려오는 전단력 선도가 그려진다.

**11** 그림과 같은 보에서 발생하는 최대 굽힘모멘트는 몇 kN · m인가?

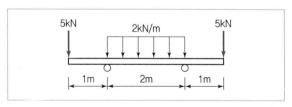

① 2 ② 5

③ 7 ④ 10

**해설+**

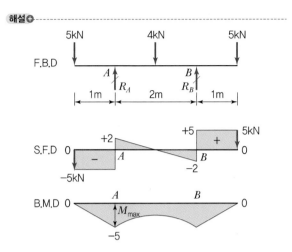

좌우대칭이므로 $R_A = R_B = 7\text{kN}$ ($\because$ 전체하중 14kN ÷ 2)
B.M.D 그림에서 $M_{\max}$는 $A$와 $B$점에 발생하므로 $A$지점의 $M_{\max}$는 0~1m까지의 S.F.D 면적과 같다.
$\therefore 5\text{kN} \times 1\text{m} = 5\text{kN} \cdot \text{m}$

**12** 아래 그림과 같은 보에 대한 굽힘모멘트 선도로 옳은 것은?

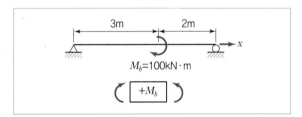

①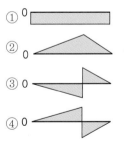

**해설+**

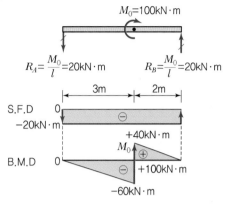

**13** 그림과 같은 단순지지보에서 반력 $R_A$는 몇 kN 인가?

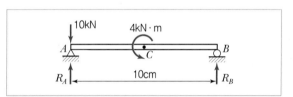

① 8　　② 8.4
③ 10　　④ 10.4

**해설+**

$\sum M_{B지점} = 0$에서
$R_A \cdot 10 - 10 \times 10 - 4 = 0$
$\therefore R_A = 10.4\text{kN}$

**14** 그림과 같은 형태로 분포하중을 받고 있는 단순지지보가 있다. 지지점 $A$에서의 반력 $R_A$는 얼마인가? (단, 분포하중 $w(x) = w_o \sin \frac{\pi x}{L}$ 이다.)

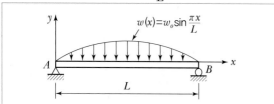

① $\dfrac{2w_o L}{\pi}$  　　　② $\dfrac{w_o L}{\pi}$

③ $\dfrac{w_o L}{2\pi}$  　　　④ $\dfrac{w_o L}{2}$

**해설⊕**

분포하중이 $x$에 따라 변하므로

전 하중 $W = \displaystyle\int_0^L w(x)dx$

$= \displaystyle\int_0^L w_0 \sin\frac{\pi}{L}x\,dx$

$= -w_0 \cdot \frac{L}{\pi}\left[\cos\frac{\pi}{L}x\right]_0^L$

$= -w_0 \cdot \frac{L}{\pi}(\cos\pi - \cos 0°)$

$= -w_0 \cdot \frac{L}{\pi}(-1-1)$

$= \frac{2w_0 \cdot L}{\pi}$

$\therefore$ 반력 $R_A = \dfrac{W}{2}$ 이므로 $\dfrac{\frac{2w_0 L}{\pi}}{2} = \dfrac{w_0 L}{\pi}$

**15** 그림과 같이 800N의 힘이 브래킷의 $A$에 작용하고 있다. 이 힘의 점 $B$에 대한 모멘트는 약 몇 N·m인가?

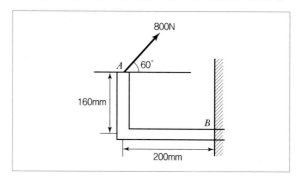

① 160.6  　　　② 202.6
③ 238.6  　　　④ 253.6

**해설⊕**

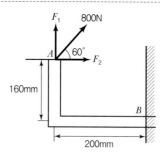

그림처럼 직각분력으로 나누어 $B$점에 대한 모멘트를 구하면

$M_B = F_1 \times 0.2 + F_2 \times 0.16$

$= 800 \times \sin 60° \times 0.2 + 800 \times \cos 60° \times 0.16$

$= 202.56\,\text{N·m}$

# CHAPTER 07 보 속의 응력

## 1. 보 속의 굽힘응력($\sigma_b$)

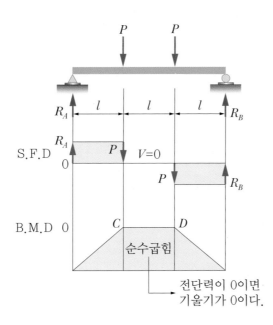

## (1) 순수굽힘

그림처럼 하중이 작용하는 보의 $C$와 $D$ 구간에서는 전단력이 "0"이고 굽힘모먼트만 작용하

게 된다.(전단력이 "0", $\dfrac{dM}{dx} = V = 0$)

굽힘모먼트만의 작용에 의해 평형을 유지한 상태를 순수굽힘의 상태라 하며 이러한 굽힘상태

를 견디기 위해 보의 단면에는 굽힘응력이 생기게 된다. 굽힘응력의 크기는 보에 대한 안정성

을 판별하는 주요 자료가 된다.

## (2) 보 속의 굽힘응력 일반

① 중립면(neutral surface) : 인장이나 압축 시 길이가 변화되지 않는 면
② 중립면과 중립축은 굽힘을 받는 부재에서 응력이 "0"이 되는 위치를 의미한다.

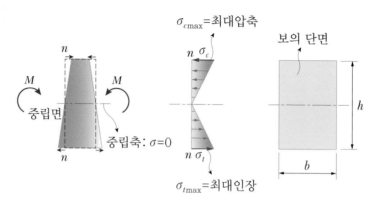

③ 곡률반경($\rho$) : 보가 굽힘모먼트를 받아 휨이 발생할 때 보의 중립면은 마치 하나의 탄성 곡선처럼 거동하게 된다.

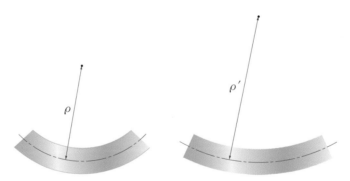

- $\rho$ : 탄성곡선의 반지름, $\dfrac{1}{\rho}$ : 곡률

- 위의 그림에서 보듯이 굽힘모먼트(즉, 굽힘)가 클수록 중립면에 대한 $\rho$는 작아진다.

## (3) 굽힘에 의한 인장과 압축응력

### 1) 굽힘응력

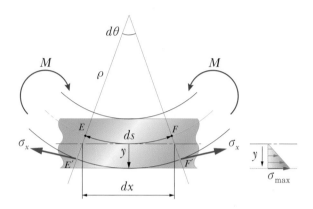

보의 중립면에서 $y$만큼 떨어진 부분에서 보의 굽힘응력을 해석해 보면

① 직선 $EF=dx$ 길이가 신장 → $\overset{\frown}{E'F'}$ 으로 늘어남

② 변형률 $\varepsilon=\dfrac{\overset{\frown}{E'F'}-dx}{dx}$

　여기서, 호의 길이 $\overset{\frown}{E'F'}=(\rho+y)\cdot d\theta,\ dx=\rho\cdot d\theta,\ \rho d\theta=ds\fallingdotseq dx$

$$\varepsilon=\frac{(\rho+y)d\theta-\rho\cdot d\theta}{\rho d\theta}=\frac{y}{\rho}$$

　$\rho$가 클수록 $\varepsilon$는 작다.

③ 보의 단면에서 중립축으로부터 $y$만큼 떨어진 부분의 수직응력을 $\sigma_x$라 하면
　훅의 법칙에 의해

$$\sigma_x=E\cdot\varepsilon=E\cdot\frac{y}{\rho}=\frac{E}{\rho}y$$

　여기서, $\dfrac{E}{\rho}$는 일정, 굽혀진 상태의 곡률반경과 보의 종탄성계수는 일정하다.

　$\sigma\propto y$　($y$ : 중립축에서 떨어진 임의의 거리)

　$\therefore\ \sigma_x=\dfrac{E}{\rho}y$ ⋯⋯⋯⋯⋯⋯⋯ ⓐ

## 2) 보 속의 저항모먼트

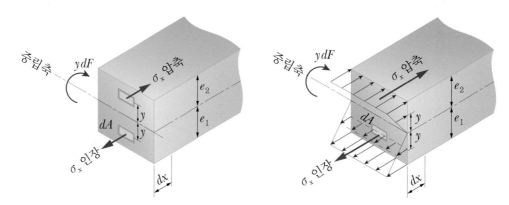

① 응력들이 반작용 우력을 형성해야 한다는 조건을 이용하면, 그 단면의 중립면 위치와 곡률 반경 두 미지수를 구할 수 있다.

$$dF = \sigma_x \cdot dA = \frac{E}{\rho} y \cdot dA$$

$$\therefore F = \frac{E}{\rho} \cdot \int_A y dA$$

$\dfrac{E}{\rho} \neq 0$이고 $\displaystyle\int_A y dA = 0$이면 → 보의 중립면 단면 1차 모먼트가 0임(도심)을 나타낸다.

따라서, 그 단면의 중립축이 그 도심을 지난다는 것을 의미한다.

$$\left( \int_A y dA = A\overline{y} = 0 \ \ 도심축 \right)$$

② $dA$에 작용하는 힘 $\sigma_x \cdot dA$의 중립축에 관한 모먼트의 합은 굽힘모먼트 $M$과 같다.

$dF$의 중립축에 대한 모먼트 $dM$은

$$dM = y \cdot dF = y \cdot \sigma_x \cdot dA \qquad \left( \sigma_x = \frac{E}{\rho} y \ \ 대입 \right)$$

$$\therefore M = \int_A y \sigma_x \cdot dA = \frac{E}{\rho} \int_A y^2 dA = \frac{E}{\rho} I$$

(여기서, $I$ : 중립축에 관한 2차 모먼트(도심축) → 중립축)

$$\therefore \frac{1}{\rho} = \frac{M}{EI} \ \text{......................} \ ⓑ$$

ⓑ식을 ⓐ식에 대입하면

$$\sigma_x = \frac{M}{I} y \, (y \ \rightarrow \ 최외단까지 거리 \ e_1, \ e_2)$$

굽힘에 의한 인장응력 최대 :

$$\sigma_{t\max} = \frac{M}{I} e_1 \, (여기서, \ \ Z_1 = \frac{I}{e_1}, \ Z_2 = \frac{I}{e_2} (단면계수), \ e_1 > e_2)$$

굽힘에 의한 압축응력 최대 : $\sigma_{cmax} = \dfrac{M}{I} e_2$

$\sigma_{max} = \dfrac{M}{Z_1}$, $\sigma_{cmax} = -\dfrac{M}{Z_2}$ (인장과 압축은 반대방향)

만약 보의 단면이 중립축에 대칭이라면 $e_1 = e_2 = e$

$\sigma_{tmax} = \sigma_{cmax}$, $\sigma_{max} = \sigma_{cmax} = \dfrac{M}{I} \times e = \dfrac{M}{Z}$

$\therefore$ $M = \sigma_b \cdot Z$

$M$이 일정하면 $\sigma$와 $Z$는 반비례하고, $Z$가 크면 $\sigma$가 작게 되므로 굽힘에 강하게 저항하는 단면이 된다.

$\sigma_{max} = \dfrac{M}{Z}$

③ 굽힘모먼트에 대한 유효 단면

주어진 자료에 대하여 $Z$를 가능한 한 크게 하는 단면이다. 그러므로 이것을 충족시키기 위해 대부분의 재료를 중립축에서 보다 먼 곳에 있게 하면 좋다.[I형 보(H빔)를 사용하는 이유]

주어진 단면적에 대해 $Z = \dfrac{I}{e}$이므로 $e$가 작고 $I$가 클수록 굽힘응력 $\sigma_b$가 작아진다.

④ 드럼에 강선을 감은 형태의 굽힘응력

훅의 법칙 $\sigma = E \cdot \varepsilon$에서 $\varepsilon = \dfrac{y}{\rho}$

$\rho = \dfrac{D}{2} + \dfrac{d}{2}$

$\sigma_b = E \cdot \dfrac{y}{\rho}$

강선

$\rho$

$D$

중립축

## 2. 보 속의 전단응력

보 속에는 굽힘응력 외에도 전단응력이 발생하고 있으며 연성재료를 사용하는 설계에서는 중요하다. 굽힘모먼트가 변하는 부분에서는 $\dfrac{dM}{dx} = V$에 의하여 반드시 전단력이 작용하고 전단응력을 구하기 위해서는 굽힘모먼트의 변화를 고려하지 않으면 안 된다.

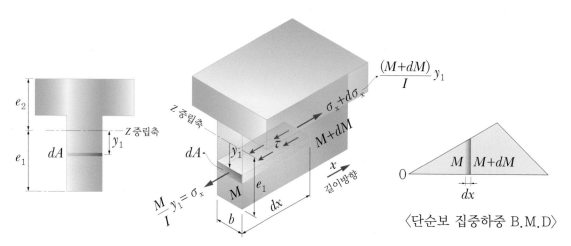

〈단순보 집중하중 B.M.D〉

그림에서 보의 길이방향으로 미소길이 $dx$를 취하고 중립축에서 $y_1$ 거리에 있는 미소면적 $dA$를 취할 때 $dx$ 좌측에는 모먼트 $M$이, $dx$ 우측에는 $M+dM$의 모먼트가 작용하면 그 차에 의하여 $b \cdot dx$(황토색) 표면에는 왼쪽으로 전단응력 $\tau$가 작용한다.

• 힘 해석

양면에 작용하는 힘의 평형은 $\sum F_x = 0$

$$\sum F_x = 0 \quad : \quad -\tau \cdot bdx + \int_{y_1}^{e_1} \frac{M}{I} y dA + \int_{y_1}^{e_1} \frac{(M+dM)}{I} y dA = 0$$

$$\tau = \frac{1}{b} \int_{y_1}^{e_1} \frac{dM}{dx} \cdot \frac{y dA}{I} = \frac{V}{Ib} \int_{y_1}^{e_1} y \cdot dA = \frac{VQ_z}{Ib} \quad \rightarrow \quad \boxed{\tau = \frac{VQ}{Ib}}$$

$$\int_{y_1}^{e_1} y \cdot dA = A_a \cdot \overline{y} \quad (A_a : y_1 \text{에서 } e_1 \text{까지의 면적})$$

$y_1 = 0$이 되면 중립축이므로 $\displaystyle\int_0^{e_1} y dA = A\overline{y}$

(여기서, $A$ : 반단면, $\overline{y}$ : 반단면 도심거리)

$Q_z$가 중립축에서 가장 크므로

$\tau_{\max} = $ 중립축에서의 전단응력

($Q : Z$축에 대한 빗금친 음영단면 의 1차 모먼트)

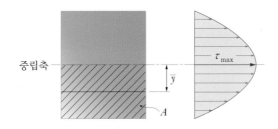

## (1) 사각형 단면

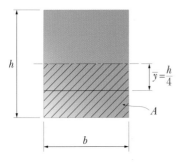

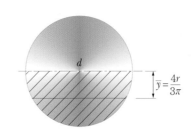

사각보에서

$$Q = A \cdot \overline{y} = \frac{bh}{2} \cdot \frac{h}{4} = \frac{bh^2}{8}$$

$$\tau = \frac{VQ}{Ib} = \frac{V \cdot \dfrac{bh^2}{8}}{\dfrac{bh^3}{12} \cdot b} = \frac{3}{2} \frac{V}{bh} = \frac{3}{2} \frac{V}{A}$$

보 속의 전단응력은 그 단면의 평균전단응력 $\left( \dfrac{V}{A} \right)$의 1.5배이다.

원형보에서

$$Q = A \cdot \overline{y} = \frac{4d}{6\pi} \cdot \frac{\pi d^2}{8} = \frac{d^3}{12}$$

$$\tau = \frac{VQ}{Ib} = \frac{V \cdot \dfrac{d^3}{12}}{\dfrac{\pi d^4}{64} \cdot d} = \frac{4}{3} \frac{V}{\dfrac{\pi}{4} d^2} = \frac{4}{3} \frac{V}{A}$$

원형 단면 보 속의 전단응력은 그 단면의 평균전단응력의 $\dfrac{4}{3}$배이다.

• I형 단면에서 보 속의 전단응력 분포

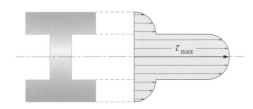

# 핵심 기출 문제

**01** 직사각형 단면(폭×높이=12cm×5cm)이고, 길이 1m인 외팔보가 있다. 이 보의 허용 굽힘응력이 500MPa이라면 높이와 폭의 치수를 서로 바꾸면 받을 수 있는 하중의 크기는 어떻게 변화하는가?

① 1.2배 증가
② 2.4배 증가
③ 1.2배 감소
④ 변화 없다.

**해설 ➕**

길이가 같은 동일 재료의 보를 1단면에서 2단면으로 바꾸는 것이므로
$M = Pl = \sigma_b Z$에서 굽힘응력과 길이가 정해져 하중은 단면계수 $Z$의 함수가 된다.

$$\frac{P_2}{P_1} = \frac{Z_2}{Z_1} = \frac{\left(\dfrac{b\,h^2}{6}\right)}{\left(\dfrac{h\,b^2}{6}\right)}$$

$$\therefore \ \frac{Z_2}{Z_1} = \frac{\left(\dfrac{5 \times 12^2}{6}\right)}{\left(\dfrac{12 \times 5^2}{6}\right)} = 2.4$$

**02** 지름 $d$인 원형 단면보에 가해지는 전단력을 $V$라 할 때 단면의 중립축에서 일어나는 최대 전단응력은?

① $\dfrac{3}{2}\dfrac{V}{\pi d^2}$
② $\dfrac{4}{3}\dfrac{V}{\pi d^2}$
③ $\dfrac{5}{3}\dfrac{V}{\pi d^2}$
④ $\dfrac{16}{3}\dfrac{V}{\pi d^2}$

**해설 ➕**

$$\tau = \frac{4}{3}\tau_{av} = \frac{4}{3}\frac{V}{A} = \frac{4\,V}{3 \times \dfrac{\pi}{4}d^2} = \frac{16}{3}\frac{V}{\pi d^2}$$

**03** 그림과 같이 원형 단면을 갖는 외팔보에 발생하는 최대굽힘응력 $\sigma_b$는?

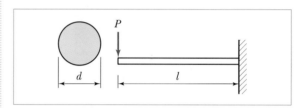

① $\dfrac{32Pl}{\pi d^3}$
② $\dfrac{32Pl}{\pi d^4}$
③ $\dfrac{6Pl}{\pi d^2}$
④ $\dfrac{\pi d}{6Pl}$

**해설 ➕**

$M_B = M_{max} = Pl$이고, $M_{max} = \sigma_b Z$에서

$$\sigma_b = \frac{M_{max}}{Z} = \frac{Pl}{\dfrac{\pi d^3}{32}} = \frac{32Pl}{\pi d^3}$$

**04** 길이 6m인 단순 지지보에 등분포하중 $q$가 작용할 때 단면에 발생하는 최대 굽힘응력이 337.5MPa이라면 등분포하중 $q$는 약 몇 kN/m인가?(단, 보의 단면은 폭×높이=40mm×100mm이다.)

① 4
② 5
③ 6
④ 7

**해설⊕**

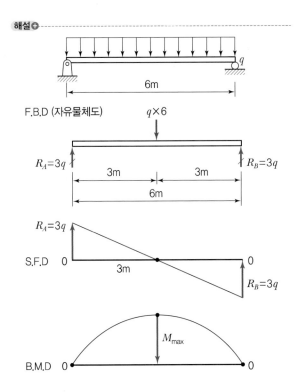

$M_{\max}$는 0~3m까지의 S.F.D 면적과 동일하므로

$$M_{\max} = \frac{1}{2} \times 3 \times 3q = 4.5q$$

$$M_{\max} = \sigma_b Z$$

$$4.5q = 337.5 \times 10^6 \times \frac{0.04 \times 0.1^2}{6}$$

$$\therefore \ q = 5{,}000\text{N/m} = 5\text{kN/m}$$

**05** 그림과 같이 길이 $l$인 단순 지지된 보 위를 하중 $W$가 이동하고 있다. 최대 굽힘응력은?

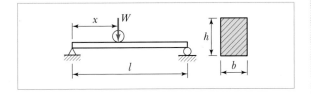

---

① $\dfrac{Wl}{bh^2}$  ② $\dfrac{9\,Wl}{4bh^3}$

③ $\dfrac{Wl}{2bh^2}$  ④ $\dfrac{3\,Wl}{2bh^2}$

**해설⊕**

$$\sigma_b = \frac{M}{Z} \ \rightarrow \ \sigma_{\max} = \frac{M_{\max}}{Z}$$

굽힘모멘트 최댓값 $M_{\max} \ \rightarrow \ W$가 $\dfrac{l}{2}$(중앙)에 작용할 때 이므로

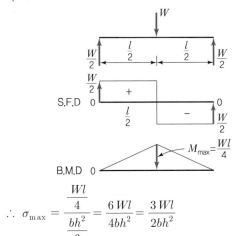

$$\therefore \ \sigma_{\max} = \frac{\dfrac{Wl}{4}}{\dfrac{bh^2}{6}} = \frac{6\,Wl}{4bh^2} = \frac{3\,Wl}{2bh^2}$$

**06** 그림과 같은 T형 단면을 갖는 돌출보의 끝에 집중하중 $P = 4.5$kN이 작용한다. 단면 A–A에서의 최대 전단응력은 약 몇 kPa인가?(단, 보의 단면2차 모멘트는 5,313$\text{cm}^4$이고, 밑면에서 도심까지의 거리는 125mm이다.)

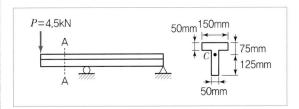

① 421

② 521

③ 662

④ 721

**해설 ⊕**

보 속의 최대전단응력

$$\tau_A = \frac{V_A Q}{Ib}$$

여기서, $V_A = 4.5 \times 10^3 \mathrm{N}$ : A-A단면의 전단력

$Q$ : 도심 아래 음영단면의 1차 모멘트

$$Q = A\bar{y} = 0.05 \times 0.125 \times \frac{0.125}{2} = 0.00039\mathrm{m}^3$$

$$b = 0.05\mathrm{m}$$

$$\therefore \tau_A = \frac{4.5 \times 10^3 \times 0.00039}{5,313 \times 10^{-8} \times 0.05}$$

$$= 660,643\mathrm{N/m}^2(\mathrm{Pa}) = 660.64\mathrm{kPa}$$

**07** 그림과 같이 길이 $l = 4\,\mathrm{m}$의 단순보에 균일 분포 하중 $w$가 작용하고 있으며 보의 최대 굽힘응력 $\sigma_{\max}$ $= 85\,\mathrm{rmN/cm}^2$일 때 최대 전단응력은 약 몇 kPa인가? (단, 보의 단면적은 지름이 11cm인 원형 단면이다.)

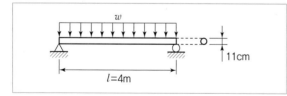

① 1.7

② 15.6

③ 22.9

④ 25.5

**해설 ⊕**

분포하중 $w$를 구하기 위해 주어진 조건에서 최대 굽힘응력을 이용하면

$$\sigma_b = \frac{M}{Z} \rightarrow \sigma_{\max} = \frac{M_{\max}}{Z} \cdots \text{ⓐ}$$

$$\sigma_{\max} = 85 \frac{\mathrm{N}}{\mathrm{cm}^2 \times \left(\frac{1\mathrm{m}}{100\mathrm{cm}}\right)^2} = 85 \times 10^4 \mathrm{Pa}$$

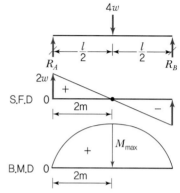

$$R_A = R_B = 2w$$

$x = 2\mathrm{m}$에서 $M_{\max}$이므로 $M_{\max}$는 2m까지의 S.F.D 면적과 같다.

$$M_{\max} = \frac{1}{2} \times 2 \times 2w = 2w$$

ⓐ에 값들을 적용하면

$$\therefore 85 \times 10^4 = \frac{2w}{\frac{\pi}{32}d^3}$$

$$\rightarrow w = 85 \times 10^4 \times \frac{\pi}{32} \times 0.11^3 \times \frac{1}{2} = 55.54\mathrm{N/m}$$

양쪽 지점에서 최대인 보의 최대 전단응력

$$\tau_{av} = \frac{V_{\max}}{A} = \frac{4 \times 2 \times 55.54}{\pi \times 0.11^2} = 11.69\mathrm{kPa}$$

$(\because V_{\max} = 2w = R_A = R_B)$

$\therefore$ 보 속의 최대 전단응력

$$\tau_{\max} = \frac{4}{3}\tau_{av} = \frac{4}{3} \times 11.69 = 15.59\mathrm{kPa}$$

※ 일반적으로 시험에서 주어지는 "보의 최대 전단응력＝보 속의 최대 전단응력"임을 알고 해석해야 한다. 보의 위아래 방향으로 전단응력이 아닌 보의 길이 방향인 보 속의 중립축 전단응력을 의미한다.

**08** 그림과 같은 돌출보에서 $w = 120$kN/m의 등분포 하중이 작용할 때, 중앙 부분에서의 최대 굽힘응력은 약 몇 MPa인가?(단, 단면은 표준 I형 보로 높이 $h = 60$cm이고, 단면 2차 모멘트 $I = 98,200$cm$^4$이다.)

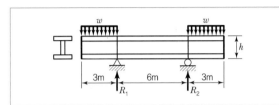

① 125                ② 165
③ 185                ④ 195

**해설 ⊕**

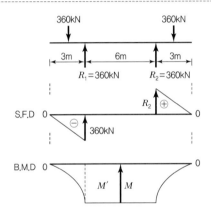

$M = M'$이므로

$M = \dfrac{1}{2} \times 3 \times 360 \times 10^3 = 540,000$N · m

$M = \sigma_b Z$에서

$\sigma_b = \dfrac{M}{Z} = \dfrac{M}{\dfrac{I}{e}} = \dfrac{Me}{I}$

여기서, $e = \dfrac{h}{2} = 30$cm $= 0.3$m
$I = 98,200 \times 10^{-8}$m$^4$

$= \dfrac{540,000 \times 0.3 (\text{N} \cdot \text{m} \cdot \text{m})}{98,200 \times 10^{-8} (\text{m}^4)}$

$= 164.97 \times 10^6$Pa

$= 164.97$MPa

**09** 지름 300mm의 단면을 가진 속이 찬 원형보가 굽힘을 받아 최대 굽힘응력이 100MPa이 되었다. 이 단면에 작용한 굽힘 모멘트는 약 몇 kN · m인가?

① 265                ② 315
③ 360                ④ 425

**해설 ⊕**

$M = \sigma_b \cdot Z$

$= \sigma_b \cdot \dfrac{\pi d^3}{32}$

$= 100 \times 10^6 \times \dfrac{\pi \times 0.3^3}{32}$

$= 265,071.88$ N · m

$= 265.07$ kN · m

**10** 외팔보의 자유단에 연직 방향으로 10kN의 집중하중이 작용하면 고정단에 생기는 굽힘응력은 약 몇 MPa인가?(단, 단면(폭×높이) $b \times h = 10$cm×15cm, 길이 1.5m이다.)

① 0.9                ② 5.3
③ 40                 ④ 100

**해설 ⊕**

$\sigma_b = \dfrac{M}{Z} = \dfrac{P \times L}{\dfrac{bh^2}{6}} = \dfrac{10 \times 10^3 \times 1.5}{\dfrac{0.1 \times 0.15^2}{6}}$

$= 40 \times 10^6$ N/m$^2$

$= 40$ MPa

**11** 길이 3m인 직사각형 단면 $b \times h = 5$cm×10cm을 가진 외팔보에 $w$의 균일분포하중이 작용하여 최대 굽힘응력 500N/cm$^2$이 발생할 때, 최대 전단응력은 약 몇 N/cm$^2$인가?

① 20.2               ② 16.5
③ 8.3                ④ 5.4

**해설⊕**

$$\sigma_b = 500 \times 10^4 \text{N/m}^2$$

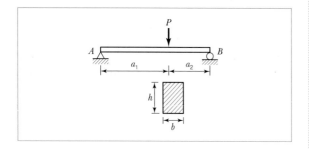

$$\frac{wl^2}{2} = M_B = M_{\max}$$

$$\sigma_{\max} = \frac{M_{\max}}{Z} = \frac{\dfrac{wl^2}{2}}{\dfrac{bh^2}{6}} = \frac{3wl^2}{bh^2}$$

$$\therefore \ w = \frac{\sigma_b \cdot bh^2}{3l^2} = \frac{500 \times 10^4 \times 0.05 \times 0.1^2}{3 \times 3^2}$$

$$= 92.59 \text{N/m}$$

보 속의 최대 전단응력

$$\tau_{\max} = 1.5\tau_{av}$$

$$= 1.5 \frac{V_{\max}}{A}$$

$$= 1.5 \frac{w \cdot l}{A}$$

$$= 1.5 \times \frac{92.59 \times 3}{5 \times 10}$$

$$= 8.33 \text{N/cm}^2$$

**12** 그림과 같은 보에 하중 $P$가 작용하고 있을 때 이 보에 발생하는 최대 굽힘응력이 $\sigma_{\max}$라면 하중 $P$는?

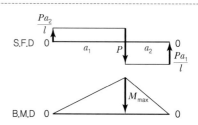

① $P = \dfrac{bh^2(a_1 + a_2)\sigma_{\max}}{6a_1a_2}$

② $P = \dfrac{bh^3(a_1 + a_2)\sigma_{\max}}{6a_1a_2}$

③ $P = \dfrac{b^2h(a_1 + a_2)\sigma_{\max}}{6a_1a_2}$

④ $P = \dfrac{b^3h(a_1 + a_2)\sigma_{\max}}{6a_1a_2}$

**해설⊕**

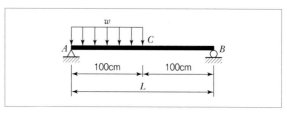

$$M_{\max} = \frac{Pa_2}{l} \times a_1 = \sigma_{\max} \cdot Z = \sigma_{\max} \times \frac{bh^2}{6}$$

여기서, $l = a_1 + a_2$

$$\therefore \ P = \frac{bh^2(a_1 + a_2)\sigma_{\max}}{6a_1a_2}$$

**13** 원형단면의 단순보가 그림과 같이 등분포하중 $w$ = 10N/m를 받고 허용응력이 800Pa일 때 단면의 지름은 최소 몇 mm가 되어야 하는가?

① 330

② 430

③ 550

④ 650

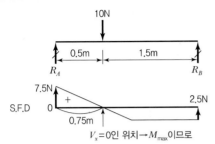

$$R_A = \frac{10 \times 1.5}{2} = 7.5\,\text{N}$$

$$\therefore\ R_B = 10 - 7.5 = 2.5\,\text{N}$$

$x$ 위치의 자유물체도를 그리면

$$\sum F_y = 0 : 7.5 - wx + V_x = 0\,(\text{여기서, } V_x = 0)$$

$$\therefore\ x = \frac{7.5}{w} = \frac{7.5}{10} = 0.75\,\text{m}$$

$x = 0.75\,\text{m}$ 에서의 모멘트 값이 $M_{\max}$ 이므로

(S.F.D의 0.75m까지의 면적)

$$\therefore\ M_{\max} = \frac{1}{2} \times 7.5 \times 0.75 = 2.8125\,\text{N} \cdot \text{m}$$

끝으로 $M = \sigma_b \cdot z = \sigma_b \cdot \dfrac{\pi d^3}{32}$ 에서

$$d = \sqrt[3]{\frac{32 M_{\max}}{\pi \sigma_b}} = \sqrt[3]{\frac{32 \times 2.8125}{\pi \times 800}}$$

$$= 0.3296\,\text{m} = 329.6\,\text{mm}$$

---

**14** 단면이 가로 100mm, 세로 150mm인 사각단면 보가 그림과 같이 하중($P$)을 받고 있다. 전단응력에 의한 설계에서 $P$는 각각 100kN씩 작용할 때, 이 재료의 허용전단응력은 몇 MPa인가?(단, 안전계수는 2이다.)

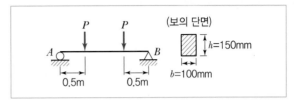

① 10      ② 15

③ 18      ④ 20

i) 보의 전단력 $V_{\max} = P = 100\,\text{kN}$

ii) 사각단면보에서 보 속의 전단응력(길이방향)

$$\tau_b = 1.5\tau_{av} = 1.5 \times \frac{V_{\max}}{A} = 1.5 \times \frac{100 \times 10^3}{0.1 \times 0.15}$$

$$= 10 \times 10^6\,\text{Pa} = 10\,\text{MPa}$$

iii) 보 속의 허용전단응력 $\tau_{ba}$, 안전계수 $s = 2$

$$\frac{\tau_{ba}}{s} = \tau_b \rightarrow \tau_{ba} = \tau_b \cdot s = 10 \times 2 = 20\,\text{MPa}$$

# CHAPTER

# 08 보의 처짐

## 1. 보의 처짐에 의한 탄성곡선의 미분방정식

### (1) 탄성곡선에 대한 미분방정식

탄성곡선은 굽힘을 받는 보의 중립축선으로 처짐곡선이라고도 한다.

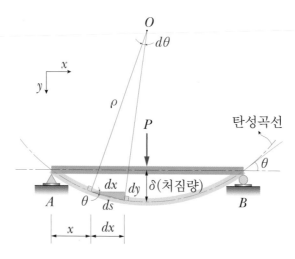

① 그림에서 $y$ : 처짐량($\delta$), $\theta$ : 처짐각$\left(기울기 = \dfrac{dy}{dx}\right)$, $ds = \rho d\theta \fallingdotseq$ 현의 길이

$$\frac{1}{\rho} = \frac{d\theta}{ds} \quad\text{.................}\quad ⓐ$$

② 곡률과 굽힘모멘트

$$\frac{1}{\rho} = \frac{M}{EI} \quad\text{.................}\quad ⓑ$$

③ $\tan\theta = \dfrac{dy}{dx} \fallingdotseq \theta$(라디안, 미소각) ············ ©

$\tan\theta = \dfrac{dy}{dx}$ 를 $s$에 관해 미분하면

$$\sec^2\theta \cdot \dfrac{d\theta}{ds} = \dfrac{d\left(\dfrac{dy}{dx}\right)}{ds} = \dfrac{d\left(\dfrac{dy}{dx}\right)}{dx} \cdot \dfrac{dx}{ds}$$

$$\sec^2\theta \cdot \dfrac{d\theta}{ds} = \dfrac{d^2 y}{dx^2} \cdot \dfrac{dx}{ds}$$

$$\therefore \dfrac{d\theta}{ds} = \dfrac{1}{\sec^2\theta} \cdot \dfrac{d^2 y}{dx^2} \cdot \dfrac{dx}{ds} \quad\text{············ ⓓ}$$

여기서, $\sec^2\theta = 1 + \tan^2\theta = \left\{1 + \left(\dfrac{dy}{dx}\right)^2\right\}$

$$ds^2 = dx^2 + dy^2 = dx^2\left\{1 + \left(\dfrac{dy}{dx}\right)^2\right\}$$

$$\therefore ds = dx\sqrt{1 + \left(\dfrac{dy}{dx}\right)^2}$$

$$\rightarrow \dfrac{dx}{ds} = \dfrac{1}{\sqrt{1 + \left(\dfrac{dy}{dx}\right)^2}} \quad\text{············ ⓔ}$$

ⓔ를 ⓓ에 대입하면

$$\therefore \dfrac{d\theta}{ds} = \dfrac{1}{\left\{1 + \left(\dfrac{dy}{dx}\right)^2\right\}} \cdot \dfrac{d^2 y}{dx^2} \cdot \dfrac{1}{\sqrt{1 + \left(\dfrac{dy}{dx}\right)^2}}$$

$$\therefore \dfrac{d\theta}{ds} = \dfrac{1}{\left[1 + \left(\dfrac{dy}{dx}\right)^2\right]^{\frac{3}{2}}} \dfrac{d^2 y}{dx^2} \fallingdotseq \dfrac{d^2 y}{dx^2} \text{ (미소 고차항 무시)}$$

$$\therefore \dfrac{d\theta}{ds} = \dfrac{d^2 y}{dx^2} \quad\text{············ ⓕ}$$

ⓕ를 ⓐ에 대입하고 ⓐ=ⓑ이므로 $\dfrac{1}{\rho} = \dfrac{d^2 y}{dx^2} = \dfrac{M}{EI}$

탄성곡선의 미분방정식, 처짐곡선의 미분방정식

$$\therefore EI\dfrac{d^2 y}{dx^2} = M \cdot \dfrac{d^2 y}{dx^2} = \dfrac{\pm M}{EI} \text{ (굽힘모먼트 부호 } \pm M) \rightarrow EIy'' = \pm M$$

### (2) 처짐의 부호규약

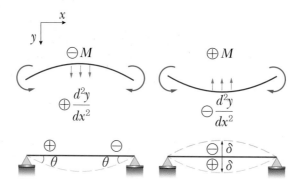

$$EIy = -\iint M dx dx = \delta \; : \text{처짐}$$

$$EIy' = -\int M dx = \theta \; : \text{처짐각}$$

$$EIy'' = -M = -\iint w dx dx \; : \text{굽힘모먼트}$$

$$EIy''' = -\frac{dM}{dx} = -V \; : \text{전단력}$$

$$EIy'''' = -\frac{d^2 M}{dx^2} = -\frac{dV}{dx} = -w \; : \text{등분포하중}$$

## 2. 보의 처짐각과 처짐량

### (1) 외팔보에서 집중하중에 의한 처짐

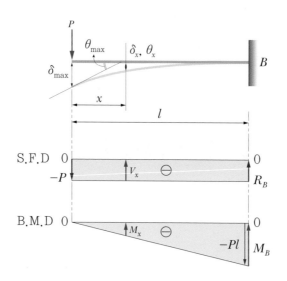

$$M_x = -Px, \quad EIy'' = -M_x = -(-Px)$$

$$\therefore EI\frac{d^2y}{dx^2} = P \cdot x$$

↓부정적분

$$EI\frac{dy}{dx} = \frac{Px^2}{2} + C_1 \Rightarrow \theta \quad \text{················} ⓐ$$

↓부정적분

$$EIy = \frac{Px^3}{6} + C_1x + C_2 \Rightarrow \delta \quad \text{················} ⓑ$$

$C_1$, $C_2$를 구할 때 $B/C$(경계조건 : 외팔보 $B$지지점에서의 처짐각과 처짐양은 없다.)

$x = l$에서 $\theta = 0 \rightarrow \dfrac{dy}{dx} = 0$

ⓐ에서 $\theta = 0 = \dfrac{Pl^2}{2} + C_1$

$$\therefore C_1 = -\frac{Pl^2}{2} \quad \text{················} ⓒ$$

ⓒ를 ⓑ에 대입하고 $x = l$일 때 처짐양 $y = 0$

$$EIy = \frac{Px^3}{6} - \frac{P}{2}l^2x + C_2$$

$$\Rightarrow x = l$$일 때 $$EIy = \frac{Pl^3}{6} - \frac{P}{2}l^2l + C_2 = 0$$

$$\therefore C_2 = \frac{Pl^3}{3}$$

$C_1$과 $C_2$를 ⓐ, ⓑ 수식에 넣어 정리하면

$$\therefore \frac{dy}{dx} = \frac{P}{2EI}(x^2 - l^2)$$

$$\therefore y = \frac{P}{6EI}(x^3 - 3l^2x + 2l^3)$$

최대 처짐각과 최대 처짐양은 $x = 0$인 자유단에서 일어나며,

- $\theta_{max} = \theta_{x=0} \Rightarrow \theta = y'_{max} = \dfrac{-Pl^2}{2EI}$

- $\delta_{max} = \delta_{x=0} \Rightarrow \delta = y_{max} = \dfrac{Pl^3}{3EI}$

## (2) 외팔보에서 우력에 의한 처짐

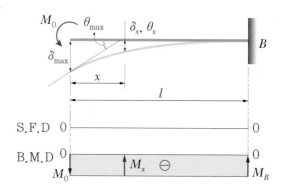

$$M_x = -M_0$$

$$EI\frac{d^2y}{dx^2} = -M_x = -(-M_0)$$

$$\therefore EI\frac{d^2y}{dx^2} = M_0$$

↓부정적분

$$EI\frac{dy}{dx} = M_0x + C_1 \Rightarrow \theta \quad\text{············}\quad ⓐ$$

↓부정적분

$$EIy = \frac{M_0x^2}{2} + C_1x + C_2 \Rightarrow \delta \quad\text{············}\quad ⓑ$$

$C_1$, $C_2$를 구할 때 $B/C$(경계조건 : 외팔보 $B$지지점에서의 처짐각과 처짐양은 없다.)

$$x = l\text{에서 } \theta = 0 \ \rightarrow \ \frac{dy}{dx} = 0$$

ⓐ에서 $\theta = 0 = M_0l + C_1$

$$\therefore C_1 = -M_0l \quad\text{············}\quad ⓒ$$

ⓒ를 ⓑ에 대입하고 $x = l$일 때 처짐양 $y = 0$

$$EIy = \frac{M_0x^2}{2} + C_1x + C_2$$

$$\Rightarrow x = l\text{일 때, } EIy = \frac{M_0l^2}{2} - M_0l \cdot l + C_2 = 0$$

$$\therefore C_2 = \frac{M_0l^2}{2}$$

$C_1$과 $C_2$를 ⓐ, ⓑ 수식에 넣어 정리하면,

$$\frac{dy}{dx} = \frac{M_0}{EI}(x - l), \ y = \frac{M_0}{2EI}(x^2 - 2lx + l^2)$$

최대 처짐각과 최대 처짐양은 $x=0$인 자유단에서 일어나며,

- $\theta_{max} = \theta_{x=0} \Rightarrow \theta = y'_{max} = -\dfrac{M_0 l}{EI}$

- $\delta_{max} = \delta_{x=0} \Rightarrow \delta = y_{max} = \dfrac{M_0 l^2}{2EI}$

### (3) 외팔보에서 균일분포하중에 의한 처짐

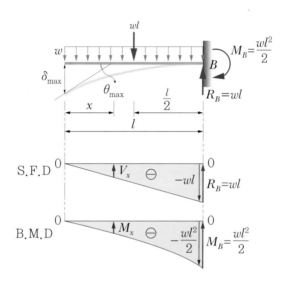

$M_x = -wx \cdot \dfrac{x}{2} = -w \cdot \dfrac{x^2}{2}$

$EI \dfrac{d^2 y}{dx^2} = -M_x = \dfrac{w}{2} \cdot x^2$

↓부정적분

$EI \dfrac{dy}{dx} = \dfrac{w}{6} x^3 + C_1$ ⋯⋯⋯⋯⋯⋯⋯⋯ ⓐ

↓부정적분

$EIy = \dfrac{w}{24} x^4 + C_1 x + C_2$ ⋯⋯⋯⋯⋯⋯ ⓑ

$C_1$, $C_2$를 구할 때 $B/C$(경계조건 : 외팔보 $B$지지점에서의 처짐각과 처짐양은 없다.)

$x=l$에서 $\theta = 0 \rightarrow \dfrac{dy}{dx} = 0$

ⓐ에서 $\theta = 0 = \dfrac{w}{6} l^3 + C_1$

$\therefore C_1 = -\dfrac{w}{6} l^3$ ⋯⋯⋯⋯⋯⋯⋯⋯⋯ ⓒ

ⓒ를 ⓑ에 대입하고 $x=l$일 때 처짐양 $y=0$

$$EIy=\frac{w}{24}x^4-\frac{w}{6}l^3\cdot x+C_2$$

$$\Rightarrow x=l일 때 \ EIy=\frac{w}{24}l^4-\frac{w}{6}l^3\cdot l+C_2=0$$

$$\therefore C_2=\frac{wl^4}{8}$$

$C_1$과 $C_2$를 ⓐ, ⓑ 수식에 넣어 정리하면,

$$EI\frac{dy}{dx}=\frac{w}{6}x^3-\frac{w}{6}l^3=\frac{w}{6}(x^3-l^3)$$

$$EIy=\frac{w}{24}x^4-\frac{w}{6}l^3x+\frac{w}{8}l^4$$

최대 처짐각과 최대 처짐양은 $x=0$인 자유단에서 일어나며,

• $\theta_{max}=\theta_{x=0} \Rightarrow \theta=y'_{max}=-\frac{wl^3}{6EI}$

• $\delta_{max}=\delta_{x=0} \Rightarrow \delta=y_{max}=\frac{wl^4}{8EI}$

## (4) 단순보에서 우력에 의한 처짐

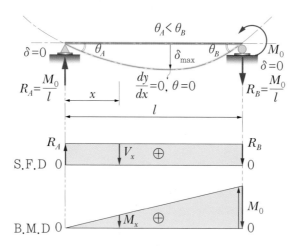

$$M_x=\frac{M_0}{l}x$$

$$EI\frac{d^2y}{dx^2}=-M_x=-\frac{M_0}{l}x$$

↓부정적분

$$EI\frac{dy}{dx}=-\frac{M_0x^2}{2l}+C_1 \quad\cdots\cdots\cdots ⓐ$$

↓부정적분

$$EIy = -\frac{M_0 x^3}{6l} + C_1 x + C_2 \quad\text{················} \textcircled{b}$$

$C_1$, $C_2$를 구할 때 $B/C$(경계조건 : 단순보 지지점에서의 처짐양은 없다.)

ⓑ식에서 $x=0$에서 $y=0(\delta=0)$

$\therefore C_2=0$

또한 $x=l$에서 $y=0(\delta=0)$이므로

$$C_1 l - \frac{M_0 l^3}{6l} = 0$$

$$\therefore C_1 = \frac{M_0 l}{6}$$

$C_1$과 $C_2$를 ⓐ, ⓑ 수식에 넣어 정리하면,

$$\frac{dy}{dx} = \frac{M_0}{6lEI}(l^2 - 3x^2) \quad\text{················} \textcircled{c}$$

$$y = \frac{M_0 x}{6lEI}(l^2 - x^2) \quad\text{················} \textcircled{d}$$

최대 처짐은 $\frac{dy}{dx} = 0(\theta=0)$인 곳에서 발생하므로,

ⓒ식에서 $0 = \frac{M_0}{6lEI}(l^2 - 3x^2)$

$l^2 - 3x^2 = 0 \quad \therefore x = \frac{l}{\sqrt{3}}$

ⓓ식에서 $y_{x=\frac{l}{\sqrt{3}}} = \frac{M_0 \dfrac{l}{\sqrt{3}}}{6lEI}\left(l^2 - \left(\frac{l}{\sqrt{3}}\right)^2\right)$

$$= \frac{M_0 l^2}{9\sqrt{3}\,EI}$$

$x=0$, $x=l$에서 $\theta\left(\dfrac{dy}{dx}\right)$는 $\theta_A\left(\dfrac{M_0 l}{6EI}\right) < \theta_B\left(-\dfrac{M_0 l}{3EI}\right)$

## 3. 면적모먼트법(Area-moment method)

B.M.D선도의 면적을 이용하여 최대 처짐각 $\theta\left(\dfrac{dy}{dx}\right)$, 최대 처짐양 $\delta(y)$를 간단하게 계산할 수 있다.

① Mohr의 정리 I

처짐각 $\theta = \dfrac{A_M}{EI}\left(= \dfrac{\text{B.M.D의 면적}}{\text{휨강성계수}}\right)$

② Mohr의 정리Ⅱ

처짐양 $\delta = \theta \cdot \overline{x}$ (B.M.D의 도심거리)

## (1) 외팔보에서 우력에 의한 처짐

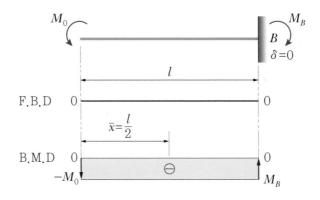

- 처짐각 : $\theta = \dfrac{A_M}{EI}$  $\therefore \theta = -\dfrac{M_0 \cdot l}{EI}$

- 처짐양 : $\delta = \theta \cdot \overline{x} = \dfrac{M_0 \cdot l}{EI} \cdot \dfrac{l}{2} = \dfrac{M_0 l^2}{2EI}$

## (2) 외팔보에서 집중하중에 의한 처짐

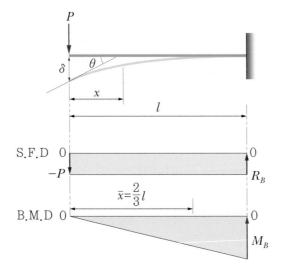

- 처짐각 : $\theta = \dfrac{A_M}{EI} = \dfrac{\frac{1}{2}Pl \cdot l}{EI} = \dfrac{Pl^2}{2EI}$

- 처짐양 : $\delta = \theta \cdot \overline{x} = \dfrac{Pl^2}{2EI} \times \dfrac{2}{3}l = \dfrac{Pl^3}{3EI}$

## (3) 외팔보에서 균일분포하중에 의한 처짐

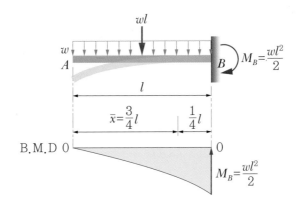

- 처짐각 : $\theta = \dfrac{A_M}{EI} = \dfrac{\dfrac{1}{3} \cdot \dfrac{wl^2}{2} \cdot l}{EI} = \dfrac{wl^3}{6EI}$

- 처짐양 : $\delta = \theta \cdot \overline{x} = \dfrac{wl^3}{6EI} \times \dfrac{3}{4}l = \dfrac{wl^4}{8EI}$

## (4) 단순보에서 집중하중에 의한 처짐

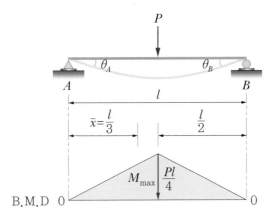

전체 B.M.D의 면적

$\Rightarrow$ 양쪽의 처짐각($\theta_A + \theta_B$)

여기서, $\theta_A = \theta_B$

$\dfrac{1}{2} \times l \times \dfrac{Pl}{4} = \dfrac{Pl^2}{8} \Rightarrow (\theta_A = \theta_B)$

$2\theta = \dfrac{A_M}{EI} = \dfrac{Pl^2}{8EI}$

• 처짐각 : $\theta = \dfrac{Pl^2}{16EI} \left( \because \theta = \dfrac{\dfrac{1}{2}A_M}{EI} = \dfrac{\dfrac{Pl^2}{16}}{EI} \right)$

여기서, $\theta$는 B.M.D 면적의 $\dfrac{1}{2}$로 계산

$\overline{x}$ : B.M.D 면적의 $\dfrac{1}{2}$인 삼각형($\triangle$)의 도심까지 거리

$\overline{x} = \dfrac{l}{2} \times \dfrac{2}{3} = \dfrac{l}{3}$

• 처짐양 : $\delta = \theta \cdot \overline{x} = \dfrac{Pl^2}{16EI} \times \dfrac{l}{3} = \dfrac{Pl^3}{48EI}$

## (5) 단순보에서 균일분포하중에 의한 처짐

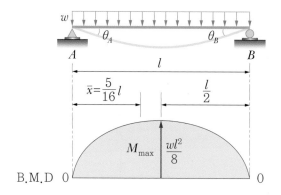

$2\theta = \dfrac{A_M}{EI}$

• 처짐각 : $\theta = \dfrac{wl^3}{24EI} \left( \because \theta = \dfrac{\dfrac{1}{2}A_M}{EI} = \dfrac{\dfrac{2}{3} \times \dfrac{wl^2}{8} \times \dfrac{l}{2}}{EI} \right)$

• 처짐양 : $\delta = \theta \cdot \overline{x} = \dfrac{wl^3}{24EI} \times \dfrac{5}{16}l = \dfrac{5wl^4}{384EI}$

## 4. 중첩법(Method of Superposition)

한 개의 보에 여러 가지 다른 하중들이 동시에 작용하는 경우 보의 처짐은 각각의 하중이 따로 작용할 때의 보의 처짐을 합하여 구하면 되는데, 이러한 방법을 중첩법이라 한다.

## (1) 외팔보에서 집중하중과 균일분포하중에 의한 처짐

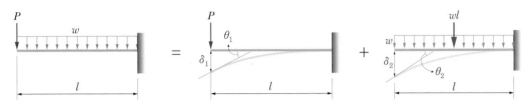

① 집중하중 $P$가 작용할 때

- 처짐각 : $\theta_1 = \dfrac{Pl^2}{2EI}$

- 처짐양 : $\delta_1 = \dfrac{Pl^3}{3EI}$

② 균일 분포하중 $w$가 작용할 때

- 처짐각: $\theta_2 = \dfrac{wl^3}{6EI}$

- 처짐양 : $\delta_2 = \dfrac{wl^4}{8EI}$

③ 최대 처짐각과 최대 처짐양

- $\theta_{\max} = \theta_1 + \theta_2 = \dfrac{Pl^2}{2EI} + \dfrac{wl^3}{6EI} = \dfrac{l^2}{6EI}(3P + wl)$
- $\delta_{\max} = \delta_1 + \delta_2 = \dfrac{Pl^3}{3EI} + \dfrac{wl^4}{8EI} = \dfrac{l^3}{24EI}(8P + 3wl)$

## (2) 단순보에서 집중하중과 균일분포하중에 의한 처짐

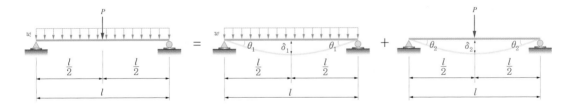

① 집중하중 $P$가 작용할 때

- 처짐각 : $\theta_1 = \dfrac{Pl^2}{16EI}$

- 처짐양 : $\delta_1 = \dfrac{Pl^3}{48EI}$

② 균일 분포하중 $w$가 작용할 때

- 처짐각 : $\theta_2 = \dfrac{wl^3}{24EI}$

- 처짐양 : $\delta_2 = \dfrac{5wl^4}{384EI}$

③ 최대 처짐각과 최대 처짐양

- $\theta_{\max} = \theta_1 + \theta_2 = \dfrac{Pl^2}{16EI} + \dfrac{wl^3}{24EI} = \dfrac{l^2}{48EI}(3P + 2wl)$

- $\delta_{\max} = \delta_1 + \delta_2 = \dfrac{Pl^3}{48EI} + \dfrac{5wl^4}{384EI} = \dfrac{l^3}{384EI}(8P + 5wl)$

## 5. 굽힘 탄성에너지(변형에너지 : $U$)

보에 하중이 작용하여 보가 굽혀지면 하중은 보에 일을 하게 되고, 이 일은 변형에너지로 보 속에 저장된다. 에너지 보존의 법칙에 따라 행해진 일 $W$는 보에 저장된 변형에너지 $U$와 같다. ($|E_P| = |U|$)

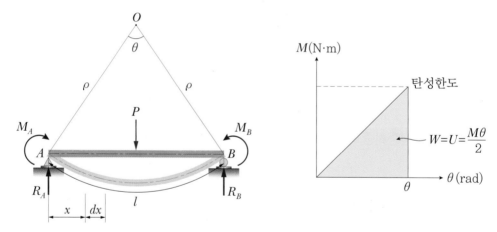

위의 그림에서 $l = \rho\theta$이므로 $\theta = \dfrac{l}{\rho} = \dfrac{Ml}{EI}$ $\left(\because \dfrac{1}{\rho} = \dfrac{M}{EI}\right)$

여기서, $\theta$는 굽힘모먼트 $M$에 비례하고 선도상의 면적이 보 속에 저장되는 변형에너지 $U$가 된다.

$U = \dfrac{1}{2}M\theta = \dfrac{1}{2}M \times \dfrac{Ml}{EI} = \dfrac{M^2 l}{2EI}$

$$\therefore \text{굽힘탄성에너지 } U = \dfrac{M^2 l}{2EI} \text{ 또는 } U = \dfrac{EI\theta^2}{2l}$$

굽힘모멘트 $M$이 보의 길이에 따라 연속적으로 변화하는 경우 미소길이 $dx$를 적분함으로써 변형에너지($U$)를 구할 수 있다.

$$dU = \frac{M_x^2 dx}{2EI}$$

$$U = \int_0^l \frac{M_x^2}{2EI} dx$$

### (1) 외팔보에서 집중하중이 작용하는 경우

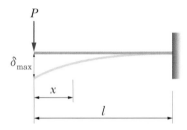

자유단으로부터 $x$만큼 떨어진 위치에서의 모멘트는 $M_x = -Px$이므로

탄성에너지 : $U = \int_0^l \frac{M_x^2}{2EI} dx = \int_0^l \frac{(-Px)^2}{2EI} dx = \frac{P^2}{2EI} \int_0^l x^2 dx = \frac{P^2}{2EI} \left[ \frac{x^3}{3} \right]_0^l$

$$\therefore U = \frac{P^2 l^3}{6EI}$$

하중이 하나만 작용하면 $U = \frac{P\delta}{2}$ 또는 $U = \frac{M_0 \theta}{2}$ 이므로

최대 처짐양 : $\boxed{\delta_{max}} = \frac{2}{P} U = \frac{2}{P} \times \frac{P^2 l^3}{6EI} = \boxed{\frac{Pl^3}{3EI}}$

### (2) 외팔보에서 균일분포하중이 작용하는 경우

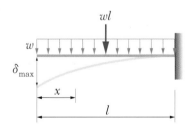

자유단으로부터 $x$만큼 떨어진 위치에서의 모먼트는 $M_x = -\dfrac{w \cdot x^2}{2}$ 이므로

탄성에너지 : $U = \displaystyle\int_0^l \dfrac{M_x^2}{2EI}\,dx = \int_0^l \dfrac{\left(-\dfrac{w \cdot x^2}{2}\right)^2}{2EI}\,dx = \dfrac{w^2}{8EI}\int_0^l x^4 dx = \dfrac{w^2}{8EI}\left[\dfrac{x^5}{5}\right]_0^l$

$$\therefore U = \dfrac{w^2 l^5}{40EI}$$

## (3) 단순보에서 집중하중이 작용하는 경우

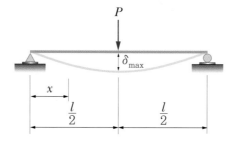

$R_A = \dfrac{P}{2}$ 이고 $A$지점으로부터 $x$지점의 모먼트 $M_x = \dfrac{P}{2}x$ 이므로

탄성에너지 : $U = \displaystyle\int_0^l \dfrac{M_x^2}{2EI}\,dx = \int_0^l \dfrac{\left(\dfrac{P}{2}x\right)^2}{2EI}\,dx = 2\int_0^{\frac{l}{2}} \dfrac{\left(\dfrac{P}{2}x\right)^2}{2EI}\,dx$

$\qquad\qquad\quad = \dfrac{P^2}{4EI}\displaystyle\int_0^{\frac{l}{2}} x^2 dx = \dfrac{P^2}{4EI}\left[\dfrac{x^3}{3}\right]_0^{\frac{l}{2}}$

$$\therefore U = \dfrac{P^2 l^3}{96EI}$$

하중이 하나만 작용하면 $U = \dfrac{P\delta}{2}$ 또는 $U = \dfrac{M_0 \theta}{2}$ 이므로

최대 처짐양 : $\boxed{\delta_{\max}} = \dfrac{2}{P}U = \dfrac{2}{P} \times \dfrac{P^2 l^3}{96EI} = \boxed{\dfrac{Pl^3}{48EI}}$

## (4) 단순보에서 균일분포하중이 작용하는 경우

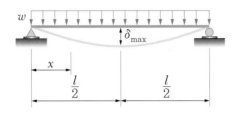

$R_A = \dfrac{wl}{2}$ 이고 $A$지점으로부터 $x$지점의 모멘트 $M_x = \dfrac{wl}{2}x - wx\dfrac{x}{2} = \dfrac{w}{2}(lx - x^2)$ 이므로

탄성에너지 : $U = \displaystyle\int_0^l \dfrac{M_x^2}{2EI}\,dx = \int_0^l \dfrac{\left\{\dfrac{w}{2}(lx-x^2)\right\}^2}{2EI}\,dx = 2\int_0^{\frac{l}{2}} \dfrac{\left\{\dfrac{w}{2}(lx-x^2)\right\}^2}{2EI}\,dx$

$\qquad = \dfrac{w^2}{4EI}\displaystyle\int_0^{\frac{l}{2}}(lx-x^2)^2\,dx = \dfrac{w^2}{4EI}\int_0^{\frac{l}{2}}(l^2x^2 - 2lx^3 + x^4)\,dx$

$\qquad = \dfrac{w^2}{4EI}\left[l^2\dfrac{x^3}{3} - 2l\dfrac{x^4}{4} + \dfrac{x^5}{5}\right]_0^{\frac{l}{2}} = \dfrac{w^2 l^5}{240EI}$

$$\therefore U = \dfrac{w^2 l^5}{240EI}$$

## 6. 부정정보

- 하중을 편심되게 설계하지 않는다.
- 굽힘에 의해 생기는 처짐(처짐각, 처짐양)을 고려함으로써 미지의 반력요소를 계산한 다음 정정 화시켜 해석한다.

### (1) 균일분포하중이 작용하는 연속보

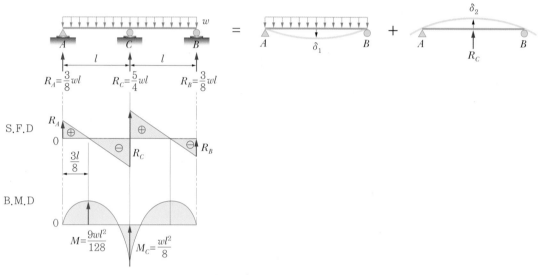

$$\delta_C = \delta_1 + \delta_2 = 0 \quad \therefore \ \delta_1 = \delta_2$$

$$\delta_1 = \frac{5w(2l)^4}{384EI} = \frac{5wl^4}{24EI}$$

$$\delta_2 = \frac{R_C(2l)^3}{48EI} = \frac{R_C l^3}{6EI}$$

$$\frac{5wl^4}{24EI} = \frac{R_C l^3}{6EI}$$

$$\therefore \ R_C = \frac{5}{4}wl \rightarrow (처짐양을 가지고 \ C지점의 \ 반력요소를 \ 해결하였으므로 \ 정정보로 \ 해석)$$

$$\sum F_y = 0 : R_A + R_B + R_C - 2wl = 0 \ (R_A = R_B)$$

$$\therefore \ 2R_A = 2wl - R_C = 2wl - \frac{5}{4}wl = \frac{3}{4}wl$$

$$\therefore \ R_A = \frac{3}{8}wl = R_B$$

## (2) 균일분포하중이 작용하는 일단 고정 타단 지지보

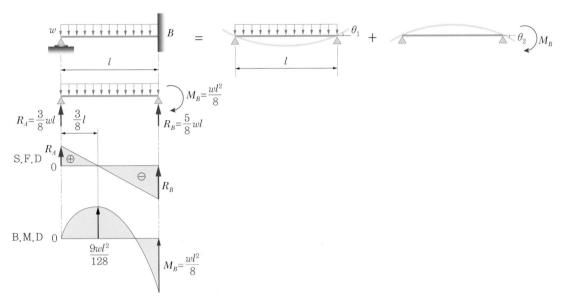

부정정요소인 $M_B$를 구한다.

$\theta_B = \theta_1 + \theta_2 = 0$

$\therefore \theta_1 = \theta_2$

$\dfrac{wl^3}{24EI} = \dfrac{M_B \cdot l}{3EI}$

$\therefore M_B = \dfrac{wl^2}{8}$

$\sum M_{B지점} = 0 : R_A \cdot l - \dfrac{wl^2}{2} + \dfrac{wl^2}{8} = 0$

$\therefore R_A = \dfrac{3}{8} wl$

전단력이 "0"인 위치의 굽힘모먼트를 구해보면,

$V_x = R_A - wx = 0$

$\therefore x = \dfrac{R_A}{w} = \dfrac{3}{8} l$

$M_{x = \frac{3}{8}l} = \dfrac{3wl}{8} \times \dfrac{3}{8} l - w \cdot \dfrac{3}{8} l \times \dfrac{1}{2} \times \dfrac{3}{8} l = \dfrac{9wl^2}{128}$

$M_B = \dfrac{wl^2}{8}$와 비교하면 최대 굽힘모먼트는 $M_B$임을 알 수 있다.

최대 굽힘응력 : $\sigma_{b\max} = \dfrac{M_{\max}}{Z}$이고 $M_{\max} = M_B$이므로 $M_B$ 값을 넣어서 계산하면 된다.

## (3) 균일분포하중이 작용하는 양단 고정보

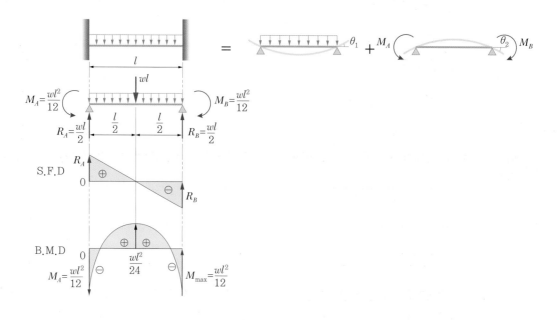

$$\theta_B = \theta_1 + \theta_2 = 0$$

$$\therefore \ \theta_1 = \theta_2$$

$$M_A = M_B$$

$$\frac{wl^3}{24EI} = \frac{M_A \cdot l}{2EI}$$

$$\therefore \ M_A = \frac{wl^2}{12}$$

$$\theta_2 = \frac{M_A \cdot l}{6EI} + \frac{M_A \cdot l}{3EI} = \frac{M_A \cdot l}{2EI}$$

① 반력 : $R_A = \dfrac{wl}{2} = R_B$

② 전단력 : $V_x = R_A - wx$

③ 굽힘모멘트 : $M_x = R_A x - \dfrac{wx^2}{2} - M_A$

## (4) 집중하중이 작용하는 양단 고정보

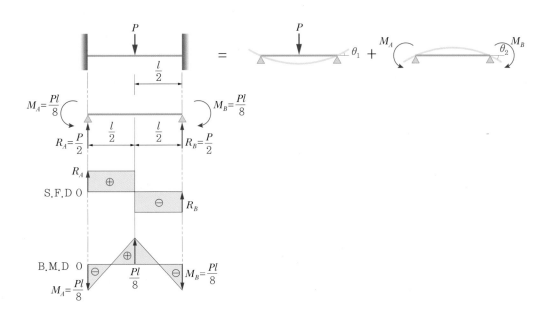

$$\theta_B = \theta_1 + \theta_2 = 0$$

$$\therefore\ \theta_1 = \theta_2$$

$$M_A = M_B$$

$$\frac{Pl^2}{16EI} = \frac{M_A \cdot l}{2EI}$$

$$\therefore\ M_A = \frac{Pl}{8}$$

$$\theta_2 = \frac{M_A \cdot l}{6EI} + \frac{M_A \cdot l}{3EI} = \frac{M_A \cdot l}{2EI}$$

$$R_A = R_B = \frac{P}{2}$$

## (5) 집중하중이 작용하는 일단 고정, 타단 지지보

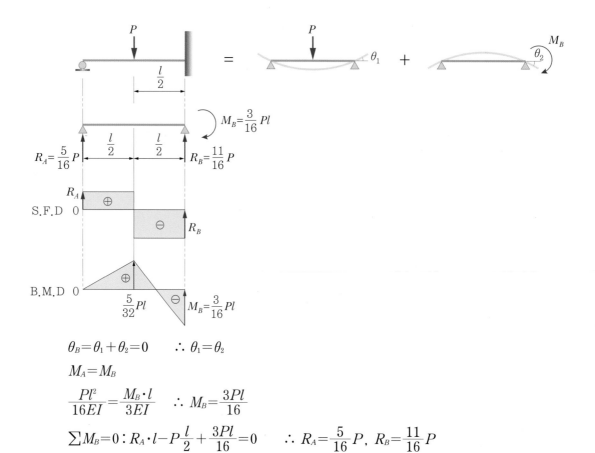

$\theta_B = \theta_1 + \theta_2 = 0 \qquad \therefore \ \theta_1 = \theta_2$

$M_A = M_B$

$\dfrac{Pl^2}{16EI} = \dfrac{M_B \cdot l}{3EI} \qquad \therefore \ M_B = \dfrac{3Pl}{16}$

$\sum M_B = 0 : R_A \cdot l - P\dfrac{l}{2} + \dfrac{3Pl}{16} = 0 \qquad \therefore \ R_A = \dfrac{5}{16}P, \ R_B = \dfrac{11}{16}P$

## (6) 부정정보 정리

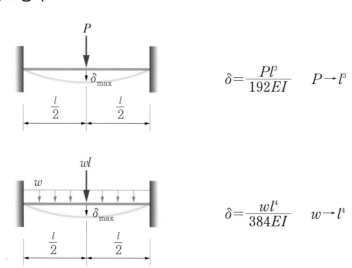

$\delta = \dfrac{Pl^3}{192EI} \qquad P \rightarrow l^3$

$\delta = \dfrac{wl^4}{384EI} \qquad w \rightarrow l^4$

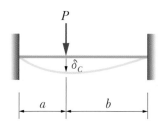

$$\delta = \frac{Pa^3b^3}{3EIl^3} \qquad P \to l^3$$

| 구분 | 부정정보 | 보의 처짐식 |
|------|---------|-----------|
| 1 | $\dfrac{l}{2}$ $P$ $\dfrac{l}{2}$<br><br>$R_A = \dfrac{11}{16}P$<br>$R_B = \dfrac{5}{16}P$<br><br>일단 고정 타단 지지보 : 집중하중 | $\delta_{max} = \dfrac{1}{48\sqrt{5}}\dfrac{Pl^3}{EI}$<br><br>$\delta = \dfrac{7}{768}\dfrac{Pl^3}{EI}$ (보의 중앙에서 처짐) |
| 2 | $w[\text{N/m}]$<br><br>$R_A = \dfrac{5}{8}wl$<br>$R_B = \dfrac{3}{8}wl$<br><br>일단 고정 타단 지지보 : 등분포하중 | $\delta_{max} = \dfrac{1}{185}\dfrac{wl^4}{EI}$<br><br>$\delta = \dfrac{1}{192}\dfrac{wl^4}{EI}$ (보의 중앙에서 처짐) |
| 3 | $P$<br><br>양단 고정보 : 집중하중 | $\delta = \dfrac{1}{192}\dfrac{Pl^3}{EI}$ |
| 4 | $w[\text{N/m}]$<br><br>양단 고정보 : 등분포하중 | $\delta = \dfrac{1}{384}\dfrac{wl^4}{EI}$ |

# 핵심 기출 문제

**01** 그림과 같이 외팔보의 끝에 집중하중 $P$가 작용할 때 자유단에서의 처짐각 $\theta$는?(단, 보의 굽힘강성 $EI$는 일정하다.)

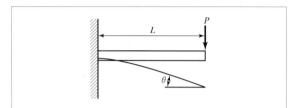

① $\dfrac{PL^2}{2EI}$  ② $\dfrac{PL^3}{6EI}$

③ $\dfrac{PL^2}{8EI}$  ④ $\dfrac{PL^2}{12EI}$

**해설⊕**

외팔보 자유단 처짐각 $\theta = \dfrac{PL^2}{2EI}$

**02** 단면의 폭($b$)과 높이($h$)가 6cm×10cm인 직사각형이고, 길이가 100cm인 외팔보 자유단에 10kN의 집중 하중이 작용할 경우 최대 처짐은 약 몇 cm인가? (단, 세로탄성계수는 210GPa이다.)

① 0.104  ② 0.254
③ 0.317  ④ 0.542

**해설⊕**

$\delta = \dfrac{Pl^3}{3EI}$

여기서, $P = 10 \times 10^3 \mathrm{N}$, $l = 1\mathrm{m}$, $I = \dfrac{bh^3}{12}$

$b = 0.06\mathrm{m}$, $h = 0.1\mathrm{m}$

$\therefore\ \delta = \dfrac{10 \times 10^3 \times 1^3}{3 \times 210 \times 10^9 \times \dfrac{0.06 \times 0.1^3}{12}}$

$= 0.00317\mathrm{m} = 0.317\mathrm{cm}$

**03** 다음 그림과 같이 $C$점에 집중하중 $P$가 작용하고 있는 외팔보의 자유단에서 경사각 $\theta$를 구하는 식은? (단, 보의 굽힘 강성 $EI$는 일정하고, 자중은 무시한다.)

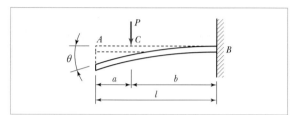

① $\theta = \dfrac{Pl^2}{2EI}$  ② $\theta = \dfrac{3Pl^2}{2EI}$

③ $\theta = \dfrac{Pa^2}{2EI}$  ④ $\theta = \dfrac{Pb^2}{2EI}$

**해설⊕**

$P$가 작용하는 점의 보 길이가 $b$이므로

외팔보 자유단 처짐각 $\theta = \dfrac{Pb^2}{2EI}$

(자유단 $A$와 $C$점 처짐각 동일)

**04** 그림과 같은 외팔보에 균일분포하중 $w$가 전 길이에 걸쳐 작용할 때 자유단의 처짐 $\delta$는 얼마인가?(단, $E$ : 탄성계수, $I$ : 단면 2차 모멘트이다.)

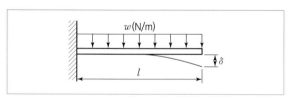

① $\dfrac{wl^4}{3EI}$  ② $\dfrac{wl^4}{6EI}$  ③ $\dfrac{wl^4}{8EI}$  ④ $\dfrac{wl^4}{24EI}$

**해설⊕**

$\delta = \dfrac{wl^4}{8EI}$

**05** 그림과 같은 균일단면을 갖는 부정정보가 단순 지지단에서 모멘트 $M_0$를 받는다. 단순 지지단에서의 반력 $R_A$는?(단, 굽힘강성 $EI$는 일정하고, 자중은 무시한다.)

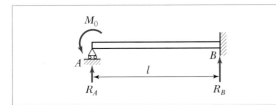

① $\dfrac{3M_0}{2l}$  ② $\dfrac{3M_0}{4l}$

③ $\dfrac{2M_0}{3l}$  ④ $\dfrac{4M_0}{3l}$

**해설⊕**

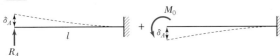

처짐을 고려해 미지반력요소를 해결한다.
$A$점에서 처짐량이 "0"이므로

$$\frac{R_A \cdot l^3}{3EI} = \frac{M_0 l^2}{2EI} \quad \therefore \ R_A = \frac{3M_0}{2l}$$

**06** 다음 보의 자유단 $A$지점에서 발생하는 처짐은 얼마인가?(단, $EI$는 굽힘강성이다.)

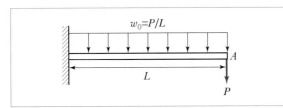

① $\dfrac{5PL^3}{6EI}$  ② $\dfrac{7PL^3}{12EI}$

③ $\dfrac{11PL^3}{24EI}$  ④ $\dfrac{17PL^3}{48EI}$

**해설⊕**

중첩법에 의해

㉠ 집중하중 $P$에 의한 $A$점의 처짐량 $= \dfrac{PL^3}{3EI}$

㉡ 분포하중 $w_0$에 의한 $A$점의 처짐량 $= \dfrac{w_0 L^4}{8EI}$

전체처짐량 $\delta = ㉠ + ㉡ = \dfrac{PL^3}{3EI} + \dfrac{w_0 L^4}{8EL}$

$$= \frac{PL^3}{3EI} + \frac{\dfrac{P}{L} \times L^4}{8EI}$$

$$= \frac{11PL^3}{24EI}$$

**07** 그림과 같은 단순지지보에서 2kN/m의 분포하중이 작용할 경우 중앙의 처짐이 0이 되도록 하기 위한 힘 $P$의 크기는 몇 kN인가?

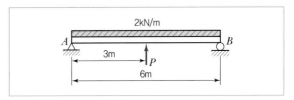

① 6.0  ② 6.5

③ 7.0  ④ 7.5

**해설⊕**

등분포하중 $w$가 작용할 때 처짐량(단순보) = 중앙에 집중하중 $P$가 작용할 때 처짐량(단순보)이므로

$$\frac{5wl^4}{384EI} = \frac{Pl^3}{48EI}$$

$$\therefore \ P = \frac{5 \times 48}{384}wl = \frac{5}{8}wl = \frac{5}{8} \times 2 \times 10^3 \times 6$$

$$= 7{,}500\text{N} = 7.5\text{kN}$$

**08** 탄성계수(영계수) $E$, 전단탄성계수 $G$, 체적탄성계수 $K$ 사이에 성립되는 관계식은?

① $E = \dfrac{9KG}{2K+G}$  ② $E = \dfrac{3K-2G}{6K+2G}$

③ $K = \dfrac{EG}{3(3G-E)}$  ④ $K = \dfrac{9EG}{3E+G}$

**해설 ➕** - - - - - - - - - - - - - - - - - - - - - - - - -

$E = 2G(1+\mu) = 3K(1-2\mu)$ 에서

$K = \dfrac{E}{3(1-2\mu)}$ ⋯ ⓐ

$1 + \mu = \dfrac{E}{2G} \rightarrow \mu = \dfrac{E}{2G} - 1$

$\therefore \mu = \dfrac{E-2G}{2G}$ ⋯ ⓑ

ⓐ에 ⓑ를 대입하면

$K = \dfrac{E}{3\left(1 - 2\left(\dfrac{E-2G}{2G}\right)\right)} = \dfrac{E}{3\left(1 - \dfrac{E-2G}{G}\right)}$

$= \dfrac{E}{3\left(\dfrac{G-E+2G}{G}\right)} = \dfrac{EG}{3(3G-E)}$

**09** 단면 20cm×30cm, 길이 6m의 목재로 된 단순보의 중앙에 20kN의 집중하중이 작용할 때, 최대 처짐은 약 몇 cm인가? (단, 세로탄성계수 $E=$10GPa이다.)

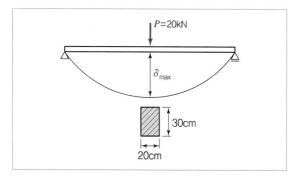

① 1.0  ② 1.5
③ 2.0  ④ 2.5

**해설 ➕** - - - - - - - - - - - - - - - - - - - - - - - - -

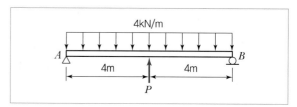

$\delta_{\max} = \dfrac{Pl^3}{48EI} = \dfrac{20 \times 10^3 \times 6^3}{48 \times 10 \times 10^9 \times \dfrac{0.2 \times 0.3^3}{12}}$

$= 0.02\text{m}$

$= 2\text{cm}$

(수치를 모두 미터 단위로 넣어 계산하면 처짐량이 미터로 나온다.)

**10** 그림과 같은 양단이 지지된 단순보의 전 길이에 4kN/m의 등분포하중이 작용할 때, 중앙에서의 처짐이 0이 되기 위한 $P$의 값은 몇 kN인가?(단, 보의 굽힘강성 $EI$는 일정하다.)

① 15  ② 18
③ 20  ④ 25

**해설 ➕** - - - - - - - - - - - - - - - - - - - - - - - - -

$\delta_1$ : 단순보에 등분포하중이 작용할 때 처짐량

$\delta_2$ : 단순보 중앙에 집중하중이 작용할 때 처짐량

$\delta_1 = \delta_2$이어야 중앙에서 처짐이 0이 되므로

$\dfrac{5wl^4}{384EI} = \dfrac{Pl^3}{48EI}$

$\therefore$ 집중하중 $P = \dfrac{5}{8}wl = \dfrac{5}{8} \times 4(\text{kN/m}) \times 8\text{m}$

$= 20\text{kN}$

**11** 다음 그림에서 단순보의 최대 처짐량($\delta_1$)과 양단 고정보의 최대 처짐량($\delta_2$)의 비($\delta_1/\delta_2$)는 얼마인가?(단, 보의 굽힘강성 $EI$는 일정하고, 자중은 무시한다.)

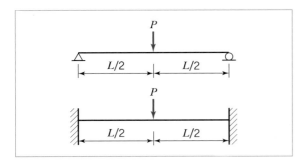

① 1           ② 2

③ 3           ④ 4

**해설⊕**

$\delta_1 = \dfrac{Pl^3}{48EI}$, $\delta_2 = \dfrac{Pl^3}{192EI}$ 이므로

$\dfrac{\delta_1}{\delta_2} = \dfrac{\dfrac{Pl^3}{48EI}}{\dfrac{Pl^3}{192EI}} = \dfrac{192}{48} = 4$

**12** 그림과 같은 단순 지지보에서 길이($L$)는 5m, 중앙에서 집중하중 $P$가 작용할 때 최대처짐이 43mm라면 이때 집중하중 $P$의 값은 약 몇 kN인가?(단, 보의 단면(폭($b$)×높이($h$)=5cm×12cm), 탄성계수 $E=$ 210GPa로 한다.)

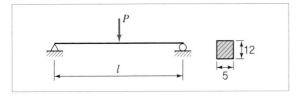

① 50           ② 38

③ 25           ④ 16

**해설⊕**

단순보 중앙에서의 최대처짐량

$\delta = \dfrac{Pl^3}{48EI}$ 에서

$P = \dfrac{48EI\delta}{l^3}$

$= \dfrac{48 \times 210 \times 10^9 \times \dfrac{0.05 \times 0.12^3}{12} \times 0.043}{5^3}$

$= 24{,}966.14\text{N} = 24.97\text{kN}$

**13** 그림과 같이 외팔보의 중앙에 집중하중 $P$가 작용하는 경우 집중하중 $P$가 작용하는 지점에서의 처짐은?(단, 보의 굽힘강성 $EI$는 일정하고, $L$은 보의 전체의 길이이다.)

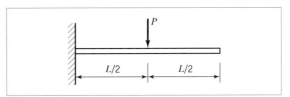

① $\dfrac{PL^3}{3EI}$           ② $\dfrac{PL^3}{24EI}$

③ $\dfrac{PL^3}{8EI}$           ④ $\dfrac{5PL^3}{48EI}$

**해설⊕**

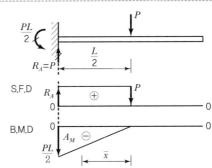

중앙에서의 처짐량은 면적모멘트법에 의해

$\delta = \dfrac{A_M}{EI} \cdot \bar{x} = \dfrac{\dfrac{1}{2} \times \dfrac{L}{2} \times \dfrac{PL}{2}}{EI} \times \left( \dfrac{L}{2} \times \dfrac{2}{3} \right)$

$= \dfrac{PL^3}{24EI}$

**14** 전체 길이가 $L$이고, 일단 지지 및 타단 고정 보에서 삼각형 분포 하중이 작용할 때, 지지점 $A$에서의 반력은?(단, 보의 굽힘강성 $EI$는 일정하다.)

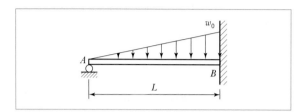

① $\dfrac{1}{2}w_0 L$      ② $\dfrac{1}{3}w_0 L$

③ $\dfrac{1}{5}w_0 L$      ④ $\dfrac{1}{10}w_0 L$

**해설 ⊕**

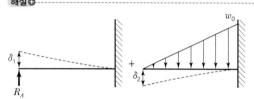

면적모멘트법에 의한 처짐량($\delta_2$)

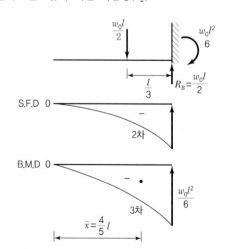

(차수에 따른 B.M.D 면적을 구할 수 있어야 한다.)

B.M.D의 면적 $A_M = \dfrac{\dfrac{w_0 l^2}{6}\cdot l}{4} = \dfrac{w_0 l^3}{24}$

$\delta_2 = \dfrac{A_M}{EI}\cdot\overline{x} = \dfrac{\dfrac{w_0 l^3}{24}}{EI}\times\dfrac{4}{5}l = \dfrac{w_0 l^4}{30EI}$

$\delta_1 = \delta_2$이므로 $\dfrac{R_A l^3}{3EI} = \dfrac{w_0 l^4}{30EI}$

$\therefore R_A = \dfrac{w_0\cdot l}{10}$

**15** 그림과 같이 양단에서 모멘트가 작용할 경우, $A$지점의 처짐각 $\theta_A$는?(단, 보의 굽힘 강성 $EI$는 일정하고, 자중은 무시한다.)

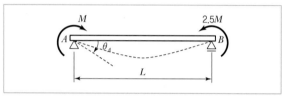

① $\dfrac{ML}{2EI}$      ② $\dfrac{2ML}{5EI}$

③ $\dfrac{ML}{6EI}$      ④ $\dfrac{3ML}{4EI}$

**해설 ⊕**

$M$에 의한 $A$지점 처짐각 $= \dfrac{M\cdot l}{3EI}$

$2.5M$에 의한 $A$지점 처짐각 $= \dfrac{2.5M\cdot l}{6EI}$

$\theta_A = \dfrac{M\cdot l}{3EI} + \dfrac{2.5M\cdot l}{6EI} = \dfrac{4.5M\cdot l}{6EI} = \dfrac{3M\cdot l}{4EI}$

# CHAPTER 09 기둥

## 1. 기둥과 세장비

### (1) 기둥의 개요

축방향 압축력을 받는 가늘고 긴 부재를 기둥이라 하며 좌우(횡)방향으로 처짐이 발생하는 것을 좌굴이라 한다. 기둥의 좌굴은 구조물에 갑작스러운 파괴를 가져올 수 있으므로 기둥이 좌굴되지 않게 안전하게 하중을 지지하도록 설계해야 한다.

그림처럼 기둥이 좌굴되려는 순간까지 견딜 수 있는 최대 축방향 하중을 임계하중 $P_{cr}$(critical load)이라 하며 안전율($S$)이 주어질 때 기둥에 적용하는 안전하중($P_a$)은 $P_a = \dfrac{P_{cr}}{S}$ 로 해석한다.

$P_{cr}$

$P_{cr}$

$P > P_{cr}$

$P > P_{cr}$

### (2) 세장비($\lambda$)

#### 1) 세장비의 정의

기둥의 길이를 회전반경으로 나눈 값으로 기둥을 단주와 장주로 구별하는 무차원 수를 세장비라 한다.

$$\lambda = \frac{l}{K} \quad \begin{matrix} \rightarrow \text{기둥의 길이} \\ \rightarrow \text{회전반경} \end{matrix} \quad (\text{여기서, } K = \sqrt{\frac{I}{A}})$$

#### 2) 세장비에 의한 기둥의 분류

① 단주 : $\lambda < 30$

② 중간주 : $30 < \lambda < 160$

③ 장주 : $\lambda > 160$

## 2. 단주

### (1) 단순 압축하중의 단주

기둥이 축방향으로 압축하중을 받을 때 기둥의 길이가 짧아 좌굴보다는 주로 압축응력이 작용하는 기둥을 단주라 한다. 하중이 단면의 도심축에 작용할 때 단순 압축응력만 나오게 된다.

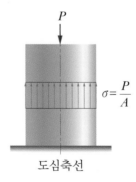

도심축선

### (2) 편심하중을 받는 단주($e > 0$)

그림처럼 단면의 도심축선으로부터 $e$만큼 편심되어 하중이 작용할 경우 하중 $P$를 도심축선으로 옮기면 우력인 $P \cdot e$ 값이 발생한다. 그러므로 하중에 의한 압축응력($\sigma = \frac{P}{A}$)과 우력에 의한 굽힘응력($\sigma_b = \frac{M_0}{Z}$)의 조합응력으로 해석해야 한다.

 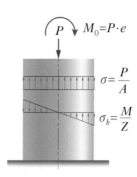

$$\sigma = \frac{P}{A}$$

$$\sigma_b = \frac{M}{Z}$$

### 1) 핵심반경($a$)

$$a = \frac{K^2}{y} \quad K \rightarrow 회전반경\left(\frac{I}{A}\right)$$

$y \rightarrow$ 도심에서 최외단까지의 거리(단면도형의 성질 $e$와 동일한 개념)

핵심반경에서는 압축응력과 굽힘응력의 크기가 같다. $\left(\frac{P}{A} = \frac{M}{Z}\right)$

① 원형단면에서의 핵심반경

$$K^2 = \frac{I}{A} = \frac{\frac{\pi d^4}{64}}{\frac{\pi d^2}{4}} = \frac{d^2}{16}, \ 핵심반경 \ a = \frac{K^2}{y} = \frac{\frac{d^2}{16}}{\frac{d}{2}} = \frac{d}{8}$$

$e = a$일 때 편심량이 핵심반경일 경우, 즉 그림에서 하중이 빨간 원 위의 노란색 하중점에 작용하면 반대편 겉원통면 노란색 점에서의 응력은 "0"이다. $\left(\because \frac{P}{A} = \frac{M}{Z}\right)$

② 직사각형 단면의 핵심반경

$$K^2 = \frac{I}{A} = \frac{\frac{bh^3}{12}}{bh} = \frac{h^2}{12}, \ 핵심반경 \ a = \frac{K^2}{y} = \frac{\frac{h^2}{12}}{\frac{h}{2}} = \frac{h}{6}$$

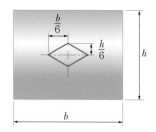

## 2) 하중의 편심량 $e$에 따른 단주의 응력분포상태(핵심반경 $a$로 구분)

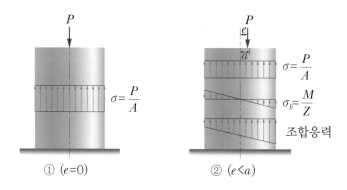

① 하중이 핵심반경 이내에 작용하면 조합응력에서 기둥은 전체가 압축응력 상태에 놓이게 된다.(실제 구조물이나 부재에서는 핵심반경 이내에 하중을 받게 설치해야 한다. 왜냐하면 압축강도에 견디는 것이 어떤 재료든 훨씬 큰 강도까지 견디게 되며 효율적이기 때문이다.)

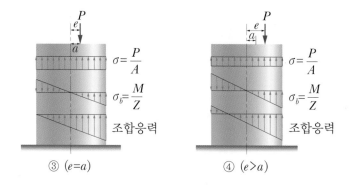

② 하중이 핵심반경에 작용하면, 조합응력에서 응력이 좌단 끝에서 "0"이 됨을 알 수 있다.

$$(\because \frac{P}{A} = \frac{M}{Z})$$

③ 하중이 핵심반경 밖에 작용하면 굽힘응력이 압축응력보다 커져 조합응력에서 기둥단면이 인장되는 부분이 발생함을 알 수 있다.

## 3. 장주

기둥이 축방향으로 압축하중을 받을 때 기둥의 길이가 길어 압축응력에 의한 영향보다는 주로 좌굴에 의해 영향을 받는다고 보는 기둥을 장주라 한다.

### (1) 오일러의 좌굴공식

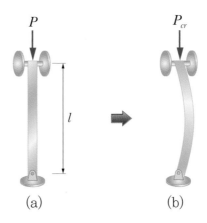

(a)                    (b)

좌굴공식이란 그림처럼 양단이 핀지지로 자유롭게 회전할 수 있도록 지지된(양단힌지) 기둥에 대해 스위스 수학자 오일러가 좌굴하중(임계하중 : 오일러하중)을 해석해 구한 식이다.

- 좌굴하중 $P_{cr} = \dfrac{n\pi^2 EI}{l^2}$

  여기서, $l$ : 모먼트가 0인 점들 사이의 거리

  $n$ : 단말계수 → 그림처럼 핀지지(양단힌지)면 $n=1$

- 좌굴응력 $\sigma_{cr} = \dfrac{P_{cr}}{A} = \dfrac{n\pi^2 EI}{l^2 \cdot A} = n\pi^2 E \dfrac{K^2}{l^2}$

  $= n\pi^2 \dfrac{E}{\lambda^2}$

### 1) 단말계수(좌굴하중을 지지하는 지점의 종류에 따른 계수)

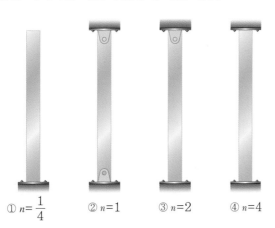

① $n = \dfrac{1}{4}$      ② $n = 1$      ③ $n = 2$      ④ $n = 4$

① $n = \dfrac{1}{4}$ → 고정 및 자유지지, ② $n = 1$ → 핀지지

③ $n = 2$ → 핀 및 고정지지, ④ $n = 4$ → 고정지지

## 2) 유효길이(effective length)

오일러 좌굴식은 핀지지로만 된 기둥에 대해 전개된 식이므로 이 식을 다른 방법으로 지지된 기둥에서도 적용하기 위해 유효길이가 필요하다. 모먼트가 0인 두 점 사이의 거리로 하면 오일러 공식을 그대로 사용하여 임계하중을 결정할 수 있게 된다. 이러한 거리를 유효길이($l_e$)라 하며 지점종류에 따른 유효길이는 다음 그림과 같다.

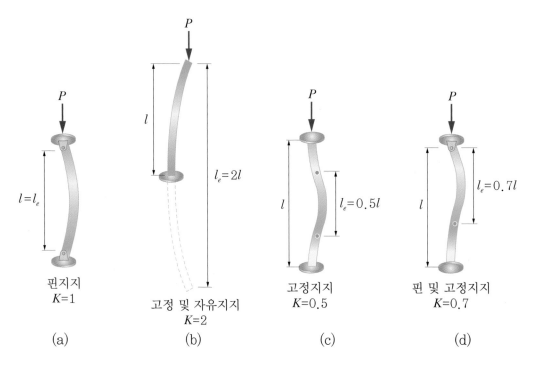

|  (a)  |  (b)  |  (c)  |  (d)  |

① $n = 1$ → 핀지지 → $l_e = l$ (a)

② $n = \dfrac{1}{4}$ → 고정 및 자유지지 → $l_e = 2l$

(b)그림에서 한 끝은 고정되고 다른 끝은 자유로운 길이 $l$인 기둥의 처짐곡선은, 양단이 핀지지되고 길이가 $2l$인 기둥의 처짐곡선의 반이라는 것을 이해할 수 있다.

③ $n = 2$ → 핀 및 고정지지 → $l_e = 0.7l$

(d)그림에서 핀지점으로부터 약 $0.7l$인 점에서 변곡점을 가지므로 유효길이가 $0.7l$이다.

④ $n = 4$ → 고정지지 → $l_e = 0.5l$

(c)그림에서 양단이 고정된 기둥은 각 지점으로부터 $\dfrac{l}{4}$인 점에서 변곡점이 발생해 모먼트가 0인 점을 가지므로 유효길이는 $0.5l$이 된다.

### 3) 유효길이가 적용된 오일러 좌굴하중

실제 설계 기준에서는 기둥의 유효길이를 명시하는 대신 유효길이계수(effective-length factor)인 무차원계수 $K$값을 사용한다.

$l_e = Kl$ → 유효길이 그림에서 $K$값들이 주어져 있다.

- 좌굴하중 $P_{cr} = \dfrac{\pi^2 EI}{l_e^2} = \dfrac{\pi^2 EI}{(Kl)^2}$

- 좌굴응력 $\sigma_{cr} = \dfrac{\pi^2 E}{(Kl/r)^2}$

  여기서, $(Kl/r)$ : 유효세장비

> **참고**
>
> 설계에서는 자동차 나사잭과 같은 경우 노치(Notch)부의 응력집중과 좌굴을 염려하여 장주로 보고 안전 설계하게 된다.

## (2) 장주를 설계하는 기타 실험식

### 1) 고든 - 랭킨(Gordon-Rankine)식

압축효과를 고려한 실험식으로 단주, 중간주, 장주에 모두 적용 가능한 식이다.

- 좌굴하중 $P_{cr} = \dfrac{\sigma_c A}{1 + \dfrac{a}{n}\left(\dfrac{l}{K}\right)^2} = \dfrac{\sigma_c A}{1 + \dfrac{a}{n}(\lambda)^2}$

  여기서, $\sigma_c$ : 압축파괴응력, $l$ : 기둥길이, $a$ : 기둥의 재료에 대한 상수(실험치)

- 좌굴응력 $\sigma_{cr} = \dfrac{P_{cr}}{A} = \dfrac{\sigma_c}{1 + \dfrac{a}{n}(\lambda)^2}$

### 2) 테트마이어(Tetmajer)식

좌굴응력 $\sigma_{cr} = \dfrac{P_{cr}}{A} = \sigma_c - \dfrac{\sigma_c^{\,2}}{4n\pi^2 E}\left(\dfrac{l}{K}\right)$

여기서, $\sigma_c$ : 압축파괴응력

### 3) 존슨(Johnson)식

좌굴응력 $\sigma_{cr} = \dfrac{P_{cr}}{A} = \sigma_b\left(1 - a\left(\dfrac{l}{K}\right) + b\left(\dfrac{l}{K}\right)^2\right) = \sigma_y - \dfrac{b}{n}\lambda = \sigma_y - a\lambda$

여기서, $\sigma_b$ : 굽힘응력, $\sigma_y$ : 항복점응력, $a$, $b$ : 주어지는 실험상수

# 핵심 기출 문제

**01** 오일러 공식이 세장비 $\dfrac{l}{k} > 100$에 대해 성립한다고 할 때, 양단이 힌지인 원형단면 기둥에서 오일러 공식이 성립하기 위한 길이 "$l$"과 지름 "$d$"와의 관계가 옳은 것은?(단, 단면의 회전반경을 $k$라 한다.)

① $l > 4d$      ② $l > 25d$

③ $l > 50d$      ④ $l > 100d$

**해설 ⊕**

$$\lambda = \frac{l}{K} = \frac{l}{\sqrt{\dfrac{I}{A}}} = \frac{l}{\sqrt{\dfrac{\dfrac{\pi}{64}d^4}{\dfrac{\pi}{4}d^2}}} = \frac{l}{\sqrt{\dfrac{d^2}{16}}} = \frac{4l}{d} > 100$$

$$\therefore \ l > 25d$$

**02** 직사각형 단면의 단주에 150kN 하중이 중심에서 1m만큼 편심되어 작용할 때 이 부재 $BD$에서 생기는 최대 압축응력은 약 몇 kPa인가?

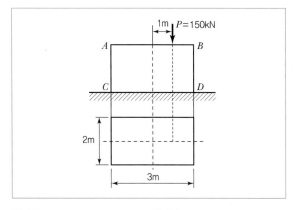

① 25      ② 50

③ 75      ④ 100

**해설 ⊕**

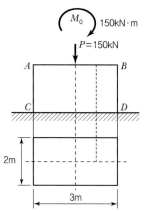

부재 $B - D$에는 직접압축응력과 굽힘에 의한 압축응력이 조합된 상태이므로

$$\sigma_{\max} = \sigma_c + \sigma_{bc} = \frac{P}{A} + \frac{M_0}{Z} = \frac{P}{A} + \frac{Pe}{Z}$$

여기서, $\sigma_c = \dfrac{P}{A} = \dfrac{150 \times 10^3 \,\text{N}}{6\,\text{m}^2} = 25,000\,\text{Pa} = 25\,\text{kPa}$

$$\sigma_{bc} = \frac{Pe}{\dfrac{bh^2}{6}} = \frac{150 \times 10^3 \text{N} \times 1\text{m}}{\dfrac{2 \times 3^2\,\text{m}^3}{6}}$$

$$= 50,000\,\text{Pa} = 50\,\text{kPa}$$

$$\therefore \ \sigma_{\max} = 25 + 50 = 75\,\text{kPa}$$

**03** 8cm×12cm인 직사각형 단면의 기둥 길이를 $L_1$, 지름 20cm인 원형 단면의 기둥 길이를 $L_2$라 하고 세장비가 같다면, 두 기둥의 길이의 비($L_2/L_1$)는 얼마인가?

① 1.44      ② 2.16

③ 2.5      ④ 3.2

**해설**

i) 세장비 $\lambda = \dfrac{L}{K}$ 에서

직사각형 기둥의 세장비 $\lambda_1 = \dfrac{L_1}{K_1}$

원형 기둥의 세장비 $\lambda_2 = \dfrac{L_2}{K_2}$

ii) $\lambda_1 = \lambda_2$ 이므로 $\dfrac{L_1}{K_1} = \dfrac{L_2}{K_2}$

직사각형 회전반경 $K_1$

$= \sqrt{\dfrac{I_1}{A_1}} = \sqrt{\dfrac{\frac{bh^3}{12}}{bh}} = \sqrt{\dfrac{h^2}{12}} = \sqrt{\dfrac{12^2}{12}} = \sqrt{12}\,\mathrm{cm}^2$

원형의 회전반경 $K_2$

$= \sqrt{\dfrac{I_2}{A_2}} = \sqrt{\dfrac{\frac{\pi}{64}d^4}{\frac{\pi}{4}d^2}} = \sqrt{\dfrac{d^2}{16}} = \dfrac{d}{4} = \dfrac{20}{4} = 5\,\mathrm{cm}^2$

$\therefore \dfrac{L_2}{L_1} = \dfrac{K_2}{K_1} = \dfrac{5}{\sqrt{12}} = 1.44$

**04** 안지름이 80mm, 바깥지름이 90mm이고 길이가 3m인 좌굴하중을 받는 파이프 압축부재의 세장비는 얼마 정도인가?

① 100     ② 110     ③ 120     ④ 130

**해설**

세장비 $\lambda = \dfrac{l}{K} = \dfrac{l}{\sqrt{\dfrac{I}{A}}} = \dfrac{l}{\sqrt{\dfrac{\frac{\pi}{64}\left(d_2{}^4 - d_1{}^4\right)}{\frac{\pi}{4}\left(d_2{}^2 - d_1{}^2\right)}}}$

$= \dfrac{l}{\sqrt{\dfrac{\left(d_2{}^2 + d_1{}^2\right)}{16}}}$

$= \dfrac{3}{\sqrt{\dfrac{0.09^2 + 0.08^2}{16}}}$

$= 99.65$

**05** 부재의 양단이 자유롭게 회전할 수 있도록 되어 있고, 길이가 4m인 압축 부재의 좌굴하중을 오일러 공식으로 구하면 약 몇 kN인가?(단, 세로탄성계수는 100GPa이고, 단면 $b \times h$=100mm×50mm이다.)

① 52.4          ② 64.4
③ 72.4          ④ 84.4

**해설**

$P_{cr} = n\pi^2 \cdot \dfrac{EI}{l^2}$ (여기서, 양단힌지 – 단말계수 $n = 1$)

$= 1 \times \pi^2 \times \dfrac{100 \times 10^9 \times \dfrac{0.1 \times 0.05^3}{12}}{4^2}$

$= 64,255.24\mathrm{N} = 64.26\mathrm{kN}$

**06** 양단이 힌지로 된 길이 4m인 기둥의 임계하중을 오일러 공식을 사용하여 구하면 약 몇 N인가?(단, 기둥의 세로탄성계수 $E$ = 200GPa이다.)

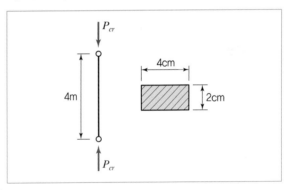

① 1,645          ② 3,290
③ 6,580          ④ 13,160

**해설**

$P_{cr} = n\pi^2 \dfrac{EI}{l^2}$ (양단힌지이므로 단말계수 $n = 1$)

$= 1 \times \pi^2 \times \dfrac{200 \times 10^9 \times \dfrac{0.04 \times 0.02^3}{12}}{4^2}$

$= 3,289.87\mathrm{N}$

**07** 양단이 힌지로 지지되어 있고 길이가 1m인 기둥이 있다. 단면이 30mm×30mm인 정사각형이라면 임계하중은 약 몇 kN인가?(단, 탄성계수는 210GPa이고, Euler의 공식을 적용한다.)

① 133
② 137
③ 140
④ 146

**해설⊕**

좌굴하중 $P_{cr} = n\pi^2 \dfrac{EI}{l^2}$

(양단이 힌지이므로 단말계수 $n=1$)

$$= 1 \times \pi^2 \times \dfrac{210 \times 10^9 \times \dfrac{0.03 \times 0.03^3}{12}}{1^2}$$

$$= 139,901.6\text{N}$$

$$= 139.9\text{kN}$$

**08** 그림과 같은 장주(Long Column)에 하중 $P_{cr}$을 가했더니 오른쪽 그림과 같이 좌굴이 일어났다. 이때 오일러 좌굴응력 $\sigma_{cr}$은?(단, 세로탄성계수 $E$, 기둥 단면의 회전반경(Radius of Gyration)은 $r$, 길이는 $L$이다.)

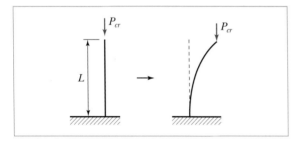

① $\dfrac{\pi^2 Er^2}{4L^2}$
② $\dfrac{\pi^2 Er^2}{L^2}$
③ $\dfrac{\pi Er^2}{4L^2}$
④ $\dfrac{\pi Er^2}{L^2}$

**해설⊕**

$$\sigma_{cr} = \dfrac{P_{cr}}{A} = \dfrac{n\pi^2 \cdot \dfrac{EI}{l^2}}{A}$$

(여기서, 단말계수 $n = \dfrac{1}{4}$, 회전반경 $r = K = \sqrt{\dfrac{I}{A}}$)

$$= \dfrac{\dfrac{1}{4}\pi^2 \cdot Er^2}{l^2} = \dfrac{\pi^2 \cdot Er^2}{4l^2}$$

**09** 그림과 같은 단주에서 편심거리 $e$에 압축하중 $P$ =80kN이 작용할 때 단면에 인장응력이 생기지 않기 위한 $e$의 한계는 몇 cm인가?(단, $G$는 편심 하중이 작용하는 단주 끝단의 평면상 위치를 의미한다.)

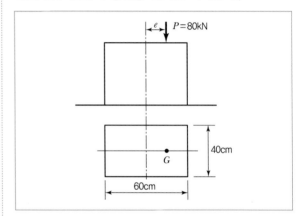

① 8
② 10
③ 12
④ 14

**해설⊕**

$e$가 핵심반경 $a$일 때 압축응력과 굽힘응력이 동일하므로 핵심반경 이내일 때는 압축응력이 굽힘응력보다 크므로 단면에는 인장응력이 발생하지 않는다.

$$a = \dfrac{K^2}{y} = \dfrac{\dfrac{I}{A}}{y} = \dfrac{\dfrac{40 \times 60^3}{12}}{\dfrac{40 \times 60}{60}{2}} = 10\text{cm}$$

**10** 양단이 고정단인 주철 재질의 원주가 있다. 이 기둥의 임계응력을 오일러 식에 의해 계산한 결과 $0.0247E$로 얻어졌다면 이 기둥의 길이는 원주 직경의 몇 배인가?(단, $E$는 재료의 세로탄성계수이다.)

① 12

② 10

③ 0.05

④ 0.001

**해설⊕**

좌굴응력

$$\sigma_{cr} = \frac{P_{cr}}{A} = \frac{n\pi^2 \cdot EI}{l^2 \cdot A}$$

$$= \frac{n\pi^2 \cdot E\dfrac{\pi d^4}{64}}{l^2 \cdot \dfrac{\pi d^2}{4}}$$

$$0.0247E = \frac{n\pi^2 \cdot E\pi d^2}{16\,l^2} \;\rightarrow\; \left(\frac{l}{d}\right)^2 = \frac{n\pi^2}{16 \times 0.0247}$$

여기서, $n = 4$

$$\therefore \; \frac{l}{d} = \sqrt{\frac{4\pi^2}{16 \times 0.0247}} = 9.99$$

MEMO

# 박성일 마스터의
# 기계 3역학

**발행일** | 2019. 4.  5    초판 발행
　　　　　2021. 2. 10    개정1판1쇄

**저　자** | 박 성 일
**발행인** | 정 용 수
**발행처** |  예문사

**주 소** | 경기도 파주시 직지길 460(출판도시) 도서출판 예문사
**T E L** | 031) 955 – 0550
**F A X** | 031) 955 – 0660
**등록번호** | 11 – 76호

정가 : 32,000원

ISBN 978-89-274-3893-9  13550